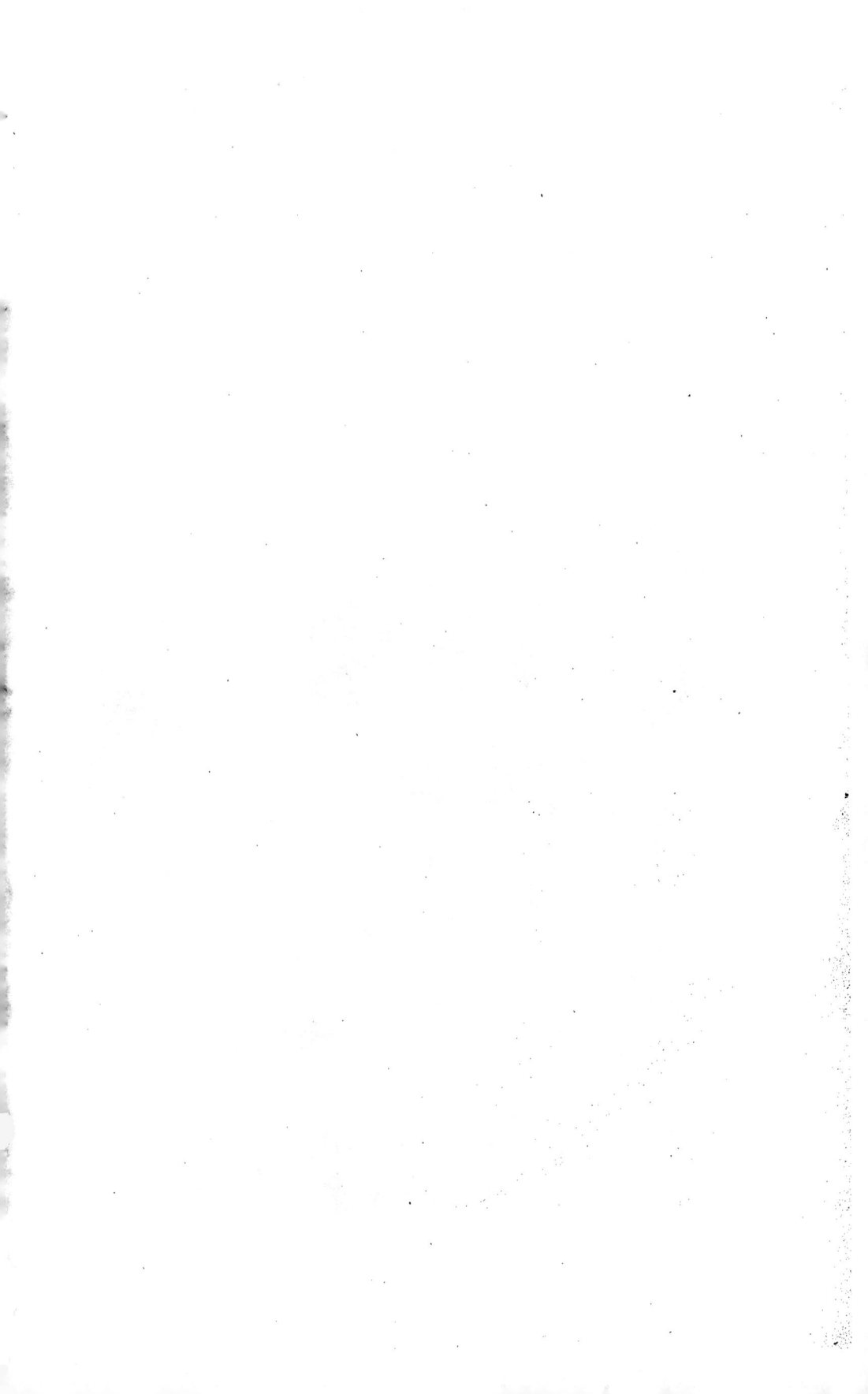

TRAITÉ
DES ARBRES ET ARBUSTES
QUE L'ON CULTIVE EN FRANCE EN PLEINE TERRE

Par DUHAMEL

Seconde Édition considérablement augmentée.

À PARIS,
À LA LIBRAIRIE ENCYCLOPÉDIQUE DE RORET.
Rue Hautefeuille, N° 12.

NOUVEAU TRAITÉ

DES

ARBRES FRUITIERS

CONTENANT

LA DESCRIPTION DES ARBRES FRUITIERS, L'EXPOSÉ DES CARACTÈRES
DES GENRES, DES ESPÈCES, DES VARIÉTÉS, LEUR CULTURE, LES MOYENS A PRENDRE
POUR LES NATURALISER, DE LA FLORAISON ET DE LA MATURITÉ DE LEUR FRUIT, LES USAGES ÉCONOMIQUES
ET MÉDICINAUX, LE LIEU NATAL, L'ÉPOQUE OU ILS ONT ÉTÉ APPORTÉS EN EUROPE
ET DES REMARQUES SUR LEURS NOMS ANCIENS ET MODERNES

PAR

DUHAMEL DU MONCEAU

Nouvelle édition

AUGMENTÉE DE PLUS DE MOITIÉ POUR LE NOMBRE DES ESPÈCES, DISTRIBUÉE DANS UN ORDRE PLUS MÉTHODIQUE
SUIVANT L'ÉTAT ACTUEL DE LA BOTANIQUE ET DE L'AGRICULTURE

PAR

MM. VEILLARD, JAUME SAINT-HILAIRE, MIRBEL, POIRET ET LOISELEUR-DESLONGCHAMPS

OUVRAGE ORNÉ DE 145 PLANCHES

TOME PREMIER

PARIS

A LA LIBRAIRIE ENCYCLOPÉDIQUE DE RORET

RUE HAUTEFEUILLE, 42

DE L'IMPRIMERIE DE CRAPELET, RUE DE VAUGIRARD, 9

1850

AVIS DE L'ÉDITEUR.

En offrant au public ce *Traité des Arbres fruitiers*, nous devons dire un mot des raisons qui nous ont engagé à satisfaire au désir qui nous a été souvent exprimé par les horticulteurs.

L'ouvrage primitif de DUHAMEL sur les ARBRES et ARBUSTES que l'on cultive en pleine terre, n'existe plus dans le commerce ; la nouvelle édition, augmentée considérablement et mise au courant de la science par MM. DE MIRBEL, professeur d'agriculture au Jardin des Plantes, J. SAINT-HILAIRE, POIRET et LOISELEUR-DESLONGCHAMPS, restera longtemps encore comme la plus belle publication des temps modernes pour tout ce qui a rapport à la silviculture et à l'horticulture. Mais si cet ouvrage n'est pas de ceux qui sont appelés à vieillir promptement, son prix restera aussi toujours assez élevé en raison des dépenses matérielles qu'a exigées une iconographie aussi considérable et aussi soignée, malgré la diminution de prix indiquée par l'éditeur Roret.

Cette nouvelle édition de Duhamel forme sept gros volumes in-folio illustrés de cinq cents planches dessinées d'après nature par *Redouté* et *Bessa*, tant pour les arbustes, les arbres fruitiers que pour les arbres forestiers et autres [1].

Au temps où nous vivons, les grandes propriétés se subdivisent de plus en plus et la culture des parcs, des bosquets et des jardins anglais n'est plus aujourd'hui en France ce qu'elle était autrefois, tandis qu'au contraire les sociétés d'horticulture se sont multipliées et le goût de notre époque s'est porté davantage sur la culture des vergers. C'est ce qui nous a engagé à séparer de notre grand ouvrage les *Arbres fruitiers* proprement dits, et à en former deux volumes à part, ornés de cent quarante-cinq planches contenant les espèces ou variétés, coloriées avec soin et déterminées exactement.

Nous pensons donc avoir rendu un véritable service aux amateurs de jardins fruitiers en les mettant à même de se procurer la seule partie de l'ouvrage de Duhamel qui les intéresse.

Les auteurs distingués de cette nouvelle édition de Duhamel ont traité toutes les parties avec la même extension, ils n'ont omis aucune des variétés de cerises, de prunes, de pêches, d'abricots, de poires, de pommes, d'oranges, de figues, de raisins, etc.; l'horticulteur qui a ses jardins en Provence et qui ne cultive que des orangers, figuiers et oliviers, aussi bien que celui des environs de Paris qui se borne aux pêchers, abricotiers, poiriers et pommiers, y trouvera la figure de toutes les variétés qui, par leur beauté, leur forme bizarre ou leur qualité, méritent une place dans un jardin d'amateur.

L'éditeur a ajouté le Catalogue le plus complet de tous les Arbres fruitiers connus, il n'en a retiré que ceux portant des fruits de mauvaise qualité qu'il serait inutile de propager. Ce catalogue, dû aux soins de MM. Jamin et Durand, horticulteurs-pépiniéristes à Bourg-la-Reine, près Paris, rendra de grands services aux amateurs.

---

[1] *Traité des Arbres et Arbustes* que l'on cultive en pleine terre en Europe et particulièrement en France, par *Duhamel du Monceau*, rédigé par MM. *Veillard, Jaume Saint-Hilaire, Mirbel, Poiret*, et continué par M. *Loiseleur-Deslongchamps* ; ouvrage enrichi de cinq cents planches gravées par les plus habiles artistes, d'après les dessins de *Redouté* et *Bessa*, peintres du Muséum d'histoire naturelle ; sept vol. in-fol., papier jésus vélin, figures coloriées.   Au lieu de 3 300 fr., 450 fr.
— Le même, papier carré vélin, figures coloriées.   Au lieu de 2 400 fr., 350 fr.
— Le même, papier carré fin, figures noires.   Au lieu de   775 fr., 200 fr.

ERRATA.

TOME PREMIER.

Page 24, ligne	10,	Pistachier,	planche 17,	*lisez :* pl.	6
— 54, —	2,	Noyer,	— 13.	— —	14
— 73, —	13,	Perroquine,	— 56,	— —	19
— 73, —	34,	Brayasque,	— 56,	— —	19
— 73, —	38,	Coucourelle,	— 55,	— —	18
— 73, —	49,	Mournaout,	— 55,	— —	18
— 111, —	19,	Gr. d'Espagne,	— 29,	— —	35
— 127, —	37,	Olivier,	25 à 32	—	43 à 50
— 164, —	17.	Abricot de Provence, pl. 53, fig. 3, supprimez l'indication de la planche et de la figure.

— 210, —	33,	Pl. 53,	*lisez :*	—	55
— 210, —	36,	— 54,	—	—	56
— 210, —	38,	— 55,	—	—	57
— 210, —	42,	— 56,	—	—	58
— 210, —	46,	— 57,	—	—	59
— 210, —	48,	— 58,	—	—	60
— 210, —	52,	— 59,	—	—	61
— 210, —	53,	— 60,	—	—	62
— 210, —	56,	— 61,	—	—	63
— 210, —	58,	— 62,	—	—	64
— 224, —	30,	— 70,	—	—	67

Il y a pl. 5 *bis*.

— pl. 10 *bis* et 10 *ter*.

TOME DEUXIÈME.

Page 45, ligne	33,	pl. 19, fig. 72,	*lisez :* pl. 19, fig. 2
— 91, —	42,	— 32, — 3,	— — 32, — 2
— 184, —	37,	fig. 1,	— fig. 2

Il y a une planche 33 *bis* qui est quelquefois indiquée comme pl. 34 ; dans ce cas, il y a deux planches 34.

TABLE DES MATIÈRES

CONTENUES DANS

LE NOUVEAU TRAITÉ DES ARBRES FRUITIERS.

TOME PREMIER.

Ribes, *Groseillier* . . . . Page. 1

Berberis, *Vinetier, épine-vinette.* 11

Corylus, *Coudrier, Noisetier, Avelinier.* 15

Punica, *Grenadier* 19

Pistacia, *Pistachier.* 23

Morus, *Mûrier.* 27

Amygdalus, *Amandier* 29

Cydonia, *Coignassier* 41

Mespilus, *Néflier* 45

Juglans, *Noyer* 53

Ficus, *Figuier* 63

Cerasus, *Cerisier.* 89

Olea, *Olivier.* 127

Armeniaca, *Abricotier.* 159

Prunus, *Prunier.* 173

Persica, *Pêcher.* 211

Rubus, *Framboisier.* 244

Diospyros, *Plaqueminier.* 251

CATALOGUE

RAISONNÉ

DES ARBRES FRUITIERS.

H. SIG. DE LA HAUTE-TIGE.	P. SIGNE DE LA PYRAMIDE.	E. SIGNE DE L'ESPALIER.	EXPOSITIONS. L. signifie Levant. M. Midi. C. Couch.	NOMS DES GENRES, ESPÈCES ET VARIÉTÉS.	QUALITÉ DES FRUITS.	VOLUME DES FRUITS.	FERTILITÉ DES ARBRES.	EPOQUE DE MATURITÉ.	DEGRÉ DU MÉRITE DES FRUITS.
				ABRICOTIERS.					
H.	P.	E.	L. M. C.	Albergier de Montgamet.	1	assez gros.	fertile.	fin juil. c. d'août.	,,,,,
H.	.	E.	M. C.	— de Tours, Petite Alberge ordinaire	1	petit.	fertile.	fin d'août.	,,,
H.	P.	E.	M. C.	Angoumois ou violet.	1	assez gros.	. . .	mi-août.	,,,
H.	P.	E.	L. M. C.	Beaugé.	1	gros.	fertile.	comm. de sept.	,,,,,,
H.	.	E.	M. C.	Blanc hâtif musqué.	3	petit.	. . .	mi-juillet.	,
.	.	E.	M. C.	d'Alexandrie	2	assez gros.	. . .	comm. d'août.	,,
H.	P.	E.	M. C.	de Hollande	2	moyen.	. . .	comm. d'août.	,,,
H.	.	E.	M. C.	de Portugal ou de Provence	1	moyen.	. . .	comm. d'août.	,,,
H.	P.	E.	M. C.	de Versailles	1	assez gros.	fertile.	fin d'août.	,,,,,
H.	P.			Gros blanc ordinaire.	2	assez gros.	. . .	mi-août.	,,,
H.	P.			— commun (préféré pour confitures).	2	assez gros.	fertile.	comm. d'août.	,,,,,
H.	P.	E.	L. M. C.	— rouge hâtif	1	assez gros.	fertile.	fin juil. c. d'août.	,,,,
H.	P.	E.	M. C.	— Saint-Jean.	1	assez gros.	. . .	fin juillet.	,,,,
H.	.	E.	M. C.	Much much.	2	petit.	. . .	mi-juillet.	,,
.	.	E.	M. C.	Noir du Pape.	3	petit.	fertile.	cour. de juillet.	,
H.	P.	E.	M. C.	Pêche de Nancy ou ordinaire.	1	gros.	fertile.	fin d'août.	,,,,,
H.	.	E.	L. M. C.	Pourret.	1	gros.	fertile.	mi-août.	,,,,,,
H.	P.	E.	L. M. C.	Royal.	1	gros.	très-fertile.	mi-août.	,,,,,,
H.	P.	E.	M. C.	Viard.	1	gros.	fertile.	comm. d'août.	,,,,,

P. SIGNE DE LA PYRAMIDE.	E. SIGNE DE L'ESPALIER.	EXPOSITIONS. — L. signifie Levant. M. Midi. C. Couch. N. Nord.	NOMS DES GENRES, ESPÈCES, ET VARIÉTÉS.	QUALITÉ DES FRUITS.	VOLUME DES FRUITS.	FERTILITÉ DES ARBRES.	ÉPOQUE DE MATURITÉ.	DEGRÉ DU MÉRITE DES FRUITS.
			CERISIERS.					
			Nota. Toutes les variétés de Cerisiers conviennent à haute-tige.					
P.			Admirable de Soissons	1	gros.	. . .	fin juillet.	, , ,
	E.	M. C.	Aigle noir, black eagle	1	gros.	très-fertile.	com. de juillet.	, , , ,
P.	E.	M. C.	Angleterre hâtive.	1	moyen.	très-fertile.	fin mai et c. juin.	, , , , ,
P.			— tardive.	1	moyen.	. . .	mi-juillet.	, , , , ,
P.			Belle Audigeoise.	1	gros.	fertile.	com. de juillet.	, , , , ,
	E.	M. C.	— de Choisy ou doucette.	1	moyen.	. . .	mi-juin.	, , ,
P.	E.	L. M. C.	— de Sceaux ou de Châtenay	1	gros.	très-fertile.	fin juillet.	, , , , , ,
P.			— d'Orléans	1	gros.	. . .	fin juillet.	, , , ,
P.			— Magnifique.	2	gros.	. . .	fin juillet.	, , , ,
			Bigarreau à gros fruit blanc.	2	gros.	. . .	fin juin.	. , ,
			— à gros fruit rouge de Hollande.	2	gros.	. . .	fin juin.	, ,
			— à très-gros fruit ambré.	1	gros.	. . .	fin juin.	, ,
			— de Florence	1	gros.	. . .	com. de juin.	, , ,
	E.	M.	— de mai.	1	gros.	. . .	fin mai.	, , , ,
			— de Mèzel	1	gros.	. . .	juin.	, , , ,
			— Gros cœuret	2	gros.	. . .	mi-juin.	, ,
			— Napoléon.	1	gros.	. . .	mi-juin.	, ,
			— Princesse (ambré)	2	gros.	. . .	fin juin.	, , ,
			Blanche ou Princesse.	1	petit.	. . .	com. juin.	, ,
P.	E.	M. C.	Cherry Duck ou Royale tardive.	1	gros.	. . .	fin juin et c. juil.	, , , , ,
			Courte queue de Provence.	2	moyen.	fertile.	mi-juillet.	, ,
			de la Toussaint à confire (fleurit pendant quatre mois, propre à l'ornement des jardins).	3	petit.	fertile.	de juillet à oct.	,
P.	E.	M. C.	de Prusse, noire.	1	gros.	. . .	com. de juillet.	, , , , ,
			— jaune.	1	moyen.	. . .	com. de juillet.	, , , ,
P.	E.	C.	de Spa.	1	gros.	très-fertile.	fin juillet.	, , , , , ,
P.			Dona Maria.	1	gros.	fertile.	fin juillet.	, , , , , ,
			Doux à trochet.	2	moyen.	fertile.	fin juin.	, ,
P.	E.	M. C.	Downton	1	gros.	. . .	com. de juillet.	, , , , ,
	E.	L. N.	du nord, tardive ou picarde (à confire)	2	gros.	fertile.	août à fin sept.	, , , ,
			Early black.	1	moyen.	. . .	com. de juin.	, , ,
	E.	M. C.	Elton	1	gros.	. . .	com. de juillet.	, , , , ,
P.	E.	M. C.	Gaindoux de Provence	1	gros.	. . .	com. de juillet.	, , , , ,
P.	E.	M. C.	Griotte de Chaux ou d'Allemagne.	1	gros.	. . .	fin juin.	, , , ,
P.	E.	M. C.	— douce de Portugal, royale de Hollande.	1	gros.	. . .	com. de juillet.	, , , ,
			Guigne à fruit noir hâtif.	2	moyen.	. . .	fin mai.	, ,
			— — rouge hâtif	2	moyen.	. . .	fin mai.	, ,
			— à gros fruit blanc.	2	moyen.	. . .	fin mai.	, ,
P.	E.	M. C.	Indulle ou précoce de Montreuil	2	petit.	. . .	mi-mai.	, ,
P.	E.	L. M. C.	May-Duck ou Royale hâtive.	1	moyen.	. . .	fin mai.	, , , , , ,
			Mirabelle	1	petit.	. . .	fin juin.	, ,
P.			Montmorency à courte queue, Gros Gobet.	1	gros.	. . .	courant de juill.	, , , ,
P.			— à longue queue	2	moyen.	fertile.	courant de juin.	, , , ,
P.			— de Bourgueil.	1	gros.	. . .	fin juin et c. juil.	, , , ,
P.			— épiscopale.	1	gros.	. . .	fin juin et c. juil.	, , ,
P.	E.	L. M. C.	Reine Hortense, Lemercier, monstrueuse de Bavay et de Jodoigne.	1	gros.	. . .	com. de juillet.	, , , , , ,
P.	E.	M. C.	Wellington.	1	moyen.	. . .	fin juin.	, , ,

H. SIG. DE LA HAUTE-TIGE.	E. SIGNE DE L'ESPALIER.	EXPOSITIONS. — L. signifie Levant. M. Midi. C. Couchant. N. Nord.	NOMS DES GENRES, ESPÈCES ET VARIÉTÉS.	QUALITÉ DES FRUITS.	VOLUME DES FRUITS.	FERTILITÉ DES ARBRES.	ÉPOQUE DE MATURITÉ.	DEGRÉ DU MÉRITE DES FRUITS.
			PÊCHERS.					
	E.	L. M. C.	A bec.	1	moyen.	fertile.	fin juillet.	, , , ,
	E.	M. C.	Admirable jaune, Grosse jaune de Burai.	2	gros.	fertile.	fin sept. et oct.	, , , ,
	E.	M. C.	Alberge jaune, Saint-Laurent, Petite roussane.	2	petit.	fertile.	comm. d'août.	,
	E.	M.	Avant-Pêche blanche (très-précoce).	3	petit.	. . .	fin juillet.	,
	E.	M. C.	— — jaune.	3	petit.	. . .	comm. d'août.	,
	E.	M. C.	— — rouge, petite Mignonne, Double de Troyes.	1	petit.	fertile.	fin juillet.	, , ,
	E. L.	M. C.	Belle Bausse.	1	gros.	. . .	mi-septembre.	, , , , ,
H.	E. L.	M. C.	— de Doué.	1	moyen.	fertile.	comm. d'août.	, , , , ,
	E. L.	M. C.	— de Fontenay.	1	gros.	. . .	mi-septembre.	, , , ,
H.	E. L.	M. C.	— de Vitry ou admirable.	2	gros.	. . .	mi-septembre.	, , , ,
	E.	M. C.	Blanche d'Amérique (à peau et chair blanches).	2	moyen.	fertile.	mi-septembre.	, , ,
H.	E. L.	M. C.	Bourdine de Narbonne, Grosse Royale.	1	très-gros.	. . .	fin septembre.	, , , , ,
	E. L.	M. C.	Brugnon blanc.	2	petit.	. . .	mi-septembre.	,
	E. L.	M. C.	— violet musqué, Nectarine.	1	moyen.	fertile.	septembre.	, , , ,
	E.	M. C.	— jaune.	3	moyen.	. . .	mi-septembre.	,
	E.	M. C.	Cardinale de Furstemberg (chair rouge marbré).	2	moyen.	. . .	mi-octobre.	, ,
	E.	L. M. C.	Chancelière à gros fruit.	1	gros.	. . .	fin septembre.	, , , ,
	E.	M.	Chartreuse.	2	gros.	. . .	fin septembre.	, ,
H.	E. L.	M. C.	Chevreuse hâtive.	1	gros.	. . .	comm. sept.	, , , ,
	E. L.	M. C.	— tardive, Bonouvrier.	1	gros.	très-fertile.	fin septembre	, , , , ,
H.	E. L.	M. C.	Desse, hâtive.	1	moyen.	fertile.	comm. d'août.	, , , ,
H.	E. L.	M. C.	— grosse tardive.	1	gros.	fertile.	fin septembre.	, , , ,
	E. L.	M.	Galande, Bellegarde, noire de Montreuil.	1	assez gros.	fertile.	mi-septembre.	, , , , , ,
	E. L.	M. C.	Grosse violette, Pêche lisse.	1	moyen.	. . .	mi-septembre.	, , , ,
	E.	M. C.	Impériale.	2	moyen.	. . .	fin septembre.	, ,
	E.	M. C.	Jaune lisse.	2	moyen.	. . .	mi-octobre.	, ,
	E. L.	M. C.	Madeleine à moyennes fleurs.	1	moyen.	. . .	comm. sept.	, , ,
	E. L.	M. C.	— blanche.	1	moyen.	. . .	fin d'août.	, , ,
H.	E. L.	M. C.	— de Courson.	1	gros.	très-fertile.	fin août et comm. s.	, , , , ,
H.	E. L.	M. C.	Malte, Belle de Paris.	1	moyen.	fertile.	comm. sept.	, , , , ,
H.	E.	L.M.C.N.	Mignonne hâtive à gros fruit.	1	gros.	très-fertile.	mi-août.	, , , , , ,
H.	E. L.	M. C.	— tardive à gros fruit, ou ordinaire.	1	gros.	très-fertile.	fin août et comm.s.	, , , , , ,
	E. L.	M. C.	Nivette veloutée.	1	gros.	. . .	fin août et comm. s.	, , , ,
	E.	M.	Pavie de Pomponne (exposition chaude).	2	très-gros.	. . .	fin octobre.	, ,
H.	E.	M. C.	Persèque.	2	très-gros.	très-fertile.	comm. octobre.	, , ,
H.	E.	L.M.C.N.	Pourprée hâtive.	1	moyen.	fertile.	mi-août.	, , , , ,
	E.	M. C.	— tardive.	2	moyen.	très-fertile.	fin sept. et oct.	, , ,
	E. L.	M. C.	Pucelle de Malines.	1	moyen.	fertile.	mi-septembre.	, , ,
H.	E. L.	M. C.	Reine des vergers.	1	gros.	très-fertile.	comm. sept.	, , , , , ,
	E.	M. C.	Royale jaune.	2	moyen.	fertile.	fin septembre.	, , ,
H.	E.	M. C.	Saint-Michel.	1	moyen.	. . .	fin septembre.	, , , ,
	E.	M. C.	Sanguine grosse admirable (chair rouge marbré).	1	gros.	. . .	fin septembre.	, , , ,
	E.	M. C.	— panachée (chair rouge violet marbré).	2	moyen.	. . .	octobre.	, ,
H.	E. L.	M. C.	Sieulle.	1	gros.	. . .	mi-septembre.	, , , ,
	E.	M. C.	Téton de Vénus.	2	gros.	. . .	fin septembre.	, , ,
	E. L.	M. C.	Vineuse de Fromentin.	1	gros.	fertile.	fin août et comm. s.	, , , ,
H.	E. L.	M. C.	Violette hâtive.	1	moyen.	fertile.	fin d'août.	, , , ,

P. SIGNE DE LA PYRAMIDE.	E. SIGNE DE L'ESPALIER.	EXPOSITIONS. L. signifie Levant. M. Midi. C. Couch.	NOMS DES GENRES, ESPÈCES ET VARIÉTÉS.	COULEUR DES FRUITS.	QUALITÉ DES FRUITS.	VOLUME DES FRUITS.	FERTILITÉ DES ARBRES.	ÉPOQUE DE MATURITÉ.	DEGRÉ DU MÉRITE DES FRUITS.
			PRUNIERS.						
			Nota. Toutes les variétés de Pruniers conviennent à haute tige.						
			Abricot blanc (Prune) . . .	blanc.	1	moyen.	. . .	fin d'août.	,,,
			Bleeker's Yellou Gage. . . .	jaune.	1	gros.	. . .	septembre.	
			Cornemuse (1ʳᵉ qualité pour pruneaux)	violet.	1	moyen.	fertile.	fin septembre.	,,,,
P.			Couestche d'Italie. Fellemberg, Prune suisse (1ʳᵉ qualité pour pruneaux) . . .	noir.	2	gros.	tr.-fertile.	fin septembre.	,,,,,
P.			Crochue	blanc.	2	moyen.	tr.-fertile.	comm. sept.	,,,
P.			D'Agen, Robe de sergent (1ʳᵉ qualité pour pruneaux) . .	violet.	2	moyen.	tr.-fertile.	comm. sept.	,,,,,
			Damas d'Italie	blanc.	2	petit.	. . .	mi-août.	,
P.	E.	M. C.	— de Tours, Royale de Tours.	viol.-noir.	1	moyen.	fertile.	comm. d'août.	,,,
			— Gros de Montgeron .	viol.-roug.	2	gros.	. . .	fin d'août.	,,
P.			— violet.	violet.	2	moyen.	. . .	fin août et c. sep.	,,
P.			De deux fois l'an. . . .	violet.	3	petit.	. . .	fin juil. à fin sept.	,,
			De la Saint-Martin . . .	viol.-noir.	2	moyen.	fertile.	fin octobre.	,,,
P.	E.	L. M. C.	De Montfort	viol.-noir.	1	moyen.	tr.-fertile.	fin juil. et c. août.	,,,,,,
			Diaprée rouge ou Rochecorbon.	r. et violet.	2	gros.	. . .	fin d'août.	,,
			— violette	violet.	2	gros.	. . .	fin août et c. sep.	,,
			Drap d'or (Espereis) . . .	jaune.	1	tr.-gros.	. . .	mi-août.	
			Early Favourite (Rivers) .	violet.	1	gros.	. . .	comm. juillet.	
			Fellemberg (V. Couestche d'Italie).						
P.			Figue	blanc.	1	moyen.	fertile.	comm. sept.	,,,
			Goliath ou Tabolonian. . .	violet.	3	monstr.	. . .	comm. sept.	
P.			Hervy (1ʳᵉ qualité pour pruneaux).	violet.	2	moyen.	tr.-fertile.	mi-septembre.	,,,
			Ile verte.	blanc.	2	moyen.	. . .	fin d'août.	,,
P.			Impériale blanche , Prune de Pologne.	blanc.	2	gros.	fertile.	fin d'août.	,,
P.	E.	M. C.	— de Milan. . . .	viol.-noir.	1	gros.	fertile.	mi-septembre.	,,,,,,
P.	E.	L. M. C.	Impératrice ou Diadème .	viol.-fonc.	1	tr.-gros.	fertile.	mi-septembre.	,,,,,,
	E.	M. C.	Jaune hâtive de Catalogne.	bl.-jaunât.	3	petit.	fertile.	mi-juillet.	,
			Jefferson	vert.	1	gros.	. . .	septembre.	
			Kirke's.	violet.	2	tr.-gros.	fertile.	fin d'août.	
			Knight's Green Drying. .	vert.	1	gros.	. . .	septembre.	
P.	E.	L. M. C.	Kœtche	noir.	1	gros.	fertile.	mi-septembre.	,,,,,,
			Magnum Bonum. . . .	blanc.	1	tr.-gros.	. . .	septembre.	
P.			Mirabelle d'octobre. . . .	blanc.	1	petit.	. . .	octobre.	,,,
	E.	M. C.	— grosse double de Metz ou Drap d'or	blanc.	1	petit.	fertile.	fin août et c. sep.	,,,
			— petite (excellente pour confitures)	blanc.	1	tr.-petit.	tr.-fertile.	fin août et c. sep.	,,,,
P.			Mirobolan, Prune cerise .	viol.-clair.	3	petit.	fertile.	fin juil. et c. août.	,
			Monsieur	jaune.	1	gros.	. . .	comm. d'août.	
P.	E.	M. C.	Monsieur, gros hâtif. . .	violet.	2	gros.	fertile.	comm. d'août.	,,,
			— petit tardif . . .	violet.	2	petit.	fertile.	mi-août.	,,
P.	E.	M. C.	Musquée de Malte . . .	violet.	1	petit.	fertile.	fin juillet.	,,,
			Othomane.	violet.	2	moyen.	. . .	août.	,
P.	E.	M. C.	Pêche (Prune), Surpasse-Monsieur, Abricot rouge .	violet rosé.	2	tr.-gros.	. . .	fin juil. et c. août.	,,
			Perdrigon blanc. . . .	blanc.	1	moyen.	. . .	fin août.	,,,
P.			— violet.	violet.	2	moyen.	fertile.	fin août et c. sep.	,,,

P. SIGNE DE LA PYRAMIDE.	E. SIGNE DE L'ESPALIER.	EXPOSITIONS. — L. signifie Levant. M. Midi. C. Couchant.	NOMS DES GENRES, ESPÈCES ET VARIÉTÉS.	COULEUR DES FRUITS.	QUALITÉ DES FRUITS.	VOLUME DES FRUITS.	FERTILITÉ DES ARBRES.	ÉPOQUE DE MATURITÉ.	DEGRÉ DU MÉRITE DES FRUITS.
			Suite des PRUNIERS.						
P.	E.	L. M. C.	Pond's seeding (forme de poire, de qualité supérieure pour pruneaux).	rouge.	2	monstr.	. . .	comm. sept.	,,,,,
			Prince of Wales	rose viol.	1	tr.-gros.	. . .	fin août.	
			Reine-Claude-abricotine, Sageret	blanc.	1	petit.	. . .	comm. d'août.	,,,
P.	E.	M. C.	— Abricot vert, verte et bonne	blanc.	1	moyen.	. . .	fin d'août.	,,,,,,
P.	E.	L.	— Coe's golden drop, Waterloo	blanc dor.	1	gros.	tr.-fertile.	fin août.	,,,,,,
			Variété très-recommandable. Cueillie avant sa parfaite maturité, elle peut se conserver jusqu'en novembre dans le fruitier.		1				
P.	E	M. C.	Reine-Claude diaphane. .	violet.		tr.-gros.	fertile.	fin sept. et c. oct.	
P.	E.	M. C.	Reine-Claude d'Angoulême. .	blanc.	1	moyen.	fertile.	fin août.	,,,,,,
P.	E.	L. M. C.	— — de Bavay. .	blanc.	1	gros.	. . .	fin septembre.	,,,,,,
P.	E.	M. C.	— — dorée . . .	blanc.	1	moyen.	. . .	fin août.	,,,,,,
P.			— — mamelônée (Sageret). . .	blanc dor.	2	petit.	tr.-fertile.	mi-août.	,,,
P.	.	L.	C.						
P.	E.	L.	C.	— — tardive (Sageret).	blanc.	1	moyen.	. · .	comm. octobre.	,,,,
P.	E.		C.	— — violette . .	violet.	1	moyen.	. . .	mi-septembre.	,,,,,
P.	E.	M. C.	Reine Victoria.	rouge.	2	tr.-gros.	tr.-fertile.	fin août.	,,,,,
P.	E.	L.	C.	Ste-Catherine grosse (1re qualité à pruneaux).	blanc.	2	gros.	. . .	mi-septembre.	,,,,
			— ordinaire, id. . .	blanc.	2	moyen.	. . .	mi-septembre.	,,,
			Saint-Étienne.	blanc.	1	moyen.	fertile.	com. septembr.	,,,,,
P.	E.	L. M. C.	— Jean	violet.	2	petit.	. . .	comm. juillet.	,,
	E.	M. C.	— Pierre.	blanc.	3	petit.	tr.-fertile.	comm. juillet.	,
	E.	M. C.	Sucrée d'Amérique . . .	blanc.	1	moyen.	. . .	mi-août.	,,,
			Tardive de Châlons. . . .	violet.	3	moyen.	fertile.	fin sept. et oct.	,,,
			Virginale, à gros fruit blanc.	blanc.	2	gros.	. . .	com. septembr.	,,,
P.	E.	L. M. C.	Washington (1re qualité à pruneaux).	blanc.	2	gros.	fertile.	mi-septembre.	,,,,,
			PRUNES BONNES SEULEMENT POUR PRUNEAUX.						
			Coude à papa.	blanchâtr.	2	gros.	. . .	com. septembr.	,,
			Couestche d'Allemagne. .	violet noir.	1	moyen.	fertile.	com. septembr.	,,,
			Damas d'Espagne. . . .	violet.	1	moyen.	. . .	mi-août.	,,
			— gros blanc . . .	blanc.	1	moyen.	. . .	fin août.	,,,
			Dame Aubert, blanche. .	bl. jaunâtr.	3	très-gros.	fertile.	mi-septembre.	,
			— — rouge. . .	rouge.	2	très-gros.	. . .	septembre.	,
			De Jérusalem.	violet.	2	très-gros.	. . .	fin août et c. sep.	,

2

— 6 —

H. SIGNE DE LA HAUTE-TIGE.	P. SIGNE DE LA PYRAMIDE.	E. SIGNE DE L'ESPALIER.	EXPOSITIONS. L. signifie Levant. M. Midi. C. Couchant. N. Nord.	NOMS DES GENRES, ESPÈCES ET VARIÉTÉS.	CHAIR DES FRUITS.	QUALITÉ DES FRUITS.	VOLUME DES FRUITS.	FERTILITÉ DES ARBRES.	ÉPOQUE DE MATURITÉ.	DEGRÉ DU MÉRITE DES FRUITS.
				POIRIERS.						
H.	P.			Adèle de Saint-Denis.	fondante.	1	moyen.	fertile.	octobre.	,,,,,
				Alexandre Lambré.	fondante.	1	petit.	fertile.	déc. jusqu'à fév.	
H.	P.	E.	L. N.	Amiral, Arbre courbé Van Mons (sur franc).	fondante.	1	assez gr.	très-fert.	octobre.	,,,,,
H.	P.			Ananas.	fondante.	1	petit.	fertile.	septemb. et oct.	,,
H.	P.			Angélique de Bordeaux.	cassante.	2	moyen.	fertile.	hiver.	,,,
H.	P.			Archiduc Charles.	fondante.	1	moyen.	fertile.	novemb. et déc.	,,,,,
H.	P.			Auger.	demi-fond.	2	moyen.	fertile.	fin d'hiver.	,,,
H.	P.			Augustine Lelieur.	fondante.	1	moyen.	fertile.	novembre.	,,,,,
H.	P.	E.	L. C.	Beauvalot (Sageret).	fondante.	1	moyen.	fertile.	fin d'hiver.	,,,,,,
H.	P.			Belle-alliance.	fondante.	1	moyen.	fertile.	fin novembre.	,,,,,
H.	P.	E.	L.M.C.	— de Berry, Poire de curé, Belle-Andréine, Poire de monsieur.	demi-fond.	2	gros.	fertile.	novemb. et déc.	,,,
	P.			— de Brissac.	cassante.	2	assez gr.	. . .	fin d'automne.	,,
				— de Craonnais.	demi-cass.		petite.	fertile.	hiver.	
	P.			— d'Esquermes.	fondante.	2	assez gr.	fertile.	fin septembre.	,,
H.	P.			— de Jersey, Poire de cloche.	cassante.	2	gros.	. . .	novembre.	,,,
	P.			— de Thouarcé.	fondante.	1	moyen.	. . .	novembre.	,,,,
H.	P.	E.	L. N.	— épine Dumas, Colmar du Lot, Duc de Bordeaux, Épine du Rochechouart, Limousine.	fondante.	1	moyen.	très-fert.	novembre.	,,,,,
H.	P.			— excellente.	fondante.	1	assez gr.	très-fert.	septembre.	,,,,,
H.	P.			Bellissime d'automne ou vermillon.	cassante.	2	moyen.	fertile.	octobre.	,
	P.			— d'été.	demi-fond.	2	assez gr.	fertile.	commenc. août.	,,
H.	P.			Bergamotte Bernard.	demi-fond.	2	moyen.	fertile.	fin d'hiver.	,,,,,
H.	P.			— Boussière.	fondante.	1	moyen.	fertile.	hiver.	,,,,,
	P.			— Cadette.	fondante.	1	moyen.	. . .	octobre.	,,
		E.	L. C.	— Crassane (on peut la planter au midi dans un terrain froid et humide).	fondante.	1	assez gr.	. . .	fin d'automne.	,,,,,,,
H.	P.	E.	L. N.	— Crassane d'hiv., Beurré Bruneau.	fondante.	1	assez gr.	très-fert.	hiver.	,,,,,,,
H.	P.			— d'Angleterre, Gansell's bergamotte (sur franc).	fondante.	1	assez gr.	fertile.	septembre.	,,,,
H.	P.			— d'Austrasie, Jaminette, Poire sabine.	demi-fond.	2	assez gr.	. . .	fin d'hiver.	,,,,
H.	P.			— de Bruxelles, Belle d'août, Belle de Bruxelles, Grosse bergamotte d'été, Poire sans pepins.	fondante.	2	gros.	. . .	fin août, c. sept.	,,
H.				— de Hollande ou d'Alençon, Amoselle.	cassante.	2	moyen.	. . .	fin d'hiv. et prin.	,,
	P.			— de Nemours.	fondante.	1	moyen.	. . .	novembre.	,,,,
H.	P.			— de Pâques, de Soulers ou de Bujie.	demi-fond.	2	assez gr.	. . .	fin d'hiv. et prin.	,,,,
H.	P.			— de Parthenay.	demi-fond.	2	assez gr.	très-fert.	fin d'hiv. et prin.	,,,,
H.	P.			— d'été.	fondante.	1	moyen.	fertile.	août.	,,
				— Dussart.			petit.	très-fert.	janvier et fév.	

Nota. Presque toutes les variétés de Poiriers peuvent être cultivées à haute tige et en pyramide, mais avec plus ou moins de succès; nos indications seront faites en conséquence. Toutes peuvent se cultiver en espalier, mais nous nous bornerons à en noter quelques-unes, qui nous paraissent les plus convenables pour ce genre de culture; et, pour la commodité du lecteur, nous récapitulerons ces dernières, par ordre de maturité, dans un tableau qui fera suite à la nomenclature générale des Poiriers, en répétant les expositions qui conviennent à chacune d'elles. Nous indiquerons, pour être greffés sur franc, les variétés qui ne sympathisent pas avec le cognassier; et les poires à compote seront portées dans une série séparée.

H. SIG. DE LA HAUTE-TIGE.	P. SIGNE DE LA PYRAMIDE.	E. SIGNE DE L'ESPALIER.	EXPOSITIONS. — L. signifie Levant. M. Midi. C. Couchant. N. Nord.	NOMS DES GENRES, ESPÈCES ET VARIÉTÉS.	CHAIR DES FRUITS.	QUALITÉ DES FRUITS.	VOLUME DES FRUITS.	FERTILITÉ DES ARBRES.	ÉPOQUE DE MATURITÉ.	DEGRÉ DU MÉRITE DES FRUITS.
				Suite des POIRIERS.						
H.	P.	E.	L. C.	Bergamotte Espérein	fondante.	1	moyen.	fertile.	fin d'hiver.	,,,,,,,
H.	P.			— Fiévée.	fondante.	1	assez gr.	. . .	septembre.	,,,
H.	P.			— Fortunée.	fondante.	2	moyen.	fertile.	fin d'hiv. et prin.	,,,,,
H.	P.			— Lesèble.	fondante.	1	moyen.	très-fert.	septembre.	,,,
	P.			— Libettent verte.	fondante.	1	moyen.	. . .	octob. et nov.	,,,
H.	P.			— Lucrative.	fondante.	1	assez gr.	fertile.	fin d'octobre.	,,,,
	P.			— non-pareille.	fondante.	2	moyen.	. . .	septembre.	,,
	P.			— œuf de cygne, Poire Célestin.	demi-fond.	2	assez gr.	. . .	novembre.	,,,
	. .			— Picquot.	fondante.	1	gros.	fertile.	comm. sept.	
H.	P.			— royale d'hiver.	demi-fond.	2	assez gr.	. . .	fin d'hiver.	,,,
H.	P.			— Sageret.	fondante.	2	moyen.	. . .	décembre.	,,,
	P.			— suisse (jaspée.)	demi-fond.	2	moyen.	. . .	de nov. à janv.	,
H.	P.			— Sylvange (sur franc).	fondante.	1	petit.	. . .	novemb. et déc.	,,,
	P.			— verte d'automne.	demi-fond.	2	assez gr.	fertile.	octobre.	,,
H.	P.			Besi d'Alençon.	cassante.	2	moyen.	. . .	décembre.	,
H.				— de Bretagne ou du Quescois (sur franc).	demi-fond.	2	petit.	très-fert.	fin d'automne.	,,
H.	P.			— d'Echasserie.	fondante.	1	moyen.	fertile.	oct. et novemb.	,,,
H.	P.			— de Lamotte.	fondante.	2	moyen.	. . .	fin d'automne.	,,,
H.	P.			— de Montigny.	fondante.	1	moyen.	. . .	novembre.	,,
H.	P.			— d'Espéren.	fondante.	1	assez gr.	fertile.	fin sept. et oct.	,,,
H.	P.	E.	L. C. N.	— des vétérans.	fondante.	1	assez gr.	fertile.	hiver.	,,,,,,
H.				— d'Herry (excellente cuite).	cassante.	2	moyen.	fertile.	fin d'automne.	,,
H.	P.			— sans pareil.	demi-fond.	2	moyen.	très-fert.	fin d'hiver.	,,,,
	P.			— Vahette.	fondante.	1	moyen.	. . .	fin d'automne.	,,,,
H.	P.			Beurré Audusson, Poire Ridelles.	fondante.	2	moyen.	. . .	septembre.	,
H.	P.	E.	L. N.	— Auguste Benoist.	fondante.	1	assez gr.	très-fert.	octobre.	,,,,,
H.	P.	E.	L. C. N.	— aurore ou Capiaumont.	fondante.	1	moyen.	très-fert.	oct. et novemb.	,,,,,
H.	P.	E.	L. N.	— Baronne de Mello.	fondante.	1	moyen.	fertile.	fin oct. et nov.	,,,,,
H.	P.			— Baude.	fondante.	1	moyen.	. . .	novembre.	,,,,
H.	P.			— Beauchamp.	fondante.	1	moyen.	fertile.	octobre.	,,,,
	. .			— Benert.	fondante.	1	petit.	fertile.	janvier et fév.	
H.	P.			— Bosc (sur franc).	demi-fond.	1	assez gr.	fertile.	oct. et novemb.	,,,,,
H.	P.			— Bretonneau.	fondante.	1	moyen.	. . .	hiver.	,,,,,
H.	P.			— bronzé.	fondante.	1	assez gr.	fertile.	hiver.	,,,,,
H.		E.	L.M.C.	— Chaumontel ou besi Chaumontel (quelquefois de 1re qualité).	fondante.	2	gros.	. . .	hiver.	,,,,,
	P.			— Chaumontel anglais.	cassante.	2	assez gr.	. . .	hiver.	,,,
	P.			— Coloma.	fondante.	1	moyen.	. . .	novembre.	,,,
H.	P.			— Comte Lamy (sur franc).	fondante.	1	moyen.	. . .	nov. et décemb.	,,,,,
H.	P.			— Curtel ou Quételet.	fondante.	1	moyen.	fertile.	fin octobre.	,,,
H.	P.			— d'Albret.	fondante.	1	moyen.	très-fert.	octobre.	,,,
H.	P.	E.	L. C.	— d'Amanlis ou Wilhelmine.	fondante.	1	assez gr.	fertile.	septembre.	,,,,
H.	P.			— — panaché.	fondante.	1	assez gr.	fertile.	septembre.	,,,,
H.	P.			— d'Angleterre, Poire d'Angleterre, Bec d'oiseau; Poire d'amande, Saint-François.	fondante.	1	m. ou pet.	. . .	septemb. et oct.	,,,,
H.	P.			— d'Angleterre de Noisette.	cassante.	2	moyen.	. . .	fin d'aut. et hiv.	,,

H. SIG. DE LA HAUTE-TIGE.	P. SIGNE DE LA PYRAMIDE.	E. SIGNE DE L'ESPALIER.	EXPOSITIONS. — L. signifie Levant. M. Midi. C. Couchant. N. Nord.	NOMS DES GENRES, ESPÈCES ET VARIÉTÉS.	CHAIR DES FRUITS.	QUALITÉ DES FRUITS.	VOLUME DES FRUITS.	FERTILITÉ DES ARBRES.	ÉPOQUE DE MATURITÉ.	DEGRÉ DU MÉRITE DES FRUITS.
				Suite des POIRIERS.						
H.	P.	E.	L. N.	Beurré d'Aremberg , Beurré d'Hardempont des Belges , Beurré Duval, Beurré Lombarde, Gloumorceau , Beurré de Cambron (meilleur encore dans un terrain frais).	fondante.	1	assez gr.	fertile.	hiver.	,,,,,,,,,
H.	P.			— d'Aremberg Van Mons.	fondante.	1	moyen.	. . .	hiver.	,,,,,
	P.			— d'Argenson.	fondante.	2	moyen.	. . .	octobre.	,
H.	P.	E.	L. C.	— Davis , Fondante des bois.	fondante.	1	gros.	fertile.	octobre et nov.	,,,,,,
H.	P.			— de Beaumont.	fondante.	1	moyen.	fertile.	fin d'août.	,,,,
	P.			— de Bolwiller.	demi-fond.	2	moyen.	. . .	novembre.	,,
				— Defais.	fondante.	1	très-gros.	. . .	décembre.	
H.	P.			— d'Elberg.	fondante.	1	moyen.	. . .	octobre.	,,,,
H.	P.			— de Malines, Bonne de Malines, Colmar Nélis, Nélis d'hiver.	fondante.	1	petit.	fertile.	déc. et janvier.	,,,,,
H.	P.			— de Mérode.	fondante.	1	assez gr.	fertile.	fin d'octobre.	,,,,
H.	P.			— de Montgeron.	fondante.	1	moyen.	fertile.	septembre.	,,,,
H.	P.			— de Mortefontaine, Gain-Lefèvre.	fondante.	1	petit.	. . .	fin septembre.	,,
	P.			— d'Enghien.	fondante.	1	moyen.	fertile.	novembre.	,,,,
H.	P.	E.	L.M.C.	— de Noirchain, de Rance ou de Flandre , Bon Chrétien de Rance.	fondante.	1	assez gr.	très-fert.	fin d'hiv.et prin.	,,,,,,,,,,
H.	P.			— d'Éperleck.	fondante.	2	moyen.	. . .	septembre.	,,
				— de Pimpolle.	fondante.	1	assez gr.	. . .	nov. et décemb.	
	P.			— de Printemps.	fondante.	2	moyen.	. . .	novembre.	,,,
H.	P.			— de Racquengheim (sur franc).	fondante.	1	petit.	fertile.	octobre et nov.	,,,
H.	P.			— de Richelieu.	fondante.	1	moyen.	fertile.	fin d'octobre.	,,,
H.	P.	E.	L. C.N.	— des Charneuses, Fond. des Charneuses.	fondante.	1	gros.	fertile.	octobre.	,,,,,,
H.	P.	E.	L. C.	— de Sterkmann.	fondante.	1	moyen.	fertile.	décembre.	,,,,,,,,
H.				— des vignes.	fondante.	1	assez gr.	. . .	fin septembre.	,,,
H.	P.			— d'été , Franc-Réal d'été, Milan blanc, Beurré de Labouvière , Mouille bouche d'été.	fondante.	2	moyen.	fertile.	août.	,,,
H.	P.			— de Vaufleury.	fondante.	1	moyen.	fertile.	octobre.	,,,,
H.	P.			— d'hiver ancien.	demi-fond.	2	assez gr.	fertile.	hiver.	,,,,
	P.			— Drémont.	fondante.	1	moyen.	fertile.	fin septembre.	,,
H.	P.			— Dumortier (sur franc).	fondante.	1	moyen.	très-fert.	fin d'octobre.	,,,
	P.			— Duquesne.	fondante.	2	assez gr.	. . .	octobre et nov.	,,,
	P.			— Duvivier.	fondante.	1	moyen.	. . .	fin d'automne.	,,,
H.	P.			— Dwaël.	fondante.	1	moyen.	fertile.	septembre.	,,
H.	P.			— Duverny.	fondante.	1	moyen.	fertile.	octobre.	,,,,,
H.	P.			— Frédéric de Wurtemberg (sur franc).	fondante.	1	assez gr.	fertile.	fin d'oct. et nov.	,,,,,
H.	P.			— Gens.	fondante.	1	petit.	. . .	septembre.	,,,
H.	P.	E.	M.C.	— Giffart.	fondante.	1	moyen.	fertile.	fin juil.etc.août.	,,,,,,
H.	P.			— Goubault.	fondante.	1	petit.	très-fert.	commenc. sept.	,,,
H.	P.	E.	L. C.N.	— gris d'hiver nouveau ou de Luçon.	fondante.	1	gros.	très-fert.	hiver.	,,,,,,,,
H.	P.	E.	L. C.	— gris ou doré d'Amboise.	fondante.	1	gros.	fertile.	sept. et octobre.	,,,,,,

H. SIG. DE LA HAUTE-TIGE.	P. SIGNE DE LA PYRAMIDE.	E. SIGNE DE L'ESPALIER.	EXPOSITIONS. — L. signifie Levant. M. Midi. C. Couchant. N. Nord.		NOMS DES GENRES, ESPÈCES ET VARIÉTÉS.	CHAIR DES FRUITS.	QUALITÉ DES FRUITS.	VOLUME DES FRUITS.	FERTILITÉ DES ARBRES.	ÉPOQUE DE MATURITÉ.	DEGRÉ DU MÉRITE DES FRUITS.
					Suite des POIRIERS.						
H.	P.	E.	L.	C.N.	Beurré Hardy. . . .	fondante.	1	moyen.	fertile.	octobre.	,,,,,
H.	P.	E.	L.	C.N.	— incomparable , Diel, Magnifique , Poire melon , des Trois Tours, Fourquoi. . . .	fondante.	1	très-gros.	fertile.	novemb. et déc.	,,,,,,,,,
H.	P.				— Judes.	fondante.	1	petit.	fertile.	septembre.	,,
H.	P.				— Moiré.	fondante.	1	assez gr.	très-fert.	fin sept. et oct.	,,,,
H.	P.				— Navez.	fondante.	1	assez gr.	. . .	novembre.	,,,,
H.					— Nock.	fondante.	2	moyen.	. . .	octobre.	,,
H.	P.	E.	L.	C.N.	— Passe Colmar doré, gris, suprême ou souverain.	fondante.	1	moyen.	fertile.	fin aut. et c. hiv.	,,,,,,,,
H.	P.				— Picquery, Urbaniste.	fondante.	1	moyen.	. . .	novembre.	,,,,,,
H.					— Romain.	demi-fond.	2	assez gr.	. . .	septembre.	,
H.	P.				— rouge.	demi-fond.	2	moyen.	fertile.	octobre.	,,
H.	P.	E.	L.	C.	— Spence , Belle de Flandre.	fondante.	1	gros.	. . .	octobre.	,,,,,
H.	P.				— Sprin.	fondante.	1	moyen.	. . .	octobre et nov.	,,,,,
H.	P.				— superfin.	fondante.	1	moyen.	fertile.	septembre.	,,,,,
H.	P.				— tardif de Fougères.	demi-fond.	2	moyen.	. . .	novemb. et déc.	,,,
	P.				— Van Mons.	fondante.	1	moyen.	. . .	comm. d'octob.	,,,,
	P.				Bishop's thumb, Canning.	fondante.	1	assez gr.	fertile.	novembre.	,,,,,
H.					Blanquette (grosse).	demi-fond.	3	petit.	fertile.	fin juin.	,
H.					— (petite), Poire cire.	demi-fond.	2	très-petit.	fertile.	fin juin.	,,
					— d'Audusson.	demi-fond.	1	petit.	fertile.	fin d'août.	,,
	P.				Bon-Chrétien d'automne.	demi-fond.	2	assez gr.	fertile.	septemb. et oct.	,,
H.					— de Bruxelles.	demi-fond.	1	assez gr.	. . .	septembre.	,,
					— — de Rance (V. Beurré de Noirchain).						
H.		E.		M.C.	— — d'été ou Gracioly.	fondante.	1	assez gr.	. . .	septembre.	,,,,
		E.		M.	— — de Vernois.	cassante.	2	assez gr.	. . .	hiver.	,,,
		E.		M.	— — d'hiver, Bon-Chrétien d'Auch (quelquefois de 1re qual.).	cassante.	2	très-gros.	. . .	hiver et print.	,,,,,,
					— — Gustave.	fondante.	1	très-gros.	fertile.	novembre.	
					— — panaché ou jaspé (q.q.f. de 1re qual.)	cassante.	2	gros.	. . .	septembre.	,,,
	P.				— — fondant musqué.	fondante.	2	assez gr.	fertile.	fin d'hiver.	,,,,,
H.	P.	E.	L.	C.	— — Napoléon, Liar, Médaille, Charles d'Autriche, Bonaparte, Captif de Sainte-Hélène.	fondante.	1	assez gr.	très-fert.	fin d'oct. et nov.	,,,,,
H.	P.	E.	L.	N.	— — William's (musqué.	fondante.	1	gros.	très-fert.	fin août et sept.	,,,,,
H.	P.				Bonne après Noël.	fondante.	1	moyen.	fertile.	déc. et janvier.	,,,,,
H.	P.	E.	L.	C.N.	— des Zées. . . .	fondante.	1	assez gr.	très-fert.	fin août et sept.	,,,,,
					— Ente.	fondante.	1	assez gr.	. . .	novembre.	,,,
	P.				Bonnissime de la Sarthe.	fondante.	1	moyen.	. . .	novembre.	,,,,
	P.				Bon parent.	fondante.	1	moyen.	. . .	octobre et nov.	,,,,
H.	P.				Bourguemestre (Bouvier).	fondante.	1	moyen.	. . .	de nov. à janv.	,,,,,
	P.				Brandès.	demi-fond.	1	assez gr.	fertile.	fin d'automne.	,,,,,
H.	P.				Calebasse Bosc. . . .	cassante.	2	moyen.	fertile.	comm. d'octob.	,,
	P.				— Bouland.	cassante.	2	moyen.	. . .	novembre.	,,
	P.				— de Neckmann.	cassante.	2	très-gros.	fertile.	octobre et nov.	,,
H.	P.				— d'été (Espéren).	demi-fond.	1	moyen.	fertile.	fin août et sept.	,,,
	P.				— d'hiver, Grosse calebasse. . . .	cassante.	2	gros.	. . .	novembre.	,,

H. SIG. DE LA HAUTE-TIGE.	P. SIGNE DE LA PYRAMIDE.	E. SIGNE DE L'ESPALIER.	EXPOSITIONS. L. signifie Levant. M. Midi. C. Couchant. N. Nord.	NOMS DES GENRES, ESPÈCES ET VARIÉTÉS.	CHAIR DES FRUITS.	QUALITÉ DES FRUITS.	VOLUME DES FRUITS.	FERTILITÉ DES ARBRES.	ÉPOQUE DE MATURITÉ.	DEGRE DU MÉRITE DES FRUITS.
				Suite des POIRIERS.						
	P.			Calebasse ordinaire.	cassante.	2	assez gr.		octobre.	,
	P.			— verte.	demi-fond.	2	moyen.		octobre.	,
H.	P.			Capucine Van Mons.	demi-fond.	2	assez gr.		hiver.	,,,
H.	P.			Cent couronnes.	fondante.	1	moyen.		décembre.	,,,,,
	P.			Chamoisine.	demi-fond.	2	assez gr		fin d'octobre.	,,,
	P.			Charles Smet.	fondante.	1	moyen.		novemb. et déc.	,,,
H.	P.			Cire d'Espéren (poire).	fondante.	1	moyen.		septemb. et oct.	,,,
H.	P.			Citron des Carmes, Madeleine.	demi-fond.	2	petit.	fertile.	comm. de juillet.	,,
H.	P.			— — panaché.	demi-fond.	2	petit.		comm. de juillet.	,,
				Claire.	fondante.	1	moyen.	fertile.	octobre.	,,
H.	P.			Coigné d'été (sur franc).	demi-fond.	2	moyen.	fertile.	comm. d'août.	,,
H.	P.	E.	L. C.N.	Colmar d'Aremberg, Fond. de Jaffard.	fondante.	1	gros.	très-fert.	octobre et nov.	,,,,,,
H.	P.			— d'automne, Poire d'abondance.	demi-fond.	2	moyen.	très-fert.	fin septembre.	,,,
H.	P.	E.	L.M.C.	— des Invalides.	demi-fond.	2	gros.		fin d'hiver.	,,,,,,
H.	P.			— d'été.	demi-fond.	2	moyen.	fertile.	août.	,,,
		E.	M.C.	— d'hiver.	fondante.	1	assez gr.		hiv. et fin d'hiv.	,,,,,
				— du Lot (V. belle épine Dumas)						
				— Nélis (V. Beurré de Malines).						
	P.	E.	L. C.	— Van Mons.	cassante.	2	gros.		hiver.	,,,,,
		E.	M.C.	Cuisse madame d'été, Épargne, Beau-présent, Saint-Samson, poire de la table des princes, Beurré de Paris, Poire de seigneur, Belle vergne, Cueillette, Roland, Chopine.	fondante.	1	assez gr.		fin juill., c. août.	,,,,
H.	P.			d'Apremont.	fondante.	1	petit.	fertile	automne.	,,,
H.	P.			de Coq.	demi-fond.	2	petit.	fertile.	août.	,,
	P.			Delépine.	demi-fond.	2	moyen.	fertile.	septembre.	,,,,,
H.	P.			Délices de Charles.	fondante.	1	moyen.	fertile.	novemb. et déc.	,,,,,
	P.			— de Jodoigne.	fondante.	1	moyen.		octobre.	,,,
H.	P.			— de Lavienjau.	fondante.	1	moyen.	fertile.	fin d'oct. et nov.	,,,,
H.	P.	E.	L. C.N.	— d'Hardempont.	fondante.	1	assez gr.	fertile.	nov. et déc.	,,,,,,,
H.	P.			— Van Mons	fondante.	1	moyen.	très-fert.	fin d'oct. c. nov.	,,,,,
				de Lamartine.	fondante.	1	moyen.		oct. et nov.	
	P.			de Louvain (poire).	fondante.	1	moyen.		novembre.	,,,,
				de Maraise (Van-Mons).	très-fond.	1	très-gros.		nov. et déc.	
	P.			de Portugal (Beurré de Portugal, par erreur).	cassante.	3	assez gr.		novembre.	,
				de Pradel (Sageret).	fondante.	1	moyen.	très-fert.	comm. d'oct.	,
H.				Deschamps.	demi-fond.	2	moyen.		sept. et octobre.	,
				de Sorlus.	fondante.	1	très-gros.	très-fert.	octobre.	
H.	P.			de Spoëlberg, Poire de Mons.	fondante.	1	moyen.	très-fert.	oct. et novemb.	,,,,,
H.	P.			de table (poire).	demi-fond.	2	moyen.		octobre.	,,
	P.			Devack.	fondante.	1	moyen.		octobre.	,,,
H.	P.			Dingler (sur franc).	fondante.	1	moyen.	fertile.	novembre.	,,,,
				Docteur Capron.	demi-fond.	1	moyen.		oct. et novemb.	
H.	P.	E.	L. C.N.	Doyenné Boussoch.	fondante.	1	assez gr.	fertile.	fin septembre.	,,,,
				— crotté ou galeux (revient souvent au doyenné blanc dont il sort).	fondante.	1	moyen.	fertile.	fin d'octobre.	,,,,,
H.	P.			— d'Effay.	fondante.	1	moyen.	fertile.	novembre.	,,,,

H. SIG. DE LA HAUTE-TIGE.	P. SIGNE DE LA PYRAMIDE.	E. SIGNE DE L'ESPALIER.	EXPOSITIONS. L. signifie Levant M. Midi. C. Couch. N. Nord.	NOMS DES GENRES, ESPÈCES ET VARIÉTÉS.	CHAIR DES FRUITS.	QUALITÉ DES FRUITS.	VOLUME DES FRUITS.	FERTILITÉ DES ARBRES.	ÉPOQUE DE MATURITÉ.	DEGRÉ DU MÉRITE DES FRUITS.
				Suite des POIRIERS.						
H.	P.			Doyenné de Herckmann.	cassante.	1	moyen.	. . .	nov. et déc.	,,,,,
H.	P.	E.	M.C.	— d'été ou de juillet.	fondante.	1	petit.	très-fert.	mi-juillet.	,,,,,
H.	P.	E.	L.M.C.N.	— d'hiver, Bergamote de Pentecôte.	fondante.	1	gros.	très-fert.	de janv. en mai.	,,,,,,,,,,
H.	P.	E.	L.M.C.N.	— d'hiver nouveau ou d'Alençon.	fondante	1	assez gr.	très-fert.	fin hiv. et print.	,,,,,,,,
H.				— Dillen.	fondante.	1	gros.	très-fert.	nov. et déc,	
H.	P.			— doré ou blanc, St.-Michel, Poire de neige.	fondante.	1	assez gr.	fertile.	fin sept. et oct.	,,,,
H.	P.	E.	L. C.N.	— Goubault.	fondante.	1	moyen.	très-fert.	hiver.	,,,,,,,,,
H.	P.			— gris d'hiver.	fondante.	1	assez gr.	. . .	déc. et janv.	,,,,,,
H.	P.	E.	L. C.N.	— gris ou roux.	fondante.	1	assez gr.	fertile.	fin d'oct. et nov.	,,,,,,
H.	P.			— musqué	fondante.	1	moyen.	très-fert.	fin d'octobre.	,,,,
H.	P.			— panaché.	fondante.	1	assez gr.	fertile.	fin sept. et oct.	,,,,
H.	P.			— Sieulle.	fondante.	2	assez gr.	. . .	novembre.	,,,,
B.	P.			Duc de Brabant.	fondante.	1	assez gr.	. . .	octobre.	,,,,
	P.			— de Nemours.	fondante.	1	moyen.	. . .	novembre.	,,,,
H.	P.	E.	L. C.N.	Duchesse d'Angoulême (très-bonne dans un terrain sec).	fondante.	1	très-gros.	très-fert.	octobre et nov.	,,,,,,,
H.	P.			— de Berry.	fondante.	1	moyen.	. . .	fin d'août.	,,,,
H.	P.			— de Mars	fondante.	1	petit.	fertile.	hiver.	,,,,
H.	P.	E.	L. C.	Elisa d'Heyst, Belle caënnaise.	demi-fond.	2	assez gr.	. . .	mars et avril.	,,,,,,
				Épine d'hiver ou Ambrette.	d.-fond.	1	petit.	. . .	décembre.	,,,
	P.			— panachée.	fondante.	2	petit.	. . .	septembre.	,
H.	P.			Espérine	fondante.	1	moyen.	. . .	décembre.	,,,,,,
H.	P.			Excellentissime	fondante.	1	assez gr.	fertile.	septembre.	,,,,
H.	P.			Ferdinand de Meester.	fondante.	1	assez gr.	. . .	octobre.	,,,,,
	P.			Fleur de neige.	fondante.	1	moyen.	. . .	octobre.	,,,,
	P.			Fondante d'automne.	fondante.	2	assez gr.	. . .	octobre.	,,,
H.	P.			— de Brest.	fondante.	2	moyen.	. . .	fin septembre.	,,
H.	P.			— de Malines	fondante.	1	moyen.	. . .	automne.	,,,,,,
H.	P.			— Millot.	fondante.	1	moyen.	. . .	nov. et déc.	,,,,,
	P.			— rouge.	d.-fond.	2	moyen.	. . .	décembre.	,,,
H.				Frangipane (1re qualité en compote)	cassante.	2	moyen.	. . .	fin sept. c. d'oct.	,
	P.			Gérando.	d.-fond.	2	moyen.	. . .	octobre.	,,
	P.			Girardin	fondante.	1	moyen.	. . .	oct. et nov.	,,,
H.	P.			Girofle panachée.	d.-fond.	1	petit.	fertile.	fin d'août.	,,,
	P.			Gloire de Cambronne.	fondante.	1	moyen.	. . .	fin d'octobre.	,,,
	P.			Gloire de Hambourg.	fondante.	2	assez gr.	fertile.	comm. d'oct.	,,
H.	P.			Golcondi nova (sur franc)	fondante.	1	petit.	. . .	fin d'août.	,,,
	P.			Grain de corail	fondante.	1	assez gr.	. . .	hiver.	,,,,,
H.	P.	E.	L. C.	Hacon's incomparable	fondante.	1	assez gr.	. . .	nov. et c. déc.	,,,,,,
	P.			Helicte Dundas	fondante.	1	assez gr.	. . .	nov. et déc.	,,,,
H.	P.			Héloïse, Henriette Bouvier.	fondante.	1	moyen.	fertile.	octobre.	,,,,
				Henkaël	fondante.	1	moyen.	fertile.	mi-septembre.	
				Henri Capron.	fondante.	1	gros.	. . .	novembre.	
H.	P.			Héricart de Thury	fondante.	1	moyen.	. . .	décembre.	,,,,
H.	P.			Hessel	fondante.	1	moyen.	. . .	fin juill. et août.	,,,
H.	P.			His	fondante.	1	petit.	. . .	comm. de nov.	,,,,
H.	P.			Jalousie de Fontenay - Vendée	fondante.	1	assez gr.	fertile.	septembre.	,,,,
H.				Jargonelle.	cassante.	2	moyen.	. . .	fin d'août.	,,
H.	P.			Joséphine d'automne	fondante.	1	moyen.	. . .	octobre.	,,,,
H.	P.		L. C.	— de Malines	fondante.	1	moyen.	fertile.	fin hiv. et print.	,,,,,,,,,,
H.	P.			— impératrice (sur franc).	fondante.	1	moyen.	. . .	fin d'hiver.	,,,,,,,

H. SIG. DE LA HAUTE-TIGE.	P. SIGNE DE LA PYRAMIDE.	E. SIGNE DE L'ESPALIER.	EXPOSITIONS. L. signifie Levant. M. Midi. C. Couchant. N. Nord.	NOMS DES GENRES, ESPÈCES ET VARIÉTÉS.	CHAIR DES FRUITS.	QUALITÉ DES FRUITS.	VOLUME DES FRUITS.	FERTILITÉ DES ARBRES.	ÉPOQUE DE MATURITÉ.	DEGRÉ DU MÉRITE DES FRUITS.
				Suite des POIRIERS.						
	P.	. . .	.	Knight's monarch (s. franc).	fondante.	1	moyen.	. . .	décembre.	,,,,,
	P.	. . .	.	Lahérard	fondante.	1	assez gr.	fertile.	oct. et nov.	,,,,
	. . .	. . .	.	La Juive (Espéren) . . .	fondante.	1	moyen.	. . .	novembre.	
H.	P.	. .	.	Léon Leclerc de Laval (meilleure en compote.	cassante.	2	assez gr.	. . .	fin hiv. et print.	,,,,
H.	P.	. . .	.	— — de Van Mons, de Louvain . .	demi-fond.	2	assez gr.	fertile.	hiver.	,,,,
	P.	. . .	.	Leurs	fondante.	1	moyen.	. . .	hiver.	,,,,,
H.	P.	. . .	.	Longue de Monkowty .	fondante.	1	moyen.	. . .	fin juillet.	,,,,
H.	P.	. . .	.	Louise bonne ancienne, St.-Germain blanc.	fondante.	2	moyen.	. . .	décembre.	,,
H.	P.	E. L.	N.	— — d'Avranches. .	fondante.	1	assez gr.	très-fert.	sept. et oct.	,,,,,
H.	P.	. . .	.	— — de Jersey. .	demi-fond.	1	assez gr.	fertile.	septembre.	,,,
	P.	. . .	.	— de Boulogne. . .	cassante.	2	moyen.	. . .	hiver.	,,,,
H.	P.	. . .	.	— de la Carelle. .	fondante.	1	moyen.	fertile.	décembre.	,,,,,
H.	P.	. . .	.	— de Prusse. . .	demi-fond.	2	moyen.	. . .	novembre.	,,,,,
H.	P.	. . .	.	— d'Orléans . .	fondante.	1	moyen.	. . .	novembre.	,,,,
H.	P.	. . .	.	Madotte.	fondante.	2	assez gr.	fertile.	oct. et nov.	,,
H.	P.	. . .	.	Mal connaître. . .	demi-fond.	1	moyen.	fertile.	août.	,,,
	P.	. . .	.	Maréchal de cour. . .	fondante.	1	assez gr.	. . .	nov. et déc.	,,,,,
	. . .	. . .	.	Marie Anne de Nancy . .	fondante.	2	moyen.	. . .	octobre.	
H.	P.	. . .	.	Marie-Louise (sur franc).	fondante.	1	moyen.	. . .	fin d'oct.	,,,,
H.	P.	E. L.	C.	— — Delcourt (s. franc).	fondante.	1	moyen.	fertile.	oct. et nov.	,,,,,,
H.	P.	. . .	.	Marquise d'hiver. . .	fondante.	2	assez gr.	. . .	nov. et déc.	,,,
H.	P.	. . .	.	Melon de Namur (sur franc).	demi-fond.	2	gros.	. . .	novembre.	,,,
	P.	. . .	.	Merveille d'hiver. . .	demi-fond.	2	moyen.	. . .	décembre.	,,,
H.	P.	. . .	.	Mes délices	demi-fond.	1	assez gr.	. . .	fin d'octobre.	,,,,
H.	P.	. . .	.	Messire-Jean . . .	cassante.	1	moyen.	. . .	novembre.	,,,,
	. . .	. . .	.	— rond (Goubault) .	fondante.	1	moyen.	. . .	hiver.	
	. . .	. . .	.	Mignonne d'hiver. . .	fondante.	1	moyen.	fertile.	février.	
	P.	. . .	.	Millot de Nancy . . .	fondante.	1	moyen.	. . .	décembre.	,,,,
	. . .	. . .	.	Monseigneur Affre .	fondante.	1	moyen.	. . .	décembre.	
H.	P.	. . .	.	Muscat Lallemant. . .	demi-fond.	2	assez gr.	. . .	fin d'hiver.	,,,,,
H.	P.	. . .	.	Nectarine	fondante.	1	moyen.	fertile.	fin d'octobre.	,,,,,
	P.	. . .	.	Neill.	fondante.	1	moyen.	. . .	septembre.	,,,
H.	P.	E. L.	C.	Ne plus meuris, Beurré d'Anjou .	fondante.	1	gros.	. . .	de nov. à janv.	,,,,,,,
	. . .	. . .	.	Nouveau Bouvier. . .	fondante.	1	moyen.	fertile.	déc. et janv.	,,,,,,
	P.	. . .	.	— Poiteau . . .	fondante.	1	assez gr.	. . .	octobre.	,,,
	P.	. . .	.	Oken d'hiver. . .	demi-fond.	2	moyen	. . .	nov. et déc.	,,,
H.	P.	. . .	.	Orange musquée. . .	demi-fond.	2	assez gr.	. . .	août.	,,
	P.	. . .	.	— rouge. . . .	demi-fond.	2	assez gr.	. . .	fin d'août.	,,
	P.	. . .	.	— tulipée . . .	demi-fond.	2	assez gr.	. . .	fin d'août.	,,
H.	P.	E.	L.M.C.	Passe-tardive. . . .	cassante.	2	moyen.	fertile.	fin hiv. et print.	,,,,,,
	P.	. . .	.	Pastorale ou Musette, forme curieuse (sur franc)	cassante.	2	petit.	très-fert.	août.	,,
H.	P.	. . .	.	Pater noster . . .	demi-fond.	2	assez gr.	fertile.	nov. et déc.	,,,,
	. . .	. . .	.	Paul Thiélens. . .	fondante.	1	moyen.	. . .	novembre.	
H.	P.	. . .	.	Philippe de France . .	demi-fond.	1	assez gr.	très-fert.	oct. et c. de nov.	,,,,
	P.	. . .	.	Poiteau.	cassante.	2	assez gr.	. . .	nov. et déc.	,,,
	P.	. . .	.	Princesse Charlotte .	fondante.	1	moyen.	. . .	décembre.	,,,,
	. . .	. . .	.	— Marianne. . .	fondante.	2	moyen.	. . .	oct. et nov.	
H.	P.	. . .	.	— d'Orange. . .	fondante.	2	moyen.	. . .	oct. et nov.	,,,
H.	P.	. . .	.	Rameau. . . .	fondante.	1	assez gr.	fertile.	fin d'automne.	,,,,
H.	P.	. . .	.	Reine des Pays-Bas .	demi-fond.	2	moyen.	. . .	octobre et nov.	,,,
H.	P.	. . .	.	— des poires . . .	cassante.	2	assez gr.	. . .	nov. et déc.	,,,

Suite des POIRIERS.

	NOMS DES GENRES, ESPECES ET VARIÉTÉS.	CHAIR DES FRUITS.	QUALITÉ DES FRUITS.	VOLUME DES FRUITS.	FERTILITÉ DES ARBRES.	ÉPOQUE DE MATURITÉ.	DEGRÉ DU MÉRITE DES FRUITS.
P.	Reine d'hiver.	demi-fond.	2	moyen.	fertile.	déc. et janv.	,,,,
P.	— Victoria.	fondante.	1	moyen.	fertile.	déc. et janv.	
H. P.	Rigouleau.	demi-fond.	2	moyen.	fertile.	janvier.	,,,,,,
P.	Rosabine	cassante.	2	assez gr.	très-fert.	sept. et oct.	,,
H. P.	Rousselet de Coster	demi-fond.	1	moyen.	. . .	novembre.	,,,,
H. P.	— de Reims petit musqué.	fondante.	1	très-petit.	. . .	fin de sept.	,,,
H. P.	— de Stuttgard.	fondante.	1	petit.	. . .	août.	,,,
H. P.	— enfant prodigue.	demi-fond.	1	moyen.	. . .	nov. et déc.	,,,,
H. P.	— gros	demi-fond.	2	moyen.	. . .	septembre.	,
H. P.	— Jamin.	fondante.	2	moyen.	. . .	octobre.	,,
H. P.	— précoce	fondante.	1	petit.	fertile.	fin août, c. sept.	,,,
H. P.	Sabine d'hiver	demi-fond.	2	assez gr.	. . .	hiver.	,,,,
H. P.	— Van Mons	cassante.	2	assez gr.	. . .	hiver.	,,,,
P.	Saint-André	d.-fond.	2	moyen.	fertile.	oct. et nov.	,,,
H. P.	— Bernard	cassante.	2	moyen.	. . .	novembre.	,,
H. P.	— Germain (de pépins de M. Neveu).	fondante.	1	petit.	. . .	janvier et fév.	,,,,,
H. P.	— — d'été.	demi-fond	2	moyen.	. .	fin d'août.	,
H. P.	— — d'été nouveau	fondante.	1	moyen.	fertile.	comm. de sept.	,,,,
H. P. E. L.M.C.	— — d'hiver	fondante.	1	assez gr.	fertile.	de nov. en mars.	,,,,,,,,
H. P.	— — panaché (même qualité, mais l'arbre est plus délicat)	fondante.	1	assez gr.	fertile.	de nov. en mars.	,,,,,,,,,
P.	— — Van Mons	demi-fond.	2	assez gr.	. . .	hiver.	,,,,,
H. P.	Saint-Herblain d'hiver.	demi-fond.	2	moyen.	fertile.	fin d'hiver.	,,,,,
P.	— Jaure.	fondante.	1	moyen.	. . .	novembre.	,,,,
H. P. E. L. C.	— Jean-Baptiste (s. franc).	fondante.	1	moyen.	. . .	déc. et janvier.	,,,,,,,
H. P.	— Joseph	demi-fond.	2	moyen.	. . .	hiver.	,,,,
P.	— Ménin.	fondante.	1	moyen.	. . .	octobre.	,,,
H. P. E. L. C.	Saint-Michel-Archange.	fondante.	1	assez gr.	très-fert.	octobre.	,,,,,
H. P.	— Nicolas.	fondante.	1	petit.	très-fert.	octobre.	,,,,
P.	— Quentin.	cassante.	2	assez gr.	. . .	sept. et octobre.	,,
P.	Sainte-Dorothée	d.-fond.	2	moyen.	fertile.	septembre.	,,
H. P.	Salviati.	fondante.	1	moyen.	. . .	août.	,,,,
P.	Sanguinola.	demi-fond.	2	moyen.	fertile.	fin d'avril.	,,
H. P.	Seakle pear (sur franc).	fondante.	1	petit.	très-fert.	octobre.	,,,,
H. P.	Seigneur (Espéren).	fondante.	1	moyen.	. . .	octobre.	,,,
P.	Serrurier (bonne en compote).	demi-fond.	2	moyen.	. . .	nov. et déc.	,,,
H. P.	Seutin (poire).	demi-fond.	2	assez gr.	très-fert.	hiver.	,,,,
H. P.	Signoret	fondante.	1	moyen.	. . .	novembre.	,,,,,
H. P.	Simon Bouvier.	fondante.	1	moyen.	fertile.	fin d'août.	,,,,,
H. P. E. L.M.C.N.	Soldat laboureur.	fondante.	1	moyen.	fertile.	de nov. à janv.	,,,,,,,
P.	Souvenir de Printemps.	fondante.	1	moyen.	fertile.	octobre.	,,,
P.	Souvenirs Van Mons.	fondante.	1	moyen.	fertile.	novembre.	,,,
P.	Souveraine d'été.	fondante.	1	moyen.	fertile.	fin d'août.	,,,
H. P.	Sucrin vert.	fondante.	2	petit.	. . .	octobre.	,
H. P.	Suprême de Quimper	cassante.	2	assez gr.	. . .	hiver.	,,,,
H. P. E. L.M.C.	Suzette de Bavay.	fondante.	1	moyen.	fertile.	fin d'hiver.	,,,,,,
P.	Tardive de Mons.	cassante.	2	assez gr.	. . .	hiver.	,,,,
H. P.	Tarquin des Pyrénées.	cassante.	2	assez gr.	très-fert.	fin hiv. et print.	,,,,,
P.	Tavernier de Boulogne.	cassante.	2	assez gr.	. . .	hiver.	,,,
H. P.	Théodore d'été.	cassante.	2	moyen.	très-fert.	août.	,,
P.	Thompson's.	fondante.	1	moyen.	fertile.	novembre.	,,
H. P.	Triomphe de Louvain.	demi-fond.	2	assez gr.	fertile.	octobre.	,,,
H. P. E. L. C.	— de Jodoigne	fondante.	1	gros.	fertile.	nov. et déc.	,,,,,,,

Légende des colonnes : H. SIG. DE LA HAUTE-TIGE. — P. SIGNE DE LA PYRAMIDE. — E. SIGNE DE L'ESPALIER. — EXPOSITIONS : L. signifie Levant. M. Midi. C. Couchant. N. Nord.

H. SIG. DE LA HAUTE-TIGE.	P. SIGNE DE LA PYRAMIDE.	E. SIGNE DE L'ESPALIER.	EXPOSITIONS. L. signifie Levant. M. Midi. C. Couch. N. Nord.	NOMS DES GENRES, ESPECES ET VARIÉTÉS.	CHAIR DES FRUITS.	QUALITÉ DES FRUITS.	VOLUME DES FRUITS.	FERTILITÉ DES ARBRES.	ÉPOQUE DE MATURITÉ.	DEGRÉ DU MÉRITE DES FRUITS.
				Suite des POIRIERS.						
	P.	. . . . .		Truite ou Forelle. . . .	fondante.	1	moyen.	. . .	octobre.	,,,
	. .	. . . .		Urbaniste (V. Beurré Pic-query).						
	P.	. . . .		Vanaësse	fondante.	1	moyen.	. . .	fin d'octobre.	,,,
	P.	. . . .		Vandesch	demi-fond.	2	moyen.	. . .	septembre.	,,
H.	P.	E. L. C.		Van Mons de Léon Leclerc.	fondante.	1	gros.	très-fert.	fin d'oct. et nov.	,,,,,,,
	P.	. . . .		Vergaline musquée . . .	fondante.	1	moyen.	fertile.	fin d'août.	,,,
H.	P.	. . . .		Verte longue ou Mouille-bou-che. . .	fondante.	2	petit.	fertile.	octobre.	,,
H.	P.	. . . .		— — d'Anger. .	fondante.	1	moyen.	fertile.	fin septembre.	,,,
	P.	. . . .		— — de la Mayenne.	fondante.	1	petit.	fertile.	nov. et déc.	,,,,
H.	P.	. . . .		— — d'été. . . .	fondante.	1	moyen.	fertile.	comm. de sept.	,,,
H.	P.	. . . .		— jaspée, Culotte de Suisse . . .	fondante.	2	moyen.	fertile.	octobre.	,,
H.	P.	. . . .		Vesouzière (Léon Leclerc), sur franc. . .	fondante.	1	petit.	fertile.	déc. et janvier.	,,,,
H.	P.	. . . .		Zéphyrin Grégoir. . .	fondante.	1	moyen.	. . .	février et mars.	,,,
H.	P.	. . . .		Vingt Mars, Poire équinoxe.	fondante.	1	moyen.	fertile.	mars.	,,,,,,,
H.	P.	. . . .		Virgouleuse	fondante.	1	moyen.	. . .	déc. et janvier.	,,,,
	P.	E. L. C.		Vraie Amberg. . . .	fondante.	1	moyen.	. . .	déc. et janvier.	,,,,,,
	P.	. . . .		Washington	fondante.	2	moyen.	. . .	octobre.	,,
	P.	. . . .		Waterloo (musquée). .	fondante.	1	assez gr.	fertile.	septembre.	,,,
	P.	. . . .		Wellington. . . .	fondante.	2	moyen.	. . .	novembre.	,,,
H.	P.	. . . .		William Prince : . .	fondante.	1	moyen.	. . .	octobre.	,,,
	P.	. . . .		Winter cressane . . .	fondante.	1	moyen.	. . .	novembre.	
	P.	. . . .		Wredraw	fondante.	1	moyen.	. . .	octobre.	,,,

H. SIGNE DE LA HAUTE-TIGE.	P. SIGNE DE LA PYRAMIDE.	E. SIGNE DE L'ESPALIER.	EXPOSITIONS. L. signifie Levant. M. Midi. C. Couchant. N. Nord.	NOMS DES GENRES, ESPÈCES ET VARIÉTÉS.	QUALITÉ DES FRUITS.	VOLUME DES FRUITS.	FERTILITÉ DES ARBRES.	ÉPOQUE DE MATURITÉ.	DEGRÉ DU MÉRITE DES FRUITS.
				POIRIERS A COMPOTE.					
	P.	E.	L.M.C.	Belle Angevine, Royale d'Angleterre, Bolivar, Grosse de Bruxelles, Beauté de Terverin, Grand monarque, Poire d'Angora par erreur.	2	monstr.	. . .	fin d'hiver.	,,,,,
H.	P.		. . .	Bellissime d'automme, Vermillon.	2	moyen.	fertile.	octobre.	,,
H.	P.	E.	L.M.C.	— d'hiver.	1	assez gros.	. . .	hiver.	,,,,
H.	P.		. . .	Bergamote, belle Audibert.	1	moyen.	. . .	fin d'hiver.	,,
H.	P.		. . .	— d'Angleterre de Noisette.	1	assez gros.	. . .	fin d'hiver.	,,
H.	P.		. . .	— double fleur.	1	assez gros.	fertile.	fin d'hi. et print.	,,
H.	P.		. . .	Blanc perlé.	1	assez gros.	fertile.	fin d'hiver.	,,,,
H.	P.	E.	L.M.C.N.	Bon Chrétien d'Espagne ou Mansuette.	1	gros.	fertile.	fin d'automne.	,,,
		E.	M.C.	— — turc.	2	assez gros.	. . .	novembre.	,,
	P.		L. N.C.	Calebasse grosse.	2	très-gros.	. . .	fin d'automne.	,,,
H.			. . .	Catillac, Poire de livre.	1	très-gros.	. . .	hiver.	,,,,
H.	P.		. . .	Chaptal.	1	assez gros.	fertile.	hiver.	,,,
H.	P.		. . .	Chartreuse.	2	gros.	. . .	hiver.	,,,
H.	P.		. . .	Coudaigre.	1	moyen.	. . .	fin d'hiver.	,,,
	P.		. . .	d'Angora ou de Constantinople.	1	assez gros.	. . .	hiver.	,,,,
H.	P.		. . .	de Tarquin.	1	assez gros.	fertile.	fin d'hi. et print.	,,,,
H.	P.		. . .	de tonneau.	2	gros.	. . .	fin d'automne.	,
H.	P.		. . .	d'Hardempont, Faux Bon-Chrétien.	2	gros.	. . .	nov. et déc.	,,,
H.	P.		. . .	Figue d'hiver.	1	moyen.	. . .	hiver.	,,,
H.	P.	E.	L. C.N.	Franc réal d'hiver.	1	assez gros.	fertile.	hiver.	,,,,,
H.			. . .	Frangipane.	1	moyen.	. . .	sept. et oct.	,,
H.	P.		. . .	Gille ô Gille, Gros gobet, Dagobert.	2	gros.	fertile.	octobre et nov.	,,
H.	P.		. . .	Impérial à feuilles de chêne.	1	moyen.	. . .	fin d'hi. et print.	,,,,
H.	P.		. . .	Marie.	1	assez gros.	fertile.	fin d'hiver.	,,,,
H.	P.	E.	L.M.C.	Martin sec, Rousselet d'hiver.	1	moyen.	. . .	hiver.	,,,,,
H.	P.		. . .	Orange d'hiver.	2	assez gros.	. . .	hiver.	,,
H.	P.		. . .	présent royal de Naples, Rateau gris.	1	très-gros.	fertile.	hiver.	,,,,
H.	P.		. . .	Saint-Lézin	1	gros.	. . .	octobre.	,,
H.	P.		. . .	Saint-Marc.	1	assez gros.	fertile.	déc. et janvier.	,,,,
H.	P.		. . .	Serteau d'hiver.	1	petit.	très-fertile.	fin d'hiver.	,,,,
H.	P.		. . .	Trésor d'hiver.	1	moyen.	. . .	hiver.	,,
				COGNASSIERS.					
H.			. . .	— à petit fruit.	. .	petit.			
H.			. . .	— d'Angers.	. .	gros.			
H.			. . .	— de Portugal.	. .	gros.			
H.			. . .	— ordinaire.	. .	gros.			

RÉCAPITULATION, PAR ORDRE DE MATURITÉ, DES VARIÉTÉS DE POIRIERS POUR ESPALIER, AVEC LES EXPOSITIONS QUI LEUR CONVIENNENT.

ÉTÉ.

	L.	M.	C.	N.
Doyenné de juillet		M.	C.	
Beurré Giffart.		M.	C.	
Épargne.		M.	C.	
Bonne des Zées	L.		C.	N.
Bon-Chrétien William's.	L.			N.
Bon-Chrétien d'été.		M.	C.	
Beurré d'Amanlis.	L.		C.	
Doyenné Boussoch.	L.		C.	N.

AUTOMNE.

	L.	M.	C.	N.
Beurré gris ou doré.	L.		C.	
Beurré superfin	L.		C.	
Louise bonne d'Avranches.	L.			N.
Amiral.	L.			N.
Beurré Auguste Benoist.	L.			N.
Beurré Spence.	L.		C.	
Beurré des Charneuses.	L.		C.	N.
Beurré Capiaumont	L.		C.	N.
Beurré Hardy.	L.		C.	N.
Baronne de Mello	L.			N.
Duchesse d'Angoulême.	L.		C.	N.
Marie-Louise Delcourt.	L.		C.	
Beurré Davis.	L.		C.	
Beurré Bosc	L.		C.	
Van Mons de Léon Leclerc.	L.		C.	
Bon-Chrétien Napoléon.	L.		C.	
Colmar d'Aremberg.	L.		C.	N.
Doyenné gris ou roux.	L.		C.	N.
Crassane	L.		C.	
Triomphe de Jodoigne.	L.		C.	
Belle épine Dumas	L.			N.
Belle de Berry	L.	M.	C.	
Beurré incomparable	L.		C.	N.
Délices d'Hardempont	L.		C.	N.
Hacon's incomparable	L.		C.	

HIVER.

	L.	M.	C.	N.
Ne plus Meuris.	L.		C.	
Beurré d'Aremberg.	L.			N.
Passe-Colmar.	L.		C.	N.
Soldat laboureur.	L.	M.	C.	N.
Beurré de Sterkmann.	L.		C.	N.
Vraie Amberg.	L.		C.	
Saint-Jean-Baptiste.	L.		C.	
Beurré gris d'hiver nouveau.	L.		C.	N.
Crassane d'hiver.	L.			N.
Beurré Chaumontel.	L.	M.	C.	
Besi des vétérans.	L.		C.	N.
Saint-Germain d'hiver.	L.	M.	C.	
Doyenné Goubault.	L.		C.	N.

FIN D'HIVER ET PRINTEMPS.

	L.	M.	C.	N.
Suzette de Bavay.	L.	M.	C.	
Bergamote Espéren.	L.		C.	
Beurré de Noirchain ou de Rance.	L.	M.	C.	
Colmar des Invalides	L.	M.	C.	
Beauvalot.	L.		C.	
Colmar d'hiver.		M.	C.	
Doyenné d'Alençon.	L.	M.	C.	N.
Joséphine de Malines.	L.		C.	
Élisa d'Heyst.	L.		C.	
Bon-Chrétien d'hiver.		M.		
Colmar Van-Mons.	L.		C.	
Doyenné d'hiver.	L.	M.	C.	N.
Passe tardive.	L.	M.	C.	

POIRES A COMPOTE.

	L.	M.	C.	N.
Calebasse grosse.	L.		C.	N.
Bon-Chrétien d'Espagne.	L.	M.	C.	N.
Bon-Chrétien turc.		M.	C.	
Martin-sec.	L.	M.	C.	
Marie	L.	M.	C.	
Bellissime d'hiver.	L.	M.	C.	
Franc-réal d'hiver.	L.		C.	N.
Belle Angevine.	L.	M.	C.	
Tarquin.	L.	M.	C.	

P. SIGNE DE LA PYRAMIDE.	NOMS DES GENRES, ESPÈCES ET VARIÉTÉS.	QUALITÉ DES FRUITS.	VOLUME DES FRUITS.	FERTILITÉ DES ARBRES.	ÉPOQUE DE MATURITÉ.	DEGRÉ DU MÉRITE DES FRUITS.
	POMMIERS.					
	A fleur en cloche.	2	moyen.	. . .	hiver.	,
P.	Alexandre.	1	gros.	fertile.	fin d'automne.	,,,,,
	Ambroisie.	2	gros.	. . .	hiver.	,,
	Amérique (grosse d').	3	gros.	. . .	septemb. et oct.	,,
	Ananas.	1	moyen.	. . .	hiver.	,,
P.	Api (gros).	1	petit.	très-fert.	courant d'hiver.	,,,,,
P.	— (petit).	1	tr.-petit.	très-fert.	courant d'hiver.	,,,,,
	— noir.	3	petit.	très-fert.	hiver.	,
P.	Beauty of Kent.	1	assez gr.	. . .	hiver.	,,,
P.	Bedfordshire foundling.	1	gros.	très-fert.	hiver.	,,,,,,
P.	Belle d'Esquermes.	1	assez gr.	fertile.	hiver.	,,,,
	— de Rome, Roi de Rome.	2	moyen.	très-fert.	septembre.	,,,
P.	— de Saumur, Belle de Doué.	1	assez gr.	fertile.	courant d'hiver.	,,,,,
P.	— Dubois, Rhode island, Louis XVIII.	2	gros.	. . .	automne.	,,,
P.	— du Havre.	1	gros.	fertile.	hiver.	,,,,,
	— fille normande.	2	moyen.	fertile.	hiver.	,,,
P.	— Joséphine, Ménagère.	1	gros.	fertile.	hiver.	,,,,,,
	Blanc de vin.	1	assez gr.	très-fert.	hiver.	,,,
P.	Borowiski.	1	assez gr.	très-fert.	fin d'août.	,,,,
P.	Brabant belle fleur.	1	moyen.	fertile.	fin d'automne.	,,,
P.	Cadeau du général ou Vogoyeau.	1	gros.	fertile.	fin d'hiver.	,,,,,,,
P.	Calville blanc.	1	gros.	très-fert.	courant d'hiver.	,,,,,,,,
	— Malingre.	1	assez gr.	. . .	fin d'automne.	,,,,
P.	— rouge d'Anjou ou de Normandie.	1	gros.	très-fert.	courant d'hiver.	,,,,,,
	— rouge d'été, Pomme Madeleine.	2	assez gr.	très-fert.	août.	,,
P.	Citron (pomme).	1	assez gr.	fertile.	décembre.	,,,,
P.	Cornish giliflower.	1	moyen.	. . .	hiver.	,,,
	Court pendu.	1	moyen.	fertile.	hiver.	,,,
	Cunet.	1	moyen.	. . .	hiver.	,,,,
	D'Angora.	2	assez gr.	. . .	fin d'automne.	,,
P.	De Boutigny.	1	moyen.	. . .	courant d'hiver.	,,,,,,
	De Cantorbéry.	1	gros.	. . .	courant d'hiver.	,,,,,,
P.	De Châtaignier	1	moyen.	fertile.	courant d'hiver.	,,,,
P.	De Frangès.	1	assez gr.	. . .	hiver.	,,,,
P.	De Jauné.	1	gros.	fertile.	fin d'automne.	,,,,,
	De Jérusalem, Petit pigeon d'été.	2	moyen.	très-fert.	août.	,,
	De lanterne.	2	gros.	fertile.	fin d'automne.	,,,
	Delettre.	1	moyen.	. . .	fin d'hiv. et prin.	,,,,,
P.	De Saint-Sauveur.	1	très-gros.	très-fert.	fin d'automne.	,,,,,,,,
	De Sarguemines.	1	moyen.	fertile.	fin d'hiver.	,,,,,,
	D'Ève.	1	assez gr.	. . .	automne.	,,,
	Divine.	1	moyen.	. . .	hiver.	,,,,
	Downton non pareille.	1	petit.	fertile.	fin d'hiver.	,,,
P.	Drap d'or.	1	petit.	fertile.	hiver et print.	,,,
	Duch mignonne.	1	moyen.	. . .	fin d'automne.	,,,
P.	Ecarlate d'automne.	2	assez gr.	fertile.	automne.	,,,
P.	Fenouillet gris anisé.	1	petit.	fertile.	c. d'hiv. et prin.	,,,,
P.	— jaune ou doré.	1	petit.	fertile.	hiver et print.	,,,,
P.	— rouge ou bardin.	1	petit.	fertile.	c. d'hiv. et prin.	,,,,
	Figue	2	moyen.	fertile.	hiver.	,,
	Fillette.	1	petit.	. . .	hiver.	,,,

Nota. Tous les Pommiers vont bien à haute tige, et presque tous peuvent aussi être cultivés en espalier; mais le contre-espalier leur est plus favorable, parce qu'ils aiment, en général, un air vif, et redoutent les expositions chaudes, à l'exception de quelques variétés : le Calville blanc, les Reinettes du Canada, franche, dorée, la pomme de Saint-Sauveur, l'Api, le Pigeon d'hiver, etc., qui supportent plus facilement la chaleur.

Quant au Pommier en Pyramide, nous indiquons les variétés qu'on doit de préférence soumettre à cette forme; ce sont les plus recommandables par leur qualité ou leur grosseur et leur fertilité.

P. SIGNE DE LA PYRAMIDE.	NOMS DES GENRES, ESPÈCES ET VARIÉTÉS.	QUALITÉ DES FRUITS.	VOLUME DES FRUITS.	FERTILITÉ DES ARBRES.	ÉPOQUE DE MATURITÉ.	DEGRÉ DU MÉRITE DES FRUITS.
	Suite des POMMIERS.					
	Frankatu romain.	1	moyen.	fertile.	hiver.	,,,,
	Gaindoux (voyez Passe-pomme d'Amérique).					
P.	Gloria mundi.	2	gros.	. . .	sept. et octobre.	,,,
	Golden Russet.	2	moyen.	. . .	hiver.	,,
P.	Graveinstein.	1	assez gr.	fertile.	fin d'aut. et hiv.	,,,,
	Grosse face d'Amérique, Gros papa.	2	tr.-gros.	. . .	automne.	,,,
P.	Hawth Vendean.	1	assez gr.	. . .	hiver.	,,,,
P.	Impériale.	1	moyen.	tr.-fertile.	fin d'hiver.	,,,,
P.	Jeanson.	1	assez gr.	fertile.	hiver.	,,,,
	Malapias.	1	assez gr.	fertile.	hiver.	,,,,
P.	Margille, Quarrendon d'hiver.	1	assez gr.	tr.-fertile.	hiver.	,,,,,
	Martrange.	1	moyen.	fertile.	hiver.	,,,,
	Mignonne.	1	petit.	fertile.	fin d'hiver.	,,,
	Mollet's Suzanne.	2	moyen.	. . .	hiver.	,,
	Montalivet	2	assez gr.	. . .	fin d'automne.	,,,
P.	Ostogate, Doux d'argent.	1	assez gr.	fertile.	automne et hiv.	,,,,
P.	Parfumed Demisourq.	1	assez gr.	fertile.	hiver.	,,,,,,
	Passe-pomme d'Amérique, Gaindoux	2	moyen.	tr.-fertile.	septembre.	,,
	Pater noster.	2	moyen.	. . .	fin d'automne.	,,
P.	Pearmain Herefordshire	1	assez gr.	fertile.	hiver.	,,,,,,
	Perle (pomme).	1	assez gr.	fertile.	fin d'automne.	,,,
	Pied d'oignon.	1	assez gr.	fertile.	hiver.	,,,,
P.	Pigeon d'hiver, Gros pigeon, Pigeon de Rouen.	1	petit.	tr.-fertile.	hiver.	,,,,,
	Pomme-poire.	2	assez gr.	. . .	fin d'hiver.	,,,
P.	Postophe d'hiver.	2	gros.	fertile.	hiver.	,,,
	Princesse noble.	1	assez gr.	. . .	hiver.	,,,,
	Quarrendon d'hiver (voyez Margille).					
	Rambour d'Amérique.	2	assez gr.	fertile.	automne.	,,
	— d'été ou rayé.	2	gros.	fertile.	septembre.	,,,
	— d'hiver.	2	gros.	fertile.	hiver.	,,,
P.	Reinette blanche d'Espagne.	2	gros.	fertile.	oct. et novemb.	,,,,
P.	— blanche ou blanc dur.	1	moyen.	très-fert.	fin d'hiv.et prin.	,,,,,,
	— Blenheim pippin.	2	moyen.	. . .	nov. et décemb.	,,,
	— Brodée	1	moyen.	. . .	nov. et décemb.	,,,,
	— Dalbeau	1	assez gr.	. . .	hiver.	,,,,
	— d'Amérique, à longue queue.	1	assez gr.	fertile.	fin d'automne.	,,,,
P.	— d'Angleterre.	1	gros.	fertile.	fin d'automne.	,,,,,
	— Daniel.	1	assez gr.	. . .	fin d'automne.	,,,,
	— de Berlin.	1	assez gr.	. . .	fin d'automne.	,,,,
P.	— de Bretagne.	1	assez gr.	fertile.	hiver.	,,,,,
P.	— de Caux.	1	assez gr.	très-fert.	fin d'hiv. et prin.	,,,,,,
	— de Champagne	1	assez gr.	fertile.	courant d'hiver.	,,,,,
P.	— de Doué.	1	gros.	fertile.	courant d'hiver.	,,,,,
P.	— de Granville, Pomme-poire de Duhamel.	1	assez gr.	fertile.	fin d'hiv. et prin.	,,,,,
P.	— de Hollande.	1	assez gr.	fertile.	hiver.	,,,,,
	— de Hongrie.	1	moyen.	fertile.	hiver.	,,,,,
	— de la Chine.	1	moyen.	fertile.	hiver.	,,,,
	— d'été.	2	moyen.	fertile.	septembre.	,,
P.	— dorée, Golded pippin.	1	moyen.	très-fert.	fin d'aut. et hiv.	,,,,,
	— du Canada (blanche).	1	gros.	fertile.	courant d'hiver.	,,,,,,,
	— (grise.	1	assez gr.	fertile.	hiver et print.	,,,,,,,,
	— du roi.	1	assez gr.	. . .	fin d'automne.	,,,,
P.	— du Vigan.	1	assez gr.	fertile.	hiver et print.	,,,,
P.	— franche à côte	1	assez gr.	fertile.	hiver et print.	,,,,,,,
P.	— ordinaire.	1	moyen.	. . .	fin d'hiv. et prin.	,,,,,,
	— grand' mère.	1	assez gr.	. . .	fin d'automne.	,,,,

P. SIGNE DE LA PYRAMIDE.	NOMS DES GENRES, ESPÈCES ET VARIÉTÉS.	QUALITÉ DES FRUITS.	VOLUME DES FRUITS.	FERTILITÉ DES ARBRES.	ÉPOQUE DE MATURITÉ.	DEGRÉ DU MÉRITE DES FRUITS.
	Suite des POMMIERS.					
	Reinette green Ohio's pippin.	1	assez gr.	. . .	hiver.	,,,,,
P.	— grise (grosse), Reinette de Rouen. . . .	2	moyen.	fertile.	hiver.	,,,,
P.	— — (petite)	1	petit.	fertile.	fin d'hiv. et prin.	,,,,,
	— hâtive jaune.	2	moyen.	fertile.	septemb. et oct.	,,
	— isle of Wight pippin.	2	moyen.	. . .	fin d'automne.	,,
	— Lineous pippin.	1	assez gr.	. . .	fin d'automne.	,,,,
	— monstrous pippin.	2	tr.-gros.	. . .	septemb. et oct.	,,,,
	— pépins de reinette.	1	moyen.	fertile.	hiver.	,,,,
	— reine des reinettes, Queen of the pippins .	1	assez gr.	très-fert.	hiver.	,,,,,,
	— Ribston pippin.	1	moyen.	fertile.	hiver.	,,,,
	— safran.	1	assez gr.	. . .	fin d'automne.	,,,,
	— sugar loaf pippin	1	assez gr.	. . .	fin d'automne.	,,,,
	— Thouin	1	moyen.	. . .	hiver.	,,,,,
	— très - tardive.	1	assez gr.	fertile.	fin d'hiv. et prin.	,,,,,,,
P.	Rivière.	1	moyen.	. . .	hiver.	,,,,,
P.	Roi d'Angleterre.	1	gros.	fertile.	hiver.	,,,,,,
	Rosa	1	moyen.	. . .	fin d'automne.	,,,
	Roux brillant.	1	moyen.	fertile.	hiver.	,,,
	Royal pearmain.	1	moyen.	fertile.	hiver.	,,,
	Saint-Jean, Royale hâtive.	2	petit.	très-fert.	juillet.	,,
	Sicler, Pomme suisse	1	petit.	fertile.	hiver.	,,,
	Sucrin. . . . . , .	1	petit.	. . .	courant d'hiver.	,,,
	Suisse (pomme), Van Mons.	2	moyen.	. . .	fin d'automne.	,,,
	Transparente d'Astrakan, de Moskovie, de Zurich .	3	moyen.	fertile.	juillet et août.	,
	Vassa	1	moyen.	. . .	hiver.	,,,
	Vermeille d'hiver.	1	moyen.	fertile.	hiver.	,,,
	Violette ou quatre goûts.	2	assez gr.	. . .	fin d'automne.	,,,

EXPOSITIONS. L. signifie Levant. M. Midi. C. Couchant.	NOMS DES GENRES, ESPÈCES ET VARIÉTÉS.	COULEUR DES FRUITS.	QUALITÉ DES FRUITS.	VOLUME DES FRUITS.	DEGRÉ DU MÉRITE DES FRUITS.
	VIGNES.				
M. C.	Abeyloum	blanc.	1	assez gros.	,,,
L. M. C.	Aleantino de Florence.	noir.	1	assez gros.	,,,
M.	Aléatico	noir.	1	assez gros.	,,,
M. C.	Arbois	blanc.	1	assez gros.	,,,
M. C.	Aspirant.	noir.	1	gros.	,,,,
L. M. C.	Balavri.	noir.	1	assez gros.	,,,,,,
M.	Barbarossa (exposition très-chaude)	blanc.	2	gros.	,,
M.	Barbera	noir.	2	gros.	,,
M. C.	Benada.	noir.	2	assez gros.	,
M. C.	Blanquette blanche ronde.	blanc.	1	assez gros.	,,,
M.	Boudalès.	noir.	1	gros.	,,,,
L. M. C.	— précoce	noir.	1	gros.	,,,,,
L. M. C.	Bourret blanc.	blanc.	1	gros.	,,,,,
M.	Boutinoux blanc	blanc.	1	assez gros.	,,'
M. C.	— noir.	noir.	1	moyen.	
M. C.	Burges (fertile).	blanc.	2	assez gros.	,
M.	Caillaba (musqué).	noir.	1	assez gros.	,,
M. C.	Carignan. ,	noir.	2	gros.	,
M.	Cascarollo blanc	blanc.	2	moyen.	,
L. M. C.	Cassis noir ou Isabelle (mûrit facilement; grandes feuilles très-propres à garnir promptement les tonnelles)	noir.	3	moyen.	,,
	Chailloche.	blanc.	1	assez gros.	,,,
L. M. C.	Chasselas blanc à grosse grappe.	blanc.	2	assez gros.	,,,,
L. M. C.	— de Fontainebleau (fertile).	blanc.	1	moyen.	,,,,,,
L. M. C.	— gros coulard ou de Montpellier, Froc la Boulet (un seul pépin).	blanc.	1	assez gros.	,,,,
L. M. C.	— musqué, Tokai musqué, Muscat orange, Muscat de Frontignan.	blanc.	1	assez gros.	,,,,,,
L. M. C.	— noir à grosse grappe.	noir.	1	assez gros.	,,,,
L. M. C.	— rose	rose.	1	assez gros.	,,,,,
L. M. C.	— violet.	violet.	1	assez gros.	,,,
M. C.	Chatos	noir.	1	gros.	,,,
M. C.	Chauché.	noir.	1	moyen.	,,
M. C.	Chauvirie.	blanc.	1	moyen.	,,
M. C.	Chenein ,	blanc.	1	gros.	,,,
L. M. C.	Chopine	blanc.	1	moyen.	,,,
M. C.	Cire jaune	jaune.	1	moyen.	,,
M. C.	Claretto	blanc.	1	assez gros.	,,
M. C.	Clavrie (fertile).	blanc.	1	moyen.	,,
M. C.	Cornichon, forme cornichon (curieux).	blanc.	2	très-gros.	,,,
M. C.	Courtanet	noir.	2	moyen.	,,
M. C.	Cruchinet	noir.	1	gros.	,,,
M. C.	de Candolle.	violet rosé.	2	gros.	,,
M.	de la Palestine (très-longues grappes. Exposition très-chaude).	violet rosé.	2	assez gros.	,,
L. M. C.	de Schiras.	noir.	1	gros.	,,,,
L. M. C.	de Zante, Kirsh-misch (sans pépins).	blanc.	1	moyen.	,,,
M. C.	Frankinthal, Black Hamburg des Anglais.	noir.	1	gros.	,,,,,
M. C.	Fié jaune.	blanc.	1	moyen.	,,,
M.	Fromenteau blanc.	blanc.	1	gros.	,,,
L. M. C.	Gamet de Bordeaux	noir.	1	moyen.	,,,,,
	Grec rose.				
M. C.	Grenache.	noir.	1	assez gros.	,,,
M.	Gromier du Cantal.	viol. clair.	2	très-gros.	,,,,

EXPOSITIONS.	NOMS DES GENRES, ESPÈCES ET VARIÉTÉS.	COULEUR DES FRUITS.	QUALITÉ DES FRUITS.	VOLUME DES FRUITS.	DEGRÉ DU MÉRITE DES FRUITS.
	Suite des VIGNES.				
M.	Gromier petit, rose.	rose.	2	assez gros.	,,,
M. C.	Gros damas blanc.	blanc.	1	assez gros.	,,,,
M.	Gros Guillaume (exposition chaude).	noir.	2	très-gros.	,,,
M.	— Maroc ou Ribier de Maroc (exposition très-chaude).	noir.	1	très-gros.	,,,,
M. C.	— Moulard blanc.	blanc.	1	gros.	,,,
M.	Grosse panse (exposition très-chaude).	blanc.	2	gros.	,,,
M.	— perle du Jura (exposition chaude).	blanc.	2	très-gros.	,,,,
L. M. C.	Guala.	noir.	1	moyen.	,,,
M. C.	Guillandoux.	blanc.	1	moyen.	,,,
L. M. C.	Guilemot ou Saint-Valentin (fertile).	blanc rosé.	1	moyen.	,,,,
M. C.	Henant.	blanc.	1	moyen.	,,,
L. M. C.	Joli blanc (grains serré)	blanc.	1	moyen.	,,,
L. M. C.	Jouannin.	blanc.	1	moyen.	,,,,,
M.	Lambrenet	blanc.	2	assez gros.	,,
M. C.	Larivet ou Mercier.	noir.	2	moyen.	,
M. C.	Machabeu (fertile).	noir.	1	gros.	,,,
L. M. C.	Madeleine blanche.	blanc.	1	moyen.	,,,,,
M. C.	Malvoisie blanc (fertile).	blanc.	2	moyen.	,,
L. M. C.	— gris (fertile)	gris.	1	moyen.	,,,
M.	Marseillais (fertile).	noir.	2	moyen.	,,
M. C.	Melon blanc.	blanc.	2	moyen.	,,
M. C.	— noir.	noir.	1	assez gros.	,,,
L. M. C.	Merlé blanc.	blanc.	1	moyen.	,,,
M. C.	Météreau ou Matarot.	noir.	2	assez gros.	,,
L. M. C.	Meillet panaché (bicolore).	bicolore.	1	petit.	,,
M. C.	Muscat Arrouya.	violet.	1	gros.	,
L. M. C.	— blanc précoce (fertile).	blanc.	1	assez gros.	,,,,
M. C.	— bleu.	bleu.	1	assez gros.	,,,
M. C.	— d'Alexandrie blanc	blanc.	1	gros.	,,,
M. C.	— — noir.	noir.	1	assez gros.	,,,,
	— de Frontignan (Voyez chasselas musqué).				,,,,
L. M. C.	— du Jura.	noir.	1	assez gros.	,,,
L. M. C.	— noir (gros hâtif).	noir.	1	assez gros.	,,,
M. C.	— ordinaire (exposition chaude).	blanc.	1	assez gros.	,,,
M. C.	— rose.	rose.	1	assez gros.	,,,
M. C.	— rouge	rouge.	1	assez gros.	,,,
M. C.	— violet.	violet.	1	assez gros.	,,,
L. M. C.	Nerré noir (fertile).	noir.	1	moyen.	,,,
M. C.	Noir d'Espagne (à un pépin).	noir.	1	gros.	,,,,,
M. C.	OEil de perdrix, Sauvignon blanc.	blanc.	1	moyen.	,,,
L. M. C.	Panaché ou Suisse.	blanc.	1	petit.	,,
L. M. C.	Perlé blanc (fertile).	blanc.	1	gros.	,,,,
L. M. C.	Picardan (fertile).	blanc.	1	gros.	,,,
L. M. C.	Pied de perdrix, noir de Pressac.	noir.	1	moyen.	,,,,
L. M. C.	Pineau franc (bon pour le vin, fertile).	noir.	1	moyen.	,,,
L. M. C.	Piquant Paul.	blanc.	1	gros.	,,,,
	Plant de Payès.	blanc.	1	gros.	,,,
M.	— Pascal.	blanc.	3	gros.	,
M. C.	Poulsarol blanc.	blanc.	1	assez gros.	,,,
M.	Rajoilin (fertile)	blanc.		gros.	,
M. C.	Riesling.	blanc rosé.	1	assez gros.	,,,,
M.	Rivas altos.	noir.	2	moyen.	,
M. C.	Rouge espagnol.	noir.	2	moyen.	,

6

EXPOSITIONS.	NOMS DES GENRES, ESPÈCES ET VARIÉTÉS.	COULEUR DES FRUITS.	QUALITÉ DES FRUITS.	VOLUME DES FRUITS.	DEGRÉ DU MÉRITE DES FRUITS.
L. signifie Levant. M. Midi. C. Couch.					

	Suite des VIGNES.				
M. C.	Samoy	noir.	1	gros.	,,,
L. M. C.	Sylvaner, Pineau blanc	blanc.	1	moyen.	,,,
M.	Terret bary noir.	noir.	2	assez gros.	,
M.	— noir.	noir.	2	assez gros.	,
M.	Terr Gulmex.	blanc.	2	assez gros.	,
M. C.	Téneron blanc	blanc.	1	gros.	,,,,
M.	Trapat.	blanc.	2	gros.	,,
L. M. C.	Trousseau noir.	blanc.	1	gros.	,,,,
M. C.	Ugne lombarde.	blanc.	1	gros.	,,,
M. C.	Wilmot's (semence du Frankintal ou Black Hamburgh).	noir.	2	gros.	,,,

AMANDIERS.

A coque dure ou commun.
— tendre.
A fruit amer.
A la princesse, des dames ou grosse à coque tendre.

CHATAIGNIERS.

Commun (non greffé).
Châtaigne grosse hâtive de Châlons (greffé).
Marron de Lyon ou de Luc (greffé).

CORNOUILLERS.

A fruit jaune.
A gros fruit rouge.

MURIERS.

A fruit blanc.
Noir à gros fruit.

NOYERS.

A coque tendre ou mésange.
A gros fruit long.
Commun à coque dure.

Tardif (fleurissant fin juin).
Fertile ou juglans præparturiens.

NÉFLIERS.

A gros fruit.
A petit fruit.
Commun (fruit moyen).

NOISETIERS.

Commun.
Franc à fruit blanc.
Aveline grosse rouge.
— blanche.
— d'Alger.
— ronde.
A feuille lacinée.
A feuille et à fruit pourpre.

FIGUIERS.

Figue blanche ronde (la meilleure).
— — longue (plus grosse que la précédente, mais plus difficile pour l'exposition et moins fertile).
— grosse longue (forme de poire, rouge violacé).
— violette (chair violette).

GROSEILLIERS.

A GRAPPE.

A fruit noir ou cassis.	Couleur de chair.
A très-gros fruit ou groseille-cerise.	Gondouin (rouge).
Blanche à gros fruit.	Ordinaire à fruit blanc.
— ambrée.	— à fruit rouge.
— de Hollande.	Reine Victoria (fruit rouge).

ÉPINEUX, dits A MAQUEREAU.

A gros fruit rouge rond.	A gros fruit blanc.
— — long.	

VARIÉTÉS ANGLAISES.

NOMS DES VARIÉTÉS.	COULEUR DES FRUITS.	QUALITÉ.	VOLUME.	NOMS DES VARIÉTÉS.	COULEUR. DES FRUITS.	QUALITÉ.	VOLUME.
Abraham Newland. . . .	blanc.	1	moyen.	Maid of the mill.	blanc.	1	moyen.
Bright Venus (excellent). . .	blanc.	1	moyen.	Miss bold, précoce.	rouge.	1	moyen.
Champagne red, très-fertile .	rouge.	1	petit.	Perfection.	vert.	1	gros.
— yellow, excellent. .	jaune.	1	petit.	Queen Charlotte.	blanc verdâtre.	1	moyen.
Cheshire lady, tardif, excellent,	rouge.	1	moyen.	Red, Beaumont's.	rouge foncé.	1	moyen.
— lass, très-précoce.	blanc.	1	gros.	Red oval large.	rouge.	1	gros.
Chrystal, tardif, fertile. . .	blanc.	1	petit.	Rifleman, tardif, fertile. . .	rouge.	1	gros.
Counsellor Brougham, fertile. .	blanc verdâtre.	2	gros.	Rob Roy, très-précoce . . .	rouge.	1	moyen.
Crown Rob, très-bon. . . .	rouge.	1	gros.	Rough red, estimé pour sa longue			
Early white.	blanc.	1	moyen.	garde.	rouge.	1	petit.
Emperor Napoleon, fertile. .	rouge.	2	gros.	Royal oak.	rouge.	1	moyen.
Farmer's glory, fertile. . . .	rouge.	1	gros.	Scented lemon, très-bon. . .	rouge.	1	gros.
Glenton green, très-bon. . .	vert.	1	moyen.	Shakespear.	rouge.	1	gros.
Glory of Ratcliff.	vert.	1	moyen.	Sheba queen	blanc.	1	gros.
Green gage, Pitmaston, très-				Smiling beauty, fertile.. . .	jaune.	1	gros.
sucré, excellent.	vert.	1	petit.	Smooth green.	vert.	1	gros.
Green seedling, fertile . . .	vert.	1	petit.	Sulphur early, très-précoce, fer-			
Greenwood, fertile . . .	vert pâle.	2	gros.	tile.	jaune.	2	moyen.
Heart of oak, fertile. . . .	vert.	1	gros.	Tantarararae	rouge.	1	moyen.
Hebburn green prolific, excel-				Walnut green, très-fertile. .	vert foncé.	1	moyen.
lent	vert.	1	moyen.	— white	blanc jaunâtre.	1	gros.
Hirish plum.	vert foncé.	1	moyen.	Warrington, une des meilleures			
Jolly anglers, tardif. . . .	vert.	1	gros.	variétés tardives	rouge.	1	gros.
Keens' seedling, fertile. . .	rouge noirâtre.	1	moyen.	Wellington's glory, délicieux .	blanc.	1	gros.
Lancashire lad	rouge foncé.	2	gros.	White bear.	blanc.	1	gros.
Large early white, très-précoce.	blanc verdâtre.	1	gros.	— lion, tardif.	blanc.	1	gros.
Magistrate.	rouge.	1	gros.	Whitesmith, excellent, fertile.	blanc.	1	gros.

FRAMBOISIERS.

A gros fruit rouge cabus.	Falstoff (fruit rouge).
— — rouge oblong.	Gambon (fruit rouge).
Des Alpes ou des quatre saisons (fruit rouge).	Ordinaire à fruit blanc.
Des quatre saisons à gros fruit rouge ou bifère.	— à fruit rouge.
Du Chili (gros fruit jaune).	Souchetii.

RIBES. GROSEILLER.

RIBES, Linn. Classe V. *Pentandrie.* Ordre Ier. *Monogynie.*
RIBES, Juss. Classe XIV. *Corolle polypétalée. Étamines périgynes.*
Ordre III. Les Cactes. §. Ier. *Pétales, étamines en nombre défini.*

GENRE.

CALICE. Ventru, coloré; le limbe à cinq découpures oblongues, concaves, réfléchies, persistantes.

COROLLE. Cinq pétales droits, obtus, insérés sur les bords du calice, alternes avec ses divisions.

ÉTAMINES. Cinq filamens droits, subulés, insérés sur le calice, opposés à ses divisions; anthères comprimées, inclinées, s'ouvrant à leurs bords.

PISTIL. Un ovaire presque globuleux, adhérent au calice, surmonté d'un style bifide, soutenant deux stigmates obtus.

PERICARPE. Une baie globuleuse, ombiliquée à son sommet, à une seule loge; deux placentas opposés aux parois de la baie.

SEMENCES. Un peu comprimées, presque rondes, attachées aux deux placentas par des cordons ombilicaux très-courts.

EMBRYON. Droit, fort petit, situé à la base d'un périsperme dur et corné.

CARACTÈRE ESSENTIEL. Un calice ventru, adhérent à l'ovaire; cinq découpures à son limbe. Cinq pétales et autant d'étamines insérés sur le calice. Un style bifide; une baie à une loge; plusieurs semences attachées sur deux placentas.

RAPPORTS NATURELS. M. de Jussieu a placé les Groseillers dans la famille des *Cactes* ou *Cierges;* M. Ventenat les rapporte à celle des *Saxifragées,* et M. Decandolle en forme une famille particulière à laquelle il conserve le nom de ce genre qu'elle renferme seul. Cette famille se trouve intermédiaire entre les *Cierges* et les *Saxifragées;* elle diffère des premiers par la présence d'un périsperme, par le nombre déterminé de ses pétales et de ses étamines; des seconds, par son fruit charnu. Les Groseillers sont des arbrisseaux en général peu élevés, dont les espèces se divisent en deux sections bien prononcées; les unes sont dépourvues d'aiguillons, et leurs fleurs sont disposées en grappes axillaires; les autres sont armées d'aiguillons, et leurs fleurs sont pédonculées, ou solitaires ou géminées dans l'aisselle des feuilles; les bourgeons sont écailleux, placés dans l'aisselle des aiguillons; les feuilles alternes, lobées, à nervures palmées.

ÉTYMOLOGIE. La dénomination de ce genre est tirée d'un mot arabe, qui signifie *aigre, acide.*

OBSERVATIONS GÉNÉRALES. Ce n'est bien souvent qu'après un grand nombre de siècles, ou par des hasards heureux, que l'homme apprend à profiter des bienfaits de la nature. Le Groseiller rouge, aujourd'hui si généralement cultivé, si recherché pour l'acidité agréable de ses fruits, en est un exemple. Il est resté long-tems méconnu sur les rochers, perdu en quelque sorte au milieu de cette foule de plantes qui ornent les montagnes Alpines, ainsi que ce Groseiller épineux qui croît dans nos bois, parmi les broussailles, dans les haies. Les anciens ne font mention ni de l'un ni de l'autre : il est du moins très-difficile de les reconnoître dans leurs ouvrages (1). S'ils les ont mentionnés sous quelque nom particulier, leurs propriétés bienfaisantes étoient ignorées. C'est ainsi qu'un fol enthousiasme pour des plantes dites *médicinales*, écartoit l'attention de leurs propriétés réelles, pour la fixer sur de prétendues vertus, dont il étoit si facile à l'ignorance et au charlatanisme de se prévaloir aux yeux d'une foule de gens qui se persuadent, même encore aujourd'hui, que la nature a établi une sorte d'harmonie entre nos maladies et les plantes; qu'elle n'a fait venir le quinquina au Pérou que pour guérir nos fièvres en Europe, et que nous ne tarderions pas à être suffoqués par l'abondance de nos humeurs, si le Levant ne produisoit pour nous la casse et le séné. Ces spéculations de l'empyrisme, encouragées par notre pusillanimité, commencent néanmoins à se dissiper, quoique très-lentement, et des vues plus philosophiques dirigent nos observations dans l'étude des plantes.

Sans doute ces grappes, d'un beau rouge éclatant, suspendues aux rameaux du Groseiller, n'ont pu échapper à l'œil des habitans de ces contrées sauvages, et l'acidité rafraîchissante de leurs fruits aura long-temps désaltéré ces hommes simples au milieu de leurs travaux champêtres; mais une délicatesse mal entendue a souvent éloigné de nos tables des alimens trop simples, d'une acquisition trop facile, et qui ne semblent destinés qu'aux gens rustiques : cependant, lorsqu'on eût imaginé de transporter dans nos jardins cet arbuste élégant, lorsque la culture eût un peu adouci l'acidité de ces fruits, on commença probablement à reconnoître qu'ils n'étoient pas à dédaigner, et la groseille occupa une place distinguée parmi nos fruits d'été.

Ses qualités bienfaisantes, son acidité émoussée par le sucre, la rendirent d'un usage général. Très-bonne à manger crûe, on en fait encore une eau très-rafraîchissante, fort saine dans les chaleurs de l'été, des gelées, des confitures, des sirops, etc. Les mêmes observations peuvent s'appliquer au Groseiller épineux; mais ses baies sont très-inférieures à celles du Groseiller rouge. Il est plus ordinairement employé comme assaisonnement : avant sa maturité, on le substitue au verjus, quoique d'un goût bien moins agréable, on en assaisonne les maquereaux, etc. Ces fruits sont un peu fades lorsqu'ils sont mûrs, d'une saveur douce, vineuse, moins rafraîchissans que la groseille rouge.

ESPÈCES.

* Tiges sans aiguillons.

1. RIBES vulgare.   GROSEILLER commun.
R. *inerme; racemis pendulis; floribus herbaceis,*   G. sans aiguillons; grappes pendantes; fleurs de
planiusculis. LAM. Dict. vol. 3. pag. 47.   couleur herbacée; corolle presque plane.

VARIÉTÉS.

1. *A.* RIBES *vulgare, sylvestre; lobis foliorum breviusculis; petiolis, pedunculisque subhirsutis.*
   LAM. l. c.
   Grossularia sylvestris rubra. C. BAUH. Pin. pag. 455.
   Le GROSEILLER commun sauvage.

---

(1) Quoique le nom de *Ribes* soit cité dans quelques Auteurs anciens, il est bien certain qu'il ne désignoit pas alors notre Groseiller, mais qu'il étoit appliqué à quelqu'arbrisseau à fruits acides, dont il n'est pas facile aujourd'hui de reconnoître l'espèce, d'après les descriptions incomplettes qu'ils nous en ont laissées; nous croyons d'ailleurs qu'il faut abandonner, pour les menus plaisirs des érudits, ces questions épineuses, peu utiles, et qu'on ne viendra jamais à bout de résoudre d'une manière satisfaisante.

B. RIBES *rubrum.* *Tab.* 1.   GROSEILLER à fruits rouges. *Pl.* 1.

Ribes vulgare , hortense ; lobis foliorum acutioribus ; petiolis , pedunculisque subglabris. LAM. Dict. l. c.

Grossularia multiplici acino , seu non spinosa , hortensis , rubra , seu ribes officinarum. C. BAUH. Pin. 435. TOURNEF. Inst. R. Herb. 639. DUHAM. Arb. vol. 1. pag. 279. tab. 110.

Ribes vulgaris , acidus , ruber. J. BAUH. vol. 2. pag. 97. Icon.

Ribesium fructu rubro. DODON. Pempt. pag. 749. Icon.

Ribes arabum. LOBEL. Icon. Pars. 2. tab. 202.
Le GROSEILLER commun des jardins, ou Groseiller à grappes rouges des jardins.

C. *Grossularia hortensis , majore fructu rubro.* DUHAM. Arb. vol. 1. pag. 279. *id.* Arb. Fruit. vol. 2. pag. 67. tab. 1.
GROSEILLER à grappes, à gros fruits rouges.

D. *Grossularia vulgaris, foliis ex luteo aut albo variegatis.* DUHAM. Arb. l. c. n⁰ˢ. 17. 18.
GROSEILLER à grappes, à feuilles panachées de jaune ou de blanc.

2. A. GROSSULARIA *hortensis, fructu margaritis simili.* C. BAUH. Pin. 455. DUHAM. l. c.
GROSEILLER à fruits blancs. Groseille perlée. Groseilles blanches.

B. *Grossularia hortensis , majore fructu albo.* TOURNEF. Inst. R. Herb. 639. DUHAM. l. c.
GROSEILLER à grappes, à gros fruits blancs.

C. *Grossularia hortensis , majore fructu carneo.* DUHAM. Arb. vol. 1. pag. 279. n⁰. 15.
GROSEILLER à gros fruits, couleur de chair.

D. *Grossularia fructu albo ; foliis ex albo variegatis.* DUHAM. Arb. l. c. n⁰. 21.
GROSEILLER à fruits blancs, et à feuilles panachées de blanc.

Arbrisseau qui s'élève à la hauteur de quatre à cinq pieds, droit, très-rameux, à écorce brune ou cendrée, dépourvu d'épines, abondant en moëlle, et dont l'épiderme se détache en lambeaux alongés. Les feuilles sont alternes, pétiolées, vertes, échancrées à leur base, à trois ou cinq lobes divergens, glabres dans les individus cultivés, hérissées de poils courts, ainsi que les pétioles et les pédoncules, dans les individus sauvages. Les fleurs sont disposées en grappes pendantes, simples, latérales, nombreuses, solitaires ou fasciculées. La corolle est herbacée, d'un vert blanchâtre ou jaunâtre, presque plane ; les pédicelles courts, accompagnés de bractées fort petites, ovales, plus courtes que les pédicelles. Les fruits sont de petites baies globuleuses, lisses, glabres, très-succulentes, presque transparentes, ordinairement d'un beau rouge ou blanches, d'une saveur plus ou moins acide, très-agréable.

On en distingue plusieurs variétés. La première, qui est l'espèce sauvage, et qui a produit très-probablement toutes celles des jardins, a ses feuilles, ses pétioles et ses pédoncules hérissés de poils courts, ses fruits moins colorés et beaucoup plus acides ; ses feuilles plus petites, à lobes plus courts ; les dentelures plus obtuses. Parmi celles que l'on cultive, on distingue particulièrement le *Groseiller* à gros fruits rouges ou blancs, dont les baies parviennent quelquefois à la grosseur d'une cerise ; les unes d'un rouge clair, d'une acidité très-agréable ; les autres de couleur de chair, d'autres enfin d'un blanc perlé ; cette dernière variété est la groseille blanche plus ou moins grosse. Quant aux variétés à feuilles panachées de vert, de blanc ou de jaune, elles n'offrent rien de particulier dans la qualité de leurs fruits, et ne méritent guères d'être cultivées. Ce Groseiller croît naturellement dans les lieux incultes, montagneux ; dans les contrées septentrionales de l'Europe, en France, dans les vallées du Jura et des Basses-Alpes.

2. RIBES petrœum.

R. *foliis amplis, subtrilobis, serratis; racemis florentibus suberectis; calice ruberrimo.* LAM. Dict. vol. 3. pag. 48.

GROSEILLER des roches.

G. à feuilles amples, presqu'à trois lobes, dentées en scie; grappes droites pendant la floraison; calice très-rouge.

RIBES (petrœum) *inerme; racemis florentibus erectis, fructescentibus pendulis.* JACQ. Icon. 1. tab. 49. et Miscell. 2. pag. 36.

Ribes montana oxyacanthœ sapore prima species. C. BAUH. Prodrom. pag. 160.

Ribes vulgaris flore rubro. CLUS. Hist. 1. pag. 119. Sine Icon.

Quoique cet arbrisseau soit fort ressemblant au précédent, on l'en distingue néanmoins par ses tiges moins hautes, s'élevant à peine à la hauteur de trois pieds, peu rameuses; ses feuilles ne sont point ou presque point échancrées en cœur, mais élargies, divisées en trois lobes aigus, grossièrement et inégalement dentées à leurs bords, d'un vert foncé ou noirâtre, glabres dans leur entier développement, mais ayant leur pétiole chargé de poils alongés.

Les fleurs sont disposées en grappes latérales, solitaires, très-glabres, redressées, sur-tout à l'époque de la floraison, situées sur les vieux bois des rameaux; elles naissent de bourgeons non-feuillés. Ces fleurs sont pédicellées, moins évasées que celles du *Groseiller commun*, d'un rouge foncé ainsi que les calices à l'extérieur, les bractées plus courtes que les pédicelles. Les baies rougissent à mesure qu'elle murissent; elles sont d'une saveur acide, et en même tems acerbe et astringente, moins agréable au goût que celles de l'espèce précédente. Les pétioles deviennent presque glabres par la culture, et les feuilles sont un peu plus larges.

Cet arbrisseau croît sur les montagnes, sur les lieux sombres et couverts; parmi les pierres, dans le voisinage des ruisseaux et des torrens, en France, en Allemagne, dans les Alpes, au Mont-d'Or.

3. RIBES spicatum.

R. *inerme; spicis erectis; petalis oblongis; bracteis flore longioribus.* ROBS. Trans. LINN. vol. 3. pag. 240. tab. 21.

GROSEILLER à épi.

G. sans épines, épis droits; pétales oblongs; bractées plus courtes que les fleurs.

Quoique rapprochée du *Ribes rubrum*, cette espèce en diffère par son port, par ses feuilles velues en dessous, très-nombreuses, par ses fleurs en épis droits, et par sa corolle d'un rouge brun. Les tiges sont hautes de trois à quatre pieds, très-rameuses, les rameaux alternes, redressés, d'un brun cendré; les feuilles étalées, très-rapprochées, presque en cœur, à trois ou cinq lobes, ridées, inégalement dentées en scie, presque glabres à leur face supérieure; tomenteuses en dessous.

Les fleurs sont disposées en épis nombreux, rapprochés, latéraux, fort droits, longs d'un à deux pouces au plus, chargés de fleurs sessiles, et de bractées plus courtes que les ovaires, ovales, concaves, réfléchies à leur sommet. Le calice est divisé jusque vers sa moitié en cinq découpures cunéiformes, arrondies, d'un brun rougeâtre, ainsi que la corolle, verdâtres à leurs bords; les pétales oblongs-cunéiformes, redressés, fort petits, alternes avec les divisions du calice; les étamines de la longueur de la corolle; les anthères à trois loges; l'ovaire glabre, arrondi; le style bifide; les stigmates obtus. Les baies sont globuleuses, rouges, d'une saveur acide. Cet arbrisseau croît naturellement en Angleterre, dans les forêts de la province d'Yorck. Il n'est pas encore connu dans nos jardins.

4. RIBES prostratum.   GROSEILLER couché.

R. *inerme ; ramis reclinato-prostratis ; racemis*   G. non épineux; à rameaux tombans ou couchés;
suberectis ; baccis hispidis. LAM. Dict. vol. 3.   grappes presque droites ; baies hispides.
· pag. 48.

RIBES *prostratum , inerme ; baccis hirsutis.* L'HÉRIT. Stirp. 1. pag. 3. tab. 2.

Ribes (glandulosum) *inerme ; floribus racemosis , planiusculis ; pedicellis , calicibusque pilosis ;
pilis glandulosis.* AIT. Hort. Kew. vol. 1. pag. 279. WEBER. Décad. Plant. min. cogn. pag. 2.
· WILLD. Spec. Plant. vol. 1. pag. 1154. n°. 4.

. Originaire de l'Amérique septentrionale , cet arbrisseau est cultivé aujourd'hui en
pleine terre, au Jardin des Plantes et ailleurs ; il s'élève peu ; ses tiges se divisent en
rameaux étalés, pendans ou couchés, qui prennent racine lorsqu'ils touchent la terre,
et se garnissent de feuilles pétiolées, alternes, échancrées à leur base, un peu ridées,
vertes en dessus, pubescentes en dessous dans leur jeunesse, de trois pouces et
plus de large, à cinq lobes, ovales, irrégulièrement dentées en scie à leur contour,
aigues à leur sommet.
Les fleurs sont réunies en grappes latérales, solitaires, presque droites pendant la
floraison, hérissées de poils glanduleux à leur sommet, munies de bractées plus courtes
que les pédicules ; la corolle est petite, en cloche fort évasée, légèrement purpurine ;
les baies rougeâtres, globuleuses et hispides. Cet arbrisseau croît naturellement dans
l'île de Terre - Neuve ; il est devenu , dans les jardins de l'Europe , un arbrisseau de
pleine terre.

5. RIBES Alpinum.   GROSEILLER des Alpes.

R. *inerme ; racemis erectis ; bracteis flore lon-*   G. non épineux; à grappes droites; les bractées
gioribus. LINN. Spect. Plant. pag. 291. JACQ. Austr.   plus longues que les fleurs.
vol. 1. tab. 47.

GROSSULARIA *vulgaris ; fructu dulci.* C. BAUH. Pin. pag. 255. TOURNEF. Inst. R. Herb. 639.

Ribes Alpinus , dulcis. J. BAUH. vol. 2. pag. 98.

Ses tiges s'élèvent à la hauteur de trois ou quatre pieds et plus ; elles se divisent en
rameaux nombreux, disposés en buisson , revêtus d'une écorce cendrée, garnis de
feuilles alternes, pétiolées, fasciculées sur les vieux bois, d'une grandeur médiocre ,
partagées jusque vers leur milieu en trois lobes presque obtus ou un peu aigus, vertes
en dessus, plus pâles en dessous, à dentelures obtuses, mucronées, un peu profondes.
Les fleurs sont hermaphrodites et dioïques , disposées latéralement en petites
grappes verdâtres ou herbacées ; chaque fleur pédicellée , garnie de bractées plus
longues que les pédoncules ; les grappes dans les individus stériles sont plus longues
et plus garnies que celles des individus fertiles. Ce groseiller croît parmi les haies, sur
les montagnes Alpines, en France, en Angleterre, en Allemagne. On le cultive plutôt
par curiosité que pour l'utilité; il porte rarement des fruits ; ses baies sont douces ,
presque insipides.

6. RIBES Pensylvanicum.   GROSEILLER de Pensylvanie.

R. *inerme ; foliis utrinque punctatis ; floribus*   G. sans épines; feuilles ponctuées à leurs deux
racemosis , subcylindricis ; bracteis pedicellis   faces; fleurs en grappes cylindriques; bractées
longioribus. LAM. Dict. vol. 3. pag. 50.   plus longues que les pédicelles.

GROSSULARIA *Americana ; fructu nigro.* DUHAM. Arb. vol. 1. pag. 279. n°. 23.

Ribesium nigrum , Pensylvanicum ; floribus oblongis. DILLEN. Hort. Eltham. pag. 324. tab. 244.
fig. 315.

Arbres fruitiers. T. I.   B

Ribes (floridum) *inerme; racemis pendulis; floribus cylindricis; bracteis flore vix brevioribus.* L'HERIT. Stirp. Nov. pag. 4. WILLD. Arb. 296.

Ribes (Americanum nigrum) *inerme; foliis trilobis; racemis pilosis; corollis companulatis.* MŒNCH. Weiss. pag. 104. tab. 7. WANGENH. Amer. 117.

On distingue dans cette espèce et dans le *Ribes nigrum,* un grand nombre de petits points jaunâtres et résineux aux deux faces des feuilles, visibles à la loupe; ses tiges sont hautes d'environ trois pieds; ses rameaux lâches, grisâtres; les feuilles larges, alternes, à trois lobes aigus, glabres à leurs deux faces, inégalement dentées en scie et ciliées à leurs bords, velues sur leurs pétioles; les grappes sont pubescentes, pendantes, solitaires, longues de deux à trois pouces, garnies de fleurs pédicellées, d'un blanc jaunâtre; les bractées linéaires plus longues que les pédicelles; les calices presque cylindriques, à cinq découpures oblongues, réfléchies à leur sommet; la corolle est blanche; les pétales droits, plus longs que les étamines; le style simple, terminé par deux stigmates; les baies un peu ovales, noires à leur maturité.

Cette plante croît dans la Pensylvanie, et se cultive, en pleine terre, au Jardin des Plantes, à Paris.

7. RIBES nigrum.   GROSEILLER noir.

R. *inerme; foliis subtus punctatis; racemis laxis; floribus campanulatis; bracteis pedicellis brevioribus.* LAM. Dict. vol. 3. pag. 49.

G. sans épines; feuilles ponctuées en dessous; grappes lâches; corolle campanulée; bractées plus courtes que les pédicelles.

Ribes inerme; racemis pilosis; floribus oblongis. LINN. Spec. Plant. et ŒDER. Flor. Dan. tab. 556.

Ribes inerme, olidum; calice oblongo; petalis ovatis. HALLER. Helv. n°. 819.

Grossularia non spinosa; fructu nigro. C. BAUH. Pin. 455. TOURNEF. Inst. R. Herb. 640. DUHAM. Arb. vol. 1. pag. 279. n°. 22 et Arb. fruit. vol. 2. pag. 69. n°. 5.

Ribes nigrum vulgo dictum; folio olente. J. BAUH. Hist. 2. pag. 98. DUROI. Hist. 1486.

Ribes fructu nigro. DODON. Pempt. pag. 749. RUDB. Vall. 32.

Ribes nigria. LOBEL. Icon. Pars. 2. tab. 202.

Grossularia. GARS. tab. 295.

Vulgairement le CASSIS. POIVRIER.

A. idem, fructu nigro majore. TOURNEF. l. c.   CASSIS a gros fruits.

B. idem; fructu nigro minore. TOURNEF. l. c.   CASSIS à petits fruits.

C'est un arbrisseau qui s'élève à la hauteur de quatre à cinq pieds, et plus; droit, rameux, odorant; ses feuilles sont grandes, pétiolées, alternes, larges, anguleuses, échancrées à leur base, à trois ou cinq lobes un peu aigus, dentées à leurs bords, vertes, glabres en dessus, un peu pubescentes en dessous, parsemées de points jaunâtres et résineux, d'une odeur forte.

Les grappes sont fort lâches, peu garnies, latérales, pendantes, munies de fleurs pédicellées et de bractées fort petites, plus courtes que les pédicelles; leur calice est campanulé, pubescent, à cinq découpures ovales, réfléchies, rougeâtres ou un peu violettes sur leurs bords; les pétales droits, obtus, d'un vert-blanchâtre; le style bifide à son sommet; les fruits globuleux, d'un noir-violet, plus gros que ceux du groseiller rouge, tachetés de petites glandes jaunes, d'une saveur aromatique, peu acides.

Il croît naturellement en France, en Allemagne, dans les bois des montagnes. On le cultive dans les jardins; ses fruits passent pour stomachiques, diurétiques, cordiaux et toniques. On en fait un ratafia propre à faciliter la digestion.

** *Tiges armées d'aiguillons.*

8. RIBES uva crispa. *Tab.* 2.
R. *aculeis ad basim gemmarum, ramulorumque*
ternis; floribus subgeminis, pubescentibus. LAM.
Dict. vol. 3. pag. 5o.

GROSEILLER épineux. *Plan.* 2.
G. armé à la base des bourgeons et des rameaux
de trois aiguillons; fleurs presque géminées,
pubescentes.

VARIÉTÉS.

A. RIBES *sylvestris; foliis parvis, pubescentibus; baccis hirsutis.* LAM. Dict. l. c.

Grossularia simplici acino, vel spinosa, sylvestris. C. BAUH. Pin. pag. 455. TOURNEF. Inst. R.
Herb. 639. DUHAM. Arb. vol. 1. pag. 278. tab. 109.

Uva crispa, seu grossularia. J. BAUH. Hist. 1. pag. 47. Icon.

Uva crispa. DODON. Pempt. pag. 748. Icon. LOBEL. Icon. Pars. 2. tab. 206. FUSCH. Hist. pag. 187.
Icon. MATTH. Comm. pag. 167. Icon. ŒDER. Flor. Dan. tab. 546.
GROSEILLER épineux sauvage.

An Ribes (Grossularia) ramis aculeatis; petiolorum ciliis pilosis; baccis hirsutis. WILLD.
Spec. Plant. vol. 1. pag. 1158. LINN. Spec. Plant. pag. 292.

Grossularia (hirsuta) ramis aculeatis; baccis hirsutis. MILLER. Dict. n°. 2.

B. Idem cultum; foliis latioribus, subglabris, nitidulis; baccis nudis, majoribus. LAM. l. c.

Grossularia spinosa, sativa. C. BAUH. Pin. 455. TOURNEF. Inst. R. Herb. 639. DUHAM. Arb.
vol. 1. pag. 278. et Arb. fruit. vol. 2. pag. 73. tab. 2.

Grossularia. BLACKW. tab. 277.

Grossularia (uva crispa) ramis aculeatis; baccis glabris. MILLER. Dict. n°. 3.

Uva spina. MATTH. Comm. pag. 167. Icon.

Uva crispa. FUSCH. pag. 187. Icon. DODON. Pempt. pag. 748.

An Ribes (uva crispa) ramis aculeatis, erectis; fructu glabro. LINN. Spec. Plant. pag. 292.
ŒDER. Flor. Dan. tab. 546.
GROSEILLER épineux, cultivé. GROSEILLER A MAQUEREAU.

1. Grossularia spinosa, sativa, altera; foliis latioribus. DUHAM. Arb. l. c. n°. 3.
GROSEILLER épineux, cultivé, à larges feuilles.

2. Grossularia spinosa, sativa; foliis ex luteo variegatis, seu flavescentibus. DUHAM. l. c.
n°. 4. 5.
GROSEILLER épineux à feuilles panachées ou jaunâtres.

3. Grossularia, sive uva crispa alba, maxima rotunda. DUHAM. l. c. n°. 6.
GROSEILLER épineux à gros fruits blancs.

4. Grossularia maxima, subflava, oblonga. DUHAM. Arb. l. c. n°. 7.
GROSEILLER épineux, à fruits longs, jaunâtres.

5. Grossularia fructu rotundo, maximo, virescente. DUHAM. Arb. l. c. n°. 8.
GROSEILLER à gros fruits ronds, verdâtres.

6. Grossularia simplici acino, cœruleo, spinosa.
GROSEILLER épineux, à fruits bleus.

7. Grossularia simplici acino, cœruleo; foliis latioribus. DUHAM. Arb. l. c. n°. 11.
GROSEILLER à un seul grain violet et à feuilles larges.

8. Grossularia simplici acino, cœruleo, non spinosa. DUHAM. l. c. n°. 12.
GROSEILLER à un seul grain violet et sans épines.

C. Ribes (reclinatum) ramis subaculeatis, reclinatis; pedunculi bractea triphylla. LINN. Spec.
Plant. vol. 1. pag. 291.

Ribes ramis subaculeatis, reclinatis. ROYEN. Lugdb. pag. 207. Hort. Cliffort. 82.

Les nombreuses variétés renfermées dans cette espèce, et produites la plupart par
la culture, ont presque fait méconnaître l'espèce primitive, ou l'ont fait regarder comme

une plante différente. Si cependant l'on considère bien attentivement le groseiller épineux sauvage, et qu'on le rapproche des variétés que l'on cultive dans les jardins, on n'y trouvera aucune différence essentielle : ces dernières s'élèvent davantage ; leurs feuilles sont plus larges, presque glabres ; les baies plus grosses, point ou presque point velues, d'un vert blanchâtre ou jaunâtre, pourprées ou rougeâtres, de grosseur et de formes variables.

Ce même arbuste, lorsqu'il croît dans la campagne, est très-rameux, hérissé de piquans, haut de deux à trois pieds ; les rameaux touffus, disposés en buisson, armés d'aiguillons nombreux, jaunâtres, très-roides, droits, piquans, réunis deux ou trois ensemble à la base des rameaux et des touffes de feuilles : celles-ci sont petites, fasciculées ou alternes, à trois ou cinq lobes, crénelées, vertes, molles, pubescentes, particulièrement à leur face inférieure ; les pétioles velus ; les fleurs sont latérales, réunies ordinairement deux ensemble, pendantes, pédonculées, accompagnées de deux bractées presque opposées, inégales, à demi-amplexicaules ; leur calice est pubescent, blanchâtre en dehors, pourpre ou rougeâtre en dedans ; la corolle blanche ; les pétales droits et obtus ; le style et la base des étamines velus ; les baies globuleuses, chargées de poils caducs.

Ses fruits sont astringens, rafraîchissans lorsqu'ils sont verds : on les emploie alors comme le verjus, ou bien on les confit et on les met dans certaines pâtisseries et pour assaisonner les maquereaux ; ils perdent, en mûrissant, leur acidité, acquièrent une saveur douce, assez agréable, sont assez bons à manger et passent pour laxatifs.

Cet arbuste croît en France, en Allemagne, etc., dans les haies, les buissons. On le cultive dans presque tous les jardins.

9. RIBES cinosbati.   GROSEILLER à fruits piquans.

R. *aculeis solitariis, infra gemmas ; floribus*   G. armé d'aiguillons solitaires, situés sous les
racemosis ; baccis aculeatis. LAM. Dict. vol. 3.   bourgeons ; fleurs en grappes ; baies hérissées
pag. 51.   de piquans.

RIBES *aculeis subaxillaribus ; baccis aculeatis, racemosis.* LINN. Spec. Plant. pag. 292. MILLER.
Dict. n°. 5. JACQ. Hort. vol. 2. tab. 123.

Ses tiges sont munies de rameaux lâches, n'ayant sous chaque paquet de feuilles qu'une épine courte, peu apparente ; ses feuilles sont fasciculées, à trois ou cinq lobes peu profonds, dentées ou crénelées à leurs bords, vertes, glabres à leurs deux faces, larges d'un pouce et plus, un peu ridées ; leur pétiole pubescent ou velu ; les fleurs sont disposées en petites grappes lâches, pendantes, axillaires, solitaires, portant chacune deux ou trois fleurs pédicellées ; les pédoncules presque glabres, garnis de bractées ou d'écailles courtes et amplexicaules ; leur calice est glabre, un peu hispide à sa base ; les pétales courts, droits, blancs et obtus ; les baies hérissées de toutes parts de piquans roides.

Cet arbuste croît au Canada. On le cultive en pleine terre au Jardin des Plantes de Paris.

10. RIBES oxyacanthoides. LINN.   GROSEILLER à feuilles d'aubépine.

R. *aculeis majoribus et subsolitariis ad gemmas,*   G. armé d'aiguillons ; les plus grands, presque
minoribus undique sparsis ; baccis glabris, sub-   solitaires sous les bourgeons ; les plus petits
geminis. LAM. Dict. vol. 3. pag. 51.   épars ; baies glabres, presque géminées.

GROSSULARIA *oxyacanthæfoliis amplioribus, ex sinu hudsonio.* DILLEN. Hort. Elth. pag. 166.
tab. 139. fig. 166.

Uva crispa, seu grossularia oxyacanthæfoliis amplioribus, etc. PLUKEN. Amalth. pag. 212.

Cet arbuste, haut de trois à quatre pieds, est divisé en rameaux fort menus, bruns ou grisâtres, armés d'aiguillons très-fins, épars, nombreux ; on remarque de plus, à la base des rameaux et des bourgeons, un aiguillon plus fort et plus long que les autres ; les feuilles sont grandes, larges au moins de deux pouces, divisées en trois lobes principaux, incisées et dentées sur leurs bords, glabres dans leur entier développement, assez semblables à celles de l'aubépine ; les pétioles velus, munis assez souvent de quelques épines.

Les fleurs sont d'un blanc-jaunâtre, axillaires, pendantes, géminées ou solitaires, médiocrement pédonculées : il leur succède des baies d'un pourpre-bleuâtre, globuleuses, très-glabres, légèrement acides, de la grosseur de celles du groseiller commun. Cet arbuste croît dans le Canada, à la baie d'Hudson. On le cultive dans les jardins botaniques de l'Europe.

11. RIBES diacantha.
R. *aculeis geminis ad gemmas ; foliis incisis, basi cuneiformibus ; floribus racemosis.* LAM. Dict. vol. 3. pag. 51.

GROSEILLER à deux épines.
G. armé de deux aiguillons aux bourgeons; feuilles incisées, cunéiformes à leur base ; fleurs en grappes.

RIBES *axillis bispinosis ; racemis erectis ; foliis cuneiformibus incisis.* PALLAS. Flor. Ross. vol. 2. pag. 36. tab. 66. et Itin. vol. 3. Append. n°. 79. tab. 2. fig. 2.

Grossularia daurica, montana, uvæ crispæ foliis et facie; fructu ribeo in racemulis conglobatis, rubro, minore, subdulci AMMAN. Ruth. 198.

Ribes foliis incisis ; aculeis geminis ad gemmas. LINN. F. Suppl. pag. 157.

Il se présente sous la forme d'un arbuste haut d'environ trois pieds, glabre, peu rameux ; les rameaux lisses, simples, effilés, de couleur grisâtre, pourprés sur les jeunes pousses, armés de deux épines courtes sur chaque faisceau de feuilles ; celles-ci sont ovales, cunéiformes, à trois lobes peu profonds, dentées à leurs bords, vertes, glabres à leurs deux faces, à peine larges d'un pouce ; les pétioles courts ; les fleurs sont latérales, situées vers l'extrémité des rameaux, disposées en grappes presque droites, solitaires, à peine aussi longues que les feuilles, munies de bractées linéaires, plus longues que les pédicelles ; ces fleurs sont pédicellées, petites, herbacées, d'un vert-jaunâtre ; le calice ouvert, presque plane, à cinq divisions ovales-oblongues; les pétales fort petits et tronqués; les baies globuleuses, glabres, de couleur rouge, d'une saveur douce.

Cet arbuste croît dans la Russie, sur les rochers. On le cultive au Jardin des Plantes de Paris.

CULTURE. PROPRIÉTÉS Ces arbrisseaux, la plupart originaires de l'Europe, tant les groseillers à grappes que les groseillers épineux, sont d'une culture très-facile et viennent, presque indifféremment dans toute sorte de terrain, beaucoup mieux dans les contrées septentrionales que dans celles du midi ; néanmoins pour la perfection de leurs fruits, une bonne terre vaut mieux qu'une médiocre, et ils acquièrent bien plus de qualité par une exposition favorable, où ils ne restent pas trop long-tems privés des rayons du soleil. On les multiplie de rejettons enracinés, pris au pied des plus forts groseillers, ou bien de boutures et de marcottes; par ce moyen on conserve, on propage les mêmes variétés ; mais lorsque l'on veut multiplier ces dernières, il faut les élever de graines ; quoique ce moyen soit beaucoup plus long, il n'est pas douteux qu'il nous fournirait beaucoup de variétés nouvelles. M. Calvel prétend qu'on pourroit aussi obtenir des fruits beaucoup plus gros et moins acides, en employant pour ces arbustes la greffe en écusson. Les Hollandois sont ceux qui entendent le mieux la culture et la taille des groseillers. M. Delaunay, l'un des bibliothécaires du Museum d'Histoire Naturelle, m'a dit avoir vu, en Hollande, des variétés de groseiller épineux, dont les fruits étoient presque de la grosseur d'un œuf de pigeon ; mais il faut avouer qu'en général toutes ces nombreuses variétés, dont j'ai cité les plus remarquables, sont plutôt un objet de curiosité et d'agrément que d'utilité réelle.

« Lorsque la groseille épineuse est verte, on l'emploie dans les cuisines comme le » verjus ; il s'en faut cependant beaucoup qu'elle ait un goût aussi agréable. Elle a » toujours quelque chose d'herbacé, qui ne se remarque point dans le verjus. On » trouve, dans l'intérieur de la fleur de cette espèce, un ou plutôt deux pistils joints » ensemble, que l'on sépare facilement.

« Lorsque ce fruit est mûr, il n'est pas mauvais à manger, sur-tout l'espèce dont le » fruit est violet. Sa chair est moins molasse, et son goût approche de celui du raisin.

» Il est rare que dans les haies et dans les broussailles on ne trouve pas quelques » pieds de groseillers épineux ; on pourra en transplanter dans les remises : cet arbuste » y conviendra d'autant mieux, qu'il a l'avantage de n'être point mangé par les lapins.

» Le fruit du groseiller à grappes est plus estimé que celui de l'épineux ; il a un goût » aigrelet, qui est agréable quand il est corrigé par le sucre. On en fait des eaux ra- » fraîchissantes, de très-bonnes compotes, des confitures, des gelées, des sirops. On » peut manger des groseilles fraîches jusqu'à la fin d'Octobre, si l'on a soin de couvrir » de paille le groseiller aussitôt que son fruit est rouge, pour empêcher qu'il ne soit » desséché par le soleil et pour le défendre des oiseaux.

» En médecine, on fait plus d'usage de la groseille à grappes qu'on nomme *Ribes*, » que de l'épineuse à laquelle on conserve le nom de *Grossularia*. Toutes les deux » sont astringentes, rafraîchissantes, fortifiantes ; elles éteignent l'effervescence de la » bile ; elles tempèrent les ardeurs du sang ; elles arrêtent les cours de ventre et les » crachemens de sang.

» On attribue de très-grandes vertus à l'espèce n°. 10, (*qui est la variété 6 de la* » *huitième espèce.*) On prétend que son fruit, qui a une odeur peu agréable, est » purgatif. On a ordonné l'infusion de ses feuilles pour toutes sortes de maux ; mais il » y a beaucoup à en rabattre : c'est un remède de mode dont on commence à ne plus » parler. Dans l'intérieur de sa fleur on ne trouve qu'un pistil ». DUHAMEL.

EXPLICATION DES PLANCHES.

PLANCHE 1.

Rameau chargé de grappes de fruits.
1. Grappe de fleurs.

PLANCHE 2.

Rameau chargé de fruits.
1. Fleur entière.

BERBERIS. VINETTIER. ÉPINE-VINETTE.

BERBERIS, Linn. Classe VI. *Hexandrie.* Ordre I. *Monogynie.*
BERBERIS, Juss. Classe XIII. *Dicotylédones polypétalées. Étamines hypogynés.* Ordre XVIII. Les Vinettiers.

GENRE.

CALICE. Six folioles ouvertes, ovales, concaves, colorées, alternativement plus courtes, caduques, munies en dehors de trois bractées.

COROLLE. Six pétales concaves, un peu arrondis, ouverts, un peu redressés, à peine plus longs que le calice.
Deux *glandes* arrondies et colorées à la base interne de chaque pétale.

ÉTAMINES. Six filamens droits, comprimés, opposés aux pétales; anthères adhérentes aux filamens par leur surface externe, s'ouvrant par une petite valve, de la base au sommet.

PISTIL. Ovaire simple, cylindrique, de la longueur des étamines; point de style; un stigmate sessile, large, orbiculaire, persistant, à rebords aigus.

PÉRICARPE. Une baie ovale, presque cylindrique, obtuse, à une seule loge, contenant deux ou trois semences insérées au fond de la loge.

SEMENCES. Oblongues, cylindriques, obtuses.

PÉRISPERME. Charnu; embryon droit; *radicule* inférieure; deux *cotyledons* planes.

CARACTÈRE ESSENTIEL. Calice à six folioles inégales, accompagné de trois bractées; six pétales; deux glandes à la base de chaque pétale; six étamines; point de style; un stigmate élargi, persistant; une baie ovale-cylindrique, à une seule loge; deux ou trois semences.

RAPPORTS NATURELS. Les espèces qui composent ce genre sont des arbrisseaux, la plupart épineux, dont les feuilles sont alternes, fasciculées; chaque paquet, muni à sa base d'écailles imbriquées; les fleurs disposées en grappes axillaires et pendantes. Ce genre est naturel et ne peut se confondre avec aucun autre; celui dont il se rapproche le plus, du moins par les parties de sa fructification, est le *Leontice* de Linné; mais ce dernier n'est formé que de plantes herbacées, à feuilles ailées; il a pour fruit une capsule vésiculeuse, presqu'en baie; les pétales sont munis à leur base intérieure d'écailles au lieu de glandes; l'ovaire est surmonté d'un style court.

ÉTYMOLOGIE. On croit que ce genre tire son nom d'un mot indien, qui signifie dans cette langue la coquille qui fournit les perles.

OBSERVATIONS GÉNÉRALES. L'Épine-vinette d'Europe peut former dans nos bosquets, par ses fleurs disposées en grappes jaunes et pendantes, un contraste agréable avec les fleurs blanches de l'aube-épine; les unes et les autres se montrent au printems à la même époque : mais tel est le sort de tous les êtres qui nous entourent, s'ils ne flattent pas également nos sens, s'ils en offensent quelques-uns, nous les repoussons, nous les éloignons, quelles que soient d'ailleurs leurs propriétés. On pardonne ses aiguillons à l'aube-épine à cause du parfum agréable de ses fleurs ; elles sont introduites jusques dans nos appartemens. Mais l'Épine-vinette ne peut trouver grace pour son armure piquante, à cause de l'odeur forte et désagréable qu'elle répand à l'époque de la floraison ; nous la tenons dans nos bosquets, mais dans les lieux les moins fréquentés ; nous lui abandonnons le soin de hérisser et de défendre par des haies nos possessions agrestes, mais non pas celles de nos jardins de plaisance ; nous l'éloignons même du voisinage de nos moissons par un de ces préjugés que l'étude de la nature peut aisément détruire : nous l'accusons très-injustement d'être en partie la cause de cette nielle funeste qui infecte nos semences céréales. (voyez plus bas l'article *culture* et *propriétés*.) En vain cet arbrisseau qui, malgré ses épines, n'est pas sans élégance, réclame en sa faveur l'acidité agréable de ses fruits ; les usages divers auxquels ils peuvent être employés ; les avantages que la teinture peut retirer de son écorce et de son bois ; en vain il nous offre, dans l'irritabilité de ses étamines, un phénomène aussi curieux qu'intéressant, ces titres ne feront point oublier l'odeur de cette plante : trop heureuse de trouver place dans quelques-uns des massifs reculés de nos parcs, tandis que ses sœurs arrivées de l'île de Crète, de la Sibérie, de la Chine, etc. sont accueillies favorablement dans nos serres, et y reçoivent des soins particuliers, dont sait très-bien se passer l'Épine-vinette d'Europe.

ESPÈCES.

1. BERBERIS vulgaris. *Tab.* 3.	VINETTIER commun. *Pl.* 3.
B. *racemis simplicibus, pendulis ; foliis subovatis, ciliato-dentatis.* WILLD. Arb. pag. 34.	V. à grappes simples, pendantes ; feuilles presque ovales, ciliées, dentées à leurs bords.

BERBERIS *pedunculis racemosis*. LINN. Spec. Plant. vol. 1. pag. 471. LAM. Ill. Gen. tab. 253. fig. 1. BLACKW. tab. 163. MILLER. Icon. tab. 63. KNORR. Del. 2. tab. B.

α. BERBERIS (rubra) *aculeis triplicibus ; baccis rubris.*

Berberis floribus racemosis ; foliis ciliatis. HALLER. Helv. n°. 828.

Berberis dumetorum. C. BAUH. Pin. 454. TOURNEF. Inst. R. Herb. 614. DUHAM. Arb. vol. 2. pag. 97. n°. 1. tab. 38.

Berberis vulgo, quæ et oxyacantha putata. J. BAUH. Hist. 1. pars. 2. pag. 52. Icon.

Spina acida, sive oxyacantha. DODON. Pempt. pag. 750. Icon.

Spina vulgaris, seu crespinus. CAMER. Epitom. 86. Icon.

Oxyacantha galeni. TABERNŒM. pag. 1035. Icon.

β. BERBERIS (violacea) *aculeis multiplicibus ; baccis violaceis.* WILLD. l. c.

γ. Berberis dumetorum, fructu candido. DUHAM. l. c. n°. 3.

δ. Berberis orientalis, procerior ; fructu nigro suavissimo. DUHAM. l. c. n°. 4. TOURNEF. Coroll. pag. 42.

ε. BERBERIS (asperma) *aculeis multiplicibus ; baccis aspermis.* WILLD. l. c.

Berberis sine nucleo. C. BAUH. Pin. 454. TOURNEF. Inst. R. Herb. 614. DUHAM. Arb. vol. 1. pag. 98. n°. 2.

Berberis asphoros. CLUS. Hist. 1. pag. 121.

ζ. BERBERIS (Canadensis) *aculeis triplicibus ; serraturis foliorum remotis.* WILLD. l. c.

Berberis ramis confertim punctatis ; foliis rariùs serratis ; racemis subcorymbosis, abbreviatis ; drupis parcè carnosis. MICH. Flor. Boréal. Amer. vol. 1. pag. 205.

Berberis latissimo folio, Canadensis. DUHAM. Arb. vol. 1. pag. 614. TOURNEF. Inst. R. Herb. 814.

Arbrisseau d'une médiocre grandeur, dont les tiges sont droites, rameuses ; le bois fragile, de couleur jaunâtre ; les rameaux diffus, revêtus d'une écorce glabre, mince, cendrée ou grisâtre ; armés à leur base de trois épines droites, subulées, inégales, élargies et réunies à leur point d'insertion. Les feuilles sont la plupart ramassées par paquets alternes, ovales, retrécies en pétiole à leur base, obtuses et arrondies à leur sommet, dentées en scie à leur contour, presque ciliées et comme épineuses, d'un vert gai, glabres à leurs deux faces, longues d'environ un pouce et demi sur un demi pouce et plus de large.

Les fleurs sont disposées latéralement dans l'aisselle des feuilles en grappes pendantes, simples, alongées ; les pédoncules filiformes, munis à leur insertion d'une très-petite bractée et à leur sommet, sous le calice, de trois autres, ovales, obtuses. Le calice est légèrement coloré en jaune, à six folioles ovales, concaves, obtuses ; la corolle jaune, à peine plus longue que le calice ; les pétales concaves, un peu arrondis, munis de deux glandes à leur base ; six étamines remarquables par la grande irritabilité dont elles sont pourvues, qui les force de se replier sur le pistil, dès qu'on les touche avec la pointe d'une épingle ; un stigmate large, sessile, persistant. Les fruits sont des baies ovales, un peu alongées, ordinairement rouges, un peu ombiliquées à leur sommet.

Les différentes variétés que présente cet arbrisseau consistent plutôt dans les fruits que dans toute autre partie. Ils diffèrent par leur couleur ; les uns sont violets, d'autres quelquefois blanchâtres ; d'autres enfin n'ont point de semences. Tournefort a fait mention d'une autre variété à fruits noirs, d'une saveur très-agréable, qu'il a observée sur les bords de l'Euphrate : il est à regretter que cet arbrisseau intéressant n'ait pas encore enrichi notre climat. Peut-être est-ce une espèce particulière.

Cet arbuste croît en Europe, le long des bois, dans les haies ; il est cultivé dans presque tous les jardins, où il fleurit au mois de mai.

CULTURE. PROPRIÉTÉS. Il n'est presque point de terrain qui ne soit favorable à l'Épine-vinette ; mais lorsque l'on se propose d'en obtenir de beaux fruits, une terre bien nourrie est préférable à un sol sec et aride. Les rejetons que cet arbuste produit en abondance, en rendent la multiplication très-facile. Il faut préférer ceux de l'année à ceux qui sont plus âgés. On choisit, pour les enlever, les premiers jours de l'automne, et le moment où les feuilles commencent à tomber. Il en est qui préfèrent les marcottes ; ce moyen de multiplication vaut mieux pour le succès des fruits, les marcottes étant moins sujettes à pousser des rejettons qui épuisent la plante principale. On couche en terre les jeunes branches ; lorsqu'elles ont poussé des racines, on les sépare de la tige mère, et on les place dans les lieux où elles doivent rester à demeure. Ce lieu n'est pas indifférent ; il dépend du but que l'on se propose dans la culture de cet arbrisseau. Si on le cultive pour ses fruits, il faut le tenir isolé et ne point le disposer en haie, avoir soin tous les ans, en automne, de retrancher les nouveaux rejetons qui ont poussé dans l'année, et émonder soigneusement les jeunes branches. Par ce moyen on obtiendra des fruits beaucoup plus beaux, et en plus grande quantité que si on laissait croître la plante naturellement ; si on veut en former des haies ou des massifs, on peut abandonner cet arbrisseau à lui-même ; il ne sera pas inutile dans les remises, ses fruits étant très-propres à y attirer beaucoup d'oiseaux ; il peut aussi trouver place dans les bosquets d'été et même dans ceux de printems, où ses fleurs jaunes produisent, au mois de mai, un effet assez agréable ; mais on doit éviter de les trop multiplier près des avenues ou des promenades fréquentées, à cause de l'odeur forte et désagréable de ses fleurs. Son plant est souvent employé comme sujet pour greffer les arbres fruitiers. La variété qui nous vient du Canada se multiplie de la même manière et n'exige pas d'autres soins.

La variété qui mérite le plus d'être cultivée, lorsqu'on en a pour but la récolte des fruits, est, sans contredit, celle qui n'a point de pépins (*Berberis asperma*, var. .. *du Berberis vulgaris.*) « Lorsqu'on en transplante un pied dans un potager, dit Duhamel,
» il pousse des bourgeons vigoureux, produit de beaux fruits, mais chaque grain a
» deux pépins. Quelques années après, lorsqu'il a formé sa touffe, et qu'il pousse
» moins vigoureusement, on ne trouve plus qu'un pépin dans la plupart des grains;
» enfin lorsqu'il commence à être vieux, il donne son fruit sans pépin, comme avant
» d'être transplanté. Cette variété se trouve dans la forêt de Lyon, dans plusieurs en-
» droits du Vexin-Normand et aux environs de Rouen. Les confitures d'Épine-vinette
» sans pépin, qui se font dans cette dernière ville, sont fort connues ». Duhamel.

Presque toutes les parties de cette plante sont employées avec avantage. Ses racines sont amères, styptiques : leur décoction passe pour favorable dans la jaunisse, ainsi que celle de l'écorce. Le bois et les feuilles sont également amers, mais moins que les racines : ils sont recommandés comme purgatifs et astringens; leur décoction en gargarisme fortifie les gencives. Le bois, ainsi que l'écorce, macérés dans une lessive alkaline, fournissent une teinture jaune pour le fil et le coton, pour colorer les ouvrages de menuiserie, pour donner du lustre au cuir corroyé; les feuilles peuvent servir de nourriture aux chèvres, aux vaches, aux moutons.

Les fruits sont la partie la plus intéressante de cet arbrisseau : ils consistent dans des baies acides, un peu astringentes, antiputrides. On peut les manger crues ou cuites avec du sucre; mais plus ordinairement on en fait des conserves, des confitures très-délicates et très-saines, un sirop; on les confit au vinaigre, au sucre. La gelée, le sirop, le rob sont cordiaux : ces baies, encore vertes, remplacent les capres dans l'assaisonnement des ragoûts. Leur suc convient dans la diarrhée, la dyssenterie, les fièvres putrides. On l'emploie, dans quelques contrées du nord, aux mêmes usages que celui du citron; il peut même servir à faire du punch. On obtient, des fruits par la fermentation, un vin acide, qui dépose un sel analogue au tartre; enfin les graines sont astringentes. On a prétendu que le voisinage des fleurs de l'Épinette-vinette était très-nuisible aux moissons; qu'il occasionnait la nielle des blés. Ce fait est évidemment détruit par l'observation, puisque cette maladie est occasionnée par un champignon parasite, l'*uredo segetum*, qui ne peut se multiplier que par ses propres semences, et non par l'influence des fleurs de l'Épine-vinette sur laquelle d'ailleurs il ne croît pas.

EXPLICATION DE LA PLANCHE 3.

1. Petale séparé, vu en dedans, avec les deux glandes à sa base.
2. Ovaire surmonté du stigmate sessile.
3. Le fruit; une baie pedonculée.
4. Baie coupée longitudinalement, contenant deux semences.

CORYLUS.   COUDRIER.

CORYLUS, Linn. Classe XXI, *Monœcie*. Ordre VII. *Polyandrie*.
CORYLUS, Juss. Classe XV. *Dicotylédones*. *Étamines séparées du pistil*.
Ordre IV. Les Amentacées. §. III. Fleurs monoïques.

GENRE.

* *Fleurs mâles*.

CALICE.   Chatons cylindriques, alongés, composés d'écailles rhomboïdales, à
trois lobes, celui du milieu recouvrant les deux autres, tenant
lieu de calice.

COROLLE.   Nulle. Elle l'est aussi dans les fleurs femelles.

ÉTAMINES. Huit; les filamens courts, attachés au côté intérieur de l'écaille
calicinale; les anthères droites, ovales-oblongues, à une seule
loge, plus courtes que le calice.

* *Fleurs femelles*.

CALICE.   Bourgeon écailleux, contenant plusieurs fleurs; deux grandes folioles coriaces, droites, déchirées sur leurs bords, à peine sensibles au moment de la floraison; tenant lieu de calice, devenant
ensuite aussi longues que le fruit avec lequel elles persistent.

PISTIL.   Ovaire fort petit, arrondi, surmonté de deux styles sétacés; les
stigmates subulés.

PÉRICARPE. Une noix ovale, marquée à sa base d'une cicatrice large et arrondie,
un peu comprimée vers le sommet, légèrement aigue; contenant
une amande pour semence.

Caractère essentiel. Fleurs monoïques; dans les fleurs mâles des chatons cylindriques,
pendans, composés d'écailles rhomboïdales, à trois lobes, celui du milieu recouvrant
les deux autres; huit étamines: dans les fleurs femelles, un bourgeon écailleux à
plusieurs fleurs; un calice à deux grandes folioles déchiquetées, à peine sensibles au
moment de la floraison; deux styles; une noix ovale, monosperme.

Rapports naturels. Ce genre a des rapports avec le chêne et le hêtre; il en diffère par
ses fruits et par la plupart des autres parties de la fructification; d'ailleurs les Cou-
driers sont plutôt des arbrisseaux que des arbres, à feuilles alternes, simples,
pétiolées; les fleurs mâles disposées en chatons alongés, pendans, situés à l'extrémité
des rameaux; les fleurs femelles sessiles, axillaires, réunies plusieurs ensemble dans
le même bourgeon.

Étymologie. On n'est point très d'accord sur l'origine du mot *Corylus*. Martinius
prétend qu'il vient d'un mot grec (*Carua*) qui signifie noix.

ESPÈCES.

1. **CORYLUS** avellana. *Tab.* 4.   **COUDRIER** noisettier. *Pl.* 4.
C. *stipulis oblongis, obtusis; calicibus fructus*   C. stipules oblongues, obtuses; calice du fruit
campanulatis, apice patulis, lacero-dentatis;   campanulé, denté, déchiqueté, très-ouvert à son
foliis subrotundis, cordatis, acuminatis. Willd. sommet; feuilles presque rondes, en cœur,
Spec. 4. pag. 470.   acuminées.

CORYLUS *stipulis ovatis , obtusis ; amentis masculis fasciculatis.* Poir. Encycl. méthod. vol. 4. pag. 496. Linn. Spec. Plant. pag. 1417. Ait. Hort. Kew. vol. 3. pag. 363. Lam. Ill. Gen. tab. 780. Gaertn. de Fruct. et Sem. vol. 2. pag. 52. tab. 89.

α. CORYLUS (sylvestris) *calicibus fructus nuce longioribus ; laciniis cuspidatis ; nuce cylindraceâ.* Willd. l. c.

Corylus sylvestris. C. Bauh. Pin. 418. Tournef. Inst. R. Herb. 582. Haller. Helv. n°. 1626. Lobel. Icon. Pars. 2. tab. 192.

Avellana nux sylvestris. Fusch. Hist. 398. Icon.

NOISETTIER des bois , Noisettier sauvage à fruits ronds. Coudrier. Duham. Arb. vol. 1. pag. 188. n°. 1.

β. CORYLUS (ovata) *calicibus fructus nuce brevioribus ; laciniis cuspidatis ; nuce subrotundo-ovatâ.* Willd. l. c. Lam. Ill. Gen. tab. 780 fig. n.

γ. CORYLUS (alba) *sativa, fructu albo minore , majore , seu vulgaris.* Bauh. Pin. 417. Tournef. Inst. R. Herb. 581. Ait. Hort. Kew. vol. 3. pag. 363. Duham. Arb. vol. 1. pag. 188. n°. 4.

NOISETTIER franc à fruits blancs. Duham. l. c. Rosier. Cours d'Agricul. vol. 7. pag. 88.

δ. CORYLUS (grandis) *sativa , fructu rotundo , maximo.* C. Bauh. Pin. 418. Tournef. Inst. R. Herb. 581. Ait. l. c. Knorr. Delic. Hort. 2. tab. c. 5.

CORYLUS (maxima) *calicibus fructus patentissimis , inciso-dentatis ; nuce depressâ , ovatâ.* Willd. l. c.

Avellana lugdunensis , major. Camer Hort.

NOISETTIER franc , à gros fruits ronds. Aveline. Duham. l. c. n°. 2.

ε. CORYLUS (rubra) *sativa ; fructu oblongo , rubente.* C. Bauh. Pin. 418. Tournef. Inst. R. Herb. 582. Ait. l. c. Duham. Arb. l. c. n°. 5. tab. 77.

CORYLUS (maxima) *stipulis oblongis , obtusis ; ramis erectioribus.* Miller. Dict. n°. 2. Lam. Ill. Gen. tab. 780. fig. q.

CORYLUS (tubulosa) *stipulis oblongis , obtusis ; calicibus fructus tubuloso-cylindracteis , apice coarctatis , inciso-dentatis ; foliis subrotundis , cordatis , acuminatis.* Willd. Spec. Plant. vol. 4. pag. 470. n°. 2.

NOISETTIER franc à fruits rouges. Duham. l. c. n°. 5.

ζ. CORYLUS (glomerata) *nucibus in racemum congestis.* C. Bauh. Pin. 418. Tournef. Inst. R. Herb. 582. Ait. l. c. Duham. Arb. l. c. n°. 7.

Corylus arborescens ; laciniis perianthii pinnatifidis. Duroi. Harbk. 1. pag. 178.

NOISETTIER à grappes.

η. CORYLUS (striata) *calicibus fructus nuce longioribus ; laciniis cuspidatis , inœqualibus ; nuce subrotundo-ovatâ, striatâ.* Willd. Spec. l. c. pag. 470.

NOISETTIER à fruits striés.

En Provence , Avelanier ; et les fruits Avelano. Garidel. Aix. pag. 130.

Arbrisseau dont les tiges sont droites, rameuses, flexibles, revêtues d'une écorce tachetée, un peu pubescente sur les jeunes branches, garnies de feuilles pétiolées , alternes, ovales-arrondies, simples, dentées à leur contour, assez grandes, nerveuses, plus ou moins acuminées , légèrement velues à leur face inférieure , les pétioles munis de stipules courtes, ovales-lancéolées, obtuses. Les fleurs sont monoïques; les fleurs mâles disposées en chatons pédonculés, alongés, presque terminaux, pendans, réunis plusieurs ensemble, et qui paraissent vers la fin de l'hiver. Les fleurs femelles sont axillaires, sessiles, adhérentes aux tiges, et forment un bouton composé de plusieurs fleurs entassées. Le fruit, connu sous le nom de *noisette*, est une amande, quelquefois deux, renfermée dans une coque ligneuse , revêtue en dehors d'une enveloppe verdâtre , charnue à sa base, irrégulièrement déchirée à ses bords , plus ou moins longue, selon les variétés.

Cet arbrisseau croît partout en Europe , dans les bois taillis, dans les haies et même sur les montagnes les plus élevées.

Le Coudrier a donné, par la culture, un assez grand nombre de variétés plus ou moins rapprochées du Coudrier sauvage que je viens de décrire , et qui diffèrent entr'elles, particulièrement par la forme, la grosseur, la saveur de leurs fruits , et quelquefois par l'enveloppe de ces mêmes fruits. J'ai indiqué plus haut les plus frappantes. La variété *ε.* est remarquable par ses fruits courts, ovales ; par leur enveloppe ou calice plus court que le fruit, lacinié au sommet. Dans la variété *ν.* le fruit est blanc, oblong, assez petit, quelquefois plus gros. La variété *δ.* est une de celles qui offre les plus gros fruits, et que l'on nomme assez généralement *noisettes franches* ou *avelines.* Elles sont ovales, arrondies, un peu comprimées ; leur enveloppe plus longue que les fruits, très-étalée, incisée et dentée à sa partie supérieure. Dans la variété *ι.* les noisettes sont d'un brun rougeâtre foncé ; leur enveloppe, beaucoup plus longue que le fruit, se resserre au sommet de ce dernier ; prend la forme d'un tube, et se divise en découpures incisées et dentées. Quelques auteurs, Miller, Willdenow, pensent que cette variété doit être regardée comme une espèce distincte, produisant constamment les mêmes fruits par les semences. Les fruits sont agglomérés, et forment une sorte de grappe très-courte. Dans la variété *ζ.* les découpures de leur enveloppe sont souvent pinnatifides ; enfin dans la variété *η.* les fruits sont striés, ovales, presque ronds, leur enveloppe plus longue que le fruit ; ses découpures inégales, laciniées, cuspidées. Il y a encore plusieurs autres variétés, mais difficiles à bien déterminer, qui sont intermédiaires entre celles que je viens de citer, qui souvent se confondent avec elles, et sont peu constantes.

2. CORYLUS Colurna. COUDRIER de Byzance.

C. *stipulis lanceolatis, acuminatis ; calice fructus duplici, exteriore multipartito, interiore tripartito ; laciniis palmatis ; foliis subrotundo-ovatis, cordatis.* WILLD. Spec. Plant. vol. 4. p. 472. n°. 5.

C. stipules lancéolées, acuminées ; calice du fruit double ; l'extérieur à plusieurs divisions profondes ; l'intérieur à trois découpures palmées ; feuilles presque rondes, ovales, en cœur.

CORYLUS *stipulis linearibus, acutis ; calicibus profundè dissectis ; fructu maximo.* POIR. Encycl. vol. 4. pag. 496. LINN. Spec. Plant. pag. 1417.

Corylus Byzantina. HERM. Lugdb. 91. SEBA. Thes. 1. tab. 27. fig. 2. DUHAM. Arb. vol. 1. pag. 188. n°. 8.

Avellana peregrina, humilis. C. BAUH. Pin. 418.

Avellana pumila, byzantina. CLUS. Hist. 1. pag. 11.

Cet arbrisseau est originaire du Levant ; on le trouve aux environs de Constantinople : on le cultive depuis long-tems en Europe, dans les bosquets, où il s'est très-bien acclimaté.

3. CORYLUS rostrata. COUDRIER cornu.

C. *stipulis lineari-lanceolatis ; calicibus fructus campanulato-tubulosis, nuce majoribus, bipartitis ; laciniis inciso-dentatis ; foliis oblongo-ovatis, acuminatis.* WILLD. Spec. 4. pag. 471.

C. stipules linéaires-lancéolées ; calices du fruit campanulés, tubuleux, plus grands que le fruit, à deux découpures incisées, dentées ; feuilles oblongues, ovales, acuminées.

CORYLUS (Americana) *stipulis lanceolatis ; foliis cordato-acutis ; fructibus solitariis.* POIR. Encycl. vol. 4. pag. 497.

Corylus rostrata ; pumila ; foliis cordato-ovalibus ; amenti masculi squamis ciliatis ; involucro, fructifero, densissimè hirsuto, in longum, angustioremque tubum desinente. MICH. Flor. Boréal. Amer. vol. 2. pag. 201.

Corylus rostrata ; stipulis lanceolatis ; foliis oblongis, cordatis, acutis ; ramulis glabris ; calicibus fructus rostratis. AIT. Hort. Kew. vol. 3. pag. 364. WILLD. Arb. pag. 80. tab. 1. fig. 2.

Corylus sylvestris, calice longiore, fructum etiam maturum omninò tegente. GRONOV. Virg. pag. 151.

Cet arbrisseau se cultive depuis plusieurs années au Jardin des Plantes de Paris et dans plusieurs autres, de semences envoyées d'Angleterre. Il est originaire de l'Amérique septentrionale.

CULTURE. PROPRIÉTÉS. Le Coudrier est un arbrisseau peu délicat ; il supporte également le froid et le chaud, et se plaît partout, tant dans le nord que dans le midi de la France. Quoique le choix du sol soit presqu'indifférent, néanmoins les terrains légèrement humides et légers sont à préférer lorsqu'on veut avoir des espèces plus vigoureuses et des fruits bien nourris. On peut le multiplier par semis ; mais comme les branches poussent aisément des racines , quand on en fait des marcottes , et que même la plupart tracent et fournissent des drageons enracinés ; on les multiplie plus ordinairement de cette manière ; on en jouit plus promptement et l'on a de plus l'avantage de conserver les bonnes espèces, que l'on n'est pas sûr d'obtenir par les semences. Si l'on veut faire usage de ces dernières, il faut les semer dans le courant du mois de février, et en attendant cette époque, les tenir dans du sable, placé dans une cave humide , les préserver des insectes et de la moisissure.

« Les Noisettiers forment des arbrisseaux d'une médiocre grandeur. Au bout de » quelque tems les tiges qui ont porté du fruit périssent , et l'arbuste se rajeunit par » des brins gourmands qui poussent de la souche. Cette circonstance oblige d'abattre » de tems en tems les tiges qui commencent à dépérir ».

« Quand nous voulons garnir une côte avec des Noisettiers, nous faisons arracher » du plant au pied des grosses souches ; nous le mettons en pépinière dans une bonne » terre, et quand, au bout de trois ans, il a produit de belles racines , nous le trans- » plantons au lieu destiné : il réussit ordinairement fort bien , et forme un petit taillis » qu'on peut abattre tous les sept ou huit ans.

» Les Noisettiers francs sont des arbrisseaux plus propres pour des potagers que » pour des bois; néanmoins, comme toutes les espèces de Noisettier subsistent sur des » côteaux, dont la terre est d'une médiocre qualité, et où beaucoup d'autres arbres » périssent, c'est une ressource qui n'est pas à négliger, quand on se propose de faire » des remises. Ses fleurs ont peu d'éclat : ses feuilles qui ne tombent que fort tard , » jaunissent de bonne heure; ainsi cet arbuste ne convient que dans les bosquets » d'été ».   DUHAMEL.

Quoiqu'en général cet arbrisseau soit un de ceux que l'on cultive le moins, tant parce qu'il abonde dans les bois, que par le peu de cas que l'on fait de ses fruits ; cependant on en a obtenu par la culture d'assez belles variétés, qui ne diffèrent du Noisettier sauvage que par la forme, la saveur et la grosseur de leurs fruits. La noisette a une saveur douce, inodore; elle est assez nourrissante; mais elle pèse sur les estomacs délicats, se digère difficilement, sur-tout quand elle est fraîche. Les personnes qui sont d'un tempéramment faible, doivent s'abstenir d'en manger : quand la noisette est sèche, la pellicule qui la recouvre excite un picotement dans le gosier, qui occasionne la toux. L'amande fournit un suc laiteux, émulsif; on en retire une huile douce, bé-chique, anodine, qui se rancit difficilement ; elle est utile pour la toux invétérée. Les confiseurs en font des dragées. Le bois de Noisettier est très-flexible. Cette propriété le rend utile pour les petits cerceaux à l'usage des vaniers ; on en fabrique aussi des arcs et des flèches. Lorsqu'il a une certaine grosseur, on l'emploie comme échalas dans les vignes tenues à une médiocre hauteur. On prétend qu'il dure trois fois davan-tage lorsqu'il a été coupé dans le tems de la chûte des feuilles, que celui qui a été abattu pendant l'hiver ou au commencement du printems. Le bois et les fagots servent à chauffer le four.

EXPLICATION DE LA PLANCHE 4.

1. Chaton mâle.
2. Écaille calicinale. Étamines.
3. Bourgeon contenant plusieurs fleurs femelles.
4. Pistils. Stigmates.
5. Fruit dépouillé de son enveloppe.
6. Amande.

PUNICA.   GRENADIER.

PUNICA, Linn. Classe XII. *Icosandrie.* Ordre I. *Monogynie.*
PUNICA, Juss. Classe XIV. *Dicotylédones polypétalées. Étamines périgynes.*
Ordre VII. LES MYRTES.

GENRE.

CALICE.   Turbiné, persistant, épais, coloré, adhérent à l'ovaire, divisé à son limbe en cinq ou six découpures aigues.

COROLLE.   Petales 5-6 insérés sur le calice, un peu arrondis, ouverts, redressés.

ÉTAMINES.   Nombreuses, insérées sur le calice, les filamens capillaires plus courts que le calice, soutenant des anthères oblongues.

PISTIL.   Un ovaire inférieur, adhérent au calice, surmonté d'un style simple, terminé par un stigmate en tête.

PÉRICARPE.   Une baie très-grosse, arrondie, couronnée par les divisions du calice, enveloppée par une écorce épaisse, coriace, divisée par un diaphragme transversal en deux cellules inégales ; la supérieure plus grande, partagée en sept ou neuf loges ; l'intérieure plus petite, séparée en trois ou quatre loges.

SEMENCES.   Nombreuses, anguleuses, chacune d'elles enveloppée d'un arille pulpeux ; les cotylédons roulés en spirale.

CARACTÈRE ESSENTIEL. Un calice coriace, coloré, à cinq ou six divisions ; cinq ou six petales insérés sur le calice ; des étamines nombreuses ; un stigmate en tête, une baie sphérique, couronnée par les découpures du calice, à deux loges inégales, sousdivisées chacune en plusieurs petites loges : des semences pulpeuses.

RAPPORTS NATURELS. Ce genre a des caractères si bien établis que, quoique borné à un très-petit nombre d'espèces, il ne peut se confondre avec aucun autre genre. Il appartient évidemment à la famille des Myrtes, et a beaucoup de rapports avec les Myrtes proprement dits, et avec les Goyaviers (*Psidium*). Il comprend des arbrisseaux en buissons, touffus, épineux, peu élevés, lorsqu'ils sont abandonnés à eux-mêmes, et dont les rameaux sont axillaires, rougeâtres dans les jeunes pousses, presque tétragones, opposés, ainsi que les feuilles ; les fleurs solitaires, presque sessiles.

ÉTYMOLOGIE. Le nom de ce genre, auquel il faut ajouter celui de *malus* (pomme) vient ou de la couleur écarlate de ses fleurs, ou du territoire de l'ancienne Carthage, d'où l'on soupçonne qu'il a été transporté en Europe.

OBSERVATIONS GÉNÉRALES. Rivale de la rose par la vivacité de ses couleurs et l'élégance de sa forme, la Grenade ne lui est peut-être inférieure que parce qu'elle est privée de ce parfum exquis qui assure à la rose le premier rang parmi les fleurs de nos jardins ; mais si la Grenade ne flatte que la vue, si elle est privée d'odeur, ses fruits par leur eau fraîche et acide dédommagent le goût des privations de l'odorat. Pour en connaître tout le prix, il faut les cueillir dans les climats brûlans de l'Afrique, en faire couler le jus dans des organes desséchés par la chaleur. Combien alors on est disposé à lui pardonner son manque d'odeur, tandis au contraire que dans les contrées où l'on ne cultive le Grenadier que pour la beauté de ses fleurs, on regrette qu'avec tant d'éclat elles soient destituées de parfums, et nos idées ne se portent alors sur les seules jouissances du luxe, que parce que nous n'éprouvons pas le besoin de ses fruits, et que même nous y renonçons pour ajouter au brillant, à la grandeur de ses fleurs.

Le Grenadier a trop de beautés pour n'avoir pas fixé de tous tems le regard des hommes, ses fruits trop de fraîcheur pour avoir été long-tems méconnus ; aussi en est-il mention dans les monumens de la plus haute antiquité. Les habits sacerdotaux du grand-prêtre, chez les Juifs, étaient ornés à leurs bords, de figures de Grenades ; cette fleur est figurée sur plusieurs médailles phéniciennes et carthaginoises. On cite une célèbre statue de Junon, dans un temple de l'île d'Eubée, composée d'or et d'ivoire, fabriquée par Polyclète, qui portait une Grenade dans une main et un sceptre dans l'autre : Proserpine, enlevée par Pluton, ne fut refusée à Cérès sa mère, par le Souverain des Dieux, que parce qu'elle avait mangé sept grains de Grenade, dans les jardins du Souverain des Enfers, soulagement bien pardonnable dans un royaume de feu. Enfin il ne manquait plus au Grenadier qu'une origine merveilleuse ; la brillante imagination des Grecs l'eut bientôt trouvée. Agdeste, sorte de monstre, fils de Jupiter et du rocher Agdus, s'étant coupé les attributs de son sexe, le Grenadier naquit du sang qui en coula.

Nous trouvons cet arbrisseau mentionné dans Théophraste sous le nom de ROA ; les Phéniciens le nommaient SIDA ; les anciens agronomes GRANATA. Pline l'appelle *Malus punica*, nom qu'il a conservé jusqu'à nos jours. Quoiqu'il naisse sans culture et en plein champ dans plusieurs contrées de l'Europe, en Espagne, en Italie et dans nos départemens méridionaux, on soupçonne cependant avec assez de raison qu'il n'y existait pas autrefois, et qu'il y a été apporté du royaume de Carthage.

ESPÈCES.

1. PUNICA granatum. *Tab.* 5 et 5 *bis.*　　GRENADIER commun. *Pl.* 5 et 5 *bis.*
P. *foliis lanceolatis; caule arboreo.* LINN. Spec.　G. à feuilles lancéolées; tige en arbre. LAM. Ill.
　Plant. pag. 676.　　　　　　　　　　　　Gen. tab. 415.

PUNICA *sylvestris.* TOURNEF. Inst. R. Herb. 636.
GRENADIER sauvage. DUHAM. Arb. vol. 2. pag. 194. n°. 1. et tab. pag. 193.
α. PUNICA *sativa. Punica quæ malum granatum fert.* TOURNEF. 636. DUHAM. tab. 44.
GRENADIER à fruits acides. Grenadier cultivé.
β. PUNICA *fructu dulci.* TOURNEF. 636. DUHAM. l. c. pag. 194. n°. 3. C. BAUH. Pin. 438.
GRENADIER à fruits doux.
γ. PUNICA *flore pleno majore (et variegato)* TOURNEF. Inst. 636. DUHAM. Arb. l. c. n°ʳ. 4. et 5.
Balaustia flore pleno, majore. C. BAUH. Pin. 438. TABERN. Icon. 1033.
GRENADIER à grandes fleurs doubles et à fleurs panachées.
δ. PUNICA *flore pleno minore.* TOURNEF. Inst. R. Herb. 636. DUHAM. Arb. pag. 194. n°. 6.
Balaustia flore pleno minore. C. BAUH. Pin. 436. KNORR. Dict. 1. tab. 5.
GRENADIER à petites fleurs doubles.

Arbrisseau très-rameux, plus ou moins élevé, d'un aspect fort agréable lorsqu'il est cultivé, taillé, chargé de fleurs; en buisson touffu, épineux lorsqu'il est livré à lui-même dans son sol natal. Ses rameaux sont glabres, menus, anguleux; ses feuilles très-lisses, opposées, lancéolées, entières, soutenues par des pétioles courts. Les fleurs sont presque sessiles, solitaires, quelquefois réunies trois ou quatre vers le sommet des rameaux, assez grandes, d'un rouge vif, éclatant; ses calices épais, charnus, très-colorés; les petales ondés, comme chiffonnés. Les fruits sont de la grosseur d'une forte pomme, arrondis, couronnés par le limbe du calice, revêtus d'une écorce coriace, d'un brun rougeâtre, remplis de grains pulpeux, d'un rouge vif, brillant, plus ou moins acides. Cet arbrisseau croît naturellement dans la Barbarie, l'Espagne, l'Italie et dans les départemens méridionaux de la France; il se cultive en pleine terre ou en caisse, selon la température, dans les contrées septentrionales de l'Europe. Il fleurit dans le courant de l'été.

L'acidité agréable et rafraîchissante du Grenadier, la beauté de ses fleurs l'ont fait cultiver avec des soins particuliers; il en est résulté des variétés très-remarquables, consistant les unes dans les fruits plus ou moins acides, d'une grosseur variable; les autres dans les fleurs doubles, semi-doubles, grandes ou plus petites, d'un rouge vif, clair ou foncé, d'une même teinte ou panachées, de couleur écarlate, ou d'un rose tendre à grande corolle; cette dernière variété porte chez quelques jardiniers le nom de *Grenadier Pompadour*. On peut encore obtenir d'autres variétés en multipliant cet arbrisseau de semences, que l'on perpétue ensuite par marcottes et par boutures.

2. PUNICA nana.   GRENADIER nain.

P. *foliis linearibus; caule fruticoso.* Linn. Miller. Dict. n°. 2.   G. à feuilles linéaires; tiges basses et ligneuses. Durol Harbk. 2. pag. 204.

PUNICA *Americana, nana, seu humillima.* Tournef. Inst. 636. Duham. Arb. vol. 2. pag. 194.

Rapproché du précédent par son port, il en diffère par son peu d'élévation et par la forme de ses feuilles. Sa tige, haute de trois à cinq pieds, se divise en rameaux nombreux, diffus, en buisson; ses feuilles sont plus courtes, plus étroites, presque linéaires; ses fleurs beaucoup plus petites et ses fruits à peine de la grosseur d'une noix muscade.

Cette espèce est originaire de l'Amérique méridionale, de la Guiane et des Antilles. Les habitans s'en servent pour enclorre leurs jardins. Elle est beaucoup plus sensible au froid, plus délicate que la précédente : elle ne fleurit que pendant les étés doux. Si l'air se refroidit un peu trop, les fleurs tombent; on ne peut les conserver et en obtenir des fruits qu'en plaçant cet arbrisseau sous des caisses de vitrage aérées : il donne alors des fleurs pendant près de deux mois.

CULTURE. PROPRIÉTÉS. Le Grenadier, dans son pays natal, ou livré à lui-même, n'offre qu'un buisson épineux, désagréable à l'œil, peu chargé de fleurs et encore moins de fruits. Il ne doit qu'à la culture et aux soins du jardinier sa forme élégante et gracieuse, ses belles fleurs et l'acidité douce et rafraîchissante de ses fruits; mais il doit être dirigé d'une manière particulière et relative à l'emploi auquel on le destine. On le multiplie assez facilement par semences, par boutures, par marcottes. Si l'on veut acclimater cet arbrisseau dans les contrées septentrionales, ou en obtenir de belles variétés, il faut employer le premier moyen, quoique le plus long pour la jouissance. Les graines doivent être semées au moment même où on les retire du fruit, placées dans une terre légère, très-substantielle, sous chassis ou très-bien abritées. À la seconde ou troisième année, selon la force des pieds, on les tire de terre sans endommager les racines, et on les repique à un pied de distance les uns des autres. Si on emploie les boutures, il faut les choisir saines et vigoureuses; laisser au bas un morceau de vieux bois et les arroser fréquemment; si ce sont les marcottes, il faut coucher en terre quelques-unes des tiges produites par les racines, les recouvrir d'environ huit à dix pouces de terre, ayant soin de laisser sortir leur extrémité hors de terre, et de les arroser convenablement : au bout d'une année, on pourra les séparer et les repiquer. On peut encore fendre les vieux pieds en plusieurs portions; chaque portion pourvue de racines deviendra un nouvel arbre.

Lorsque l'on a pour but d'en former un arbre d'agrément, de lui donner un tronc élevé, une belle tête, il faut l'émonder pendant les deux premières années, couper toutes les branches inférieures, ne laisser qu'un œil ou deux aux branches du sommet; et lorsque la tige est élevée au point que l'on desire, et qu'elle ne se charge plus de boutons dans sa longueur, alors on dispose par la taille les branches en boule ou en parasol. On le tient dans de grandes caisses, parce qu'il faut, sur-tout dans les contrées septentrionales, le renfermer dans l'orangerie pendant l'hiver. Il exige une bonne terre, bien succulente, chargée d'engrais, et des arrosemens fréquens. Il faut le dépoter tous les deux ans, et supprimer une partie des chevelus de ses racines : il veut être fortement taillé, si on veut en obtenir beaucoup de fleurs. Cette opération doit se faire en septembre ou en octobre, lorsque cet arbrisseau a perdu ses feuilles. Comme les fleurs naissent toujours aux extrémités des branches de l'année, il faut retrancher toutes les branches faibles de l'année précédente, et raccourcir les plus fortes à proportion de leur vigueur, afin d'obtenir de nombreux rejettons dans toutes les parties de l'arbre.

Dans les climats tempérés où le Grenadier peut être cultivé en pleine terre, et résister aux froids de l'hiver, on en fait des espaliers d'une grande beauté : peu d'arbres tapissent plus exactement un mur que le Grenadier par le grand nombre de ses branches : il n'a besoin d'aucun tuteur, excepté dans le commencement : il faut supprimer le vieux bois, autant qu'il est possible, ou le ravaler au point de le forcer à donner de longs rejettons, jusqu'à ce qu'il soit arrivé à la hauteur que l'on désire. Si l'on place alternativement un pied de Grenadier à fleurs doubles, et un à fleurs simples qui donnent des fruits doux, il en résulte un mélange d'un très-bel effet, qui offrira en automne des fruits à côté des fleurs, comme s'ils appartenaient au même arbre. Si l'hiver amenait des froids longs et rigoureux, il faudrait l'en garantir par des paillassons. Le Grenadier nain ne peut être cultivé en pleine terre ; il faut le tenir en caisse, et le renfermer dans l'orangerie aux approches des froids. Sa culture est la même que celle du Grenadier commun, mais il exige des soins plus attentifs.

Le Grenadier est encore très-propre à former de bonnes haies dans les pays chauds, d'autant plus précieuses qu'elles sont à l'abri de la dent des troupeaux, tandis qu'ils dévorent presque toutes les autres. On les forme aussitôt après la chute des feuilles avec des pieds bien enracinés ; il faut avoir soin, les premières années, de supprimer les tiges nombreuses qui poussent du collet des racines, et de ne conserver que le maître pied, jusqu'à ce qu'il soit arrivé à la hauteur convenable : il fournira suffisamment par ses rameaux de quoi former une clôture épaisse, impénétrable.

La pulpe qui environne les semences des Grenades est d'une saveur acide plus ou moins douce, quelquefois vineuse, astringente, rafraîchissante : elle nourrit peu, mais elle est fort agréable au goût et modère la soif. On en fait un sirop en séparant la pulpe de son enveloppe et des semences. L'écorce du fruit, appelée dans les boutiques *malicorium*, a une saveur austère et acerbe, ainsi que les membranes qui séparent les grains ; elle est astringente, employée dans les diarrhées séreuses, les hémorrhagies utérines, les pertes blanches. Sa décoction déterge les ulcères de la bouche, et raffermit les gencives. On donne le nom de *balaustes* aux fleurs simples ou doubles que l'on conserve dans les boutiques : elles sont également regardées comme astringentes.

EXPLICATION DES PLANCHES.

Pl. 5. fig. 1. Un pétale séparé. fig. 2. Le fruit coupé transversalement. fig. 3. Ses semences.
Pl. 5 *bis*. fig. 1. Fruit du Grenadier cultivé. fig. 2. Le même coupé dans sa longueur. fig. 3. Les semences enveloppées de leur pulpe. fig. 4. Une semence dépouillée de sa pulpe.

PISTACIA.   PISTACHIER.

PISTACIA, Linn. Classe XXII. *Diœcie.* Ordre V. *Pentandrie.*
TÉRÉBINTHUS, Juss. Classe XIV. *Dicotylédones polypétalées. Étamines attachées au calice.* Ordre XII. Les Térébinthacées.

GENRE.

Fleurs dioïques. Les mâles disposées en un chaton lâche, couvert d'écailles uniflores.

CALICE. Fort petit ; à cinq divisions courtes dans les fleurs mâles ; à trois dans les femelles. Point de corolle.

ÉTAMINES. Cinq ; les filamens très-courts ; les anthères droites, ovales, tétragones.

PISTIL. Dans les fleurs femelles, un ovaire ovale, supérieur, plus grand que le calice : trois styles réfléchis ; autant de stigmates épais, hispides.

PÉRICARPE. Un drupe ou une baie sèche, ovale, renfermant un noyau osseux, à une seule semence.

Caractère essentiel. Fleurs dioïques ; les mâles réunies en chaton. Point de corolle. Un calice court, à cinq divisions, à trois dans les femelles. Trois styles. Un drupe sec, contenant un noyau osseux, à une seule semence.

Rapports naturels. Tournefort avait séparé en deux genres les Pistachiers et les Lentisques ; comme la différence n'existe que dans les feuilles ailées sans impaire ou avec impaire, il est évident que ces deux genres doivent être réunis en un seul. Il se rapproche des *Schinus* ; mais ce dernier est pourvu d'une corolle à cinq pétales, de dix étamines, d'une baie à trois loges. Les Pistachiers renferment des arbres ou arbustes résineux, à feuilles alternes, ailées, avec ou sans impaire, et dont les fleurs sont disposées en grappes axillaires.

Étymologie. On a conservé à ce genre le nom qu'il portait en grec, *Pistakia*, dont l'origine est obscure : selon d'autres, il se nommait *Psittakion*, d'où la ville de Psittaque a pris son nom.

Observations générales. Ce fut, au rapport de Pline, Vitellius Gouverneur de Syrie, qui le premier apporta des pistaches à Rome, vers la fin du règne de Tibère. L'arbre qui les fournit fut insensiblement cultivé dans la plupart des contrées méridionales de l'Europe, et cette acquisition ne fut arrosée ni de larmes ni de sang. Combien ces conquêtes paisibles sont précieuses pour l'humanité, honorables pour celui qui les fait, et souvent profitables à ceux chez qui elles se font. Quel exercice agréable de la pensée, lorsqu'en parcourant nos vergers, ou en nous promenant dans nos parterres, nous attachons à chaque arbre, à chaque fleur, le nom de celui qui nous en a procuré la jouissance ! La pistache, plus délicate, plus parfumée que la noisette, est aussi moins commune ; elle orne les tables dans les jours de fête, soit qu'elle s'y présente dans son état naturel, soit étendue dans une crême glacée ou enveloppée d'une robe de sucre. L'arbre qui la produit est d'un bel agrément dans nos jardins ; ses feuilles ailées y répandent une ombre fraîche dans les jours brûlans de l'été.

Les Térébinthes et les Lentisques, du même genre que le Pistachier, qui ont les mêmes fleurs, les mêmes fruits, mais beaucoup plus petits, et qui ne se mangent pas, nous en dédommagent d'un autre côté, en nous fournissant une résine utile en médecine et dans les arts. Ces arbrisseaux élégans ne croissent point dans les grandes

forêts; l'ombre et l'humidité leur seraient très-nuisibles. On les voit avec plaisir ani-
mer, sous le beau ciel de la Provence, la roche calcaire et brûlante; il leur faut un
sol pierreux, une exposition à mi-côte, les plus vifs rayons du soleil pour développer
dans leurs organes la substance résineuse qui en découle, et qui n'est surabondante
qu'autant que la chaleur est très-active. C'est à cette cause, sans doute, qu'il faut
attribuer la très-petite portion de résine fournie par ceux de ces arbrisseaux qui
croissent dans nos départemens méridionaux, tandis que ceux que nourrissent les îles
de l'Archipel, les sables de l'Afrique, en produisent avec abondance.

ESPÈCES.

1. PISTACIA vera. *Tab.* 17.　　　　PISTACHIER commun. *Pl.* 17.

P. *foliis impari - pinnatis, foliolis subovatis,*　P. à feuilles ailées avec une impaire; folioles re-
　recurvis. LINN. Spec. Plant. vol. 2. pag. 1454.　　courbées, presque ovales.

PISTACIA *peregrina, fructu racemoso, seu Terebinthina indica.* BAUH. Pin. 401.
Terebinthus indica Theophrasti, Pistacia Dioscoridis, mas et fœmina. TOUR. Inst. R. Herb. 580.
　DUHAM. Arb. vol. 2. pag. 306.
Pistacia cum corniculis. LOB. Icon. pag. 100.
Terebinthus major pistaciæ folio. LOB. advers. 413. et Icon. 97.
Pistaciorum arbustum. DODON. Pempt. 817. Icon. DALECH. Hist. vol. 1. pag. 361.
Pistacia. J. BAUH. Hist. 1. pag. 275. Icon. CAMER. Epit. 170. Icon. MATTH. Comment. 222. Icon.
　TABERN. Icon. 1025. BLACKW. tab. 461.
　Vulgairement LE PISTACHIER. REGNAULT. Bot. Icon.

β. PISTACIA (trifolia) *foliis subternatis, simplicibusque.* LINN. Syst. Plant. vol. 4. pag. 245.
Pistacium mas siculum, folio nigricante. BOCCON. Mus. 2. pag. 139. tab. 93.
Terebinthus seu Pistacia trifolia. TOURNEF. Inst. R. Herb. 580. DUHAM. Arb. vol. 2. pag. 306. n°. 4.
　SAUVAG. Monsp. 219. GOUAN. Hort. 503.

γ. PISTACIA (Narbonensis) *foliis pinnatis, ternatisque, suborbiculatis.* LINN. Spec. Plant. 1454.
Pistacia foliis sæpiùs quinatis, orbiculatis. SAUVAG. Monsp. 219.
Terebinthus peregrina, fructu majore, pistaciis simili eduli. C. BAUH. Pin. 400. TOURNEF. Inst.
　R. Herb. 579. DUHAM. Arbr. vol. 2. pag. 306. n°. 2. tab. 88.
Terebinthus indica major, fructu rotundo. J. BAUH. Hist. 1. pag. 277.
Terebinthus major pistaciæ folio. LOB. adv. 412. MAGNOL. Botan. Monsp. 249.

Cet arbre a un tronc assez gros, revêtu d'une écorce grisâtre. Il s'élève à la hauteur
de vingt à trente pieds. Ses branches sont fortes, étalées, garnies de feuilles ailées,
alternes, composées de trois ou quatre paires de folioles avec une impaire, ovales ou
lancéolées, glabres, fermes, assez grandes, portées sur un long pétiole. Les fleurs
mâles sont disposées en un chaton lâche, en forme de grappe; chaque fleur est pédicellée, garnie à sa base d'une petite écaille sèche, brune, membraneuse; le calice est
à cinq divisions, plus court que les étamines. Celles-ci ont leurs anthères jaunâtres,
rapprochées en paquets. Les chatons des fleurs femelles sont beaucoup plus lâches
que ceux des fleurs mâles. Leur calice n'a que trois divisions : les fruits sont ovales,
à-peu-près de la grosseur d'une olive, d'une couleur roussâtre, ridés extérieurement,
renfermant une amande huileuse et douce, qui porte le nom de Pistache.

Si l'on considère avec attention les deux variétés suivantes, que quelques auteurs
avaient distinguées comme espèces, on reconnaîtra facilement qu'elles conviennent
au Pistachier commun, dont elles ne diffèrent que par des caractères peu tranchés,
et qui tiennent à la nature du sol ou à la culture.

La première β. se distingue sur-tout par ses feuilles qui ne sont ordinairement
composées que de trois folioles très-grandes, épaisses, ovales, ou arrondies, à nervures
réticulées. Ses fruits ne diffèrent point de l'espèce précédente, et sont également

PISTACIA. PISTACHIER. 25

bons à manger. Je l'ai vu cultivé à Marseille. On ne mettait, pour l'usage, aucune différence entre ses amandes et celles du *Pistacia vera* de Linné.

La seconde variété *γ*. tient presque le milieu entre l'espèce et la variété, ayant des feuilles dont les unes sont ternées, les autres à cinq ou sept folioles, un peu orbiculaires, d'une grandeur médiocre. Les fruits varient pour la grosseur, et sont moins ovales que les précédens. Cette plante s'est tellement acclimatée en Europe, qu'aujourd'hui elle croît naturellement dans les environs de Montpellier et ailleurs. Le Pistachier est originaire de l'Asie. On le trouve aussi en Barbarie, dans la Perse, la Syrie, l'Arabie et les Indes. Il fleurit en avril et en mai. On le cultive dans le midi de la France. Les fruits du Pistachier renferment une amande connue sous le nom de *Pistaches*. Elles sont huileuses, nourrissantes, très-agréables au goût. On les mange crues; plus ordinairement on en fait des dragées, couvertes de sucre, ou de chocolat nommé *diablotins*; on en compose des crèmes et des glaces auxquelles on mêle du jus d'épinard pour leur donner une couleur verte. On en prépare une émulsion employée aux mêmes usages que celles des amandes douces. Ces fruits adoucissent la toux, fortifient l'estomac, à ce que l'on prétend, et conviennent fort au phtisiques et aux convalescens.

CULTURE. PROPRIÉTÉS. « Les Pistachiers s'élèvent très-aisément de semences,
» quoique ces arbres viennent de pays plus tempérés que le nôtre, savoir : Chypre,
» l'île de Scio, l'Espagne, le Languedoc, le Dauphiné et la Provence; ils supportent
» beaucoup mieux la gelée que les Lentisques; néanmoins il convient de les semer
» dans des terrines, et de les élever dans les orangeries, jusqu'à ce qu'ils aient acquis
» une certaine grosseur. J'en ai cependant élevé tout-à-fait en pleine terre; mais on
» court risque de les perdre, si dans la première ou seconde année les hivers sont fort
» rudes. Si on a la précaution de ne les mettre en pleine terre que lorsqu'ils sont un
» peu gros, ils réussissent très-bien (1); quand les individus mâles et femelles se
» trouvent plantés les uns près des autres, tous les Térébinthes donnent du fruit.
» Il y a un moyen assuré d'en augmenter le rapport (2), c'est d'enter le Pistachier
» sur le Térébinthe, qui ne donne pour cela pas moins de résine; on y trouve cet
» avantage, que les pistaches en sont beaucoup plus belles; et l'on m'a assuré que ces
» Pistachiers duraient plus long-tems que les autres : ce qui est bien probable. On
» choisit pour cette opération un Térébinthe de sept à huit ans, fort haut de tige;
» alors, sans raccourcir cette tige, on ente deux ou trois des branches principales à
» quelques pouces du tronc; ou bien l'on raccourcit la tige, mais fort peu, et l'on
» procède à la ente, comme on a coutume de faire celle des oliviers. Ce fut chez
» M. Grimaldy, consul de Naples, que je vis pour la première fois de ces pistaches :
» je fus surpris de leur beauté; il me montra dans son jardin l'arbre qui les avait
» portées : il était enté sur Térébinthe, et il m'assura que ces Pistachiers donnaient
» toujours de plus beau fruit que les autres.
» Il est bon d'être prévenu que les pistaches que l'on achette chez les épiciers,
» lèvent très-bien, quand elles sont nouvellement arrivées.
» Tout le monde sait que les amandes des Pistachiers (*Pistacia vera*) sont agréables

---

(1) Feu M. Delezermes, directeur de la Pépinière impériale du Roule, était parvenu à multiplier les Pistachiers, et à les naturaliser à Paris; on peut juger de la vigueur de leur végétation, par la force et la beauté du rameau dont nous donnons la figure, que M. Redouté a peint sur un des individus cultivés par M. Delezermes. Il a bien voulu nous donner des plants enracinés, que nous avons fait passer à des amateurs cultivateurs, chez lesquels ils ont parfaitement réussi.

Nous ne croyons pas inutile de dire ici que quand on a des Pistachiers qui ne portent que des fleurs femelles, le voisinage d'un *Petelin* (*Pistacia Terebinthus*) féconde le *Pistacia vera*. (*Note de l'Editeur.*)

(2) Extrait d'un Mémoire détaillé sur les Pistachiers, adressé par M. Coussineri, Chancelier français à Scio, à M. Duhamel.

Arbres fruitiers. T. I.   F

» à manger, qu'on en fait grand usage dans les offices pour la préparation de plusieurs
» mets, et qu'on en fait d'excellentes dragées ». DUHAMEL.

Le Pistachier est un peu plus délicat que les Térébinthes et les Lentisques ;
cependant Miller parle d'un arbre de cette espèce placé contre une muraille dans le
jardin de l'évêque de Londres, à Fulham : il avait alors plus de quarante ans, et
avait supporté les hivers sans couverture : quelques autres arbres pareils, qui avaient
été plantés en plein air dans le jardin du duc de Richemond, à Goodwood, en Sussex,
ont aussi résisté pendant plusieurs hivers sans aucun abri.

(Nous sommes entrés dans tous les détails relatifs aux Pistachiers, Térébinthes,
Lentisques, dans le *Traité général des Arbres et Arbustes que l'on cultive en France
en pleine terre.*)

EXPLICATION DE LA PLANCHE 6.

Rameau chargé de fruits.
Fig. 1. Fleurs mâles.
2. Fleurs femelles.
3. Fruit.

MORUS.   MURIER.

MORUS, Linn. Classe XXI. *Monœcie*. Ordre IV. *Tetrandrie*.
MORUS, Juss. Classe XV. *Dicotylédones apétalées. Étamines séparées du pistil*. Ordre III. Les Orties.

GENRE.

Fleurs monoïques. Fleurs mâles séparées des femelles sur le même individu.

* *Fleurs mâles réunies en chaton.*

CALICE.   Divisé en quatre folioles ovales, concaves. Point de Corolle.
ÉTAMINES.   Quatre, situées entre chaque foliole du calice ; les filamens droits, subulés, plus longs que le calice, supportant des anthères simples.

* *Fleurs femelles réunies en chaton sur le même individu, quelquefois sur des individus séparés.*

CALICE.   A quatre folioles arrondies, obtuses, persistantes, les deux extérieures opposées, rapprochées l'une de l'autre. Point de Corolle.
PISTIL.   Un ovaire en forme de cœur, surmonté de deux styles alongés, subulés, rudes, réfléchis, terminés par des stigmates simples.
PÉRICARPE.   Remplacé par le calice converti en une baie charnue, succulente, contenant une, quelquefois deux semences ovales, aiguës, dont une avorte très-ordinairement.
PÉRISPERME.   Blanchâtre, charnu, de même forme que les semences, recevant l'embryon renversé, courbé en crochet.
COTYLÉDONS.   Oblongs, foliacés, planes, étroits, couchés l'un sur l'autre ; la *radicule* supérieure et cylindrique.

Caractère essentiel. Fleurs monoïques ; un calice à quatre folioles ; point de corolle ; quatre étamines ; deux styles ; point de péricarpe ; le calice converti en une baie charnue ; une semence.

Rapports naturels. Ce genre se rapproche beaucoup des Orties, par les parties de sa fructification ; des Jacquiers (*Arctocarpus*) par ses fruits ; des figuiers, par son port et par la forme des feuilles simples très-variées, alternes, découpées en lobes inégaux, plus ou moins nombreux. Les Mûriers sont composés d'arbres d'une médiocre grandeur, qui contiennent un suc propre, laiteux, plus ou moins âcre et caustique ; les fleurs incomplètes et unisexuelles sont disposées sur des chatons solitaires et axillaires, les uns mâles, les autres femelles, mais sur le même individu. Les fleurs femelles sont nombreuses, ramassées un peu lâchement sur un réceptacle commun ; chaque ovaire se convertit en une petite baie succulente, dont la réunion forme ces fruits que l'on nomme *mûres*. Dans les Orties ces fruits sont secs et non pulpeux. Selon Gœrtner, le fruit de chaque fleur femelle du mûrier est une capsule membraneuse, recouverte par le calice, à une seule loge, contenant deux semences attachées à son sommet par un petit filament ; une de ces deux semences avorte constamment ; l'autre est ovale, amincie à sa partie supérieure, et presque lenticulaire.

Etymologie. Le nom latin du Mûrier vient du mot grec *morœa*, que Dioscoride donnait à cet arbre ; d'autres le font dériver *de mauron*, nom grec qui signifie *noir*, à cause de la couleur des fruits du Mûrier.

ESPÉCES.

1. **MORUS** nigra. *Tab. 7.*   **MURIER** noir. *Pl. 7.*

M. *foliis cordatis, ovatis, lobatisve, inæqualiter*   M. à feuilles ovales, échancrées en cœur, entières
dentatis, scabris. WILLD. Spec. pl. vol. 4. p. 369.   ou lobées, rudes, inégalement dentées.

MORUS *nigra; foliis cordatis, scabris; floribus dioicis.* POIR. Encycl. méth. vol. 4. pag. 377.
LINN. Spec. Plant. pag. 1398. HORT. Cliffort. 441. HORT. Upsal. 283. Dalib. Paris. 290. MILLER.
Dict. n°. 1. DUROI. Harbk. 1. pag. 425. LUDW. Ect. tab. 114. KNIPH. Centur. 3. n°. 64. REGNAULT.
Botan. Icon. LAM. Ill. Gen. tab. 762. fig. 1.

Morus fructu nigro. TOURNEF. Inst. R. Herb. 589. tab. 362. DUHAM. Arb. vol. 2. pag. 24. n°. 1.
tab. 8. BLACKW. tab. 126. C. BAUH. Pin. 459.

Morus. DODON. Pempt. pag. 810. Icon.

MURIER cultivé, à fruits noirs. La Mûre. DUHAM. Arb. l. c.

Cet arbre est cultivé depuis trop long-tems pour qu'il ait pu conserver le même port,
les mêmes caractères dans les différentes contrées où il croît aujourd'hui, éprouvant
sur-tout les influences d'un sol et d'une température étrangers à son lieu natal; il
n'acquiert qu'une médiocre grosseur et se développe avec lenteur dans nos départemens
septentrionaux, tandis qu'il s'élève bien plus haut, et avec plus de rapidité, dans les
contrées méridionales. Malgré ses variétés, il se distingue du Mûrier blanc par ses
fruits beaucoup plus gros, presque sessiles; par son tronc plus élevé, revêtu d'une
écorce épaisse et rude, divisé en branches alongées, entrelacées et réunies en une tête
assez forte. Ses rameaux sont garnis de feuilles pétiolées, ovales, en cœur, un peu
rudes au toucher, à peine pubescentes, acuminées à leur sommet, simples ou très-
rarement divisées en plusieurs lobes, garnies à leurs bords de dents assez fortes, inégales; ses fleurs sont dioïques, médiocrement pédonculées; ses fruits ovales-oblongs,
assez gros, très-succulens, d'une couleur vineuse rougeâtre. Cet arbre passe pour être
originaire de la Perse, mais nous ignorons s'il y est naturel, ou s'il y a été transporté
de la Chine à une époque très-reculée.

« On cultive les Mûriers à gros fruits noirs à cause de leur fruit qui est bon à
» manger, et qu'on estime être très - sain : c'est en cela que consiste le mérite de cet
» arbre, car on fait peu de cas de ses feuilles pour les vers à soie, et elles perdent or-
» dinairement leur éclat de bonne heure : ainsi les Mûriers de cette espèce ne peuvent
» servir pour la décoration des bosquets d'automne, d'ailleurs ils croissent bien plus
» lentement que les Mûriers blancs.

» On plante le Mûrier noir dans une basse-cour, ou quelqu'autre lieu couvert et
» propre à abriter ses fleurs et les empêcher de couler : il ne demande ni taille ni cul-
» ture; les amateurs de son fruit peuvent planter ce Mûrier en espalier, à quelqu'ex-
» position que ce soit : il tapissera fort bien le mur et donnera de très-beaux fruits :
» on peut l'élever de semences, mais les marcottes et les boutures sont une voie plus
» prompte, plus sûre et plus facile.

» On mange les mûres crûes au commencement du repas : on en fait des sirops
» propres à appaiser ou modérer les maux de gorge; mais on emploie plus ordinaire-
» ment à cet usage les mûres des haies qui sont les fruits de la ronce, non qu'elles
» soient préférables, mais parce qu'elles sont plus communes. La maturité des mûres
» est depuis la fin de juillet jusques vers celle de septembre. Aux approches de l'au-
» tomne les feuilles de ce Mûrier se couvrent de tâches roussâtres ». DUHAMEL.

EXPLICATION DE LA PLANCHE 7.

Rameau en fruits.

AMYGDALUS. AMANDIER.

AMYGDALUS, Linn. Classe **XII**. *Icosandrie.* Ordre **I.** *Monogynie.*

AMYGDALUS, Juss. Classe **XIV**. *Dicotylédones polypétalées. Étamines attachées au calice.* Ordre **X.** Les Rosacées. §. 7. *Un ovaire libre; une ou deux semences.*

GENRE.

CALICE.
D'une seule pièce, un peu tubulé, partagé à son limbe en cinq découpures obtuses, caduques.

COROLLE.
Cinq petales ovales-oblongs, insérés sur le calice, alternes avec ses découpures.

ÉTAMINES.
Nombreuses, de vingt à trente, attachées aux parois internes du calice; filamens droits, filiformes, plus courts que la corolle, terminés par des anthères ovales.

PISTIL.
Un ovaire libre, pubescent, un peu conique, surmonté d'un style simple, cylindrique, de la longueur des étamines, terminé par un stigmate en tête.

PERICARPE.
Un drupe ovale, médiocrement comprimé, pubescent, couvert d'un brou sec, mince, coriace, marqué d'un sillon latéral, contenant un noyau ovale, ligneux, reticulé et crevassé à sa superficie, dans lequel est renfermée une amande ou une semence partagée en deux lobes.

EMBRYON.
D'un blanc laiteux, de même forme que la semence. Point de Périsperme. *Radicule* supérieure, courte et conique.

Caractère essentiel. Un calice à cinq divisions caduques. Cinq petales. Étamines nombreuses, insérées sur le calice. Un style. Un drupe revêtu d'une enveloppe pubescente, sèche, mince, coriace : un noyau crevassé, reticulé.

Rapports naturels. Quoique les Pruniers, les Cerisiers, les Abricotiers, soient bie distingués de l'Amandier par la forme et la saveur de leurs fruits, par leur port et par l'ensemble de beaucoup de leurs caractères secondaires, qui ne permettent point de confondre ces différens genres dans le commerce social, il est certain d'un autre côté qu'ils diffèrent si peu par leurs caractères génériques, qu'il est difficile d'en établir de bien saillans, si l'on en excepte la nature de leur enveloppe pulpeuse, leur peau lisse ou pubescente, leur noyau lisse ou crevassé. La différence est encore moins sensible entre les Amandiers et les Pêchers, que Linné a réunis dans le même genre, et nous ne les séparons ici que pour nous conformer à l'usage des cultivateurs, et parce que Duhamel, d'après Tournefort, les a également distingués. Ce qu'il y a de bien remarquable entre ces deux genres, c'est que le fruit du Pêcher n'est recherché qu'à cause de son brou ou de sa pulpe, très-agréable et savoureuse, tandis que l'Amandier ne nous intéresse que par ses amandes, et que le brou, d'une consistance sèche, coriace, n'est d'aucune valeur dans son état naturel. Au reste, ces deux genres sont rapprochés d'une manière très-remarquable par une variété de l'Amandier commun, connue sous le nom d'*Amandier-Pêcher.*

Étymologie. L'origine du mot *Amygdalus* est très-obscure. Martinius soupçonne qu'il vient d'un mot hébreu qui signifie *vigilant,* parce que ses fleurs précoces annoncent le retour du printems; mais Vossius prétend avec plus de vraisemblance, qu'il doit son origine à un mot grec qui exprime les stries et les crevasses dont son noyau est sillonné.

OBSERVATIONS GÉNÉRALES. La plus petite plante, la fleur la moins apparente, si elle se montre vers le milieu ou à la fin de l'hiver, fixe nos regards avec intérêt, parce qu'elle nous annonce au milieu des frimats l'agréable retour du printems : combien, à plus forte raison, ne sommes-nous pas réjouis lorsque, parmi les branches et les rameaux dépouillés des arbustes de nos bosquets, nous y distinguons un arbre chargé, dans toute la longueur de ses branches, de belles fleurs nombreuses et rosacées : tel se présente l'Amandier, soit sur les collines pierreuses où il croît de préférence, soit dans les vergers où on le cultive. Il est impossible qu'il n'ait pas été remarqué de tout tems par les naturels des pays où il est indigène, mais il ne fut long-tems pour eux qu'un arbre d'ornement : ses fruits sauvages ne leur offraient qu'un brou sec et coriace, qu'une amande amère, désagréable au goût, et même très-dangereuse, prise en trop grande quantité. Il est probable qu'un hasard heureux, ou quelques essais de culture, auront fait reconnaître par la suite que ces amandes pouvaient perdre leur amertume, et fournir un aliment agréable. Sans oser affirmer que les Amandiers agrestes ne puissent donner des fruits à amandes douces dans certaines localités, je peux du moins assurer que tous ceux que j'ai rencontrés en Barbarie, dans leur état sauvage, et dont j'ai goûté les fruits, avaient tous des amandes amères.

Il paraît hors de doute que le pays natal de l'Amandier est la Barbarie, le Levant, l'ancienne Grèce, quelques contrées de l'Asie, et que s'il est aujourd'hui naturel à l'Italie, et même aux départemens méridionaux de la France, c'est qu'il s'y est acclimaté depuis l'époque où les Romains l'ont apporté d'Asie en Europe. Pline parait douter que l'Amandier ait été connu des Romains du tems de Caton le Censeur, *car*, dit-il, *celles dont il fait mention sont les* NOIX GRECQUES, *mises par quelques-uns au nombre des différentes sortes de Noix* (1).

Il me parait bien plus probable, malgré ce passage de Pline, que la culture de l'Amandier en Italie date de plus loin, et que le *Nux græca* de Caton devait désigner cet arbre, sur-tout si l'on fait attention qu'elle a été également employée pour l'Amandier par Virgile, dans ces vers du premier livre des Géorgiques :

> *Contemplator item cum se* NUX *plurima sylvis*
> *Induet in florem, et in ramos curvabit olentes :*
> *Si superant fœtus, pariter frumenta sequentur,*
> *Magnaque cum magno veniet tritura calore.*
> *At si luxuriâ foliorum exuberat umbra,*
> *Nequisquam pingues paleâ teret area culmos.*

que M. Delille a rendu par ces beaux vers :

> Peut-être voudrais-tu, dès la saison de Flore,
> Prévoir ce que pour toi l'été va faire éclore :
> Regarde l'*Amandier* reverdir tous les ans,
> Et courber en festons ses rameaux odorans.
> Abonde-t-il en fleurs ? par des chaleurs ardentes
> Le soleil mûrira des moissons abondantes ;
> Si des feuilles sans fruits surchargent ses rameaux,
> Le fléau ne battra que de vains chalumeaux.

Il s'agit ici d'un arbre qui produit une sorte de noix (*nux*), et qui souvent se charge au printems d'un grand nombre de fleurs. Cet arbre ne peut-être le noyer, qui ne

---

(1) *Hæc arbor an fuerit in Italiâ Catonis ætate, dubitatur, quoniam græcas nominat, quas quidam et in juglandium genere servant.* PLINE. Hist. Nat. Liber XV. Cap. XXII.

porte point de *fleurs*, dans le sens qu'on attache vulgairement à ce mot; ce ne peut être non plus aucun des arbres à pepins; il ne reste donc que l'Amandier.

« Les Grecs, dit M. Bernard dans un excellent Mémoire sur l'Amandier, mettaient au premier rang les amandes de l'île de Naxos, et au second celles de Chypre, qui sont larges au bout : aujourd'hui on préférerait celles de Provence, si elles étaient assez abondantes pour fournir au commerce. On estime celles de Gênes et celles d'Espagne.

» L'Amandier aime les pays chauds; il y prend une belle croissance. Les anciens le cultivaient sans beaucoup de peine dans l'île de Thase, qui était dans la Thrace; dans celles de Naxos, de Chypre, en Paphlagonie, et dans presque toute la Grèce; c'est pour cela que son fruit a long-tems porté le nom de Noix grecque, et de Noix thasienne. Varron préférait celle-ci à toutes les autres.

» On trouve des Amandiers dans le Levant, en Barbarie et en Afrique. M. Granger nous assure qu'il n'y a ni Amandiers ni Noyers en Égypte. M. Hasselquist en dit autant de la Palestine. Cet arbre n'était pas *connu autrefois* en Italie; aujourd'hui il y est assez répandu. En quelques endroits de l'Allemagne on l'a fort multiplié, et l'on y fait cas sur-tout des amandes de Spire et de Landau. Il vient bien en Suisse et dans le Valais; il croît aussi à Iène, dans le Piémont et dans la Corse. Les Portugais et les Espagnols le dispersent dans leurs champs et dans leurs vignes. En France, on cultive presque partout l'Amandier, mais principalement en Touraine et dans les provinces méridionales, comme le Dauphiné, le Comtat, le Languedoc et la Provence. Il réussit moins bien, ou il se refuse à toute culture, quand on s'approche du Nord. En Angleterre, par exemple, on ne le voit que rarement porter son fruit. Il n'y en a point du tout en Suède, ni en Laponie, ni en Prusse, ni en Poméranie, ni en Sibérie, ni en Virginie, etc., ce qui est constaté par les *Flora* et l'énumération que différens auteurs ont donné des plantes de ces pays-là.

» M. Gérard n'a pas regardé, sans doute, l'Amandier comme un arbre indigène de Provence, puisqu'il l'a exilé de sa *Flora Gallo-Provincialis*. M. Garidel n'avait pas jugé cet arbre si sévérement; il l'avait adopté avec raison, comme s'étant depuis long-tems naturalisé en Provence; il marque expressément qu'on trouve partout dans le territoire d'Aix, et dans ceux des lieux circonvoisins, les six espèces d'Amandiers dont il parle dans son ouvrage, et qu'elles y sont très-communes ».

ESPÈCES.

1. AMYGDALUS communis. *Tab.* 8.   AMANDIER commun. *Pl.* 8.
A. *foliorum serraturis infimis glandulosis; floribus*   A. dentelures inférieures des feuilles glanduleuses;
sessilibus, geminis. Linn. Spec. pag. 677.   fleurs sessiles, ordinairement deux à deux.

AMYGDALUS *communis.* Lam. Ill. Gen. tab. 430. fig. 2. Ludw. Ect. tab. 177. Regnault. Botan. Icon. Miller. Icon. tab. 28. fig. 1. Knorr. Del. tab. M. 1.
Amygdalus foliis glabris, ovato-lanceolatis, serratis, imis dentibus et petiolis glandulosis. Haller. Helv. n°. 1078.
ϰ. Amygdalus sylvestris. C. Bauh. Pin. 442.
β. Amygdalus sativa. C. Bauh. Pin. 441. En *Provençal*, amendo dè floc.

VARIÉTÉS.

A. *Amygdalus sativa, fructu majori.* C. Bauh. Pin. 441. Tournef. Inst. R. Herb. 627. Duham. Arb. vol. 1. pag. 48. tab. 17. Garidel. Aix. pag. 29.
Amygdalus dulcis. J. Bauh. Hist. 1. pag. 174. Dodon. Pempt. pag. 798. Icon. Duham. Arb. Fruit. n°. 5.
Amygdalus. Tabern. Icon. 996.

Amygdalus major, sive cortice duriore. Jacq. H. P.
Amandier à gros fruits. Duham. l. c.

B. *Amygdalus sativa ; fructu minori.* C. Bauh. Pin. 441. Tournef. Inst. R. Herb. 627. Duham.
Arb. fruit. n°. 1.
Amygdalus sativa ; fructu minori, oblongo. Garidel. Aix. pag. 29.
Amandier à petits fruits. Duham. l. c.

C. *Amygdalus dulcis ; putamine molliore.* C. Bauh. Pin. 442. Tournef. Inst. R. Herb. 627.
Duham. Arb. vol. 1. pag. 48. et Arb. Fruit. n°. 11. Pl. 1. Garidel. Aix. pag. 3o.
Amandier à coque tendre. Amandier des Dames ; en *Provence,* Amandier Abelan ou Abielan.

D. *Amygdalus dulcis ; fructu minori ; putamine molliore.* Duham. Arb. Fruit. n°. IV.
Amandier à petits fruits et noyau tendre. Amande sultane. Duham. l. c.

E. *Amygdalus amara.* C. Bauh. Pin. 441. Tournef. Inst. R. Herb. 627. Duham. Arb. vol. 1.
pag. 48. J. Bauh. Hist. 1. pag. 174. Garidel. Aix. pag. 3o.
Amygdalus amara, fructu majori. Duham. Arb. Fruit. n°. VI et VII.
Amandier à gros fruits, dont l'amande est amère ; en *Provence,* Amandier Amaran.

F. *Amygdalus amara, putamine molliore.* Duham. Arb. Fruit. n°. 111.
Amandier à noyau tendre et Amande amère. Duham. l. c.

G. *Amygdalo-persica.* Duham. Arb. Fruit. n°. IX. tab. 4.
Persica amygdaloides. C. Bauh. Pin.
Amandier-pêcher. Amande-pêche. Duham. l. c.

Cet arbre, dont le nombre des variétés est indéterminé, offre dans son état naturel et sauvage un tronc raboteux, d'environ vingt-cinq à trente pieds de haut ; son bois est dur, roussâtre ou panaché ; son écorce ridée, celle des rameaux lisse, un peu cendrée ; sa cîme se compose de branches difformes, de rameaux grêles, flexibles, alongés, d'un vert-clair dans leur jeunesse, garnis de feuilles alternes, pétiolées, alongées, étroites, lancéolées, aiguës à leur sommet, dentées en scie à leurs bords, glabres à leurs deux faces, fermes, un peu épaisses ; les dentelures inférieures glanduleuses ; deux ou trois bourgeons naissent dans l'aisselle des feuilles, dans lesquels celles-ci sont pliées en deux. Les fleurs sont presque sessiles, latérales, solitaires ou géminées, éparses le long des rameaux, de couleur blanche, un peu rougeâtres à leur centre ; les petales ovales, obtus ou un peu échancrés à leur sommet. Les fruits sont ovales-oblongs, aplatis sur les côtés, revêtus d'une écorce ferme, peu succulente, légèrement pubescente, contenant un noyau alongé, sillonné à sa surface, aigu au sommet, dans lequel est renfermée une amande blanche, huileuse, recouverte d'une pellicule roussâtre.

Cet arbre croît naturellement dans plusieurs contrées du Levant, dans la partie septentrionale de l'Afrique, et même aujourd'hui dans les contrées méridionales et tempérées de la France. Ses fleurs paraissent dans les premiers beaux jours du printems, avant le développement des feuilles.

VARIÉTÉS.

L'Amandier à *gros fruits* est remarquable par la grosseur, la douceur et la fermeté de ses amandes : c'est la variété qui mérite le plus d'être cultivée. Ses feuilles sont au moins d'un tiers plus larges que celles de l'Amandier sauvage, d'un vert moins cendré, acuminées à leur sommet ; les bourgeons gros et forts ; les fleurs sont grandes ; les petales fortement échancrés à leur sommet ; plus ou moins ondulés à leurs bords. Les drupes sont couverts d'un brou assez épais ; le noyau est dur, l'amande grosse, d'un très-bon goût ; le pédoncule très-court, épais, plissé, implanté obliquement dans le fruit.

L'Amandier à *petits fruits* diffère du précédent par ses fruits plus petits, plus ou moins alongés, couverts d'une peau d'un vert blanchâtre, chargée d'un duvet touffu. Le noyau se termine par une pointe aiguë, et renferme une amande douce, d'un goût fort agréable; les feuilles sont étroites, alongées, d'un vert cendré, les petales fort élargis, médiocrement échancrés, quelquefois au nombre de six.

« Cet Amandier, qui est le plus commun dans nos jardins, est assez fertile.
» Si on le multiplie par les semences, les Amandiers qui en proviennent donnent
» ordinairement des fruits plus alongés, dégénérés de grosseur, rarement de goût.
» Communément on ne sème ses amandes que pour se procurer des sujets sur
» lesquels on greffe les espèces d'Amandier estimables, des Pêchers et quelques
» Abricotiers ». Duhamel.

L'Amandier *des Dames* est principalement caractérisé par la coque de ses noyaux, beaucoup plus tendre, et qui se brise facilement entre les doigts : elle renferme une amande douce, très-délicate. Les feuilles ne sont que d'une médiocre longueur, supportées par des pétioles épais; les fleurs sont d'une moyenne grandeur, les petales de moitié moins larges que longs; assez profondément échancrés à leur sommet, d'un rouge vif à leur onglet, quelquefois tout-à-fait rouges au dehors, blancs en dedans.

« Cet Amandier fleurit plus tard que les autres, et ses premières feuilles se déve-
» loppent en même temps que les fleurs, au lieu que dans les autres l'épanouissement
» des fleurs prévient la naissance des feuilles.... Le noyau est formé comme celui des
» autres amandes, de deux tables parallèles, dont l'intérieur est mince et assez solide;
» la table extérieure est plus épaisse, mais si fragile que dans un transport un peu
» long, le frottement des amandes les unes contre les autres la réduit en poussière :
» elle se forme long-tems après la table intérieure, de sorte que si vers la mi-août, on
» enlève le brou de ces fruits, elle s'en distingue à peine, et s'enlève en même tems.
» C'est ce retardement de sa production qui empêche son endurcissement. Ce noyau
» renferme une amande douce.

» Cet Amandier est un de ceux qui méritent le plus d'être cultivés, quoique
» sa fleur soit un peu sujette à couler. Souvent les vieux arbres produisent des fruits
» dont le noyau est assez dur, mais beaucoup moins que celui des amandes com-
» munes ». Duhamel.

L'Amandier *Sultane*. » La principale différence entre cet Amandier et celui des
» Dames, consiste dans la grosseur du fruit, qui est moindre. Il est commun en Pro-
» vence : on y estime beaucoup une autre espèce d'Amandier, dont on nomme le fruit
» *Amande-pistache*. Il est à-peu-près de la grosseur et de la forme d'une pistache, et
» par conséquent moindre que l'amande sultane même. Le noyau se termine en
» pointe; son bois est fort tendre. L'amande est ferme et de bon goût. L'arbre ne dif-
» fère des autres Amandiers que par la petitesse de son fruit et de ses feuilles ». Duh.

L'Amandier *amer*. Quelques auteurs ont regardé cette variété comme une espèce particulière qui devait être distinguée de l'Amandier commun, à cause de l'amertume constante de ses amandes, et de quelques différences dans ses fleurs et ses fruits : mais ces différences sont légères, et la saveur, sur-tout dans les plantes cultivées, ne peut pas être employée comme un caractère spécifique, quand même elle serait constante. S'il en était ainsi, combien n'aurions-nous pas d'espèces de Pommiers, de Poiriers, de Pruniers, de Cerisiers, de Vignes, etc., toutes produites par une seule espèce primitive, et obtenues par la culture.

Cette variété ressemble à l'Amandier commun à fruits doux, par son port et par la forme de ses feuilles; mais ses fleurs sont plus grandes, les petales moins élargis, plus profondément écháncrés à leur sommet, d'un blanc lavé de rouge plus marqué à leur base : les drupes sont plus alongés, terminés par une pointe aiguë et plus longue.

« Il y a une variété qui diffère par le fruit, qui est beaucoup plus petit dans toutes
» ses proportions, n'ayant qu'un pouce de longueur, sept lignes d'épaisseur, et six
» lignes sur son petit diamètre. Elle diffère beaucoup par la fleur, qui a dix-sept à
» dix-huit lignes d'étendue, et dont les petales sont fort étroits (cinq lignes et demie)
» à proportion de leur longueur (huit lignes et demie′), fendus profondément
» en cœur, et légèrement teints de rouge à leur onglet ». DUHAMEL.

» Les pépiniéristes, dit M. Bernard, choisissent tout exprès les amandes de l'espèce amère pour greffer des Pêchers sur leur plant, parce qu'ils ont éprouvé, comme le dit l'Abbé Royer, *que la pousse des écussons en vient plus forte que sur l'amande douce, et que cela est plus favorable pour leur débit; mais pour l'acheteur l'effet est bien différent; car l'arbre ne fruite jamais qu'imparfaitement, et se consomme en bois; le fruit même qu'il rapporte a de l'amertume et peu de grosseur.* Les agriculteurs anciens ne connoissaient que trop l'amande amère, ils avaient fait leurs efforts pour la rendre douce; ils se glorifiaient même d'y être parvenus par différens moyens. Pour moi, je sais un moyen plus efficace; c'est de changer l'espèce ou de l'écussonner : on épargne par là son tems et ses peines ».

L'AMANDIER *à noyau tendre et amande amère.* Cette variété ne diffère, selon Duhamel, de l'Amandier des Dames que par le goût de l'amande, et par la fleur qui a de quatorze à quinze lignes de diamètre. Elle ressemble plus à celle de l'Amandier commun qu'à celle de l'Amandier des Dames, mais elle s'ouvre en même tems que la fleur de ce dernier.

L'AMANDIER *Pêcher.* Rien ne prouve mieux la grande affinité de l'Amandier avec le Pêcher, et la nécessité de réunir ces deux genres, que cette singulière variété. Elle participe de l'Amandier commun et du Pêcher, mais assez généralement plus du premier que du second. Ses fruits sont tantôt recouverts d'un brou sec et mince, comme dans les Amandiers, tantôt d'une enveloppe épaisse et succulente, comme dans les Pêchers, mais leur substance est amère. Il arrive souvent que ces deux sortes de fruits sont réunis sur le même arbre, et quelquefois sur la même branche : les uns et les autres sont gros, arrondis ou un peu alongés, verdâtres, légèrement pubescens : ils renferment un gros noyau presque lisse, qui contient une amande douce. Cette variété paraît être une de ces plantes hybrides, qui résulte d'une amande dont la fleur aura été fécondée par la poussière des étamines d'une fleur de Pêcher, selon Duhamel. La greffe, selon M. Bernard, peut aussi avoir eu beaucoup de part à la formation de cette espèce singulière d'amande, fondé en cela sur ce que nous apprend le docteur Béal, dans les Transactions philosophiques, n°. 46. art. 2.; lorsqu'il dit que, *si après plusieurs greffes choisies et curieuses, on met l'amande, les pepins ou la graine dans un bon terreau, on peut s'attendre à quelque espèce nouvelle et mélangée, comme demi-abricots, etc.* Ainsi l'amende et la pêche peuvent, dit encore M. Bernard, en changeant plusieurs fois la manière de greffer, et par l'attendrissement des noyaux de pêche et de l'enveloppe des amandes, et par les térébrations faites au corps de l'arbre et aux racines, se changer de façon que l'enveloppe de l'amande approche de la chair de la pêche, et le noyau de la pêche devienne une espèce d'amande. Le même savant ajoute, qu'un jardinier habile l'a assuré que ses Amandiers-pêche portaient deux fois l'an, et que les fruits de la seconde sève étaient les plus secs et les moins approchans de la pêche. Ainsi cet arbre est bifère, avantage à rechercher dans les arbres fruitiers.

Au reste, cet arbre a un tronc fort et vigoureux; ses rameaux sont garnis de feuilles lisses, étroites, d'un vert-cendre, finement denticulées à leurs bords, tenant le milieu par leur forme, entre celles du Pêcher et de l'Amandier. Les fleurs sont blanches, lavées de rouge, assez grandes, médiocrement échancrées à leur sommet.

2. AMYGDALUS argentea.　　　　　AMANDIER satiné.

A. *foliis ovato-lanceolatis, integerrimis, utrinque pubescenti-incanis, splendentibus.*　　　　A. à feuilles ovales-lancéolées, très-entières, couvertes à leurs deux faces d'un duvet blanc, argenté.

AMYGDALUS *argentea.* LAM. Dict. Encycl. vol. 1. pag. 103. n°. 3.
Amygdalus (orientalis) *foliis lanceolatis, integerrimis, argenteis, perennantibus; petiolo breviore.* MILLER. Dict. n°. 4. AIT. Hort. Kew. vol. 1. pag. 162. WILLD. Spec. Plant. vol. 2. pag. 984.
Amygdalus orientalis; foliis argenteis, splendentibus. DUHAM. Arb. vol. 1. pag. 48. n°. 4.

Ce joli arbuste s'élève à la hauteur de huit à douze pieds; son tronc, d'une forme assez régulière, se divise en beaucoup de branches étalées en divers sens, chargées de rameaux souples, effilés, la plupart inclinés, revêtus d'un duvet blanchâtre et pubescènt. Les feuilles sont éparses, pétiolées, réfléchies, ovales-oblongues, très-entières à leurs bords, blanches, cotonneuses à leurs deux faces, luisantes, presque argentées, un peu aiguës à leur sommet, retrécies à leur base, longues d'environ un pouce, sur un demi-pouce de large, à nervures simples, latérales, peu marquées; elles ne tombent que fort tard. Les fleurs naissent dans les premiers beaux jours du printems, un peu avant l'apparition des feuilles : elles sont petites, d'un rose tendre, situées le long des rameaux, médiocrement pédonculées, solitaires ou réunies deux à trois au même point d'insertion. Il leur succède des fruits un peu ovales, petits, terminés en une pointe fine, alongée.

Cette espèce est originaire du Levant : elle croît aux environs d'Alep. Duhamel en a reçu des fruits pour la première fois de M. le Duc d'Ayen. Ils ont bien réussi, et depuis, cet arbuste s'est propagé en France. Il produit un effet très-agréable dans les bosquets de printems, par ses fleurs; et dans ceux d'automne, par ses feuilles, qu'il conserve long-tems.

3. AMYGDALUS nana. *Tab.* 9.　　　　AMANDIER nain. *Pl.* 9.

A. *foliis lineari-lanceolatis, basi attenuatis; simpliciter serratis; calice tubuloso.*　　　A. à feuilles linéaires-lancéolées, retrécies à leur base, également dentées en scie, calice tubuleux.

AMYGDALUS *nana; foliis basi attenuatis.* LINN. Spec. Plant. pag. 677. PALLAS. Itin. vol. 1. pag. 81. et Flor. Ross. vol. 1. pag. 12. tab. 6. GŒRTN. de Fruct. et Sem. vol. 2. pag. 73. tab. 93. Fig. 3. MILLER. Dict. tab. 28. fig. 2.
Amygdalus nana; foliis ovatis, basi attenuatis, simpliciter argutè serratis. WILLD. Arb. 19. et Spec. Plant. vol. 2. pag. 983.
Prunus inermis; foliis ex lineari-lanceolatis, calicum laciniis oblongis. GMEL. Sibir. vol. 3. pag. 171. n°. 2.
Amygdalus indica nana. TOURNEF. Inst. R. Herb. 627. DUHAM. Arb. Fruit. n°. VIII. tab. 3. PLUKEN. Almag. pag. 28. tab. 11. fig. 3.

C'est un petit arbuste très-élégant, dont les racines sont traçantes, les tiges grêles, médiocrement rameuses, hautes d'un à deux pieds, de couleur grisâtre, un peu noueuses; les feuilles alternes, pétiolées, lancéolées, presque linéaires, retrécies en pointe à leur partie inférieure, glabres à leurs deux faces, vertes, plus pâles en dessous, finement veinées et plus étroites dans leur jeunesse, plus larges, et les veinules à peine sensibles dans leur entier développement, un peu fermes, à dentelures fines, toutes égales, longues de trois à quatre pouces, sur quatre à six lignes de large, un peu décurrentes sur les pétioles, obtuses ou un peu aiguës à leur sommet. Les fleurs sont présque sessiles, nombreuses, latérales, solitaires ou quelquefois géminées, d'un beau rouge vif ou d'une couleur de rose foncée : les calices sont tubulés, colorés ; les petales oblongs, étroits, obtus, la plupart stériles : les autres produisent des fruits ovales, petits, un peu arrondis, coriaces, aigus ; le brou qui les enveloppe chargé d'un duvet épais, et contenant un noyau glabre, à peine sillonné ; les amandes sont petites, traversées de veines roussâtres, d'une saveur amère.

Cet arbuste croît dans plusieurs contrées de l'Asie. On le cultive dans les bosquets de l'Europe où il produit, au commencement du printems, un effet très-agréable, lorsqu'il s'y montre avec ses rameaux tous couverts de ses jolies fleurs purpurines. Les feuilles naissent peu après. « Il se multiplie facilement par les semences, les » drageons enracinés, et la greffe sur l'Amandier commun.... Les fruits de ce joli » arbrisseau étant inutiles ou peu estimables à cause de leur petitesse et de leur » amertume, il doit être rangé parmi les arbrisseaux d'ornement, plutôt qu'entre les » arbres fruitiers ; mais si, le plaçant dans l'orangerie ou la serre-chaude, pour hâter » sa fleuraison, on pouvait faire féconder ses fleurs par celles d'une bonne espèce » d'Amandier, ses semences produiraient peut-être des Amandiers nains, dont les » fruits seraient utiles ». DUHAMEL.

OBSERVATIONS. Je n'ai point parlé de l'*Amygdalus pumila*. LINN. Ce joli arbuste des parterres, qu'il embellit au printems par ses belles fleurs doubles, d'un rose élégant ; il ne convient point à ce genre, et doit être rangé parmi les Pruniers. Il porte, au Jardin des Plantes de Paris, le nom de *Prunus sinensis*. DESF. Catal. Hort. Paris. pag. 179.

CULTURE. PROPRIÉTÉS. « Les Amandiers se multiplient par les semences qu'on » fait germer dans le sable, qu'on plante, qu'on cultive et conduit comme dans la » culture générale des arbres fruitiers ; mais les semences varient, et des amandes » recueillies sur le même arbre, il peut naître des arbres de différentes espèces, à gros » fruits, à petits fruits, à noyau dur, à noyau tendre, à amandes douces, à amandes » amères, de sorte que les espèces estimables se multiplient plus sûrement par la greffe » en écusson sur les Amandiers élevés de semences ».

« L'Amandier se plaît dans un terrain léger, et qui ait de la profondeur. Dans les » terres fortes, compactes et glaiseuses, qui lui conviennent le moins, et dans » lesquelles il reprend plus difficilement que dans toute autre, il vaut mieux le semer » et le greffer en place, que de l'y transplanter d'une pépinière ».

« Je n'ai point vu d'Amandiers en espaliers ; sans doute ils y réussiraient fort bien, » et leur fruit y acquerrait un degré de maturité auquel il parvient rarement en plein » vent dans notre climat. J'ai vu des berceaux couverts d'Amandiers à gros fruits, n°. 5. » (espèce 1. var. A.) qui donnaient beaucoup de fruits, et qui faisaient un bel effet » au printems par leurs grandes fleurs. On en forme de grands pleins-vents, qui dans » les terreins chauds et bien exposés, donnent des fruits abondans et assez mûrs pour » servir aux mêmes usages que les amandes qui nous viennent du Languedoc, de la » Provence, de la Touraine, de Barbarie, d'Avignon, etc. ».

« Les amandes s'emploient et pour les alimens et en médecine : dans l'un et l'autre » usage, on consomme beaucoup plus d'amandes douces que d'amandes amères ».

« 1°. Dans le mois de mai on fait des compotes de jeunes amandes, avant que leur » noyau ait acquis aucune solidité (1). Si ces compotes sont médiocrement bonnes,

(1) En Provence, où l'on est très-ingénieux à tirer partie des végétaux indigènes, on fait confire au sucre, les amandes avec leur *brou*, et on les conserve ainsi, soit dans leur sirop, soit en confitures sèches ; et pour varier cette petite sensualité provençale, on les sert encore sur les tables, en mêlant à leur sirop de l'eau-de-vie. Ce fruit, pour être ainsi conservé en confiture, se cueille dans le courant du mois de mars et encore plus au commencement d'avril, époque où le *brou* se mange vert. C'est essentiellement l'espèce qu'on appèle *Pistache* ou *Amande princesse*.
(*Note de l'Éditeur.*)

» elles plaisent au moins par l'espérance qu'elles donnent de voir bientôt paraître les
» premiers fruits rouges.

» 2°. Dans le mois de juillet, on mange avec plaisir des amandes vertes. Comme
» le bois du noyau est encore tendre, on ouvre facilement le fruit, suivant sa longueur,
» et on en tire l'amande qui est alors d'une fraîcheur et d'une saveur très-agréables.

» 3°. Pendant l'hiver, on mange des amandes sèches; on préfère les amandes des
» dames, les amandes sultanes et les amandes pistaches, parce que le bois tendre de
» leur noyau se rompt aisément, étant comprimé entre le pouce et l'index. Quoique
» les amandes douces passent pour nourrissantes, on les mange seules et sans prépa-
» ration en petite quantité. Quelques-uns trouvent deux ou trois amandes amères
» agréables; mais elles fatiguent ceux qui ont le genre nerveux faible et très-sensible.

» 4°. Avec des amandes douces, pilées et mêlées dans une quantité d'eau suffisante,
» on fait une liqueur blanche que l'on nomme *lait d'amandes*, et qui s'emploie
» comme le lait de vache pour la soupe, le riz, la bouillie, le café, etc. On y ajoute un
» peu de sucre, et, si l'on veut, de fleurs d'orange. Les amandes doivent être
» mondées. Il en faut environ quatre onces pour chaque pinte d'eau.

» 5°. On torréfie au four des amandes sèches dans leur noyau; alors la peau, qui
» est un peu âcre, se détache aisément, et les amandes, prenant un peu le goût de
» pralines, sont plus agréables. En Provence, on les appelle *amandes torrades*.

» 6°. Avec les amandes douces on prépare, dans les offices, différens mets qu'on
» rend plus agréables par le mélange de quelques amandes amères : gâteaux, biscuits,
» massepains, macarons, conserves, etc. On en fait encore des dragées, pralines,
» nogats, etc.

» 7°. Les amandes douces servent à faire l'orgeat; elles sont la base des émulsions, et
» l'on y joint quelques amandes amères, pour relever le goût.

» 8°. On monde les amandes de leur peau, qui se détache facilement lorsqu'elles
» ont trempé dans l'eau bouillante; on les pile ensuite dans des mortiers, ou bien on
» les broie avec de grands moulins à bras; enfin on les pose sous la presse pour en
» exprimer l'huile. Celle d'amandes douces est employée pour calmer la toux et les
» grandes douleurs de colique. L'huile d'amandes amères sert extérieurement pour la
» résolution des tumeurs et la surdité. Le marc des amandes qui reste après l'expres-
» sion de l'huile, fournit une pâte propre à décrasser et à adoucir la peau.

» Les amandes amères sont un violent poison pour la plupart des oiseaux; l'huile
» d'amandes douces est un antidote efficace et très-prompt.

» La plupart des amandes sèches, qui se consomment dans notre climat, se tirent
» de Gênes, d'Espagne et de nos Provinces méridionales. A quelqu'usage qu'on les
» emploie, il faut rejeter celles qui sont rances ». DUHAMEL.

« Il y a, dit M. Bernard, dans le mémoire que nous avons déjà cité, plusieurs
manières de multiplier l'Amandier. La plus naturelle et la plus suivie est de semer des
amandes de bonne qualité. Pour cela on choisira de grosses amandes en coque, qui
soient de l'année et sorties d'un bon terrein; on les plantera dès la fin de l'hiver, ou
au premier printems, dans la terre qu'on leur aura préparée, soit en pépinière ou à
demeure, c'est-à-dire, dans la place qu'on destine pour toujours à l'arbre.

» Cette méthode est bonne pour les pays moins tempérés; mais dans nos Provinces
méridionales, on ferait bien de s'y prendre à meilleure heure, en mettant germer,
dès la fin de l'automne, ou pendant l'hiver, les amandes à la cave, dans un cellier ou
quelqu'endroit frais et à l'abri de la gelée; ce qui doit se faire de la manière suivante.
On arrange dans un panier, dans une caisse ou une terrine, couche par couche, du
sable et des amandes. Par cette préparation, le germe a le tems de se développer, sans

atteinte de la part de la gelée et des animaux destructeurs, jusqu'au printems qu'on doit piquer en terre ces plants . . . . On ne doit pas dissimuler que la transplantation des amandes germées n'est pas sans inconvénient : d'abord elle entraîne des soins, ensuite il faut saisir le point de germination, pour ne pas endommager les germes qui se sont alongés : plus ils sont longs, plus il y a de risque dans leur reprise. Cependant on peut mettre absolument les amandes en terre sans autre façon, sur la fin du mois de janvier, et en février dans les pays chauds, en automne dans les pays où les hivers sont moins âpres et les arbres plus printanniers . . . .

» A l'égard de la qualité des amandes qu'on veut planter, on préférera les tendres aux dures, celles à coque blanche à celles qui sont obscures, et l'on rejettera les amères . . . . Soit qu'on se détermine à semer les amandes ou à les faire germer auparavant, il est à-propos de choisir un terrein qui puisse toujours convenir à l'arbre qui en proviendra, à moins que ce ne soit une pépinière d'où on doit les transplanter.

Les terreins les plus propres à l'Amandier, sont ceux qui sont secs, légers, sablonneux, graveleux, caillouteux, grouèteux, pierreux et échauffés par le soleil, mais qui aient pourtant du fond. La fécondité des arbres dépend nécessairement de celle de la terre; et quoiqu'un terrein sec et pierreux paraisse devoir être peu substantiel par lui-même, il suffit pourtant à l'Amandier, si le labour et quelques amendemens font le reste. C'est à l'art autant qu'à la nature à donner la fécondité à la terre.

» Dans ces terreins ingrats pour des arbres plus gourmands, l'Amandier, quoiqu'avide, trouve encore une honnête subsistance : ses racines y sont contenues dans de justes bornes; elles ne s'y étendent qu'avec proportion et mesure; elles n'y prennent qu'avec économie les sucs nécessaires pour procurer à l'arbre une sage fécondité.

» La nourriture que l'Amandier pompe dans l'air, supplée à celle qu'il ne peut obtenir de la terre : il paraît même en tirer de grands secours, puisque ses feuilles persistent si long-tems.

» L'exposition doit concourir avec le sol à rendre l'Amandier fertile : il faut pour cela que le soleil le vivifie et le frappe en plein; il faut aussi faire ensorte que les grands vents ne l'endommagent pas lorsqu'il est en fleurs. C'est sur-tout à quoi est exposé le climat de Provence : les vents du nord et ceux du nord-ouest y règnent fréquemment et y sont souvent furieux : ils y rendent même les hivers très-froids. Les vents amènent encore de grandes variétés dans la température de l'air.

» Il n'est pas surprenant que la fin de l'hiver ou le printems, qui est la saison des vents, comme l'automne est celle des pluies, ne soient sujets à enlever, par leur inégalité, l'espérance des jardiniers et du cultivateur.

» Pour ce qui est de la gelée, c'est un inconvénient auquel il est difficile de parer : il n'y a qu'une bonne exposition qui puisse garantir en partie nos arbres de ses mauvais effets. On plantera les Amandiers au levant et au midi, en avenues ou en quinconce, dans des plaines, sur des hauteurs, au penchant d'une colline, ou isolés, et jamais dans un bas fond ni dans des lieux humides, si l'on est plus jaloux du fruit que du simple coup-d'œil de l'arbre. Après tout, le cultivateur doit moins se laisser guider par l'exemple et les préceptes généraux que par une expérience particulière. Il consultera à cet égard son propre fond, l'aspect du soleil et du climat où il se trouve, auxquels il appliquera avec intelligence les règles les plus conformes à celles que nous avons établies.

» L'Amandier fleurit sur la fin du solstice d'hiver ou bientôt après; il n'attend pas toujours l'arrivée du printems : il s'empresse d'être le premier à l'annoncer. De ce qu'on peut recueillir du peu d'observations éparses que l'on a à ce sujet, on sait que l'Amandier fleurit communément en Languedoc et en Provence, depuis la mi-janvier

jusqu'à la fin de février ; à Padoue et à Lyon, en février et mars ; à Genève, au commencement d'avril ; en avril et mai à Iène, et en plusieurs endroits de l'Allemagne.

De cette floraison hâtive de l'Amandier, il résulte un grand inconvénient, celui de
priver souvent le cultivateur du fruit de ses travaux par l'avortement des fruits, occa-
sionné par les gelées où les vents froids du nord ; ce qui a donné lieu à cette question
proposée par l'académie de Marseille, savoir : *Quelle est la meilleure manière de cultiver l'Amandier, et quels sont les moyens, s'il y en a, d'en suspendre la floraison,
sans nuire à la durée de l'arbre, à l'abondance des récoltes et à la qualité des fruits ?*
Dans le mémoire que nous venons de citer, et que l'Académie a couronné, M. Bernard
dit entre autres choses, sur les moyens de retarder la floraison :

« Je me persuade que la greffe de l'Amandier sur des plants étrangers ou des arbres
à noyau plus tardifs, comme abricotiers et pruniers, pourraient le moriginer, lui faire
retarder sa floraison, et par conséquent lui épargner une partie des gelées du printems ;
mais l'arbre n'y perdrait-il pas du côté de la durée et de la qualité du fruit ?

» Les abris et les expositions recherchées influent beaucoup sur la vernation des arbres.
On préfère l'exposition du levant dans les pays chauds, comme la Provence, et en général
c'est celle qui convient le mieux aux fruitiers. Après celle-là, c'est au midi que les
arbres se font le mieux dans les climats tempérés et les pays froids. La Provence ras-
semble dans ses montagnes, dans ses plaines, sur ses rivages et ses côtes de mer, une
variété étonnante pour la température du chaud et du froid. En parcourant cette
agréable province, on éprouve en quelques jours, pour ainsi dire, un changement de
saison : la direction des vents opère principalement ces mutations. Ces mêmes vents,
qui sont ici incommodes ou nuisibles, ne le sont pas ailleurs. On observe en effet que
dans des régions éloignées, quoiqu'à la même latitude, la température de l'air y est
très-différente, ce qui dépend principalement de l'action des vents et de leurs directions.

» On pourrait peut-être parvenir à trouver le point convenable pour retarder la floraison de l'Amandier, en variant son exposition. C'est une chose assurée que les amateurs du jardinage ne manquent pas de mettre en usage, qu'une même sorte de fruit
réussit différemment dans un même jardin, selon les différentes expositions où l'on a
planté les arbres, tout étant d'ailleurs égal pour la culture et pour l'année, tel arbre
noue mieux son fruit, tandis qu'un autre coule ; tel est plus hâtif ou plus lent. En
général, la sève reste plus long-tems à se mettre en jeu dans les arbres qui sont
au nord d'un jardin, comme dans ceux qui sont plantés en terrein humide : récipro-
quement aussi elle semble y subsister quelque tems de plus en automne.

» Comme la chaleur est un des principaux moteurs de la végétation, on pourrait
aussi, je pense, hâter ou retarder la floraison de l'Amandier, en excitant ou modérant
cette chaleur active. Par exemple, des arbres plantés dans un terrein plus froid ou plus
au nord, à l'abri pourtant des fortes gelées, pourraient retarder ce moment décisif de
leur fertilité, tout comme d'autres arbres exposés à l'action du soleil, et garantis, par
un abri, des vents et de la gelée, pourraient conserver assez long-tems leurs fleurs trop
précoces, et avoir le tems de nouer et fortifier leurs fruits, avant que les gelées blanches
et les vents du mois de mars vinssent le détacher . . . .

» L'Amandier participe à toutes les saisons, il n'y a que la gelée qui l'engourdit et
le dépouille. Pour cette raison le pallissage sans couverture lui serait moins favorable que
le plein-vent. Il est de fait qu'un arbre en plein-vent résiste plus à la gelée avec humidité
que l'espalier, parce que le vent le secoue, le sèche, et dissipe les vapeurs humides qui
s'élèvent de la terre ou des plantes d'alentour. Il est vrai aussi que la gelée peut endommager par elle-même les arbres quand elle est forte, indépendamment de l'humidité
qui règne dans l'atmosphère ou dans le sol.

» Le meilleur abri ne prévaut donc pas contre la gelée avec humidité, si le vent et le soleil ne secourent pas directement l'arbre qui y est exposé. Il est aisé de s'apperce-voir aussi que les arbres plantés en bois se défendent mutuellement du vent; mais en rendant impénétrable le sol qui les nourrit, aux rayons du soleil, ils donnent plus de prise au froid et à la gelée, qui se saisit d'autant plutôt de ce terrein, qu'il est moins accoutumé à être échauffé par l'astre qui vivifie toute la nature.

» Les arbres plantés en allées, en quinconce, sont sujets à la même loi et éprouvent des actions différentes de la part des météores, que ne font les arbres isolés et de plein-vent : ils en sont autrement affectés que les arbres en espalier, en éventail, abrités par des murs, des haies, des chassis, des brise-vents, etc. Tous ces secours, plus ou moins bornés, nous induisent à croire que le moins insuffisant serait de pouvoir arrêter à volonté le mouvement de la sève ou prolonger sa suspension, son inertie, jusqu'à ce que la fin de l'hiver fût entièrement décidée.

» Le bois des Amandiers est dur, bon à brûler; il est quelquefois panaché : on l'emploie souvent pour la marqueterie et pour monter les outils des charpentiers et des menuisiers. Les feuilles données aux troupeaux sont pour eux un excellent fourrage, et les engraissent en très-peu de tems. Les amandes sont anodines et laxatives, mais un peu pesantes pour les estomacs délicats. Dans les ardeurs d'urine, les amandes triturées dans l'eau pure, sont préférables aux semences de courge et fatiguent moins l'estomac : elles calment les feux de la poitrine, mais sans favoriser l'expectoration; elles appaisent la soif occasionnée par de violens exercices. Quelques-uns prétendent que les amandes amères sont un assez bon vermifuge. L'huile d'amandes douces, prise à fortes doses, est purgative : elle est utile dans les coliques produites par des substances vénéneuses, dans les humeurs âcres ou acides qui excitent des convulsions aux enfans. On peut encore la donner en lavemens, sur-tout dans les constipations ».

Que les amandes soient douces ou amères, elles fournissent également une huile douce. Pour l'obtenir, sans le secours du feu, on secoue les amandes dans un sac, afin d'enlever leur écorce par le frottement; on les soumet ensuite à la presse dans une forte toile, entre deux plaques de fer. L'espèce de marc qui reste dans la toile, après l'expression, n'est plus que le parenchyme de la plante qui a retenu quelques portions d'huile et la plus grande partie du mucilage; on en fait usage pour adoucir et décrasser la peau des mains, sous le nom de *pâte d'amandes*.

L'huile des amandes, obtenue par expression, est très-douce; mais elle se rancit facilement et en très-peu de tems. Il faut bien se garder d'en faire usage dans cet état; elle produirait un effet contraire à celui que l'on se propose d'obtenir, sur-tout dans son emploi en médecine : il est donc essentiel de la sentir et de la goûter avant de s'en servir, et pour peu que sa saveur soit âcre ou piquante, il faut la rejeter.

L'expérience a démontré que les amandes amères étaient un poison violent pour les animaux. On ne peut trop blâmer, d'après cela, l'ignorance imprudente de beaucoup de personnes qui en donnent aux enfans tourmentés par les vers, et dans ce cas on remédie à ses mauvais effets par l'huile d'amandes douces, qui devient le contre-poison des amandes amères. On recueille sur les Amandiers une gomme assez abondante, qui peut-être substituée à la gomme arabique, et employée aux mêmes usages.

EXPLICATION DES PLANCHES.

Planche 8. Fig. 1. Fleur entière. Fig. 2. Etamines insérées sur le calice.
Planche 9. Fig. 1. Noyau. Fig. 2. Amande dans son noyau, coupé transversalement.

CYDONIA.   COIGNASSIER.

CYDONIA, Linn. Classe XII. *Icosandrie.* Ordre V. *Pentandrie.*
CYDONIA , Juss. Classe XIV. *Dicotylédones polypétalées. Étamines attachées au calice.* Ordre X. Les Rosacées. §. 1. Les Pomacées.

GENRE.

CALICE.   D'une seule pièce, à cinq divisions profondes, concaves, persistantes, assez grandes, denticulées.

COROLLE.   Cinq pétales assez grands, presque ronds, concaves, insérés
sur le calice.

ÉTAMINES.   Vingt environ; les filamens subulés, plus courts que la corolle,
attachés sur le calice, terminés par des anthères simples.

PISTIL.   Un ovaire adhérent à la partie entière du calice ; cinq styles
filiformes, de la longueur des étamines, terminés par des
stigmates simples.

PÉRICARPE.   Le fruit est une pomme tomenteuse, turbinée ou ovale, épaisse,
charnue, divisée intérieurement en cinq loges ; chaque loge
contenant deux semences calleuses.

Caractère essentiel. Un calice à cinq découpures denticulées; cinq pétales; une
pomme à cinq loges; deux semences calleuses dans chaque loge.

Rapports naturels. Les rapports nombreux qui existent entre les Coignassiers et les
Poiriers, ont engagé Linné à les réunir dans le même genre, et à les distinguer
seulement comme espèces. Tournefort avait fait des Coignassiers un genre particulier, sous le nom de *Cydonia* : il a été suivi par plusieurs botanistes modernes.
Quoique la différence entre ces deux genres ne tienne qu'à des caractères un peu
faibles, néanmoins ils sont suffisans pour qu'on puisse les distinguer facilement : ils
consistent dans les fruits recouverts d'une peau velue ou pubescente ; il existe de
plus deux semences un peu calleuses dans chaque loge. Les feuilles sont simples,
tomenteuses en dessous; les fleurs axillaires, presque sessibles, solitaires ; les calices sont remarquables par leurs grandes découpures persistantes, denticulées.

Étymologie. Le nom de *Cydonia* donné à ce genre, vient de *Cydonie*, ville de Crête,
d'où cet arbre a été transporté dans l'Asie et en Europe.

ESPÈCES.

CYDONIA communis. *Tab.* 10. Var. ♂.   COIGNASSIER commun. *Pl.* 10. Var. ♂.
C. *foliis ovatis, mollibus integerrimis, subtùs*   C. à feuilles molles, ovales, très-entières,
tomentoso-incanis, floribus subsessilibus,   blanchâtres et tomenteuses en dessous; fleurs
solitariis, axillaribus.   presque sessiles, solitaires, axillaires.

PYRUS (cydonia) *foliis integerrimis ; floribus solitariis ; fructu lanato ; seminibus callosis.*
Poir. Enclyc. Méth. vol. 5. pag. 454.

Pyrus (cydonia) *foliis integerrimis, floribus solitariis.* Lin. Spec. Plant. vol. 1. pag. 687.
Hort. Clifford. 160. Kalm. Itin. pag. 107. Jacq. Flor. Aust. tab. 342. Ludw. Ect. tab. 50.
Kniph. Centur. 6. n°. 95. Duroi. Harbk. 2. pag. 231. Willd. Arb. 266. et Spec. Plant. vol.
2. pag. 1020. Lam. Flor. Franc. vol. 3. pag. 492.

Arbres fruitiers. T. I.   L

Sorbus (cydonia) *foliis rotundis, integerrimis; fructu lanato, quinqueloculari.* Crantz. Aust. pag. 93.

α. *Malus cotonea, sylvestris.* C. Bauh. Pin. 435.

Cotonia et cydonia mala. Lobel. Icon. pars 2. Icon. 152. et Observ. Icon. 580.

Cydonia angustifolia, vulgaris. Tournef. Inst. R. Lob. 633. Duham. Arb. vol. 1. pag. 202. n°. 2.

Vulgairement, Coignassier sauvage, à feuilles étroites.

β. *Cydonia* (oblonga) *foliis oblongo-ovatis, subtùs tomentosis, parvis, oblongis, basi productis.* Miller. Dict. n°. 1. Duroi. Harbk. 2. pag. 231.

Cydonia fructu oblongo læviori. Tournef. Inst. R. Herb. 632. Blackw. tab. 157. Duham. Arb. vol. 1. pag. 202. n°. 1. tab. 83.

Malus cotonea major et minor. C. Bauh. Pin. 435.

Cotonea malus. J. Bauh. Hist. 1. pag. 27. Icon.

Cydonia majora. Rai. Hist. 1453.

Vulgairement, Coignassier ou Coignier femelle. Coignassier à fruits longs.

En Provençal, Coudounier ; et le fruit Coudoun.

γ. *Cydonia* (maliformis) *foliis ovatis, subtùs tomentosis; pomis rotundioribus.* Miller. Dict. n°. 2. Duroi. Harbk. 2. pag. 234.

Cydonia fructu breviore et rotundiore. Tournef. Inst. R. Herb. pag. 633. Duham. Arb. vol. 1. pag. 202. n°. 3.

Mala cotonea, minora. C. Bauh. Pin. 434.

Cydonia minora. Rai. Hist. 1453.

Vulgairement, Coignassier ou Coignier mâle. Coignassier à fruits ronds.

δ. *Cydonia* (Lusitanica) *foliis obversè ovatis, subtùs tomentosis.* Miller. Dict. n°. 3.

Cydonia latifolia, lusitanica. Tournef. Inst. R. Herb. 633. Duham. Arb. vol. 1. pag. 202. n°. 4. et Arb. fruit vol. 1. pag. 1. Icon. 201.

Malus cotanea latifolia, olyssiponensis. Tournef. H. R. Par.

Vulgairement, Coignassier de Portugal. Coignassier à gros fruits, à grandes feuilles.

ε. *Cydonia fructu oblongo, lævi, dulci, edulique.* Tournef. Inst. R. Herb. 632.

Malus cydonia; fructu oblonga, lævi; pulpa tenera esuli. Hort. Cathol.

Vulgairement, Coignassier à fruits lisses, oblongs.

ζ. *Cydonia fructu oblongo, minori, lanuginoso, non eduli.* Tournef. Inst. R. Herb. 632.

Malus cydonia; fructu oblongo, minori, lanuginoso, insulso, astringentioris saporis. Hort. Cathol.

Vulgairement, Coignassier à fruits petits, lanugineux, acerbes.

C'est un arbre qui, dans son état sauvage, est peu élevé, dont les tiges sont souvent tortueuses, revêtues ainsi que les grosses branches et les vieux rameaux, d'une écorce brune, lisse; celle des jeunes rameaux couverte d'un duvet blanc et cotonneux. Les feuilles sont alternes, pétiolées, molles, très-entières, ovales, plus ou moins grandes, vertes en dessus, blanchâtres et pubescentes en dessous : les pétioles filiformes, presque cylindriques, cotonneux, d'environ deux tiers plus courts que les feuilles.

Les fleurs sont grandes, d'un blanc quelquefois mêlé de rose, solitaires, situées dans l'aisselle des feuilles supérieures, portées sur un pédoncule court, tomenteux. Le calice est très-velu, divisé en cinq grandes découpures oblongues, légèrement denticulées à leurs bords; la corolle composée de cinq pétales ovales, un peu arrondis, sessiles, marqués de lignes brunes; les étamines de moitié plus courtes que la corolle; l'ovaire pubescent. Il lui succède un fruit gros, jaunâtre, odorant, charnu, couvert d'un duvet très-fin : il renferme des semences un peu calleuses, assez ordinairement deux dans chaque loge.

Cet arbre passe pour originaire de l'Asie, principalement de l'île de Crète; il est aujourd'hui naturalisé dans les départemens méridionaux de la France, en Allemagne, le long des haies, sur les bords du Danube.

Le Coignassier, livré à la culture, produit plusieurs variétés remarquables, particulièrement dans la forme de leurs fruits oblongs, globuleux ou en forme de poire, dans leur saveur plus ou moins douce ou astringente.

Le COIGNASSIER sauvage, à feuilles étroites, var. α. ne se présente que sous la forme d'un arbrisseau, très-irrégulier dans ses branches et ses rameaux. Il ne se cultive que par les pépiniéristes, qui en tirent par marcottes et par boutures, des sujets pour y greffer les poiriers destinés à être placés en espaliers ou en petits buissons. Ses feuilles sont les plus petites de toutes les variétés connues; ses fruits sont pubescens, et d'une grosseur médiocre.

Le COIGNASSIER, improprement nommé *femelle*, var. β. tient le milieu entre le précédent et celui de Portugal. C'est un arbre d'une médiocre grandeur. Ses fruits sont ordinairement un peu alongés, marqués de côtes saillantes, longitudinales, qui forment autant de bosses au sommet, dans l'enfoncement de l'ombilic ou de l'œil; leur pédoncule est également inséré dans une cavité relevée de cinq à six bosses. Leur chair est un peu grenue, et leur peau lisse, presque point pubescente.

Le COIGNASSIER mâle, à fruits ronds, var. γ. très semblable au précédent; il n'en diffère que par ses fruits raccourcis, de forme presque ronde, irrégulière. Quoique d'une qualité inférieure au Coignassier de Portugal, il se cultive, ainsi que le précédent, parce que ses fruits sont plus abondans et manquent rarement.

Le COIGNASSIER de Portugal, var. δ. (planche 10) le plus estimé et le plus généralement cultivé à cause de la bonté de ses fruits, a de très-grandes feuilles, d'un vert clair en dessus, blanchâtres et tomenteuses en dessous, en ovale raccourci; celles des rameaux plus alongées. Les fruits sont gros, en forme de poire, irrégulièrement anguleux, à grosses côtes, formant autant de bosses rentrantes aux deux extrémités du fruit; leur chair est tendre, succulente; leur peau jaune, couverte d'un duvet que le moindre frottement enlève avec facilité. Ils se divisent, dans leur intérieur, en cinq loges, renfermant chacune deux semences, quelquefois davantage : ce sont autant de pépins un peu calleux.

CULTURE. PROPRIÉTÉS. Quoique l'on puisse facilement multiplier les Coignassiers par le moyen des semences, néanmoins lorsqu'on veut sûrement perpétuer les plus belles variétés, il vaut beaucoup mieux les multiplier par marcottes, par rejettons, par boutures ou par greffe. On plante les boutures au commencement de l'automne, et on les arrose souvent dans les tems secs, pour leur faire produire des racines. Dès la seconde année, on les plante en pépinière, à trois pieds de distance les uns des autres. Deux ou trois ans après, on les transplante dans le terrein où on veut les placer. Dans les sols humides, ils produisent de plus gros fruits, mais moins savoureux; dans les terreins secs, les fruits sont moins gros, moins abondans, mais ils ont un meilleur goût. Ils ont peu besoin d'être taillés; il faut seulement les débarrasser de toutes les branches gourmandes, et qui poussent du milieu de l'arbre, afin que sa tête ne soit pas trop garnie de bois. Les Coignassiers élevés par rejettons ont quelques inconvéniens; ils poussent rarement d'aussi bonnes racines, et sont sujets à produire un grand nombre d'autres rejettons, qui deviennent nuisibles à la quantité et à la qualité des fruits. La greffe est encore un très-bon moyen de multiplication pour les Coignassiers: on peut faire cette opération sur des tiges élevées de bouture. On obtient par là une grande quantité de meilleures espèces; elles produisent des fruits bien plutôt et en plus grande abondance, que lorsqu'elles proviennent de rejettons ou de marcottes.

Le Coignassier de Portugal, le plus estimé de tous, peut se greffer sur le Coignassier sauvage, variété α. On peut aussi y greffer des Poiriers, qui y acquièrent un nouveau degré de perfection. La chair est plus tendre et meilleure, tant en confiture qu'en compote, que celle des autres Coings.

On cultive plus communément le Coignassier n°s. 2 et 3, pour le fruit, parce qu'ils manquent rarement d'en rapporter.

Les Coignassiers à grandes feuilles reçoivent la greffe des Poiriers et la nourrissent beaucoup moins que les Coignassiers à petites feuilles, sur lesquels les espèces très-vigoureuses ne peuvent subsister. Ils se greffent sur les sujets de leurs espèces, sur le Poirier et l'Aube-Épine.

« On cultive ordinairement les Coigniers et les Coignassiers dans les potagers, où » ils viennent sans beaucoup de soin ; on n'en trouve point dans les bois. On pourrait » multiplier cet arbre en semant les pépins ; mais comme les marcottes poussent aisé- » ment des racines, on les multiplie ordinairement de cette façon, et l'on greffe » l'espèce n°. 4. (var. β) sur celle du n°. 2. (var. α.)

» Cet arbre, qui mérite de trouver place dans les vergers, ne convient pas dans les » bosquets, et l'usage que l'on fait principalement de l'espèce n°. 2. (var. α.), est de » fournir par marcottes des sujets, sur lesquels on greffe toutes les espèces de Poiriers, » qui étant greffés sur les Coignassiers, restent plus nains, donnent du fruit plus » promptement, et ordinairement plus beaux, que lorsqu'ils sont greffés sur des Poi- » riers sauvageons. L'odeur désagréable des fruits du Coignassier, le fait reléguer » dans le coin le plus reculé et le moins fréquenté d'un jardin.

» Les coings se mangent cuits sous la cloche, on en compote ; on les confit en quar- » tier et en marmelade. On en fait des pâtes, du cotignac, du ratafia, etc. (1) La chair du » coing du Portugal est plus tendre et meilleure, tant en confitures qu'en compotes, » que celle des autres coings. Ils sont astringens, propres à fortifier l'estomac, et à » arrêter les diarrhées. Les coings mûrissent au commencement d'octobre, et se » conservent rarement au-delà du mois de novembre ».   DUHAMEL.

(1) En Provence on fait une confiture appelée *Pâte de Gêne*, qui est du Coing râpé, confit au sucre, auquel on donne des formes différentes, même de fromage, et qu'on conserve long-tems.   *(Note de l'Éditeur.)*

EXPLICATION DE LA PLANCHE 10.

Figures 1. Un pétale séparé.
2. Le calice avec les étamines.
3. Une étamine séparée.
4. L'ovaire avec les styles et stigmates.
5. Le fruit coupé transversalement.
6. Une semence séparée.

Supplément au Cydonia - Coignassier.

A l'époque où nous avons publié le *Coignassier* on ne connaissait encore que l'espèce que nous avons décrite et ses *variétés ;* depuis lors, nos jardins se sont enrichis de deux nouvelles espèces. Nous croyons faire plaisir à nos lecteurs de les donner comme supplément à ce que nous avons déjà publié sur cet arbre.

1. CYDONIA Sinensis. *Tab.* 10 *bis.*
C. *caule arborescente , inermi ; foliis ovato-oblongis , glabris , æqualiter serratis , acutis ; floribus solitariis ; fructu ovato-oblongo.*

COIGNASSIER de la Chine. *Pl.* 10 *bis.*
C. à tige arborescente, dépourvue d'épines ; à feuilles ovales-oblongues, glabres, également dentelées, aiguës ; à fleurs solitaires ; à fruit ovale-oblong.

CYDONIA *Sinensis.* Thouin, Annal. du Mus. vol. 19. p. 144 et suiv. pl. 8 et 9 (1).

Le Coignassier de la Chine est un grand arbrisseau qui paraît devoir s'élever à quinze et vingt pieds ou environ, et qui a le port du Coignassier ordinaire. L'écorce de ses rameaux est lisse , d'un brun-grisâtre ; ses feuilles sont ovales-oblongues, courtement pétiolées, aiguës , lisses et d'un vert gai en dessus, chargées en leurs bords de dents très-fines, très-rapprochées et terminées par une petite glande ; leur partie inférieure est couverte d'un duvet cotonneux peu épais ; elles sont munies à leur base de deux stipules ovales-lancéolées, pubescentes , dentées et glanduleuses en leurs bords, ordinairement un peu plus longues que le pétiole. Ces deux stipules durent peu et tombent ordinairement lorsque les feuilles ont acquis tout leur développement. Les fleurs sont larges de dix-huit à vingt lignes , terminales et solitaires à l'extrémité de chaque petit rameau qui les porte ; elles sont composées d'un calice à cinq divisions aiguës , réfléchies en arrière , lisses et glabres en dehors , cotonneuses en dedans ; d'une corolle de cinq pétales ovoïdes , creusés en cuiller , rétrécis en onglet à leur base , d'une belle couleur rose et ressemblant parfaitement à la teinte des fleurs du Pêcher ; elles sont variées de nervures plus foncées. Les étamines sont au nombre de vingt , moitié plus courtes que les pétales : leurs filamens subulés,, d'un rose tendre , portent à leur sommet des anthères oblongues. L'ovaire placé au centre du calice , avec lequel il adhère , est surmonté de cinq styles , au moins moitié plus courts que les étamines , élargis en massue à leur extrémité , et terminés par des stigmates simples. Le fruit est d'une forme ovale-alongée , inégale dans son diamètre , et comme bosselée dans plusieurs parties ; il a quatre pouces deux à quatre lignes de hauteur , sur trente-deux à trente-trois lignes de largeur dans son plus grand diamètre. La couleur de sa peau est d'abord verdâtre, et elle devient d'un jaune-citron pâle lors de la maturité. Sa chair est très-adhérente à la peau, d'une consistance ferme et sèche, presque sans eau, grenue et comme boiseuse : sa couleur est d'un jaune très-faible ; son odeur se rapproche beaucoup de celle du Coing ordinaire , mais elle est moins forte, plus suave, et tire un peu sur celle de l'Ananas. Sa saveur est acide , stiptique, approchant de celle du Coing sauvage. L'intérieur de ce fruit se divise en cinq loges formées d'un tissu cartilagineux , longues chacune de trente à trente-trois lignes , et contenant sur deux rangs quarante à soixante graines et au delà , dont les inférieures avortent ordinairement. Ces graines sont brunes , ovales, aplaties , pointues du côté du germe , par lequel elles sont attachées à l'axe du fruit.

Cet arbre est indigène de la Chine.

2. CYDONIA Lagenaria. *Tab.* 10 *ter.*
C. *caule fruticoso , spinoso ; foliis ovato-oblongis , glabris , serratis ; floribus subcorymbosis ; fructibus lagenariæformibus.*

COIGNASSIER à fruit en gourde. *Pl.* 10 *ter.*
C. à tige frutescente , épineuse ; à feuilles ovales-oblongues, glabres , dentées en scie ; à fleurs réunies en un petit corymbe ; à fruit en forme de gourde.

CYDONIA *Japonica.* Pers. Synop. 2. p. 40.
PYRUS *Japonica.* Thunb. Fl. Jap. 207. Willd. Sp. 2. p. 1020. Curt. Bot. Mag. vol. 18. tab. 692.

Ce Coignassier est un petit arbrisseau qui ne s'élève guère qu'à deux ou trois pieds ; sa tige se divise dès sa base en plusieurs rameaux assez menus, recouverts d'une écorce brunâtre , chargée d'un duvet court, surtout pendant leur jeunesse. Ses rameaux sont chargés çà et là d'épines aiguës, longues de six à huit lignes, sortant horizontalement de l'aisselle d'une feuille. Les feuilles sont alternes, ovales-oblongues, rétrécies en pétiole à leur base, luisantes et d'un vert gai en dessus, plus pâles en dessous, parfaitement glabres, un peu coriaces, finement dentées en scie en leurs bords ; elles sont munies, à leur base et dans leur jeunesse seulement, de deux stipules réniformes , dentées. Les fleurs sont réunies,

---

(1) On trouvera dans les Annales du Muséum d'Histoire Naturelle, l. c., une description très-soignée et extrêmement étendue de cette espèce , par M. le Professeur Thouin, qui , par les nombreux détails dans lesquels il est entré , a eu, dit-il , en vue de faciliter les moyens d'observer, par la suite des tems, les différences que le sol , la culture , les fécondations accidentelles et les moyens de multiplication en Europe, pourront occasionner dans les habitudes, les formes et la nature des produits de cette nouvelle et intéressante acquisition.

trois à dix ensemble, en un petit corymbe qui sort d'un bourgeon fort court et le long de la partie laté-
rale des rameaux. Le pédicelle particulier de chaque fleur est ordinairement muni à sa base d'une feuille
plus petite et plus arrondie que celle des rameaux stériles. Chacun de ces pédicelles n'a guère que deux
à quatre lignes de long, et il porte, vers la base du calice, deux ou trois petites bractées linéaires,
ciliées, d'une couleur rougeâtre, tombant promptement. Chaque fleur offre un calice campanulé,
adhérent par sa base avec l'ovaire situé inférieurement, divisé supérieurement en cinq dents arrondies,
ciliées; cinq pétales arrondis, ouverts, d'un rouge écarlate peu foncé, insérés par un onglet court au
dessous des sinus formés par les dents du calice; trente-six à quarante étamines à filamens rougeâtres,
redressées et resserrées en une sorte de faisceau autour des styles, et portant des anthères arrondies :
ceux-ci, de la même longueur que les étamines, sont au nombre de cinq, velus à leur base et réunis en
un seul faisceau, terminés chacun à leur sommet par un stigmate en tête. Le fruit, que nous n'avons pu
voir parvenu à sa maturité parfaite, parce qu'il est tombé auparavant, avait, au quatrième mois de
son développement, douze à quinze lignes de longueur; il était étranglé et resserré dans le milieu comme
une gourde, et d'une couleur verdâtre; il était divisé, dans son intérieur, en cinq loges contenant
chacune un grand nombre de pepins.

    Cette espèce est originaire du Japon.

    Le Coignassier de la Chine n'a été introduit en Europe que pendant l'une des dix dernières années du
siècle qui vient de finir. Il paraît avoir été transporté presque en même tems en Angleterre et en Hollande, et c'est de ces deux pays que MM. Cels et Noisette l'ont obtenu, par la voie du commerce,
vers 1802, et il a fructifié pour la première fois au Jardin du Roi, en 1811.

    Cet arbre passe très-bien l'hiver en pleine terre dans le climat de Paris; c'est ainsi qu'il est resté depuis
dix ans dans le Jardin du Roi, où des froids de neuf à dix degrés ne lui ont fait éprouver que de
faibles accidens. Il paraît d'ailleurs peu délicat sur la nature du sol dans lequel on le plante. Cependant il
semble croître avec plus de vigueur dans les terrains meubles, sabloneux-calcaires et légèrement humides, que dans ceux qui sont argileux, compactes, aquatiques et froids. Il n'a point encore été propagé
par la voie des graines; mais on l'a multiplié avec succès par le moyen des marcottes, même des boutures, et surtout par la greffe. On l'a enté sur le Coignassier sauvage, sur le Poirier, sur le Pommier
hybride et sur l'Aubépine.

    Jusqu'à présent le Coignassier de la Chine ne peut être regardé que comme un arbre d'agrément. Il
convient pour être placé, dans les bosquets du printems, parmi les grands arbrisseaux, où il se fera
remarquer par sa verdure très-hâtive, par la multitude et l'éclat des fleurs dont il se couvre au mois
d'avril, et qui durent quinze à vingt jours, et enfin par la forme, la couleur, l'odeur et la grosseur de
son fruit.

    Mais ce fruit, tel que nous l'avons vu, ne nous a paru être bon à manger ni cru ni cuit. M. Thouin,
avant nous, après l'avoir coupé par rouelles, l'avoir mis dans un bain d'eau sucrée et l'avoir placé sur
le feu pendant plus de quatre heures, dit qu'il est resté coriace, amer et immangeable. Peut-être, ajoute
ce professeur, eût-il fallu le mettre blettir sur la paille comme les nèfles, et peut-être aussi que, quoiqu'il ne soit pas mangeable, il pourrait être propre à fournir une boisson de la nature du cidre, comme
beaucoup de Poires, de Pommes, de Cormes et autres fruits dont la saveur est amère et stipique.

    Le Coignassier à fruit en gourde ou du Japon est cultivé en Angleterre depuis 1796, et en France
depuis 1810. C'est à M. Boursault que nous le devons. Il est encore rare, mais il est probable qu'il ne
tardera pas à être répandu. Ses grandes fleurs, souvent semi-doubles et d'une belle couleur rouge,
lui méritent une place distinguée dans nos jardins. Ces fleurs paraissent en mai et se succèdent les unes
aux autres pendant plusieurs mois. Il se multiplie de boutures et de marcottes, ou en le greffant sur
Coignassier; il est probable qu'il réussirait aussi sur Pommier Paradis. Jusqu'à présent on ne l'a cultivé qu'en pot ou en caisse, et on le rentre dans l'orangerie pendant l'hiver.

EXPLICATION DES PLANCHES.

Pl. 10 bis. Fig. 1. Un rameau du Coignassier de la Chine, avec une fleur. Fig. 2. Le calice et quelques étamines. Fig. 3. Le
       calice et le pistil. Fig. 4. Un pétale séparé. Fig. 5. Un fruit entier. Fig. 6. Un fruit coupé perpendiculairement
       et laissant voir les graines ou pepins dans chaque loge. Fig. 7. Pepins vus séparément.

Pl. 10 ter. Un rameau en fleur du Coignassier à fruit en gourde. Fig. 1. Le calice et les étamines. Fig. 2. Le calice coupé
       perpendiculairement et laissant voir les germes : les styles ont été réservés avec quelques étamines. Fig. 3. Un
       pétale vu séparément.

MESPILUS. NÉFLIER.

MESPILUS, Cratægus. Linn. Classe XII. *Icosandrie.* Ordre II et V. *Digynie, Pentagynie.*

MESPILUS, Juss. Classe XIV. *Dicotylédones polypétalées. Etamines attachées au calice.* Ordre X. Les Rosacées. §. I. Les Pomacées.

GENRE.

CALICE.   D'une seule pièce, à cinq découpures concaves, étalées, aiguës, persistantes, quelquefois foliacées.

COROLLE.   Cinq pétales, plus ou moins arrondis, concaves, obtus, placés sur le calice.

ÉTAMINES.   Vingt environ; les filamens subulés, attachés sur le calice, terminés par des anthères simples, arrondies.

PISTIL.   Un ovaire adhérent au calice; deux ou cinq styles droits, à peine aussi longs que les étamines, terminés par autant de stigmates en tête.

PÉRICARPE.   Le fruit est une pomme sphérique ou un peu ovale, charnue, ombiliquée à son sommet, couronnée par les divisions du calice, divisée intérieurement en deux ou cinq loges, contenant chacune une semence dure, osseuse.

Caractère essentiel. Un calice adhérent avec l'ovaire; limbe à cinq découpures persistantes; cinq petales; de deux à cinq styles; une pomme à deux ou cinq loges; semences osseuses.

Rapports naturels. Nous avons exposé à l'article Alisier (Cratægus) les motifs qui nous avaient déterminés à changer le caractère essentiel dont Linné s'était servi pour la distinction de ces deux genres qu'il avait établis sur le nombre des styles : caractère si variable, qu'il n'est pas rare de voir des fleurs dans la même espèce, avoir deux ou cinq styles, deux ou cinq semences; ces dernières offrent, dans leur substance, un caractère bien plus constant : celles des Néfliers sont dures, osseuses ; celles des Alisiers cartilagineuses ; d'un autre côté, ces deux genres ont de grands rapports avec les Poiriers et les Sorbiers. Dans la série des espèces, les unes ont les feuilles entières, c'est le plus grand nombre; elles sont dans d'autres ou lobées ou incisées, presqu'ailées; les fleurs, rarement solitaires, sont plus souvent réunies en corymbes ou en bouquets d'un aspect très-agréable.

Etymologie *Mespilus* vient du mot grec *Mespilos*, nom que les Grecs donnaient au Néflier commun, et que nous avons conservé tant en latin qu'en français, avec les modifications relatives à chacune de ces deux langues. Le Néflier se nommait autrefois *Meslier*; il porte encore aujourd'hui le même nom dans plusieurs contrées. Il se trouve mentionné dans Théophraste, sous le nom de *Satancios,* adopté par Pline.

Observations générales. Nous avons fait connaître, dans le *Traité des Arbres et Arbustes* (pag. 127. tom. 4.) à l'article de l'Alisier (*Cratægus,*) et dans les rapports naturels ci-dessus, les différences qui existent entre ce genre et les Néfliers *Mespilus :* ceux-ci, plus nombreux en espèces, nous fournissent aussi plus de ressources et de jouissances, réunissant sous le même caractère générique, les Aube-Épines et les Azéroliers, distingués par leurs fruits chez les cultivateurs. La plupart des espèces sont en même tems des arbrisseaux d'économie et d'agrément.

Quoique le fruit des Néfliers ne puisse être comparé à un grand nombre d'autres plus savoureux, plus parfumés, il plaît cependant à beaucoup de personnes, sur-tout depuis que la culture l'a perfectionné et qu'elle en a obtenu des fruits plus gros, d'une saveur moins acerbe. Le Néflier du Japon, ou *Bibacier*, est une acquisition précieuse faite depuis peu dans les Indes, observé par Kœmpfer, retrouvé au Japon et décrit par Thunberg, envoyé en 1784 de l'Isle de France au Jardin des Plantes de Paris, par Joseph Martin, à ce que nous croyons, et cultivé depuis avec assez de succès. Il est fort recherché, à cause de la beauté, de l'odeur suave de ses fleurs, et de la bonté de ses fruits. Il commence à se conserver en pleine terre, et nous donne l'espoir qu'avec le tems il pourra se naturaliser, au moins dans nos départemens méridionaux. La plupart des autres Néfliers nous viennent de l'Amérique septentrionale : ils approchent presque de la grandeur de nos arbres fruitiers ; leurs fruits, d'un rouge éclatant, font la décoration de nos bosquets d'automne : on pourrait s'en nourrir aussi bien que de ceux du Néflier commun, s'ils étaient plus gros, plus charnus. Peut-être l'art pourra-t-il parvenir un jour à les rendre plus savoureux, plus pulpeux.

L'Azérolier est presqu'aussi anciennement connu que le Néflier : Téophraste en fait mention dans son Traité des Plantes : il l'appèle *Antédon*, et le regarde comme une espèce de Néflier : ses fruits, plus petits que ceux du Néflier commun, ont plus de saveur ; il habite le Levant, la Syrie, les îles de la Grèce, l'Afrique septentrionale ; il croît également, ou du moins il s'est naturalisé depuis long-tems dans nos départemens méridionaux, en Italie et autres contrées du midi de l'Europe, où on le cultive comme arbre fruitier. Il produit par la culture quelques variétés intéressantes.

Les Néfliers, considérés dans leurs rapports avec les autres êtres de la nature, sont, aux yeux du philosophe, d'un bien plus grand intérêt que celui d'entrer dans nos bosquets comme arbres d'ornement : la plupart conservent leurs fruits pendant tout l'automne et même une partie de l'hiver, dans une saison où la terre, frappée de stérilité, semble ne plus offrir aucune ressource à ces oiseaux nombreux qui ne se nourrissent que de fruits. La vue de ces bosquets touffus ou de ces grappes pendantes de plusieurs espèces de Néfliers, les attire en foule dans nos bosquets, dans nos remises et nos bois, et les dispense d'une émigration à laquelle la nature n'a point voulu les soumettre ; s'ils ne font point alors entendre ces chants aimables, inspirés par le retour du printems, leur ramage, pendant les jours nébuleux de l'hiver, n'est pas sans agrément : c'est l'expression d'une gaieté animée par le besoin satisfait. Sans les Néfliers, les Sorbiers et des autres végétaux, dont les fruits ne mûrissent que tard et durent long-tems, la campagne n'offrirait à l'homme qui l'habite, qu'une nature morne et silencieuse.

ESPÈCES.

1. MESPILUS Germanica. *Tab.* 11.
M. *foliis elliptico-lanceolatis, subserratis, mollibus, subtùs tomentosis ; floribus sessilibus, solitariis.*

NÉFLIER commun. *Pl.* 11.
N. à feuilles elliptiques-lancéolées, à peine dentées, molles, tomenteuses en dessous ; fleurs sessiles et solitaires.

4. MESPILUS (sylvestris) *foliis lanceolatis, subdentatis, acuminatis, subtùs tomentosis, caulibus interdùm spinosis.*
Mespilus (stricta) *foliis duplicato-serratis.* AITON. Hort. Kew. vol. 2. pag. 172.

Mespilus germanica, folio laurino, non serrato, sive Mespilus sylvestris. TOURNEF. Inst.
R. Herb. 641. C. BAUH. Pin. 453. DUHAM. Arb. vol. 2. pag. 14. tab. 4. et Arb. fruit. vol. 1.
pag. 327. tab. 2.

Mespilus foliis elliptico-lanceolatis, serratis; calicibus longissimis, persistentibus. HALL.
Helv. n°. 1094.

Mespilus foliis oblongis, argutè serratis; bacca pyriformi, truncata. CRANTZ. Aust. pag. 80.

Mespilus vulgaris. J. BAUH. Hist. 1. pag. 69. Icon.

Mespilus. DODON. Pempt. pag. 801. Icon. LOBEL. Icon. pars 2. tab. 166.

Vulgairement NÉFLIER des bois, ou MESLIER. DUHAM.

C *Mespilus domestica.* GATIN. Flor. Montaub. pag. 92. LOBEL. Icon. 166.

Mespilus macrocarpa. DECAND. Fl. Fr. vol. 4. pag. 435.

Mespilus folio laurino, major. C. BAUH. Pin. 453. TOURNEF. Inst. R. Herb. 641. DUHAM.
Arb. vol. 2. pag. 15. et Arb. fruit. vol. 1. pag. 329. tab. 3.

Mespilus (diffusa) *foliis subintegris.* AITON. Hort. Kew. pag. 172.

Vulgairement NÉFLIER cultivé, à feuilles entières et à gros fruits. DUHAM. NÉFLIER de Nottingham.

γ. *Mespilus* (Apyrena). DECAND. Flor. Franç. vol. 4. pag. 456.

Mespilus abortiva. DELAUNAY. Bon Jard. An 1808. pag. 116.

Mespilus folio laurino, sine ossiculis. DUHAM. Arb vol. 2. pag. 15. et Arb. fruit. vol. 1.
pag. 331. tab. 4.

Vulgairement, NÉFLIER à fruits sans noyau. DUHAM.

ẟ. *Mespilus folio laurino major, fructu præcoci, sapidiori, oblongo; leviori seu rariori
substantiâ.* DUHAM. Arb. vol. 2. pag. 15. TOURNEF. Inst. R. Herb. tab. 641.

Vulgairement, NÉFLIER à feuille entière; fruit précoce; chair délicate. DUHAM.

ε. *Mespilus folio laurino major; fructu minori, rariori substantiâ.* DUHAM. Arb. vol. 2.
pag. 15. n°. 5. TOURNEF. Inst. R. Herb. 641.

Vulgairement, NÉFLIER à feuille entière, fruit petit; chair délicate.

ζ. *Mespilus fructu medio, è rotundo-oblongo, austeriori, insulso; coronâ clausâ.* DUHAM.
Arb. vol. 2. pag. 15. n°. 6. TOURNEF. Inst. R. Herb. 641.

Vulgairement, NÉFLIER à feuille entière; petit fruit un peu alongé; couronne rabattue sur
l'ombilic. DUHAM.

C'est, dans l'état sauvage, un arbre d'une médiocre grandeur, dont le tronc
est peu épais, tortueux, difforme, divisé en rameaux irréguliers, plians, cylindriques, pubescens dans leur jeunesse, d'un brun rougeâtre en vieillissant, garnis ordinairement de quelques fortes épines, courtes, très-aiguës. Les feuilles
sont alternes, pétiolées, lancéolées, presque elliptiques, molles, entières ou légèrement dentées en scie, sur-tout vers leur sommet, lisses, vertes en dessus,
pubescentes et blanchâtres en dessous, aiguës à leur sommet; les pétioles courts,
pubescens, munis à leur base de deux petites stipules sessiles, ovales, caduques.
Les bourgeons sont bruns, étroits, un peu aigus, presque glabres, appliqués
contre les tiges.

Les fleurs sont blanches, solitaires à l'extrémité des rameaux, portées sur
un pédoncule très-court, cylindrique, roide, très-velu, blanchâtre. Le calice se
divise à son limbe en cinq grandes découpures presque foliacées, alongées,
pointues, légèrement pileuses; la base du calice tomenteuse, très-velue. La corolle
est fort grande; les pétales larges, arrondis, à courts onglets, blancs ou un peu
rougeâtres; cinq styles. Chaque fleur est souvent accompagnée d'une bractée
étroite, aiguë, presque aussi longue que le calice. Le fruit est petit, presque
sphérique, aplati et largement ombiliqué à son sommet, couronné par les découpures du calice, d'une saveur astringente, contenant cinq semences dures,
osseuses, ovales, blanchâtres.

Cet arbre croît naturellement dans les haies et les bois des contrées méri-

dionales de l'Europe. Il fleurit dans le courant du mois de mai. « Lorsque les
» Nèfles des bois sont molles, elles paraissent d'un goût relevé et assez agréable
» à ceux qui aiment ce fruit de fantaisie ». DUHAMEL.

La saveur assez agréable, quoiqu'un peu fade, des fruits du Néflier, connus
sous le nom de *Nèfles*, a déterminé à en essayer la culture, qui ne pouvait
être bien pénible pour un arbre naturel à nos climats. Livré aux soins des cultivateurs, il a pris une forme moins agreste, et a fourni plusieurs variétés, à la
vérité peu importantes, mais qu'il n'est pas inutile de faire connaître.

Nous avons décrit le Néflier des bois. var. α. Lorsqu'il est cultivé, il produit
des fruits bien plus gros, moins acerbes, et porte le nom de *Néflier* à gros
fruits. var. ϐ. Ses tiges sont plus fortes, plus élevées, moins irrégulières, dépourvues d'épines; ses feuilles presque une fois plus larges, rarement dentées;
les nervures plus fortement prononcées; les boutons à fruits assez gros, piquetés
de points gris; ceux des feuilles fort petits. Les folioles du calice ont presque un
pouce de long; elles sont très-aiguës, et couronnent des fruits gros et courts,
à cinq osselets.

« Lorsque ces grosses Nèfles sont molles, elles sont beaucoup moins délicates
» et moins relevées que les sauvages, et souvent elles ont un goût de pourri,
» parce que les fruits commençant toujours à mollir par le cœur, lorsque le dedans
» de ces grosses Nèfles serait bon à manger, le dehors est encore vert; et lorsque le
» dehors est en état d'être mangé, le dedans est pourri; au lieu que les petites Nèfles,
» dont la superficie est peu distante du centre, mollissent partout presque en même
» tems. Pour procurer le même avantage aux grosses Nèfles, lorsqu'elles commencent
» à s'attendrir en dedans, il faut les mettre dans un van, et les remuer, afin
» de meurtrir leur superficie, et les disposer à mollir aussi promptement que
» l'intérieur : ensuite on les entasse sur de la paille, où elles achèvent bientôt
» de mollir ». DUHAMEL. *Arb. fruit.*

La troisième variété γ, connue sous le nom de *Néflier* à fruit sans noyau, est
assez semblable au précédent. Ses feuilles sont ordinairement moins grandes,
un peu ondulées et presque festonnées à leurs bords par de larges dentelures irrégulières, arrondies, peu profondes; les bourgeons à fruits plus grêles, piquetés de petits
points d'un jaune rougeâtre, accompagnés de quelques épines; les boutons à feuilles
plus gros, plus alongés, point appliqués contre les tiges; les folioles du calice un peu
inégales; deux plus grandes enveloppent la fleur avant son épanouissement. Les pétales sont larges, rétrécis à leur base en un onglet court, élargis, arrondis et quelquefois échancrés en cœur à leur sommet. Il n'y a que trois styles sans stigmates. Les fruits
sont petits; ils ne conservent à leur ombilic que les deux plus grandes folioles
du calice, les autres se flétrissent. « Ces Nèfles n'ont point de noyau, avantage
» qui, joint à celui d'être délicates, et de mollir entièrement en peu de tems,
» doit les faire préférer à toutes les autres. ». DUHAMEL.

Les trois autres variétés sont peu importantes. La première ζ, a des feuilles
larges, entières; ses fruits mûrissent un peu plutôt, et sont doués d'une saveur
assez agréable. Dans la seconde ε, les feuilles sont assez grandes, mais les fruits
sont plus ou moins pulpeux; la chair délicate. La troisième se fait remarquer
par ses fruits plus alongés, d'une saveur acerbe; leur chair est insipide. Les
folioles du calice se recourbent en dedans, et cachent tout-à-fait l'ombilic.

Le bois du Néflier est très-dur, d'un assez bon usage dans les arts. Il est
employé par les tourneurs pour les pièces qui doivent résister ou à des chocs
ou au frottement; les branches difficiles à rompre, font d'excellens manches de

fouet. Les feuilles sont astringentes, et s'emploient quelquefois dans les anciens cours de ventre : les fruits, avant leur maturité, sont d'une saveur acerbe et austère ; mais ensuite, lorsqu'ils sont bien mûrs, ils deviennent beaucoup plus doux, très-peu acerbes. On regarde ces fruits comme indigestes pour les estomacs délicats, à cause de la grande quantité d'air qu'ils développent, et qui occasionne des coliques. Après avoir cueilli les nèfles de dessus l'arbre, on les laisse mûrir dans la paille jusqu'à ce qu'elles deviennent molles. Elles passent pour astringentes : on les emploie en gargarismes pour nétoyer les ulcères de la bouche, et répercuter l'inflammation des amygdales. Elles entrent dans la composition de l'onguent de Myrrhe et de Mésué.

« Toutes les espèces de Néfliers peuvent s'élever de graines. Celles qui croissent
» naturellement dans les forêts fournissent du plant qu'on arrache pour mettre
» en pépinière ; mais quand on veut faire des semis de Néfliers, il est bon
» d'être prévenu que les semences ne lèvent souvent que dans la seconde année.
» Quelques-uns, par cette raison, mettent en automne, les fruits dans un pot
» ou dans une caisse avec de la terre, et les conservent dans un lieu frais,
» ou même à l'air ; ou bien ils enterrent les pots à deux ou trois pieds de pro-
» fondeur, ils les y laissent passer une année entière, et ils ne les en tirent
» qu'au printems de l'année suivante pour les semer en planche : alors les se-
» mences ne tardent pas à lever.
» Nous avons éprouvé qu'en mettant, dès la fin de septembre, les fruits aussitôt
» qu'ils sont mûrs, lits par lits, avec de la terre un peu humide, et les semant au
» printems suivant dans des terrines sur couche, les semences lèvent dès la première
» année ; c'est une pratique avantageuse pour les espèces rares.
» On peut multiplier aussi les Néfliers par des marcottes, et en greffant les
» espèces rares sur-celles qui sont communes.
» Toutes les espèces de Néfliers s'accommodent assez bien de toute sorte de ter-
» reins, excepté des terreins trop secs où elles ne font que languir.
» C'est une fort bonne pratique que de répandre beaucoup de fruits d'Aube-Épines,
» d'Azéroliers et de Buissons-Ardens dans les semis des bois ; car ces arbrisseaux, qui
» ne font aucun tort aux Chênes ni aux Châtaigniers, couvrent la terre, font périr
» l'herbe, et le grand bois y croît mieux. Nous en avons semé dans des remises que
» nous plantions : les jeunes Néfliers n'ont paru sensiblement que dans la troisième
» ou quatrième année, mais ils ont beaucoup contribué à garnir les remises. Cette
» attention, qui n'occasionne aucuns frais, ne doit point être négligée ». Duhamel.

2. MESPILUS Japonica. *Tab.* 12.

M. *inermis ; foliis obovatis ; apice serratis, subtùs tomentosis ; racemis paniculatis, terminalibus.* Willd.

NÉFLIER du Japon. *Pl.* 12.

N. tige sans épines ; feuilles ovales, dentées en scie à leur sommet, tomenteuses en dessous ; grappes terminales, paniculées.

MESPILUS *japonica, inermis ; foliis oblongis, apice serratis, subtùs tomentosis.* Thunb. Flor. Jap. pag. 206. Bancks. 5. Icon. Koempfer. tab. 18. Bywa. Koempf. amænit. exot. pag. 800. Vulgairement, en Chine et au Japon, Lou-Koet ; chez les Portugais, Bibas, Bibacier, Abas.

Il n'y a qu'un très-petit nombre d'années que ce bel arbre est connu dans les jardins des curieux. C'est sans contredit l'espèce la plus intéressante de ce genre ; ses fleurs nombreuses et ramassées en un bouquet épais et terminal, répandent au loin une odeur extrêmement douce, et ses fruits, agréablement acidulés, se mangent au Japon et en Chine ; c'est un très-bon aliment et qui a fait ranger la plante qui le fournit, parmi les arbres fruitiers des Indes et de l'Isle de France.

Son tronc est fort élevé : il se divise en rameaux étalés, forts, noueux, qui produisent une grande quantité d'autres petits rameaux tomenteux, cylindriques, fermes,
épais, garnis de feuilles très-grandes, alternes, presque sessiles, ovales-oblongues,
épaisses, coriaces, vertes et glabres en dessus, tomenteuses en dessous, lâchement denticulées à leurs bords, principalement vers leur sommet, aiguës, rétrécies à leur base,
et décurrentes sur un pétiole très-court, munies en dessous d'une grosse côte et de
nervures latérales, saillantes, couvertes d'un duvet épais et jaunâtre, accompagnées à
leur base de deux stipules courtes, ovales, lancéolées, caduques.

Les fleurs sont nombreuses, réunies à l'extrémité des rameaux, disposées en grappes
paniculées, courtes, épaisses, supportées par des pédoncules communs, courts, un peu
comprimés, presque tétragones, garnis à leur base de petites bractées ovales, un peu
aiguës, concaves; les pédoncules, les bractées et toutes les parties extérieures des
fleurs sont couvertes d'un duvet tomenteux, couleur de rouille; leur calice est campanulé, divisé à ses bords en cinq découpures courtes, droites, obtuses; la corolle est
blanche; les pétales ovales-arrondis, concaves, épais, tomenteux en dehors; l'ovaire
surmonté de cinq styles de même longueur que le calice, terminés par des stigmates
simples et obtus; le fruit est une petite pomme ovale, pulpeuse, jaunâtre, pubescente,
de la grosseur d'une cerise, contenant cinq semences osseuses, à demi-globuleuses, de
couleur brune : quelquefois ces semences sont réunies en une seule, qui est alors
parfaitement sphérique.

Cet arbre croît naturellement à la Chine et au Japon, où il est cultivé comme arbre
fruitier et d'agrément. Il paraît devoir assez bien réussir en France pour être tenu en
pleine terre; pendant sa jeunesse, on le met à l'abri des grands froids dans les serres
d'orangerie.

Ce superbe arbrisseau, que sa beauté a fait multiplier, a été apporté de Canton en
Europe en 1784; ses fruits sont bons à manger. On le multiplie de semences, dit
M. Delaunay, pour avoir de plus beaux sujets, ou de marcottes, ou enfin par la greffe
en fente ou en écusson sur l'Aube-Épine ou sur le Coignassier: celui-ci fait durer plus
long-tems la greffe, parce qu'il a des proportions plus conformes à celles du Bibacier,
et aussi parce que son accroissement est moins long que celui de l'Aube-Épine, dont
l'écorce est aussi plus sèche et le bois plus dur. Cependant M. Noël, chargé des pépinières du Jardin des Plantes, s'est procuré de fort beaux Bibaciers, en les greffant, à la
manière des Daphnès, sur l'Aube-Épine : et j'en connais un auquel, depuis plusieurs
années, il fait passer l'hiver en pleine terre, avec la simple précaution de le couvrir de
litière dans les grands froids.

3. MESPILUS Azarolus. *Tab.* 13.   NÉFLIER Azérole. *Pl.* 13.

M. *foliis subtrifidis, obtusis, subdentatis,*   N. feuilles à trois lobes obtus, légèrement
  pubescentibus; caule arborescente.   dentées, pubescentes; tige en arbre.

MESPILUS *Azarolus; caule arborescente; foliis profundè trifidis, subdentatis.* Poir. Encycl.
  Botan. vol. 4. pag. 438.

Gratægus (Azarolus) *foliis obtusis, subtrifidis, subdentatis.* Linn. Spec. Plant. vol. 2.
  pag. 683. Miller. Dict. n°. 7. Willd. Arb. 90. Desfont. Flor. Atl. vol. 1. pag 396.

*Gratægus Azarolus; foliis obtusis, subtrifidis, subdentatis, pubescentibus; segmentis
  calicinis ovatis.* Willd. Spec. Plant. vol. 2. pag. 1007.

Mespilus apii folio, laciniato. C. Bauh. Pin. 453. Tournef. Inst. R. Herb. 642. Duham.
  Arb. vol. 2. pag. 16. tab. 5.

Mespilus aronia veterum. J. Bauh. Hist. 1. pag. 67. Icon.

Pyrus Azarolus. Scopol. Carn. Édit. 2. n°. 597. et Édit. 1. pag. 347.

Mespilus aronia. Dodon. Pempt. pag. 801. Icon. Lobel. Icon. pars. 2. pag. 201. Gerard. Hist. 1454. Icon. Parkins. Théâtr. 1423. Icon. Tabern. Ic. 1034. Dalech. Hist. 1. pag. 333. Icon. *Mespilus prima.* Matth. Comment. pag. 209. Icon. Camer. Épitom. 153. Icon.

Vulgairement, Azarole, Azérole, Azérolier.

ζ. *Mespilus aronia.*

Mespilus orientalis, apii folio, subtùs hirsuto. Pockok. Orient. 189. tab. 85.

γ. *Mespilus apii folio laciniato, fructu majore, intensiùs rubro, gratioris saporis.* Tournef. Inst. R. Herb. pag. 642. Duham. Arb. vol. 2. pag. 16. n°. 14.

Azérolier à gros fruits rouges.

δ. *Mespilus apii folio laciniato; fructu ex albo-lutescente, minori.* Tournef. Inst. R. Herb. 642.

Azérolier à fruits d'un blanc jaunâtre.

ε. *Mespilus apii folio laciniato, agrios; fructu minori ex albo-lutescente, umbilicum versus turbinato.* Tournef. Inst. R. Herb. 642. Duham. Arb. vol. 2. pag. 17. n°. 15.

Azérolier à fruits longs, d'un blanc jaunâtre.

ζ. *Mespilus apii folio laciniato; flore pleno.* Tournef. Inst. R. Herb. 642.

Azérolier à fleurs doubles.

η. *Mespilus apii folio laciniato; fructu majore.* Duham. Arb. fruit. vol. 1. pag. 323. tab. 1.

Azérolier blanc d'Italie.

L'Azérolier a beaucoup de rapports, dans la forme de ses feuilles, avec l'Aube-Épine : il en diffère par son port et ses fruits ; il ne croît pas en buisson : mais ses tiges, d'une médiocre grosseur, sont droites, hautes d'environ vingt pieds et plus. Il produit plusieurs branches fortes, irrégulières, divisées en rameaux étalés, épineux, ou sans épines, très-roides, un peu tortueux, de couleur claire, cendrée, garnis de feuilles alternes, un peu élargies, à trois, quelquefois cinq lobes profonds, légèrement dentées, glabres en dessus, plus pâles, pubescentes en dessous, quelquefois glabres, soutenues par des pétioles filiformes, plus courts que les feuilles ; les boutons sont gros, arrondis, couverts d'écailles brunes ; ceux à fleurs couverts d'un duvet blanchâtre, environnés d'un paquet de feuilles.

Les fleurs sont disposées en cîme, vers l'extrémité des branches, sur de longs pédoncules ramifiés à leur sommet ; le calice est un peu charnu, divisé à son orifice en cinq découpures courtes, ovales, aiguës ; la corolle est blanche, d'une médiocre grandeur ; les pétales concaves, arrondis, à peine onguiculés ; l'ovaire supporte deux, très-rarement trois styles ; les fruits sont sphériques ou un peu ovales, d'un jaune pâle lavé de rouge, à deux semences osseuses, variables dans leur grosseur, comprimés à leur sommet, avec un ombilic très-large, entouré des divisions persistantes du calice : ces fruits présentent des variétés remarquables, la plupart résultent très-probablement de la culture, plus gros dans la variété γ., et d'un rouge plus ou moins vif : « Il en » existe encore un pied dans le jardin du Val, qu'on assure que Louis XIV a planté » lui-même : j'en ai actuellement sous les yeux une belle branche chargée de fruits. » Quelques-uns l'appèlent *Epine d'Espagne,* sans doute parce que celui du jardin » du Val fut envoyé d'Espagne à Louis XIV ». Duhamel. *Arbres fruitiers.*

Dans la variété δ. les fruits sont plus petits, d'un blanc un peu jaunâtre. Ceux de la variété ε. sont remarquables par leur forme : ils sont plus alongés, de la forme d'une petite poire, bien arrondis à leur diamètre, applatis à leur sommet, avec un ombilic étroit ; la peau est lavée de rouge du côté du soleil, d'un jaune rougeâtre de l'autre côté ; leur chair est jaune, un peu pierreuse. Duhamel ajoute qu'on trouve dans leur intérieur cinq loges et dix petits pepins. Cette plante, dans cette supposition, ne pourrait être une variété de l'Azérolier, elle n'appartiendrait pas même à ce genre, mais à celui des Alisiers.

Enfin on obtient, par la culture, des Azéroliers à fleurs doubles, qui ne sont plus alors que des arbrisseaux d'ornement. M. Duhamel cite encore une autre variété sous le nom d'*Azérolier blanc d'Italie*, dont les fruits sont d'une grosseur médiocre et variable, selon l'exposition et le climat.

Les Azéroliers perdent une partie de leurs épines par la culture; leurs fruits sont recherchés à cause de leur saveur aigrelette, rafraîchissante, et même un peu sucrée lorsqu'ils sont bien mûrs. On les vend publiquement sur les marchés, dans nos départemens méridionaux. On les mange crus; on en fait aussi des confitures très-agréables, qui approchent de celle de l'Épine-vinette. On cultive cet arbre dans les bosquets de printems à cause de ses fleurs, et dans ceux d'automne, à cause de la couleur rouge de ses fruits. Il se greffe sur l'Aube-Épine, le Néflier, le Coignassier, et à son tour il est susceptible de recevoir la greffe de ces mêmes arbres : il veut une bonne terre et une exposition au midi. On peut aussi le multiplier de semences : il croît plus vite et s'élève bien davantage que l'Aube-Épine.

« Il y a quelques autres espèces d'Azéroliers, tels sont : 1°. l'Azérolier du Canada,
» *Mespilus Canadensis sorbi torminalis facie. Inst.*, dont la fleur a dix lignes et
» demie de diamètre; trois, quatre, communément cinq, et très-rarement deux
» pistils; jamais plus de dix étamines, longues d'environ quatre lignes; de chaque
» côté de l'onglet des cinq pétales, il s'élève une étamine . . . .; ses fruits sont d'un
» beau rouge, rassemblé par bouquets comme ceux du Sorbier torminal. Quelques
» jardiniers nomment cet Azérolier, *Épine à feuilles d'Érable.*
» 2°. L'Azérolier de Virginie, *Cratægus crus galli.* LINN., dont la fleur a de huit à
» neuf lignes de diamètre, et quinze à vingt étamines; trois pistils, rarement deux ou
» quatre; le calice ressemble à la fleur de celui de la fleur du Poirier; les feuilles sont
» fermes et etoffées; sous l'aisselle de chacune, il y a un bouton ou une grande et forte
» épine, qui fait nommer cet Azérolier, *Épine à longs dards :* son fruit est gros,
» d'une odeur et d'une saveur approchant de celle d'une mauvaise pomme. Il y a
» un autre Azérolier qu'on nomme aussi de Virginie, qui n'a point ou très-peu
» d'épines ». DUHAMEL. *Arbres fruitiers.*

« Les Azéroliers sont de fort jolis arbres dans le mois de mai, quand ils sont
» en fleurs; il convient donc de les mettre dans les bosquets de printems; ils sont
» aussi assez agréables en automne, lorsqu'ils sont chargés de leurs fruits, les uns
» rouges, les autres blancs; mais comme dans ce tems-là les feuilles ont presque tou-
» jours perdu leur éclat, nous n'osons conseiller d'en mettre dans les bosquets de cette
» saison. Les espèces qui portent de gros fruits peuvent être cultivées dans les potagers.
» Quoique leur fruit soit assez fade, on s'en sert pour orner les desserts. En Provence,
» on en fait des confitures qui sont assez bonnes.

» On fera bien de mettre des Azéroliers dans les remises, parce que leur fruit attire
» le gibier. Ils n'ont pas tant d'épines que l'Aube-Épine, mais ils croissent plus vite et
» deviennent plus grands ». DUHAMEL. *Arbres et Arbustes.*

EXPLICATION DES PLANCHES.

Planche 11. Fig. 1. Corolle ouverte. Les étamines. 2. Pétales séparé. 3. Fruit coupé transversalement. 4. Semence séparée.

Planche 12. Fig. 1. Fleur complète, séparée.

Planche 13. Fig. 1. Fruit entier. 2. Le même coupé transversalement. 3. Semence séparée.

JUGLANS.   NOYER.

JUGLANS. Lin. Classe XXI. *Monœcie.* Ordre VII. *Polyandrie.*
JUGLANS. Juss. Classe XIV. *Dicotylédones polypétalées. Étamines attachées au calice.* Ordre XII. Les Térébinthacées. §. V. Point de périsperme charnu.

GENRE.

Fleurs monoïques ; les mâles séparés des fleurs femelles sur le même individu.
* *Fleurs mâles imbriquées sur un chaton cylindrique, axillaire, alongé.*

CALICE.   Une écaille à chaque fleur, ovale, un peu aiguë, renversée en dehors.
COROLLE.   Plane, elliptique, partagée en six découpures concaves, obtuses.
ÉTAMINES.   De quinze à vingt-quatre, insérées sur un disque glanduleux ; filamens très-courts, surmontés par des anthères droites, acuminées, de la longueur du calice. Point de style.

* *Fleurs femelles sessiles, solitaires ou réunies, au nombre de deux, trois ou quatre.*

CALICE.   D'une seule pièce, campanulé, adhérent à l'ovaire, divisé en quatre découpures courtes, droites, caduques.
COROLLE.   Monopétale, un peu plus grande que le calice, partagée en quatre lobes droits, aigus. Point d'étamines.
PISTIL.   Un ovaire adhérent au calice, ovale, assez grand, surmonté de deux styles très-courts, presque connivens, terminés par des stigmates en massue, assez grands, réfléchis, déchiquetés à leur partie supérieure.
PÉRICARPE.   Drupe ovale, revêtu d'une enveloppe extérieure tendre, lisse, connue sous le nom de *Brou*, contenant une noix monosperme, à deux valves, sillonnée en réseau.
SEMENCES.   Solitaires, charnues, sinuées irrégulièrement, divisées à leur partie inférieure en quatre lobes séparés par des demi-cloisons membraneuses.

Caractère essentiel. Fleurs monoïques ; dans les *mâles*, une écaille d'une seule pièce pour calice ; une corolle à six découpures ; environ vingt-quatre étamines : dans les *fleurs femelles*, un calice partagé en quatre découpures ; une corolle à quatre lobes ; deux styles ; un drupe ; la noix sillonnée, monosperme.

Rapports naturels. Les Noyers ne conviennent qu'imparfaitement à la famille des *Térébinthacées*, étant dépourvus de périsperme charnu, n'ayant point le calice libre, mais adhérent à l'ovaire ; ils en sont également éloignés par la forme et la disposition de leurs fleurs, ainsi que par celles de leurs semences : on peut les considérer comme devant former une famille particulière, mitoyenne entre les *Térébinthacées* et les *Amentacées*. Ils comprennent de grands arbres, à feuilles alternes, fort amples, ailées avec une impaire, rarement ternées.

Étymologie. Le nom de *Juglans* que porte ce genre est évidemment composé de deux mots latins réunis en un seul, *Jovis Glans*, gland de Jupiter, gland des Dieux, gland par excellence, ainsi nommé, sans doute, à cause de la bonté de ses fruits.

Arbres fruitiers. T. I.   O

ESPÈCES.

1. JUGLANS regia. *Tab.* 13.   NOYER commun. *Pl.* 13.

J. *foliolis subnovenis, ovalibus, glabris, sub-*   N. environ neuf folioles glabres, ovales,
integris; fructibus globosis, sæpe geminatis.   presque entières : fruits globuleux, souvent
                                       géminés.

JUGLANS *regia; foliolis ovalibus, glabris, subserratis, subæqualibus.* Lin. Syst. Plant.
vol. 4. pag. 164. Ælhan. pag. 56. tab. 35. Miller. Illust. Icon. Desfont. Flor. Atlan. vol. 2.
pag. 351. Blackw. tab. 247.

*Juglans regia; foliolis subnovenis, ovalibus, glabris, subserratis, subæqualibus; fructibus
globosis.* Willd. Spec. Plant. vol. 4. pag. 455. n°. 1. et Arb. 153.

Juglans foliis septenis, ovato-lanceolatis, integerrimis. Haller. Helv. n°. 1624.

Nux Juglans, seu regia, vulgaris. C. Bauh. Pin. 417. Tournef. Inst. R. Herb. 581. Duham.
Arb. vol. 2. pag. 50. n°. 1. tab. 13.

Nux Juglans. Dodon. Pempt. pag. 816. Icon. J. Bauh. vol. 1. pag. 241. Ic. Lobel. Icon.
Pars. 2. tab. 108. Camer. Epitom. 172. Ic. Tabern. Icon. 971. Pauli Dan. tab. 93.

Le Noyer. Regnault. Botan. Icon. Rozier. Cours d'Agricult. vol. 7. pag. 89. En Provençal
Nouguier.

VARIÉTÉS.

α. *Nux Juglans, fructu maximo.* C. Bauh. Pin. 417. Tournef. Inst. R. Herb. 581. Duham.
Arb. vol. 2. pag. 50. n°. 2.

Nuces caballinæ. Hort. Lugdb. pag. 320.

Noyer à gros fruits, dit *Noix de Jauge*; dans la Picardie, *Noix de St.-Gille.*

ϛ. *Nux Juglans, fructu tenero, et fragili putamine.* C. Bauh. Pin. 417. Tournef. Inst. R.
Herb. 581. Duham. Arb. vol. 2. pag. 50. n°. 3.

Noyer à fruit tendre, dit *Noix Mésange.*

γ. *Nux Juglans, fructu perduro.* Tournef. Inst. R. Herb. 581. Duham. Arb. vol. 2. pag. 50. n°. 4.

Noyer à fruit dur, dit *Noix Anguleuse*; *Noix Angleuse.*

δ. *Nux Juglans, bifera.* C. Bauh. Pin. 417. Tournef. Inst. R. Herb. 581. Duham. Arb.
vol. 2. pag. 51. n°. 9.

Noyer bifère, qui donne ses fruits deux fois l'an.

ε. *Nux Juglans, fructu serotino.* C. Bauh. Pin. 417. Tournef. Inst. R. Herb. 581. Duham.
Arb. vol. 2. pag. 50. n°. 6.

Juglans regia, serotina. Desfont. Catal. Hort. Paris. pag. 200.

Noyer à fruits tardifs, ou *Noyer* de la St.-Jean.

ζ. *Nux Juglans, fructu minimo.* Breman. H. Reg. Monsp. Duham. Arb. vol. 2. pag. 50.
n°. 7. Tournef. Inst. R. Herb. 581.

Noyer à petits fruits.

     Le Noyer est, parmi nos arbres fruitiers, un des plus beaux que nous connaissions.
Il se fait remarquer par la hauteur de son tronc, par une belle cîme étalée et touffue,
par ses feuilles nombreuses, d'un vert agréable, et qui produisent un bel ombrage.
Son écorce est lisse dans les jeunes arbres, épaisse et gercée dans les plus vieux; les
rameaux sont cylindriques, très-glabres, de couleur verdâtre ou cendrée; les feuilles
alternes, pétiolées, ailées, composées de sept à neuf folioles, quelquefois cinq et
même trois, ovales, lancéolées, sessiles, opposées, glabres à leurs deux faces, très-
entières, rarement un peu denticulées, aiguës, presque acuminées à leur sommet;
les pétioles comprimés, légèrement anguleux; les bourgeons courts, obtus, pubescens,
la moëlle placée dans les jeunes rameaux en plaques membraneuses, parallèles,
horizontales.

     Les fleurs sont monoïques, situées dans l'aisselle des feuilles; les fleurs mâles
disposées en chatons simples, épais, cylindriques, verdâtres, pendans, solitaires ou

réunis plusieurs ensemble; chaque fleur contenant environ quinze étamines. Les fleurs femelles sont axillaires à l'extrémité des rameaux, réunies deux ou trois ensemble, médiocrement pedonculées: elles produisent des drupes géminés ou ternés, rarement solitaires, globuleux, très-lisses, enveloppés d'un brou ferme, épais, d'une belle couleur verte, qui brunit en vieillissant: la noix est composée de deux coques ligneuses, ridées irrégulièrement, aiguës a leur sommet, contenant une amande d'une chair blanche et ferme, divisée à sa base en quatre lobes séparés par des demi-cloisons membraneuses. Ces fruits varient dans leur forme, leurs qualités et leurs grosseurs, selon les variétés, ainsi que nous allons l'exposer.

Les Noyers varient peu dans leur port et dans la forme de leurs feuilles; néanmoins Tournefort et Duhamel citent, d'après Réneaulme, une variété très-remarquable à feuilles découpées que je ne connais point, et dont fort peu d'auteurs ont parlé depuis ces premiers: elle est d'autant plus curieuse que les folioles du Noyer sont entières, rarement denticulées d'une manière sensible; les variétés suivantes ont bien plus d'intérêt, étant relatives à la grosseur et à la qualité des noix, d'après lesquelles le cultivateur doit se décider pour le choix des individus à cultiver de préférence aux autres.

La première α., dite Noix de Jauge, offre des fruits d'une grosseur double et triple des noix communes, approchant quelquefois d'un œuf de poule d'Inde, mais moins alongées. En se desséchant leur amande diminue presque de moitié, ce qui fait que ces noix ne sont point de garde, et doivent être mangées fraîches. Les individus qui les produisent sont en général plus élevés et croissent plus promptement que les autres; le bois n'a point autant de dureté que celui du Noyer commun; les feuilles sont plus amples, et si l'on ne cherchait que la beauté de l'ombrage, cette variété serait à préférer pour la culture.

La seconde variété β. la Noix Mésange, ainsi nommée, parce que son écaille est si tendre que les *Mésanges* peuvent aisément la percer à coups de bec, et qu'elles se nourrissent de l'amande dont ces petits oiseaux sont très-friands. Ces fruits sont de forme oblongue, bien pleins, plus délicats que ceux du Noyer commun, et se conservent plus long-tems: ils fournissent une plus grande quantité d'huile. Cette variété est la plus recherchée, quoique la moins féconde. M. Trattinik, botaniste allemand, dit avoir vu un individu du *Juglans regia,* qui ne donnait jamais de chatons mâles, et qui portait tous les ans une grande quantité de noix à coque tendre.

La troisième variété γ. que l'on nomme vulgairement Noix Anguleuse ou Noix Angleuse, et que quelques-uns appèlent aussi Noix bocage ou bocagère (*Estrechano* en Provençal, suivant Garidel) tire ce nom de l'épaisseur et de la dureté de sa coque, difficile à casser; elle renferme une amande dont les lobes sont enfoncés dans les cavités des écailles; on l'en extrait avec peine. Quoique cette sorte de noix soit peu estimée, néanmoins l'arbre qui la produit mérite d'être cultivé à cause de son bois plus dur, plus fort et plus agréablement veiné que celui des autres espèces. « Je conseillerais, dit M. Delaunay, de planter ces noix de préférence; on en grefferait le plant, et alors on obtiendrait à-la-fois abondance de bons fruits et qualité du bois ». Mais si cet arbre n'est qu'une variété du Noyer commun, serait-on assuré de l'obtenir avec les qualités qui le rendent recommandable? C'est une question que je soumets aux cultivateurs que l'expérience peut avoir éclairés.

Quant à la quatrième variété δ. je ne la connais pas, et je n'ai pu obtenir aucun renseignement particulier sur la singulière propriété qu'on lui attribue de porter des fruits deux fois l'année. Pline en fait mention, et Hermolaus assure l'avoir observée en Italie dans les campagnes du Padouan. Garidel, dans son *Histoire des plantes des environs d'Aix*, dit que cet arbre y est assez commun, et qu'il fournit l'espèce de noix que l'on appèle en Provençal *aoustenque*, qu'on pourrait aussi nommer *nux præcox;* mais il ne dit pas que cet arbre donne des fruits deux fois l'année. Il est possible néanmoins que les fleurs se montrant de très-bonne heure, et donnant des fruits hâtifs, d'autres fleurs se montrent plus tard, et fructifient par conséquent dans une saison plus avancée.

La cinquième variété ε., dite *Noix de la Saint-Jean; Noyer tardif*, mérite une attention toute particulière, sur-tout dans les contrées sujètes à des gelées tardives. Ce Noyer ne pousse de feuilles qu'au mois de juin, et ne fleurit que vers la Saint-Jean, ce qui le met à l'abri des froids du printems: ses fruits mûrissent assez ordinairement presque en même tems que les autres; il arrive aussi qu'ils sont retardés, et qu'on ne peut guère les manger en cerneaux que vers la fin du mois de septembre.

La sixième variété ζ. Le NOYER *à petits fruits.* Elle paraît peu importante; ses fruits sont une fois plus petits que ceux du Noyer commun, globuleux, arrondis: on le cultive peu, et par pure curiosité. J'ignore si son bois a quelque qualité particulière, l'arbre porte ordinairement une très-grande quantité de fruits. On le trouve dans la Provence.

Le Noyer est acclimaté en Europe depuis un très-grand nombre de siècles, et cultivé presque par-tout. Il est originaire de Perse. Michaux a retrouvé cet arbre en grande quantité dans les forêts qui avoisinent la mer Caspienne.

Le Noyer mérite toute l'attention des cultivateurs, tant par l'utilité de ses fruits que par les avantages nombreux que l'on retire de son bois et de ses autres parties. Ce bois est blanc dans sa jeunesse, d'une médiocre valeur, sujet à la vermoulure; mais en vieillissant il devient solide, liant, facile à travailler, et acquiert une couleur brune, veinée, agréablement nuancée. C'est alors un des plus beaux bois de l'Europe, qui n'est sujet ni à se gercer, ni à se tourmenter, employé de préférence à tout autre pour les plus beaux meubles, avant que l'on eût découvert en Amérique d'autres bois plus précieux. On préfère, pour la solidité et la beauté, le bois des arbres qui sont venus sur des côteaux et dans des terres médiocres: il est plus dur, plus veiné que celui des arbres qui ont pris leur croissance dans les plaines et dans les terres grasses et fertiles: il est bon que les troncs, avant d'être abattus, aient acquis la grosseur d'un pied et demi ou deux pieds de diamètre. Quand on veut employer l'aubier, on prévient la vermoulure, en le faisant tremper dans de l'huile de noix bouillante; il devient alors aussi bon que le cœur. Ce bois est très-recherché, ainsi que les racines, par les ébénistes, les menuisiers, les sculpteurs, les armuriers, les tourneurs, les luthiers, etc. Enfin il peut servir de bois de chauffage; quand il est bien sec, il produit un feu doux, mais peu de charbon.

Les teinturiers retirent des racines du Noyer, avant que l'arbre soit en pleine sève, une teinture brune très-solide, d'autant plus avantageuse que les étoffes pour lesquelles on l'emploie, n'ont pas besoin d'être alunées. Le brou de la noix produit à-peu-près la même couleur, ainsi que l'écorce des jeunes rameaux et même les feuilles: on fait usage de l'écorce, lorsque la sève entre en mouvement; des feuilles, lorsque les noix sont à demi-formées, et du brou, dans le tems des cerneaux, ou lorsque les noix sont écalées après leur maturité. Ce brou sert également aux ouvriers en bois pour teindre les bois blancs et autres, en couleur de Noyer. On laisse pour cet usage, les écales se pourrir, dit de Labretonnerie, ou macérer en tas à l'ombre, ou dans un pot, ayant soin de les tenir toujours humides. Quand on voit qu'elles sont enfin consommées et bien noires, on les fait bouillir, en y ajoutant de nouvelle eau, et l'on garde cette eau pour s'en servir au besoin. Elle donne une belle couleur de Noyer à toute sorte de bois, plus claire ou plus brune, comme on la veut; ce qui s'opère par la plus ou moins grande quantité de brou dans une même quantité d'eau, ou veinée en l'appliquant par place avec un pinceau. On a le soin de cirer par-dessus. Lorsqu'on veut passer en couleur les carreaux d'un appartement, on fait bouillir et réduire en pâte les brous de noix, et on n'y ajoute que la quantité d'eau suffisante pour que le fond du vase ne brûle pas; alors le tout se réduit en une pâte dont on couvre tous les carreaux: on laisse sécher, on balaie, on cire et on frotte ».

Les noix offrent un aliment agréable; elles se mangent crues, ou bien elles reçoivent différentes préparations, selon que leur maturité est plus ou moins avancée: dans leur première jeunesse, vers la fin du mois de juin, et lorsqu'elles ne sont encore que vertes, « on les confit, soit en les dépouillant de leur brou, soit » avec leur brou. Les premières sont plus agréables au goût, les secondes plus » propres à fortifier l'estomac.

» On fait aussi, vers le milieu de juin, un ratafia de noix vertes, qui passe pour » très-stomacal, sur-tout quand il est bien vieux. Pour faire cette liqueur, on met, » dans une pinte de bonne eau-de-vie, douze noix avec leur brou, un peu concassées: » trois semaines après, on décante la liqueur, et l'on y ajoute plus ou moins de » sucre, selon le goût. L'on conserve cette liqueur dans des bouteilles bien bouchées; » elle devient rouge en vieillissant ». Duhamel.

» Plus tard, environ vers le mois d'août, avant leur parfaite maturité, on mange les noix en *cerneaux*, assaisonnées de sel, de poivre et d'échalottes. Prises en trop grande quantité, elles fatigueraient les estomacs faibles et occasionneraient des indigestions très-pénibles: enfin vers la mi-septembre ou au commencement d'octobre, on mange les noix crûes; elles sont bonnes, tant qu'elles sont fraîches, c'est-à-dire, tant qu'on peut en détacher la peau: mais quand celle-ci devient trop adhérente, la noix devient indigeste; elle prend une âcreté qui attaque les gencives et le palais. Pour les conserver long-tems fraîches, soit pour les planter, soit pour les manger, il ne faut pas les écaler, mais les mettre avec leur coque verte, dans le sable ou dans un trou en terre, où elles se conserveront pendant six mois ».

» Pour les garder sèches pendant l'hiver, ajoute De la Bretonnerie, la coutume est de les mettre, d'abord qu'on les a abattues, par monceaux dans un lieu sec et aéré, où la coque achève de s'écaler; après quoi étant dépouillées de leurs écales, on les fait sécher un jour ou deux au soleil, puis ensuite on les étend à l'ombre dans un grenier: ainsi desséchées, les noix sont dures à manger, huileuses, mal saines et de plus, de difficile digestion. La peau, qui ne peut plus se détacher, n'incommode pas moins la langue et le gosier que les gencives; elle peut causer des aphtes dans la bouche. En général les noix sèches provoquent la soif et la toux, et quelquefois des douleurs de tête ».

» La poudre des chatons de la noix est bonne dans la dyssenterie. La décoction » des feuilles du Noyer, dans l'eau simple, déterge les ulcères, sur-tout en y ajou- » tant un peu de sucre. Il serait trop long de rapporter tous les usages que l'on » fait en médecine, de toutes les parties du Noyer. Les maréchaux prétendent » que la décoction des feuilles fait pousser les crins, et prévient la gale. On prétend » encore qu'un cheval qui a été épongé avec cette décoction, n'est point tourmenté » des mouches pendant la journée ».

« On fait dans les offices, avec les noix sèches et pelées, une espèce de conserve » brûlée, qui est assez agréable : c'est ce qu'on appelle *Nouga* ». DUHAMEL.

« Le marc qui reste après l'extraction de l'huile, formé en pain, sert à la nourriture de la volaille. Ce marc, en brûlant, répand une flamme très-claire; les habitans de quelques endroits du Mirbalais, en font des espèces de chandelles. La décoction des feuilles est excellente pour déterger les ulcères; « à l'intérieur elle excite la sueur ; elle réussit dans les rhumatismes chroniques. Les feuilles en nature, mêlées avec du tabac, produisent le même effet; elles servent encore, ainsi que le brou, à chasser les charançons du blé. Les noix vertes avec leur brou, en décoction dans de la lessive, chassent puissamment les taupes; le pain de noix nourrit et engraisse les moutons. Les coquilles, les zestes et les membranes intérieures de la noix sont emména-gogues, mais spécialement fébrifuges; la décoction du bois est sudorifique, l'écorce intérieure très-émétique; la racine purgative, diurétique. Vitel dit que le suc des feuilles, mêlé avec du lait, fournit un remède suppuratif, utile pour les chevaux qui ont la fistule. On peut retirer, par incision, une lymphe, du tronc des Noyers qu'on fait fermenter et dont on obtient un esprit ardent. En faisant évaporer cette lymphe, on en retire un sel saccharin ».

L'extrait du brou ou de la noix avant sa maturité, pris à la dose d'une cueillerée à café trois et quatre fois par jour, est fort bon pour rétablir l'estomac des enfans auxquels on soupçonne des vers, et pour déterger les ulcères de la bouche. Les feuilles contiennent une liqueur gommeuse, ou un miel que l'on en voit distiller dans les grandes chaleurs de l'été. L'huile à brûler que l'on retire des noix, mé-langée avec le vin d'Alicante, a été recommandée contre le ver solitaire. On la bat avec de l'eau de chaux, et l'on s'en sert ainsi contre la brûlure : on l'applique sur les taies des yeux, dont elle opère la guérison, suivant l'observation de M. Govan. « L'eau de noix est fort recommandée contre ce qu'on appelle malignité dans les maladies aiguës; elle est regardée comme un excellent anti-hystérique, un bon stomachique, et sur-tout comme poussant très-efficacement par les sueurs et par les urines, et devenant par là une sorte de spécifique dans l'hydropisie. M. Geof-froy rapporte que la femme d'un apothicaire de Paris fut guérie de cette maladie par cette seule eau, dont elle prenait six onces de quatre heures en quatre heures: elle avait tenté inutilement plusieurs autres remèdes ».

3 JUGLANS nigra. *Tab.* 15.   NOYER à fruits noirs. *Pl.* 15.

J. *foliis subquindenis, ovato-lanceolatis,*   N. à quinze folioles, ovales-lancéolées, dentées *serratis, superne lævibus; fructu globoso.*   en scie, lisses en dessus; fruits globuleux.

Pois. Encycl. vol. 4. pag. 502. n°. 3.

JUGLANS nigra; *foliis quindenis, lanceolatis, serratis; exterioribus minoribus; gemmulis supra axillaribus.* LIN. Syst. Plant. vol. 4. pag. 165. JACQ. Icon. rar. vol. 1. tab. 191.

Nux, Juglans nigra, Virginiensis. HERM. Lugdb. pag. 452. tab. 453. CATESB. Carol. 1. pag. 67. tab. 67. DUHAM. Arb. vol. 2. pag. 51. n°. 13.

NOYER NOIR de Virginie.

Les fruits, la forme et la dentelure lâche des feuilles, servent à distinguer cette espèce du Noyer à feuilles de Frêne. Son tronc s'élève à la hauteur de cinquante ou soixante pieds, sur un diamètre de trois pieds et demi, terminé par une cîme étalée, très-rameuse; l'écorce des rameaux est d'un brun pâle, verdâtre sur les jeunes pousses; la moelle blanchâtre, divisée en cellules membraneuses et paral-lèles; les bourgeons ovales, arrondis, luisans, de couleur brune. Les feuilles sont fort longues, composées de quinze à dix-neuf folioles, un peu ovales, lancéolées, arrondies et un peu inégales à leur base, d'un vert luisant en dessus, pâles;

nerveuses, plus ou moins pubescentes en dessous, acuminées, très-aiguës à leur sommet; les dentelures lâches, aiguës.

Les fleurs mâles sont axillaires, disposées en chatons pendans, grêles, cylindriques; les pédoncules simples et non ramifiés: les pistils, dans les fleurs femelles, sont d'un vert blanchâtre. Le fruit est un drupe noirâtre, globuleux, mélangé de jaune, légèrement tuberculé, un peu applati à ses deux extrémités; il renferme un noyau aigu à son sommet, à sillons très-profonds, irréguliers, anguleux et, presque lamelleux. Les cloisons qui séparent les lobes de la semence, au lieu d'être membraneuses, sont formées d'une substance ligneuse, très-dure.

Ce Noyer croît au Canada et dans la Virginie. On le cultive dans les jardins de l'Europe; il aime le voisinage des sources, les terreins frais, un peu humides, mais point marécageux; son bois est d'un usage excellent pour la menuiserie; il en est même qui le préfèrent à celui du Noyer commun.

CULTURE. PROPRIÉTÉS. « Les Noyers ne se multiplient que par les semences; néan-
» moins un homme digne d'être cru, m'a assuré qu'il en avait greffé avec succès: j'ai
» fait sur cela peu d'expériences. M. le Marquis de la Galissonière a fait tenter ces
» greffes en fente, en couronne et en écusson, mais sans succès. D'autres cultiva-
» teurs, qui ont essayé cette greffe, n'y ont pas mieux réussi.
» Les Noyers de France ne viennent point en massif de bois; nous en avons eu des
» quinconces qui périssaient lorsqu'on ne les cultivait pas, et qui se sont rétablis
» lorsqu'on a labouré la terre aux pieds.
» Les Noyers se plaisent singulièrement dans les vignes et le long des terres
» labourées: leurs racines pénètrent dans des terres très-mauvaises, telles que le
» tuf blanc et la craie. En fouillant dans ce tuf, nous y avons trouvé des racines qui y
» avaient pénétré à six ou sept pieds de profondeur; et, la vigne excepté, aucun arbre
» n'y avait jetté de racines.
» En automne on met les noix germer dans du sable. Au printems on coupe les
» germes ou les radibules pour empêcher qu'il ne se forme un pivot, et on les sème
» ensuite à deux pieds et demi de distance les unes des autres pour les élever en pépi-
» nière. Ces jeunes arbres poussent un bel empâtement de racines, et ils sont en état
» d'être transplantés avec succès lorsqu'ils sont parvenus à une suffisante grosseur.
» Les Noyers ne conviennent guère dans les bosquets; on en fait de belles avenues ».
DUHAMEL.

Le Noyer est un arbre si intéressant que nous croyons devoir ajouter aux observations de M. Duhamel, celles de quelques autres observateurs sur la culture de ce
végétal. Nous extrairons ce que nous avons à en dire, de l'*Ecole du Jardin fruitier* de
M. De la Bretonnerie, et du *Bon Jardinier* de M. Delaunay.
» Le seul moyen de multiplier le Noyer, c'est d'en planter les noix, comme on fait
des amandes: l'accroissement en est prompt. Si l'on se propose d'élever des Noyers
pour le bois, en vue d'en tirer parti, il faut planter les noix en place, et c'est la *noix
anguleuse* ou à coque dure qu'il faut choisir: c'est le moyen d'avoir de beaux arbres et
d'en accélérer l'accroissement; car en les transplantant on détruit le pivot, ce qui
empêche l'arbre de s'élever. Si l'on veut, au contraire, avoir des Noyers pour le fruit,
il faut les transplanter plusieurs fois: on aura de plus belles noix, plus promptement
et en plus grande quantité: c'est alors des *noix à coque tendre*, ou les noix *Mésanges*
qu'il faut planter. On pourrait planter les noix en automne, après leur maturité, lorsqu'elles commencent à tomber de l'arbre: mais les mulots en détruisent beaucoup
dans la terre, pendant l'hiver; c'est pourquoi l'on préfère assez généralement de les
planter au printems. Des noix mûres, choisies de bonne qualité et encore entourées de

leur brou, sont mises dans du sable qu'on arrose, et on les porte à la cave pour y
germer ; puis, lorsque les gelées ne sont plus à craindre, on les plante en pleine terre
bien défoncée, non fumée et profonde, parce que cet arbre pivote, à la distance d'un
pied l'une de l'autre, dans des rayons alignés et également éloignés d'un pied ; d'autres
conservent ces noix au frais et dans leur brou pendant l'hiver, et en mars les enterrent
au plantoir, à trois pouces de profondeur : sans cette précaution elles se dessèchent, il
n'en lève pas la moitié ; il faut alors les mettre dans l'eau pendant deux ou trois jours,
rejetter toutes celles qui surnagent, et ne pas attendre plus tard à les planter, de peur
que le germe de la noix trop formé, ne vienne à se rompre ou à se dessécher ».

» À l'automne, et quelquefois en mars suivant, on peut déplanter tous les jeunes
arbres pour en couper le pivot, et on les replante à la distance au moins de deux pieds,
ou bien on se contente d'enlever un rang sur deux en tous sens ; le plant supprimé sert
à remplacer les noix qui auraient manqué, ou celles qui ne seraient pas d'une belle
venue ; le surplus se met ailleurs en pépinière. Cette suppression est très-utile pour
fournir au plant les moyens de bien former et proportionner son tronc, qui deviendrait maigre et élancé, si le peu de place qu'il avait d'abord l'empêchait de pousser des
branches latérales, ou forçait à les retrancher ».

» En transplantant les jeunes Noyers, et en supprimant leur pivot, on leur fournit
par là le moyen de jetter des racines latérales qui facilitent leur reprise lorsqu'il s'agit
de les transplanter à demeure ; car on a vu souvent des Noyers de six à sept ans refuser
de reprendre à la transplantation, parce que n'ayant pas été déplacés, ils n'avaient
absolument que le pivot. Il faut donc, sans rien retrancher du sommet, les transplanter, à l'âge de deux ou trois ans, dans un autre endroit de la pépinière à un pied
et demi de distance, et en rangées éloignées de deux pieds et demi ou trois pieds.
C'est cette seconde espèce de pépinière que les pépiniéristes appellent une *batardière* ».

» Trois ou quatre ans après, lorsqu'étant d'une belle venue, ils auront sept à
huit pieds de hauteur, la tige droite et l'écorce blanche jusque vers la cîme qui
sera encore verte, ils seront en état d'être transplantés à demeure. L'automne
est toujours le tems le plus favorable pour cette opération. On doit, en les
arrachant, bien ménager les racines, les raccourcir fort peu, ne retrancher que
les branches latérales à quatre doigts de la tige, et sur-tout conserver le sommet
du jeune arbre, qui en viendra mieux, et sera plutôt formé ; autrement le bois
du jeune Noyer, qui est creux, tendre et moëlleux, présenterait un entonnoir
perpendiculaire, une éponge à l'eau des pluies, qui les endommagerait ».

» Si l'on voulait transplanter des Noyers de dix ou vingt ans, pour les changer
de place, le bois en étant alors plus serré, plus dur, plus plein, n'étant plus
creux, ni moëlleux, il faudrait nécessairement ravaler les branches de l'étalage
de leur tête à un ou deux pieds du tronc, suivant leur grosseur ».

» Il est indispensable d'environner d'épines les jeunes Noyers, comme tous les
autres arbres qu'on plante dans les champs, pour les garantir des bestiaux qui
s'y frottent ; mais ils ne craignent pas la dent des moutons, ni celle des lapins,
leur écorce n'étant pas de leur goût ».

» Il faut, pendant trois ans, avoir soin d'entretenir les jeunes plants de Noyers,
de petits labours superficiels, qui font mourir l'herbe, et qu'en conséquence on
fait et renouvelle, à mesure qu'elle couvre la terre au pied de ces arbres. La
transplantation les retarde beaucoup, si on les compare aux *Noyers à bois* semés
en place, qui les surpassent en peu d'années. Le Noyer à fruit ne commence
guère à donner son fruit qu'au bout de sept ans de semence ; et enfin le Noyer,
en général, n'est dans sa grosseur qu'à soixante ans. Les trous, pour planter les

jeunes Noyers, doivent avoir six pieds de largeur et trois de profondeur, sur-
tout dans les terres dures, et ils doivent encore être espacés à cinq ou six toises
les uns des autres, de milieu en milieu ».

» Cet arbre porte son fruit sans être greffé. On prétend que les cendres sont
le seul engrais qui leur convient. Son tronc robuste ne peut être réduit en arbre
nain ; il s'élève toujours en haute tige ; on ne l'élague et on ne le taille presque
point, non plus que tous les arbres de pareille stature, auxquels on se contente
d'ôter le bois mort ou trop confus, qu'on coupe en talus, afin que l'eau des
pluies s'égoutte et ne puisse les gâter, après quoi on n'y touche plus ».

» Quelquefois on sème les noix à demeure pour garnir des côtes ; alors la
racine se livre à son inclination naturelle de pivoter, et de s'insinuer dans les
fentes des rochers : l'arbre aussi devient plus droit, plus haut ; et si l'on a choisi,
pour le former, la *noix anguleuse*, on est sûr d'avoir de beau bois. Rien n'empêche
qu'on ne le greffe alors un peu haut, si l'on ne renonce point au fruit ; mais
on doit toujours observer que le Noyer, se plaisant dans le courant d'air, n'aime
point à être abrité ni dominé par les autres arbres, et réussirait mal en massif : on
l'isole donc, ou bien on en fait des avenues ».

» Il est bon d'avoir creusé quelques mois d'avance les trous, et de grandeur
suffisante, pour recevoir les arbres qu'on veut planter à demeure, et qui doivent
avoir de sept à huit pieds, même plus : on ne leur coupe point la tête. C'est
à tort qu'on plante ces arbres sur les bords ou dans le milieu des terres de rapport,
parce que leurs racines considérables, et qui s'étendent horisontalement quelquefois
à plus de vingt toises, direction qu'elles doivent sans doute à l'amputation du
pivot, affament les cultures, embarrassent et effritent la terre ; d'un autre côté
leur ombre n'est pas moins nuisible aux plantes et aux moissons qui sont voisines.
Olivier de Serres prétend que c'est à cause de ce grand inconvénient que cet arbre
porte le nom de *Noyer* du mot latin *nocere*, nuire ».

» Ceux qui veulent cultiver les Noyers pour leurs fruits, feront très-bien de
les greffer. L'expérience a enseigné aux cultivateurs de la Suisse, des environs
de Grenoble, de Périgueux, etc., que c'était un moyen assuré de les rendre
extrêmement féconds. Ils peuvent supporter cette opération à tout âge. On la
fait en fente, plus ordinairement en flûte ; mais pour réussir dans cette dernière,
il faut avoir la main exercée, attendu la difficulté d'enlever comme il faut la flûte
de dessus l'espèce qui fournit la greffe ; difficulté causée par la conformation
particulière du bourgeon du Noyer. Au reste un vieux Noyer peut être étêté ;
bientôt il poussera un grand nombre de jeunes branches, sur chacune desquelles
on placera une greffe. Cet arbre ne rapporte que lorsqu'il a acquis un certain
âge et un certain volume ; mais son produit va toujours en croissant. Lorsque,
par vieillesse ou par accident, il se couronne, il le faut abattre de peur de perdre
tout le bois ».

» Loin d'être sujet aux insectes, le Noyer, au contraire, a la vertu de les
chasser par la forte odeur de ses feuilles, et l'on pourrait s'en servir pour les
éloigner des autres arbres, en en répandant quelques-unes parmi leur feuillage.
On ne lui connaît d'autre maladie que celle de se carier et de se creuser, mais
rarement, et presque seulement dans sa vieillesse quand la carie provient de
grosse branche mal coupée, alors il n'y a point de remède ».

» M. De la Bretonnerie ne désapprouve point la coûtume de *gauler* les noix. Vers la
mi-septembre, dit-il encore, ou le commencement d'octobre, on les abat à coups
de gaule : l'arbre ne craint point d'être brisé au bout de ses branches, à force

d'être battu : il en repousse de nouvelles qui font la couronne, et produisent davantage une autre année ».

OBSERVATIONS. Quoiqu'à l'article *Juglans regia*, n°. 1, nous ayions exposé avec assez d'étendue les propriétés et les usages des différentes parties du Noyer, nous en avons omis plusieurs qui méritent cependant une attention particulière (1). « Pline nous a conservé la recette du fameux antidote de Mithridate, roi de Pont. Il était composé, d'après cet auteur, de deux Figues, de deux Noix, de vingt feuilles de Rue, avec quelques grains de sel ». Des vieillards, témoins oculaires de la dernière peste qui a fait de si grands ravages à Marseille, m'ont raconté, il y a vingt-cinq ans, que l'on prenait très-généralement alors, comme préservatifs de cette cruelle maladie, tous les matins à jeûn, quelques noix avec de l'ail cru. » Rai assure que de son tems, tant les gens riches que les personnes du peuple en Angleterre, mangeaient à jeûn des noix rôties pour se garantir de la peste. Simon Pauli et Galien disent que les noix vertes ou confites avec le sucre fournissent un très-bon remède contre la peste, et que Henri Pauli en retirait pour le même usage, une eau distillée, en y ajoutant la Scabieuse, la Bourrache, la Rue, l'Oseille, l'écorce de Citron, etc., et qu'il s'en servit contre la peste qui ravageait, en 1603, une partie de l'Allemagne. Sennert, Duncan, Camerarius et plusieurs autres médecins anciens parlent d'une sorte d'émétique qui n'est plus en usage aujourd'hui. Il était composé des chatons et de l'écorce moyenne du Noyer desséchés à l'ombre, passés au four et réduits en poudre, que l'on donnait depuis un demi-gros jusqu'à un gros ».

---

(1) Extrait de l'Histoire des Plantes qui croissent aux environs d'Aix. *Garidel.* f. 331.

EXPLICATION DES PLANCHES.

PLANCHE 14.

Fig. 1. Chaton des fleurs mâles.
    2. Étamine séparée.
    3. Fleurs femelles geminées.
    4. Fruit séparé.

PLANCHE 15.

Fig. 1. Fruit entier.
    2. Fruit coupé dans sa longueur.

FICUS.　　　FIGUIER.

FICUS, Linn. Classe XXIII. *Polygamie*. Ordre II. *Diœcie*.

FICUS, Juss. Classe XV. *Dicotylédones apétales; étamines séparées du pistil*. Ordre III. Les Orties. §. I. Fleurs renfermées dans un involucre commun, d'une seule pièce.

GENRE.

RÉCEPTACLE. Ou involucre commun, charnu, de forme variable, concave, connivent à son sommet où il est presqu'entièrement fermé par plusieurs rangs de petites dents, renfermant dans son intérieur un grand nombre de fleurs pédicellées, les unes mâles, les autres femelles ; les premières occupent la partie supérieure vers le bord de l'ouverture qu'on nomme l'œil de la Figue ; les autres, en plus grande quantité, couvrent en entier tout le reste et la partie inférieure du réceptacle.

Fleurs mâles.

CALICE. Divisé en trois ou cinq lobes lancéolés, droits, inégaux.

ÉTAMINES. Au nombre de trois ou de cinq, ayant leurs filamens libres, de la longueur du calice, portant des anthères à deux loges.
Ces fleurs présentent souvent les rudimens d'un pistil qui avorte.

Fleurs femelles.

CALICE. Partagé en cinq découpures lancéolées, acuminées, droites, presque égales.

PISTIL. Ovaire supérieur, surmonté d'un style en alène, courbé, terminé par deux stigmates aigus, réfléchis, inégaux.

FRUIT. Une seule semence presque ronde, comprimée, environnée de pulpe ; un grand nombre de ces semences occupent et remplissent toute la surface intérieure du réceptacle commun, lequel forme cette espèce de fruit connu sous le nom de Figue ; la graine est formée d'un périsperme charnu, d'un embryon crochu à radicule supérieure et à cotylédons arqués demi-cylindriques.

CARACTÈRE ESSENTIEL. Réceptacle commun, charnu, ombiliqué au sommet, contenant un grand nombre de fleurs, et de graines lors de la maturité du fruit ; dans les fleurs mâles, calice à trois ou cinq divisions, corolle nulle, trois ou cinq étamines ; dans les fleurs femelles, calice à cinq découpures, corolle nulle, un pistil, une seule semence comprimée.

RAPPORTS NATURELS. Le Figuier a de l'affinité avec le Tamboul, Bois-Tambour, (*Ambora*, Juss. Lam.) Il en diffère en ce que son involucre ou réceptacle est toujours entier, connivent, et qu'il ne se divise pas lors de la floraison ou de la maturité du fruit, en quatre parties entièrement ouvertes (1).

---

(1) D'après les observations de M. Bernard, le réceptacle du Figuier n'est pas toujours entier et connivent ; voici ce qu'il nous écrivait dernièrement à ce sujet : « J'ai dans mon jardin une variété de grosses Figues jaunes dont les

ÉTYMOLOGIE. Selon Vossius , *Ficus* dérive d'un mot hébreu qui désigne le Figuier.

ESPÈCES.

1. FICUS carica. *Tab.* 16-22.	FIGUIER commun. *Pl.* 16-22.
F. *foliis cordatis , tri-quinquelobisve , suprà scabris, subtùs pubescentibus; lobis obtusis, receptaculis pyriformibus, glabris, subses-silibus.*	F. à feuilles en cœur , à trois ou cinq lobes obtus , rudes en dessus , pubescentes en dessous; réceptacles pyriformes, glabres, presque sessiles.

FICUS *carica.* LIN. Spec. 1513. WILLD. Spec. 4. pag. 1131. LAM. Dict. 2. pag. 489. LAM. Illust. tab. 861. DECAND. Fl. Fr. tom. 3. pag. 318. Pers. Synop. 2. pag. 608.

a. Ficus (sylvestris) *humilis.* BAUH. Pin. 457. *chamœficus sive humilis ficus.* LOB. Ic. 2. pag. 198.

Caprificus. J. B. Hist. 1. lib. 1. pag. 134.

Ficus humilis et ficus sylvestris. TOURN. Inst. 663.

CAPRIFIGUIER ou FIGUIER SAUVAGE.

C. Ficus (sativa) *communis.* BAUH. Pin. 457. BLACKW. Herb. tab. 125.

Ficus. MATTH. Valg. 288. DOD. Pempt, 812. DUHAM. Arb. 1. pag. 235. tab. 99. GÆRTN. de Fruct. 2. pag. 66. tab. 91. Fig. 7. REGN. Bot. Descript. et Icon. MILLER. Illust. Icon. FIGUIER COMMUN cultivé.

Le Figuier commun est un arbre qui , en Provence, en Languedoc, dans les pays méridionaux de l'Europe et dans le Levant, s'élève à la hauteur de quinze à vingt-cinq pieds; son tronc, recouvert d'une écorce grisâtre, assez unie, acquiert, dans ces climats chauds, la grosseur de nos Pommiers ou de nos Poiriers; il porte un grand nombre de rameaux étalés qui forment une tête à-peu-près comme celle de ces arbres. Dans le nord de la France, il est rare de voir le Figuier s'élever en arbre : il forme plus souvent un buisson de huit à dix pieds de haut, dont les branches nombreuses s'élèvent d'une souche commune avec le tronc principal ; l'écorce des jeunes rameaux est verte, chargée de quelques poils très-courts; les feuilles sont alternes, pétiolées, de la grandeur de la main ou environ, échancrées en cœur à leur base , découpées à leur bord en trois à cinq lobes plus ou moins profonds, obtus ou un peu aigus, selon les variétés; on en trouve quelquefois qui sont très-entières, d'autres qui ont jusqu'à sept lobes; ces feuilles sont d'un vert foncé en dessus, et un peu rudes au toucher, plus pâles en dessous, couvertes de poils nombreux, très-courts, chargées de nervures assez saillantes; les réceptacles qui contiennent les fleurs, sont portés sur de courts pédoncules placés dans les aisselles des feuilles ou épars le long des jeunes rameaux; ces réceptacles portent le nom de Figues : leur forme est en général celle d'une poire, tantôt alongée, quelquefois presque globuleuse; ils sont glabres en dehors, et leur couleur, lors de la maturité des fruits, est différente selon les variétés; il y en a de rougeâtres et de violettes; d'autres qui sont blanchâtres, jaunâtres, ou d'un vert pâle.

Le Figuier sauvage ou Caprifiguier, ressemble presqu'entièrement au Figuier cultivé dont il paraît être le type; il est seulement plus petit et souvent tortueux, parce que dans les pays où l'on cultive le Figuier, on ne laisse guère croître le Caprifiguier en liberté, que dans les terreins stériles et abandonnés ; ses feuilles sont

---

» fruits s'ouvrent constamment à mesure qu'ils approchent de leur maturité , en se divisant ordinairement en quatre parties qui
» s'épanouissent, de manière que chaque division devient perpendiculaire au pédoncule. . . . Il est constant aussi que lorsqu'il
» tombe des pluies abondantes à l'époque où les *Barnissotes* et les *Verdales* approchent de leur maturité, ces fruits s'ouvrent
» et se divisent en trois ou quatre parties comme dans la variété dont je viens de vous parler. Toutes ces variétés ont
» la peau fort épaisse, et ce n'est que sur elles que cet effet a lieu. D'après ces faits, l'affinité du Figuier avec le Tamboul me
» paraît plus grande que les Botanistes ne le pensent ».

moins larges et leurs lobes sont plus alongés; les Figues de quelques arbres tombent toujours avant d'être mûres ; mais le plus grand nombre des Figuiers sauvages porte des fruits qui ne tombent que lorsqu'ils sont parvenus à leur maturité : ces Figues sont rougeâtres, en forme de poire très-alongée. (PL. 16. FIG. 7.) Le Caprifiguier sert dans le Levant à opérer la caprification, comme nous le dirons plus bas : il croît spontanément dans le midi de l'Europe, en Asie et en Afrique : on le retrouve en Amérique, à la Louisiane.

La culture très-ancienne du Figuier commun a produit un grand nombre de variétés ou de races distinctes, dont nous allons énumérer les principales d'après Garidel, Duhamel, l'abbé Rozier et M. Bernard (1).

§. I. *Figues blanches, jaunes ou verdâtres.*

* *Fruits aussi longs que larges, ou plus larges que longs.*

Var. 1. *Ficus sativa, foliis quinquelobis, subcrenatis; fructibus subglobosis albidis.* N. *Ficus sativa, fructu globoso, albo, mellifluo.* TOURN. Inst. 662. GARID. Aix. 174. DUHAM. Arb. Fruit. tom. 1. pag. 210. pl. 1. FIGUE BLANCHE ou GROSSE - BLANCHE - RONDE. PL. 20. ROZ. Dict. 4. pag. 622. *Figuo Blanquo coumuno,* des Provençaux.

Fruit gros, de deux pouces de diamètre sur autant ou un peu moins de hauteur, renflé par la tête, pointu à la base, recouvert d'une peau lisse de couleur vert pâle ou blanchâtre; ces Figues contiennent un suc doux, très-agréable; l'arbre qui les porte donne deux récoltes chaque année : celles de l'automne sont meilleures dans cette variété que celles du printems, appellées *Figues-fleurs.*

La Figue connue à Paris, sous le nom de Figue d'Argenteuil, (PL. 20.) n'est qu'une sous-variété de la Figue blanche de Provence. Les légères différences qu'on observe dans la forme et la saveur de ses fruits, tiennent à l'influence du climat du Nord; le nom qu'elle a reçu lui est venu de ce qu'elle est cultivée en grand à Argenteuil, près Paris : elle fait dans ce pays une partie considérable du revenu des habitans qui, tous les jours en été, l'apportent à la Capitale où elle est servie sur toutes les tables.

Var. 2. *Ficus sativa, foliis trilobis, margine undulatis, lobis obtusis; fructibus globosis, albidis.* N. *Ficus sativa; fructu albo, globoso, mellifluo.* TOURN. Inst. 662. BERNARD. Mém. sur l'Hist. Nat. de Prov. tom. 1. pag. 53. FIGUIER DE SALERNE.

Cet arbre donne des Figues blanches, globuleuses, de dix-huit à vingt lignes de diamètre, hâtives, fondantes, excellentes lorsqu'elles sont sèches. Elles sont portées sur des pédicules très-courts, et ne sont pas sujettes à couler, mais la pluie leur est très-nuisible, parce que l'eau pénétrant facilement dans l'intérieur par l'œil qui est très-ouvert, les pourrit en peu de tems. Ces Figues sont plus hâtives, moins aqueuses, plus propres à être séchées et conservent mieux leur blancheur lorsqu'elles proviennent d'arbres plantés dans un sol sec et élevé.

Var. 3. *Ficus sativa, foliis trilobis, margine undulatis, lobis obtusis; fructibus subglobosis, depressis, albidis.* N. *Ficus sativa; fructu magno, albo, depresso, intùs rubente; cute lacerá.* BERN. l. c. tom. 1. pag. 63. FIGUIER DE GRASSE.

---

(1) C'est sur-tout d'un mémoire sur l'Histoire naturelle du Figuier, par M. BERNARD, des Académies de Marseille et de Lyon, et ancien correspondant de l'Académie des Sciences de Paris, que nous avons extrait une grande partie de cet article. Nous devons encore à ce savant distingué plusieurs notes manuscrites, fruit des nouvelles observations qu'il a faites depuis qu'il a publié ses mémoires pour servir à l'Histoire Naturelle de la Provence. Enfin, c'est moins notre ouvrage que nous publions que celui de M. BERNARD.

Arbres fruitiers. T. I.   R

Cet arbre paraît extrêmement vigoureux; ses Figues sont tardives, blanches, peu remplies ; elles ont souvent huit à neuf pouces de circonférence, sur une hauteur de vingt-quatre à vingt-six lignes. Leur pédicule est court. Elles coulent pour la plupart, et sont en général d'une qualité médiocre, malgré leur belle apparence. Les terreins arrosables conviennent à cette variété, parce que les arbres conservent alors une plus grande quantité de fruits.

Var. 4. *Ficus sativa; fructu rotundo, albo, mollis et insipidi saporis.* Garid. Aix. 176. Roz. Dict. 4. pag. 623. Lam. Dict. Enc. tom. 2. pag. 491. Var. r. Figue Graissane.

Cette Figue est blanche, applatie par dessus, d'un goût fade. Ses fruits, et sur-tout ceux qui sont précoces, ne valent presque rien. Selon Garidel, cet arbre croît presque par-tout en Provence ; mais M. Bernard nous assure au contraire que dans tout le Département du Var, on ne connaît aucune Figue sous le nom de *Graissane*, quoique d'ailleurs il ait rencontré plusieurs variétés auxquelles la phrase de Garidel pourrait convenir. Ce Figuier n'est donc pas aussi répandu que Garidel l'a dit.

Var. 5. *Ficus sativa, foliis quinquelobis, margine undulatis lobis acutis; fructibus sub-globosis, depressis, albidis.* N.
Ficus sativa, fructu parvo, serotino, albido, intùs roseo, mellifluo; cute laceră. Tourn. Inst. 662. Garid. Aix. 175. Bern. l. c. p. 64. Figue de Marseille. Pl. 21. Fig. 2. En Provençal, *Figuo Marseilleso.*

Cette Figue est petite, arrondie, d'un vert pâle ou blanchâtre à l'extérieur, et rouge intérieurement. Elle demande beaucoup de chaleur pour mûrir, et elle ne réussit bien que sur les côtes maritimes de la Provence, quoiqu'on la cultive assez communément dans l'intérieur de ce pays et dans d'autres contrées du midi. Les Figues Marseilloises sont délicieuses quand elles sont fraîches ; elles passent pour les meilleures et les plus parfumées de celles qu'on cultive ; mais c'est sur-tout lorsqu'elles sont sèches qu'elles l'emportent sur toutes les autres.

Var. 6. *Ficus sativa, foliis quinquelobis, crenatis, lobis acutis; fructibus subglobosis, albidis.* N.
Ficus sativa, fructu globoso, albido, omnium minimo. Tourn. Inst. 662. Garid. Aix. 175. Bern. l. c. pag. 49. Figue de Lipari, ou Petite Blanche-Ronde. Roz. Dict. 4. pag. 622.

Cette Figue est la plus petite de toutes celles qu'on cultive, son diamètre n'est que d'environ six à huit lignes ; elle est presque globuleuse, blanchâtre, très-douce au goût. Les Provençaux la nomment *Figuo Esquillarello*, ou *Figuo Blanquetto*. L'arbre donne deux récoltes par an.

§. I. *Figues blanches, jaunes ou verdâtres.*
* * *Fruits plus longs que larges.*

Var. 7. *Ficus sativa, foliis quinquelobis, crenatis, lobis acutis; fructibus oblongis, albidis.* N.
Ficus sativa, fructu præcoci subrotundo, albido, striato, intùs roseo. Tourn. Inst. 662. Bern. l. c. tom. 1. pag. 48. (Non Garid.) Figue Coucourelle Blanche. Pl. 21. Fig. 1. Figue Angélique. Duham. Arb. Fruit. tom. 1. pag. 211. L'Angélique ou la Melette. Roz. Dict. 4. pag. 622. Lam. Dict. tom. 2. pag. 490. Var. b.

Cette Figue est blanche, arrondie, relevée de nervures, son diamètre est de douze à quatorze lignes sur seize à dix-huit de hauteur. L'arbre donne deux récoltes, et les Figues de la première sève sont plus alongées et d'un meilleur goût que les dernières : celles-ci sont extrêmement hâtives et suivent de fort près les premières ; si on ne les laisse pas bien mûrir, elles ont une saveur et une odeur assez désagréables, à cause de la quantité de suc laiteux qu'elles contiennent ; les brouillards ne les font pas couler, et elles viennent en grande quantité à l'aisselle des feuilles : on en voit quelquefois jusqu'à quatre dont les pédicules se touchent : rien n'est plus commun que d'en voir deux tout près l'un de l'autre. Si, lorsqu'on les a fait sécher, on néglige de les tremper dans de l'eau bouillante, elles seront constamment dévorées par les chenilles. On ne plante ce Figuier que dans des terreins secs, dans la vue d'avoir des fruits hâtifs. Il est très-répandu dans toute la Provence, et cultivé dans les environs de Paris.

Var. 8. *Ficus sativa, foliis quinquelobis, undulatis, lobis obtusis; fructibus albidis, oblongis, superiùs pressis, basi attenuatis.* N.

Ficus sativa, fructu albo, subrotundo, superiùs presso, circà pediculum acuminato, mellifluo. BERN. l. c. tom. 1. pag. 57. FIGUE ROYALE, FIGUE DE VERSAILES. PL. 18. FIG. 3.

Les Figues que cet arbre produit en très-grand nombre, sont peu nourries, mais assez bonnes lorsqu'elles sont sèches; elles sont plus hâtives et conservent mieux leur blancheur lorsqu'elles viennent dans les lieux élevés que dans les terreins bas et humides. Leur diamètre est de dix-huit à vingt lignes, et leur hauteur de vingt-deux à vingt-quatre. Elles paraissent d'ailleurs avoir beaucoup de rapport avec les Figues blanches communes (Var. 1.) dont elles ne diffèrent que parce que leur hauteur surpasse leur diamètre, et parce que leur fruit se rétrécit subitement à sa base. Le nom que porte ce Figuier, lui vient sans doute de ce qu'il aura été cultivé à Versailles, dans les Jardins royaux.

Var. 9. *Ficus sativa, foliis quinquelobis, crenatis, lobis acutis; fructibus oblongis, viridibus.* N.

Ficus sativa, fructu viridi, (intùs rubente) longo pediculo insidente. TOURN. Inst. 662. GARID. Aix. 175. BERN. l. c. p. 66. FIGUE VERTE, FIGUE DE CUERS ou DES DAMES. PL. 21. FIG. 3.

Cette Figue est, à l'extérieur, d'un vert foncé, tirant sur le bleu, rouge en dedans; son diamètre est de dix-huit à vingt lignes, sa hauteur de vingt-quatre à vingt-six; le pédoncule qui la soutient est fort long. C'est une des meilleures de Provence, quoiqu'elle ne tente guère celui qui la voit sur l'arbre, parce que sa couleur d'un vert foncé la fait plutôt prendre pour une Figue qui n'est pas mûre, que pour un fruit bon à manger. Les Provençaux, pour cette raison, l'appellent vulgairement *Troumpe-Cassaïré* (Trompe-Chasseur). Ce Figuier réussit bien dans les terreins gras et humides : ses fruits sont sujets à couler dans les lieux secs.

Var. 10. *Ficus sativa, foliis quinquelobis, margine undulatis, lobis obtusis; fructibus oblongis, flavescentibus.* N.

Ficus sativa, fructu flavescente, (omnium maximo et oblongo), intùs suave rubente. TOURN. Inst. 662. GARID. Aix. 175. BERN. l. c. tom. 1. pag. 59. FIGUE GROSSE-JAUNE. ROZ. Dict. 4. pag. 623.

C'est la plus grosse qu'on connaisse; il y en a qui pèsent quatre à cinq onces. Ces Figues sont d'abord blanches, et elles deviennent jaunes en mûrissant; leur pulpe est d'un beau rouge, d'un goût agréable et très-sucré. On rencontre souvent, selon M. Bernard, de ces Figues qu'on appelle *Aubiques blanches* en Provence, qui sont divisées en deux par un étranglement qui se trouve au milieu, et autour duquel on voit quelques feuilles de même nature que celles qui sont autour de l'œil : elles ressemblent alors assez à des gourdes de pélerin, et il semble qu'il sorte de leur centre une nouvelle Figue, mais les fleurs mâles se trouvent toujours à la partie la plus élevée; quelquefois cette monstruosité, au lieu d'être saillante, existe dans l'intérieur de la Figue, et les feuilles qui sont autour de l'œil sont fort enfoncées dans ces fruits.

Ce Figuier vient bien dans toutes sortes de terreins; mais ses fruits sont plus beaux et meilleurs dans les lieux un peu humides.

R

Var. 11. *Ficus sativa, foliis quinquelobis, margine crenatis, lobis acutis; fructibus oblongis, albidis.* N.

Ficus sativa, fructu oblongo, albo, mellifluo. Tourn. Inst. 662. Garid. Aix. 174. Bern. l. c. tom. 1. pag. 56. Figue Longue-Marseilloise, ou Grosse-Blanche-Longue. Roz. Dict. 4. pag. 622.

Ce Figuier se plaît dans les terreins un peu humides; il donne des fruits oblongs, de vingt-cinq lignes de hauteur sur quatorze à seize de diamètre. Ces fruits sont unis, blancs en dehors, un peu rouges en dedans, leur peau est assez dure, selon Garidel. Les figues précoces sont douceâtres, d'un goût beaucoup moins agréable que celles d'automne, qui sont fort délicates lorsqu'elles sont bien mûres; mais elles ne mûrissent bien que dans les parties les plus méridionales de la Provence, et sur-tout le long des côtes; elles se sèchent facilement.

Var. 12. *Ficus sativa, foliis quinquelobis, margine undulatis, lobis obtusis; fructibus oblongis, albidis.* N.

Ficus sativa, fructu parvo, oblongo albo. Bern. l. c. tom. 1. pag. 58.

Les Figues que cet arbre produit, connues aux environs de Grasse, sous le nom de *Seirolles,* sont fort blanches en dedans; leur diamètre est de neuf à onze lignes et leur longeur de seize à dix-huit. Elles sont trop fades lorsqu'elles sont fraîches; elles sont meilleures étant sèches : leur chair est alors homogène, demi-transparente, et on les prendrait pour des fruits confits. Ce Figuier réussit très-bien dans les terreins secs.

Var. 13. *Ficus sativa, foliis trilobis crenatis, lobis acutis; fructibus oblongis, depressis, albidis.* N.

Ficus sativa, fructu oblongo, albo, depresso, intùs roseo. Bern. l. c. tom. 1. pag. 58.

Ce Figuier donne un fruit long, un peu applati, et d'un vert blanchâtre, dont la hauteur est de vingt à vingt-deux lignes et le diamètre de douze à quatorze. L'œil des figues est de couleur rose ou jaune; leur peau est unie, et leur pédicule est long; elles sont assez bonnes, soit qu'elles soient fraîches, soit qu'elles soient sèches. On leur donne à Hières le nom de *Cotignacenquos;* il ne paraît pas cependant qu'elles soient plus communes à Cotignac qu'ailleurs. Cet arbre vient bien dans les terreins secs; les brouillards ne nuisent point à ses fruits : lorsqu'on n'a pas soin de les cueillir, ils se sèchent facilement sur les branches, et s'en séparent ensuite d'eux-mêmes.

Var. 14. *Ficus sativa, foliis quinquelobis, margine undulatis, lobis obtusis; fructibus oblongis, albis, superiùs pressis.* N.

Ficus sativa, fructu oblongo, albo, superiùs presso, serotino, intùs rubente. Bern. l. c. tom. 1. pag. 68.

Les Figues de cet arbre sont longues, applaties à la partie supérieure, fort rouges en dedans, et tardives. Leur diamètre est de seize à dix-huit lignes et leur hauteur de vingt-quatre à vingt-six. Elles sont excellentes, mais peu répandues; elles méritent de l'être davantage. On leur a donné le nom de *Barnissottes blanches.* On cultive à Marseille une sous-variété qui porte le même nom, et qui donne des fruits un peu plus applatis.

Var. 15. *Ficus sativa, foliis quinquelobis crenatis, lobis acutis; fructibus oblongis, albidis, cute setosá.* N.

Ficus sativa, fructu oblongo, subrotundo, setoso, albo, intùs roseo; cortice crasso. Bern. l. c. tom. 1. pag. 60. Figue Velue.

Les Figues produites par cet arbre ont la peau épaisse, d'un vert clair, parsemée

de petits points blancs, et couverte de poils, d'où leur est venu le nom de *Perouas*,
qu'on leur donne en Provence. Leur diamètre est de quatorze à seize lignes et
leur longueur de vingt-quatre à vingt-six. Ces Figues ne sont pas sujettes à couler :
on ne les mange guère que sèches. L'arbre vient bien dans toutes sortes de terreins,
et il est d'un grand produit.

Var. 16. *Ficus orientalis, foliis laciniatis, fructu maximo, albo.* Duham. Arb. tom. 1.
pag. 236. n°. 7. Figuier du Levant, Figuier de Turquie.

C'est d'après Duhamel que nous rapportons cette variété que nous ne connaissons pas, et qui, si elle est cultivée en France, y est fort rare, car l'auteur
cité est le seul qui en ait fait mention.

§. II. *Figues rougeâtres, violettes ou brunâtres.*

*** *Fruits aussi longs que larges, ou plus larges que longs.*

Var. 17. *Ficus sativa, foliis trilobis, margine undulatis, lobis obtusis; fructibus sphœrico-
planis, atro-rubentibus.* N.
Ficus sativa, fructu atro-rubente, polline cæsio asperso. Tourn. Inst. 663. Garid. Aix.
176. Bern. l. c. tom. 1. pag. 68. Figue Barnissote ou Grosse Bourjassote. Pl. 22. Roz.
Dict. 4. pag. 623. En Provençal *Grosso Figuo Barnissoto ou Bourjansoto.*

Les fruits de ce Figuier sont globuleux, applatis; ils ont vingt-sixà vingt-huit lignes
de diamètre sur vingt-quatre à vingt-six de hauteur. Leur peau, d'un violet foncé,
est couverte d'une poussière bleuâtre, et leur chair est rouge. On en fait deux récoltes.
Les Figues de la première sont peu nombreuses et peu agréables; mais celles de la
dernière sont délicieuses; elles sont les plus tardives de toutes les Figues d'automne,
et elles sont aussi les meilleures de cette saison. Pour donner de bon fruit, l'arbre
veut être planté dans un terrein gras et un peu humide.

Var. 18. *Ficus sativa, foliis trilobis, margine undulatis, lobis obtusis; fructibus globosis,
atro-rubentibus.* N.
Ficus sativa, fructu globoso, atro-rubente, intùs purpureo; cute firmâ. Tourn. Inst. 663.
Garid. Aix. 176. Bern. l. c. p. 67. Figue Petite - Bourjassote. Pl. 16. Fig. 6. Roz. Dict. 4.
pag. 623. En Provençal *Pichotte Barnissoto, Sarreigno,* et encore *Verdalo,* parce qu'elle
conserve une teinte verdâtre près du pédicule.

Cette Figue est d'un violet foncé; son diamètre de vingt-deux à vingt-quatre lignes;
sa peau est épaisse et peu sujette à se crevasser; sa pulpe est rouge; son pédicule est
très-court, fortement adhérent à la branche qui le soutient, et ne s'en sépare
que difficilement, même lorsque les fruits sont bien mûrs. Ceux-ci sont bons,
mais ils ont besoin de beaucoup de chaleur, autrement ils sont peu délicats au
goût, selon Garidel. L'arbre est commun dans toute la Provence; il se plaît
mieux dans les terreins gras et un peu humides qu'ailleurs.

Var. 19. *Ficus sativa, foliis crenatis, septemlobis, lobis acutis; fructibus subrotundis,
depressis, spadiceis.* N.
*Ficus sativa, fructu magno rotundo, depresso, spadiceo, circà umbilicum dehiscente,
intùs suavè rubente.* Garid. Aix. 177. Bernard. l. c. tom. 1. pag. 52. Figue Rose-Blanche.
La Rousse. Roz. Dict. 4. pag. 623. Lam. Dict. 2. pag. 92. Var. r.

Ce Figuier est répandu dans toute la Provence, et réussit très-bien dans les
terreins secs. Il donne des fruits portés sur des pédicules assez longs. Ces fruits
sont applatis à la partie supérieure, d'une forme presque globuleuse; leur peau
est brune sur un fond blanchâtre, et leur pulpe est d'un rouge vif.

§. I I. *Figues rougeâtres, violettes ou brunâtres.*

**** *Fruits plus longs que larges.*

Var. 20. *Ficus sativa, foliis quinquelobis; fructibus oblongis dilutè rubris, cineraceisve.* N.
Ficus sativa, fructu (oblongo, dilutè rubro), circà umbilicum fulvo, intùs suavè rubente.
Bern. l. c. tom. 1. pag. 53. Figue Servantine, ou Cordélière. Pl. 17. Fig. 2.

Cet arbre donne deux récoltes par an. Les Figues de la première sève sont
oblongues, teintes d'un rouge clair à l'extérieur, et relevées de nervures longitudinales. Leur diamètre est de dix-huit à vingt lignes, et leur hauteur de vingt-
quatre à vingt-six. Elles sont d'une saveur délicieuse et des plus excellentes qu'on
puisse manger. Celles de la seconde sève sont fort différentes; elles sont plus
petites, d'une couleur grisâtre ou cendrée, avec une aréole autour de l'œil. Leur
goût est si peu agréable qu'elles ne sont pas mangées même par le peuple, tandis
que la Servantine de première sève figure sur les meilleures tables.

Ce Figuier demande à être planté dans un sol un peu humide pour produire
des fruits qui soient beaux et de bon goût; car dans un terrein trop sec ils sont
petits et peu colorés en dedans.

Plusieurs auteurs se sont trompés avec Garidel, en confondant la Figue Servantine avec la Coucourelle blanche, et en attribuant à la première la phrase de
Tournefort, qui doit appartenir à la dernière. Ces deux variétés sont très-différentes,
comme il sera facile de s'en convaincre en comparant leurs descriptions. Nous devons
à M. Bernard de nous avoir parfaitement indiqué les caractères de l'une et de l'autre.

Var. 21. *Ficus sativa, foliis crenatis, septemlobis, lobis acutis; fructibus oblongis,*
  rubentibus. N.
Ficus sativa, fructu oblongo, dilutè atro-rubente, mellifluo intùs albo. Garid. Aix. 177.
  Bernard. l. c. tom. 1. pag. 52. Figue Rose-Noire. Pl. 21. Fig. 4.

Cette Figue, appellée par les paysans Provençaux, *Cuou de Muelo*, est alongée,
d'un rouge un peu foncé à l'extérieur, blanche en dedans, et elle est soutenue sur un
pédicule assez long. L'arbre vient bien dans les terreins secs : il est répandu dans
toute la Provence; ses fruits ont l'avantage de n'être pas sujets à couler, et de tenir,
lorsqu'ils sont secs, le premier rang parmi les Figues communes.

Var. 22. *Ficus sativa, foliis crenatis, quinquelobis, lobis acutis; fructibus subrotundis,*
  atro-purpureis. N.
Ficus sativa, fructu parvo, globoso violaceo, intùs rubente. Duham.
Ficus sativa, fructu rotundo, minore, atro-purpureo, cortice tenui. Garid. Aix. 176. Bern.
  l. c. tom. 1. pag. 51. Figue Violette. Duham. Arb. Fruit. tom. 1. pag. 212. pl. 2. fig. 1.
  Figue Mouissoune. Pl. 16. Fig. 8. Pl. 18. Fig. 2. et 5. pl. 19. fig. 4.

La peau de cette Figue est extrêmement fine, bleuâtre ou violette, ordinairement crevassée; sa chair est rouge, excellente. C'est, selon M. Bernard,
la plus délicate des Figues violettes hâtives; et si Garidel paraissait estimer
davantage la *Bourjassote* ou *Barnissote*, c'est que, comme nous l'écrit M. Bernard, « les *Mouissounes* sont plus hâtives que les *Barnissotes* ; ainsi en
» disant que la Mouissoune était la meilleure des Figues violettes hâtives, je ne
» la comparais pas à la Barnissote qui est, à mon goût, la meilleure de toutes les
» Figues, mais qui mûrit plus tard que la Mouissoune ». Les Figues de la première
récolte sont plus grosses et plus alongées que celles de la seconde; elles ont vingt à
vingt-deux lignes de diamètre sur une longueur de vingt-quatre à vingt-six; tandis

que les dernières sont d'un tiers et même de moité plus petites, et que leur largeur est à peu-près égale à leur hauteur. Celles-ci sont également excellentes et des meilleures parmi les Figues violettes lorsqu'elles sont sèches. Ce Figuier est commun dans toute la Provence ; il exige un terrein qui ne soit ni trop sec ni trop humide. Dans le premier, les fruits sont sujets à couler; dans le second, ils n'acquièrent pas un goût aussi agréable. Aux environs de Paris, où cet arbre est cultivé, ses Figues sont très-abondantes en automne ; mais elles ne sont bonnes que lorsque l'année est chaude, et leur pulpe est toujours d'un rouge beaucoup plus clair que dans les départemens méridionaux.

Var. 23. *Ficus sativa, foliis trilobis, lobis obtusis; fructibus oblongis, violaceis, cute lacerá.* N. *Ficus sativa, fructu majori, violaceo, oblongo; cute lacerá.* Tourn. Inst. 662. Garid. Aix. 175. Bern. l. c. tom. 1. pag. 54. Figue Aubique Noire ou Grosse-Violette-Longue. Pl. 19. Fig. 2. Roz. Dict. 4. pag. 623.

Ce Figuier donne deux sortes de fruits, des Figues précoces et des automnales. Les premières, qui sont les plus grosses de toutes les Figues violettes, ont environ six à sept pouces de tour, sur trois de hauteur ; mais leur bonté ne répond pas à leur volume, car elles sont douceâtres, peu nourries et d'une saveur peu agréable. Celles de la seconde sève sont beaucoup plus petites ; elles n'ont que quatorze à seize lignes de diamètre sur vingt-deux à vingt-quatre de longueur ; et quoique meilleures, on ne les estime guère. Les unes et les autres sont alongées, amincies vers le pédoncule, et renflées vers le sommet qui est obtus. Leur peau est d'un pourpre obscur, presque noire, couverte d'une fleur ou poussière purpurine, comme certaines prunes, et elle se fend lorsque le fruit approche de la maturité. L'intérieur est d'un rouge brillant. Cet arbre s'accommode de toutes sortes de terreins, mais ses fruits acquièrent plus de grosseur et de beauté sur les côtes maritimes de la Provence que dans l'intérieur du pays.

Var. 24. *Ficus sativa, foliis trilobis, lobis obtusis; fructibus oblongis minoribus, violaceis cute lacerá.* N. *Ficus sativa, fructu minori, violaceo; cute lacerá.* Tourn. Inst. 662. Garid. Aix. 176. Figue Petite - Violette.

Cette Figue ne diffère de la précédente que par la grosseur.

Var. 25. *Ficus sativa, autumnalis, fructu magno, oblongo, et obscuré violaceo.* Garid. Aix. 177. Figue du Saint - Esprit. Roz. Dict. 4. pag. 624.

Cette Figue ressemble beaucoup à l'*Aubique noire*, elle a un goût fade et aqueux ; c'est une des moins délicates de toutes celles qu'on cultive ; elle est commune dans le terroir de Salon, en Provence, et aux environs du Pont St.-Esprit, en Languedoc.

Var. 26. *Ficus sativa, foliis quinquelobis, crenatis, lobis acutis; fructibus oblongis, pyriformibus, violaceis.* N. *Ficus sativa, fructu violaceo, longo, intùs rubente.* Tourn. Inst. 662. Duham. Arb. Fruit. tom. 1. pag. 213. pl. 2. fig. 2. *Ficus sativa, fructu oblongo, violaceo, intùs suavè rubente.* Bern. l. c. tom. 1. pag. 55. Figue Poire, Figue de Bordeaux. Roz. Dict. 4. pag. 622. Petite Aubique ; *Figuo Aubiquoun*, en Provençal.

Les fruits de ce Figuier, bien arrondis à leur partie supérieure, s'alongent en pointe assez aiguë du côté de leur base, où ils conservent toujours une couleur verte, même lorsqu'ils sont bien mûrs; dans tout le reste, la peau est d'un violet foncé ou rouge brun, parsemée de petites taches ou points longs d'un vert clair, avec des côtes fort

S

apparentes. L'intérieur des Figues est d'un fauve rougeâtre; leur diamètre est d'environ quinze lignes, et leur hauteur de vingt-six; les plus grosses ont vingt-deux lignes de large sur trente-deux de longueur. L'arbre donne deux récoltes qui, en général, sont abondantes. Les fruits de la dernière sève sont meilleurs que ceux de la première; ils sont sujets à couler dans les terreins secs, et ne réussissent bien que dans les terres un peu humides. On cultive ce Figuier aux environs de Paris, et dans les années où la chaleur est plus forte, ses Figues sont assez succulentes et fort douces, mais elles sont insipides et ne mûrissent qu'imparfaitement lorsque la saison est froide.

Var. 27. *Ficus sativa, foliis quinquelobis, margine undulatis, lobis obtusis; fructibus oblongis, violaceis.* N.
Ficus sativa, fructu oblongo, violaceo, intùs rubente. Bern. l. c. pag. 64. Figue Blavette.

Ce Figuier donne des fruits longs, dont la peau est violette et la pulpe fort rouge. Leur diamètre est de seize à dix-huit lignes, et leur longueur de vingt-quatre à vingt-six. Ils sont très-susceptibles de couler, mais ceux qui parviennent à maturité sont excellens. L'arbre demande un terrein gras et humide.

Var. 28. *Ficus sativa, foliis margine undulatis trilobis, lobis rotundatis; fructibus violaceis, subrotundis, basi attenuatis.* N.
Ficus sativa, fructu violaceo, in basi rotundo, circà pediculum accuminato, intùs rubente. Bernard. l. c. tom. 1. pag. 65.

Le fruit de ce Figuier est violet, rond à la partie supérieure, rétréci subitement à la base, et penché sur son pédicule lorsqu'il est mûr; son diamètre est de dix-huit à vingt lignes, et sa hauteur de vingt-une à vingt-trois; sa pulpe est rouge, excellente. En Provence, on donne à cette Figue le nom de *Barnissenquo*; l'arbre demande à être planté dans une terre grasse et arrosable, ses fruits étant sujets à couler dans un terrein sec.

Var. 29. *Ficus sativa, foliis quinquelobis, crenatis, lobis acutis; fructibus atro-viridibus, subrotundis basi attenuatis.* N.
Ficus sativa, fructu parvo in basi rotundo, circà pediculum acuminato, atro-viridi, intùs rubente, et delicati atque exquisiti saporis. Garid. Aix. 177. Bernard. l. c. tom. 1. pag. 66. Figue Verte-Brune. Roz. Dict. 4. pag. 623. Lam. Dict. 2. pag. 492. Var. t.

Ce Figuier donne des fruits verts en dehors, prenant au soleil une teinte de violet foncé; ils sont fort rouges en dedans. Ces Figues ont dix à douze lignes de diamètre: elles sont excellentes, c'est dommage qu'elles soient peu répandues; on leur a donné en Provence, comme à la Figue verte, (var. 9) le nom de *Troumpe-Cassaïré*, parce qu'elles lui ressemblent.

Var. 30. *Ficus sativa, foliis trilobis, crenatis, lobis acutis; fructibus oblongis, violaceis, costulatis.* N.
Ficus sativa, fructu magno, costulato, violaceo, superiùs presso; cute lacerâ. Bernard. l. c. tom. 1. pag. 61. Figue Belloune.

Cette Figue est oblongue applatie à sa partie supérieure; elle a vingt-six à vingt-huit lignes de hauteur, sur un diamètre de vingt-un à vingt-quatre; l'arbre donne toujours deux récoltes dont les fruits sont également bons; il ne réussit bien que dans les terres arrosables; dans les terreins secs les Figues sont sujettes à couler, ou elles deviennent blanches en dedans.

Var. 31. *Ficus sativa, foliis quinquelobis crenatis, lobis acutis; fructibus oblongis, violaceo-flavescentibus.* N.

Ficus sativa, fructu oblongo, subrotundo, flavescente, superiùs fusco, intùs rubente. BERNARD. l. c. tom. 1. pag. 62. FIGUIER DE BARGEMON.

Cet arbre produit des fruits alongés, d'un violet faible sur un fond jaunâtre, et un peu colorés à la partie supérieure; leur diamètre est de douze à quatorze lignes, et leur hauteur de dix-huit à vingt. On plante ce Figuier dans les terreins élevés, afin que ses Figues, qui sont tardives, mûrissent plutôt; elles sont excellentes quand elles sont fraîches, et elles sont également très-bonnes lorsqu'elles sont sèches.

Var. 32. *Ficus sativa, foliis quinquelobis, crenatis, lobis acutis; fructibus oblongis, atro-rubentibus, polline albido aspersis.* N.

Ficus sativa, fructu oblongo, subrotundo, atro-rubente, veluti polline albo asperso, intùs rubro. BERNARD. l. c. tom. 1. pag. 62. FIGUE PERROQUINE. PL. 56. FIG. 1.

Les fruits, que ce Figuier donne en abondance, sont d'un violet foncé; leur peau est couverte d'une espèce de fleur ou poussière blanchâtre; ils sont bons sans être délicats. La longueur des Figues de première sève est de vingt-quatre à vingt-six lignes, et leur diamètre de quatorze à seize. Les dimensions des Figues de la seconde sève sont plus petites. L'arbre vient bien dans un terrein sec.

Var. 33. *Ficus sativa, foliis crenatis, trilobis, lobis acutis; fructibus oblongis spadiceis.* N.

Ficus sativa, fructu parvo, spadiceo, intùs dilutè rubente. GARID. Aix. 176. BERN. l. c. tom. 1. pag. 50. FIGUE NEGRONE.

Le fruit de ce Figuier est connu des Provençaux sous le nom vulgaire de *Figuo Négrouno.* Il est petit, d'un rouge brun à l'extérieur, d'un rouge tendre en dedans. Cette Figue, quoiqu'elle soit une des moins délicates, est cependant une des plus communes dans quelques cantons de la Provence, où on la trouve presque par-tout, dans les vignes et dans les champs. Le seul avantage qu'elle présente, c'est de n'être jamais attaquée des chenilles lorsqu'elle est sèche.

Var. 34. *Ficus sativa, foliis trilobis; fructibus oblongis, atro-purpureis, superiùs pressis.* N.

Ficus sativa, fructu parvo, atro-purpureo, superiùs presso, intùs dilutè rubente. BERN. l. c. tom. 1. pag. 51. FIGUE BRAYASQUE. PL. 56. FIG. 3.

Les fruits que donne ce Figuier, appellés *Bouffros,* aux environs de Draguignan, sont d'aussi mauvaise qualité que ceux du précédent; mais ils sont hâtifs et peu sujets à couler, ce qui aura sans doute été un motif pour les multiplier, l'arbre ne méritant pas sans cela d'être autant cultivé qu'il l'est.

Var. 35. *Ficus sativa, foliis quinquelobis, crenatis, lobis acutis; fructibus oblongis fuscis.* N.

Ficus sativa, fructu parvo, fusco, intùs rubente. TOURN. Inst. 662. GARID. Aix. 175. BERN. l. c. tom. 1. pag. 49. FIGUE COUCOURELLE BRUNE. PL. 55. FIG. 1. En Provençal *Coucourellos Brunos.*

Ce Figuier donne deux récoltes par an; il porte en général beaucoup de fruits, et il est très-commun en Provence; mais il ne réussit bien que dans les terreins secs. Ses Figues ne sont estimées que parce qu'elles sont hâtives; elles sont brunes : celles de la première sève sont plus alongées, fort grosses et d'une couleur plus foncée que celles de la dernière récolte. La Coucourelle brune a dix à douze lignes de diamètre sur douze ou quatorze de hauteur.

Var. 36. *Ficus sativa, foliis trilobis, lobis obtusis, margine undulatis; fructibus oblongis, subglobosis, purpureis, intùs albidis.* N.

Ficus sativa, fructu sphærico-plano, purpureo, cortice crasso. BERN. l. c. tom. 1. pag. 56. FIGUE MOURENAOU. PL. 55. FIG. 4.

Arbres fruitiers. T. I.   S

Cette Figue est presque globuleuse, applatie, à peine plus haute que large ; sa peau est épaisse, de couleur de pourpre tirant sur le violet, et sa pulpe est blanche, peu agréable au goût. Elle n'est pas sujette à couler.

OBSERVATIONS GÉNÉRALES *sur les variétés du Figuier domestique.*

Dans l'énumération que nous venons de faire des différentes variétés du Figuier commun, nous ne pouvons pas nous flatter d'avoir compris toutes celles qui existent, quoique nous ayons fait tous nos efforts pour les rassembler et les connaître. Nous n'avons pu indiquer que celles que nous avons trouvé citées et décrites plus ou moins exactement dans les auteurs qui avaient déjà travaillé sur le même sujet, et celles qui offrent des caractères suffisans pour qu'on puisse les distinguer. Toutes les variétés du Figuier ont chacune un port particulier que l'habitude peut aisément faire remarquer et reconnaître, mais qu'il est presqu'impossible de décrire. La forme des Figues présente des caractères plus faciles à saisir ; la qualité et le goût de ces fruits achèvent de faire distinguer l'arbre qui les porte. Il existe un grand nombre de sous-variétés qui ne présentent pas assez de différence, et dont les limites ne pourraient être assignées. Dans les pays où les Figuiers sont communs, il n'y a pas de territoire où l'on n'en rencontre des variétés particulières qui sont inconnues ailleurs. On peut encore ajouter que, par le moyen des semences, l'on obtient tous les jours des variétés nouvelles qui ne ressemblent ni à celles qui leur ont donné naissance ni à celles qui sont déjà connues ; et cette dernière circonstance, sur-tout, rendra toujours impossible la connaissance générale de toutes les variétés. Mais il suffit que les principales, les plus répandues, celles enfin qui donnent les meilleurs fruits soient indiquées d'une manière exacte. C'est donc à cela que nous nous sommes bornés ; et si nous avons pu, au moyen des nombreux renseignemens qui nous ont été fournis par M. Bernard, éclaircir l'histoire des Figuiers de Provence, et ceux de France en général, nous avouerons que nous sommes forcés, par les considérations que nous avons déjà énoncées, de passer sous silence l'histoire des variétés, sans doute nombreuses, mais trop peu connues, qui sont cultivées en Espagne, en Portugal, en Italie, et sur-tout dans la Grèce, l'Orient et l'Afrique, contrées qui passent pour être celles d'où le Figuier a été apporté dans le reste de l'Europe.

Tous les Figuiers domestiques, malgré les différences qu'ils présentent, ont sans doute une origine commune. En parlant du Figuier sauvage, nous avons dit qu'on pouvait le regarder comme le type de toutes les nombreuses espèces-jardinières que l'on cultive aujourd'hui ; mais cet arbre lui-même, considéré dans son état de nature, offre des variétés qu'on peut réduire à quatre bien distinctes : 1°. Figuier sauvage qui ne porte jamais de fruits ; 2°. Figuier sauvage donnant des fruits qui ne sont pas mangeables et qui tombent toujours avant de parvenir à une certaine grosseur, et sans qu'on puisse y distinguer ni fleurs mâles ni fleurs femelles ; 3°. Figuier sauvage dont la Figue ne renferme que des fleurs mâles, et qui n'est pas bonne à manger, quoiqu'elle parvienne à sa maturité ; 4°. Figuier sauvage dont le réceptacle contient des fleurs mâles et des fleurs femelles, et dont les fruits sans être mangeables mûrissent bien et produisent des graines qui servent de nourriture à des insectes. Outre ces différences dans la nature des fruits, les arbres qui les portent ont un port différent, et les Figues ont des formes qui ne sont pas les mêmes ; on en trouve quelquefois de violettes, mais le plus souvent elles sont jaunes ou vertes. Les deux dernières variétés appartiennent aux arbres qu'on désigne plus particulièrement sous le nom de Caprifiguiers.

Ce qui prouve d'une manière indubitable l'origine commune de tous les Figuiers, soit sauvages, soit domestiques, c'est la naissance des premiers dans un pays où d'ailleurs on ne les fait pas servir à la caprification, et où par conséquent on ne cherche nullement à les multiplier. En Provence, où le Figuier est naturalisé et non indigène, il y a tout lieu de croire que dans l'origine on y apporta que des arbres donnant des Figues bonnes à manger, et pas du tout des Figuiers sauvages ou de ceux appellés Caprifiguiers, puisque la caprification n'y est pas en usage. Cependant on trouve assez communément dans cette province des Figuiers sauvages et des Caprifiguiers ; mais ils doivent alors leur naissance aux graines du Figuier commun, et sont revenus ainsi à leur source primitive ; à moins qu'on ne veuille croire que les Phocéens, qui vinrent fonder Marseille, en apportant des Figuiers de la Grèce, transplantèrent aussi des Caprifiguiers qui ont reproduit d'âge en âge ceux qu'on voit encore aujourd'hui, tandis que la caprification aura été entièrement abandonnée et même tout-à-fait oubliée, car aucun cultivateur Provençal n'a maintenant l'idée de cette opération. Cette opinion sur la transplantation des Caprifiguiers en France n'est pas vraisemblable, et elle est entièrement rejettée par M. Bernard, qui croit au contraire, comme nous, qu'en Provence le Figuier sauvage doit son origine au Figuier domestique ; voici ce qu'il nous écrit à ce sujet : « J'ai dans mon jardin un Caprifiguier venu de graines du Figuier commun,
» qui a produit la cinquième année des Figues non mangeables, lesquelles ne
» contenaient que des fleurs mâles occupant la moitié de l'intérieur du récep-
» tacle à sa partie supérieure. Dans un autre jardin, près des bords de la rivière,
» il y a dans des terreins tophacés une cinquantaine de Figuiers venus de graines
» semées par les animaux, parmi lesquels plusieurs donnent des fruits bons à
» manger, mais dont le plus grand nombre ne produit aucun fruit, ou en produit
» qui ne sont pas mangeables. Ces arbres poussent avec vigueur dans les endroits
» qui sont arrosés ; ils sont touffus et ont un très-bel aspect. Ceux qui sont petits et
» tortueux ne sont dans cet état que parce qu'ils sont placés dans des terreins trop
» arides et trop maigres ».

Avant de terminer ce qui a rapport aux variétés du Figuier commun, nous dirons quelque chose à ce sujet sur ce que l'antiquité nous fournit. La culture du Figuier domestique est si ancienne, qu'on ne sait pas positivement chez quel peuple elle a pris naissance. Les Grecs l'ont cultivé dans tous les tems, et cet arbre est peut-être indigène chez eux, comme il l'est dans les autres contrées du Levant. Il existait en Italie avant la fondation de Rome. Pline rapporte que, de son tems, on voyait à Rome, dans la place où se tenaient les assemblées du peuple, un Figuier qui y était venu naturellement et que l'on cultivait en mémoire de celui qui avait été appellé le nourricier de Romulus et de Rémus, et sous lequel on disait que la louve qui les allaitait avait été trouvée. Pline ajoute que, lorsque cet arbre était sur le point de périr de vieillesse, on ne le coupait pas, mais qu'on le laissait sécher, et que les prêtres en plantaient un autre de sa race. Il y avait encore dans le Forum un autre Figuier venu par hasard à la place où était le gouffre dans lequel Curtius se précipita ; on le conservait de même, comme un monument de cet évènement.

Tant que les Romains ne furent pas les maîtres du monde, et que la sobriété fut une de leurs vertus, ils ne connurent pas un grand nombre de variétés de Figues. Caton ne fait mention que de six espèces. Deux siècles après, du tems de Pline, on en connaissait près de trente. Cet auteur parle de plusieurs sortes de Figues étrangères apportées en Italie, et il dit que depuis Caton leurs noms ont beaucoup varié. Suivant les noms que Pline leur donne, il paraît qu'on les désignait alors d'après le pays d'où elles avaient été tirées, ou d'après les cantons dans lesquels on les cultivait ; il y avait les Rhodiennes, les Africaines, celles d'Hircanie, de Lydie, les Tivoliennes, les Herculaniennes, etc. ; d'autres portaient le nom de ceux qui les avaient fait connaître, telles que les Pompéiennes, les Liviennes.

RECHERCHES HISTORIQUES, *usages et propriétés.*

La plus grande partie des espèces du genre Figuier sont indigènes de l'Asie ; on en trouve aussi quelques-unes en Afrique, en Amérique et à la Nouvelle-Hollande, mais elles sont biens moins répandues dans ces trois dernières parties du monde que dans la première ; et il paraît, d'après les ouvrages de Bergius, de Thunberg, de Walter et de Michaux, que le Cap de Bonne-Espérance et l'Amérique septentrionale ne produisent aucun Figuier. Toutes les espèces, en général, ne se rencontrent que dans les contrées chaudes du globe ; plusieurs même n'habitent qu'entre les tropiques, et il n'en est aucune qui croisse spontanément au delà du quarantième degré de latitude, excepté le Figuier commun ; encore celui-ci n'est-il pas naturel aux climats qui sont au delà de ces parallèles. Ce Figuier, aujourd'hui cultivé si abondamment dans la Grèce, l'Italie, l'Espagne, le Portugal et la France, a été, dans l'origine, apporté de l'Orient en Europe ; et c'est dans les seules parties méridionales de cette contrée que cet arbre peut végéter avec vigueur, et que ses fruits acquièrent cette saveur sucrée et ce goût délicieux qui les placent au rang des meilleurs fruits. Lorsqu'on a passé en France le quarante-cinquième degré de latitude, il est rare de voir les Figuiers s'élever en arbre sur un tronc principal, parce qu'ils ne peuvent plus supporter la rigueur des hivers : ils ne forment plus que des buissons dans le climat de Paris, et encore est-on obligé de leur donner un abri contre le froid. Plus loin dans le nord, le Figuier ne peut même passer l'hiver en pleine terre, il faut le mettre dans des caisses, le conserver dans les serres ; et ses fruits, au lieu de ce goût délicieux qu'ils ont dans le midi, n'ont plus alors qu'une saveur insipide.

Les anciens n'estimaient rien de plus doux que la Figue, et c'est ce qui avait donné lieu chez eux au proverbe, *Ficus edit*, pour exprimer le goût de ceux qui vivaient dans la molesse et qui aimaient les mets délicats.

Les Figues sèches d'Athènes faisaient un objet de commerce considérable ; elles paraissaient avec distinction sur la table des rois de Perse. On raconte que Xercès les trouva si bonnes, qu'il résolut de s'emparer du pays qui les produisait. Si les excellentes Figues d'Athènes attirèrent sur la Grèce une guerre fatale, qui mit ce pays à deux doigts de sa perte, on peut dire que celles de Carthage furent la cause de la ruine de cette rivale de Rome. Les Figues d'Afrique étaient renommées par leur beauté et leur qualité ; on en avait apporté, de Carthage à Rome, en trois jours ; Caton profita de cette circonstance pour décider les Romains à perdre des ennemis qui n'étaient qu'à trois journées de Rome, et la troisième guerre punique fut résolue.

Plutarque raconte ce trait avec quelques circonstances qui méritent d'être connues. Caton ne cessait d'exhorter les Romains à recommencer la guerre et à exterminer la rivale de Rome. « Un jour, dit Plutarque, outre ces remonstrances, il avoit » expressément apporté dedans le repli de sa longue robe des Figues d'Afrique, » lesquelles il jetta emmi le senat en secouant sa robe ; et comme les senateurs » s'esmerveillassent de voir de si belles, si grosses et si fresches Figues, la terre

» qui les porte, leur dit-il, n'est distante de Rome que de trois journées de navi-
» gation ». *Vie de Caton, version d'Amyot.*

Les Athelètes de l'ancienne Grèce faisaient une grande consommation de Figues
sèches, parce qu'ils les croyaient propres à entretenir et à augmenter leurs forces.

Chez les Romains les Figues fraîches et sèches étaient une des principales nour-
ritures des gens de la campagne. Caton, en réglant la ration de vivres à donner aux
laboureurs, veut qu'on diminue la quantité de leurs autres alimens, lorsqu'on commence à avoir de ces fruits mûrs. Il paraît cependant que cet usage était assez récent,
car Pline, en en parlant, dit qu'il n'y avait pas long-tems qu'on avait imaginé de
substituer des Figues et des viandes salées au fromage dont on nourrissait ceux qui
étaient employés à la culture des champs.

Les anciens faisaient avec les Figues une espèce de vin qu'ils nommaient *Sycite*.
Pour le préparer, on mettait tremper les Figues dans la quantité d'eau nécessaire, et
lorsque la fermentation vineuse etait suffisamment développée, on exprimait la
liqueur. Pline, qui nous a conservé ce procédé, le même que celui employé
pour faire le vin de Dattes, nous apprend aussi qu'on faisait d'excellent vinaigre avec
les Figues de Chypre, et que celui qui provenait de celles d'Alexandrie était encore
meilleur. Les habitans des îles de l'Archipel paraissent avoir conservé jusqu'à présent
l'habitude d'employer les Figues à ces mêmes usages. On peut au moins le croire
d'après Tournefort, qui, dans son voyage au Levant, rapporte qu'à Scio on tire de
l'eau-de-vie de ces fruits. Cet auteur n'entre d'ailleurs dans aucun détail à ce sujet,
mais il est probable qu'on les distille après les avoir fait fermenter.

Les Romains faisaient entrer les Figues dans la composition d'un mortier qui devenait
plus dur que la pierre, et que l'on nommait *Maltha*.

Galien regardait les Figues comme un puissant antidote, et il en faisait sa
principale nourriture : il croyait cependant que l'usage excessif de ce fruit engendrait
de la vermine, et il paraît que cette opinion était assez répandue chez les anciens,
puisqu'on attribuait à l'usage trop fréquent des Figues, la maladie pédiculaire dont
Platon mourut. On a aussi attribué à l'usage des Figues la propriété de rendre
la transpiration extrêmement fétide. Athénée cite l'exemple de deux philosophes
qui n'avaient pas d'autre nourriture, et chez lesquels cet effet était si remarquable,
qu'il forçait de les fuir. Ce second effet de l'usage des Figues n'est guère plus
probable que le premier. Garidel, qui exerçait la médecine en Provence, assure,
quant à la génération des poux, n'avoir jamais ouï dire que personne eût souffert
cette incommodité pour avoir fait un usage habituel des Figues, quoique les
gens du peuple en mangent une très-grande quantité. Aujourd'hui les Figues
sèches sont, avec du pain d'orge, la nourriture la plus ordinaire de la classe
indigente des habitans de la Grèce, de la Morée et de l'Archipel.

Le peuple du royaume de Naples en fait aussi une grande consommation, et les
personnes riches et aisées de la capitale vont fréquemment en été à la campagne, par
partie de plaisir, pour manger des Figues fraîches avec une espèce de jambon que les
Italiens appèlent *Presciutto*.

Si les fruits délicieux du Figuier fournissent à l'homme un aliment agréable,
plusieurs oiseaux en font leur pâture, et en sont fort avides. Le cultivateur a souvent
de la peine à préserver ses Figues de l'appétit de ces voleurs emplumés, qui toujours
viennent lui dérober et partager avec lui une partie de sa récolte. Le Bec-Figue,
(*Motacilla Ficedula*, L.) oiseau qui n'est pas moins estimé que l'Ortolan, doit
son nom au goût décidé qu'il a pour les Figues; en Provence, on le voit sans

cesse sur les Figuiers, becquetant les fruits les plus mûrs ; cependant il n'est pas moins friand de raisins, ce qui a fait dire à Martial :

> *Cùm me Ficus alat, cùm pascar dulcibus uvis,*
> *Cur potiùs nomen non dedit uva mihi?*

En Bourgogne, où cet oiseau fréquente les vignes et se nourrit de raisins, le nom qu'on lui donne peut servir de réponse à la question de Martial : on l'appelle *Vinette*.

Outre les *Bec - Figues*, les naturalistes ont donné le nom particulier de *Figuiers* à un nombre assez considérable d'autres oiseaux qui vivent dans les climats chauds de l'un et l'autre continent, parce que plusieurs des individus qui composent ce genre font leur principale nourriture des fruits de l'arbre qui porte le même nom.

Les Figues fraîches sont un aliment très-agréable, mais peu nourrissant ; c'est sur-tout dans le midi de l'Europe ; en France, dans la Provence et le pays de Gênes, que ces fruits sont excellens ; et malgré une jouissance longue et continuelle, on ne s'en dégoûte jamais ; leur privation même afflige. Dans le nord, où l'on est réduit à la culture d'un petit nombre de variétés, et où ces fruits sont beaucoup moins délicats, on recherche encore beaucoup les Figues ; elles sont servies sur les meilleures tables, mais elles ne peuvent plus servir de nourriture ordinaire à la classe indigente, parce qu'elles sont toujours assez chères.

Pour que les Figues fraîches soient bonnes et saines, il faut qu'elles soient parfaitement mûres ; autrement elles ont un mauvais goût, sont fort indigestes et plus malfaisantes que toute autre espèce de fruit, à cause de l'âcreté du suc laiteux qu'elles renferment ; elles peuvent même, lorsqu'on en mange une trop grande quantité en cet état, occasionner des coliques, des diarrhées, des dyssenteries.

Dans quelques pays les femmes grosses croient qu'elles accouchent plus facilement quand elles se nourrissent de Figues quelques jours avant leur terme ; et lorsqu'elles sont sur le point d'accoucher, elles en mangent fréquemment de grillées.

Les Figues sèches sont plus nourrissantes que les fraîches : elles forment un objet de commerce assez considérable pour les contrées du midi, qui en fournissent celles du nord. On en trouve communément de trois sortes dans les boutiques : les grosses jaunes, qu'on appelle Figues grasses ; les petites, qui sont les Figues de Marseille et qui sont les meilleures de toutes celles qu'on puisse manger, comme nous l'avons dit plus haut ; les troisièmes sont les violettes, composées en grande partie de *Mouissounes* et de *Bellounes*. A Paris, les *Marseillaises* sont presque les seules qui soient servies sur les tables ; les Figues grasses et les violettes ne s'emploient guère que dans les pharmacies.

En Provence on fait encore sécher plusieurs autres espèces, en général, celles qui sont hâtives. La Figue de *Salerme* qui est fort blanche et plus grosse que la *Marseillaise*, mais qui n'est pas remplie d'un sirop aussi agréable, est de ce nombre ; elle est la meilleure des Figues blanches sèches après celle de Marseille. Les autres espèces, soit blanches, soit violettes, leur sont très-inférieures, excepté cependant les *Mouissounes* et les *Bellounes* qui sont les plus recherchées après les *Marseillaises* ; aussi toutes les Figues communes ne se transportent pas hors de la province ; elles servent à la consommation du petit peuple, on les donne même pour nourriture aux bestiaux.

Nous avons déjà vu que Galien faisait un grand cas des Figues ; il dit lui-même dans un de ses ouvrages, que pour se bien porter il s'est abstenu depuis l'âge de vingt-huit ans, de toute sorte de fruits qui passent vite, excepté des Figues bien mûres et des raisins. On dit qu'il entrait deux Figues sèches dans le fameux antidote avec lequel

Mithridate se garantissait du poison. Nous ne croyons pas qu'aujourd'hui aucun médecin eût beaucoup de confiance dans cette recette dont il a déjà été fait mention à l'article du Noyer. Quoi qu'il en soit, les Figues sont regardées en médecine comme émollientes, adoucissantes et laxatives ; elles sont au nombre des fruits pectoraux, et elles pourraient très-bien remplacer les Dattes, les Jujubes et les Sebestes, qui nous viennent de l'étranger ; étant d'ailleurs préférables à ces deux dernières espèces, parce qu'elles contiennent beaucoup plus de mucilage doux et sucré, auquel elles doivent toutes leurs propriétés. Elles sont moins employées maintenant qu'elles ne l'étaient autrefois : on les regardait alors comme diurétiques, et on les faisait entrer dans une composition contre le calcul de la vessie ; on les donnait aussi dans la rougeole et la petite-vérole, comme propres à faciliter l'éruption. Aujourd'hui on ne les emploie plus dans ces circonstances, mais on les fait encore entrer dans les gargarismes adoucissans et dans les tisannes pectorales. Un cataplasme fait avec des Figues cuites dans l'eau, est fort bon pour résoudre les tumeurs inflammatoires ; il convient aussi pour amener promptement les abcès à suppuration ; c'est un moyen peu employé, si ce n'est dans les pays méridionaux.

On lit dans la Bible, que le prophète Isaïe guérit le roi Ezechias d'un ulcère mortel, par l'application d'un cataplasme de Figues.

La décoction des tiges du Figuier a été indiquée comme un remède propre à pousser par les sueurs les sérosités dans l'hydropisie. Baglivi, dans sa Pratique, assure que les feuilles du Figuier sauvage, séchées et réduites en poudre, sont un spécifique contre la colique ; mais ces divers moyens ne sont point en usage.

Dioscoride attribue beaucoup de vertus à l'écorce, aux jeunes rameaux, aux feuilles et aux cendres du Figuier. Pline sur-tout s'étend fort longuement sur le même sujet, et répète plusieurs fois la même chose. Le nombre des maladies contre lesquelles ces auteurs disent qu'on employait les différentes parties du Figuier est très-considérable, et si l'on peut avec raison révoquer en doute leur efficacité dans beaucoup de cas pour lesquels on les recommandait alors, cela fait au moins connaître combien les anciens avaient multiplié les différentes préparations qu'ils en faisaient, et combien ils les employaient souvent.

Les médecins de nos jours ne font aucun usage des différentes parties du Figuier, excepté de la Figue, encore est-il des ouvrages de matière médicale qui ne parlent pas même de ce fruit. Nous croyons cependant que l'écorce du Figuier et le suc laiteux qui en découle, lorsqu'on y fait des incisions, sont loin d'être dépourvus de toute propriété ; mais nous pensons en même tems qu'il ne faudrait les employer qu'avec beaucoup de précaution à cause de l'âcreté de ce même suc. Pour donner une idée de ses propriétés, nous rapporterons brièvement ce que Pline nous a laissé à ce sujet. Cet auteur, après avoir dit que le suc du Figuier est blanc comme du lait, nous apprend qu'on le recueille avant la maturité des Figues, et qu'on le fait sécher à l'ombre pour s'en servir à différens usages ; il assure d'ailleurs que celui du Figuier sauvage est en général bien préférable. Mêlé dans les remèdes caustiques, il augmente leur force ; appliqué avec de la laine, ou introduit dans la cavité des dents cariées, il appaise les douleurs ; il est bon, toujours en l'appliquant à l'extérieur, contre les morsures des bêtes venimeuses, contre celles des scorpions et des chiens enragés : appliqué sur les verrues et autres petites excroissances de la peau, il agit à la manière des caustiques, il les brûle et les détruit ; on peut encore s'en servir comme dépilatoire, et c'est un remède fort utile pour les dartres et autres maladies cutanées. Pris à l'intérieur, il lâche le ventre. Mais ce n'est pas seulement comme médicament que les anciens employaient le suc du Figuier ; le même auteur nous apprend encore qu'on en faisait un assaisonnement fort agréable, en le délayant dans une certaine quantité de vinaigre pour en frotter les viandes, qui prenaient, par ce moyen, un goût délicieux.

Une propriété du suc de Figuier qui ne doit pas être passée sous silence, parce qu'elle est attestée par Aristote, Columelle, Dioscoride et Pline, c'est celle de faire cailler le lait : le dernier dit expressément qu'on se servait de ce suc comme de présure pour faire des fromages. Il paraît qu'on n'est plus dans l'usage de l'employer aujourd'hui, parce qu'on lui reproche de communiquer un mauvais goût au laitage. Les caractères écrits avec ce suc laiteux passent pour produire le même effet que ceux tracés avec certaines encres sympathiques ; ils sont d'abord invisibles, et deviennent noirs si on les approche du feu.

Le Figuier, comme tous les arbres qui croissent rapidement, ne vit pas long-tems ; son bois, d'un jaune très-clair, est tendre, et cependant ses fibres ont plus de tenacité que les autres bois de cette sorte ; il n'est guère employé que par les serruriers et les armuriers, parce qu'il est spongieux et qu'il se charge de beaucoup d'huile et de poudre d'émeri, dont ils se servent pour polir leurs ouvrages. Dans les pays où le tronc de cet arbre devient très-gros, on l'emploie quelquefois pour faire des vis de pressoir. Il acquiert, en se desséchant, une élasticité qui le rend propre à cet emploi. On peut, au reste, s'en servir comme bois de chauffage.

Culture du Figuier.

Aucun arbre ne demande moins de soin que le Figuier, et aucun arbre cependant ne produit des récoltes aussi certaines : toutes les expositions lui conviennent, excepté celle du nord ; il s'accommode de toutes les terres qui ne sont pas fangeuses, argilleuses et trop humides ; il vient bien auprès des murs et dans les terreins pierreux, quelquefois même il paraît se plaire dans les lieux les plus arides et qui semblent condamnés à la stérilité. Il n'est pas rare d'en voir de très-beaux entre les fentes des rochers et des murailles. Cependant le choix du terrein n'est pas une chose indifférente, parce qu'en général il est plus productif dans une terre substantielle.

Dans les départemens méridionaux de la France, dans les pays compris autrefois sous les noms de Provence, de Languedoc, de Guienne, et dans la Ligurie, le Piémont et la Toscane, la culture du Figuier ne présente aucune difficulté, et n'exige pas les mêmes soins que dans les provinces septentrionales. Dans celles du midi, en Provence, par exemple, dans les lieux peu éloignés de la mer, les Figuiers se font remarquer parmi les plus beaux arbres fruitiers, et pour cela le cultivateur n'a presque rien à faire.

Quoique le Figuier puisse croître dans toute espèce de sol, le cultivateur doit cependant faire choix du terrein le plus convenable pour la plantation de cet arbre, afin que ses Figues soient les meilleures et les plus abondantes possibles. « On évitera également, dit M. Bernard, de planter le Figuier dans les terres fortes et dans les terres où l'eau séjourne. Dans le premier cas, ses racines se formeraient et s'étendraient trop difficilement ; et dans le second, elles seraient bientôt pourries. En choisissant pour cet arbre une terre légère, il y viendra bientôt, quoiqu'un peu lentement, et les Figues auront alors toute la délicatesse qu'on peut leur desirer. Si on le plantait dans une terre arrosable et d'une bonne qualité, il s'élèverait rapidement ; il pousserait encore plus vîte, si on le plantait le long d'un canal ou d'un ruisseau : mais alors les Figues se ressentiraient de la proximité de l'eau ; elles seraient moins hâtives, peu sucrées, trop succulentes, et peu propres à être séchées ».

» Il est reconnu que le Figuier ne doit pas se trouver dans des terres qu'on arrose trop souvent ; mais je pense qu'il serait avantageux qu'il se trouvât dans des terres qu'on peut arroser. En effet, les pluies sont rares en été dans cette province, (en Provence) et nos terres sont naturellement arides. Aussi, il est ordinaire de voir, dans les terreins non arrosables, qu'une grande partie des Figues tombe de bonne heure sans mûrir, et que celles qui restent sur l'arbre sont fort petites et peu saines. Il y a plusieurs variétés de Figuiers qu'il faut nécessairement planter dans des terreins gras et arrosables : ce sont celles qui ont une grande quantité de suc propre. On observe que les *Barnissotos* et les *Barnissenquos, etc.,* ne valent presque rien dans les terreins secs, et l'humidité leur est vraisemblablement nécessaire pour tempérer la causticité et diminuer la viscosité du suc abondant qu'elles renferment ».

» Si on est obligé de planter des Figuiers dans des terreins froids et humides, on choisira les variétés les plus précoces et qui puissent donner leurs fruits avant les pluies de la fin de septembre ; on réservera au contraire pour les lieux chauds les variétés les plus tardives, mais il ne faut pas oublier que parmi celles-ci il y en a plusieurs qui, ayant beaucoup de suc propre, exigent un terrein gras et un peu humide ».

» Il faudra faire plus d'attention à la qualité du terrein qu'à l'exposition, car les Figuiers placés au nord donnent beaucoup de fruits lorsqu'ils se trouvent dans un bon terrein, tandis que ceux qui jouissent de la meilleure exposition dans un mauvais terrein, n'en donnent qu'une petite quantité ».

» Si l'on veut avoir en peu de tems beaucoup de fruits, on choisira une terre bien nourrie et arrosable. Si l'on veut en avoir d'une meilleure qualité, on choisira une terre légère et bien exposée ; mais on ne doit guère s'attendre à en cueillir sur un arbre placé dans un mauvais terrein et à une mauvaise exposition ».

Le Figuier peut se multiplier de cinq manières différentes : par graines, par rejetons, par marcottes, par boutures et par la greffe.

La fécondité du Figuier est extrême, si l'on considère le nombre des graines que renferme une seule Figue. Cependant les cultivateurs n'emploient guère ce moyen naturel, parce que les arbres venus de semences font attendre leurs fruits plus long-tems, et que ceux qu'ils donnent sont souvent d'une qualité fort différente et même inférieure à ceux qui ont produit les semences. On obtient à la vérité, par ce moyen, de nouvelles variétés, et cela seul peut déterminer ceux qui seraient curieux de s'en procurer, à semer des graines. Dans ce cas, on doit choisir les meilleures espèces de Figues, comme les *Marseillaises* et les *Barnissotes,* les prendre bien mûres et même attendre qu'elles soient flétries sur l'arbre. Avant de semer, il faut écraser les Figues dans un vase plein d'eau, afin de s'assurer de la bonté des graines : celles qui surnagent ne valent rien ; il ne faut prendre que celles qui tombent au fond ; elles ne demandent d'ailleurs aucun autre apprêt : il suffit de les confier à la terre, soit dans des pots, soit en plein champ ; et pourvu qu'elles ne soient pas à un soleil trop ardent, on verra paraître les petits Figuiers en peu de jours. Dans les départemens méridionaux, ces jeunes plantes prendront promptement de la force, et pourront, en peu de tems, se passer des soins du cultivateur. Dans le nord de la France, les semis de Figuier exigent plus de précautions : il faut les faire sur des couches, les rentrer dans les serres, au moins pendant l'hiver de la première année, pour les garantir des froids qu'ils ne pourraient supporter. Dans ces pays cependant, si au lieu de semer des graines des Figues d'Italie, d'Espagne ou de Provence, on prenait des semences des Figuiers déjà naturalisés dans le nord, peut-être obtiendrait-on insensiblement des arbres qui craindraient beaucoup moins le froid, qui braveraient même les rigueurs de nos hivers. L'exemple du Mûrier, aujourd'hui acclimaté en Prusse, prouve jusqu'à quel point on peut, par les semis et par degrés, faire passer un arbre d'un pays chaud dans un pays froid.

Le moyen le plus facile de multiplier le Figuier, est celui qui consiste à prendre les

Arbres fruitiers. T. I.   V

rejetons qui croissent au pied des vieux arbres. Ces rejetons qui sont souvent nombreux, doivent être arrachés avant qu'ils soient trop gros, afin qu'ils n'épuisent pas
l'arbre qui les fournit; il ne faut pas non plus les en séparer avant qu'ils soient assez
forts, parce qu'ils seraient trop long-tems sans donner des fruits : à deux ans ils sont
bons. On les plante dans des trous préparés, comme on le dira plus bas.

Les marcottes demandent un peu plus d'embarras, mais aussi c'est une voie sûre
de propager sans altération les bonnes espèces de Figues, sans avoir besoin de recourir
à la greffe; car, dans la multiplication par les rejetons, on est obligé d'y avoir recours
toutes les fois que l'arbre dont on les a tirés n'est pas franc. Pour faire des marcottes,
on doit, au mois de mars ou d'avril, selon le climat, choisir des branches à fruit qui
aient deux ans, et les faire passer au travers d'un panier ou d'un pot qu'on remplit
ensuite de terre. Le Figuier produit des racines avec tant de facilité, que c'est prendre une
peine inutile que d'enlever l'écorce coupée en forme d'anneau, ou de serrer fortement
et circulairement la branche avec du fil de fer ou de la corde, pour qu'il se forme un
bourrelet qui donne naissance aux racines. Il suffit d'entretenir la terre des paniers un
peu humide, et les branches marcottées auront, à l'automne, suffisamment de racines
pour qu'on puisse les séparer de l'arbre en les coupant un peu au dessous du panier.
Ces nouveaux Figuiers seront alors bons à planter; mais si l'on craignait, sur-
tout dans les pays un peu froids, qu'ils n'eussent à souffrir pendant l'hiver et
qu'ils ne fussent trop sensibles aux rigueurs de cette saison, on pourrait attendre
le retour du printems pour les séparer de leur mère. Quel que soit au reste le
tems dans lequel on plantera les marcottes, il faut préparer, pour les recevoir,
des trous de deux pieds et demi en carré, et d'une profondeur à-peu-près égale.
C'est dans ces trous qu'elles doivent être placées et recouvertes avec de la bonne
terre. Si le terrein est sec ou s'il ne tombe pas de pluie peu après qu'on les aura
plantées, il sera bon de les arroser.

La méthode par les boutures demande moins d'apprêt, aussi est-elle beaucoup
plus employée, quoiqu'elle soit d'ailleurs moins sûre que celle par les marcottes.
Elle se pratique de même dans les mois de mars et d'avril. On prend alors, pour
faire les boutures, des branches vigoureuses sur le bois de deux ans; on les choisit
longues d'environ trois pieds; on réserve, pour former la tige, le rameau le plus fort
et le plus droit, et on laisse les rameaux inférieurs qu'on étend dans la terre.
Les bourgeons de ces petits rameaux donnent promptement des racines qui facilitent
la reprise. On dépouillait, autrefois, de tous ses rameaux la branche dont on
voulait faire une bouture, on en retranchait même l'extrémité supérieure; mais
cette méthode ne vaut rien, et elle a été abandonnée. Les racines qui partent
le long de la branche, sont beaucoup plus lentes à se former que celles qui
sortent de l'extrémité des bourgeons des petits rameaux qu'on laisse maintenant
et qui, par la suite, forment eux-mêmes autant de grosses racines. En laissant
le bourgeon qui est à l'extrémité supérieure de la bouture, il faut que celle-ci
soit enfoncée en terre au moins des trois quarts de sa longueur, et ne s'élève guère
à plus d'un demi-pied au dessus de sa surface, autrement ce bourgeon ne se
développe pas, parce que la sève ne peut monter jusqu'à lui, et les bourgeons
inférieurs qui se développent à sa place, sont faibles et viennent dans des directions
peu propres à former une belle tige. On doit arracher une bouture qui est
dans ce cas, et, dans la saison convenable, en planter une nouvelle. On fera la
même chose s'il arrive que le jet principal vienne à périr à la fin de la première
ou de la seconde année de la plantation; car, après cela, si on n'a pas arraché
ce qui reste du jeune arbre, il se pourrit ordinairement, ou les faibles rejetons,

qu'il fournit quelquefois, font attendre fort long-tems avant de porter des fruits. Il faut, pour planter des boutures, des trous preparés comme pour les marcottes, et après qu'elles y seront plantées, il faudra les arroser, sur-tout si le printems est sec, jusqu'à ce qu'elles aient repris.

La multiplication du Figuier, par les boutures, est si facile, que les cultivateurs négligent beaucoup la greffe ; on la pratique cependant quelquefois, et il serait bien à desirer qu'elle le fût davantage. Les Figues faisant, dans le midi, une partie de la nourriture du peuple, il est étonnant qu'on soit aussi indifférent pour multiplier les bonnes espèces qui n'exigent pas plus de soin, et qui, cependant, sont en général moins répandues que celles qui sont mauvaises ou médiocres. La greffe offre un moyen facile de changer ces dernières en des arbres qui ne donneraient que de bons fruits. Le Figuier peut être greffé de toutes les manières. Les greffes en fente, en couronne et en sifflet sont les plus en usage; celles en écusson et par approche sont beaucoup moins employées. La greffe en fente et en couronne se pratique sur les gros sujets, dans les mois de février et de mars ; celle en sifflet ne peut se faire que sur de très-jeunes arbres, lorsqu'ils sont en pleine sève dans les mois de mai et de juin. Ces greffes n'ont rien de particulier, on les pratique comme sur les autres arbres ; il faut seulement, lorsqu'on greffe en fente ou en couronne, avoir soin d'essuyer le suc laiteux qui s'échappe des couches corticales, après qu'on a fait les incisions ou coupes nécessaires, et appliquer ensuite sur le bois et sur l'écorce, tout autour de la tige, un mélange de cire et de térébenthine, pour arrêter l'extravasation du suc propre, et l'action de l'air et de la pluie ; envelopper enfin le tout avec de la bouse de vache et de la terre glaise pétries ensemble avec un peu d'étoupes ou de foin. Lorsque les jeunes greffes commencent à pousser, il est bon de les soutenir en les fixant à un échalas ou autre appui, pour que le vent ne les renverse pas; car, si on ne prend cette précaution, les feuilles du Figuier étant fort grandes et présentant beaucoup de prise au vent, tandis que le bois des jeunes greffes ne lui offrira au contraire que peu de résistance, celles-ci seront facilement rompues.

De quelque manière qu'on veuille multiplier le Figuier, il ne faut pas l'élever en pépinière, comme on fait de plusieurs autres espèces d'arbre; il est plus avantageux de le planter dans la place où l'on veut qu'il demeure, car il n'aime pas à être transplanté lorsqu'il est un peu gros; et lorsqu'on risque de le changer de place, il arrive souvent qu'il périt : cela a donné lieu à un proverbe italien, qui dit : *Se vuoi ingannare il tuo vicino, pianta il moro grande, il fico piccolino.*

Dans les pays méridionaux, le Figuier vient avec tant de facilité, qu'une fois qu'il est planté, les cultivateurs ont l'habitude de l'abandonner à la nature, ou les soins qu'ils lui donnent se réduisent à fort peu de chose. Les Provençaux ne sont point dans l'usage de former des Figueries, comme faisaient les anciens ; au lieu de reunir leurs Figuiers dans des plantations regulières, ils les disséminent çà et là dans les champs; ils en plantent sur-tout très-communément dans les vignes, parce que la culture de celles-ci sert en même tems pour les arbres ; mais c'est un préjugé de croire que le Figuier soit avantageux à la vigne et contribue à sa fertilité ; il est même faux qu'une vigne placée sous ces arbres produise plus de raisin, et qu'elle en donne seulement autant que si elle était isolée.

Lorsqu'on veut que le Figuier s'élève promptement et forme une belle tige, il est nécessaire de retrancher tous les rejetons qui poussent ordinairement au pied du jet principal. Les arbres qu'on élève de cette manière croissent avec une vigueur étonnante, et acquièrent promptement une grosseur considérable. Ces Figuiers

à haute tige réunissent deux avantages bien importans : d'abord, ils donnent une
bien plus grande quantité de Figues; il y en a qui peuvent produire deux à trois
cents livres de fruits, lorsqu'un Figuier qu'on a laissé croître en liberté et qui
est resté bas, n'en fournit pas plus de cinquante livres; secondement, ces arbres,
qui s'élèvent sur une seule tige, n'empêchent pas la récolte des plantes qu'on
cultive autour de leur tronc et au dessous de leurs branches, tandis que les Figuiers
qu'on a laissé venir en buisson, et dont les branches inférieures touchent très-
souvent la terre, ne permettent pas qu'on puisse rien cultiver autour d'eux.
La facilité qu'ils présentent pour cueillir les Figues ne peut entrer en comparaison
avec la perte du terrein qu'ils font éprouver.

Nous avons dit que le Figuier ne demandait pas beaucoup de soins : nous ajouterons
qu'il en est même qui, mal entendus, pourraient lui être très-nuisibles. La plupart des
arbres fruitiers peuvent être façonnés et taillés impunément au gré du cultivateur, il
n'en est pas de même du Figuier : celui-ci ne peut supporter d'être tourmenté, coupé, ni
mutilé. Si on n'a pas cherché à lui donner de bonne heure la forme la plus convenable,
il n'en est bientôt plus tems; et dès que ses branches ont acquis une certaine grosseur,
il n'est plus possible d'en retrancher quelques-unes sans lui faire beaucoup de mal.
Ainsi, non-seulement on ne peut le soumettre à la taille annuelle, comme les autres
arbres, mais encore il faut être très-réservé pour en retrancher les branches gourmandes
ou mal placées : on ne doit le plus souvent se borner qu'à ôter le bois mort; et toutes les
fois qu'on lui aura fait une plaie un peu considérable, il faudra avoir soin de la recouvrir
aussitôt avec de la cire, ou avec un mélange de cire et de thérébentine, afin d'empêcher
la pourriture, qui, sans cela, se forme promptement et gagne souvent jusqu'au tronc.

On a voulu, dans les jardins, élever le Figuier en espalier, dans la vue d'avoir
des fruits hâtifs; mais il est très-difficile d'entretenir cet arbre dans cette forme
contre nature. Il pousse avec trop de vigueur pour pouvoir être contenu; et comme
il faut nécessairement retrancher les branches qui viennent contre le mur, celles
qui poussent sur le devant, et arrêter les autres, ces plaies multipliées fatiguent le
Figuier et le privent de la plus grande partie de ses bourgeons. Lorsqu'il résiste
à toutes ces amputations, il donne peu de Figues, parce que cet arbre ne porte
de fruit que sur le jeune bois et dans la partie supérieure des rameaux, que
la serpette du jardinier a sacrifiés avec rigueur.

On a imaginé, pour se procurer des Figuiers nains, de faire des boutures
ou des marcottes dans le sens opposé à la pratique ordinaire, c'est-à-dire, qu'on
enfonce le sommet de la branche en terre. Cela peut réussir lorsque la bouture
est faite et reste dans un pot, parce que les racines ne pouvant se former librement
et ne poussant qu'en petite quantité, les arbres restent petits et prennent peu
de développement; mais qu'on transplante ces nains en pleine terre, ils ne tarderont
pas à croître avec la même vigueur que les autres Figuiers. « J'ai vu, dit
M. Bernard, un cultivateur planter en pleine terre plusieurs branches de Figuier
de haut en bas : elles poussèrent d'abord moins vite que d'autres branches plantées
selon la méthode ordinaire; mais elles n'ont pas laissé de devenir de très-beaux
arbres. Les Peupliers, les Saules, etc., qu'on multiplie de boutures, et qu'on
plante du haut en bas, deviennent aussi hauts et aussi gros que les autres; ainsi
si les Figuiers qu'on met dans des vases sont toujours fort petits, c'est moins
à cause de leur position contre nature, que parce que leurs racines sont en
trop petite quantité et trop gênées ».

Quoique le Figuier vienne quelquefois avec une facilité surprenante au milieu des
pierres et dans les lieux les plus arides, il ne faut pas cependant négliger de bêcher le

terrein dans lequel il est planté, et il faut même d'autant plus multiplier les labours, et les faire d'autant plus profonds, que la terre dans laquelle il sera placé sera moins bonne : on facilite par ce moyen le passage de l'eau des pluies, et le dégagement des sels qui vont nourrir les racines. Dans les bons terreins, il suffit de les labourer une fois chaque année.

La plupart des Figuiers donnent deux récoltes par an; les fruits de la première sont appellés *Figues-fleurs*; ils mûrissent dans le midi de la France, selon les variétés plus ou moins hâtives, depuis le commencement de juillet jusqu'au mois d'août, et un peu plus tard dans les pays du nord. Les Figues de la seconde récolte ou d'automne, ne tardent pas à leur succéder, et leur maturité varie de même, selon les variétés et les expositions, de la fin d'août aux mois de septembre et d'octobre; mais toutes les Figues d'un même arbre ne mûrissent pas toutes à-la-fois, comme nos Poires, nos Pommes, nos Prunes et autres fruits; elles ne se développent au contraire que successivement et l'une après l'autre, de sorte qu'un seul Figuier peut, dans ses deux récoltes, fournir tous les jours de nouveaux fruits pendant quatre mois de l'année. Il reste souvent à la fin d'octobre, sur plusieurs variétés de Figuiers, des fruits qui ne mûrissent pas, et qui se détachent de l'arbre quand la circulation des sucs nourriciers est arrètée par les froids de l'hiver; mais dans les climats plus doux ou dans de bonnes expositions, il n'est pas rare de voir plusieurs de ces fruits parvenir à leur maturité dans le courant de l'hiver ou au commencement du printems. Dans les pays où règne une chaleur continuelle, et où les arbres sont toujours verts, les Figuiers portent des fruits toute l'année, sans autre soin que de les arroser dans les tems de sécheresse.

Au sujet des Figues qui restent sur l'arbre à la fin de l'automne, il paraît qu'on était autrefois dans l'usage de les préserver du froid, afin de les faire mûrir au printems, et si le procédé qu'on employait pour cela ne s'est pas conservé, il serait facile de le mettre de nouveau en pratique. Pline rapporte que, dans la Mésie, on couvre avec du fumier, après l'automne ou au commencement de l'hiver, les petits Figuiers et les Figues non mûres qui se trouvent dessus, et qu'à l'entrée du printems on enlève cet appareil pour les mettre à l'air : les Figues éprouvent alors un état bien différent de celui où elles languissaient : elles reçoivent avec avidité la chaleur bienfaisante de la nouvelle saison, reprennent une seconde vie et parviennent à leur maturité lorsque les autres Figuiers ne commencent qu'à bourgeonner.

Quoique dans chaque variété les Figues de la première et de la seconde sève soient essentiellement le même fruit, elles présentent souvent des différences si frappantes dans leur couleur, leur forme, leur dimension et leur goût, qu'on serait porté à les regarder comme des productions appartenant à des arbres absolument différens. Les Figues de la première sève ont ordinairement des dimensions doubles de celles de la seconde récolte. Le développement des premières ayant lieu à l'époque où la végétation des arbres est dans toute sa force, on n'a pas de peine à en reconnaître la cause. Mais l'abondance des sucs nourriciers n'influe pas d'une manière uniforme sur toutes les variétés, relativement au goût et à la bonté des fruits. Les Figues de la première sève sont en général moins bonnes que celles de la seconde; cependant cela n'a pas lieu pour les *Servantines,* dont les Figues de la première récolte sont non-seulement supérieures à celles de la seconde, mais qui sont même préférées, par beaucoup de personnes, à toutes les Figues connues. Les fruits de la seconde sève qui parviennent à une grosseur plus remarquable, sont ceux qui sont placés à l'aisselle des plus grandes feuilles. Ceux qui mûrissent les derniers sont constamment les plus petits.

C'est un usage dans certains pays de mettre une goutte d'huile à l'œil des Figues, afin dé les faire mûrir plus promptèment, et cela se pratique assez généralement dans le royaume de Naples. Les Provençaux n'ayant pas cette habitude, M. Bernard a voulu s'assurer, par sa propre expérience, de ce que cette pratique pourrait avoir d'avantageux, et il a reconnu qu'une goutte d'huile d'olive mise à l'entrée de l'œil des Figues, accélérait effectivement leur maturité d'une quinzaine de jours; mais il s'est convaincu en même tems que cela communiquait un mauvais goût à ces fruits.

Les fruits du Figuier, comme nous l'avons déjà dit, ne mûrissent que successivement, et le même arbre en donne pendant plusieurs mois de l'année. Lorsqu'on veut cueillir des Figues, il faut toujours attendre qu'elles soient parfaitement mûres, parce que ce n'est que dans cet état qu'elles sont bonnes et bien saines; et, soit qu'on veuille les manger tout de suite ou les faire sécher, il faut qu'elles restent jointes à leur pédicule. Les Figues qu'on destine à être séchées, doivent faire la principale attention du cultivateur. En Provence, on commence ordinairement à les cueillir pour cette destination, dans les premiers jours de septembre, et la récolte est terminée vers la fin de ce mois. On a soin d'attendre chaque jour que la rosée soit passée, et de ne pas cueillir lorsqu'il a tombé de la pluie.

Pour faire sécher les Figues, on les expose sur des claies aux rayons du soleil, en les remuant tous les jours jusqu'à ce que leur enveloppe soit devenue assez souple, pour qu'en pressant ces fruits on ne fasse pas sortir la pulpe et les graines. Huit à dix jours sont nécessaires pour qu'ils soient dans cet état. Il est inutile de dire qu'on doit les mettre à l'abri de la rosée et sur-tout de la pluie; car celles qui ont été une fois mouillées se moisissent facilement, si, pendant deux ou trois jours, on ne peut les exposer au soleil, parce que le tems reste couvert.

Toutes les Figues ne sont pas propres à être séchées : il n'y a que les variétés hâtives qui puissent l'être, à moins qu'on ne veuille employer une chaleur artificielle pour celles qui sont tardives, parce que le soleil n'étant plus assez chaud pendant le mois d'octobre, la dessication serait trop long-tems à s'opérer : elle serait même fort souvent tout-à-fait impossible à cause des pluies qui surviennent ordinairement au commencement de l'automne.

Les Figues séchées au soleil sont toujours beaucoup meilleures que celles qu'on a mises au four : et si on emploie ce dernier moyen, ce ne doit être que pour les Figues communes qu'on destine aux bestiaux, parce qu'alors on pourra, dans très-peu de tems, en préparer des quantités considérables. Lorsque les Figues sont sèches, on les met dans des corbeilles, et on les garde dans des lieux secs. Pour les conserver aussi bonnes qu'il est possible, on doit éviter de les presser et d'en réunir une trop grande quantité dans le même panier, car quand on les entasse, cela les fait fermenter, et elles se couvrent d'une poussière blanchâtre, qui ressemble à de la cassonnade. Il n'est que trop ordinaire de voir dans cet état la plus grande partie des Figues qu'on trouve dans le commerce, et celles-ci ont en général un goût beaucoup moins agréable que celles qui ont été conservées sans éprouver aucune altération.

Quelle que soit la quantité de Figues sèches que l'on prépare en Provence et dans les autres parties méridionales de la France, les départemens du midi n'en récoltent pas suffisamment pour en fournir à tous ceux du nord. On apporte tous les ans à Marseille et dans les autres ports de la Méditerranée, beaucoup de Figues d'Espagne et de Calabre. Il est à croire que nous pourrions nous passer de ces fournitures étrangères, si l'on donnait plus d'étendue à la culture du Figuier dans le midi de la France, et cela se pourrait sans nuire aux autres produits, à cause de la facilité que cet arbre a de croître dans les lieux qui paraissent voués à la stérilité.

Jusqu'ici presque tout ce qui a été dit sur la culture du Figuier n'a rapport qu'à

celle qu'il faut donner à cet arbre dans le midi de la France. La manière de le multiplier est la même dans les parties septentrionales de cet Empire; mais il exige
d'ailleurs beaucoup plus de soin, parce qu'il ne peut résister aux rigueurs de l'hiver et
qu'il faut le préserver du froid. « Comme cet arbre ne peut supporter nos grands
» hivers, on le cultive en caisse; mais dans cet état il ne produit que très-peu de fruits.
» Il vaut mieux planter le Figuier sur un côteau bien exposé au midi, et qui soit à
» couvert du nord et du couchant par le côteau même ou par des murailles assez
» élevées. Il est préférable de planter les Figuiers en buisson plutôt qu'en espalier :
» ils donnent alors plus de Figues, et elles mûrissent mieux ».

  » Si l'on se contente de tenir ainsi les Figuiers à une bonne exposition, il arrivera
» de tems en tems que les branches géleront : à la vérité la souche repoussera, mais
» les nouveaux jets ne donneront des Figues que dans la troisième année. Pour pré-
» venir ces accidens, il faut tenir les Figuiers très-nains; il y en a qui croient y
» parvenir en rompant, l'été, l'extrémité des jeunes pousses : je ne blâme point cette
» pratique que j'ai éprouvée; mais le mieux est d'abattre tous les ans, jusque sur la
» souche, quelques-unes des plus grosses branches. Pendant que les branches de
» médiocre grandeur donneront des fruits, la souche produira de nouveaux jets, qui
» seront en état de fructifier quand les autres branches, ayant pris de la force, seront
» dans le cas d'être retranchées. Par cette pratique, on n'aura pas à la vérité autant
» de fruits que si les arbres étaient grands, mais aussi on ne courra point le risque
» d'en être entièrement privé après les grands hivers, pourvu toutefois qu'on ait
» l'attention de les couvrir lorsque la saison et la disposition du tems commencent à
» faire craindre de fortes gelées. On commence par butter le pied de chaque Figuier,
» on rapproche ensuite toutes ses branches les unes des autres, le plus près qu'on
» peut : on les lie en plusieurs endroits avec des liens d'osier ou de paille : on les
» enveloppe de grande paille retenue avec de pareilles ligatures; enfin on file un long
» lien de paille, gros comme le bas de la jambe, avec lequel on couvre le tout depuis
» le pied jusqu'à la cime, faisant toutes ses révolutions les unes immédiatement contre
» les autres, afin que la gelée et le verglas ne puissent pénétrer. Un Figuier ainsi
» empaillé représente un cône ou une pyramide. Vers la mi-mars on découvre le pied
» des Figuiers, et à mesure que la saison s'adoucit, on continue à les découvrir succes-
» sivement, réservant à découvrir l'extrémité lorsqu'il n'y a plus rien à craindre des
» petites gelées et des pluies froides, c'est-à-dire au commencement de mai, un peu
» plutôt ou plus tard, suivant la température de l'année et le progrès des Figuiers;
» car lorsque les fruits ont environ trois lignes de diamètre, il faut les accoutumer à
» l'air, sauf à les couvrir de draps ou de paillassons, si l'on est menacé de quelques
» nuits trop froides, de peur qu'ils ne s'étiolent sous la paille, et qu'ensuite le soleil
» ne les fasse périr ». DUHAMEL.

A Argenteuil, près Paris, on voit des champs entiers de Figuiers, et leurs fruits
font une partie considérable du revenu des cultivateurs de ce canton. Voici comme
M. De Launay, dans son *Bon Jardinier*, parle des moyens qui sont employés pour
mettre ces arbres à l'abri du froid : « Dès l'arrière saison, on remue et fouille la terre
autour de chaque arbre; et, sitôt que la gelée a l'air de se prononcer, on couche dans
leur sens naturel, autant qu'il est possible, toutes les branches du Figuier, qu'on
recouvre ensuite d'environ six pouces de terre : cela suffit pour le défendre contre la
gelée. En faisant cette opération, on a grand soin de dépouiller toutes les branches des
feuilles qui pourraient y tenir encore, et qui, s'échauffant dans la terre, feraient pourrir
les branches en pourrissant elles-mêmes. On a aussi l'attention, lors de ce couchage,
de saisir chaque branche par son extrémité, et de fléchir petit-à-petit avec les précau-

tions qui doivent l'empêcher de se rompre, c'est-à-dire en posant la main où le genou sur la partie qui fait le plus de résistance : ce qu'à toutes forces, on n'a pu coucher et enfoncer dans la terre, on le butte. On est étonné de voir ressembler à un champ défriché et inégal, des côtes immenses qui, la veille, étaient des forêts de Figuiers. Cet arbre, et on l'a éprouvé, peutrester, sans souffrir de dommage, soixante-quinze à quatre-vingt jours dans cette situation. Dans les jours doux de l'hiver, on déterre le Figuier pour lui faire prendre l'air : tant mieux si une pluie chaude ,et douce le lave et le nétoie; mais on recommence l'enterrage, si la gelée menace de nouveau. Malgré tant d'attention de la part des cultivateurs d'Argenteuil, le froid atteint quelquefois leurs Figuiers : alors les branches seules périssent, et l'arbre repoussant du pied, ne fait perdre qu'une année de récolte, mais aussi la nouvelle pousse est extrêmement sensible à la gelée, et demande plus de précautions l'année suivante ».

De toutes les nombreuses variétés du Figuier, on ne cultive dans le climat de Paris, que celles qui sont les plus hâtives dans les départemens méridionaux, la Figue blanche, la Coucourelle blanche ou l'Angélique, la Figue violette ou la Mouissoune, et la Figue-Poire ou la petite Aubique. M. Bernard pense que la Coucourelle brune et la Servantine pourraient très-bien réussir dans les environs de Paris. Il nous écrit à ce sujet, en parlant de la dernière : « J'ai eu occasion de manger de ces Figues au commencement du mois de septembre, au plan d'*Aups*, au dessus de la *Sainte-Beaume* : là, le terrein est élevé d'environ quatre cents toises au dessus du niveau de la mer; on y cultive quelques vignes, mais les raisins y mûrissent mal. Les Figues étaient fort belles et excellentes ».

EXPLICATION DES PLANCHES.

Pl. 16. Fig. 1. Fleurs mâles composées d'un calice divisé en trois parties et de trois étamines. Fig. 2. Calice des fleurs femelles, d'une seule pièce, divisé en quatre ou cinq parties. Fig. 3. Le même calice embrassant la semence et le parenchyme qui l'environne. Fig. 4. Une graine avec le pistil. *Les objets des Fig. 1 à 4 sont représentés grossis; ceux des Figures suivantes sont de grandeur naturelle.* Fig. 5. Espèce de Lepture qui vit dans le bois du Figuier. Fig. 6. Figue Petite-Bourjassote. Fig. 7. Figues sauvages. Fig. 8. Figue Mouissoune de première sève, cueillie dans un terrein peu fertile, et n'ayant pas la peau crevassée.

Pl. 17. Fig. 1. Bourgeon de Figuier sur lequel on distingue les stipules d'une Figue-Fleur naissante. Fig. 2. Figue Servantine de première sève. Fig. 3. Feuille du Figuier Servantine.

Pl. 18. Fig. 1. Coucourelle brune. Fig. 2. Mouissoune hâtive de deuxième sève. Cette Figue a plus de hauteur que la figure ne le représente : le dessinateur (1) avait l'œil trop élevé sur le fruit lorsqu'il le peignit, et il l'a rendu comme il le voyait et non comme il était réellement. Fig. 3. Figue Royale. Fig. 4. Figue Mourenaou. Fig. 5. Mouissoune de deuxième sève à la fin de la saison.

Pl. 19. Fig. 1. Figue Perrouquine de première sève. Fig. 2. Aubique noire de première sève. Fig. 3. Brayasque de première sève. Fig. 4. Mouissoune de première sève, cueillie dans un terrein fertile et humide, et ayant la peau crevassée.

Pl. 20. Figue d'Argenteuil.

Pl. 21. Fig. 1. Coucourelle blanche. Fig. 2. Marseillaise. Fig. 3. Verte. Fig. 4. Rose.

Pl. 22. Figue Barnissote.

---

(1) C'est à la complaisance de M. J.-L. PANISSE, Archiviste du département du Var, et aux soins obligeans de M. BERNARD, que je dois les dessins que j'ai pu présenter à mes souscripteurs.   (*Note de l'Éditeur.*)

CERASUS.   CERISIER. (1)

PRUNUS, Linn. Classe XIII. *Icosandrie.* Ordre I. *Monogynie.*

CERASUS, Juss. Classe. XIV. *Dicotylédones polypétales; étamines insérées autour de l'ovaire.* Ordre X. Les Rosacées. §. VII. Ovaire simple, supérieur, libre, monostyle. Fruit drupacé; noyau à une ou deux semences.

GENRE.

CALICE.
: Inférieur, monophylle, campanulé, caduc, à cinq divisions obtuses et concaves.

COROLLE.
: Cinq pétales, presque ronds, concaves, ouverts, insérés sur le calice par leurs onglets.

ÉTAMINES.
: Vingt à trente, à filamens subulés, insérés sur le calice, presque aussi longs que la corolle, portant des anthères courtes et à deux lobes.

PISTIL.
: Ovaire supérieur, presque rond, surmonté d'un style filiforme, de la longueur des étamines, terminé par un stigmate orbiculaire.

FRUIT.
: Drupe charnu, arrondi, glabre, légèrement silloné d'un côté, contenant un noyau lisse, arrondi, marqué sur un côté d'un angle plus ou moins saillant, renfermant une ou deux graines.

Caractère essentiel. Calice campanulé, caduc, à cinq lobes. Cinq pétales. Vingt à trente étamines. Un style. Drupe charnu, presque rond, glabre, légèrement silloné d'un côté, contenant un noyau lisse, arrondi, anguleux latéralement, à une ou deux semences.

Rapports naturels. Le genre Cerisier a la plus grande affinité avec les genres Prunier et Abricotier, auxquels Linné l'avait réuni; il s'en distingue seulement par le noyau de son fruit, qui est lisse et arrondi avec un angle un peu saillant, au lieu d'être ovoïde, comprimé, un peu raboteux et pointu au sommet comme dans le Prunier, ou au lieu d'être, comme dans l'Abricotier, marqué sur les côtés de deux sutures saillantes, dont l'une est aiguë et l'autre obtuse. Ces différences assez prononcées, si l'on ne considère que les Cerisiers, les Pruniers et les Abricotiers domestiques, dans lesquels l'inspection seule du fruit suffit pour les faire distinguer, deviennent très-difficiles à saisir dans les nombreuses espèces sauvages

---

(1) La cession que nous a faite Mme. Troussel-Dumanoir des manuscrits et dessins que feu M. Le Berriays, collaborateur de Duhamel, pour son *Traité des Arbres Fruitiers*, avait destinés pour les Tomes trois et quatre de cet important ouvrage, nous facilitera beaucoup, lorsque dans nos livraisons, nous aurons à traiter des Arbres dans leur état Sauvage et Domestique.

M. Le Berriays, retiré à sa campagne de *Bois-Guérin*, près d'Avranches, où son goût le retenait, s'était occupé en grand de la culture des Arbres Fruitiers; non-seulement il les décrivait, mais il les peignait avec soin et exactitude. Il avait disposé tous les changemens utiles, les corrections et additions à faire aux deux premiers Volumes de l'ouvrage, qui dans le tems a paru sous le nom seul de Duhamel; il avait peint tous les fruits dont il devait enrichir les deux autres. Nous espérons que nos Lecteurs nous sauront gré de leur faire connaître les changemens que M. Le Berriays avait préparés.

Nous saisirons toutes les occasions qui se présenteront dans le cours de cet ouvrage, pour rendre à M. Le Berriays la portion de gloire et de reconnaissance que ses travaux lui assurent parmi les savans Agronomes qui ont illustré la France, et, nous le présenterons toujours comme le collaborateur de Duhamel, qui nous apprend dans sa préface que son Traité des Arbres Fruitiers n'aurait jamais vu le jour, si son ami, M. Le Berriays, ne se fût occupé d'une partie des dessins et de la rédaction du texte. (*Note de l'Éditeur.*)

ou exotiques, et les limites entre chaque genre sont souvent très-peu tranchées. Ces considérations avaient sans doute déterminé Linné à réunir en un seul, les trois genres dont il est question ; et si de célèbres Botanistes français (MM. de Jussieu et Ventenat) ont rétabli depuis les trois genres adoptés par Tournefort, on peut croire qu'ils ont admis cette distinction, moins à cause des différences dont nous avons parlé, que pour s'accommoder au langage vulgaire, et parce que cette distinction est, d'ailleurs, autorisée et consacrée par un usage général et fort ancien. C'est aussi d'après ces dernières considérations, que nous avons cru devoir suivre, dans un ouvrage sur la culture des arbres, la division des Botanistes français, préférablement à la réunion des genres, faite par le Botaniste suédois.

ÉTYMOLOGIE. *Cerasus* dérive de Cerasonte, nom d'une ville de Pont, dans l'Asie-Mineure.

ESPÈCES.

§. I.   *Fleurs disposées en grappes.*

1. CERASUS Padus. *Tab.* 23.

C. *floribus racemosis ; racemis subpendulis ; foliis deciduis, ovato-lanceolatis, duplicato-serratis, subrugosis ; petiolis biglandulosis.*

CERISIER à grappes. *Pl.* 23.

C. à fleurs en grappes un peu pendantes ; à feuilles annuelles, ovales-lancéolées, un peu ridées, dentées ; à pétioles chargés de deux glandes.

CERASUS *Padus.* DECAND. Fl. Fr. n. 3781.

Cerasus racemosa quibusdam, aliis padus. J. B. Hist. 1. lib. 2. pag. 228.

Prunus Padus LIN. Sp. 677. Fl. Dan. t. 205. WILLD. Sp. 2. pag. 984. Pom. Dict. 5. pag. 664. PERS. Synop. 2. pag. 34. LOIS. Fl. Gall. 288.

Padus Theophrasti. DALECH. Hist. 1. pag. 312.

Padus foliis annuis. LIN. Fl. Lapp. 198.

Padus avium. MILL. Dict. n. 1.

Padus foliis ovato-lanceolatis, serratis. HALL. Helv. 2. n. 1086.

Pseudoligustrum. DOD. Pempt. 777.

Vulgairement MERISIER à grappes, LAURIER-PUTIET ou PUTIET, et encore FAUX BOIS DE SAINTE-LUCIE.

ϐ. *Prunus* (rubra) *floribus racemosis ; racemis erectis ; foliis deciduis, tenuissimè duplicato-serratis, lævibus ; petiolis biglandulosis.* WILLD. Arb. 237. tab. 4. fig. 2. (exclus. syn.)

Grand arbrisseau qui s'élève à dix, douze pieds et d'avantage, dont le tronc revêtu d'une écorce lisse, d'un brun rougeâtre, se divise en rameaux étalés, garnis de feuilles. Ces feuilles sont alternes, pétiolées, ovales-lancéolées, glabres, un peu ridées, dentées en scie, d'un vert gai en dessus, traversées en dessous par des nervures un peu saillantes, et munies de deux glandes à leur base ou sur leur pétiole. Les fleurs sont blanches, pédonculées, disposées en grappes un peu pendantes et plus longues que les feuilles ; leurs pétales sont ovales-oblongs, un peu denticulés à leur sommet. Les fruits qui leur succèdent, sont arrondis, à peu-près de la grosseur d'un pois, noirs lors de leur parfaite maturité dans l'espèce sauvage, rouges dans la variété cultivée dans les jardins.

Le Cerisier à grappes croît spontanément dans les bois de l'Europe ; on le trouve en France dans plusieurs forêts et dans les pays de montagnes ; il est cultivé dans les bosquets à cause de ses grappes de fleurs qui paraissent au mois de mai, et qui font un bel effet. Il se multiplie facilement, soit de semence, soit de drageons, ou par la greffe sur le Merisier sauvage ; une fois planté, il ne demande aucun soin particulier. Ses fruits sont douceâtres, mais leur saveur est peu agréable et nauséeuse ; on n'en fait aucun usage en France : J. Bauhin et d'autres auteurs disent que les oiseaux en sont avides; Haller assure positivement le contraire; mais si , comme on le rapporte, les hommes les mangent en Suède et au Kamtzchatka , on peut croire que Haller n'a pas observé le fait avec assez d'exactitude.

CERASUS Mahaleb. *Tab.* 24.

C. *floribus racemosis ; racemis subcorym-bosis, foliosis , sparsis ; foliis ovato-subro-tundis , deciduis , margine denticulatis , glandulosis.*

CERISIER de Sainte-Lucie. *Pl.* 24.

C. à fleurs en grappes corymbiformes, éparses, munies de folioles; à feuilles ovales-arrondies, annuelles, dentées et glanduleuses en leurs bords.

CERASUS *Mahaleb.* Mill Dict. n. 4. Decand. Fl. Fr. n. 3782.

Cerasus sylvestris amara, Mahaleb putata. J. B. Hist. 1. lib. 2. pag. 227. Rai. Hist. 1549. Tournef. Inst. 627. Duham. Arb. 1. pag. 148. n. 6. tab. 55.

Cerasus foliis subrotundis, serratis, petiolis multifloris. Hall. Helv. n. 1084.

Ceraso affinis. Bauh. Pin. 451.

Prunus Mahaleb. Lin. Sp. 678. Willd. Sp. 2. pag. 988. Jacq. Fl. Aust. tab. 227. Roth. Germ. 1. pag. 211. part. 2. pag. 539. Poir. Dict. 5. pag. 665. Pers. Synop. 2. pag. 34. Lois. Fl. Gall. 288.

Mahaleb. Matth. Valgr. 173. (*icon mala*). Camer. Epitom. 91.

Mahaleb Gesneri et *Matthioli.* Lob. Ic. 2. pag. 133. (*malè*).

Vaccinium Plinii , Lacatha Theophrasti. Dalech. Hist. 255.

Vulgairement Arbre ou Bois de Sainte-Lucie, et dans quelques Départemens Quénot, Malagué.

Ce Cerisier est un arbre de troisième grandeur, qui s'élève à quinze ou dix-huit pieds et même davantage, quand il est cultivé dans un bon terrein; son tronc et ses rameaux sont couverts d'une écorce d'un brun rougeâtre. Les feuilles sont alternes, pétiolées, ovales, presque rondes, glabres, d'un vert gai, un peu pointues, munies en leurs bords de dents serrées, très-courtes et glanduleuses. Les fleurs se développent en même tems que les feuilles ; elles sont portées sur des pédoncules de six à huit lignes de longueur, et disposées en grappes lâches, qui ont l'aspect d'un corymbe, parce que les pédoncules inférieurs sont plus longs que les supérieurs; ces grappes, ordinairement formées de six à huit fleurs, sont éparses sur les rameaux ; leur pédoncule commun est chargé d'une ou deux folioles, et chaque pédicelle est accompagné d'une petite bractée. Chaque fleur est composée d'un calice à cinq divisions obtuses, réfléchies en dehors; d'une corolle à cinq pétales ovales , de couleur blanche : les étamines et le pistil sont de la longueur des pétales. Les fruits, moitié plus petits qu'une Cerise ordinaire , sont noirâtres, d'une saveur très-amère ; il n'y a que les oiseaux qui les mangent : J. Bauhin dit que les Grives et les Merles en sont fort avides.

Cet arbre a deux variétés; la première est caractérisée par la largeur de ses feuilles, et la seconde par la couleur de ses fruits qui sont jaunes; cette dernière variété est plus répandue que la première.

Le Bois de Sainte-Lucie croît naturellement dans diverses contrées de l'Europe; il n'est pas rare en France, sur-tout dans les pays de montagnes , et il est très-commun aux environs de Sainte-Lucie, dans les Vosges, d'où il a pris le nom qu'il porte. On le plante dans les bosquets pour servir à leur ornement; ses fleurs, qui paraissent au mois d'avril, font un assez joli effet. Lorsqu'on le greffe sur le Merisier commun, il devient beaucoup plus vigoureux et il s'élève bien davantage; il est d'ailleurs très-rustique, puisque dans les lieux où il croît spontanément, on le trouve souvent dans les fentes des rochers, et il est inutile de lui donner, lorsqu'on le cultive, aucun soin particulier; on peut, après qu'il est planté, l'abandonner à la nature.

Le Bois de Sainte-Lucie sert de sujet pour greffer toutes les variétés ou espèces de Cerises; il réussit beaucoup mieux dans les terreins marneux et argilleux que le Merisier. C'est une erreur de croire, que les fruits des Cerisiers greffés sur cet arbre, prennent une saveur amère; les variétés à fruits doux conservent parfaitement la qualité de leur eau. MM. Descemet et Noisette, Pépiniéristes, qui s'occupent avec beaucoup de succès de l'éducation des arbres fruitiers, nous ont confirmé ces faits, et ils nous ont assuré qu'il était tout-à-fait indifférent de prendre pour sujet le Bois de Sainte-Lucie, à fruit noir ou à fruit jaune. Quelques personnes avaient prétendu, sans fondement, que le dernier seul pouvait donner, étant greffé, des Cerises qui ne seraient pas amères, parce qu'il est de fait, d'ailleurs, que son fruit est un peu plus doux.

§. II. *Fleurs solitaires ou en ombelle.*

CERASUS semperflorens. *Tab.* 25.
C. *floribus axillaribus terminalibusque, solitariis, subracemosis; foliis ovatis, serratis, glabris, basi subbiglandulosis; foliolis calycinis dentatis.*

CERISIER toujours fleuri. *Pl.* 25.
C. à fleurs axillaires et terminales, solitaires, disposées presque en grappe; à feuilles ovales, glabres, dentées en scie, munies d'une ou deux glandes vers leur base; à divisions du calice dentées.

CERASUS *semperflorens.* DECAND. Fl. Fr. n. 3783.
Cerasus racemosa. J. B. Hist. 1. lib. 2. pag. 223.
Cerasus fructu serotino, cum pediculo longiori foliato. TOURNEF. Inst. 626.
Cerasus sativa, æstate continuè florens ac frugescens. DUHAM. Arb. Fruit. 1. pag. 178. pl. 7.
Prunus semperflorens. WILLD. Arb. 247. Sp. Plant. 2. pag. 992. POIR. Dict. 5. pag. 672. PERS. Synop. 2. pag. 35.
Prunus serotina. ROTH. Catalect. 1. pag. 58.
Vulgairement CERISIER ou GRIOTTIER de la Toussaint ou tardif. Roz. Dict. 2. pag. 645. pl. 25. et encore CERISIER à la feuille ou CERISIER de la St.-Martin.

Le Cerisier toujours fleuri est un arbre moyen dont les branches sont touffues, faibles et pendantes. Ses feuilles sont alternes sur les rameaux, pétiolées, ovales un peu lancéolées, dentées en scie, aiguës: les deux dents les plus rapprochées de la base de la feuille portent ordinairement chacune une glande. Ses fleurs naissent sur de petits rameaux garnis de feuilles; elles sont solitaires, axillaires et terminales, portées sur de longs pédoncules, qui sont munis vers leur base d'une petite bractée particulière, outre la feuille dans l'aisselle de laquelle ils sont placés. Ces fleurs, au nombre de quatre à huit sur chaque rameau, sont écartées les unes des autres et ne forment qu'une grappe fort imparfaite. Les divisions du calice sont dentées, réfléchies; les pétales sont ovales, blancs, peu ouverts. Les fruits, de la grosseur des plus petites cerises, ont la peau dure, d'un rouge clair, et la chair blanche, acide, d'une saveur peu agréable.

Ce fruit d'une médiocre qualité ne mériterait pas d'être cultivé s'il ne mûrissait vers la fin de l'automne, saison où il n'y a plus d'autres fruits de ce genre. Ce Cerisier a cela de particulier, c'est que ses premières fleurs paraissent au mois de juin; celles-ci sont remplacées par d'autres qui se succèdent sans cesse pendant tout le reste de l'été; et les fruits produits par les premières fleurs venant à mûrir dans l'ordre ordinaire, l'arbre est souvent, à l'automne, chargé en même-tems de fleurs, de fruits verts et de fruits mûrs.

Le Cerisier de la Toussaint est cultivé dans les jardins sans qu'on sache d'où il est originaire; M. Willdenow pense qu'il pourrait être une espèce hybride; mais nous ne voyons pas à la réunion de quelles espèces il pourrait devoir son existence, puisque nous n'en connaissons aucune avec laquelle il paraisse avoir des rapports bien marqués. D'autres ont été d'opinion qu'il n'était qu'une variété du Cerisier commun, ce que nous n'admettons pas d'avantage. Nous sommes bien plus portés à croire, d'après les caractères très-prononcés de cet arbre, qu'il est une espèce particulière, dont le CERISIER A LA FEUILLE, qui croît, dit-on, spontanément dans les bois, mais que nous n'avons jamais trouvé et que nous n'avons pu nous procurer, est sans doute l'individu sauvage.

Quand on cultive le Cerisier tardif, il faut avoir soin de le dégarnir d'une prodigieuse quantité de branches chiffonnes, sans cela les fleurs des branches du milieu de l'arbre avortent; il faut aussi le débarrasser pour la propreté de tous les petits rameaux qui, après avoir porté du fruit, se dessèchent l'hiver suivant.

CERASUS avium. *Tab.* 26.

C. *umbellis sessilibus, pauciforis; foliis ovato-lanceolatis, acutis, serratis, sub-pendulis, infrà subpubescentibus, basi biglandulosis.*

CERISIER Merisier. *Pl.* 26.

C. à ombelles sessiles, peu garnies de fleurs; à feuilles ovales-lancéolées, aiguës, dentées en scie, un peu pendantes, légèrement pubescentes en dessous, munies de deux glandes à leur base.

CERASUS *avium.* Moench. Method. 672. Decand. Fl. Fr. n. 3786.

Cerasus nigra. Mill. Dict. n. 2.

Cerasus major ac sylvestris, fructu subdulci, nigro colore inficiente. Bauh. Pin. 450. Tourn. Inst. 626.

Cerasus sylvestris, fructu rubro et nigro. J. B. Hist. 1. lib. 2. pag. 220.

Cerasus foliis ovato-lanceolatis, infernè subhirsutis, mucrone producto. Hall. Helv. n. 1082.

Cerasus sylvestris septentrionalis anglica, fructu rubro, parvo, serotino. Rai. Hist. 1539.

Cerasus major sylvestris, fructu cordato, minimo, subdulci aut insulso. Duham. Arb. Fr. vol. 1. pag. 156.

Cerasia nigra. Tabern. Ic. 986.

Prunus avium. Lin. Sp. 680. Willd. Sp. 2. pag. 991. Blackw. Herb. tab. 425. Desf. Fl. Atl. 1. pag. 394. Poir. Dict. 5. pag. 671. Lois. Fl. Gall. 289. Pers. Synop. 2. pag. 35.

Cette espèce, appelée vulgairement MERISIER, est un arbre dont le tronc, en acquérant la grosseur d'un homme et plus, s'élève à trente ou quarante pieds. Ses branches sont peu étalées et peu touffues, assez redressées; leur écorce est d'un gris cendré avec une teinte rougeâtre. Les feuilles sont longues de trois à quatre pouces, ovales, aiguës, dentées en scie, glabres, d'un vert luisant en dessus, très-légèrement pubescentes en dessous, et d'un vert blanchâtre : elles portent ordinairement deux glandes à leur base, où ces glandes sont placées sur les pétioles : ceux-ci ont douze à quinze lignes de longueur; ils sont rougeâtres, grêles et faibles, ce qui fait que les feuilles sont toujours plus ou moins pendantes. Les fleurs, portées de même sur des pédoncules grêles, de quinze à vingt lignes de long et davantage, sont aussi pendantes, disposées de deux à quatre, rarement en plus grand nombre, en ombelle sessile, et quelquefois tout à fait solitaires : leur calice est réfléchi; leur corolle est blanche, peu ouverte, à pétales ovales, échancrés en cœur à leur sommet. Les fruits qui succèdent aux fleurs sont petits, ils n'ont qu'environ quatre lignes de diamètre sur cinq de hauteur; ils sont à peu près également larges à leurs deux extrémités, de manière que leur forme est plutôt ovoïde qu'en cœur : leur peau est d'un rouge foncé ou noirâtre; leur chair est de la même couleur, peu abondante, d'une saveur âcre et amère avant la maturité, et fade lorsque le fruit est parfaitement mûr. Le noyau est ovale, très-adhérent à la chair, fort gros pour le volume du fruit.

Le Merisier fleurit en avril, et ses fruits sont mûrs en juin. Cet arbre croît spontanément dans les bois de l'Europe; il se trouve aussi en Afrique; il est commun en
France dans les grandes forêts, et sur-tout dans les pays montagneux.

Variétés du Merisier.

La culture ayant beaucoup multiplié les différentes variétés de Cerisier dont on
mange les fruits, il est assez difficile aujourd'hui de rapporter avec certitude quelques-
unes de ces variétés ou espèces jardinières aux espèces principales regardées comme
le type de toutes les autres, et il n'est pas étonnant que les auteurs qui se sont essayés
sur cette matière, aient été d'un sentiment différent. Linné n'a admis que deux de
ces espèces principales, le MERISIER (*Prunus avium.* LIN.) et le CERISIER ordinaire
(*Prunus Cerasus.* LIN.) M. Decandolle, dans sa Flore Française, a admis deux autres
espèces qu'il regarde comme distinctes, le GUIGNIER (*Cerasus Juliana.* DECAND.) et
le BIGARREAUTIER (*Cesarus Duracina.* DECAND.) Ces deux arbres paraissent en effet
s'éloigner assez du Merisier sauvage, si on ne considère que leurs fruits; mais si l'on
fait attention qu'on ne les trouve point sauvages, et que les différences de forme et de
saveur qu'on observe dans ces fruits, sont évidemment produites par la culture, tandis
que ces arbres n'offrent d'ailleurs dans leur port, dans leur feuillage, dans leur
floraison, aucun autre caractère ou différence sensible, on conviendra avec nous
qu'on peut douter raisonnablement de l'existence de ces prétendues espèces : aussi ne
les considérons nous que comme des variétés ou espèces jardinières, que les Botanistes
ne doivent pas admettre au nombre des espèces naturelles.

Linné nous paraît donc avoir bien fait en ne reconnaissant que deux espèces; mais
il avait commis une erreur, dans son *Species Plantarum*, en prenant pour type
de tous les Cerisiers cultivés, le Cerisier commun (*Prunus Cerasus.* LIN.) et en
laissant le Merisier comme un arbre unique en son espèce, n'ayant aucune variété.
Dans le *Prunus Cerasus* de Linné, les variétés que cet auteur désigne sous les
noms de *Juliana, Bigarella, Duracina,* doivent évidemment être rapportées au
Merisier (*Prunus avium.* LIN.); et Linné lui-même corrigea en partie cette erreur,
dans son *Mantissa*, en reportant les variétés *Bigarella* et *Duracina* à son *Prunus
avium*; mais nous croyons qu'il eut tort de laisser encore la variété *Juliana* au
Prunus Cerasus; elle doit aussi être rapportée au Merisier; et sur cela nous
nous appuyons de l'opinion de Duhamel, Rozier et Le Berriays, qui ont partagé
les Cerisiers en deux divisions naturelles, l'une contenant les arbres dont le fruit
est en cœur, et l'autre, ceux dont le fruit est arrondi. Ceux de la première division,
connus sous les noms vulgaires de Guigniers, Bigarreautiers, Heaumiers, et
que nous regardons comme trois races issues du Merisier, ont en général pour
caractères communs avec cet arbre, de former de grands arbres qui s'élèvent droits,
soutiennent bien leurs branches, qu'ils étendent sans confusion ; d'avoir les
feuilles un peu pendantes, parce qu'elles sont portées sur des pétioles longs et faibles;
d'avoir les pétales peu ouverts, ovales, échancrés en cœur. Leurs fruits sont souvent
plus longs que larges, légèrement déprimés, ovoïdes, ou ayant le plus ordinairement
à peu près la forme d'un cœur; la chair en est fade, douce ou sucrée, jamais acide,
adhérente à la peau, dont la couleur varie du blanc jaunâtre au rouge noirâtre.

* Première race. MERISIER.

Var. 1. MERISIER à fleurs doubles.
Cerasus major ac sylvestris, multiplici flore. TOURNEF. Inst. 627.
Cerasus major sylvestris, flore pleno. DUHAM. Arb. Fr. 1. pag. 157.

Ce Cerisier a le même port et le même feuillage que le Merisier des bois, mais il ne devient pas si grand et ses ombelles sont plus garnies. Ses fleurs ont depuis un pouce jusqu'à dix-huit lignes de diamètre; elles sont composées d'une quarantaine de pétales d'un blanc éclatant, disposées en rose, d'une trentaine d'étamines et d'un pistil monstrueux qui avorte. Cet arbre est au printems un des plus beaux ornemens des bosquets. On ne le cultive que pour la beauté de ses fleurs, puisqu'il ne donne pas de fruit; on le multiplie en le greffant sur le Merisier sauvage.

Var. 2. MERISIER à gros fruit noir. Grosse MERISE noire. PL. 27. FIG. D.
Cerasus major sylvestris, fructu cordato, nigro, subdulci. DUHAM. Arb. Fr. vol. 1. pag. 158.

Cette variété ne s'élève pas autant que les autres Merisiers dont le fruit est plus petit; ses feuilles sont d'un vert plus foncé et leurs nervures sont ordinairement d'une couleur rougeâtre. Le fruit approche, pour la grosseur, de celui des petites Guignes; il est alongé et il pend à une longue queue; sa chair est tendre, d'un rouge très-foncé, presque noir, douce, sucrée, mais un peu fade. Ce Merisier est cultivé pour ses fruits, que les marchands de liqueurs emploient pour colorer les ratafias; ils servent surtout à la fabrication du Kirschenwasser, comme nous le dirons plus bas.

Var. 3. MERISIER à fruit blanc. MERISE blanche. PL. 27. FIG. B. et C.

Cette Merise, cultivée dans beaucoup de jardins, sous les noms impropres de Cerise blanche ou Cerise ambrée, est d'un blanc tirant sur le jaune couleur d'ambre, et légèrement teinte de rouge dans la partie exposée au soleil : elle est douce, sucrée, fort agréable; aussi, de toutes les Merises, est-elle la variété la plus répandue; les autres le sont fort peu et ne méritent pas de l'être davantage.

Var. 4. MERISIER à fruit jaune. MERISE jaune. PL. 27. FIG. A.

Cette variété se distingue de la précédente, parce que son fruit est tout jaune et que sa saveur est moins agréable.

** *Seconde race.* GUIGNIERS.

LE GUIGNIER (*Prunus Cerasus Juliana.* LIN., *Cerasus Juliana.* DECAND.) est un arbre presque aussi grand que le MERISIER, mais il est plus touffu; ses branches sont plus menues, et elles se soutiennent mal. Ses feuilles sont deux fois dentées, nombreuses, moins pendantes que celles des arbres des autres races; elles ont au reste beaucoup de ressemblance, ainsi que les fleurs, avec celles du Merisier. Les fruits ont à peu près la forme d'un cœur; leur chair est tendre et aqueuse, couverte d'une peau adhérente, rouge, noirâtre ou quelquefois blanchâtre et à peine colorée.

Var. 5. GUIGNE précoce, GUIGNE de la Pentecôte. PL. 28. FIG. A.

Ce fruit commence à paraître dès la fin de mai; il est alors petit, blanc, d'un rouge très-clair et d'une saveur un peu insipide; mais comme c'est un des premiers fruits, il est recherché pour la décoration des desserts. A la mi-juin, lorsqu'il a acquis toute sa grosseur et qu'il est parfaitement mûr, il a quelquefois plus de neuf lignes de diamètre sur sept de hauteur; la couleur de sa peau, devenue plus foncée, est d'un beau rouge sur un fond jaune clair; sa chair est plus nourrie, assez ferme et de bon goût. Cette Guigne a une sous-variété qui n'a pas d'autre différence que d'être beaucoup moins grosse.

Var. 6. GUIGNE rouge.

Elle est plus alongée que la Guigne précoce, et elle est en tout un peu plus grosse, ayant neuf lignes de hauteur sur autant de diamètre. Sa peau, entièrement rouge, recouvre une chair mollasse d'un goût peu relevé.

Var. 7. Guigne blanche. Guignier à gros fruit blanc. Duham. Arb. Fr. vol. 1. pag. 161. pl. 1. fig. 3.

Cerasus major hortensis, fructu cordato, partìm albo, partìm rubro, carne tenerâ et aquosâ. Duham. l. c.

Cette variété est moins large que la précédente, mais plus alongée; le côté qui est à l'ombre est d'un blanc sale; celui qui est exposé au soleil est lavé de rouge ou couleur de chair, et lorsque les fruits sont bien exposés, il n'est pas rare qu'il y en ait quelques-uns qui se teignent presque par-tout d'un rouge clair. Cette Guigne mûrit vers le milieu de juin; sa chair est blanche, un peu ferme, d'un goût agréable.

Var. 8. Guigne noire. Pl. 28. Fig. B. Guignier à fruit noir. Duham. Arb. Fruit. 1. pag. 158. pl. 1. fig. 1.

Cerasus major hortensis, fructu cordato, nigricante, carne tenerâ et aquosâ. Duham. l. c.

Cette Guigne, plus petite que les deux précédentes, a sa peau fine, d'un brun presque noir lorsque le fruit est bien mûr; sa chair est d'un rouge très-foncé, tendre sans être molle et ayant assez de saveur : elle mûrit dans le commencement de juin.

Var. 9. Petite Guigne noire. Pl. 29. Fig. C. Guignier à petit fruit noir. Duham. Arb. Fr. vol. 1. pag. 160. pl. 1. fig. 2.

Cerasus major hortensis, fructu cordato, minore, nigricante, carne aquosâ et subdulci. Duham. l. c.

Ce Guignier ne diffère du précédent que parce que son fruit est moins alongé; sa chair est aussi d'un rouge moins foncé et plus fade. Il mûrit à la même époque.

Var. 10. Guigne Bigaudelle. Le Berr. Traité des Jard. 1. pag. 231.

Elle ressemble, pour la forme, à la Guigne précoce, mais sa peau est d'un rouge brun, qui devient presque noir lors de la parfaite maturité du fruit; sa chair est d'un rouge foncé, un peu ferme et d'une saveur relevée dans les terres chaudes et légères. Cette Guigne mûrit au commencement de juillet, un peu après la Noire Luisante, à laquelle elle est inférieure en bonté.

Var. 11. Guigne noire luisante. Guignier à gros fruit noir luisant. Duham. Arb. Fr. vol. 1. pag. 162. var. 5.

Cerasus major hortensis, fructu cordato, nigro, splendente, carne tenerâ, aquosâ et sapidissimâ. Duham. l. c.

Cette Guigne est noire, unie et luisante; sa chair est rouge, tendre sans être molle, d'un goût agréable et relevé. Elle mûrit vers la fin de juin; si elle était plus hâtive, elle mériterait d'être cultivée de préférence à toutes les autres.

Var. 12. Guigne piquante, Guigne à piquet. Pl. 29. Fig. A.

Cette variété est ainsi nommée parce qu'une partie du pistil devient dure, ligneuse, et forme une espèce de pointe piquante à l'extrémité du fruit, qui a, plus que toutes les autres Guignes, la forme d'un cœur; son diamètre est de huit lignes sur un peu moins de hauteur; sa peau est d'un rouge foncé du côté du soleil, d'un rouge clair de l'autre ou même jaunâtre; sa chair est ferme, croquante, d'un goût assez relevé, mais un peu amer. On ne cultive guère ce fruit, parce qu'il mûrit en même tems que beaucoup de bonnes variétés de Cerises qui lui sont bien préférables.

Var. 13. Guigne blanche tardive, Guigne de Dure-Peau. Pl. 29. Fig. D.

Cette variété est presque ronde comme une Cerise, mais sillonnée longitudinalement par une gouttière assez profonde ; sa peau est blanche et d'un jaune d'ambre très-pâle, lavé d'un rouge léger ; sa chair est ferme, d'assez bon goût : elle ne mûrit qu'en septembre.

Var. 14. Guigne rouge tardive.
Cerasus major hortensis, fructu cordato, rubro, serotino, carné tenerá et aquosá. Duh. Arb. Fr. vol. 1. pag. 162.

Cette variété, qu'on appelle en quelques endroits Guigne de fer, Guigne de Saint-Gilles, est tout-à-fait ronde, d'un violet foncé tirant sur le noir. Elle est peu cultivée, parce qu'elle ne mûrit qu'en septembre et octobre, mois pendant lesquels on ne manque pas de fruits beaucoup meilleurs.

Var. 15. Guigne Cœur de Poule. Cerise Cœur de Poule. Calv. Pépin. 2. pag. 139.
Cerasus sativa, fructu cordato, maximo, rubro, admodùm nigricante, carne rubrá, saporis suavissimi. Calv. l. c.

« Ce fruit, dit M. Calvel, peu commun aux environs de Paris, est cultivé dans les Départemens Méridionaux, sur-tout aux environs de Toulouse, où il est connu sous la dénomination de *Cor dè Galino.* Greffé sur le Merisier, cet arbre acquiert, en bon terrein, une hauteur aussi considérable que celle des plus forts Guigniers et Bigarreautiers. Ses feuilles sont longues, d'un vert foncé, avec de fortes nervures. Ses boutons sont gros et produisent une ou deux grandes fleurs, dont les pétales sont plus grands que ceux des Bigarreautiers. Son fruit mûrit dans les premiers jours de septembre ; il est soutenu par un pédoncule long d'environ dix-huit lignes ; sa forme est exactement celle d'un cœur ; il a plus d'un pouce de long, quelquefois quinze lignes, et presque autant à son plus grand diamètre. A l'époque de sa maturité, il est presque noir, et son suc est très-colorant, d'un rouge foncé. »

Var. 16. Guigne de quatre à la livre. Guignier à feuilles de Tabac. Pl. 30.
Cerasus decumana. De Launay, Alman. du Bon Jard. 1808.

Il n'y a que quelques années que cette nouvelle variété a été apportée de Hollande en France. Elle est remarquable par la grandeur de ses feuilles qui, sur les nouvelles pousses, ont souvent un pied, et quelquefois jusqu'à quinze et dix-huit pouces de long sur cinq à huit de large. Ces feuilles sont tombantes et ont l'air flétri ; celles des rameaux qui portent fruit sont de moitié ou des deux tiers plus petites. Il s'en faut de beaucoup que les fruits de cet arbre justifient le nom qu'on leur a donné, sans doute avant de les avoir vus : on s'est grandement trompé en croyant qu'ils répondraient au volume des feuilles ; ils ne sont pas plus gros que les autres Guignes de grosseur moyenne. Ils ont cela de particulier, c'est qu'ils sont terminés par une petite protubérance en forme de mamelon : leur peau est d'un rouge tendre, parce qu'ils sont trop cachés dans les feuilles ; ils deviendraient probablement d'un rouge plus foncé s'ils étaient bien exposés au soleil. Cet arbre a donné en 1808, pour la première fois, des fruits chez M. Noisette, Pépiniériste-Fleuriste, faubourg St.-Jacques, à Paris, lequel l'a introduit le premier en France, ainsi que plusieurs autres nouvelles variétés d'arbres fruitiers, et sur-tout beaucoup d'arbrisseaux et arbustes d'ornement. C'est dans ses pépinières qu'ont été peintes la plus grande partie des figures des différentes variétés de Cerises que nous donnons au public ; les autres ont été peintes et gravées d'après les dessins originaux de Le Berriays.

Var. 17. GUIGNIER à rameaux pendans.

Cet arbre se fait remarquer par la disposition de ses rameaux qui sont pendans comme dans le Cerisier de la Toussaint. Il est au reste peu répandu parce que ses fruits sont de médiocre qualité.

*** Troisième race. BIGARREAUTIERS.

Le BIGARREAUTIER (*Prunus, Cerasus-Bigarella et Duracina.* LIN. Sp. 679., *Cerasus Duracina.* DECAND. Fl. Fr. pag. 483.) est un arbre qui ressemble beaucoup au Guignier; il s'élève autant que lui; ses branches sont moins nombreuses, plus grosses et mieux nourries. Ses feuilles sont pendantes, d'un vert clair, garnies de beaucoup de nervures; ses fleurs sont peu ouvertes, comme celles des Merisiers et des Guigniers. Les fruits sont tout-à-fait en cœur, un peu comprimés, marqués d'un sillon longitudinal sur une de leurs faces : leur chair est ferme, cassante, très-adhérente à la peau; celle-ci varie, pour la couleur, du rouge clair au rouge le plus foncé, presque noir.

Var. 18. Petit BIGARREAU blanc hâtif. BIGARREAUTIER à petit fruit hâtif. DUHAM. Arb. Fr. vol. 1. pag. 165.
Cerasus major hortensis,. fructu cordato, minore, hinc albo, indè dilutè rubro, carne durá, dulci. DUHAM. l. c.

Ce Bigarreau a environ huit lignes de hauteur sur un peu plus de diamètre. Le sillon longitudinal, qui est très-marqué sur les autres Bigarreaux, n'est sur celui-ci qu'une simple ligne, qui n'est sensible que par un léger changement de couleur. La peau est d'un rouge clair du côté exposé au soleil, d'un blanc mêlé d'une très-légère teinte de couleur de rose, du côté qui est à l'ombre. La chair est blanche, moins dure que dans les autres Bigarreaux, mais cassante et beaucoup plus ferme que celle de la Guigne blanche (var. 7.) à laquelle elle ressemble d'ailleurs beaucoup ; son goût est relevé lors de la parfaite maturité, qui arrive vers le milieu de juin, un peu sur, si le fruit n'est pas bien mûr.

Var. 19. Petit BIGARREAU rouge, Cœuret. BIGARREAUTIER à fruit rouge, hâtif. DUHAM. Arb. Fr. vol. 1. pag. 166.
Cerasus major hortensis, fructu cordato, minore, rubro, carne durá, dulci. DUHAM. l. c.

Ce Bigarreau, selon Le Berriays, est un peu plus gros que le précédent, et un peu plus pointu qu'aucun autre. Sa peau est teinte d'un rouge clair sur un fond blanchâtre; la chair en est blanche, un peu ferme, et de bon goût. Ce fruit mûrit quinze jours plus tard que le petit Bigarreau blanc, environ vers la fin de juin. Duhamel paraît douter qu'il puisse être considéré comme une variété distincte de ce dernier; il croit que, s'il en diffère, ce n'est que lors qu'il est plus exposé au soleil et qu'on laisse les fruits plus long-tems sur l'arbre, ce qui fait qu'ils deviennent plus colorés.

Var. 20. BIGARREAU Cœur de Pigeon. PL. 31. FIG. D. Gros BIGARREAU hâtif.

Ce fruit a neuf lignes de hauteur sur un diamètre égal; il est presque également rétréci à la base et à la pointe, de manière à avoir plutôt la forme d'un ovale raccourci que celle d'un cœur. Il est convexe d'un côté, applati de l'autre et marqué d'un sillon longitudinal très-sensible. Le côté exposé au soleil est d'un rouge foncé, l'autre est d'un blanc jaunâtre, avec une légère teinte de rose. Sa chair est ferme, croquante, de bon goût. Ce Bigarreau mûrit à la fin de juin.

Var. 21. Gros BIGARREAU rouge. BIGARREAUTIER à gros fruit rouge. DUHAM. Arb. Fr. vol. 1. pag. 163. pl. 2.

Cerasus major hortensis, fructu cordato, majore, saturé rubro, carne durâ, sapidissimâ. DUHAM. l. c.

Ce Bigarreau est plus gros que le précédent, il a plus de dix lignes de diamètre sur une hauteur égale; il a bien la forme d'un cœur; il est un peu échancré à la pointe, applati sur ses deux faces principales, qui sont marquées chacune d'un sillon. Sa peau est luisante, d'un rouge foncé du côté exposé au soleil, d'un rouge plus tendre sur celui qui est à l'ombre. La chair est blanchâtre, ferme, succulente, d'un goût très-relevé et excellent. Ce fruit est le meilleur de ceux de son espèce; il mûrit à la fin de juillet et au commencement d'août.

Var. 22. Gros BIGARREAU blanc. BIGARREAUTIER à gros fruit blanc. DUHAM. Arb. Fr. 1. pag. 165.

Cerasus major hortensis, fructu cordato, majore, hinc albo, indè dilutè rubro, carne durâ, sapidâ. DUHAM. l. c.

Ce Bigarreau est de la même forme et de la même grosseur que le précédent, il n'en diffère que parce que les couleurs de sa peau sont plus pâles : le côté exposé au soleil, au lieu d'être rouge foncé, n'est que couleur de chair, et le côté opposé est blanchâtre. Sa chair est aussi un peu moins ferme, d'un goût moins relevé.

Var. 23. BIGARREAU commun, ou BELLE DE ROCMONT. PL. 32. BIGARREAUTIER commun. DUHAM. Arb. Fr. vol. 1. pag. 167.

Cerasus major hortensis, fructu cordato, medio, carne durâ, sapidâ. DUHAM. l. c.

Celui-ci est moins applati et moins alongé que le gros Bigarreau rouge; il a dix lignes de hauteur sur onze de diamètre; le côté qui se trouve légèrement déprimé n'est pas marqué d'un sillon sensible, il n'a qu'une ligne blanchâtre peu prononcée. La peau est unie, luisante, d'un beau rouge du côté qui regarde le soleil, et marbrée ou finement tiquetée de blanc par places, d'un rouge très-clair ou presque tout-à-fait blanchâtre du côté opposé. Sa chair est ferme, cassante, d'un goût relevé, très-agréable. Ce fruit tient le milieu, pour le tems où il mûrit, entre les Bigarreaux précoces et les tardifs; sa maturité arrive au mois de juillet.

Les arbres de cette variété et ceux de la précédente portent beaucoup de fruit; c'est ce qui fait qu'ils sont plus répandus et qu'on les cultive de préférence à tous les autres Bigarreautiers, qui, en général, chargent beaucoup moins.

Var. 24. BIGARREAU couleur de chair.

Ce fruit est très-bon; il ressemble beaucoup au précédent dont il n'est qu'une sous-variété, qui se distingue seulement par sa peau couleur de rose.

Var. 25. Gros BIGARREAU tardif. PL. 31. FIG. C.

« Il est, dit Le Berriays, un peu moins gros que le gros Bigarreau rouge, et plus tardif. Sa peau est d'un rouge assez foncé du côté de l'ombre; l'autre côté est d'un rouge brun presque noir; ce qui le fait nommer quelquefois BIGARREAU NOIR. Sa chair est ferme, son eau excellente. »

Var. 26. Bigarreau noir, Cerise de Norwege. Pl. 31. Fig. B.

Les feuilles de ce Bigarreautier se soutiennent mieux que celles des autres variétés voisines. Son fruit n'est pas sensiblement applati : il a neuf lignes de hauteur sur un diamètre égal ; sa forme est un peu oblongue sans être cordiforme ; sa peau, lorsqu'il est bien mûr, est aussi noire que celle de certaines Guignes ; la chair est très-ferme, peu aqueuse, rouge et d'un goût peu relevé.

Var. 27. Bigarreau noir, tardif. Pl. 31. Fig. A.

Ce fruit est moins gros que le précédent, à peine a-t-il neuf lignes de diamètre sur huit de hauteur ; il n'est pas cordiforme, mais à peu près également rétréci à sa base et à sa pointe, légèrement applati sur un côté, et très-rarement marqué d'un sillon longitudinal. Sa peau, d'abord d'un rouge brun très-foncé, devient noire lors de la maturité parfaite, qui arrive vers la fin d'août. La chair est rouge, un peu sèche, très-ferme.

**** *Quatrième race.* Heaumiers.

« Le Heaumier, selon Le Berriays, ressemble presque au Bigarreautier ; sa taille égale celle du Merisier. Ses feuilles, d'un vert clair, d'une étoffe mince, grandes, alongées, finement dentelées, quoique portées par d'assez grosses queues, se soutiennent encore moins que celles du Bigarreautier, et se plient ou se roulent en dedans. Ses fleurs ressemblent à celles des Guigniers. Ses fruits participent, pour la qualité, des Guignes et des Bigarreaux, étant plus fermes que celles-là, mais moins que ceux-ci ; d'un goût moins relevé que les derniers, meilleurs et plus agréables que les premières. »

Var. 28. Heaume blanc.

Ce fruit, presque rond à la base, applati à la pointe, a huit lignes de hauteur sur neuf de diamètre ; il est d'un rouge assez prononcé du côté qui reçoit les rayons du soleil, d'un jaune pâle presque blanc du côté opposé. Sa chair, presque aussi ferme que celle du Bigarreau, est aqueuse, d'un goût agréable quoique peu relevé ; elle est sujette à se crevasser lorsqu'il tombe beaucoup de pluie, depuis le milieu de juin jusqu'au milieu de juillet, époque de la maturité de ce fruit.

Var. 29. Heaume rouge. Pl. 33. Fig. B.

Ce fruit ressemble peu au précédent ; il a beaucoup plus que lui la forme d'un cœur ; son diamètre, égal à sa hauteur, est de huit lignes ; sa peau est partout d'un rouge assez foncé ; sa chair, moins ferme, est aussi moins bonne et sujette à être véreuse. L'arbre porte beaucoup de fruit, qui mûrit vers le milieu de juillet.

Var. 30. Heaume noir. Pl. 33. Fig. A.

Celui-ci est à peu-près de la même grosseur que le Heaume rouge, mais il est plus oval, moins en cœur et d'un meilleur goût. Sa peau devient d'un noir brillant lors de la maturité du fruit, qui arrive au commencement de juillet. Il a, comme le précédent, plus de rapports avec les Guignes qu'avec les Bigarreaux.

Les différentes variétés que nous venons de décrire sous les dénominations de Merisiers, Guigniers, Bigarreautiers et Heaumiers, comme issues du Cerisier-Merisier, ne sont pas, sans doute, toutes celles qui ont été produites par cet arbre ;

mais ce sont les principales, celles qui sont le plus généralement cultivées, celles
enfin qui produisent les meilleurs fruits. Comme il est déjà assez difficile de bien
distinguer, par la vue, le toucher et le goût, toutes ces variétés, parce que
plusieurs d'entre elles se confondent souvent l'une dans l'autre, et qu'il est encore
plus difficile de leur assigner des caractères qui puissent servir à les faire reconnaître, nous avons jugé superflu de présenter encore plusieurs autres variétés
beaucoup moins distinctes, et qui n'offriraient d'autres différences que celles
qui auraient été produites par le changement de terrein et d'exposition. Nous
négligerons aussi plusieurs variétés demi-sauvages qu'on rencontre dans les campagnes et qui sont fort inférieures, soit pour la grosseur, soit pour la bonté des
fruits, à celles que nous avons rapportées; nous négligerons ces variétés, parce
que nous jugeons qu'elles ne valent pas la peine d'être nommées et encore moins
celle d'être cultivées. L'observation que nous venons de faire pour le Merisier,
nous l'appliquons d'avance aux variétés de qualité inférieure, que nous pourrons
omettre à dessein dans l'article du Cerisier vulgaire, qui va suivre immédiatement.

17. CERASUS vulgaris.
C. *umbellis subsessilibus, paucifloris; foliis*
deciduis, ovato-lanceolatis, dentatis, gla-
bris.

CERISIER vulgaire.
C. à fleurs en ombelles sessiles, peu fournies;
à feuilles annuelles, ovales-lancéolées,
dentées, glabres.

CERASUS *vulgaris*. Mill. Dict. n. 1.
Cerasus caproniana. Decand. Fl. Fr. n. 3784.
Cerasus sativa, fructu rubro et acido. Tournef. Inst. 625.
Cerasus foliis glabris serratis ovato-lanceolatis, mucrone producto. Hall. Helv. n. 1083.
Cerasus vulgaris, fructu rotundo. Duham. Arb. Fr. vol. 1. pag. 170.
Cerasia acida. Tabern. Ic. 985.
Cerasa rubra. Blackw. Herb. tab. 449.
Prunus cerasus. Lin. Sp. 679. (excl. var. ε, κ et λ.) Mantis. 396. Willd. Sp. 2. pag. 991.
Pom. Dict. 5. pag. 668. Pers. Synop. 2. pag. 34.
Cerisier à Paris, *Griottier* dans beaucoup de départemens.

Le Cerisier proprement dit, s'élève moins que le Merisier, son tronc acquiert
quelquefois la même grosseur, mais sa hauteur n'est ordinairement que de vingt
à vingt-quatre pieds. Ses branches et ses rameaux sont plus étalés, se soutiennent
moins bien et forment plutôt une tête arrondie qu'une espèce de pyramide, comme
le fait le Merisier et la plupart de ses variétés. Les feuilles sont ovales, dentées,
glabres, moins alongées, moins grandes, d'un verd plus foncé, portées sur des
pétioles plus courts, plus fermes, et qui les soutiennent mieux. Les fleurs, plus
petites que celles du Merisier, sont d'ailleurs disposées de même en ombelles
presque sessiles et peu fournies; leurs pétales sont ovales, entiers, rarement ou
peu sensiblement échancrés, plus courts et beaucoup plus ouverts. Les fruits sont
arrondis, fondans, pleins d'une eau plus ou moins relevée et presque toujours sensiblement acide; leur peau est rouge, mais elle passe, selon les variétés, de la
teinte la plus pâle à la plus foncée et jusqu'au pourpre noirâtre; cette peau se sépare
facilement de la chair, tandis qu'elle est toujours plus ou moins adhérente dans
tous les fruits des différentes variétés du Merisier.

L'arbre que nous venons de décrire n'est point le Cerisier spontanée qu'on n'a
point encore trouvé dans nos forêts, et que nous ne connoissons pas; c'est le Cerisier
commun à fruit rond, de Duhamel, qui s'élève de noyau dans les vignes, les vergers,
et qui croît dans les campagnes, sans qu'on en prenne aucun soin. Nous supposons

que cet arbre, venu de graine, s'éloigne moins que les autres variétés de l'espèce primitive, dont sa manière de croître et de se propager doit le rapprocher.

Les variétés du Cerisier vulgaire, telles que les Jardiniers et les Cultivateurs les considèrent, et telles qu'ils les qualifient du nom d'espèces, sont beaucoup plus difficiles à distinguer les unes des autres, que ne le sont les variétés du Merisier entre elles. Dans celles-ci, le fruit, depuis la forme très-prononcée d'un cœur qu'il a dans la Guigne Cœur-de-Poule et le gros-Bigarreau rouge, jusqu'à la forme ovoïde de la Merise sauvage, en présente plusieurs autres assez distinctes; la chair ferme et cassante de plusieurs Bigarreaux est bien différente de celle de la plupart des Guignes et des Merises; enfin la couleur pâle de la Guigne blanche et du Bigarreau blanc contrastent beaucoup avec la couleur foncée de la Guigne noire et du Bigarreau noir. Dans les Cerises au contraire, la forme du fruit est moins variable, elle est presque toujours sphérique, un peu applatie vers la base, et, excepté quelques variétés, la peau est assez constamment rouge; ce n'est donc que dans une teinte ou plus foncée ou plus pâle, dans un fruit un peu plus gros ou un peu plus petit, dans une saveur ou plus ou moins relevée, ou plus ou moins acide, qu'on pourra trouver les caractères qui serviront à faire reconnoître les différentes variétés. Cela n'a pas empêché les Jardiniers et les Pépiniéristes de prendre les plus légères différences, les simples nuances même, qu'ils ont pu remarquer entre ces fruits, pour leur donner des dénominations différentes et les qualifier d'espèces distinctes. L'observateur exact, en cherchant des caractères constans d'après lesquels il puisse désigner ces prétendues espèces, non-seulement en peut rarement trouver, mais encore il lui arrive souvent de pouvoir à peine reconnaître les différences qu'on lui indique et qu'on lui montre.

Au lieu de toutes ces nombreuses variétés, dont plusieurs n'ont pas de caractère bien prononcé, et qui sont pour la plupart si peu constantes qu'elles changent souvent selon le climat, l'exposition, le terrein et quelquefois selon l'âge des arbres; au lieu, disons-nous, de toutes ces variétés mal déterminées, ne serait-il pas plus utile de chercher à les réunir en un certain nombre de grouppes, qui seraient alors plus distincts et mieux caractérisés. Les observations qu'il faudrait avoir pour composer un travail complet en ce genre, sont si longues à faire, et si difficiles à rassembler, qu'il eût fallu, pour pouvoir l'exécuter en entier, des circonstances beaucoup plus favorables que celles dans lesquelles nous nous sommes trouvés cette année, où la plupart des Cerisiers n'ont pas porté de fruits, dans les pépinières où nous nous proposions de les observer. Nous offrirons donc seulement quelques rapprochemens, et une nouvelle manière de distribuer les Cerises, manière qui pourra présenter quelques avantages et faciliter l'étude, ainsi que la détermination des différentes variétés.

Fruits dont la chair est blanchâtre, et la saveur plus ou moins acide.

Var. 1. CERISIER à fleur semi-double. DUHAM. Arb. Fr. vol. 1. pag. 173. pl. 5.
Cerasus vulgaris duplici flore. LOB. Ic. 2. tab. 172.

Les fleurs de cette variété ont quinze à vingt pétales disposés sur trois à quatre rangs, et un ou deux pistils. Lorsqu'un des deux n'avorte pas, les fruits sont jumeaux; mais il n'y a guère que les vieux arbres qui en produisent de tels. Quelques fleurs sont tout-à-fait stériles, parce que les pistils se développent sous la forme de petites feuilles vertes. Le fruit qui provient des autres fleurs est médiocrement gros, d'un rouge clair et vif, peu charnu, trop acide pour être agréable; aussi cet arbre n'est-il cultivé que pour ses fleurs.

Var. 2. CERISIER à fleur double.
Cerasus hortensis, pleno flore. BAUH. Pin. 450. TOURNEF. Inst. 662.
Cerasus pleno flore. J. B. Hist. 1. lib. 2. pag. 223.
Cerasus multiflora prima. TABERN. Ic. 983.

Cette variété est tout-à-fait stérile, toutes les étamines étant changées en pétales, et le pistil en petites feuilles vertes qui occupent le centre de la fleur. Celle-ci est moins large et moins belle que celle du Merisier de même nom; mais comme l'arbre s'élève beaucoup moins, et qu'on peut le tenir en buisson, il se trouve propre à occuper, dans un jardin d'ornement, des places qui ne pourroient convenir au Merisier. Le Cerisier à fleur double se greffe ordinairement sur le Bois de Sainte-Lucie.

Var. 3. CERISIER à fleurs de Pêcher.
Cerasus hortensis flore roseo. BAUH. Pin. 450. TOURNEF. Inst. 626.
Cerasus multiflora secunda. TABERN. Ic. 984.

Cette variété n'est remarquable que par la couleur de ses fleurs qui sont roses, au lieu d'être blanches.

Var. 4. CERISIER à feuilles panachées.

Ce Cerisier se cultive, avec les trois précédens, dans quelques jardins d'agrément, mais en général ces variétés sont aujourd'hui peu recherchées; elles deviennent même rares, parce qu'on leur préfère une multitude d'arbres et d'arbrisseaux qui, depuis trente ans, ont été apportés de l'Amérique et de la Nouvelle-Hollande.

Var. 5. CERISIER nain à fruit rond précoce. DUHAM. Arb. Fr. vol. 1. pag. 168. pl. 3. Roz. Dict. 2. pag. 643. pl. 26. fig. 1.
Cerasus pumila, fructu rotundo, minimo, acido, præcociori. DUHAM. l. c.

De toutes les variétés du Cerisier celle-ci est la plus petite, car l'arbre ne s'élève guère qu'à six ou huit pieds lorsqu'on le laisse venir en plein vent, et il devient encore moins haut si on le met en espalier. Il est, pour cette raison et à cause de la flexibilité de ses rameaux, plus propre que tous les autres Cerisiers à être tenu en palissades, aussi est-ce de cette manière qu'on le cultive le plus ordinairement. La seule chose qui donne quelque valeur au fruit de ce petit Cerisier, c'est qu'il est très-précoce, il mûrit dès la fin de mai ou au commencement de juin; mais il est d'une grosseur moindre que tous les autres, et sa chair est peu abondante, très-acide, même un peu acerbe. La couleur de sa peau est rouge. On peut le greffer sur les drageons du Cerisier commun, ou sur de jeunes pieds venus de noyau; mais plus souvent, on préfère le placer sur l'arbre de Sainte-Lucie, afin qu'il reste bas, et au contraire on évite de le mettre sur le Merisier, sur lequel il s'élèverait trop.

On cultive beaucoup de Cerisiers nains à Montreuil, près de Paris; leurs premiers fruits, qui paraissent avant toutes les autres Cerises, servent à faire de petits bouquets que les marchandes garnissent de feuilles de Muguet, pour leur donner un aspect plus agréable, et dont les enfans s'amusent et se régalent.

Var. 6. CERISIER hâtif. DUHAM. Arb. Fr. vol. 1. pag. 170. pl. 4. Roz. Dict. 2. pag. 643. pl. 24. fig. 2.
Cerasus sativa, fructu rotundo, medio, rubro, acido, præcoci. DUHAM. l. c.

Cet arbre s'élève beaucoup plus que le CERISIER nain (Var. 5), mais moins que la plupart des suivans; il ne forme qu'une tête peu étendue et il laisse pendre ses

branches, surtout quand celles-ci sont très-chargées de fruit, ce qui arrive assez
ordinairement, car il est d'un grand rapport : il n'est pas rare de voir réunis en une
seule ombelle les pédoncules de six à huit fruits. Ce Cersier étant très-fécond et ses
fruits très-hâtifs, on en cultive beaucoup aux environs de Paris, et il fournit les
premières Cerises aux marchés de cette capitale ; mais on en mange les trois-quarts
avant qu'elles soient vraiment mûres, parce que les gens de la campagne, pour
profiter de la valeur qu'elles ont comme hâtives, se pressent de les cueillir dès
que leur peau est teinte d'un rouge clair ; alors leur chair est très-acide et de
mauvais goût : si au contraire on les laissait bien mûrir, la peau deviendrait d'un
rouge assez foncé, la chair serait plus douce et beaucoup meilleure ; mais aussi elles
auraient perdu le mérite de la nouveauté.

Var. 7. Cerisier Marasquin, Griottier Marasquin.

Cet arbre vient de la Dalmatie, et il est cultivé à Paris dans quelques jardins,
entre autres chez M. Cels. On pourrait croire, dit M. Bosc, que c'est le type
sauvage des Cerisiers ; mais il faudrait avoir, sur la manière dont il croît dans
son pays natal, des renseignemens plus certains que ceux que nous avons. Son
fruit est petit et acide.

Var. 8. Cerise à trochet. Pl. 34. Fig. A. Cerisier très-fertile, Cerisier à trochet. Duham.
Arb. Fr. vol. 1. pag. 175.
Cerasus sativa, multifera, fructu rotundo, medio, saturé rubro. Duham. l. c.

La hauteur de cet arbre est moyenne entre celle du Cerisier nain et celle du
Cerisier hâtif. Ses Cerises sont d'une grosseur médiocre, d'un rouge foncé lors de la
parfaite maturité ; leur chair est délicate, mais un peu trop acide. Cet arbre charge
beaucoup, et il porte souvent une si grande quantité de fruits, que les rameaux,
qui sont longs et menus, se courbent et succombent quelquefois sous le poids, ce
qui rendroit son port désagréable dans la saison du fruit, si, comme dit Duhamel, un
Cerisier dont les branches ressemblent à autant de guirlandes de Cerises pouvait
déplaire à la vue.

Var. 9. Cerise à bouquet. Pl. 34. Fig. B. Cerisier à bouquet. Duham. Arb. Fr. vol. 1. pag.
176. pl. 6. Roz. Dict. 2. pag. 645. pl. 26. fig. 2.
Cerasus sativa fructus rotundos, acidos, uno pediculo, plures ferens. Duham. l. c.
Cerasus racemosa hortensis. Bauh. Pin. 450. Tournef. Inst. 626.
Cerasus uno pediculo plura ferens. J. B. Hist. 1. lib. 2. pag. 223.
Cerasia uno pediculo plura. Tabern. Ic. 987.
Prunus Cerasus avium. Lin. Sp. 679. var. 1.

Cet arbre a le port du précédent ; il est, comme lui, très-fertile, fort touffu ;
ses branches sont de même faibles et pendantes, mais ses fleurs ont un caractère
particulier, caractère qui serait suffisant pour en faire une espèce bien distincte,
si ce Cerisier se trouvait sauvage dans les forêts, et si l'on n'était pas porté à
croire que la singularité qu'il présente n'est qu'une monstruosité. Ses fleurs sont
disposées, comme dans les autres variétés, en ombelles assez fournies ; il n'est
pas rare d'en voir quatre à six sortir du même bouton. Les calices et les pétales
n'offrent rien de particulier, mais le centre de la fleur est occupé par plusieurs
pistils, un à douze, dont une partie avorte ordinairement, mais dont plusieurs
se développent et deviennent des fruits parfaits. Ces fruits, au nombre de trois,
quatre, cinq et plus, sont sessiles à l'extrémité de leur pédoncule, fort serrés
les uns contre les autres, comprimés par les côtés où ils se touchent, mais bien

distincts, nullement adhérens ensemble, et munis chacun d'un noyau. Duhamel dit que ce n'est que sur les vieux arbres qu'on trouve des bouquets de huit à douze Cerises, et que sur les jeunes le même pédoncule ne porte qu'une, deux, trois ou au plus cinq Cerises. Ce fruit mûrit vers le milieu de juin : sa chair est blanche, mais trop acide pour qu'on puisse la manger autrement qu'en compote ou glacée de sucre.

Les auteurs qui ont parlé de cet arbre vraiment singulier, ne disent pas s'il se propage autrement que par la greffe : s'il se reproduisait de noyaux, et qu'il présentât ce caractère constant de Polygynie, on pourroit croire qu'il est une espèce distincte : il resterait à savoir dans quel pays elle est spontanée, et par qui elle a été introduite dans les jardins.

Var. 10. CERISE à noyau tendre. DUHAM. Arb. Fr. vol. 1. pag. 174.
Cerasus vulgaris, fructu rotundo, nucleo fragili. DUHAM. l. c.

« Quoique plusieurs livres d'agriculture fassent mention de Cerises sans noyau,
» et même proposent avec confiance les moyens d'en avoir de telles, je doute
» de l'existence de la chose et du succès des moyens de la produire. Ce Cerisier-ci
» est une variété du Cerisier commun, dont le fruit a environ huit lignes de
» diamètre et autant de hauteur. Sa queue est très-menue, longue de treize ou
» quatorze lignes. Son noyau est ligneux, mais fort mince et facile à rompre. » DUH.

La Cerise à noyau tendre, dont parle Duhamel, a beaucoup de rapports avec la Cerise de Hollande, et pourrait bien n'en être qu'une sous-variété. L'arbre porte beaucoup de fruit, mais il est de médiocre qualité.

Var. 11. CERISE à courte queue, GOBET. PL. 35. FIG. B. LE BERR. Traité des Jard. 1. pag. 244.
Cerasus sativa, fructu rotundo, acido, brevi pediculo. LE BERR. l. c.

« L'arbre, dit l'auteur du Nouveau La Quintinye (1), ressemble beaucoup au CERISIER hâtif, par sa taille, son bois menu et pendant, la grandeur et la forme de ses feuilles. Son fruit, de grosseur un peu plus que médiocre, (neuf lignes de diamètre sur huit de hauteur) est sphérique, applati par les extrémités, souvent divisé sur un côté, suivant sa hauteur, par une gouttière profonde; d'un rouge clair, qui se fonce peu dans l'extrême maturité; porté par une queue longue de six à huit lignes; un peu trop relevé d'acide. Sa maturité est vers la mi-juillet. Rarement l'arbre charge beaucoup. »

Var. 12. CERISE de Montmorency, ordinaire. PL. 36. CERISIER de Montmorency. DUHAM. Arb. Fr. vol. 1. pag. 181.
Cerasus sativa, fructu rotundo, magno, rubro, gratè acidulo. DUHAM. l. c.

Cet arbre ressemble beaucoup au CERISIER hâtif, par sa taille, son port, ses feuilles, sa fertilité, etc. Le fruit est moins gros que celui du GROS-GOBET, et porté sur des pédoncules plus longs, ils ont quinze à seize lignes; sa peau est d'un rouge foncé lors de la parfaite maturité; sa chair est blanche, pas trop acide et d'un goût agréable. Cette Cerise mûrit au commencement de juillet. On la cultive aux environs de Paris, de préférence au Gros-Gobet, quoiqu'elle lui soit inférieure en grosseur et en bonté, parce que l'arbre est d'un grand rapport et plus hâtif. Les cultivateurs

(1) Nous avons annoncé à nos lecteurs la cession qui nous a été faite des dessins et des manuscrits que M. LE BERRIAYS avait destinés pour les tomes III et IV du Traité des ARBRES FRUITIERS, de DUHAMEL; mais cet agronome estimable ayant fait imprimer dans son *Traité des Jardins* une partie de ces mêmes manuscrits, au lieu de faire mention de ceux-ci, on a cité et on citera toujours le *Traité des Jardins* ou LE NOUVEAU LA QUINTINYE.
(Note de l'Editeur.)

trouvent par-là plus d'avantage à le planter que le suivant, qui, comme ils le disent, ne donne son fruit que lorsque les Parisiens sont rassasiés de Cerises. Au reste, le Cerisier de Montmorency n'est pas aujourd'hui plus commun dans la vallée de ce nom qu'ailleurs; il y est même devenu un peu rare depuis la révolution, époque funeste, pendant laquelle on a abattu et arraché une grande partie des arbres qui bordaient les chemins et qui couvraient la plupart des champs de ce canton. Aujourd'hui on cultive plus de Cerisiers aux environs des villages de Sceaux, de Fontenay-aux-Roses et de Châtillon qu'à Montmorency; mais les fruits y sont, en général, inférieurs en qualité à ceux de la vallée autrefois si renommée, et l'on a conservé à Paris l'usage de nommer Cerises de Montmorency, non-seulement l'espèce qui porte particulièrement ce nom, mais encore la plupart des bonnes Cerises.

Var. 13. Gros-Gobet, Gobet à courte queue, Cerise de Kent. Pl. 35. Fig. A. Cerisier de Montmorency, à gros fruit. Duham. Arb. Fr. vol. 1. pag. 180. pl. 8. Roz. Dict. 2. pag. 646. pl. 24. fig, 3.
Cerasus sativa, fructu rotundo, majore, acutè et splendidè rubro, brevi pediculo. Duham. l. c.

Ce Cerisier donne beaucoup de fleurs, mais il noue difficilement son fruit, et n'en rapporte ordinairement que peu, ce qui l'a fait nommer par quelques cultivateurs Cerisier coulard. Ce fruit, porté sur un pédoncule très-court (de cinq à sept lignes), est gros, applati à sa base et à son extrémité opposée; son diamètre est de onze lignes et sa hauteur d'un peu plus de huit; sa peau est d'un rouge vif et brillant, peu foncé; sa chair, d'un blanc jaunâtre, est peu acide, très-agréable. Cette excellente Cerise, une des meilleures qu'on puisse cultiver, n'est que peu répandue, pour les raisons que nous avons déjà données; on ne la trouve guère dans les grands vergers, on ne la rencontre que dans les jardins de quelques particuliers qui préfèrent la qualité d'un fruit à sa quantité. Elle mûrit vers le milieu de juillet.

** *Fruits dont la chair est blanchâtre, et la saveur douce ou à peine acide.*

Var. 14. Cerise de Villennes, Guindoux (1) rouge. Pl. 37.
Cerisier à gros fruit rouge pâle. Duham. Arb. Fr. vol. 1. pag. 182. pl. 9. Roz. Dict. 2. pag. 646. pl. 24. fig. 4.
Cerasus sativa, fructu rotundo, majore, dilutiùs rubro, gratissimi saporis vix aciduli. Duham. l. c.

Cet arbre est un des plus grands de toutes les variétés du Cerisier vulgaire, et il soutient mieux ses branches que la plupart des autres. Ses bourgeons sont une fois plus gros que ceux du Gros-Gobet. Ses feuilles sont terminées par une pointe alongée et aiguë. Son fruit a onze lignes de diamètre sur dix de hauteur; il est porté par un pédoncule bien nourri, long de dix à seize lignes. La peau est fine, teinte de rouge clair. La chair, blanche, succulente, légèrement acide, a un goût très-agréable. Cette belle Cerise est une des meilleures qu'on puisse manger crue, et on doit la préférer à toute autre pour faire des confitures : elle mûrit à la fin de juin et au commencement de juillet.

(1) Dans plusieurs provinces de France, le Cerisier se nomme *Guin*, et les Cerises *Guines*. Si ce sont des variétés sans acide dans leur maturité, telles que les Griottes et quelques autres, les Cerises se nomment *Guindoux* ou *Guindoles*, et les arbres *Guindoliers*. *Guin* est un terme bas-breton, qui signifie Vin. Vraisemblablement on a donné ce nom au Cerisier, parce qu'on fait avec les Cerises une liqueur forte et vineuse; le bois même du Cerisier, mis vert dans le feu, exhale une odeur vineuse.   (*Note de* Le Berriays, *Traité des Jardins.*)

Var. 15. Guindoux de Paris, Guindoux rose. Pl. 38. Fig. A. Le Berr. Traité des Jardins. 1. p. 252.
Cerasus sativa, rotundo fructu, majore, rubello, suavissimo. Le Berr. l. c.

Ce Cerisier devient médiocrement grand, et il soutient mal ses branches. Ses fruits sont de la même grosseur que ceux du précédent, et ils mûrissent un peu plutôt : leur peau est teinte d'un rouge encore plus clair, comme couleur de rose; la chair est douce et excellente.

Var. 16. Cerisier de Hollande, Couland. Duham. Arb. Fr. vol. 1. pag. 184. pl. 10. Roz. Dict. 2. pag. 647. pl. 26. fig. 3.
Cerasus sativa, paucifera, fructu rotundo, magno, pulchré rubro, suavissimo. Duham. l. c.

Cette variété est la plus grande de toutes les espèces du Cerisier commun ; elle donne beaucoup de fleurs, mais peu de fruits. Une grande partie des fleurs avorte, sans doute parce que le pistil est beaucoup plus long que les étamines, ce qui s'oppose à ce que celles-ci puissent féconder les germes avec facilité. C'est dommage que cet arbre ait cet inconvénient, et que pour cela il soit négligé, car ses Cerises sont grosses et excellentes. Leur pédoncule a quinze à vingt lignes de longueur; leur peau est d'un beau rouge, et la chair fine, douce, d'un blanc un peu rougeâtre. Le tems de leur maturité arrive à la fin de juin.

Le Cerisier à feuilles de Saule ou de Balsamine n'est qu'une sous-variété du précédent, caractérisée par des feuilles plus alongées et plus étroites, mais dont le fruit ne diffère nullement. Il mérite d'être cultivé à cause de la singularité de son feuillage, et surtout parce qu'il donne de bons fruits, car la forme de ses feuilles n'est pas tellement constante qu'elle ne change jamais, et il arrive quelquefois, lorsqu'un arbre pousse avec beaucoup de vigueur, que plusieurs rameaux portent des feuilles semblables à celles des autres Cerisiers.

Var. 17. Cerise Royale, hâtive; May-Duke; Cerise d'Angleterre aux environs de Paris.
Cerasus sativa, rotundo fructu, magno, gratissimo, præcoci. Le Berr. Traité des Jard. 1. pag. 248.

Cet arbre a le bois fort gros, et il soutient bien ses branches. Son fruit a souvent plus de deux pouces et demi de tour, sur près de neuf lignes de hauteur, il est comprimé à ses deux extrémités; le pédoncule est assez alongé, muni d'une petite feuille vers le tiers de sa longueur; la peau est d'un beau rouge qui devient très-foncé dans la parfaite maturité; la chair est blanche, un peu rouge lorsque le fruit est très-mûr, fondante, très-peu acide et fort agréable. Cette Cerise n'est pas sujette à couler; elle mûrit au commencement de juin, lorsqu'elle est en espalier à l'exposition du midi.

Var. 18. Cerise ambrée, Guindoux blanc. Pl. 38. Fig. B. Cerisier à fruit ambré, à fruit blanc. Duham. Arb. Fr. vol. 1. pag. 185. pl. 11.
Cerasus sativa, fructu rotundo, magno, partim rubello, partim succineo colore. Duham. l. c.

Ce Cerisier est un des plus grands de toutes les variétés de l'espèce, et il soutient bien ses branches qui sont très-longues ; il donne beaucoup de fleurs, mais qui sont sujettes à avorter. Les fruits sont gros, bien arrondis à leur extrémité, un peu applatis à leur base, portés sur des pédoncules de quinze à vingt-quatre lignes de longueur. Leur peau est fine, un peu dure, d'un jaune d'ambre, légèrement teinte de rouge par places, lors de la maturité, et sur-tout du côté exposé au soleil. La chair est blanche, douce, sucrée, excellente. Cette Cerise mûrit au milieu de juillet; elle est peu répandue, elle mériterait plus qu'aucune autre, d'être cultivée à cause de sa bonté, si, comme nous l'avons dit, elle n'avait le défaut de nouer difficilement.

Il y a une autre Cerise qui porte le nom d'ambrée ; elle est beaucoup plus petite que celle dont il vient d'être question, et elle lui est aussi très-inférieure du côté du goût ; le seul avantage qu'elle ait, c'est d'être beaucoup plus précoce : elle mûrit au commencement de juin.

Var. 19. Grosse GUINDOLLE. LE BERR. Traité des Jard. I. p. 253.
Cerasus sativa, rotundo fructu, majore, compresso, dilutè rubro LE BERR. l. c.

« Ce Cerisier, cultivé dans les environs de Poitiers, dit l'auteur du *Traité des Jardins*, n'a aucun caractère propre. Ses feuilles, de grandeur médiocre, sont élargies, dentelées assez profondément et surdentelées. Ses fruits, portés par des queues longues de dix-huit lignes, implantées dans une cavité peu large et peu profonde, sont gros, applatis par les extrémités, n'ayant que neuf lignes de hauteur, sur près d'un pouce de diamètre, d'un beau rouge clair. Leur chair est blanche, très-fondante, et leur eau abondante, douce et relevée. Ils mûrissent, en espalier, au commencement de juillet. »

Var. 20. CERISE doucette, BELLE DE CHOISY. PL. 39. GRIOTTIER de Palembre.
Cerasus sativa, fructu rotundo, magno, dilutè rubro, dulcissimi et suavissimi saporis.

Le Cerisier de Choisy s'élève à une hauteur moyenne ; il soutient bien ses rameaux et forme une tête assez arrondie. Ses feuilles sont ovales, très-larges. Son fruit, porté sur un long pédoncule, est d'une bonne grosseur, couvert d'une peau d'un rouge tendre ou presque couleur de rose, si mince qu'elle est souvent transparente, ainsi que la chair, de manière qu'on peut voir le noyau à travers. Ce fruit est fondant, sucré, pas du tout acide, très-délicat, excellent enfin, et peut-être le meilleur de ce genre, qu'on puisse manger ; il mûrit en juillet. Les oiseaux en sont si friands, qu'ils le mangent avec avidité, et qu'il est difficile de le préserver de leur voracité, si l'arbre n'est pas planté près d'une habitation.

Ce Cerisier est venu de semis faits à Choisy par M. Gondouin, qui le premier l'a fait connaître. Louis XV, qui aimait beaucoup les bonnes Cerises, l'avait fait multiplier dans tous ses jardins, mais il y est devenu rare aujourd'hui, et il est en général peu répandu ; il est même probable qu'il ne sera jamais cultivé en grand dans la campagne ; car, outre l'inconvénient de pouvoir difficilement préserver ses fruits de l'avidité des oiseaux, cet arbre en a un autre fort grand pour le commun des cultivateurs, c'est qu'il charge très-peu, quoiqu'il donne beaucoup de fleurs ; mais un propriétaire amateur de Cerises, qui considérera beaucoup plus la qualité d'un fruit que son abondance, ne devra jamais négliger de faire planter le Cerisier de Choisy dans son jardin.

*** *Fruits dont la chair est rougeâtre.*

Les Cerisiers de cette section portent en général le nom de GRIOTTIERS ; leurs fruits, qu'on appelle GRIOTTES, sont d'un rouge très-foncé ou presque noirs ; ils ont la peau moins tendre, la chair plus ferme, moins fondante que celle des Cerises proprement dites, et cette chair est plus ou moins colorée en rouge, acide dans les cinq premières variétés, douce dans toutes les autres, mais toujours avec une petite pointe d'amertume.

Les Griottiers donnent en général une grande quantité de fleurs ; mais lorsque le tems n'est pas beau pendant la floraison, qu'il fait froid ou qu'il tombe de grandes pluies, la plupart des fleurs avortent et les arbres portent très-peu de fruit ; il est même des variétés qui n'en donnent jamais qu'en petite quantité, quelle que soit la saison.

Var. 21. Grosse Griotte noire, tardive. Pl. 40. Fig. A. Cerisier à gros fruit noir, tardif. Le Berr. Traité des Jardins. 1. pag. 245.

Cerasus sativa, rotundo fructu, maximo, nigricante, serotino. Le Berr. l.'c.

L'auteur du *Traité des Jardins* place cet arbre parmi les Cerisiers proprement dits, sans doute parce que son fruit est très-acide et même amer; mais il nous semble que sa couleur doit le rapprocher des Griottiers. « Cet arbre, dit cet auteur, est d'une taille médiocre, bien garni de bois menu qui se soutient mal, et dont il périt beaucoup lorsqu'il n'est pas taillé. Ses feuilles sont petites, finement dentées et presque aussi aiguës vers le pétiole qu'à la pointe. Ses fruits, attachés à des pédoncules très-longs (de deux à deux pouces et demi), sont bien arrondis par la tête et sur leur diamètre, peu applatis vers la base. Ils sont lents dans leur accroissement, mais ils acquièrent jusqu'à trente-huit lignes de circonférence. La peau devient d'un rouge très-foncé, presque noir; la chair est rouge, pleine d'eau très-acide et amère, que l'extrème maturité corrige un peu. En espalier au nord, ces Cerises se conservent bien jusqu'en octobre; ce qui, joint à la beauté, peut leur mériter quelque considération ».

Var. 22. Griotte du Nord, Cerise du Nord. Pl. 41. Fig. B.

Cerasus sativa, fructu rotundo, magno, rubro, acido et subamaro, serotino.

Cette Griotte paraît avoir beaucoup de ressemblance avec la précédente, peut-être même qu'elle n'en est que peu ou pas du tout différente; elle est, comme elle, fort tardive, et ne mûrit qu'au mois de septembre. Elle est portée sur un pédoncule d'un pouce et demi à deux pouces; sa forme est presque sphérique, son diamètre étant de onze lignes et sa hauteur de dix; sa peau est d'un rouge foncé ainsi que sa chair. Ce fruit est beau, il acquiert quelquefois la grosseur d'une moyenne Prune de Reine-Claude; mais il est très-acide, même un peu amer.

Il y en a une sous-variété qui est beaucoup plus agréable, en ce qu'elle est plus douce et moins amère.

Ce Cerisier est encore rare aux environs de Paris; il est au contraire très-répandu dans le nord. En Hollande, c'est presque le seul qu'on cultive en grand; il est aussi cultivé avec beaucoup de succès dans la Belgique. Son fruit est employé, dans ces deux pays, à faire des confitures, et sur-tout une espèce de vin qui est très-agréable, et dont les particuliers aisés font une assez grande consommation. Les Hollandais ont tiré cet arbre de la Russie.

Var. 23. Griotte à ratafia. Cerisier à petit fruit noir. Duham. Arb. Fr. vol. 1. pag. 189.

Cerasus vulgaris, fructu rotundo, parvo, atro-rubente, subacri et subamaro, serotino. Duh. l. c.

Les branches de cet arbre s'élèvent assez droites et sans confusion. Ses feuilles, de médiocre grandeur, se soutiennent bien sur leur pétiole. Les divisions du calice des fleurs sont dentées comme dans la plupart des Cerises vulgaires venues de noyau. Le fruit est petit, il n'a que sept à huit lignes de diamètre, sur six à sept de hauteur; sa peau est épaisse, d'un rouge obscur presque noir; sa chair est aussi d'un rouge foncé, âcre et amère lors de la parfaite maturité, qui arrive au mois d'août. Il est rare qu'on mange cette Griotte; on ne l'emploie guères que pour la composition des ratafias et pour faire du vin de Cerises.

Var. 24. Petite Griotte à ratafia. Cerisier à très-petit fruit noir. Duham. Arb. Fr. vol. 1. p. 190.

Cerasus vulgaris, fructu rotundo, minimo, atro-rubente, acri et amaro, serotino. Duham. l. c.

Cette Griotte est plus petite que la précédente; son pédoncule est plus long et

Arbres fruitiers. T. I. D d

souvent muni d'une petite feuille à la base ; sa peau est de même d'un rouge foncé, et sa chair a encore plus d'acidité, d'âcreté et d'amertume. On l'emploie aux mêmes usages ; elle est plus tardive, sa maturité n'arrive qu'à la fin d'août.

Var. 25. Griotte d'Allemagne, Griotte de Chaux. Griottier d'Allemagne. Duham. Arb. Fr. vol. 1. pag. 192. pl. 14. Roz. Dict. 2. pag. 648. pl. 27. fig. 3.
Cerasus sativa, fructu subrotundo, magno, è rubro nigricante. Duham. l. c.

Les branches de ce Griottier sont menues, alongées et se soutiennent mal. Ses feuilles sont élargies et ses fleurs s'ouvrent médiocrement. Son fruit, porté sur un pédoncule de quinze à vingt lignes, en a onze de diamètre, sur presque autant de hauteur ; il est couvert d'une peau d'un rouge-brun tirant sur le noir, et sa chair est d'un rouge foncé. Cette Griotte est belle, c'est dommage qu'elle soit sujette à couler et trop acide, même aigre lorsqu'elle est cultivée dans un terrein froid et humide ; elle mûrit vers le milieu de juillet.

Var. 26. Griotte commune. Griottier. Duham. Arb. Fr. vol. 1. pag. 187. pl. 12. Roz. Dict. 2. pag. 647. pl. 27. fig. 1.
Cerasus sativa, fructu rotundo, magno, nigro, suavissimo. Duham. l. c.

Cet arbre est grand, il porte bien son bois, et charge beaucoup ; c'est un des plus intéressans à multiplier pour le produit. Son fruit est de moyenne grosseur, comprimé à la base, porté sur un pédoncule de dix-huit à vingt-quatre lignes de longueur ; il a neuf à dix lignes de diamètre, sur huit lignes ou un peu plus de hauteur ; sa peau est luisante, d'un rouge foncé, presque noire lors de l'extrême maturité ; sa chair est de la même couleur, très-douce et très-agréable. Cette Griotte, qui mûrit vers le milieu de juillet, est un excellent fruit.

Var. 27. Grosse Griotte. Le Berr. Traité des Jard. vol. 1. pag. 254.
Cerasus sativa, rotundo fructu, magno, nigro, suavissimo. Le Berr. l. c.

Cette Griotte ressemble à la précédente, mais elle mûrit un peu plutôt, et elle est plus grosse. Sa peau est fine, noire et luisante ; sa chair, d'un rouge très-foncé, est ferme, douce et d'un goût agréable.

Var. 28. Griotte Royale. Pl. 42. Fig. B. Cherry-Duke. Duham. Arb. Fr. vol. 1. pag. 193. pl. 15.
Cerasus sativa, multifera, fructu rotundo, magno, è rubro subnigricante, suavissimo. Duh. l. c.

Cet arbre, de moyenne grandeur, soutient ses branches plus mal qu'aucun autre Cerisier, mais il est ordinairement d'un très-grand rapport. Les fruits, portés sur des pédoncules assez courts, sont un peu comprimés à la base et au sommet ; ils ont environ dix lignes de diamètre, sur huit de hauteur ; leur peau est d'un rouge foncé tirant sur le noir, et leur chair rouge, ferme, douce, quelquefois même un peu trop fade : ils mûrissent vers le milieu de juillet.

Var. 29. Griotte de Poitou. Pl. 35. Fig. C. Guindoux de Poitou. Le Berr. Tr. des Jard. 1. p. 252.
Cerasus sativa, rotundo fructu, majore, nigricante, suavissimo. Le Berr. l. c.

« Ce Guindolier, dit Le Berriays dans son *Traité des Jardins*, devient un peu plus grand que le Cerisier de Villennes (Var. 14) ; ses branches sont moins nombreuses, mais un peu plus grosses ; ses feuilles sont beaucoup plus grandes, plus élargies, garnies de dents plus grandes et plus profondes. Son fruit, à peu près de même grosseur et de forme semblable, est lavé d'un rouge clair dans son premier degré de maturité, mais il devient ensuite d'un rouge très-foncé, moins noir cependant que les autres Griottes. Sa chair est aussi d'un rouge foncé, tendre, remplie d'eau d'un goût relevé et excellent. Son noyau est petit, sa queue assez grosse et médiocrement longue. Il mûrit à la fin de juin. » Cet arbre a, comme les autres Griottiers, le défaut de donner peu de fruit, même en espalier.

Var. 30. GRIOTTE de Portugal. PL. 29. FIG. B. GRIOTTIER de Portugal. DUHAM. Arb. Fr. vol. 1. pag. 190. pl. 13. Roz. Dict. 2. pag. 648. pl. 27. fig. 2.
Cerasus sativa, fructu rotundo, maximo, è rubro nigricante, sapidissimo. DUHAM. l. c.

Cet arbre est vigoureux, de moyenne grandeur et d'un assez bon rapport. Son fruit est très-gros, applati à sa base, à son sommet et sur un côté; il a près d'un pouce sur son plus grand diamètre et huit à neuf lignes de hauteur; il est porté sur un pédoncule d'une longueur moyenne, et assez gros, surtout dans la partie où s'attache le fruit. La peau est cassante, d'un rouge brun tirant sur le noir; la chair, ferme, croquante, d'un rouge foncé, n'est pas acide, mais elle a une légère amertume qui ne l'empêche pas d'être très-agréable, excellente même au goût de beaucoup de personnes, qui estiment qu'elle est la meilleure de toutes les Cerises, comme elle est aussi une des plus grosses. Elle mûrit vers le milieu de juillet.

Var. 31. GRIOTTE d'Espagne. PL. 29. fig. D. LE BERR. Traité des Jard. 1. pag. 257.
Cerasus sativa, subcordato fructu, maximo, è rubro subnigricante. LE BERR. l. c.

Cette Griotte ressemble beaucoup à la précédente, dont elle n'est peut-être qu'une sous-variété; elle est encore plus grosse, ayant quelquefois plus d'un pouce de diamètre, sur onze lignes de hauteur. « Elle est, dit Le Berriays, de forme alongée, moindre par la tête que vers le pédoncule, qui est fort gros et médiocrement long, un peu applatie sur son diamètre, mais moins cordiforme que la Cerise-Cœur (Var. 33). La peau est d'un rouge très-brun ou violet foncé tirant sur le noir, un peu lavé de bleu. La chair est rouge comme celle des Griottes, un peu ferme et moins fondante que celle des bonnes Cerises, douce et peu relevée. Ce beau fruit mûrit dans le commencement de juillet : s'il survient des pluies lorsqu'il est mûr, elles le font gercer et pourrir. »

Var. 32. GRIOTTE - GUIGNE, CERISE d'Angleterre. PL. 40. FIG. B. CERISE - GUIGNE. DUHAM. Arb. Fr. vol. 1. pag. 195. pl. 16. fig. 1. Roz. Dict. 2. pag. 649. pl. 27. fig. 4.
Cerasus sativa, multifera, fructu subcordato, magno, è rubro nigricante, suavissimo. DUHAM. l. c.

Ce Griottier devient assez grand, et il rapporte beaucoup. Ses fleurs sont grandes, disposées trois à cinq ensemble par ombelles, qui sont groupées au nombre de dix à quinze à l'extrémité des rameaux. Ses fruits ont dix lignes de diamètre, sur neuf de hauteur; ils sont plus gros à leur base qu'à leur sommet, et un peu applatis sur les côtés, ce qui leur donne la forme d'une grosse Guigne racourcie. Le pédoncule est grêle, long d'un pouce et demi à deux pouces. Lors de la parfaite maturité, qui arrive à la fin de juin, la peau devient d'un rouge foncé tirant moins sur le noir que dans la plupart des autres Griottes. La chair est rouge, douce, agréable, mais peu relevée. Cette variété est une des plus répandues.

Var. 33. GRIOTTE-COEUR. CERISE-COEUR. LE BERR. Traité des Jard. 1. pag. 257.
Cerasus sativa, cordato fructu, magno, saturè rubro. LE BERR. l. c.

« Cet arbre, selon Le Berriays, devient assez gros, et son bois est de grosseur médiocre. Ses feuilles, d'une étoffe mince, dentelées finement et peu profondément, se soutiennent mal, étant portées par des queues faibles; elles ne sont pas fort grandes : la plupart sont de forme rhomboïdale, étant presque aussi étroites à leur naissance qu'à la pointe, qui est courte, et leur plus grande largeur étant vers le milieu. Le fruit, plus cordiforme qu'aucun de cette classe, a dix lignes de diamètre, sur neuf de hauteur, et il est applati sur les côtés. Sa peau est d'un rouge brun peu foncé, et sa chair rouge, médiocrement fondante, douce, relevée d'un peu d'amertume. Cette Griotte mûrit vers le milieu de juillet. »

Var. 34. Griotte de Prusse. Pl. 42. Fig. A. Cerise de Prusse. Le Berr. Traité des Jard. 1. p. 258. Cerasus sativa, medio fructu, nigricante, dulcissimo, præcoci. Le Berr. l. c.

Ce fruit, porté sur un pédoncule grêle et de quinze à dix-huit lignes de longueur, a rarement plus de neuf lignes de diamètre, sur huit de hauteur ; il est un peu en cœur, creusé quelquefois sur un côté, par un sillon longitudinal. Sa peau est d'un rouge foncé, tirant sur le noir dans l'extrême maturité, et sa chair rouge, douce, agréable, moins ferme que celle de plusieurs autres Griottes, et moins fondante que celle de beaucoup de Cerises. En donnant à ce Griottier une bonne exposition, on peut jouir de ses fruits dès le milieu de juin.

Cet arbre n'est pas encore très-répandu, mais il mérite d'être multiplié, parce qu'il charge beaucoup, quoiqu'un peu moins que le Cerisier d'Angleterre (var. 32), et parce que son fruit peut être mis au rang des meilleurs de ce genre.

Var. 35. Cerise d'Italie, Cerise du Pape.

Depuis que les premières pages de l'article du Cerisier sont imprimées, Mr. N. Goix, propriétaire dans la vallée de Montmorency, nous a fait passer une note, que nous allons transcrire, sur une variété de Cerise qui nous paraît nouvelle. Elle n'appartient pas à la section des Griottes; mais elle paraît devoir être rangée dans celle des fruits à chair blanchâtre, dont la saveur est douce et à peine acide. « Pour satisfaire, autant que je le puis en ce moment (18 octobre 1809), à la demande que vous me faites de renseignemens sur le Cerisier du Pape, qui est venu d'Italie en France par succession de greffes, et que j'élève dans mon jardin à Montmorency, je vous dirai que cet arbre, ayant été greffé sur un Merisier, ressemble, par sa tige, à tous les Cerisiers; ses feuilles n'ont aussi rien de particulier. Quant au fruit, il est d'un beau rouge, bien arrondi, un des plus gros de toutes les Cerises que j'ai vues ; sa queue est fort longue, et sa chair ressemble à celle du Gros-Gobet, mais elle est plus ferme. Ce fruit n'est bien mûr que vers le 15 juillet, mais alors l'arbre offre une singularité, c'est d'avoir encore des Cerises toutes vertes, lorsque la majeure partie des autres est en maturité. M. Descemet, propriétaire et pépiniériste à St.-Denis près de Paris, a déjà multiplié mon Cerisier dans ses pépinières, et les amateurs peuvent dès à-présent se le procurer chez lui ».

18. CERASUS Chamæcerasus. T. 41. Fig. A. CERISIER à feuilles luisantes. Pl. 41. Fig. A.

C. umbellis sessilibus, paucifloris ; foliis deciduis, ovato-oblongis, crenatis, obtusiusculis, glaberrimis, vix glandulosis.	C. à ombelles sessiles, peu garnies de fleurs; à feuilles annuelles, ovales-oblongues, crenelées, obtuses, très-glabres, à peine glanduleuses.

Cerasus pumila. Bauh. Pin. 450.

Prunus Cerasus pumila. Lin. Sp. 679. Var. δ

Prunus Chamæcerasus. Jacq. Ic. rar. 1. tab. 90. Villd. Sp. 2. p. 990. Poir. Dict. 5. p. 673. Pers. Synop. 2. pag. 34.

Chamœcerasus. Matth. Valgr. 236. Clus. Hist. 64. (*Malè quoad iconem.*)
Vulgairement Cerisier de Sibérie.

Linné n'avait regardé ce petit Cerisier que comme une variété du Cerisier vulgaire,
mais il est trop différent pour qu'on puisse croire ce rapprochement naturel, et c'est
avec raison que Jacquin et les auteurs qui l'ont suivi, l'ont séparé comme formant
une espèce distincte. Cet arbrisseau s'élève à trois ou quatre pieds au plus; il est très-
rameux, et forme un buisson très-touffu. Ses branches et son tronc sont couverts
d'une écorce grisâtre, avec quelques points bruns. Les rameaux sont garnis de feuilles
éparses, courtement pétiolées, ovales-oblongues, très-glabres des deux côtés, luisantes
en dessus, crenelées plutôt que dentelées en leur bord, et ordinairement obtuses,
quelquefois munies de glandes à peine visibles, d'autres fois en étant tout-à-fait
dépourvues. Les fleurs sont portées sur des pédoncules assez longs, solitaires, ou le
plus souvent réunies de deux à cinq en ombelles sessiles et axillaires ; leurs
pétales sont petits, de couleur blanche. Il leur succède des fruits d'un rouge vif,
globuleux, de la grosseur de nos plus petites Cerises, et dont la chair est rouge,
très-acide, n'ayant cependant rien de désagréable lors de la parfaite maturité.

Ce petit Cerisier fleurit à la fin d'avril ou au commencement de mai; ses fruits
mûrissent deux mois après. Il croît naturellement dans les lieux secs et sur les collines,
en Autriche, en Moravie, en Hongrie, en Moldavie, etc. On le cultive dans quelques
jardins : il fait, au printems, un assez joli effet dans les bosquets, lorsqu'il est en fleur;
à la fin de l'été, il a encore un aspect fort agréable, que lui donnent ses feuilles luisantes et ses fruits rouges, dont souvent il reste chargé pendant assez long-tems, parce
qu'on ne les recueille pas pour les manger, et que les oiseaux n'en sont pas friands.
Il est susceptible d'être taillé au ciseau, et de prendre toutes les formes qu'on voudra
lui donner; mais nous croyons que si on voulait le rendre utile, ce serait surtout en
le faisant servir de sujet pour greffer les bonnes espèces de Cerises. Nulle autre espèce
ou variété ne nous paraît aussi propre que ce petit arbrisseau pour former des Cerisiers nains, qu'on pourrait toujours, avec facilité, tenir dans des pots ou dans des
caisses, et qui seraient principalement utiles pour les jardins de peu d'étendue, dans
lesquels on ne plante guère la plupart des Cerisiers ordinaires, parce qu'ils occupent
trop de terrein. Peut-être pourrait-on obtenir, par ces greffes ou par quelqu'autre
procédé qu'on pourrait imaginer selon le besoin, une race constante de Cerisiers nains,
qui seraient, dans ce genre, ce que sont les *Paradis* dans celui du Pommier. Nous ne
croyons pas qu'aucun essai de cette nature ait encore été tenté; mais comme les pro-
babilités paraissent être pour la réussite, nous engageons les amateurs et les cultivateurs à ne pas négliger d'en faire.

Le Cerisier à feuilles luisantes se multiplie par ses noyaux, que l'on sème en pleine
terre; sa culture n'exige aucun soin particulier.

Recherches Historiques, *Usages, Propriétés et Culture.*

Tous les auteurs (1) anciens qui ont parlé du Cerisier se sont accordés pour donner
à cet arbre une origine étrangère. Pline assure positivement qu'il n'existait pas en
Italie avant la victoire de Lucullus sur Mithridate, et que ce fut ce Général qui l'y
transporta du Royaume de Pont, l'an de Rome 680 (2).

---

(1) Pline, liv. 15. chap. 25.—Athénée, liv. 2. chap. 11.—Saint-Jérôme, liv. 1. épit. 35. — Tertullien, Apologétique.
(2) *Cerasi antè victoriam Mithridaticam L. Luculli non fuère in Italiâ. Ad urbis annum DCLXXX is primùm vexit
è Ponto.* Lib 15. cap. 25.

Nous verrons plus bas qu'aucune espèce de Cerise ne croît naturellement en Italie, au moins dans la partie méridionale ; quant à celles qui effectivement peuvent venir en France, il faut distinguer deux espèces bien tranchées, ne pas les confondre et ne pas conclure de l'une pour l'autre. Sans doute que le Merisier est un arbre spontanée, semé dans nos forêts par les seules mains de la nature ; mais de ce que celui-ci croît et a toujours crû naturellement dans nos bois, doit-on conclure que le Cerisier y croisse aussi ; et si, au contraire, on peut prouver que jamais il n'y vient naturellement, nous pensons qu'il sera alors suffisamment démontré que son origine est exotique. En effet, le Merisier se trouve en France dans la plupart des bois ; il se rencontre au fond des grandes forêts, et il en est qui en sont presque toutes composées ; tandis que si quelques pieds de Cerisier se rencontrent sauvages, c'est toujours dans des lieux voisins des habitations, et ces arbres proviennent évidemment de noyaux répandus par la main des hommes ou disséminés par les oiseaux. On n'a pas fait attention que si le Cerisier était un arbre indigène, que s'il était naturel à nos forêts, il devrait s'y trouver très-abondant, en former même de tout entières.

Le Cerisier, soit cultivé, soit abandonné à la nature, a deux grands moyens de multiplication ; ses fruits nombreux lui fournissent le premier, il tire le second de ses racines. Au tems de Virgile, où cet arbre était encore un arbre tout nouveau, on avait déjà observé la propriété qu'il a de pousser de ses racines une innombrable quantité de rejets, et le poète latin y fait allusion dans ces vers :

> *Pullulat ab radice aliis densissima sylva ;*
> *Ut Cerasis Ulmisque ; etiam parnassia Laurus*
> *Parva sub ingenti matris se subjicit umbrá.* Georg. lib. 2.

Avec ces puissans moyens de multiplication, le Cerisier pourrait à lui seul former des forêts entières, et à plus forte raison il aurait dû se conserver dans celles de notre pays, si, dans l'origine, il y eût été planté des mains de la nature. Cependant, comme nous l'avons déjà observé, on ne le rencontre jamais ou que bien rarement dans les bois ; et lorsqu'on en trouve quelques pieds disséminés çà et là, c'est toujours dans ceux qui avoisinent le séjour des hommes, et non au centre de ces immenses et antiques forêts, restes de celles qui couvraient autrefois une partie des Gaules ; forêts solitaires, dans lesquelles les hommes n'ont pénétré que fort tard, et dans lesquelles ils ne portent encore que rarement la hache dévastatrice.

Il n'existait pas, avant Lucullus, de Cerisiers dans les Gaules ni en Italie, quoiqu'il paraisse d'ailleurs, d'après Théophraste (1) et Athénée (2), que les Grecs les connaissaient long-tems avant Lucullus, soit qu'ils fussent indigènes chez eux, comme sur les bords du Pont-Euxin, soit qu'ils les eussent transplantés de ce dernier pays dans le leur. Qu'on ne dise pas que les Romains avaient négligé le Cerisier et ne l'avaient pas remarqué, parce que, resté sauvage, ses fruits n'avaient pas attiré l'attention. Pline a fait l'énumération des arbres sauvages qui ne se trouvaient que dans les forêts, comme de ceux qu'on cultivait dans les jardins et les vergers. Le même auteur a distingué les arbres qui étaient naturels à l'Italie, de ceux qui y avaient été apportés, et outre le chapitre consacré au Cerisier, dans lequel il dit affirmativement que cet arbre n'était pas connu à Rome avant Lucullus, il dit encore ailleurs (3) que c'était un arbre étranger.

---

(1) Hist. Plant. lib. 3. cap. 13.

(2) *Sic locuto Daphnus quidam ita respondit, virum illustrem Diphilum Siphnium, qui sub Lysimacho, rege uno ex Alexandri successoribus, vixit, multis annis Lucullo antiquiorem, Cerasorum meminisse his verbis : Cerasa stomacho grata sunt, etc.* Athen. lib. 2. cap. 11.

(3) Liv. 12. chap. 3.

Les auteurs qui ont été de notre opinion ont observé avec raison que le nom du Cerisier dérivait évidemment de celui de Cerasonte. Nous ajouterons que cet arbre est encore commun sur les bords de la Mer-Noire et auprès de la même ville dont il a pris le nom (1), et d'où il a été transplanté dans les environs de Rome; ce qui est attesté par ce passage de Tournefort (2) : « La campagne de Cerasonte nous parut fort belle pour herboriser ; ce sont des collines couvertes de bois, où les Cerisiers naissent d'eux-mêmes. »

Le Cerisier et le Merisier paraissent se plaire beaucoup plus dans les régions tempérées et même un peu froides, que dans les pays chauds, et c'est ce que les anciens avaient déjà observé ; car Pline dit que, quelque soin qu'on ait pris, le Cerisier n'a pu se faire au climat de l'Egypte, tandis que, cent vingt ans après son introduction en Italie, il fut transporté jusque dans la Grande-Bretagne. Ce qui prouve bien que les parties un peu septentrionales de l'Europe conviennent mieux à cet arbre que celles qui sont trop au midi, c'est que les plus belles variétés de Cerises que nous possédons aujourd'hui, nous sont venues d'Angleterre, de Hollande, d'Allemagne et de Prusse. M. Bessa (3), qui a voyagé dans le nord de l'Allemagne, nous a assuré qu'il n'avait jamais vu en France des Cerises aussi grosses que celles qu'il avait observées dans ces contrées septentrionales, où beaucoup de ces fruits sont souvent gros comme de moyennes Prunes. M. Desfontaines, au contraire, nous a dit que, pendant un séjour de près de deux ans sur les côtes de Barbarie et dans les nombreuses excursions qu'il avait faites pour recueillir tous les végétaux de ces contrées, il n'avait rencontré nulle part de Cerisiers sauvages, et qu'il n'en avoit vu de cultivés qu'à Tlemsen, ville dans les montagnes sur les confins du royaume de Maroc. Leurs fruits étaient assez bons, mais petits; c'était une espèce de Merise ou de Guigne rouge, que les habitans nommaient *Guindoule* ; ce qui annonceroit qu'ils ont tiré cet arbre des provinces méridionales de France, dans lesquelles on donne ce nom aux Cerises. Dans toute la Campagne de Rome, d'après le témoignage de M. Petit-Radel, on ne trouve pas un seul Cerisier; ce n'est qu'à huit à dix lieues, au pied de l'Apennin, qu'on cultive ceux qui fournissent du fruit à cette ville.

Le climat favorable ne suffit pas pour avoir de belles Cerises, il faut encore que les cultivateurs donnent à leurs arbres certains soins nécessaires ; mais le plus souvent ils négligent trop, soit de les planter dans des expositions favorables, soit de multiplier les bonnes espèces par la greffe. Aux environs de Paris, où la culture du Cerisier peut, plus que partout ailleurs, dédommager le cultivateur par la grande consommation de fruit qui se fait dans la capitale ; aux environs de Paris même, les gens de la campagne ne font pas autrement ; ils ne plantent communément que les espèces les plus médiocres, nous dirons même les plus mauvaises ; les belles et les bonnes Cerises ne se trouvent guère que dans les vergers et dans les jardins d'un petit nombre de propriétaires. Il suit de là, que dans les marchés de Paris, il se vend dix fois plus de mauvaises Cerises que de bonnes ; mais le peuple trouve les premières à bon marché, et il est content; le paysan récolte de celles-ci le double de ce qu'il récolterait des autres, et voilà tout ce qu'il lui faut.

---

(1) Casaubon, scholiaste d'Athénée, et quelques autres ont dit, au contraire, que la ville de Cerasonte avoit pris son nom de la quantité de Cerisiers qui croissaient dans ses environs ; mais que ces arbres aient donné leur nom à la ville, ou qu'ils l'aient emprunté d'elle, cela ne change absolument rien à l'état de la question, puisqu'on peut toujours en conclure que les Cerisiers sont indigènes des contrées voisines du Pont-Euxin.

(2) Voyage au Levant, tom. 2, pag. 221.

(3) M. Bessa, peintre d'Histoire Naturelle, Éditeur de la magnifique collection de Fleurs et de Fruits, annoncée dans le Moniteur du 19 juillet 1808.

Du tems de Pline, les Romains connaissaient huit espèces ou variétés de Cerises, sur lesquelles ce naturaliste nous a laissé si peu de détails, qu'il serait maintenant impossible de dire avec certitude auxquelles des nôtres elles peuvent appartenir, si ce n'est cependant l'espèce qu'il désigne sous le nom de *Cerasa Duracina*, que plusieurs auteurs modernes ont cru pouvoir rapporter à nos Bigarreaux, en faisant dériver le mot *Duracina* de la dureté de ses fruits.

La culture des Merisiers et des Cerisiers (nous comprenons sous ces deux dénominations toutes les variétés qui ont pour type l'un ou l'autre de ces arbres.) ne demande aucun soin extraordinaire. Ils ne sont pas difficiles sur la nature du terrein ; on évitera seulement de les planter dans un sol trop humide, trop froid, et dans ceux qui sont argileux, parce que leurs fleurs y sont sujettes à avorter, que les fruits y sont d'un goût moins agréable, et ordinairement plus acides. Les Cerisiers aiment les pays de montagnes et les côteaux élevés : les terreins de nature calcaire, ceux qui sont légers et même sableneux, pourvu qu'ils ne soient pas trop chauds et trop arides, conviennent bien à ces arbres ; leurs fruits y sont plus délicats, ils y acquièrent une saveur excellente, et ils y viennent aussi en bien plus grande quantité.

Le Merisier et le Cerisier se multiplient ou de semences ou des rejets qui poussent de leurs racines. Le premier en donne fort peu, mais le dernier en fournit une quantité très-considérable et souvent importune, quand il est planté dans des terres légères et sableneuses. La multiplication par ces rejets est très-facile, mais les bons cultivateurs blâment ce moyen, parce que les arbres élevés ainsi poussent eux-mêmes une trop grande quantité de rejetons, qui les épuisent promptement, et qu'ils sont plus sujets à la gomme que ceux provenus de semences. Dans les vergers, cependant, on profite le plus ordinairement de ces drageons, qui, venus naturellement et sans qu'on en ait pris aucun soin, présentent souvent de beaux sujets qu'on peut greffer sur place dès la seconde année et qui, à cinq ou six ans, peuvent déjà commencer à donner du fruit, tandis que les arbres venus de noyau font attendre le leur un peu plus long-tems.

Les Cerisiers provenus de semences forment toujours des arbres plus élevés et plus vigoureux ; aussi c'est le moyen de multiplication qu'on doit préférer quand on veut avoir des arbres destinés à de grandes plantations, surtout quand il s'agit de former des sujets pour les différentes variétés du Merisier, comme Guigniers, Bigarreautiers et Heaumiers. On n'est pas d'accord sur l'espèce de Merise qu'il faut choisir pour semer ; les uns veulent que ce soit la variété à fruit rouge, les autres celle à fruit noir, parce que la dernière est plus douce et plus sucrée, et que la première a plus d'âcreté. Nous croyons aussi que ce choix ne doit pas être indifférent, et nous pensons qu'on doit prendre la Merise noire lorsqu'on veut se procurer des sujets pour greffer les différentes espèces jardinières. Dans tous les cas il faudra prendre les noyaux des fruits bien mûrs. On doit les semer aussitôt qu'ils sont récoltés ou peu après ; et si, faute de terrein, on était forcé de remettre l'opération au mois de mars, il faudrait les stratifier dans du sable ou de la terre. Si on ne prenait pas cette précaution, les amandes pourraient se dessécher ou rancir et perdre la faculté de germer. On choisit pour faire les semis, une terre légère bien labourée ; on y répand les noyaux, soit à la volée, soit dans des rayons formés à cinq ou six pouces l'un de l'autre ; on les recouvre d'un pouce de terre, et par dessus, d'un peu de terreau ou de fumier court, pour empêcher la couche supérieure de la terre de se durcir par les pluies ou par les arrosemens qu'on leur donne, lorsque le printems est sec et que la pépinière est favorablement située pour cela.

Lorsque le jeune plant est levé, ce qui arrive vers la fin du printems, il faut avoir soin de le débarrasser des mauvaises herbes qui pourraient l'étouffer, et continuer dans la suite ces sarclages, toutes les fois qu'ils seront nécessaires. Au bout d'un an, les jeunes Merisiers sont en état d'être transplantés en pépinière. Le nouveau terrein dans lequel on les mettra doit être labouré plus profondément que celui dans lequel le semis a été fait, et les jeunes arbres doivent être plantés à deux pieds l'un de l'autre. Les mois convenables pour faire cette transplantation, sont les mois de janvier et de février. Plusieurs cultivateurs sont dans l'usage, en la faisant, de couper le pivot, dans l'intention de faire prendre au jeune arbre une plus grande quantité de chevelu, et qu'il ait par-là plus de facilité à reprendre, lorsque par la suite on voudra le planter à demeure; mais, quel que soit cet avantage, M. Bosc blâme avec raison cette pratique, parce qu'un arbre dont on a coupé le pivot ne pousse jamais avec autant de vigueur et ne devient jamais aussi beau. Nous ajouterons que cela, en favorisant l'accroissement des racines latérales, qui s'étendent horizontalement, donne lieu à une plus grande quantité de drageons qui poussent de tous côtés et qui épuisent l'arbre; enfin, privé de son pivot qui pourrait aller pomper l'humidité à une grande profondeur, il souffre de la sécheresse dans les années où les pluies sont rares; et dans tous les tems il lui est difficile de réussir dans un terrein sec. On pourrait aussi le semer sur place dans des trous dont la terre aurait été convenablement labourée; on éviterait même par ce moyen de voir mourir une plus ou moins grande partie du plant, dont il périt toujours beaucoup lors de la transplantation. Quand les jeunes Merisiers sont destinés à faire des sujets pour greffer des Cerisiers à fruit, on les laisse en pépinière, et on les greffe à quatre ou cinq ans, lorsque leur tige a acquis trois à quatre pouces de tour. Comme en général ces arbres ne se greffent qu'à la hauteur de six ou sept pieds, on doit couper rez terre, à deux ans, tout ceux qui ne promettent pas d'avoir une tige bien droite et bien vigoureuse. Le plant, ainsi rabattu à la fin de février ou au commencement de mars, s'enracine davantage, et souvent il pousse avec tant de vigueur, qu'à la fin de l'été suivant, on a des pousses de six à sept pieds, surtout si, dans le cours du printems, on a soin de supprimer toutes les petites branches qui poussent au bas de la principale qu'on a choisie pour former une belle tige.

On peut greffer les Merisiers et les Cerisiers de toutes les manières; mais le plus ordinairement on n'emploie que la greffe en écusson pour les jeunes sujets, et celle en fente pour les vieux arbres. Les premiers se greffent à œil dormant, depuis le milieu d'août jusqu'en septembre, tant que l'arbre est encore en sève. Duhamel dit qu'on peut aussi pratiquer l'écusson à œil poussant, ce qui se fait sur les sujets, lorsque les Cerisiers commencent à fleurir. Quand on a greffé à œil dormant, on coupe, au printems suivant, la tête de ceux qui ont repris, au-dessus et le plus près possible de la greffe; ensuite, lorsque celle-ci s'alonge, il est bon de l'attacher pour la garantir des coups de vent qui sans cela pourraient l'éclater et la détacher. Il faut aussi avoir grand soin d'ébourgeonner toutes les pousses qui viennent au-dessous de la greffe le long de la tige. Ainsi gouvernés, la plupart de ces arbres seront bons à mettre en place à la fin de l'automne suivant; on gardera dans la pépinière, jusqu'à l'année suivante, ceux dont la tête ne sera pas assez formée. Dans quelques cantons, et particulièrement dans la vallée de Montmorency, les cultivateurs n'attendent pas que les Cerisiers soient greffés pour les mettre en place; ils plantent les sujets quand ils ont cinq à six pouces de tour, et lorsque leur reprise est assurée, au bout de deux à trois ans, ils placent les greffes sur les jeunes branches nouvellement poussées. L'expérience a prouvé que les Cerisiers conduits de cette manière donnaient du fruit aussi promptement que ceux qui avaient été greffés avant d'être plantés à demeure ; on prétend même qu'ils forment toujours des arbres plus vigoureux.

La greffe en fente ne se pratique que sur les vieux arbres, et encore, comme les plaies faites aux Cerisiers ne se recouvrent que lentement, et que les greffes sont très-sujettes à se décoller, pour éviter cet inconvénient, plusieurs cultivateurs instruits emploient maintenant, pour les vieux arbres, l'écusson de préférence à la greffe en fente. Ils rabattent, à la fin de l'hiver, les grosses branches jusqu'à trois ou quatre pieds du tronc, et ils placent des écussons, au mois d'août de l'année suivante, sur les nouvelles pousses. Ce moyen conserve mieux la forme régulière de la tête des arbres ; mais il n'est nécessaire de l'employer en entier, que lorsqu'on veut changer la nature et la qualité du fruit ; car l'on peut ne le pratiquer qu'en partie, c'est-à-dire, sans mettre de nouvelles greffes, lorsqu'il n'est question que de rajeunir des arbres qui ne rapportent plus de beaux fruits que parce que leur bois est trop vieux, l'observation ayant appris que si on les taille de manière à les forcer de pousser de jeunes branches, celles-ci redonneront de belles Cerises.

Les Merisiers provenus de noyau sont les seuls qui soient propres à former des sujets pour greffer toutes les variétés de Bigarreautiers, de Guigniers, de Heaumiers, de même que tous les Cerisiers proprement dits, qu'on destine à former des plein-vents pour placer dans les vergers et dans les champs. Quand on plante une Cerisaie, les arbres doivent être à trente ou trente-six pieds les uns des autres, si l'on veut que la terre qui est dessous ait encore assez d'air pour pouvoir être ensemencée avec avantage. Quant aux différentes variétés de Cerises qu'on veut planter dans les jardins, et celles surtout qu'on veut élever en pyramide ou en quenouille, il faut préférer de les greffer sur des Cerisiers venus de noyau, qui se sèment et se gouvernent comme les Merisiers, et même sur le Mahaleb, qui ne pousse pas avec autant de vigueur et qui s'élève beaucoup moins.

Les différentes variétés du Merisier et du Cerisier ne demandent plus aucun soin particulier lorsqu'elles sont plantées ; il suffit que le terrein dans lequel on les a placées soit labouré ou bêché une fois à la fin de chaque hiver ou au commencement du printems. Il est préférable d'employer, pour ce labour, la fourche ou le crochet, plutôt que la bêche, parce que cette dernière coupe et détruit toujours beaucoup de racines. Le fumier leur est plus nuisible qu'utile ; les seuls engrais qui puissent leur convenir sont des feuilles d'arbres bien consommées ou des gazons pourris. Excepté quelques variétés de Cerisier, tous les autres arbres veulent croître en liberté ; ils ne souffrent point la taille, et la serpette leur est toujours plus ou moins fatale, parce que la moindre plaie est suivie d'un écoulement de gomme d'autant plus préjudiciable qu'il est plus abondant. Il faut pour cette raison être très-réservé quand il s'agit de les débarrasser de leur bois mort, et l'on peut même se dispenser du soin de le retrancher, parce que le vent, en cassant toutes les branches mortes, aura bientôt nettoyé l'arbre.

Quoique la plupart des Cerisiers aiment à croître en plein-vent, où il est d'observation que leurs fruits sont beaucoup meilleurs, les jardiniers de Montreuil, près de Paris, sont parvenus à cultiver quelques variétés en espalier, et par ce moyen ils obtiennent des Cerises environ quinze jours plutôt qu'on ne pourrait en avoir des arbres à plein-vent. Il y a deux variétés surtout qui sont généralement cultivées de cette manière, c'est le Cerisier nain à fruit rond, précoce, et le Cerisier d'Angleterre, hâtif. Pour les accommoder à l'espalier, on leur donne deux branches principales comme aux Pêchers ; mais au lieu de les concentrer par des ravalemens, on les taille long ; on étend tous les jeunes rameaux, et on ne retranche que ce qu'il est impossible de placer sur le treillage ou sur la muraille, parce que le Cerisier ne donne de fruits que sur le nouveau bois, et que les boutons, au lieu d'être placés dans toute la longueur des branches, sont seulement groupés vers leur extrémité.

Après avoir rapporté les moyens ordinaires par lesquels on multiplie d'une manière certaine les différentes variétés de Cerises connues, il ne sera pas hors de propos de parler de ceux qu'on pourrait employer pour se procurer de nouvelles variétés. C'est encore aux semences qu'il faut avoir recours ; mais, au lieu de prendre les noyaux des espèces sauvages et les plus rustiques, on doit au contraire choisir ceux des meilleurs fruits. Les semis seront faits et les jeunes plants seront gouvernés d'après les principes que nous avons donnés en parlant des Merisiers, excepté qu'ils ne seront pas greffés et qu'on attendra avec patience qu'ils donnent leur fruit naturel. Il arrivera alors que beaucoup de ces jeunes arbres ne produiront que des Cerises mediocres, la plus grande partie même tardera à en rapporter ou n'en rapportera que de mauvaises ; mais que dans le nombre il s'en trouve seulement un ou deux dont les fruits, par une saveur et une qualité particulière, offrent une variété nouvelle, l'on sera bien dédommagé des peines et des soins que les autres auront coûtés. Quant à ceux qui n'auraient donné que des fruits de médiocre ou de mauvaise qualité, on aura la ressource de les greffer en bonnes espèces ; et, comme ils doivent être forts et vigoureux, ils ne tarderont pas à former de beaux arbres et à rapporter beaucoup de fruit, de sorte qu'à la fin on n'aura rien perdu. Pour ajouter aux chances qui peuvent produire de nouvelles variétés, on peut porter les fleurs de certaines variétés sur des arbres différens, et mêler la poussière des étamines de ces fleurs, aux pistils de celles dont on se propose d'avoir les fruits pour les semer.

Le Merisier croît avec beaucoup de rapidité ; à quarante ans il est presque au terme de son accroissement, et il n'est pas rare d'en voir qui ont alors six à sept pieds de tour. D'après la constitution robuste de cet arbre, les propriétés économiques de son bois et de ses fruits, M. Descemet s'étonne qu'il ne soit pas multiplié davantage ; il pourrait, selon ce cultivateur éclairé, être planté en avenue et remplacer des arbres que l'habitude fait planter, quoiqu'ils restent constamment rabougris lorsque le terrein ne leur convient pas. Cette observation n'avait pas échappé à Duhamel, qui avait fait avec succès de telles plantations dans des lieux où les autres arbres avaient péri. Il est donc certain que le Merisier pourrait former de belles avenues et embellir les bords des routes, soit par son port élevé, soit par son feuillage dont il se pare de bonne heure et qu'il conserve jusqu'aux gelées, soit par ses belles fleurs blanches dont il est tout couvert au printems, et enfin par ses fruits qui leur succèdent au commencement de l'été.

En Allemagne on paraît cultiver une plus grande quantité de Cerisiers qu'en France, et particulièrement les espèces qui s'élèvent beaucoup. « Aussi les routes, dit M. Calvel, dans plusieurs parties de l'Allemagne, sont bordées de Cerisiers sous la forme d'arbres pyramidaux : il y en a de la hauteur et du diamètre des plus gros Marronniers des Tuileries, sur le chemin de Brün à Olmutz, pendant l'espace de vingt lieues ». Ces arbres pouvant vivre et prospérer dans le nord de l'Europe bien plus loin que la vigne, ils peuvent la remplacer jusqu'à un certain point, car on tire de leurs fruits, comme nous le dirons plus bas, du vin, de l'eau-de-vie et du vinaigre.

Les Merisiers sont sujets à être attaqués par les Pic-verds, qui, pendant qu'ils sont encore en vigueur, leur font à coups de bec des trous par lesquels l'eau pénètre dans l'intérieur et les pourrit ; c'est ce qui fait qu'on trouve tant de ces arbres creux.

La gomme qui découle des fentes de l'écorce des Merisiers et des Cerisiers passe pour avoir les mêmes propriétés que la gomme arabique, dont elle paraît cependant assez différente, non parce qu'elle n'est ni aussi blanche ni aussi transparente, mais parce qu'au lieu de se dissoudre dans l'eau comme celle-ci, elle ne fait que s'y gonfler. L'écoulement de cette gomme paraît tenir à un état de faiblesse et de maladie, car il n'a pas lieu, ou seulement en très-petite quantité, sur les arbres forts et vigoureux, tandis qu'il est bien plus abondant sur les vieux et sur ceux qui sont malades ; il est aussi beaucoup plus fréquent pendant l'automne que pendant les autres saisons. Comme cet écoulement trop abondant produit toujours la mort des arbres, et que des incisions qui le provoqueraient sur ceux qui sont bien portans, les exposeraient à les faire périr, il existe une loi qui, sous des peines très-sévères, défend d'entamer l'écorce des Cerisiers sur la propriété d'autrui.

Tout le monde connaît les Cerises, et chacun peut apprécier la bonté de ce fruit, dont la chair, selon les variétés, est tantôt fondante, douce et sucrée, tantôt ferme et cassante, d'autres fois molle et acide. Nous n'entrerons pas ici dans de nouveaux détails sur les qualités de tous les fruits différens produits par les diverses variétés ; nous renverrons nos lecteurs à ceux que nous avons donnés en faisant le tableau des espèces. Nous nous contenterons de dire que les propriétés générales des Cerises sont d'être adoucissantes, laxatives et rafraîchissantes, surtout celles qui sont acides. Le suc de ces dernières, étendu dans de l'eau avec du sucre, fait en été, une liqueur agréable qui peut remplacer la limonade. L'eau distillée des Merises noires, qui se fait en distillant ces fruits sans qu'ils aient fermenté, et qui ne contient rien de spiritueux, est peu en usage parmi les médecins français ; mais elle est beaucoup plus employée en Allemagne et en Angleterre : on la donne comme antispasmodique et calmante, dans les convulsions des enfans, dans la coqueluche. Cette eau cohobée acquiert une odeur et une saveur qui approche de l'eau distillée du Laurier-Cerise, et elle ne doit pas être employée sans précaution. On peut faire avec les Merises et les Cerises sèches, bouillies dans l'eau, une tisanne pectorale, utile dans les affections catarrhales. L'infusion aqueuse des pédoncules, appelés vulgairement queues de Cerises, passe pour être très-diurétique ; quelques personnes nous ont assuré avoir vu des hydropiques guérir par ce seul moyen ; mais nous ne garantissons nullement les effets de ce médicament que nous n'avons jamais employé, et qui l'est très-peu par les gens de l'art.

La consommation des Cerises, des Guignes et des Bigarreaux, qui se fait chaque année, est très-considérable ; c'est une privation lorsque ces fruits manquent, mais il est fort rare qu'ils manquent entièrement. Des gelées survenues cette année (en 1809), au milieu et à la fin d'avril, ont anéanti presque tous les autres fruits d'été, comme Abricots, Prunes et Pêches ; les Cerises seules ont résisté, elles ont seulement été moins communes qu'à l'ordinaire. Les Guignes, les Cerises et les Griottes sont aussi saines qu'elles sont agréables à manger, mais la chair des Bigarreaux est indigeste ; il ne faut pas autant manger de ces fruits que des autres espèces. Ils sont beaucoup plus sujets que les vraies Cerises à être piqués par deux espèces de ver, qui les font tomber avant le tems ou qui, lorsqu'ils restent à l'arbre, les rendent désagréables à manger. Ces vers sont la larve d'un Charanson et celle d'une mouche figurée dans le second volume des Mémoires de Réaumur, pl. 38, nᵒˢ. 22 et 23. Ces insectes déposent leurs œufs sur le fruit peu de tems après qu'il est noué; aussitôt que le ver est éclos, il s'introduit dedans et se nourrit de la pulpe. On n'en trouve ordinairement qu'un dans chaque fruit. Dans certaines années, une si grande quantité de Bigarreaux en sont attaqués, que cela dégoûte beaucoup de personnes d'en manger. On ne connaît pas de moyen pour préserver ces fruits de cet accident. Les Grives, les Merles, les Loriots et autres oiseaux frugivores sont très-friands de Cerises, surtout de celles qui sont douces et sucrées; les Merises sauvages rendent, au dire des gourmets, la chair de ces oiseaux très-délicate.

Non-seulement une grande quantité de Cerises est mangée crue dans la saison, mais encore certaines espèces se conservent de différentes manières, ou sont employées à divers usages. Quelques personnes font confire les Bigarreaux au vinaigre, comme les cornichons. On fait sécher pour l'hiver plusieurs variétés de Guignes, de Cerises, de Griottes et de Merises, en les exposant, sur des claies serrées, aux rayons du soleil ou à la chaleur modérée d'un four. Cette methode de conserver les Cerises est fort ancienne; Pline en parle (1). On les conserve encore dans l'eau-de-vie; on les confit au sucre; on en fait des compotes, des marmelades, des confitures. La Cerise à courte queue, celle de Montmorency, celle d'Angleterre et le Gros-Gobet, sont les espèces qu'on emploie le plus communément à ces usages, et pour lesquels on prend ordinairement ces fruits avant qu'ils aient atteint leur parfaite maturité, parce que leur couleur étant plus claire et leur eau plus acide, les confitures sont moins foncées et d'un goût plus relevé. On fait entrer les Cerises dans plusieurs pâtisseries légères; les distillateurs les emploient dans la composition de certains ratafias, et c'est surtout de Griottes et de Merises noires qu'ils se servent pour leurs liqueurs. Les confiseurs emploient les amandes pour former le centre de certaines dragées. Enfin on peut tirer une très-bonne huile de ces mêmes amandes.

Toutes les différentes espèces dont les fruits se mangent peuvent être employées à faire du vin de Cerises; mais l'espèce préférable pour cet objet, est la Merise commune à fruit noir ou rouge.

Duhamel indique aussi un procédé pour faire du vin de Cerises, qui serait mieux nommé ratafia, à cause du sucre qu'il faut y ajouter dans des proportions assez considérables.

« On choisit des Cerises acides bien mûres, et préférablement celles dont le suc » est noir; on les écrase, et après avoir retiré les noyaux, on met le marc et le » jus fermenter comme le vin. Lorsqu'on sent que le tout a pris une odeur vineuse, » on exprime le jus à la presse, et on le verse dans une cruche ou dans un petit » baril, en ajoutant une livre et demi-quarteron de sucre pour chaque pinte de » jus, avec les noyaux qu'on a eu soin de concasser. La fermentation recommence, » et quand elle est cessée, on soutire à clair cette liqueur, ou bien on la passe » à la chausse pour la conserver dans des bouteilles bien bouchées. Il est sin- » gulier que le suc des Cerises prenne, au moyen du sucre, autant de force que » le bon vin, et fasse une liqueur agréable à boire, et qui peut se conserver » pendant plusieurs années. » DUHAM.

La grosse Merise noire entre dans la composition du ratafia de Grenoble, très- bonne liqueur, dont la plus grande consommation se fait dans le midi de la France. Mais de toutes les liqueurs faites avec les Cerises, le Kirschenwasser et le Marasquin sont les plus importantes, parce qu'elles forment des branches de commerce assez considérables pour les pays où on les fabrique. Le Kirschenwasser est une liqueur spiritueuse, une espèce d'eau-de-vie très-forte, qu'on obtient par la distillation,

_____

(1) *Siccatur etiam sole, conditurque, ut oliva, cadis. lib. 15. cap. 25.*

et qui est aussi claire et aussi transparente que l'eau la plus limpide. C'est dans les montagnes des anciennes provinces d'Alsace et de la Franche-Comté, en France; dans les cantons de Berne et de Bâle, en Suisse, et dans la Souabe, qu'on en distille le plus : delà cette liqueur se répand dans toute l'Europe. La Merise noire sauvage donne le meilleur Kirschenwasser; celui pour la fabrication duquel on a employé ou mêlé des Cerises cultivées est beaucoup moins agréable et moins fort. D'après les observations de M. Aumont, insérées dans la Bibliothèque des propriétaires ruraux, après les Merises noires, la liqueur alcoolique retirée des Merises rouges est celle qui a le plus de force; après celle-ci, celle des Guignes; enfin, celle des Cerises acides est celle dont la qualité est la plus inférieure.

Le Marasquin est une autre liqueur alcoolique, faite avec une petite Cerise acide qu'on appelle *Marasca*, en Italie. Cette liqueur est beaucoup plus douce et plus agréable, au goût de bien des personnes, que le Kirschenwasser, qui est souvent si fort qu'il faut y ajouter de l'eau pour pouvoir le boire. C'est de Venise et de Trieste, de Zara, en Dalmatie, qu'on tire tout le vrai Marasquin qui se trouve dans le commerce. Celui de Zara est le meilleur et le plus estimé; tous les Cerisiers dont les fruits sont employés à sa confection sont cultivés dans une étendue de dix-huit milles d'Italie, au pied de la montagne Clissa, entre Spalato et Almissa, sur une côte plantée de vignes. Les paysans transportent toutes les Cerises de ce canton à Zara, où on les distille.

Le Laurier-Cerise est originaire des mêmes climats que le Cerisier vulgaire. Tous les deux ont été apportés de l'Asie-Mineure en Europe. La transplantation du dernier remonte déjà à une époque assez reculée, et d'ailleurs illustrée dans l'histoire par les victoires de Lucullus sur ce Roi du Pont, qui, pendant quarante ans, balança la fortune des maîtres du monde. Le Général romain, en arrachant le Cerisier aux champs de Cérasonte, et en le transplantant dans ceux de l'Italie, en fit un monument de son triomphe, bien plus durable que ceux que le Sénat ou le Peuple auraient pu lui élever.

La nature a placé dans les feuilles du Laurier-Cerise un arome qui n'existe pas dans les feuilles des autres Cerisiers ou qui n'y est que très-peu développé, et qu'on ne retrouve que dans les noyaux des fruits des autres espèces du même genre, ou de quelques genres de la même famille. Cet arome se retire par l'infusion ou la distillation dans l'eau ou dans l'alcool, mais il ne faut pas que ces liquides en soient trop chargés; car si l'on distille plusieurs fois de l'eau sur les feuilles de Laurier-Cerise, on en retire une liqueur qui est un violent poison pour les hommes et pour les animaux.

» J'ai fait sur ce poison diverses expériences : une cuillerée suffit pour tuer sur-» le-champ un gros chien. La dissection la plus exacte ne me fit apercevoir » aucune inflammation; mais lorsque nous ouvrîmes l'estomac, il en sortit une odeur » d'amande amère très-exaltée, qui pensa nous suffoquer. Ainsi je crois que cette » vapeur agit sur les nerfs; car si nous nous étions obstinés à respirer l'odeur qui » s'exhalait de l'estomac, nous serions tombés évanouis, et peut-être aurions-nous » aussi été suffoqués. Malgré les fâcheux effets que produit cette eau qu'on a » distillée sur les feuilles de Laurier-Cerise, elle peut être un bon stomachique, » étant prise à petite dose; car si on en fait avaler tous les jours deux à trois » gouttes à un chien, son appétit augmente et il engraisse. » DUHAMEL.

Le poison du Laurier-Cerise est si subtil, que les émanations de cet arbre ne sont pas sans inconvénient : on assure qu'il suffit de se reposer sous son ombrage, par un tems chaud, pour éprouver des maux de tête et des envies de vomir; et il pourrait être plus dangereux de s'y endormir.

La gomme du Laurier-Cerise ne paraît pas partager les propriétés malfaisantes des feuilles, et, malgré les mauvais effets qu'on peut reprocher à celles-ci, tous les jours les cuisiniers français en mettent dans les crêmes, les soupes et les œufs au lait. Cela communique à ces préparations un goût d'amande amère fort agréable; mais il faut être très-réservé sur la dose. Une ou deux feuilles doivent suffire, et il serait même plus prudent de s'abstenir de cet assaisonnement. C'est ce que pense M. Gouan, qui, dans une note particulière qu'il nous a communiquée, nous assure que plusieurs personnes de sa connaissance ont éprouvé des tranchées violentes pour en avoir fait usage.

Dans les parties septentrionales de la France, les fruits du Laurier-Cerise parviennent rarement à une maturité assez parfaite pour servir à la multiplication de l'espèce; mais on la propage avec la plus grande facilité par les boutures et surtout par les marcottes; cependant les pieds qui sont venus de graines sont plus beaux, plus vigoureux, et ils vivent plus long-tems. Il est facile de se procurer des semences dans les départemens méridionaux, où elles mûrissent tous les ans. Les semis n'exigent aucun soin particulier, il ne faut que les préserver du froid pendant l'hiver. Dans le climat de Paris et dans le Nord, le Laurier-Cerise n'est jamais très-commun; on en voit dans chaque jardin un ou deux pieds, mais rarement davantage, parce qu'il exige des précautions dans les grands froids, ou on est exposé à le voir périr : cependant il périt très-rarement en entier, le plus souvent le tronc et les branches sont seuls atteints de la gelée; mais les racines repoussent au printems d'autres rameaux qui forment bientôt un nouvel arbre. Dans les départemens du Midi et dans une grande partie de ceux de l'Ouest, où les hivers sont beaucoup moins rigoureux, le Laurier-Cerise peut, par son feuillage toujours vert, faire un très-bel effet dans les jardins-paysages; il est facile, dans ces contrées, de l'élever en arbre sur une tige principale, et en cet état on en voit qui atteignent vingt à vingt-cinq pieds de haut. Il peut aussi, lorsqu'on veut le tenir en haie, faire de superbes rideaux de verdure; nous nous rappelons de l'avoir vu ainsi aux environs de Bayonne; il formait des berceaux du plus bel effet.

« On a greffé, avec succès, le Laurier-Cerise sur le Cerisier, mais les arbres ne » durent pas. On a aussi greffé, mais sans succès, les Cerisiers sur les Lauriers-» Cerises : on s'était proposé d'avoir ainsi des Cerisiers nains. » DUHAMEL. Le Cerisier à feuilles luisantes nous paraît beaucoup plus propre à cela que l'espèce dont il est maintenant question; d'abord parce que celui-ci est vraiment nain, secondement parce qu'il ne craint pas du tout le froid. Voyez ce que nous avons dit à ce sujet, à l'article du *Cerasus Chamæcerasus*, 18ème. esp.

Les fruits du Cerisier Sainte-Lucie, ou Mahaleb, ne sont aujourd'hui d'aucun usage, on les laisse aux oiseaux qui, comme nous l'avons dit, en sont fort avides; cependant Dalechamp assure qu'on pourrait s'en servir pour la teinture, et qu'en exprimant le suc qu'ils contiennent, on en retirerait une belle couleur pourpre, propre à teindre les toiles et les cuirs, couleur, ajoute cet auteur, qui n'est pas sujette à passer, mais qui est très-solide et dure long-temps. Haller dit aussi que le suc des Cerises du Sainte-Lucie teint en pourpre.

Le mot *Mahaleb*, qui est aujourd'hui consacré en latin et même en français comme nom spécifique du Cerisier Ste.-Lucie, est un mot arabe. Les médecins de cette nation avaient introduit l'usage du Mahaleb dans la pratique; entre autres vertus ils attribuaient aux noyaux de ses fruits la propriété de dissoudre les calculs de la vessie. Une autre propriété du Mahaleb, qu'il ne sera pas inutile de faire connaître, c'est qu'il procure, par son odeur, le fumet du lapin de garenne au lapin domestique, en introduisant une chevillette de son bois dans le corps de celui-ci, au moment de le faire rôtir. Les feuilles vertes ou sèches peuvent également servir à donner un excellent fumet aux perdrix à la broche; il en faut une verte ou deux sèches pour chaque pièce de gibier.

Nous avons déjà dit que la culture du Cerisier Ste.-Lucie, n'offrait aucune difficulté; il suffit, pour le multiplier, de semer ses noyaux dans la saison convenable. Il s'accommode de toute sorte de terrein, il prospère dans les terres marécageuses comme dans les plus arides; il vient même dans celles qui sont de pure craie, et jusque dans les fentes des rochers; il est vrai que dans cette dernière situation il ne forme qu'un buisson de quelques pieds de haut.

Quoique la culture du Mahaleb soit très-facile, cependant, pour ne rien laisser à desirer sur ce sujet, nous allons faire l'extrait de ce que M. Bosc a dit sur la manière de le gouverner lorsqu'on veut le cultiver en grand. « Il y a deux manières de procéder à la multiplication de cet arbre, dit cet auteur : 1°. en semant les graines en place; 2°. en plantant des jeunes pieds pris dans une pépinière. Pour semer il faudra labourer le terrein à la charrue et répandre la graine aussitôt qu'elle est récoltée, soit à la volée, soit en rayons éloignés de six pouces. Si on n'avait pas de terrein disponible à l'époque de la maturité des fruits, il faudrait les mettre en jauge dans quelque coin, afin qu'ils pussent attendre le printems sans inconvénient. Lorsqu'on ne prend pas ces précautions, et qu'on laisse la graine se dessécher, la plus grande partie ne lève que la seconde année, ou ne lève pas du tout. On doit faire une guerre à outrance aux Campagnols et Mulots dans le lieu où les graines sont semées ou déposées; car ces animaux, et en général tous les rongeurs, sont aussi avides de leur amande, que les oiseaux de leur pulpe. Pour planter, outre le labour, il faudra faire des trous à la pioche, à trois ou six pieds l'un de l'autre, et y placer le plant au printems. Il faut toujours, autant que possible, lui conserver le pivot, afin qu'il aille chercher l'humidité à une grande profondeur, et les trous doivent être faits en conséquence. Le plant ou les semis n'ont besoin que de quelques sarclages.

» Quand on veut semer ou planter le Mahaleb, pour favoriser la croissance des chênes ou autres arbres, qui, dans leur première jeunesse, ne sauraient supporter l'effet de l'ardeur du soleil, on place ces jeunes arbres dans l'intervalle des pieds de Mahaleb, et on abandonne le tout à la nature. A quatre ou cinq ans on recèpe le tout et on a un taillis dans lequel les chênes ne tardent pas à prendre le dessus. Le Mahaleb peut ensuite être coupé seul aux mêmes époques, de manière à payer, par sa dépouille, les frais de la plantation totale.

» On fait aussi, ajoute M .Bosc, d'excellentes haies de Mahaleb, soit en le semant, soit en le plantant en rigole, parce qu'il pousse des branches dès le collet de ses racines, et que ces branches sont presque horizontales et s'entrelacent les unes dans les autres; mais elles craignent la dent des bestiaux, et surtout des moutons et des chèvres, qui aiment beaucoup les feuilles et les bourgeons de cet arbre. »

Le Merisier à grappes est presque aussi rustique que le Mahaleb, et tout ce qu'on a dit de ce dernier pour la culture en grand, peut être appliqué au premier. Il faut seulement observer qu'il ne vient pas également bien dans toutes les terres; un sol trop aride lui est contraire; mais il s'accommode bien d'une terre un peu légère et chaude. Il ne craint pas le froid; on le trouve jusqu'en Laponie et en Sibérie. Ses racines tracent beaucoup et poussent quantité de rejetons, mais ceux-ci fleurissent rarement, selon M. Dumont Courset, qui préfère pour cette raison qu'on le multiplie de graines. Cette propriété des racines, de s'étendre au loin et de donner beaucoup de rejets, pourrait peut-être devenir utile. On a cherché quels étaient les végétaux propres, par leurs racines, à retenir et à fixer ces sables mobiles : plusieurs plantes peuvent avoir cette propriété; mais il nous paraît que, parmi les arbres utiles, le Cerisier pourrait être employé avec avantage dans les climats qui ne sont pas trop chauds, comme dans les Landes de Bordeaux. Le sol, dans ces contrées peu élevées au-dessus du niveau de la mer, n'est sec et aride qu'à la surface; sous la couche brûlante de sable qui le recouvre, se trouve assez d'humidité pour que les racines des grands arbres puissent y pomper les sucs nourriciers. Les Cerisiers, abandonnés à la nature dans ces plaines arides de l'ancienne Aquitaine, étendraient avec facilité leurs racines au milieu des sables; les nombreux rejetons qui en sortiraient fixeraient bientôt la mobilité de ces sables, et à la place de leur triste nudité, on verrait se former des forêts d'un arbre utile sous tous les rapports.

L'écorce des rameaux du Merisier à grappes a une odeur forte et désagréable qui lui a fait donner, dans les Vosges, le nom de Bois-puant ; sa saveur est amère, un peu astringente. Dans les Mémoires de l'Académie des Sciences de Stokholm, il y a des observations sur ses vertus antivénériennes, et un médecin habitant des Vosges, Gerard, de Remberviller, a essayé, il y a une cinquantaine d'années, de l'employer, à la place du Quinquina, dans le traitement des fièvres intermittentes; mais les observations faites à ce sujet ne sont pas encore assez nombreuses pour qu'on puisse être parfaitement sûr de ce fébrifuge. Il est à desirer que des médecins se livrent à de nouvelles expériences sur cette écorce, qui, par sa saveur et surtout par son arome approchant de celui des feuilles du Laurier-Cerise, mais moins pénétrant et moins fort, annonce encore qu'elle doit être douée de vertus recommandables. Celles qu'on attribue aux fruits, en Allemagne, tiennent à la superstition ; on fait avec ceux-ci des amulettes contre l'épilepsie. M. Bosc parle d'un accident singulier auquel ils sont exposés : « Un insecte du genre des Charançons, dit cet auteur, dépose ses œufs dans l'ovaire des fleurs au moment de la fécondation, et il en résulte une monstruosité fort remarquable. Les fruits deviennent très-longs, très-pointus, souvent corniculés, ne prennent point de noyau et restent toujours verts. J'ai vu quelquefois ainsi transformées toutes les grappes de certains arbres. Il n'y a pas de remède à ce mal. »

EXPLICATION DES PLANCHES.

Pl. 23. Un rameau chargé de fruits, de grandeur naturelle. Fig. 1. Une fleur entière. Fig. 2. Un pétale séparé. Fig. 3. Le calice, les étamines et le pistil. Fig. 4. Le pistil séparé.

Pl. 24. Un rameau avec des fruits. Fig. 1. Une fleur entière. Fig. 2. Le calice, les étamines et le pistil. Fig. 3. Le pistil séparé.

Pl. 25. Un rameau du CERISIER toujours fleuri, vulgairement CERISIER de la Toussaint.

Pl. 26. Un rameau avec des fruits. Fig. 1. Un fruit coupé verticalement. Fig. 2 Un noyau séparé.

Pl. 27. Fig. A. MERISES jaunes. Fig. B. et C. MERISES blanches. Fig. D. GROSSES MERISES noires.

Pl. 28. Fig. A. GUIGNES précoces. Fig. B. GUIGNES noires.

Pl. 29. Fig. A. GUIGNES piquantes. Fig. B. GRIOTTES de Portugal. Fig. C. Petites GUIGNES noires. Fig. D. GUIGNES blanches tardives.

Pl. 30. Un rameau du GUIGNIER à feuilles de tabac, avec des fruits. Fig. 1 Une Guigne coupée verticalement. Fig. 2. Le noyau séparé. Fig. 3. L'amande.

Arbres fruitiers. T. I.   H h

Pl. 31. Fig. A. Bigarreaux noirs, tardifs. Fig. B. Bigarreaux noirs ou Cerises de Norwege. Fig. C. Gros Bigarreaux tardifs. Fig. D. Bigarreaux Cœur-de-Pigeon.

Pl. 32. Un rameau du Bigarreautier commun avec des fruits. Fig. 1. Un fruit coupé verticalement. Fig. 2. Le noyau séparé.

Pl. 33. Fig. A. Heaumes noirs. Fig. B. Heaumes rouges.

Pl. 34. Fig. A. Un rameau du Cerisier Chery-Duke chargé de fruits. Fig. B. Cerise à bouquet. Fig. 1. Un noyau séparé. C'est par inadvertance qu'on a peint ce noyau simple, on aurait dû en représenter trois attachés au même pédoncule, comme on a figuré trois Cerises.

Pl. 35. Fig. A. Cerises Gros-Gobet. Fig. B. Cerises à courte queue. Fig. C. Griottes ou Guindoux de Poitou. Fig. D. Griottes d'Espagne.

Pl. 36. Un rameau du Cerisier de Montmorency avec des fruits. Fig. 1. Une fleur entière. Fig. 2. Le calice, les étamines et le pistil. Fig. 3. Le pistil séparé. Fig. 4. Coupe verticale d'un fruit. Fig. 5. Un noyau séparé.

Pl. 37. Un rameau du Cerisier de Villennes avec des fruits.

Pl. 38. Fig. A. Guindoux de Paris, Guindoux rose. Fig. 1. Un noyau séparé du fruit. Fig. B. Rameau du Cerisier à fruit ambré avec des fruits. Fig. 2. Un noyau.

Pl. 39. Un rameau du Cerisier de Choisy avec des fruits. Fig. 1. Fleur entière vue de face. Fig. 2. La même avec le calice et le pistil seulement. Fig. 3. Le noyau. Fig. 4. L'amande.

Pl. 40. Fig. A. Grosses Griottes noires, tardives. Fig. 1. Un noyau séparé. Fig. B. Griottes-Guignes ou Cerises d'Angleterre. Fig. 1. Un noyau séparé.

Pl. 41. Fig. A. *Cerasus chamæcerasus.* Cerisier à feuilles luisantes ou Cerisier de Sibérie. Fig. 1 et 2. Un noyau et son amande. Fig. B. Griottes ou Cerises du Nord. Fig. 3. Coupe verticale d'un fruit. Fig. 4 et 5. Le noyau et son amande.

Pl. 42. Fig. A. Griottes de Prusse. Fig. B. Griottes Royales.

OLEA. OLIVIER.

OLEA. Lin. Classe II. *Diandrie*. Ordre I. *Monogynie*.
OLEA. Juss. Classe VIII. *Dicotylédones monopétales. Corolle hypogyne.*
Ordre IV. Les Jasminées. § II. *Fruit en forme de baie.*

GENRE.

CALICE.	Monophylle, campanulé, petit, persistant, à quatre dents.
COROLLE.	Monopétale, infondibuliforme, à tube court, cylindrique, de la longueur du calice; à limbe plane, divisé en quatre découpures ovales, rarement en cinq.
ÉTAMINES.	Deux, rarement quatre; filamens opposés, subulés, courts, attachés à la corolle au-dessous des angles rentrans formés par ses divisions, terminés par des anthères droites.
PISTIL.	Ovaire arrondi; style simple, très-court; stigmate un peu charnu, en tête, à deux lobes un peu divergens.
PÉRICARPE.	Drupe, ovoïde, lisse, à pulpe adhérente à un noyau ligneux, raboteux, divisé en deux loges contenant chacune une semence. Dans l'Olivier d'Europe la pulpe est oléagineuse, et ce n'est que très-rarement qu'on trouve les deux loges et les deux semences; il y a presque toujours une des semences qui avorte, ainsi que la loge qui devait la contenir.
SEMENCES.	Une amende de la même forme que le noyau, composée de deux lobes, à la base desquels est l'embryon, qui est petit et droit.

Caractère essentiel. Calice petit, à quatre dents; corolle monopétale, à tube court, à limbe partagé en quatre découpures ovales; étamines au nombre de deux; stigmates à deux lobes; un drupe contenant un noyau qui renferme une ou deux graines.

Caractère secondaire. Arbres ou grands arbrisseaux à feuilles entières, toujours vertes, opposées ou très-rarement alternes; à fleurs en grappe ou en panicule axillaire ou terminale.

Rapports naturels. L'Olivier a beaucoup d'affinité avec le *Chionanthus* et le Filaria (*Phylirea* Lin.); ce dernier surtout n'en diffère essentiellement que parce que le noyau de son fruit est globuleux, lisse et constamment à une seule loge. Les greffes de l'Olivier sur le Filaria réussissent très-bien.

Étymologie. Olivier vient du latin *Olea, Oliva,* et les deux mots latins sont dérivés du grec Ἐλαία.

ESPÈCES.

1. OLEA Europæa (1), *Tab.* 25 *ad* 32.	OLIVIER d'Europe. *Pl.* 25 à 32.
O. *foliis lanceolatis, subtùs incanis; floribus racemosis, axillaribus.*	O. à feuilles lancéolées, blanchâtres en-dessous; à fleurs en grappes axillaires.

(1) En traitant de l'Olivier d'Europe, nous croyons devoir prévenir nos lecteurs que nous avons emprunté la plus grande partie de ce que nous dirons sur les différentes variétés et la culture de cet arbre, d'un Mémoire de M. Bernard, qui a remporté le prix, au jugement de l'Académie de Marseille, en 1782. Cet ami estimable a bien voulu nous communiquer aussi les nouvelles observations qu'il a faites depuis la publication de son Mémoire.

OLEA *Europœa.* Lin. Sp. 11. Mat. Med. pag. 4. n. 10. Willd. Sp. 1. pag. 44. Lam. Ill. tab. 8.
f. 2. Poir. Dict. 4. pag. 537. Gaert. Fruct. 2. pag. 75. tab. 93. f. 3. Vahl. Enum. 1. pag. 40.
Pers. Synop. 1. pag. 8. Lois. Fl. Gall. pag. 6.

a. Olea sylvestris, folio duro subtùs incano. Bauh. Pin. 472. Tournef. Inst. 599.
Sylvestris Olea. Clus. Hist. 26.
Oleaster sive Olea sylvestris. J. Bauh. Hist. 1. Lib. VI. pag. 17.
Oleaster Plinii.
    Olivier sauvage.

ϐ. Olea sativa. Matth. Valgr. 201. Clus. Hist. 26. J. Bauh. Hist. 1. Lib. VI. pag. 1. Bauh. Pin.
pag. 472. Blackw. Herb. tab. 199.
Olea. Dod. Pemp. 821. Duham. Arb. 2. pag. 57.
Olea Gallica, foliis lineari-lanceolatis, subtùs incanis. Mill. Dict. n. 1.

L'Olivier est un arbre dont le tronc acquiert trois à six pieds de circonférence,
quelquefois même davantage, et qui s'élève en France, dans la Provence et le Languedoc, à vingt ou trente pieds, et jusqu'à la hauteur des chênes de nos forêts, dans les
climats plus chauds, comme dans les parties méridionales de l'Espagne et de l'Italie,
dans l'Orient et l'Afrique. Son écorce est grisâtre, assez unie sur les jeunes arbres,
gercée et raboteuse sur les vieux. Le tronc principal s'élève peu au-delà de quelques
pieds; bientôt il se divise en plusieurs branches, qui se subdivisent en un grand
nombre de rameaux formant rarement une tête arrondie et régulière. L'écorce des
jeunes rameaux est lisse, presque entièrement couverte d'une espèce de poussière
écailleuse, très-adhérente et de couleur cendrée. Les feuilles sont opposées, persistantes, coriaces, lancéolées, aiguës, longues de quinze lignes à deux pouces et demi,
dans la plupart des variétés cultivées, et ovales, seulement longues de quatre à huit
lignes dans quelques individus sauvages. Ces feuilles, dans toutes les variétés, sont
très-entières, d'un vert plus ou moins foncé en dessus, avec quelques points écailleux
dans leur jeunesse; elles ont en dessous une nervure longitudinale très-prononcée,
et elles sont toute couvertes d'une poussière écailleuse qui leur donne un aspect blanchâtre et argenté. Les fleurs sont blanches, petites, pédonculées, disposées en grappes
rameuses, solitaires dans l'aisselle des feuilles, et de la longueur de celles-ci ou à-peu-
près. Chaque fleur est composée d'un calice monophylle, campanulé, à bord droit
ou presque droit, terminé par quatre dents très-petites; d'une corolle infondibuli-
forme, à tube très-court, à limbe partagé en quatre découpures (rarement en cinq),
ovales-lancéolées, planes; de deux étamines portées sur des filets blancs, plus courts
que le limbe de la corolle; d'un ovaire supérieur, surmonté d'un style cylindrique,
court, à peine plus long que le tube de la corolle, terminé par un stigmate en tête et
à deux lobes un peu divergens. Les fruits qui succèdent aux fleurs sont des drupes
ovoïdes, plus ou moins allongés, à peine plus gros que des grains de groseille (*Ribes
rubrum* Lin.), dans les variétés sauvages, et ayant, dans celles qui sont cultivées,
six à dix lignes de diamètre sur dix à quinze de hauteur. Dans ces dernières, chaque
grappe ne porte ordinairement qu'un ou deux fruits, rarement trois, et les autres
fleurs avortent. Dans les Oliviers sauvages, la plupart des grappes ont quatre à six
fruits ou davantage. Ces fruits, en général connus sous le nom d'Olives, sont couverts
d'une peau lisse et brillante, noirâtre dans le plus grand nombre des variétés : sous

---

Nous devons encore un grand nombre d'observations à M. l'abbé Loquez, ancien Professeur d'Histoire Naturelle à Nice; à
M. Risso, de la même ville, auteur d'une Histoire des Poissons de la Méditérannée, qui est sous presse en ce moment; à
M. de Suffren, de Salon, qui depuis long-tems cultive avec succès l'Histoire naturelle et particulièrement la Botanique;
à M. G. Galesio, de Finale, qui s'est beaucoup occupé de la culture de l'Olivier et de l'Oranger; à M. G. Robert, de Toulon,
qui a enrichi la Flore de France de beaucoup d'espèces nouvelles.

cette peau est une pulpe de couleur verdâtre, molle, contenant de l'huile, et adhérente à un noyau très-dur, raboteux, ovale-oblong; aigu à ses deux extrémités, ordinairement à une seule loge (la seconde étant presque toujours avortée), remplie par une graine oléagineuse qui en occupe tout l'intérieur.

L'Olivier d'Europe, comme tous les arbres dont la culture est fort ancienne, a été plus ou moins altéré ou modifié dans sa nature, par les influences variées du sol, des climats, des expositions et des différentes manières dont il a été traité par les hommes qui ont pris soin de le multiplier, et il a produit beaucoup de variétés. Nous allons exposer successivement les plus remarquables de ces variétés qui sont cultivées, ou qui sont maintenant comme spontanées dans les départemens méridionaux formant le littoral de la Méditerranée ou l'avoisinant.

Var. 1. *Olea Europœa sylvestris.* TAB. 44. FIG. A et B.

OLIVIER d'Europe, *sauvage.*

En Provence, *Aulivier fer, Aulivastré;* en Languedoc, *Oulibié soubagié;* en Italie, *Olivastro.*

L'ordre naturel exige que nous commencions par parler des Oliviers sauvages avant de traiter de ceux qui sont cultivés. En donnant le nom d'Olivier sauvage à l'arbre qui croît aujourd'hui, comme s'il était indigène, dans la Provence, le Languedoc, l'Italie, l'Espagne et autres contrées méridionales de l'Europe, on doit observer que cet arbre est seulement naturalisé et acclimaté, mais non réellement spontanée dans ces différens pays. C'est dans les forêts de l'Orient qu'il faut rechercher l'espèce primitive, car tous les individus sauvages qu'on rencontre maintenant en Europe, quelque multipliés qu'ils soient, ne peuvent être regardés comme le type de cette espèce première puisqu'ils proviennent évidemment des fruits de l'arbre cultivé. Ces arbres sauvages sont nés de noyaux disséminés par les oiseaux qui se nourrissent de la pulpe des Olives cultivées, ou de ceux que la main de l'homme a répandus au hasard; et c'est ce qui fait qu'on observe, parmi les divers individus venus naturellement, des différences très-sensibles, qui permettraient jusqu'à un certain point d'en distinguer plusieurs variétés, la plupart de ces arbres approchant plus ou moins de la variété cultivée à laquelle ils doivent leur naissance, et en conservant les formes, selon qu'ils sont plus rapprochés ou plus éloignés de leur origine. Qu'on suppose, par exemple, qu'une bonne espèce d'Olive cultivée aura été semée naturellement et qu'elle sera tombée dans un bon terrain, cette Olive produira un arbre qui rapportera des fruits approchans beaucoup plus, pour la grosseur et la qualité, de la variété mère, que celle qui sera tombée dans un lieu aride et qui s'y sera multipliée pendant plusieurs générations. Les derniers arbres provenus de cette dernière peuvent être regardés comme des Oliviers tout-à-fait sauvages, tandis que celui de la première ne l'est encore qu'à demi. Dans certains cantons de la Provence où le climat est très-doux, comme dans les parties du département du Var situées dans le voisinage de la mer, il naît tous les ans de ces Oliviers sauvages qui diffèrent les uns des autres par leur port, leur feuillage, leurs fruits; en général, plus les Olives sont petites, plus on en compte sur chaque grappe. Le plus grand nombre de ces Oliviers sauvages donne des fruits qu'on ne peut cultiver avec avantage; mais il s'en trouve souvent qui méritent d'être adoptés par les cultivateurs.

Nous avons trouvé aux environs de Montpellier, dans des terrains arides, nommés *Garigues*, une de ces sous-variétés de l'Olivier sauvage, dont les feuilles étaient ovales-arrondies, n'ayant pas plus de quatre à huit lignes de long : l'arbre était petit, rabougri, et il ne portait pas de fruits. Nous pensons que c'est cette sous-variété que Aiton, dans l'*Hortus Kewensis*, a désignée sous le nom de *Olea* (*buxifolia*) *foliis oblongo-ovalibus, ramis patentibus divaricatis.*

« Cet Olivier à feuilles de buis, nous écrit M. G. Robert, est très-commun aux environs de Toulon; et tous les Oliviers qui croissent dans les mauvais terrains, qui sont exposés aux vents, ou qui sont souvent broutés par les animaux, restent presque toujours ainsi pendant leur jeunesse, bas, rabougris, avec de petites feuilles arrondies. Tant que ces arbres sont dans cet état, ils ne fleurissent pas; mais quand ils ont passé quelques années, et qu'ils ont pris un peu de force, ils se développent souvent assez rapidement; ils poussent des jets vigoureux, leurs feuilles s'allongent, deviennent lancéolées; enfin ils donnent des fruits et acquièrent beaucoup de grosseur. On trouve assez fréquemment dans nos montagnes, de ces arbres qui sont fort gros, qui portent une belle tête, et qui ont encore, près de leur pied, beaucoup de petites branches horizontales et toutes tortillées; les feuilles de ces branches sont presque sessiles, très-petites, d'un vert luisant, tandis que celles des branches supérieures sont trois à quatre fois plus allongées et ont la forme ordinaire. Quelquefois cependant on trouve des Oliviers sauvages qui sont constamment stériles, dont les tiges restent toujours rampantes, sans jamais s'élever, et dont toutes les feuilles sont aussi extrêmement petites; ce sont ceux qui sont venus dans des lieux qui paraissaient destinés à une stérilité absolue, ceux qui ont pris naissance dans les fentes des rochers ».

Var. 2. *Olea racemosa.* Gouan. Fl. Monsp. p. 7.
Olea minor, rotunda, racemosa. Magn. Bot. Monsp. 190. Hort. 147. Tournef. Inst. 539. Garid. Aix 335. Duham. Arb. 2. pag. 58. n. 13.
Olivier bouquetier. En Languedoc, *Oulibié Bouteillaoü; Rouget,* à Marseille; *Rapugan* et *Caïon à grappe,* à Toulon.

Arbre qui devient très-gros, dont le bois est cassant, dont les rameaux sont droits et longs, les feuilles grandes et d'un vert sombre, les fruits un peu allongés, mais bien arrondis à leurs extrémités. Ces fruits donnent moins d'huile que la variété suivante, mais elle est plus estimée pour la qualité, au moins en Provence; car, en Languedoc, ils ne fournissent que de l'huile grasse. Cet Olivier n'est pas délicat; il ressemble de loin à un grand chêne vert. Il y a des grappes dont presque toutes les fleurs nouent, mais dont les fruits restent aussi petits que des grains de poivre. Ces Olives, en parvenant à leur maturité, ont presque toujours une forme irrégulière, et elles sont quelquefois très-aplaties.

Var. 3. *Olea fructu minore et rotundiore.* Tournef. Inst. 599. Duham. Arb. 2. pag. 58. n. 5.
Olivolæ. Cæsalp. 73.
Olivier à petit fruit rond. *Aglandaoü,* à Aix; *Caïone,* à Marseille.

Arbre moyen dont les rameaux élevés sont redressés, tandis que les inférieurs sont souvent inclinés vers la terre; dont les feuilles sont courtes, un peu étroites et d'un vert foncé. Les Olives sont hâtives et donnent de bonne huile; mais elles n'en fournissent que très-peu, parce qu'elles sont trop petites. Cet Olivier a besoin d'être taillé fréquemment: il se plaît dans les terrains secs et élevés; il craint beaucoup le froid.

Var. 4. *Olea fructu minori, ovato, racemoso.*
Olivier Raymet.

Arbre moyen, dont la tête est assez arrondie, dont les rameaux sont un peu inclinés, les feuilles d'un joli vert et médiocrement rapprochées les unes des autres. Les Olives prennent une couleur rouge; elles sont rassemblées en grappes: l'huile qu'elles fournissent est très-bonne et abondante. Il faut planter cette variété dans les vallées et les terrains peu élevés.

Var. 5. *Olea variegata.* Gouan. Fl. Monsp. pag. 7.

Olea minor, rotunda, ex rubro et nigro variegata. Magn. Bot. Monsp. 190. Hort, 147. Tournef Inst. 599. Garid. Aix. 335. Duham. Arb. 2. pag. 58. n. 14.

Olivier à petit fruit panaché. En Languedoc, *Oulibié Pigaoü* et *Pigale.*

Arbre très-gros, dont les rameaux sont droits et les feuilles assez pressées. Les fruits, un peu oblongs, deviennent d'un noir violet en mûrissant, et ils sont marqués de petits points rougeâtres. Ces fruits sont tardifs : ils donnent une excellente huile, et ils sont, avant leur maturité, très-bons à confire. Cet Olivier est très-estimé aux environs de Montpellier : on en fait aussi beaucoup de cas à Aix ; mais en général il n'est pas assez répandu en Provence. Il faut le tailler et ne pas lui laisser trop de bois, si l'on veut qu'il soit de bon rapport.

Var. 6. *Olea præcox, fructu ovato, minori, subalbido.*

Olivier d'Entrecasteaux. Pl. 45. Fig. A et B ; en Italie , *Mortegna.*

Arbre moyen, dont l'écorce est assez lisse, dont les rameaux sont droits, les feuilles d'un vert peu foncé, écartées les unes des autres. Il fleurit un peu plutôt que les autres Oliviers, et ses fruits sont beaucoup plutôt mûrs que ceux des variétés qui ne fleurissent qu'après lui. Ces fruits se colorent, comme tous les autres, lorsqu'ils sont en petite quantité ; ils restent blancs lorsqu'ils sont très-nombreux. Dans ce dernier cas, ils sont souvent réunis en grappes, et ils adhèrent fortement aux rameaux. L'huile qu'ils fournissent est très-bonne. Cet arbre se plaît bien sur les côteaux, les lieux élevés et dans les terrains secs ; il craint le froid, quand il survient à la fin de l'hiver, parce que ses pousses sont hâtives : il faut le tailler fréquemment, et avant que la sève commence à se mettre en mouvement.

Var. 7. *Olea fructu albo.* Tournef. Inst. 599. Duham. Arb. 2. pag. 58. n. 4.

Olea latiore folio, fructu albo. Garid. Aix. 335.

Olivier à fruit blanc.

Cet arbre a la plus belle apparence ; ses rameaux sont pendans, et ses feuilles grandes, luisantes, d'un vert un peu foncé ; mais il semble que l'accroissement des feuilles se fasse aux dépens des fruits, car ceux-ci sont petits et très-peu nombreux ; ils donnent d'ailleurs de bonne huile, et leur récolte est sujette à peu de variations chaque année. Le nom d'Olivier à fruit blanc n'est pas parfaitement exact, car les Olives finissent par devenir noirâtres comme les autres ; mais comme elles sont tardives, elles ne commencent à se colorer que lorsque celles-ci sont parvenues à leur maturité. Cet Olivier est plus commun en Provence qu'en Languedoc.

Var. 8. *Olea fructu minori, ovato, albido, rubro maculato.*

Olivier à fruit blanc taché de rouge. Pl. 46. Fig. A. ; à Gênes, *Merlina* ou *Merletta.*

Cet arbre diffère du précédent en ce que ses rameaux sont droits. Ses fruits sont blancs, mais, en mûrissant, ils prennent, vers le pédoncule, une teinte d'un rouge faible, et encore, çà et là, quelques taches de même couleur. Ces fruits sont très-adhérens aux rameaux ; ils ne sont jamais attaqués par les insectes, et ils donnent de très-bonne huile. Cet Olivier est cultivé en Provence, aux environs de Draguignan et du Luc : ses récoltes sont alternatives.

Var. 9. *Olea minor Lucensis, fructu (oblongo, incurvo) odorato.* Tournef. Inst. 599. Duham. Arb. 2. pag. 59. n. 16.

Olivier de Lucques ; à fruit odorant.

Cette variété est peu répandue en Provence, si ce n'est aux environs d'Entrevaux, on la cultive en Languedoc, aux environs de Béziers, de Montpellier, de Nîmes. Elle est peu délicate et peu sensible au froid. Ses fruits sont allongés, odorans et ils se colorent fort tard; ils sont de ceux qu'on confit à la manière de Picholini; d'où vient que dans plusieurs cantons, l'Olive est appelée *Picholine*, quoiqu'elle diffère assez de celle qui porte particulièrement ce nom.

Var. 10. *Olea atro-rubens.* GOUAN. Fl. Monsp. pag. 7.
Olea minor, rotunda, rubro-nigricans. MAGN. Bot. Monsp. 190. Hort. 147. TOURNEF. Inst. 599. GARID. Aix. 335. DUHAM. Arb. 2. pag. 58. n. 15.
OLIVIER Salierne.

Arbre peu élevé, dont les rameaux sont droits et les feuilles petites. Ses fruits sont petits, terminés par une pointe particulière; ils sont d'un violet noirâtre et couverts d'une espèce de fleur ou poussière comme les prunes violettes et les raisins noirs. Ces fruits fournissent une huile excellente. Cet Olivier est délicat, ce qui fait qu'il est rare qu'on le rencontre vieux. On le cultive plus communément en Languedoc qu'en Provence.

Var. 11. *Olea fructu oblongo, atro-virente.* TOURNEF. Inst. 599. DUHAM. Arb. 2. pag. 58. n. 3.
OLIVIER à fruit d'un vert foncé.

Il y a plusieurs variétés auxquelles cette phrase peut convenir; mais elles sont peu multipliées, parce que leurs fruits mûrissent difficilement.

Var. 12. *Olea oblonga.* GOUAN. Fl. Monsp. pag. 6.
Olea fructu oblongo minori. TOURNEF. Inst. 599. GARID. Aix. 334. DUHAM. Arb. 2. pag. 57 n. 2.
Olea minor, oblonga. MAGN. Bot. Monsp. 189. Hort. 147.
OLIVIER à petit fruit long. Olive picholine. PL. 46. FIG. B; à Gênes, *Pignola*.

Arbre assez élevé, dont les rameaux sont inclinés, les feuilles larges, d'un vert assez foncé, et les Olives allongées, d'un noir rougeâtre lors de leur maturité. On cultive plutôt cet Olivier pour en confire les Olives que pour en retirer de l'huile, non qu'elles ne puissent en fournir de très-bonne; mais parce qu'elles n'en donnent qu'en petite quantité. L'Olive picholine se confit avant la maturité, pendant qu'elle est encore verte; elle est ainsi appelée, parce qu'un nommé Picciolini, dont les Provençaux, pour se conformer à la prononciation italienne, ont changé le nom en celui de Picholini, est l'inventeur de cette manière de la préparer, ou au moins l'a apportée d'Italie. Les descendans de ce Picholini, établis à St.-Chamas, en Provence, font encore un grand commerce de ces Olives confites. Nous parlerons plus bas de cette manière de préparer les Olives, qui est connue de tout le monde dans les pays où l'on cultive l'Olivier.

« Dans les environs de Pézénas et de Béziers, selon Rozier, on cultive une autre Picholine dont le fruit est presque rond, un peu pointu à son sommet, d'une couleur très-noire, et qui a sa pulpe fortement colorée. Son noyau est lisse, les sutures ne sont presque pas prononcées, et il est de la forme du fruit. La grosseur de la chair et du noyau est de six lignes de longueur environ, sur cinq de largeur : sa feuille est très-étroite, très-allongée; l'arbre vient facilement partout, charge beaucoup et donne une huile très-fine ».

Var. 13. *Olea media, fructu ovato, nigerrimo.*
OLIVIER de Callas. PL. 47. FIG. A; dans le Pays de Gênes, *Mortina*.

Arbre élevé, dont l'écorce est gercée, dont les rameaux sont droits et courts, les feuilles grandes, rapprochées les unes des autres et d'un vert assez foncé. Les Olives sont d'une grosseur médiocre; mais il en est peu qui, sous le même volume, puissent fournir autant d'huile; c'est dommage que celle-ci soit grasse. Cette variété est très-répandue dans l'arrondissement de Draguignan; on la trouve aussi aux environs de Grasse et à St.-Paul-les-Vence, où on la nomme *Blau*. Les lieux élevés lui conviennent mieux que les terrains bas. Il faut la tailler fréquemment et lui donner beaucoup d'engrais. Elle offre une sous-variété qui ne se distingue que par son fruit plus petit.

Var. 14. *Olea craniomorpha*. Gouan. Fl. Monsp. pag. 6.
Olea media, oblonga, fructu corni figurâ. Magn. Bot. Monsp. 189. Hort. 147. Tournef. Inst. 599. Garid. Aix. 335. Duham. Arb. 2. pag. 58. n. 9.

Olivier pleureur. Pl. 47. Fig. B. Olivier de Grasse. Bern. Mém. pag. 98. En Languedoc, *Oulivié Courniaoü*, ou *Cormaoü*; dans le Pays de Gênes, *Tagliasca*.

Il n'y a aucune variété d'Olivier qui ait un plus beau port et un plus beau feuillage que celle-ci. Aucune ne s'élève davantage et ne produit des fruits en plus grande quantité. Les rameaux de cet arbre, longs et pendans comme ceux du Saule pleureur, lui donnent un aspect particulier qui le font reconnaître au premier coup-d'œil. Les Olives sont noires, d'une grosseur moyenne, oblongues, plus larges à leur sommet qu'à leur base : elles fournissent une huile excellente. Cet Olivier est un de ceux dont la culture présente le plus d'avantage, ayant tout-à-la-fois celui de fournir des récoltes abondantes et de très-bonne huile; aussi est-il très-répandu en Provence et en Languedoc. Il faut le tailler et l'élaguer avec soin, parce qu'il produit beaucoup de petits rameaux superflus, qui, en le rendant trop touffu, empêchent la libre circulation de l'air et de la lumière, ce qui arrête le développement des fleurs et des fruits. Il craint la sécheresse et réussit mieux dans les vallées que sur les hauteurs.

Var. 15. *Olea media, fructu ovato, subrotundo, acuminato*.
Olivier à bec. Pl. 49. Fig. A.
Aulivo Becu, en Provence.

Arbre moyen, à rameaux droits, à feuilles larges, arrondies à leur sommet, rapprochées les unes des autres, dont le fruit est d'une grosseur moyenne, ovale-arrondi, terminé par une pointe inclinée et qui forme une espèce de bec. Cet Olivier donne ordinairement d'abondantes récoltes : il a tiré le nom qu'il porte de la forme particulière de ses fruits : ceux-ci deviennent très-doux, ce qui fait que les oiseaux en dévorent beaucoup. Lors de leur parfaite maturité, ils sont du petit nombre de ceux qu'on peut manger sans aucune préparation; ils fournissent une huile très-fine. L'arbre s'accommode bien d'un terrain médiocre, pourvu qu'il soit taillé fréquemment; on peut dire même, que la taille lui est peut-être plus nécessaire que le fumier.

Var. 16. *Olea præcox*. Gouan. Fl. Monsp. pag. 7.
Olea media, rotunda, præcox. Magn. Bot. Monsp. 190. Hort. 147. Tournef. Inst. 599. Garid. Aix. 335. Duham. Arb. 2. pag. 58. n. 11.
Olivier hâtif. En Languedoc, *Oulivié Mouraoü* ou *Moureau*.

Cet arbre a un beau port et forme une tête assez arrondie; ses rameaux sont droits ou très-légèrement inclinés, et les feuilles grandes, rapprochées, d'un vert foncé. Ses fruits sont hâtifs; ils prennent une couleur très-noire et ils se détachent facilement de leur pédoncule quand ils sont parvenus à leur maturité; ils ont une forme ovale-raccourcie, et leur noyau est très-petit comparativement à leur grosseur. Cette variété est une des meilleures qu'on puisse cultiver, à cause de la qualité et de la bonté de l'huile qu'elle fournit, et par la facilité qu'on a pour faire la récolte de ses fruits.

Parmi plusieurs sous-variétés qu'on peut rapporter à cet Oliver, nous n'en citerons que deux qui sont indiquées par Rozier. « On appelle la première la *Morellette* ou la *More* : son fruit est plus noir que celui de la précédente, et rougit moins en se desséchant ou en fermentant : il est demoitié plus petit, d'une forme ovoïde assez exacte, longuement pédonculé; son noyau, en forme de carène, est sillonné, tronqué à sa base, pointu à son extrémité. Cette espèce donne beaucoup de fruit, mais peu d'huile, à cause de la grosseur du noyau ; cette huile est bonne, et l'arbre est peu multiplié.

» Dans les environs de Montpellier, on cultive une espèce d'Olivier qui paraît se rapprocher du *Moureau* : on la nomme l'*Amende de Castres*, dénomination tirée du village de Castries ; près de cette ville, où cet arbre est commun, le fruit est un peu plus gros que celui du *Moureau*, et de la même forme; son noyau est semblable à celui de la sous-variété ci-dessus, mais pointu par ses deux extrémités; les feuilles sont moins larges, moins longues que celles du *Moureau* ».

Var. 17. *Olea viridula.* Gouan. Fl. Monsp. pag. 6.
Olea media, rotunda, viridior. Magn. Bot. Monsp. 190. Hort. 147. Tournef. Instit. 599.
Duham. Arb. 2. pag. 58. n. 12.
Olivier à fruit vert. En Languedoc, *Oulivié Verdale* ou *Verdaou*.

Cet arbre a les feuilles longues, étroites, et d'un vert peu foncé. Ses fruits sont assez gros, presque ronds ; ils restent long-tems verts avant que de mûrir, et ils sont très-sujets à pourrir lorsqu'ils deviennent noirs. L'huile qu'on en retire est des plus médiocres, et ils n'en donnent qu'une petite quantité. Ces olives sont très-peu répandues, soit en Provence, soit en Languedoc, et en général elles ne sont bonnes à cultiver que lorsqu'on les destine à être confites : on les recueille alors pendant qu'elles sont encore vertes; et comme elles sont assez grosses, elles ont une belle apparence.

Var. 18. *Olea media, rotunda.*
Olivier Araban. Bern. Mém. 2. pag. 103.

Cet arbre n'est guère connu qu'aux environs de Grasse; il se distingue à son écorce lisse, à ses longues pousses, à ses rameaux légèrement inclinés, à ses feuilles grandes, assez écartées les unes des autres et d'un vert sombre : ses fruits sont ronds, assez gros, pulpeux, d'un vert foncé avant leur maturité, et noirs lorsqu'ils sont parfaitement mûrs : ils donnent une huile grasse qui forme beaucoup de dépôt. Les récoltes sont alternatives, mais abondantes.

Var. 19. *Olea media, fructu subrotundo.*
Olivier de Salon, Plant de Salon.

Cet arbre a ses rameaux pendans; il est de grandeur médiocre, et doit même être mis au rang des petites espèces. Les feuilles sont assez étroites, obtuses, d'un vert un peu clair. Les fruits sont arrondis, de grosseur moyenne, devenant blancs avant d'être mûrs, et finissant par être noirs lors de la parfaite maturité. Cet Olivier réussit aussi bien dans les terrains secs que dans ceux qu'on arrose; il mérite d'autant plus l'attention des cultivateurs, qu'il réunit à l'avantage de croître très-promptement, celui de donner du fruit tous les ans, et même l'année où il a été taillé. L'huile qu'il fournit peut être mise au rang des meilleures.

Var. 20. *Olea media, fructu ovato, subalbido.*
Olivier Caillet-blanc. Pl. 48. Fig. B.

Arbre moyen, dont les rameaux sont redressés, les feuilles grandes, rapprochées les unes des autres et d'un vert peu foncé. Les fruits sont très-pulpeux, ordinairement peu colorés; à moins qu'ils ne soient en très-petit nombre; et lorsque l'arbre en porte beaucoup, ils restent souvent blanchâtres, ou ne prennent qu'une teinte très-faible de rouge. Ces fruits fournissent une huile abondante, dont la récolte est constante chaque année. Cet Olivier est particulièrement cultivé aux environs de Draguignan : il demande à être beaucoup taillé, parce qu'une partie des rameaux qui ont porté des fruits se dessèchent presque toujours dans le courant de l'hiver suivant.

Var. 21. *Olea media, fructu ovato, diluté rubro.*
OLIVIER Caillet-rouge. PL. 48. FIG. A. OLIVIER de Figanière. BERN. Mém. 2. pag. 105. A Gênes, *Columbara.*

Arbre moyen, dont la tête est un peu arrondie, dont les rameaux sont longs et inclinés, les feuilles grandes, d'un beau vert, rapprochées les unes des autres. Ses fruits sont charnus, et ils restent verts ou blanchâtres lorsqu'il y en a beaucoup sur l'arbre ; ils sont souvent en partie blancs et en partie d'un rouge tendre. L'huile qu'ils donnent est bonne et abondante ; mais il ne faut pas trop tarder de la tirer, car les Olives sont très-sujettes à pourrir si on les laisse sur l'arbre ou qu'on les garde dans le grenier. Cet Olivier se plaît davantage et réussit mieux dans les vallées et les lieux bas que sur les côteaux élevés : il rapporte tous les ans.

Var. 22. *Olea media, fructu ovato, atro-violaceo.*
OLIVIER Caillet-roux. PL. 45. FIG. C.

Cette variété ressemble à la précédente par son port, mais elle en diffère par ses fruits moins charnus, moins abondans en huile, et dont les récoltes sont plus incertaines ; ils sont d'ailleurs d'une couleur plus foncée, tirant sur le violet noirâtre. Cet Olivier est particulièrement cultivé aux environs de Draguignan.

Var. 23. *Olea fructu majori, carne crassâ.* TOURNEF. Inst. 599. GARID. Aix. 334. DUHAM. Arb. 2. pag. 58. n. 7.
Olivæ regiæ. CÆSALP. 73.
OLIVIER royal. *Aulivo Tripardo,* en Provence.

Arbre moyen, dont les rameaux sont légèrement inclinés, dont les feuilles sont petites, peu pressées et d'un vert peu foncé. Les Olives sont rondes, et les plus grosses de celles qui ont la même forme ; leur surface est souvent inégale et comme raboteuse. Cette variété produit des fruits tous les ans, mais en petite quantité : on les confit. Cæsalpin dit qu'on les estime beaucoup pour conserver, ce qui peut être vrai en Italie ; mais en Provence, ils ont plus d'apparence que de bonté, et il est rare qu'ils ne soient pas piqués par des vers. Leur huile est d'une qualité inférieure, et elle dépose beaucoup de crasse.

Var. 24. *Olea fructu majusculo et oblongo.* TOURNEF. Inst. 599. DUHAM. Arb. 2. pag. 58. n. 6.
OLIVIER cassant. *Aulivo Gros-Ribiés,* en Provence.

Cet arbre est gros et il s'élève beaucoup ; son écorce est très-gercée et raboteuse ; ses rameaux sont droits et courts, chargés de feuilles grandes et larges, d'un vert foncé. Cet Olivier serait très-précieux s'il fleurissait souvent, car il produit beaucoup de fruit toutes les fois qu'il fleurit ; mais il lui arrive fréquemment de se reposer pendant plusieurs années. Les grappes de fleurs sont disposées vers l'extrémité des rameaux, et les parties supérieures de l'arbre en sont beaucoup plus chargées que les branches latérales et inférieures. L'Olive donne une huile claire, d'un beau jaune, mais qui n'a pas le goût délicat. Un terrain gras et humide, des engrais fréquens conviennent à cet arbre, dont le bois est très-cassant, et qu'on doit très-peu tailler, parce que ses pousses sont courtes, et qu'il ne répare pas facilement ce qu'on lui a enlevé par la taille.

Cet Olivier a une sous-variété qui ne diffère que par son fruit plus petit.

Arbres fruitiers. T. I.   L l

Var. 25. *Olea amygdalina*. Gouan. Fl. Monsp. pag. 6.

Olea sativa major, oblonga, angulosa, amygdali forma. Magn. Bot. Monsp. 189. Garid. Aix. 335. Duham. Arb. 2. pag. 58. n. 8.

Olivier Amygdalin. Pl. 49. Fig. B. *Raymet-Bécu*, en Provence; *Amellaoü*, en Languedoc.

Cet arbre est gros, son écorce est lisse, ses rameaux sont pendans, ses feuilles grandes, un peu touffues et d'un assez beau vert. Il produit d'abondantes récoltes et mériterait, sous ce rapport, d'être très-répandu. Ses fruits, qui ont la forme de ceux de l'Amandier, sont gros, pulpeux, propres à être confits, et on en fait beaucoup de cas à Montpellier pour cet usage; ils donnent de bonne huile, de la meilleure même, selon quelques-uns. Les Provençaux des environs de Draguignan appellent cet Olivier *Raymet-Bécu*, parce que son feuillage ressemble au *Raymet* (Var. 4), et que ses fruits sont terminés par une pointe, comme dans l'*Olivier Bécu* (Var. 15).

Var. 26. *Olea sphærica*. Gouan. Fl. Monsp. pag. 6.

Olea maxima, subrotunda. Magn. Hort. Monsp. 147. Tournef. Inst. 599. Garid. Aix. 335. Duham. Arb. 2. pag. 58. n. 10.

Olivier à fruit arrondi. *Aulivo Redouno*, ou *Redounan*, en Provence; *Ampoulaou*, en Languedoc.

Cet arbre s'élève peu; sa tête est un peu arrondie; ses feuilles sont grandes, pressées et d'un assez beau vert. Les grappes de fleurs sont courtes, situées vers l'extrémité des rameaux. Les fruits sont des plus gros de ce genre, arrondis et noirâtres; ils sont bons à confire, et on en tire de l'huile de première qualité; mais ils ont l'inconvénient d'être souvent attaqués par les vers, et de se détacher avant d'être parfaitement mûrs. Cet Olivier est un de ceux qui résistent le mieux aux froids rigoureux; il demande à être planté dans une terre grasse et humide, et il exige des engrais abondans, sans quoi il rapporte peu. Son bois est souple, pliant, et se laisse tordre plutôt que de casser; la serpette est absolument nécessaire pour le nétoyer.

Var. 27. *Olea fructu magno, rotundo, carne nigrá et dulci.*

Olivier à fruits noirs et doux. Bern. Mém. 2. pag. 116.

Arbre moyen, dont les rameaux sont légèrement inclinés, dont les feuilles sont larges et longues, d'un vert peu foncé, et assez rapprochées les unes des autres. Les fruits sont gros, arrondis, lisses; leur pulpe est noire lors de la parfaite maturité : ces Olives sont très-bonnes à confire, et elles fournissent beaucoup d'huile.

Var. 28. *Olea fructu magno, oblongo; ramis pendulis.*

Aulivo Prunaou, en Provence.

Cet Olivier ressemble à celui d'Espagne, par la largeur de ses feuilles et par la grosseur de ses fruits; mais il en diffère par ses rameaux pendans. C'est un arbre d'une hauteur moyenne, dont le feuillage est assez pressé, dont les fruits sont allongés, charnus, noirs, se détachant facilement de leur pédoncule.

Var. 29. *Olea fructu maximo*. Tournef. Inst. 599. Garid. Aix. 334. Duham. Arb. 2. pag. 57. n. 1.

Olivæ maximæ Hispanicæ. Bauh. Pin. 472.

Olivier à gros fruit, ou Olivier d'Espagne. Pl. 50. Fig. A. et B. En Italie, *Olivo di Spagna* ou *Olivoto*.

Les Oliviers qui produisent de gros fruits deviennent ordinairement moins forts que ceux qui n'en donnent que de petits; l'Olivier d'Espagne fait exception : il devient un gros arbre qui s'élève assez haut. Ses rameaux sont droits, un peu inclinés à leur extrémité; son feuillage est peu pressé. En Provence, on ne le cultive que pour confire ses fruits, qui sont les plus pulpeux qu'on connaisse; mais leur délicatesse ne répond pas à leur grosseur, car ils sont très-amers. On leur préfère souvent des Olives moins grosses, qui ont un goût plus agréable. L'huile qu'on en retire est une des moins bonnes, soit pour le goût, soit pour l'odeur. Les récoltes de cet arbre sont alternatives. Il n'est pas très-répandu en Provence, si ce n'est sur les bords de la mer. Il est rare en Languedoc.

L'Olivier d'Espagne offre deux sous-variétés peu différentes par le feuillage, distinctes seulement par la forme des fruits. Dans l'une, les Olives sont arrondies et comme tronquées à leur sommet (Pl. 5o. Fig. A.); dans l'autre elles sont terminées en pointe (Pl. 5o. Fig. B.). Ces deux fruits, que nous avons fait représenter, ont été peints sur des échantillons cueillis dans un terrain aride. Ces Olives sont plus belles dans les terrains arrosables et dans des climats plus chauds que nos départemens méridionaux.

Après avoir fait l'énumération des différentes variétés d'Olivier qui sont cultivées dans les parties méridionales de la France, nous croyons devoir faire mention de ce que M. Parmentier a rapporté dans le nouveau *Dictionnaire d'Histoire naturelle*, au sujet de trois nouvelles variétés qui ont été observées par M. Battiloro, dans ses terres, situées près de la ville de Venasso, célébrée par Horace sous le rapport de ses Olives et de ses huiles. Nous regrettons seulement, avec M. Parmentier, que les notes communiquées par M. Battiloro, et que nous allons transcrire, ne soient pas accompagnées de descriptions plus exactes et propres à mieux caractériser les variétés dont il est question.

Var. 3o. *Olea fructu maximo, dulci.*
Olivier à fruit doux.

« J'ai vu, dit M. Battiloro, dans la ville de Piedemonte d'Alife, à dix lieues de Naples, vers le nord-est, des Olives très-douces, du volume de celles d'Espagne, et qu'on mange, sans aucune préparation, sur l'arbre même. L'évêque de cette ville, et plusieurs gentilshommes qui les ont dans leurs jardins, les appellent *Olive dolci;* ils nous ont assuré que cet arbre produit presque chaque année. On n'a pas essayé d'extraire l'huile des fruits, parce qu'on les mange dans le mois d'octobre, en les cueillant sur l'arbre, et que les oiseaux les dévorent avec une extrême avidité. On m'a assuré que, dans la Pieglia, il y a beaucoup de ces mêmes Olives, et qu'on les nomme encore *Olive dolci* ».

M. Loquez, auquel nous avons demandé des renseignemens sur l'Olivier à fruits doux, croit que cet arbre n'est pas une variété particulière ; il pense qu'il ne diffère pas de notre variété 15, dont les fruits, à ce qu'il nous assure, deviennent très-doux lorsqu'ils sont parfaitement mûrs, ce qui n'arrive à Nice que dans le mois de décembre. Mais comme les Olives de M. Battiloro sont à leur maturité dès le mois d'octobre, et que le peu de différence qui existe entre le climat de Nice et celui de Naples ne pourrait pas autant influer sur la maturité de ces fruits, nous avons cru devoir rapporter l'Olivier à fruit doux comme variété distincte, ne fût-ce que pour appeler l'attention des observateurs sur la nécessité de mieux établir les caractères distinctifs des espèces.

Var. 31. *Olea bifera.*
Olivier de deux saisons. Pl. 48. Fig. C.

« La seconde espèce que j'ai le premier observée, dit M. Battiloro, est un Olivier qui est presque commun dans le village de la Rochetta, près de la ville de Venasso. Cet Olivier se nomme, dans le pays et aux environs, *Oliva Santana*. L'arbre est d'une grandeur médiocre ; mais ses branches, toutes régulièrement cintrées, arrondies, font un agréable effet, et l'arbre représente un ballon reposant sur une colonne. L'écorce de sa tige et de ses branches est lisse, bien compacte, et elle n'est pas sujette aux maladies des autres Oliviers. Les feuilles sont plus longues et plus larges, la verdure et la blancheur de ses feuilles est plus brillante que celle des autres ; de sorte que, même à une certaine distance, on reconnaît cet Olivier au milieu des autres, ayant une forme particulière et naturellement fort élégante.

» Cet Olivier produit deux sortes d'Olives, et il donne des fleurs deux fois, mais successivement les unes aux autres. Des premières fleurs sortent des Olives qui sont grosses, longues et terminées en pointes. Leur couleur est vert-clair ; leur chair est médiocre ; leur noyau est d'une grosseur ordinaire ; et dans l'état de leur plus grande maturité, elles ne prennent qu'une couleur rougeâtre obscure. Ces Olives sont disséminées sur les branches à fruit.

» Les Olives qui sortent des secondes fleurs, et qui sont disposées en grappes, sont d'une petitesse extrême, et rondes comme les baies du Genièvre. Elles ont cependant, eu égard à leur volume, une chair très-abondante ; les noyaux sont presque invisibles, mais extrêmement pointus, comme la pointe d'une aiguille. Ces Olives sont fort douces, et ne sont, en quelque sorte, que de petites vessies pleines d'huile excellente ; mais les oiseaux les dévorent dès qu'elles commencent à mûrir ».

Nous croyons devoir rapporter une autre singularité touchant une variété d'Olivier, qui ne nous paraît pas différente de celle de M. Battiloro, et qui nous a été communiquée par M. Bernard. « Je vous adresse, nous écrit ce dernier, de petits rameaux d'un Olivier qui m'appartient, et qui fleurit deux fois l'année, la première au mois de juin, la seconde aux mois d'octobre et de novembre. En allant pour examiner les fleurs de l'automne, j'ai remarqué que mon arbre portait un grand nombre de grappes, dont presque toutes les Olives étaient très-petites, et dont les noyaux n'étaient pas plus gros que des grains de millet. Ces noyaux ne contenaient pas d'amande. Garidel fait mention d'une espèce d'Olivier qui produit des fruits semblables, et je l'ai observée aux environs d'Aix et de Marseille ; mais elle est très-différente de celle dont je vous adresse des échantillons. . . . Ces petits fruits ne sont pas nés des fleurs tardives, puisque sur les mêmes grappes on trouve des Olives qui ont la grosseur des Olives ordinaires. . . . Je suis porté à croire qu'il en est de ces petites Olives comme des grains de raisin qui n'ont pas de pépins, et qui sont toujours infiniment plus petits que ceux qui en contiennent ».

Quoique ce ne soit peut-être qu'un objet de curiosité de chercher à connaître d'une manière exacte la formation de ces fruits extraordinaires, nous les avons fait représenter d'après les échantillons qui nous ont été envoyés par M. Bernard, et nous en donnons ici la figure, Pl. 48. Fig. C., en invitant les amateurs, et particulièrement l'observateur éclairé qui nous les a fournis, à examiner de nouveau et à suivre avec attention l'Olivier dont il est ici question, ou les autres variétés qui pourraient peut-être produire quelque phénomène semblable.

Var. 32. *Olea semperflorens.*
Olivier de tous les mois.

« La troisième espèce (ajoute M. Battiloro, dans l'article déjà cité de M. Parmentier) est un Olivier qui rapporte des fruits quatre ou cinq fois par an, suivant la température des saisons. Il commence à fleurir au mois d'avril, et continue jusqu'au mois de septembre. Les Olives sont petites, leur forme est un peu ovale ; leur couleur est noirâtre, l'huile est délicieuse. Elles sont nommées *Olive d'ogni mese* (Olives de tous les mois).

Voici ce que M. Bernard nous écrit à ce sujet : « Quant à l'*Olive de tous les mois,* nous n'avons pas exactement la même variété indiquée par M. Battiloro; mais il existe dans notre territoire (aux environs de Draguignan) deux Oliviers, dont l'un fleurit très-souvent deux ou trois fois chaque année, tandis que l'autre donne des fleurs deux fois l'an seulement, à des époques éloignées. Le premier arbre est de l'espèce de l'*Olivier de Figanière* (Var. 21). Ainsi vous voyez que la propriété de fleurir deux ou trois fois l'an peut être commune à plus d'une variété. J'ajouterai que cet arbre a souvent les feuilles panachées. »

M. Loquez, de même que M. Bernard, paraît douter que l'*Olea bifera* et l'*Olea semperflorens* puissent être des variétés distinctes; mais il pense que cette faculté de donner deux fois des fleurs, et d'en produire même pendant plusieurs mois de suite, n'est qu'une singularité ou une espèce d'accident, qui, selon les années et la température, peut devenir commune à plusieurs variétés différentes.

Nous terminerons ici l'exposition des différentes espèces jardinières, ou variétés de l'Olivier d'Europe, préférant nous borner à ces espèces, déterminées aussi exactement qu'il a été possible pour l'état actuel des connaissances acquises en ce genre, plutôt que de grossir cette énumération d'un grand nombre d'autres variétés, qui peuvent exister encore, mais qui ne sont pas assez connues, ou qui ne méritent pas l'attention du cultivateur.

Usages, Propriétés, Culture.

Les propriétés économiques de l'huile sont très-multipliées. Cette substance est presque exclusivement employée pour l'assaisonnement de la plupart des alimens, dans tous les pays où l'on cultive l'Olivier. L'huile fine est uniquement destinée pour l'usage de la table et pour les préparations médicinales. L'huile d'Olive n'est pas nourrissante, mais elle est relâchante, émolliente, adoucissante et quelquefois purgative, quand elle est prise à une certaine dose. On l'emploie souvent à la place de celle d'amandes douces, avec du sirop, sous forme de potion, dans les rhumes et maladies inflammatoires du poumon, pour calmer la toux : on la donne de même dans celle du bas-ventre, et on l'administre alors dans les lavemens, pour remédier aux constipations, pour calmer les douleurs intestinales. On a observé cependant qu'elle était contraire et qu'elle augmentait les douleurs dans la colique des peintres. Dans les cas d'empoisonnement par des matières minérales corrosives, par des plantes âcres ou par les cantharides, il est utile, pour prévenir les accidens, d'en faire prendre promptement de grandes doses au malade. Elle est aussi bonne contre les vers; mais pour ce dernier cas, on lui préfère en général celle de Ricin. Les pâtres provençaux l'emploient avec avantage pour leurs troupeaux, dans le cas d'indigestion; ils en font avaler à leurs brebis, qui périraient presque toutes d'une mort prompte, sans ce secours.

L'Olive est le seul des fruits cultivés en Europe ou indigènes, dont la chair soit oléagineuse. L'huile est un suc propre dont les principaux caractères sont d'être onctueux, gras, de brûler avec flamme, d'être insoluble et immiscible dans l'eau, si ce n'est au moyen d'une substance intermédiaire, qui est le jaune d'œuf. Sa couleur est d'un jaune verdâtre, son odeur douce et sa saveur agréable. Elle est pour les alimens la meilleure de toutes les espèces connues.

Un auteur italien, qui a écrit sur l'économie publique, a dit que les Oliviers étaient des mines sur la surface de la terre (*miniere soprà terra*); en effet, l'huile fait la richesse des pays dans lesquels on la récolte, et elle est une des principales branches du commerce des peuples de l'Orient et du Midi avec ceux du Nord.

Non seulement les Olives donnent par expression l'huile dont nous venons de rapporter les principales propriétés, mais encore, préparées et assaisonnées de diverses manières; elles fournissent au peuple, dans le Midi, un aliment, sinon succulent, au moins assez sain ; elles sont même en possession, dans les pays qui ne les ont pas vu naître, de paraître sur les tables les plus opulentes : on les sert à l'entremets. Les anciens étaient, comme on l'est encore aujourd'hui, dans l'usage de conserver les Olives, et les procédés qu'ils employaient étaient à-peu-près les mêmes que ceux que nous pratiquons maintenant. On trouve indiquées, dans Caton et dans Pline, les différentes manières qui étaient usitées de leur tems pour préparer les Olives. On prenait ces fruits encore verts, un peu avant la maturité, et on les faisait confire, soit en les mettant dans du vinaigre avec du Fenouil, du Lentisque ou autres plantes odorantes, soit en les laissant simplement nager dans de la saumure, ou tremper dans de l'huile ou dans du vin cuit. L'eau bouillante, versée sur les Olives, était aussi un des moyens employés.

Quand on confit les Olives on se propose deux choses : la première est de leur faire perdre une amertume particulière à ces fruits, et qui les empêche d'être mangeables ; et la seconde, de pouvoir les conserver pendant plus ou moins long-tems. On emploie pour cela différens moyens.

« Le plus expéditif est de mettre dans des jarres, qui sont de grands vases de terre vernissée, un lit de plantes aromatiques, savoir, du Fenouil, de l'Anis, du Thym, etc., un lit d'Olives fraîchement cueillies, auxquelles on a donné deux coups de couteau en croix jusqu'au noyau, pour faciliter l'introduction de la saumure. On met sur ce lit d'Olives une couche de sel, puis un autre lit de plantes aromatiques, un lit d'Olives, et ainsi jusqu'à ce que le vase soit presque rempli. Alors on verse assez d'eau bouillante sur les Olives pour qu'elles surnagent; le lendemain on les met dans de l'eau fraîche, qu'on a soin de changer tous les deux à trois jours, jusqu'à ce que les Olives soient suffisamment adoucies, et l'on finit par verser dessus une saumure chargée de quelques épices. Selon cette méthode, elles sont en très-peu de tems en état d'être mangées ; quelques personnes même les trouvent fort agréables, parce qu'elles ont alors plus de goût ; mais la plupart ne les trouvent pas assez adoucies.

» Les Olives sont meilleures quand elles n'ont pas été échaudées; mais aussi la préparation en est plus longue, quoiqu'elle ne diffère d'ailleurs qu'en ce que le premier bain dans lequel on met les Olives n'est pas d'eau bouillante, mais d'eau froide, comme tous les autres, et qu'il faut un plus grand nombre de ceux-ci.

« D'autres enfin, pour les préparer à la picholine, c'est-à-dire à la manière de » Picholini, mettent leurs Olives dans une lessive faite avec une livre de chaux vive et » six livres de cendre de bois neuf tamisée. Au bout de six, huit, dix ou douze heures, » et suivant la force de la lessive, si, en coupant les Olives avec un couteau, le noyau » se sépare de la chair, on les retire de la lessive, on les lave bien dans de l'eau fraîche, » qu'on renouvelle toutes les vingt-quatre heures pendant neuf jours, et on les met » enfin dans une saumure faite avec suffisante quantité de sel marin dissous dans de » l'eau pure, et dans laquelle on laisse infuser du Fenouil, de la Coriandre et autres » herbes aromatiques. Afin que la saumure pénètre plus promptement les Olives, les » uns les écachent un peu avec un petit maillet de bois; d'autres leur font des incisions » avec un couteau; et enfin d'autres, ne voulant rien précipiter, les laissent entières : » en cet état elles ont moins de goût, mais elles sont plus belles ». DUHAM.

DUHAMEL était dans l'erreur, lorsqu'il a dit qu'on écachait les Olives qu'on préparait à la picholine, pour qu'elles fussent plus promptement pénétrées par la saumure. Il a confondu un autre procédé pour obtenir plutôt des Olives bonnes à manger, qui ne perdent pourtant pas le goût du fruit, et que tout le monde ne mange pas avec le même plaisir que la Picholine. La préparation de ces Olives ne consiste qu'à les écacher avec un maillet de bois ou entre deux cailloux, à les mettre ensuite dans de l'eau pure, dont on les change pendant plusieurs jours, jusqu'à ce que ces fruits aient perdu une partie de leur amertume. On les met alors dans un vase de terre vernissée qu'on remplit de nouvelle eau dans laquelle on ajoute du sel marin et des plantes aromatiques. Ces Olives ne tardent pas à être bonnes à manger; on en garde jusqu'en mars et avril; mais on n'en prépare que pour le besoin des ménages, et on ne les fait pas passer dans le commerce.

A Aix, on conserve des Olives dans l'arrière-saison pour les manger l'été suivant. Leur préparation est on ne peut pas plus simple : elle consiste à mettre une certaine quantité d'Olives dans un vase de terre vernissée qu'on remplit d'eau pure; on a soin de bien boucher le vase, et on le garde ainsi jusqu'au commencement de l'été; à cette époque, on retire du vase les Olives dont on a besoin pour huit ou quinze jours, ou la totalité, si l'on veut; on coupe chaque fruit dans sa longueur jusqu'au noyau, on le remet dans le vase dont on a changé l'eau, on y ajoute du sel marin en quantité suffisante, avec du Fenouil et de la Coriandre. Huit ou dix jours après, les Olives sont bonnes à manger : elles ne perdent pas beaucoup de leur amertume naturelle; mais elles ont un goût agréable, aiguisent l'appétit, et peuvent, dans cet état, être très-salutaires à la santé. Nous en avons conservé à Paris qui étaient encore bonnes après deux ans.

A Toulon, on a une manière de manger les Olives sans aucune préparation. Celles qu'on mange ainsi sont appelées *Aulives fachouiles*; ce sont celles qui, étant tombées des arbres, sont restées par terre et s'y sont flétries. Elles ne sont plus luisantes; elles ont perdu l'âcreté qui leur est ordinaire quand elles sont fraîches; de même que certains fruits acerbes, comme les Nèfles, les Sorbes, etc., deviennent bons à manger en mollissant. Les gens de la campagne, en se promenant sous les Oliviers, avec un morceau de pain à la main, cherchent parmi les Olives qui sont à terre, celles qui sont les meilleures, et ils les mangent. D'autres ramassent ces mêmes Olives pour les assaisonner avec un peu d'huile, du poivre, du sel et quelques feuilles de Laurier. On peut faire des *Fachouiles* artificiellement, en versant de l'eau bouillante sur des Olives bien mûres, en les y laissant infuser pendant quelque tems, et en les faisant sécher ensuite.

La préparation la plus recherchée qu'on donne aux Olives, lorsqu'elles sont confites à la Picholine, consiste à les ouvrir avec un petit couteau pour enlever le noyau et mettre à la place une câpre et un petit morceau d'anchois; d'autres y introduisent un morceau de truffe, d'autres du thon mariné. On conserve ensuite ces fruits dans des bouteilles pleines d'excellente huile, et ils se gardent long-tems.

Dans tout le Levant, au rapport de M. OLIVIER, et surtout dans plusieurs îles de l'Archipel, on sale une abondante quantité d'Olives pour les envoyer à Constantinople, où les Grecs, les Arméniens et les Juifs en font, pendant toute l'année, une très-grande consommation. La préparation qu'on fait à ces Olives consiste à les mettre dans du sel marin, et à les remuer jusqu'à ce qu'elles en soient pénétrées. On les met ensuite pendant quelques jours dans des corbeilles, en les comprimant légèrement pour faciliter l'écoulement de la partie aqueuse; après quoi on les conserve dans des vases de terre.

Quelle que soit la manière qu'on veuille employer pour confire les Olives, on doit choisir les plus grosses, les plus belles et les plus saines ; il faut aussi les prendre avant leur maturité, pendant qu'elles sont encore vertes, et le moment convenable est la fin de septembre ou le commencement d'octobre. Pour conserver à ces fruits confits leur couleur verte, on doit les mettre dans l'eau aussitôt qu'ils sont cueillis, et avoir soin, toutes les fois qu'on les change d'eau, de le faire aussi promptement que possible, afin qu'ils ne soient pas exposés au contact de l'air, ce qui les ferait noircir et leur ôterait toute leur apparence.

Lorsqu'on a tiré les Olives de la saumure pour les manger, plusieurs personnes les estiment davantage, et prétendent qu'elles sont meilleures quand elles ont été portées dans la poche, ou comme on le dit vulgairement, pochetées ; mais bien des gens ne s'en soucient d'aucune manière, et l'on peut dire en général que les Olives sont un manger peu agréable pour ceux qui n'y sont pas accoutumés de bonne heure.

Nous ne répéterons pas ici le nom des différentes variétés qui sont préférables pour confire, parce que nous en avons parlé dans l'énumération des espèces.

Presque toutes les espèces d'Olives conservent beaucoup d'amertume, même après leur parfaite maturité, et après qu'elles ont été bien colorées ; cependant il y en a quelques-unes qui, quand elles sont noires et bien mûres, deviennent assez douces : telle est l'Olive à bec. L'Olive douce (var. 3o), que nous avons citée d'après M. Battiloro, est même assez bonne pour qu'on puisse la manger sur l'arbre sans aucune préparation, et c'est sans doute à cette espèce qu'il faut rapporter les Olives dont parle Pline, qui, étant desséchées, devenaient plus douces que des raisins secs. Mais ces Olives douces ont toujours été fort rares ; et il est étonnant qu'on n'ait pas cherché à les multiplier davantage. Pline dit qu'on n'en trouvait qu'en Afrique et dans la Lusitanie ; aujourd'hui nous ne pouvons citer que celles d'un petit canton du royaume de Naples, et il est incertain qu'on les connaisse en Provence.

Quant aux Olives qui perdent une partie de leur amertume en mûrissant, voici comme on les prépare, selon M. Bernard : « On attend pour les cueillir qu'elles soient bien colorées ; on les étend alors sur des tables exposées au soleil, et on les fait sécher comme des figues. Quand elles ont perdu la plus grande partie de leur principe aqueux, on les met dans un panier ; et lorsqu'on veut en manger, on les assaisonne avec du sel, du poivre et du vinaigre. On ne prépare pas beaucoup d'Olives de cette manière, parce que si on les conservait pendant trop de tems, l'huile qu'elles renferment rancirait, à moins qu'on ne les mît dans des vases remplis d'huile ».

Le bois d'Olivier est d'une pesanteur spécifique très-considérable ; sa fibre est dure et serrée ; il reçoit un beau poli ; il n'est pas sujet à se fendre ni à devenir vermoulu. Les anciens, avant d'employer l'airain et le marbre, s'en servaient, à cause de son incorruptibilité, pour faire les statues des Dieux. Ce bois est jaunâtre, agréablement marqué de veines plus foncées ; celui de la racine surtout produit de très-beaux effets par la variété et la singularité de ses nuances ; il pourrait servir pour faire des meubles qui le disputeraient aux bois étrangers les plus beaux ; mais les ébénistes ne l'emploient que fort peu ; il est même assez rare, dans les pays où l'Olivier est commun, de le voir servir à cet usage ; on n'en fait guère que de petits ouvrages, comme des tabatières, des boîtes, des manches de couteaux. Sur la côte occidentale de Gênes cependant, où l'Olivier devient très-gros et très-élevé, on en fait de gros meubles, tels que lits, commodes, tables, etc. L'espèce qu'on emploie le plus communément est celle connue dans le pays sous le nom de *Columbara* (*Caillet-Rouge*, var. 20) ; son bois, très-cassant, résiste moins que celui des autres espèces à l'impétuosité des vents et au poids de la neige ; il est très-sujet à se rompre, et lorsque cela arrive, on scie le tronc et les branches pour faire des planches. Le bois d'Olivier brûle bien, parce qu'il est chargé de résine (1), et il donne beaucoup de chaleur; c'est même un des meilleurs bois qu'on puisse employer pour cet usage. Après la mortalité des Oliviers, causée par l'hiver de 1709, on s'est long-tems chauffé en Provence du bois des arbres que la gelée avait fait périr. Ce malheur a donné lieu d'observer que les Oliviers ont une quantité considérable de racines qui peuvent subsister en terre pendant plusieurs siècles; et après les ravages de ce grand hiver, quelques particuliers tirèrent des racines plus de bois que du tronc et des branches, et ils en vendirent pour beaucoup d'argent; mais ceux qui crurent trouver dans cette vente un dédommagement de la perte de leurs arbres, ne tardèrent pas à s'apercevoir qu'ils s'étaient trompés, et ils eurent bientôt le regret d'avoir fait arracher ces racines; car les propriétaires qui furent moins pressés, virent avec satisfaction que ces racines qu'on avait cru mortes, poussèrent une grande quantité de rejets, qui réparèrent bien plutôt la perte des anciens arbres, que les nouvelles plantations que furent obligés de faire ceux qui avaient tout arraché.

Quoique l'Olivier soit toujours vert, la pâleur de son feuillage le rend peu agréable à la vue; son aspect a même quelque chose de triste. Il forme des forêts et ne fournit pas d'ombrage; il devient gros sans majesté; son port n'a rien de distingué; sa tige est basse; son écorce est rude et sillonnée de gerçures profondes; ses branches sont sans ordre, nues et tortueuses; il ne prend des formes élégantes que lorsque la main de l'homme les lui donne; ses fleurs sont sans éclat et presque sans odeur; ses fruits sont sans parfum, petits, d'une amertume extrême quand ils sont verts, et sans goût quand ils sont mûrs. Malgré des apparences si peu favorables, Columelle avait placé cet arbre au premier rang : *Olea prima omnium arborum est*, dit cet auteur; et Pline lui avait accordé le second, réservant la première place à la vigne.

Si l'Olivier n'est pas en effet le premier des arbres, il sera toujours un des plus utiles. Nul autre n'est doué d'une aussi grande fécondité dans toutes ses parties, soit qu'on considère l'immense quantité de ses fleurs et de ses fruits, la multitude de ses rameaux et l'abondance de ses rejetons. Il semble que l'Olivier fassse partager sa fécondité à ceux qui le soignent; il n'y a aucune culture qui ait une influence plus marquée sur la population, avec cet avantage qu'elle donne de l'aisance plutôt que des richesses, et qu'elle conserve les mœurs, en exigeant un travail constant.

L'Olivier est originaire de l'Asie : c'est de cette contrée qu'il s'est répandu dans les différentes parties de notre continent, où il est aujourd'hui naturalisé. Il fut sans doute porté et cultivé de très-bonne heure en Égypte, puisque ce furent des Égyptiens qui le transplantèrent dans la Grèce, d'où on le transporta par la suite dans les Gaules et en Italie.

L'introduction de l'Olivier dans les Gaules est plus exactement connue; on sait que ce furent les Phocéens qui vinrent fonder Marseille, l'an 600 environ avant Jésus-Christ, qui l'apportèrent de la Grèce et en enrichirent notre territoire.

Les anciens avaient remarqué que l'Olivier ne pouvait réussir dans les climats trop chauds et dans ceux qui sont trop froids. Il lui faut en effet un climat tempéré et égal. En Europe, il n'a jamais pu être cultivé avec succès au-delà du quarante-cinquième degré de latitude, quoiqu'on ait pu le conserver en pleine terre beaucoup plus loin dans le nord, et même jusqu'en Angleterre; mais la brièveté des étés et leurs trop faibles chaleurs ont empêché les arbres de rapporter du fruit, ou au moins ne leur ont jamais permis de mûrir. Les froids nuisent moins à l'Olivier par leur intensité

---

(1) M. Olivier, membre de l'Institut et propriétaire aux Arcs, près de Draguignan, a observé, sur plusieurs Oliviers, de la résine très-transparente, qui, réduite en poudre et jetée dans le feu, brûlait en faisant une flamme très-vive, et en répandant une odeur aromatique très-agréable.

que parce qu'ils succèdent souvent à des tems trop doux. On a vu cet arbre résister
à une température de dix à douze degrés au-dessous de la glace, et périr par l'effet
d'une gelée ordinaire, lorsqu'il était en sève.

L'Olivier n'est pas délicat sur la nature du terrain, il peut vivre dans le sol le plus
ingrat; il réussit très-bien dans les terrains calcaires; il s'accommode de ceux qui
sont sablonneux, de ceux qui sont remplis de cailloux, et il devient très-beau dans
les terres fertiles et qui ont du fond, pourvu qu'elles ne soient pas marécageuses.
C'est donc moins la nature du sol qu'il faut choisir, qu'une exposition convenable.
Dans les régions très-chaudes, où l'ardeur des rayons du soleil est extrême, l'Olivier
aime et préfère les penchans des montagnes et des collines inclinées au septentrion.
Au milieu des montagnes élevées, dans les pays où les froids de l'hiver se font plus
ou moins sentir, il n'a d'asile assuré que sur les revers opposés; ce n'est qu'au midi
qu'il peut être à l'abri des neiges et de l'haleine glaciale des aquilons.

A mesure que le climat devient rigoureux, l'Olivier périt plus facilement dans les
lieux bas, quelle que soit leur fertilité; il court beaucoup moins de risques sur les
côteaux, où les vapeurs sont moins abondantes, et où l'effet des gelées est moins dangereux. En général, le sommet et le penchant des collines offre un séjour agréable à
l'Olivier. Il se plaît extrêmement dans une exposition où l'air se renouvelle sans cesse;
c'est là qu'il donne, toutes choses égales, des récoltes plus abondantes et plus assurées
que partout ailleurs; c'est là qu'il se forme dans les Olives une huile véritablement
excellente. Pour voir et admirer l'Olivier surchargé de fruits, il faut le chercher autour
ou au milieu des champs, des vignobles, lorsque les pieds sont éloignés ou isolés les
uns des autres; c'est là qu'il étale le luxe de sa végétation et de sa fécondité. Il est au
contraire faible, languissant et presque stérile, s'il se trouve rangé sur plusieurs lignes
resserrées, où ses racines n'ont pas suffisamment d'espace pour s'étendre et aller pomper
au loin les sucs nourriciers, et où ses rameaux, étouffés les uns par les autres, se trouvent
en partie privés des influences si nécessaires de l'air et de la lumière. Lorsque des
Oliviers sont trop voisins, toutes les branches latérales et inférieures ne donnent
qu'une petite quantité de fruits ou pas du tout; il n'y a que les branches du sommet,
vers lesquelles toute la force de la végétation se détermine, qui en soient chargées,
et alors la position élevée des Olives les rend très-difficiles à cueillir. Quand on veut
former une olivette, il est donc essentiel de bien connaître la distance qu'on doit
laisser entre chaque pied d'arbre. Cette distance dépend de la grosseur et de la hauteur auxquelles telle ou telle espèce peut atteindre, et plus encore de la chaleur du
climat qui favorise plus ou moins leur végétation. Caton, en parlant des Oliviers
d'Italie, fixe vingt-cinq à trente pieds comme l'intervalle qu'il faut laisser entre deux
arbres. Cet espace peut être regardé comme un terme moyen, car dans les pays où
les Oliviers s'élèvent rarement au-delà de douze à dix-huit pieds, comme dans les
environs d'Aix, d'Arles, d'Avignon, de Montpellier, etc., on peut les rapprocher
davantage, et ne laisser que dix-huit à vingt pieds d'espace entre chaque. Dans les pays,
au contraire, où la végétation est plus vigoureuse, et où les arbres sont beaucoup
plus rarement mutilés par les gelées, comme à Grasse, à Nice, dans la Rivière de
Gênes, dans l'Italie méridionale, etc., on doit laisser trente-six à quarante pieds entre
des Oliviers qui s'élèvent à quarante ou cinquante.

Outre les avantages particuliers aux Oliviers lorsqu'ils sont plantés à des distances
convenables, il est encore une autre considération qui n'est pas à négliger; c'est que
la terre peut être ensemencée avec plus de facilité et de profit, et qu'on peut y faire
des récoltes de grains qui ajoutent aux bénéfices du cultivateur.

Il est préférable d'élever l'Olivier sur une seule tige, à le laisser se partager en plusieurs, et il est bon de donner à ce tronc principal six à huit pieds au-dessus du niveau du sol. Des arbres tenus de cette manière ont un plus beau port, et leurs rameaux les plus bas se trouvent toujours assez élevés pour être à l'abri d'être atteints et mangés par les bestiaux.

Pour former une plantation d'Oliviers, on peut la faire avec des boutures, des rejetons venus aux pieds des vieux arbres, des sujets pris dans des pépinières, ou enfin avec des plants sauvages tirés des forêts.

La méthode des boutures, pour la formation d'une olivette, donne la facilité de se procurer avec certitude toutes les différentes variétés qu'on peut desirer, sans être obligé d'avoir ensuite recours à la greffe; aussi préfère-t-on en général ce moyen à tous les autres, quoique ce ne soit pas celui par lequel on puisse obtenir les arbres les plus beaux et les plus vigoureux. Caton et Pline, en parlant de la manière de faire les boutures, recommandent de leur donner trois pieds de longueur. Nous ne croyons pas qu'il soit utile de prescrire d'autre règle plus positive à ce sujet, si ce n'est qu'on doit en général donner à la branche qu'on destine pour bouture, une longueur proportionnée à sa grosseur. On doit faire faire des trous de trois pieds carrés d'ouverture sur deux de profondeur, y placer la bouture perpendiculairement, en l'enfonçant de manière qu'il ne s'en trouve que le quart, tout au plus le tiers, hors du terrain, la recouvrir de terre aussi meuble qu'il sera possible, avoir soin de l'arroser tout de suite, et continuer les arrosemens, si le printems est sec, jusqu'à ce que la reprise soit assurée. Quand les boutures se font dans un terrain qui n'est pas arrosable, il faut avoir soin de les enfoncer très-profondément, de manière à ne laisser qu'un œil hors de terre. C'est le moyen d'empêcher que la partie qui sera exposée au contact de l'air ne soit desséchée avant que la partie inférieure n'ait poussé des racines. Si, au lieu de boutures, on emploie pour sa plantation de ces rejetons qui croissent aux pieds des vieux arbres, ou des plants tirés d'une pépinière, ou même des plants sauvages, la manière de préparer le terrain sera toujours la même; on donnera seulement plus d'ouverture et de profondeur aux trous, si les sujets que l'on a à planter sont déjà un peu gros et ont beaucoup de racines. M. Bernard conseille, lorsqu'on a du plant arraché depuis quelques jours, d'en faire tremper les racines dans l'eau, pendant une journée, ce qui facilite beaucoup la reprise des arbres.

Quelle que soit l'espèce de plantation qu'on se propose de faire, le tems le plus favorable pour cette opération est la fin de l'hiver, depuis les derniers jours de février jusqu'au milieu de mars, parce que la sève ne tardant pas à monter après cette époque, les arbres n'ont pas le tems de languir et de dépérir, comme cela arrive quand on a fait la plantation avant l'hiver. Les boutures surtout ne doivent jamais être faites avant le mois de mars.

La vieillesse, dans l'homme et dans les animaux, est ordinairement accompagnée de la stérilité, souvent de la caducité et de la décrépitude; dans plusieurs arbres, et surtout dans l'Olivier, la vieillesse réunit à la majesté imposante du grand âge la fécondité de la jeunesse. On admire dans des Oliviers qui ont lutté plusieurs siècles contre l'injure du tems et des saisons, leurs branches gigantesques occupant un vaste espace et portant des fruits nombreux qui récompensent largement les soins du cultivateur. « J'en ai vu quelques-uns, nous écrit M. Loquez, dont le tronc avait été creusé par la foudre, et auxquels il ne restait que l'écorce portée sur une petite portion du corps ligneux, qui, malgré cela, supportaient encore des branches nombreuses, continuaient à végéter et à fructifier avec autant de vigueur que les plus jeunes. »

La longue vie des Oliviers a quelque chose d'étonnant, mais la manière dont ils peuvent renaître d'eux-mêmes est plus surprenante encore, et leur donne en quelque sorte une espèce d'immortalité (*quâdam æternitate consenescunt*. Plin. lib. 17, cap. 18). Qu'un froid rigoureux ait fait périr leurs branches et leurs tiges; qu'un vent impétueux ait abattu leurs troncs, ou qu'ils tombent cariés par la vétusté; que le feu dévorant d'un incendie ait même consumé une forêt d'Oliviers, ces arbres ne sont pas entièrement morts, leurs racines restent, il en sort de nombreux rejetons, qui bientôt forment de nouveaux arbres, dans lesquels on admire tout l'éclat et toute la vigueur de la jeunesse.

C'est ainsi qu'après le cruel hiver de 1709, qui fit périr presque tous les Oliviers en Provence et en Languedoc, et qui maltraita plus ou moins ceux des autres parties de l'Europe, les cultivateurs virent avec surprise et avec joie une nombreuse famille de nouvelles pousses s'élever des anciennes racines et prendre la place des arbres que le froid avait frappés de mort.

Des nombreux moyens par lesquels on peut opérer la multiplication et la propagation de l'Olivier, il en est qui sont vraiment merveilleux. Comme tous les arbres, il se multiplie de graines; on pourrait le propager par marcottes, mais on néglige ce moyen, parce que les boutures, comme nous l'avons déjà dit, reprennent en général avec beaucoup de facilité. Nous avons aussi parlé des rejetons qui poussent en grande quantité du collet de la racine, et qui croissent sur un renflement plus ou moins considérable, qui se manifeste à l'endroit où la racine s'unit à la tige. Mais avec ces moyens de multiplication, qui lui sont communs avec plusieurs autres arbres, il en a encore deux autres qui n'appartiennent peut-être qu'à lui. Qu'on arrache, dans la saison convenable, une certaine quantité de racines d'Olivier, qu'on les coupe par tronçons plus ou moins longs, comme d'un à trois pouces ou environ; qu'on les plante ensuite, en ayant soin de les recouvrir entièrement de quelques pouces de terre bien meuble, et l'on verra bientôt pousser de chaque morceau de racine un ou plusieurs rejetons. La même chose arrivera si on enfouit des morceaux d'écorce tenant à un peu de bois, et qu'on aura séparés d'une branche ou du tronc d'un arbre. Cette manière merveilleuse dont l'Olivier peut se multiplier a été connue de Virgile, comme on le voit par ces deux vers :

> *Quin et caudicibus sectis (mirabile dictu!)*
> *Truditur è sicco radix oleagina ligno.*   Georg. II

M. Loquez nous a confirmé ce fait, en nous assurant qu'ayant mis en terre un morceau d'écorce d'Olivier adhérent à une mince particule d'aubier, il en poussa, dans l'espace de quarante-deux jours, plusieurs rejetons et des racines qui partaient, à ce qu'il observa, des bourrelets de l'écorce, qui s'était cicatrisée dans toute sa circonférence.

Tous les divers moyens par lesquels on peut multiplier l'Olivier, sont offerts à ceux qui voudront en former des pépinières. La méthode des boutures paraît la plus prompte; c'était presque la seule employée par les anciens : celle par les morceaux de racines, nommés *souquets*, en Provence, n'est pas à négliger, et son exécution est des plus faciles. En découvrant les racines d'un ancien Olivier, on pourra, sans lui nuire, prendre très-aisément de quoi faire une cinquantaine de plants. La plantation de ces morceaux de racines n'exige d'autre préparation qu'une terre bien labourée. La distance, à laquelle on peut les mettre, peut d'abord n'être que de quelques pouces, parce que, lorsqu'ils auront fourni des pousses, on arrachera les moins bien venus, pour donner aux plus beaux sujets environ deux pieds d'intervalle de l'un à l'autre. Si l'on forme des pépinières de rejetons enlevés aux pieds des vieux arbres, il faudra tout de suite leur donner cette distance.

Quel que soit l'avantage qu'on puisse retirer de ces moyens de multiplication, les propriétaires et les cultivateurs qui leur préféreront les plants d'Oliviers sauvages tirés des bois, ou les semis, seront assurés de se procurer des arbres beaucoup plus beaux et bien supérieurs par la vigueur de leur végétation.

Reste, pour la formation d'une pépinière, le moyen le plus naturel, celui des graines, auquel le préjugé a toujours été et est encore défavorable; car, à présent même, on ne multiplie guère l'Olivier par les semences; on regarde ce procédé comme trop long et trop incertain. Il mérite cependant toute l'attention de ceux qui voudront former de belles pépinières; car, par aucun autre moyen, on ne peut se procurer des arbres qui deviennent aussi grands et aussi vigoureux.

Les Oliviers venus de semences ont toujours un pivot très-long, des racines latérales très-nombreuses, une tige longue et lisse qui annonce la vigueur et la force; tandis que les plants produits par les autres moyens de multiplication n'ont aucun de ces avantages. Une autre considération importante sur les semis, c'est que, par ce moyen, la vie d'un Olivier commence, tandis que les plants qu'on a détachés du pied des vieux arbres, de même que les *souquets* et les boutures, ne sont, pour ainsi dire, qu'une extension de la vie du sujet dont on les a séparés. Ces origines différentes ne peuvent manquer d'influer sur la vigueur d'un arbre et sur sa durée.

« Ne peut-on pas espérer aussi que les semis nous procureront quelques nouvelles variétés d'Olivier?

Le plus grand inconvénient que l'on ait pu reprocher aux semis d'Olives, c'est celui de rester long-tems en terre sans pousser. On peut y remédier, et ce moyen a réussi, en mettant au mois de mars des noyaux d'Olive dans du sable frais (1), et en les y laissant jusqu'à la fin du mois de janvier suivant. On sème alors ces noyaux, qui ne tardent pas à lever. Si on attendait plus tard, on trouverait tous les germes développés, et la plupart se casseraient en les touchant pour les mettre en place. Cette méthode procure l'avantage que les petits Oliviers ont le tems de devenir forts avant l'hiver, tandis qu'ils courent le danger de succomber aux fortes gelées, quand ils ont commencé à pousser au mois d'octobre, à moins qu'on ne prenne des précautions pour les en préserver.

Toutes les espèces de greffes peuvent être pratiquées sur l'Olivier, mais celle en écusson est la seule qu'on doive mettre en usage sur les jeunes sujets venus de noyau, ou sur les sauvageons provenans de plant arraché dans les bois. On attendra pour greffer ces derniers qu'ils aient bien repris dans la pépinière ou dans la plantation où ils seront placés. Le moment favorable, pour les uns et les autres, est le mois de mai, tems pendant lequel ils sont dans le fort de la sève. Il est préférable de greffer les sauvageons rez-terre, à le faire autrement, parce qu'alors la sève est plus immédiatement portée vers la greffe, et que, dans le cas où la tige viendrait à périr par un accident quelconque, on a plus d'espérance de voir pousser des rejetons qui n'auront pas besoin d'être entés de nouveau. La greffe en fente et celle en couronne ne conviennent que pour les vieux arbres dont on veut changer la qualité du fruit. On peut cependant les greffer aussi en écusson, en multipliant les écussons selon qu'il y a de branches principales, et en choisissant, pour les placer sur celles-ci, les endroits où l'écorce est la plus unie. On pose ordinairement sur chaque branche deux écussons opposés l'un à l'autre.

---

(1) M. Audibert croit qu'on doit préférer, en général, le terreau au sable pour faire germer des noyaux ou des amandes, parce qu'il s'est aperçu plusieurs fois que la radicule des noyaux germés dans le sable jaunissait au contact de l'air, au moment où l'on voulait les repiquer. Cet inconvénient n'avait pas lieu pour ceux qui avaient été mis dans du terreau bien consommé.

L'Olivier croît lentement (*et prolem tardè crescentis Olivæ*. Virg. Georg. II); les jeunes arbres venus de noyau, et gouvernés comme nous l'avons indiqué, commenceront à rapporter quelques fruits avant d'avoir dix ou douze ans, et au bout de vingt-cinq à trente, leurs récoltes seront dans le cas de contenter le propriétaire. Les bénéfices qu'on a à espérer d'une nouvelle plantation d'Oliviers, de quelque manière qu'elle ait été faite, sont toujours un peu tardifs, à la vérité ; mais si on ne voit pas fructifier tout de suite les arbres qu'on a plantés, comme aussi dans les premiers tems ils ne diminuent nullement la fertilité de la terre, les produits de celle-ci continueront d'être à peu près les mêmes qu'avant la plantation, et le cultivateur, en attendant les fruits de ses arbres, sera dédommagé par les récoltes ordinaires des grains qu'il semera chaque année.

Lorsque l'Olivier est une fois planté et qu'il a pris une certaine force, il ne demande pas beaucoup de soins, et c'était l'opinion des anciens. Columelle a dit : *Omnis tamen arboris cultus simplicior, quàm vinearum est, longèque ex omnibus stirpibus minorem impensam desiderat Olea*. Lib. 5. cap. 7.

« Lorsqu'on a étudié l'Olivier dans les climats chauds, dit M. Bernard, et lorsqu'on a eu occasion d'en voir un grand nombre de fort beaux et de très-productifs sur les chemins, entre des rochers, dans des terres incultes, et même au voisinage d'autres arbres forestiers, on ne peut guère se dispenser de reconnaître que si les labours sont propres à favoriser le développement de cet arbre nouvellement planté, ils cessent d'être essentiels lorsqu'il a pris son essor, et qu'il a acquis dans les campagnes l'élévation qui lui convient ».

Dans l'île de Corse, en Afrique, et dans plusieurs contrées du Levant, une fois que les Oliviers sont plantés, on les abandonne à la nature et on les laisse croître en liberté, sans jamais les tailler ni les fumer, et souvent même sans les labourer au pied ; mais dans des pays moins chauds, sous un climat plus rigoureux, ces arbres exigent plus de soin et de travail ; il faut leur donner des labours à des époques déterminées, les fertiliser par des engrais, et enfin les tailler. On laboure les Oliviers deux fois chaque année, en automne et au printems. Comme la plupart de ceux qu'on cultive proviennent de boutures, et que plusieurs de leurs racines rampent près de la surface de la terre, ou au moins n'y sont pas beaucoup enfoncées, les labours doivent être peu profonds, soit qu'on les fasse à la charrue, soit qu'on les fasse à la bêche ; autrement on blesse et on détruit beaucoup de racines, ce qui affaiblit et épuise les arbres. Si les Oliviers sont venus de noyau, comme leurs racines pivotantes s'enfoncent profondément, on peut labourer moins superficiellement. Ces derniers arbres ont toujours un grand avantage sur les premiers, c'est qu'ils supportent beaucoup plus facilement les sécheresses considérables qui arrivent souvent en été, et que, tirant leur nourriture des parties profondes du sol, ils permettent de faire des récoltes plus abondantes à la surface de la terre.

On peut semer également des légumes ou des céréales dans les terres plantées en Oliviers ; les uns et les autres y réussiront, si on a soin de répandre sur le terrain des engrais abondans, et s'il y a assez d'intervalle entre chaque arbre pour permettre la libre circulation de l'air et de la lumière. On aura seulement la précaution de ne pas semer trop près du tronc des arbres, et de laisser vide un espace de quelques pieds autour de chacun d'eux.

Les engrais de toute espèce conviennent à l'Olivier ; les plus chauds sont les meilleurs. La fiente de pigeon, qu'on appelle, en Provence et en Languedoc, *Colombine*, et les crottins de brebis, conviennent à presque tous les terrains ; mais pour les Oliviers placés dans un sol sabloneux et caillouteux (comme celui de la plupart des collines des départemens méridionaux), nul engrais ne leur est plus utile que celui des excrémens humains. Dans les terres calcaires et argilleuses, les vieux chiffons, les rognures de corne et de cuir sont un bon engrais; mais dans les terres légères ils excitent, surtout en été, une chaleur excessive qui dessèche les feuilles des arbres et occasionne la chute prématurée des Olives.

M. Loquez conseille, comme un bon engrais à donner à l'Olivier, une certaine quantité d'eau de mer répandue sur le fumier qu'on lui destine, et il ajoute que, dans le royaume de Valence, on ne fertilise, de tems immémorial, les Oliviers, qu'en versant de cette eau sur leurs racines, et que, par ce moyen, ils y sont du plus grand rapport.

Il n'y a pas de doute que la fécondité de l'Olivier ne soit augmentée par des engrais abondans, pas de doute que l'arbre ne soit d'une végétation plus brillante; mais la qualité du fruit y gagne-t-elle? On peut assurer que non, puisqu'il est constant que l'huile la meilleure et la plus fine est fournie par les Olives sauvages qui croissent naturellement dans les bois, les lieux incultes, et dont l'homme n'a jamais pris le moindre soin. Cependant, comme les propriétaires et les cultivateurs ont le plus grand intérêt à obtenir des récoltes abondantes, personne probablement n'abandonnera l'emploi des engrais, qui d'ailleurs offre encore un autre avantage. « Dans les années de sécheresse, selon M. Bernard, l'arbre bien fumé craint moins que celui qui ne l'a pas été. En effet, celui-ci n'a que des pousses faibles et des feuilles dures, tandis que l'autre a des rameaux plus longs, chargés d'un feuillage plus herbacé, et par conséquent plus propre à aspirer pendant la nuit l'humidité de l'air. »

On peut ne fumer les Oliviers que tous les deux ans; mais si l'on a la possibilité de le faire chaque année, ce sera mieux : c'est trop attendre que d'en laisser passer plus de trois, comme on fait dans le pays de Gênes, où l'on ne fume ces arbres que tous les quatre à cinq ans.

Caton et Columelle ont donné le précepte de fumer les Oliviers à la fin de l'automne ou au commencement de l'hiver, et presque tous les auteurs ont été du même avis. Effectivement, lorsque les fumiers sont enterrés avant l'hiver, les pluies, qui surviennent presque toujours pendant cette saison, décomposent les engrais et charrient, au moyen de l'infiltration, les sucs nourriciers jusqu'aux racines, tandis que si les fumiers ne sont répandus qu'à la fin de l'hiver et qu'il ne pleuve pas abondamment au printems, ils deviennent au moins inutiles aux arbres, si même ils ne leur sont nuisibles.

On ne taille pas les Oliviers dans tous les pays; il en est encore dans lesquels on les laisse croître en liberté. Les anciens, à ce qu'il paraît, ne les taillaient qu'assez rarement, puisque Columelle dit qu'il suffit de le faire tous les huit ans. En voyant des Oliviers sauvages, dont la nature seule a pris soin, et qui jamais n'ont été soumis au tranchant de la serpette, chargés de fruits, et de fruits beaucoup plus nombreux que les arbres cultivés n'en portent ordinairement, on pourrait douter que la taille fût véritablement nécessaire à l'Olivier; mais tous ceux qui se sont occupés avec soin de la culture de cet arbre, sont d'accord sur l'utilité d'une taille modérée et bien entendue.

M. Bernard assure que la taille, à laquelle on a assujéti les Oliviers, a beaucoup contribué à augmenter les productions de ces arbres; mais il dit en même tems que toutes les méthodes qu'on a suivies n'ont pas été également avantageuses. C'est ainsi que les cultivateurs des environs d'Avignon, qui se répandent en Provence pour employer, à la taille de l'Olivier, le tems pendant lequel ils ne sont pas occupés à l'éducation des vers-à-soie, rabaissent trop, en général, les arbres vigoureux; on pourrait dire même qu'ils les mutilent, de manière qu'ils sont un ou deux ans à réparer leurs pertes et à ne donner que très-peu de fruits. Dans plusieurs cantons, on est dans l'usage d'abandonner, à ceux qui font la taille, les émondes des Oliviers; cette pratique est très-préjudiciable aux propriétaires, et destructive des plantations, parce que ces ouvriers, ne voyant que leur intérêt, taillent et coupent sur le gros bois le plus qu'ils peuvent, afin de multiplier leurs profits.

Quand on coupe une grosse branche près du tronc, il faut au moins trois ans à la nouvelle qui croît à la place de celle qu'on a retranchée, pour être en état de donner des fruits; cependant cette espèce de taille, la plus mauvaise de toutes, est celle qui est pratiquée dans quelques cantons, et surtout dans plusieurs parties du Roussillon. Par cette méthode, la taille ne se pratique tous les ans que sur une portion de chaque Olivier; on rapproche une ou deux grosses branches près du tronc, afin de rajeunir les arbres en partie, et leur donner le moyen de refaire du nouveau bois, sans qu'ils cessent cependant de donner du fruit chaque année, par le moyen des autres grosses branches qu'on leur a laissées; mais on n'obtient par ce moyen que des demi-récoltes, une moitié de l'arbre étant toujours occupée à réparer ses pertes, tandis que l'autre rapporte. Cette pratique est d'autant plus mauvaise, qu'elle cause une distribution de sève tout-à-fait inégale, certaines parties des arbres n'ayant que du vieux bois, et d'autres n'en ayant que du jeune, et la sève se dirigeant toujours plus de ce dernier côté. Dans la taille bien entendue, on a grand soin de retrancher les branches gourmandes, qu'on regarde comme très-nuisibles à la production du fruit, parce qu'elles attirent à elles toute la sève; dans celle du Roussillon, on favorise évidemment leur accroissement. Nous ne parlerons pas de la forme inégale et irrégulière que doivent nécessairement avoir des arbres ainsi mutilés.

Dans deux lettres sur les Oliviers, publiées en 1762 par M. Antoine David, membre distingué de la Société d'Agriculture d'Aix, auteur de plusieurs mémoires sur la conduite de la Vigne, du Poirier et du Pêcher, on trouve d'excellens principes sur la taille des Oliviers. Cette opération, selon l'auteur, ne doit être, pour ainsi dire, qu'un simple élagement. En effet, on ne doit supprimer aucune des branches principales, à moins qu'elles ne soient placées de manière à gêner la culture du terrain; on doit se borner à couper le bois mort, à supprimer les rameaux dont la végétation est languissante, à retrancher ou à arrêter les branches gourmandes, et enfin à diminuer le nombre des rameaux trop pressés ou mal placés, qui, en rendant l'arbre trop touffu, empêcheraient la libre circulation de l'air et de la lumière.

On a conseillé de ne pas tailler les Oliviers pendant l'hiver; mais on ne doit pas non plus attendre trop tard pour le faire. M. Bernard observe avec raison, que c'est une mauvaise pratique d'attendre le mois de mai. Dans ce tems tous les rameaux se sont développés, la force de la sève s'est dirigée également sur tous, et ne peut plus contribuer à augmenter ceux qu'on conserve, autant que s'ils fussent restés seuls au commencement du printems. Le tems le plus convenable est le mois de février ou de mars, selon que le climat est plus ou moins chaud, parce qu'à cette époque la sève ne tarde pas à se mettre en mouvement, et que les plaies faites par la serpette sont bientôt cicatrisées, tandis que leurs bords sont exposés à se dessécher sans pouvoir se cicatriser, si la taille a été faite dès le commencement de l'hiver.

Les différentes variétés d'Olivier ne veulent pas être taillées de la même manière; les unes peuvent l'être tous les ans, les autres tous les deux ans seulement; il faut tailler les unes court, et laisser aux autres des pousses plus longues. Nous avons, sur ce sujet, donné tous les détails qu'il nous a été possible de nous procurer, lorsque nous avons fait l'énumération des espèces.

Lorsque les Oliviers ont été atteints par la gelée, il ne faut pas se presser de les

abattre ou de les couper : souvent on en a vu, qu'on croyait morts, pousser au printems avec une nouvelle vigueur, et avoir réparé au bout d'un an le dommage que
leur avait fait un hiver rigoureux. C'est une erreur de croire que des Oliviers sont
perdus sans ressource, parce que, par l'effet d'un froid subit et violent, ils ont perdu
leurs feuilles : ces arbres ne sont pas morts, et, au retour du beau tems, ils se couvri-
ront bientôt de nouvelles feuilles. Lorsque la gelée a pénétré les Oliviers, et les a attaqués jusque dans le cœur, les feuilles ne tombent pas, elles se dessèchent avec les rameaux, et y restent adhérentes.

Dans la plupart des pays où l'on cultive l'Olivier, il ne donne des récoltes que tous
les deux ans, et il paraît que cette alternative d'une bonne et d'une mauvaise récolte
a subsisté de tout tems; car Caton, Varron, Columelle et autres anciens qui ont écrit
sur l'agriculture, en ont parlé, et ils ont attribué cette périodicité, au mauvais moyen
employé pour recueillir les Olives l'année de la bonne récolte. Ces auteurs croyaient
que les gaules, dont on se servait pour abattre ces fruits, détruisaient et faisaient tomber
les bourgeons destinés à produire de nouveaux fruits l'année suivante. Une loi fort ancienne défendait à ceux qui cueillaient les Olives de battre les arbres et d'en arracher
les branches sans la permission du propriétaire. Ceux qui faisaient leur récolte avec
plus de précaution, ne se servaient que d'un faible roseau, avec lequel ils frappaient
les branches de biais, ce qui causait moins de dommage, mais ne le prévenait pas entièrement.

On a reconnu, depuis les anciens, que la méthode d'abattre les Olives avec une gaule,
toute mauvaise qu'elle puisse être, ne pouvait seule faire manquer la récolte tous les
deux ans; et ce qui le prouve, c'est que l'on cueille les Olives à la main dans plusieurs
cantons du midi de la France, et que, cependant, une année d'abondance alterne
toujours avec une mauvaise année. Plusieurs agronomes ont alors regardé la taille
comme la cause des récoltes alternatives; mais dans un mémoire sur ce sujet, publié
en 1792, M. OLIVIER a très-bien prouvé que ce n'était pas encore à cela qu'il fallait
attribuer l'espèce de stérilité dont la plupart des Oliviers sont frappés tous les deux
ans. En effet, comme l'observe cet auteur, outre que la taille n'est pas la même dans
tous les lieux où les récoltes sont alternes, puisque cette taille se fait, ici en coupant
peu de bois, là en n'enlevant que le bois rabougri ou à demi-mort, ailleurs en retran-
chant de gros rameaux ou même de grosses branches : on sait encore que la plupart
des cultivateurs ne taillent pas leurs arbres dans le même tems et à la même époque :
les uns les taillent de deux ans en deux ans, d'autres de trois en trois, de quatre en
quatre, ou même de six en six ans; ils les taillent indifféremment au printems, en
automne, en hiver; quelques-uns enfin ne les taillent pas du tout.

Le gaulage des Olives et la taille ne pouvant expliquer le retour périodique et alter-
natif des récoltes de l'Olivier, l'auteur du mémoire que nous venons de citer a cherché
quelle autre cause pouvait produire ce phénomène, et il paraît l'avoir trouvée, en
l'attribuant au double épuisement que les arbres éprouvent par l'effet d'une récolte
très-abondante, et surtout parce qu'on les a laissé trop long-tems chargés de leurs
fruits. Pline paraît avoir eu la même opinion, lorsqu'après avoir dit qu'en abattant les
Olives à coups de gaule, on détruit les bourgeons, ce qui empêche les arbres de porter
des fruits l'année suivante, il ajoute que la même chose arrive si on attend que les
Olives tombent d'elles-mêmes, parce qu'en restant sur l'arbre plus long-tems qu'il ne
faut, elles occupent la place des fruits à venir, et absorbent la sève qui leur eût été
nécessaire.

M. OLIVIER cite, en faveur de son opinion, une preuve qui paraît incontestable,
c'est l'expérience. Dans le territoire d'Aix, on fait la cueillette des Olives dès le com-

mencement de novembre, et tous les ans les récoltes y sont, à peu de chose près, uniformes ; tandis qu'au contraire, dans les autres parties de la Provence, en Italie et dans le Levant, où l'on ne commence à cueillir les Olives qu'en décembre, où souvent il y en a encore sur les arbres en mars et avril, et où même, comme dans certains cantons de l'Italie, on attend que l'Olive se détache et tombe toute seule, les récoltes sont toujours bisannuelles.

D'après ce qui vient d'être dit, la cause de la périodicité alternative dans les récoltes de l'Olivier, doit être suffisamment connue, et le moyen d'y remédier est facile. Mais plusieurs préjugés empêcheront probablement encore pendant long-tems les cultivateurs de changer leur routine. Un de ces préjugés est que, plus l'Olive reste sur l'arbre, plus elle donne d'huile, ou, selon le proverbe provençal : *au mai pendé, au mai rendé* (plus elle pend, plus elle rend).

M. OLIVIER, qui a fait des expériences à ce sujet, a encore prouvé que si on obtenait une plus grande quantité d'huile d'une mesure déterminée d'Olives qu'on aurait laissées sur l'arbre pendant l'hiver, que d'une pareille mesure d'Olives cueillies au milieu de l'automne, cette augmentation n'était qu'apparente. « Des Olives cueillies vers le milieu de novembre, au point de leur maturité, dit M. OLIVIER, m'ont donné, les deux sacs, soixante-dix livres d'huile, poids de Marseille ; la même année, les Olives du même sol, cueillies à la fin de décembre, les deux sacs donnèrent près de soixante-douze livres ; en janvier ils donnèrent soixante-quinze ; et en février quatre-vingts livres : ce qui fait une différence de dix livres sur les deux sacs, entre les Olives cueillies en novembre et celles cueillies en février. Cette augmentation de produit vaudrait sans doute la peine d'attendre, si elle était réelle ; mais il est facile de démontrer qu'elle n'est pas fondée. L'Olive doit nécessairement diminuer de grosseur en restant davantage sur l'arbre. En effet, dès les premiers froids de décembre, elle se ride, la partie aqueuse se dissipe de plus en plus, et l'Olive, parvenue vers la fin de l'hiver, ne contient presque plus que de l'huile. D'où il s'ensuit que l'Olive étant plus grosse, et occupant plus de place en novembre qu'en janvier, les deux sacs, remplis par un nombre déterminé d'Olives, dans le premier tems, ne le seraient pas, dans l'autre, par le même nombre de fruits dont le volume n'est plus le même. Ce n'est donc pas l'attente d'une plus grande quantité d'huile qui doit nous arrêter, puisque, outre qu'elle est peut-être moindre par l'évaporation, elle est encore singulièrement diminuée par tous les animaux qui mangent les Olives, et qui ont le tems de s'en nourrir quand on les laisse sur l'arbre. On n'ignore pas que les rats, les merles, les grives, les étourneaux, les petits oiseaux de toute espèce, les corneilles surtout, en font une consommation considérable, et un dégât qu'il est difficile d'apprécier. »

On vient de voir quelle influence avantageuse pouvait avoir la récolte des Olives sur le produit annuel des Oliviers, si elle était faite de bonne heure dans tous les pays ; mais ce qui devrait d'autant plus décider les cultivateurs à adopter une nouvelle pratique à cet égard, c'est que, par ce moyen, on obtiendrait partout de l'huile d'une qualité bien supérieure. Les huiles d'Aix, qui sont aujourd'hui les meilleures qu'on connaisse, doivent moins leur qualité à la nature du sol et à celle des espèces qui y sont cultivées, qu'au soin qu'on a de cueillir les Olives aussitôt qu'elles sont mûres. La cueillette, dans les environs de cette ville, commence chaque année, selon que l'été a été plus ou moins chaud, à la fin d'octobre ou dans les premiers jours de novembre ; tandis que, dans plusieurs autres cantons de la Provence, comme aux environs de Grasse, dans le Pays de Gênes et dans le reste de l'Italie, en Espagne, etc, on commence la récolte au plutôt en décembre, et souvent, comme nous l'avons déjà dit, elle n'est pas terminée au mois d'avril. A Aix, on porte les Olives au moulin aussitôt qu'elles sont cueillies, ou au moins peu de jours après ; dans les autres pays, elles sont amoncelées dans des greniers, dans des angars, ou laissées en tas sous les arbres pendant plusieurs semaines, quelquefois pendant deux à trois mois, parce qu'on est imbu du préjugé qu'il est nécessaire qu'elles subissent une espèce de fermentation, par laquelle la partie aqueuse se dissipe, en même tems que la quantité de l'huile se trouve augmentée. Mais si on obtient, en apparence, une quantité d'huile un peu plus considérable, on perd bien plus qu'on ne gagne dans cette fermentation qu'on fait subir aux Olives ; car, en s'échauffant, elles prennent un mauvais goût, qu'elles communiquent à l'huile qu'on en extrait, et cette huile contracte bientôt une rancidité et une âcreté très-désagréables, et elle n'est plus propre que pour les savonneries, les manufactures de laine, ou pour brûler dans les lampes.

Il est étonnant que la mauvaise pratique de laisser long-tems les Olives sur les arbres, après leur maturité, soit cependant la plus généralement suivie ; car il était déjà connu des anciens que, pour avoir de bonne huile, il fallait faire tout le contraire. Columelle et Pline recommandent en effet de cueillir les Olives quand elles commencent à noir-cir ; et le dernier observe que plus l'Olive est mûre, plus l'huile est grasse et d'un goût moins agréable. *Quantò maturior bacca, tantò pinguior succus, minùsque gratus. Optima autem ætas ad decerpendum, inter copiam bonitatemque, incipiente baccâ nigrescere.* Plin. lib. 15 cap. 1.

L'Olivier fleurit en mai ou juin, selon la chaleur du climat ou de la saison ; et ce n'est qu'en novembre, cinq à six mois après, que ses fruits sont mûrs. Il faut choisir un beau tems pour faire la récolte des Olives, parce qu'elle sera plutôt achevée, les cueilleurs allant plus rapidement. Il est préférable, comme il a déjà été dit, de les cueillir à la main que de toute autre manière. A Aix, on se sert pour cela d'échelles simples ou doubles, et on emploie des femmes et des enfans à ce travail, qui est assez facile, parce que les arbres sont peu élevés. Dans les pays où les arbres acquièrent une grande élévation, on pourrait aussi, au moyen de longues échelles, cueillir à la main une grande partie des Olives, et on ne devrait se servir de gaules, ou mieux de ro-seaux, que pour abattre celles des branches les plus élevées, où l'on ne pourrait pas, sans danger, atteindre autrement. Quand les Olives sont cueillies, on doit les trans-porter à la maison à la fin de chaque journée, et on doit, avant que de les porter au moulin, avoir soin de les nétoyer pour en séparer les feuilles, les fruits gâtés et les corps étrangers qui pourraient y être mêlés. Cette opération est toujours nécessaire quand on veut tirer de l'huile fine ; mais elle est indispensable, pour quelque qualité que ce soit, quand les Olives ont été gaulées, parce qu'alors ces fruits se trouvent mêlés, sur les draps qu'on est dans l'usage d'étendre sous les arbres, à une grande quantité de feuilles et même à beaucoup de fragmens de rameaux brisés par les coups dont on frappe les branches. Dans certains cantons, les cueilleurs mondent les Olives à la campagne ; mais on perd à cela, pendant le jour, un tems qui pourrait être em-ployé à la cueillette. Comme les soirées sont longues dans la saison de la récolte, il vaut mieux remettre ce travail au soir ou au lendemain matin, lorsque les brouillards de la nuit, en continuant au commencement de la matinée, empêchent de monter sur les arbres pendant les premières heures du jour.

Ce sont encore les anciens qui nous ont appris que, pour avoir de bonne huile, il fallait se hâter de la tirer des Olives le plutôt possible, après que celles-ci étaient cueillies : Caton, Varron, Columelle et Pline sont sur cela du même avis. Caton dit positivement qu'on ne doit pas croire que la quantité de l'huile augmente quand on laisse les Olives sur le plancher ; que plus on se presse de l'extraire, plus on gagne sur la quantité et sur la qualité, et que plus les Olives auront, au contraire, resté sur la terre ou sur le plancher, moins on en retirera d'huile, et moins elle sera bonne.

Les différentes espèces d'Olives ne donnent pas toutes de l'huile de la même qualité; les unes en contiennent plus que les autres. Nous ne reviendrons pas sur les détails que nous avons donnés à ce sujet, en faisant l'énumération des espèces. La qualité de l'huile peut aussi dépendre de l'exposition des arbres et de la nature du sol dans lequel ils sont plantés. Il est d'observation qu'une quantité égale d'Olives de la même variété produit plus d'huile, et de l'huile plus fine, si elle provient d'un terrain sec et élevé, que si elle a été recueillie dans une vallée ou dans une terre arrosée. Une même mesure des premières produit quelquefois un cinquième de plus qu'une des secondes. La même variété fournit aussi d'autant plus d'huile, qu'elle est cultivée dans un pays dont la température est plus douce. La chaleur du climat favorise encore l'accroissement des Olives, et les plus grosses variétés ne se trouvent que dans les pays plus chauds que le nôtre, ou au moins ont été apportées de ces pays en France.

Les grosses Olives fournissent généralement plus d'huile que les petites, si on n'a égard qu'au nombre des unes et des autres; mais si c'est à la mesure qu'on considère leur produit, il arrive souvent que les dernières en donnent autant et même davantage que les plus grosses et les plus charnues. Quant à la qualité, on pourrait croire que pour faire d'excellente huile il ne faut pas des Olives trop grosses. Il est de fait que c'est des Olives sauvages, quoiqu'elles aient très-peu de chair, qu'on retire l'huile la plus limpide, la plus fine et la plus excellente; mais comme ce n'est qu'en très-petite quantité qu'on en obtient, on néglige la fabrication de cette sorte d'huile, parce que le produit n'est pas suffisant pour dédommager des frais qu'il faut faire pour récolter les fruits.

La meilleure huile est celle qu'on retire des Olives vertes et qui ne sont pas encore mûres : c'est l'huile verte de Caton et de Columelle; mais dans cet état, elles n'en fournissent que fort peu, et comme il n'y a pas d'avantage pour les cultivateurs à en préparer, il est fort rare qu'ils en fassent. L'huile vierge, dont nous allons parler, peut d'ailleurs lui être comparée, et elle est aussi bonne.

Quelle que soit l'époque à laquelle on ait récolté les Olives, et quelle que soit leur maturité plus ou moins avancée, l'huile qu'elles fournissent au premier pressurage, et avant qu'on ait employé l'eau bouillante, est la meilleure et la plus pure; on lui donne le nom d'*huile vierge* ou *native*. Quelques propriétaires ont grand soin de la mettre à part, soit pour leur usage particulier, soit pour la vendre. Dans beaucoup de pays on ne la retire pas à part, elle reste mêlée avec celle qui provient du second pressurage.

Outre l'huile vierge, dont nous avons parlé plus haut, les gourmets en distinguent encore une autre espèce, c'est la meilleure, on peut l'appeler *mère goutte*; elle ne se trouve pas dans le commerce, il est même peu de propriétaires qui soient dans l'usage de s'en procurer. Pour extraire cette huile, on pratique des creux dans la pâte formée par les Olives bien broyées; ces trous se remplissent d'huile, qui est d'autant plus excellente qu'elle n'est pas le résultat de la pression : on la retire avec une cuiller.

Après qu'on a obtenu l'huile vierge, et que, par la pression, la pâte ne rend plus rien, on la retire de dessous le pressoir pour la broyer dans les mains. Lorsqu'elle l'a été suffisamment, on la replace sous la presse, on verse dessus une certaine quantité d'eau bouillante, pour détacher et enlever les parties huileuses, et, par une nouvelle pression, on retire une seconde huile, qui, quoique très-bonne, est bien inférieure à l'huile vierge, en ce que l'eau bouillante diminue beaucoup le goût et le parfum de l'Olive; mais il faut être bon connaisseur pour en faire la différence. On peut encore obtenir, du résidu de tout ce qui a subi les deux premières opérations, une troisième huile, bonne seulement pour les fabriques et pour les lampes; elle a une odeur et un goût trop désagréables pour qu'on puisse l'employer dans les alimens et dans la pharmacie : les Provençaux la nomment huile d'*enfer*, d'*infer* ou d'*infect*.

L'huile qui provient des Olives trop mûres ou trop fermentées n'a ni goût ni parfum ; elle ressemble assez à celle qu'on extrait de certains végétaux. Quelques personnes la préfèrent à toute autre ; mais presque tout le monde estime mieux celle qui a le goût et le parfum du fruit. Certains marchands ou propriétaires qui fabriquent de cette huile avec des Olives trop mûres, ont imaginé, pour remplacer la saveur et l'odeur du fruit, de faire broyer avec leurs Olives une certaine quantité de feuilles d'Olivier. Cette fraude donne à l'huile une saveur âcre et amère qui est très-désagréable, et fait trouver insupportable ce prétendu goût de fruit.

La France l'emporte maintenant sur tous les pays de l'Europe pour la bonté de ses huiles : de toutes celles que fournissent la Provence et le Languedoc, on distingue surtout l'huile d'Aix et de quelques territoires qui avoisinent cette ville, et on lui donne avec raison la préférence sur toutes les autres. La qualité distinguée et la réputation méritée des huiles d'Aix tiennent moins peut-être à la nature du sol et à l'espèce d'Olivier qu'on y cultive, qu'à la manière de faire la récolte des Olives, qu'aux soins particuliers qu'on prend pour la fabrication, et qu'à la sévérité de la police qui fait surveiller tous les moulins avec beaucoup d'exactitude ; pour s'assurer de leur propreté, et pour prévenir le mélange et l'emploi des Olives trop fermentées, qui nuiraient à la qualité de l'huile.

Dans les pays où l'huile se fabrique, on est dans l'usage de la conserver dans de grands vaisseaux de terre vernissés en dedans. Ces vaisseaux, auxquels on donne le nom de jarres, ont la forme d'une barrique resserrée par ses deux extrémités et renflée par le milieu. Les jarres dont l'ouverture est plus étroite que le fond sont les meilleures ; elles sont plus faciles à fermer hermétiquement, ce qui est essentiel pour la bonne conservation de l'huile : on en fait de différentes grandeurs ; les plus volumineuses peuvent en contenir huit cents et jusqu'à mille livres. Les huiles destinées au commerce sont renfermées dans des barriques, des tonneaux, auxquels on donne différens noms, et qui sont de diverses grandeurs, selon les pays. On n'en fait guère qui puissent contenir moins de cent livres poids de marc, et il y en a qui, étant remplis, pèsent jusqu'à quatorze ou quinze quintaux. On donne vulgairement à ces derniers le nom de *bottes* ou de *pipes*.

L'huile ne peut se conserver qu'un certain tems sans altération. La meilleure peut rester deux ans, et jusqu'à trois, sans s'altérer (telle est celle d'Aix quand elle est bien fabriquée) ; au-delà elle prend un goût âcre et elle contracte une odeur rance. Plus ce goût et cette odeur augmentent, moins elle convient pour assaisonner les alimens. Les lieux frais, où la température n'est pas sujette à beaucoup de variations, comme les caves et les celliers, sont les endroits où il faut de préférence placer l'huile, dans des vases hermétiquement fermés, pour la conserver long-tems dans toute sa bonté. Si on pouvait la garder toujours figée, comme elle est ordinairement en hiver, elle se conserverait beaucoup plus long-tems sans être exposée à se détériorer.

Nous avons parlé des grands moyens de multiplication (1) qui avaient été donnés à

---

(1) En parlant de la multiplication par les semences, nous avons dit que l'Olivier n'était pas aussi tardif à donner des fleurs et des fruits, que les anciens l'avaient dit, et que les modernes le croyaient encore ; mais nous ne pensions pas nous-mêmes que cet arbre pût être si hâtif qu'il l'est réellement. Voici ce que M. de Gasquet nous écrivait à ce sujet, il y a huit jours (le 10 juin 1810) : « En me promenant, il y a quelques jours, dans mes pépinières d'Oliviers, avec M. Bernard, qui les visitait, j'eus le plaisir, en lui faisant remarquer la grande vigueur d'un Olivier de quatre ans et demi, venu de graine, d'y trouver plusieurs grappes de fleurs. Depuis, j'ai également trouvé des fleurs sur un sujet qui n'est sorti de terre qu'au mois d'octobre 1806, et qui, par conséquent, n'a que trois ans et demi. Je dois ajouter que ce plant est le seul, sur sept ou huit cents, qui ait atteint ce degré de prospérité ; mais je crois que plusieurs de

l'Olivier par la nature ; nous avons parlé de sa longévité ; il nous reste à dire comment il subit la loi commune à tous les êtres, et comment il cesse quelquefois d'exister par des accidens, des maladies qui le font périr. Outre le froid, qui lui est contraire et qui trop souvent, dans nos climats, lui devient funeste, les cultivateurs ont encore à craindre pour lui les ravages de certains insectes, qui sont d'autant plus dangereux, qu'ils sont plus difficiles à prévenir, et qu'il n'est pas rare de les voir s'étendre à presque tous les arbres d'une contrée. M. Bernard ayant fait connaître très en détail les différens insectes qui attaquent l'Olivier et qui vivent à ses dépens, nous ne croyons pas pouvoir mieux faire que de donner un abrégé des observations que cet auteur a faites sur ce sujet, et qu'il a consignées dans son ouvrage.

On trouve quelquefois dans les racines de l'Olivier, la larve du *Scarabée moine;* mais elle y est rare, et il ne paraît pas qu'elle leur ait jamais fait beaucoup de tort. Il en est de même de la larve du *Bostriche typographe* qui se trouve aussi sur la Vigne, sur le Figuier, et de celle du petit *Bostriche oléiperde*, que M. Bernard appelle *scarabée de l'Olivier.* Ces deux insectes ne vivent, en général, que sous l'écorce des branches mortes, ou ils n'attaquent que les rameaux qui sont déjà fort affaiblis par d'autres causes. Le bostriche de l'Olivier, désigné par M. Bernard sous le nom de *Vrillette,* pourrait produire plus de dommage, parce que sa larve se nourrit de l'aubier de cet arbre, et vit sur les petites branches qu'elle fait constamment périr ; mais elle est peu répandue. La psylle, dont on trouve la larve sur le même arbre (1), lui est beaucoup plus nuisible : cet insecte vit aux aisselles des feuilles et autour des pédoncules des fleurs, caché sous une matière visqueuse qui ressemble à un duvet blanc. Cette matière, dont les fleurs sont environnées, nuit beaucoup à leur développement. Il est très-avantageux lorsque, pendant que les Oliviers sont en fleurs, il règne un vent du nord-ouest, pourvu qu'il ne soit pas trop violent ; il emporte le coton produit par les psylles, et contribue ainsi à la conservation des fruits.

Mais les scarabées, les bostriches, les psylles, ne font que peu de mal à l'Olivier ; les ravages causés par la *Cochenille adonide,* la *Chenille mineuse* et la *Mouche de l'Olivier,* sont bien plus considérables. La cochenille adonide de Fabricius, cochenille des serres de Géoffroy, que M. Bernard appelle *kermès,* et auquel les cultivateurs donnent le nom de *pou* (pl. 33, fig. 11), et qui vit aussi sur d'autres arbres ou arbrisseaux, entr'autres sur le Myrte, s'attache à la partie inférieure des feuilles et sur les pousses les plus tendres ; elle y cause une telle extravasation de la sève, que, le matin, les arbres infestés par cet insecte sont couverts de gouttes d'eau, et que la surface du terrain qui répond à leur feuillage, est humide. Une transpiration aussi abondante affaiblit les Oliviers, les rend extrêmement languissans ; ils ne portent plus que très-peu de fruits, et ces fruits sont beaucoup plus petits que ceux des autres arbres qui n'ont pas de cochenilles ; enfin, ils finissent par périr si on laisse les insectes se multiplier de plus en plus, et couvrir toutes les feuilles et toutes les branches. C'est en vain qu'on tenterait, par un moyen quelconque, de nétoyer les Oliviers ; la petitesse des insectes, leur adhérence aux feuilles et aux jeunes rameaux, leur nombre prodigieux ne le permettent pas : il n'y a pas d'autre moyen que de retrancher toutes les branches qui sont couvertes par les cochenilles, et de les brûler. Les froids un peu rigoureux contribuent beaucoup à la destruction de ces insectes ; aussi, dans les contrées où

ses frères pourront fleurir l'année prochaine. Je vous avoue que ce fait est si peu conforme aux idées répandues sur les semis d'Oliviers, que je n'oserais le publier, si mes pépinières n'étaient pas ouvertes aux incrédules qui voudraient en douter. »

(1) D'après les observations de M. de Gasquet, la psylle de l'Olivier vit aussi sur le Filaria.

l'hiver se fait sentir avec un peu de force, les Oliviers sont beaucoup moins sujets à en être attaqués que dans les pays plus chauds.

La chenille mineuse naît d'un œuf déposé à la surface inférieure des feuilles de l'Olivier, par la teigne qui porte le nom de cet arbre; elle s'introduit bientôt dans leur intérieur, se nourrit de leur parenchyme, jusqu'à ce que, devenue plus grosse et ne pouvant plus être contenue dans l'épaisseur des feuilles, elle dévore aussi leur pellicule extérieure. Lorsque cette chenille est née de manière qu'elle ait encore toute sa vigueur au printems, c'est alors qu'elle devient très-nuisible, parce qu'elle attaque les bourgeons naissans, s'y introduit et détruit l'espoir des jeunes pousses en même tems que les boutons à fleurs. Ce mal, déjà très-grand, n'est pas le seul qu'elle cause; souvent, par suite de la piqûre qu'elle a faite à l'aisselle des feuilles, il s'ensuit une extravasation de sève qui donne lieu à des espèces de galles ou à un chancre qui s'étend successivement et qui détruit enfin l'organisation des rameaux. La chenille mineuse n'est pas grosse, puisqu'elle n'acquiert que 4 à 5 lignes de longueur; mais elle fait beaucoup de mal quand elle est très-multipliée, et le meilleur moyen de la détruire est de rabattre les arbres sur le vieux bois, et de supprimer tous les rameaux qui sont attaqués par l'insecte. On peut aussi allumer, à la chute du jour, des feux de paille aux environs des Oliviers, au moment de la naissance des insectes parfaits, pour brûler tous ceux qui viendront voltiger autour des flammes, ce qui en diminuera beaucoup le nombre. Mais le mal que la chenille mineuse fait aux feuilles et aux bourgeons, n'est encore que la moitié du désastre qu'elle peut produire. Elle se nourrit aussi de la chair de l'Olive; le plus souvent même elle pénètre dans l'intérieur du noyau par la partie qui répond immédiatement au pédoncule, et elle en mange l'amande. Lorsqu'on examine des Olives attaquées par cette larve, et qui tombent ordinairement avant la maturité des autres, on trouve la place qu'occupait l'amande, remplie par des excrémens noirs et par la larve elle-même, lorsque le moment de sa métamorphose n'est pas encore arrivé. Communément, cette métamorphose a lieu vers la fin d'août ou dans le courant de septembre; l'insecte parfait sort alors sous la forme d'une teigne de la longueur de deux lignes, et de couleur grise, marquée quelquefois de taches d'un rouge brun. La perte que les cultivateurs éprouvent, lorsque la chenille mineuse attaque les Olives, est souvent très-considérable, et elle est sans remède quand ces fruits tombent à une époque trop éloignée de leur maturité, et lorsqu'ils ne contiennent pas encore d'huile; un peu plus tard, on peut extraire celle qu'ils renferment, en ayant le soin de faire séparer la pulpe d'avec les noyaux, pour que les excrémens de l'insecte, qui sont dans ceux-ci, n'altèrent pas la qualité de l'huile.

La mouche de l'Olivier (pl. 33, fig. 10) n'occasionne pas un moindre dommage que les autres insectes dont nous avons déjà parlé. Cette mouche est souvent très-commune à la fin de septembre et en octobre; elle n'attaque l'Olive que peu de tems avant qu'elle soit parvenue à sa maturité. La femelle se sert d'une pointe fine, située à l'extrémité de son ventre, pour piquer le fruit; elle y dépose un œuf dans l'ouverture qu'elle a faite, et cet œuf donne bientôt naissance à une larve qui se nourrit de la pulpe de l'Olive. Cet insecte paraît avoir deux ou trois générations par an.

On a proposé beaucoup de moyens pour remédier aux ravages causés par les différens insectes qui attaquent l'Olivier; mais M. Bernard n'a aucune confiance dans les fumigations, les goudrons, les engrais qui ont été proposés par MM. Sieuve et la Brousse; il croit que la chose la plus raisonnable qu'on ait prescrite, est d'émonder les arbres tous les ans, de les débarrasser soigneusement des branches qui sont couvertes d'insectes, et de livrer ces branches aux flammes. On avoit proposé de planter du Tabac sous les Oliviers, comme un moyen d'éloigner et de faire périr les insectes;

mais outre que l'efficacité de ce remède n'est pas du tout prouvée, les terrains, le plus souvent secs et arides dans lesquels on cultive ces arbres, ne conviendraient nullement au Tabac, qui a besoin d'un sol gras et humide. Un dernier moyen pour s'opposer, en général, à la propagation des insectes, serait de favoriser celle des petites espèces d'oiseaux insectivores, au lieu de leur faire une guerre opiniâtre pour les détruire. Ces petits animaux, qui ne vivent qu'aux dépens de cette proie, nous débarrasseraient de ces nuées d'insectes qui dévorent nos plantes et nos fruits.

EXPLICATION DES PLANCHES.

Pl. 43. Un rameau de l'Olivier d'Europe. Fig. 1. La corolle, les étamines et le pistil, vus à la loupe. Fig. 2. Le calice, vu de même. Fig. 3. Un fruit entier de grosseur naturelle. Fig. 4. Un fruit coupé horizontalement et laissant voir le noyau. Fig. 5. Le noyau. Fig. 6. L'amande.

Pl. 44. Fig A. et B. Deux rameaux de deux différentes sous-variétés de l'Olivier d'Europe sauvage. Fig. 1. Le noyau du fruit de l'Olivier sauvage.

Pl. 45. Variété de l'Olivier d'Europe cultivé. Fig. A. et B. L'Olivier d'Entrecasteaux. Fig. 1. Le noyau separé de son fruit. Fig. C. Olivier Caillet-Roux. Fig. 2. Le noyau séparé du fruit.

Pl. 46. Deux variétés de l'Olivier d'Europe cultivé. Fig. A. Olivier à fruit blanc taché de rouge. Fig. 1. Un noyau séparé du fruit. Fig. B. Olive Picholine. Fig. 2. Le noyau de ce fruit.

Pl. 47. Deux variétés de l'Olivier d'Europe cultivé. Fig. A. Olivier de Callas. Fig. 1. Un noyau séparé du fruit. Fig. B. Olivier pleureur, Olivier de Grasse. Fig. 2. Le noyau séparé de l'Olive.

Pl. 48. Trois variétés cultivées de l'Olivier d'Europe. Fig. A. Olivier Caillet-rouge. Fig. 2. Un noyau de son fruit. Fig. B. Olivier Caillet-blanc. Fig. 1. Le noyau séparé de l'Olive. Fig. C. Olivier de deux saisons.

Pl. 49. Deux variétés cultivées de l'Olivier d'Europe. Fig. A. L'Olivier à bec. Fig. 1. Un noyau séparé d'avec le fruit. Fig. B. Olivier Amygdalin. Fig. 2. Le noyau séparé du fruit.

Pl. 50. Variétés de l'Olivier d'Europe cultivé. Fig. A. L'Olivier d'Espagne à fruit obtus. Fig. 1. Un noyau séparé de l'Olive. Fig. B. Olivier d'Espagne à fruits pointus. Fig. 2. Un noyau séparé de l'Olive.

ERRATUM. À la page 127, à l'Olivier d'Europe, pl. 25 à 32, *lisez* 43 à 50.

ARMENIACA.　　　ABRICOTIER.

PRUNUS. Linn. Classe XIII. *Icosándrie*. Ordre I. *Monogynie*.
ARMENIACA. Juss. Classe XIV. *Dicotylédones polypétales ; étamines insérées autour de l'ovaire*. Ordre X. Les Rosacées. §. VII. Ovaire simple, supérieur, libre, monostyle. Fruit drupacé ; noyau à une ou deux semences.

GENRE.

CALICE.　　Monophylle, campanulé, caduc, à cinq divisions.
COROLLE.　Formée de cinq pétales arrondis, concaves.
ÉTAMINES.　Vingt à trente, ayant leurs filamens subulés.
PISTIL.　　Ovaire supérieur, presque globuleux, surmonté d'un style filiforme.
FRUIT.　　Drupe charnu, arrondi, sillonné d'un côté, couvert d'un duvet court, contenant un noyau arrondi, légèrement comprimé, marqué sur les côtés de deux sutures saillantes, dont une aiguë et l'autre obtuse, et renfermant une ou deux semences nommées amandes (1).

Caractère essentiel. Calice campanulé, caduc, à cinq divisions. Cinq pétales. Vingt à trente étamines. Un style. Drupe charnu, arrondi, couvert de duvet, contenant un noyau légèrement comprimé, à deux sutures saillantes, l'une aiguë et l'autre obtuse.

Rapports naturels. Le genre Abricotier a les plus grands rapports avec le Prunier et le Cerisier ; nous avons indiqué, en parlant de ce dernier (page 1 de ce volume), les caractères communs aux trois genres, et les différences d'après lesquelles on les distingue.

Étymologie. L'Abricotier est originaire de l'Arménie ; c'est de cette contrée qu'il a été transporté à Rome, d'où il s'est répandu dans toute l'Europe tempérée. Le nom latin *Armeniaca*, qui lui a été donné par les Romains, dérive évidemment de celui du pays dont il est originaire.

ESPÈCES.

1. ARMENIACA vulgaris. *Tab*. 51.
A. *foliis subcordatis, glabris, dentatis; petiolis glandulosis; fructibus sessilibus, flavescentibus.*

ABRICOTIER commun. *Pl*. 51.
A. à feuilles presque en cœur, glabres, dentelées, portées sur des pétioles glanduleux; à fruits sessiles, jaunâtres.

ARMENIACA *vulgaris*. Lam. Dict. 1. pag. 2. Illust. tab. 431. Decand. Fl. Fr. n. 3792. Pers. Synop. 2. pag. 36.
ARMENIACA *mala majora*. J. Bauh. Hist. 1. lib. II. pag. 167.
ARMENIACA *fructu majori, nucleo amaro*. Tournef. Inst. 623. Garid. pl. d'Aix. 40. Duham. Arb. Fr. 1. pag. 135. pl. 2. Roz. Dict. 1. pag. 190. pl. 3. fig. infer.
ARMENIACA. Mill. Dict. Blackw. Herb. tab. 281.
MALA *Armeniaca majora*. Bauh. Pin. 442.
PRUNUS *Armeniaca*. Lin. Sp. 679. Willd. Arb. 243. Willd. Sp. 2. pag. 989. Lois. Fl. Gall. 289.

---

(1) Avant la fécondation, l'ovaire contient toujours les germes de deux semences. Ces deux germes sont encore très-visibles quelque tems après la fécondation, lorsque le fruit est noué depuis quelques jours; et si l'on ouvre alors un jeune fruit, on y distingue facilement les deux amandes ; mais ensuite une de ces amandes grossit le plus souvent seule, et l'autre avorte; ce qui fait qu'on n'en trouve ordinairement qu'une dans chaque noyau, lorsque le fruit est parvenu à sa maturité.

L'Abricotier commun est un arbre de moyenne grandeur, dont le tronc est revêtu d'une écorce brune, un peu rougeâtre, dont les branches s'étendent pour former une tête assez large et à peu près arrondie. Ses feuilles sont alternes, un peu arrondies, presque échancrées en cœur à leur base, rétrécies en pointe à leur sommet, larges de trois pouces ou environ, très-glabres, d'un vert gai, dentelées en leurs bords; elles sont portées sur des pétioles longs d'un pouce ou un peu plus, et chargés de quelques glandes. Les fleurs, qui paraissent avant le développement des feuilles, à la fin de mars ou au commencement d'avril dans le nord de la France, et un mois ou six semaines plutôt dans les départemens du Midi, les fleurs, disons-nous, sont sessiles sur les jeunes rameaux, dans les aisselles des anciennes feuilles, ou, pour mieux dire, à la place que celles-ci occupaient l'année précédente; quelquefois elles sont solitaires, mais le plus souvent on les trouve rassemblées en groupes de trois à six, et même jusqu'à quinze et plus. Chaque fleur est composée d'un calice rougeâtre, à cinq divisions obtuses, moitié plus courtes que la corolle; de cinq pétales blancs, arrondis, longs de cinq à six lignes, concaves, attachés par un onglet très-court au bord intérieur du calice entre ses échancrures; de vingt à trente étamines de la longueur des pétales ou à peu près; d'un ovaire globuleux, velu, placé au centre du calice, surmonté d'un style aussi long que les étamines, et terminé par un stigmate orbiculaire. Il leur succède des fruits charnus, arrondis, un peu comprimés, creusés sur un de leurs côtés et suivant leur hauteur, d'un sillon longitudinal plus ou moins profond, couverts d'une peau revêtue d'un duvet très-court ou veloutée, jaune, avec quelques taches rouges, ou même tout-à-fait de cette couleur du côté exposé au soleil. Cette peau est fortement adhérente à la pulpe, et celle-ci est d'un jaune assez foncé, tendre, succulente, aqueuse, un peu pâteuse et d'une saveur peu relevée, mais cependant agréable; elle enveloppe un noyau osseux, comprimé, dans lequel est renfermée une amande amère.

Les fruits de cet arbre mûrissent vers le milieu de juillet ou à la fin de ce mois, dans le climat de Paris, suivant qu'ils sont plus ou moins bien exposés; ceux qui sont en espalier sont généralement plus gros, plus succulens; on en trouve qui ont deux pouces de diamètre, mais ils sont moins bons, plus pâteux et plus fades que ceux qui sont venus en plein vent. Ceux-ci sont, il est vrai, plus petits; rarement ils ont plus de dix-huit à vingt lignes de diamètre, mais ils sont beaucoup meilleurs, leur chair est plus colorée et d'une saveur plus relevée. Cette observation est générale pour toutes les variétés d'Abricots.

Dans les manuscrits que M. Le Berryais destinait aux tomes trois et quatre du Traité des Arbres fruitiers de Duhamel, il est fait mention d'une sous-variété de l'Abricot commun, qu'il désigne par cette phrase : *Armeniaca vulgaris, fructu maximo.* Cet Abricotier diffère du commun par son fruit, beaucoup plus gros, dont la chair est plus pâle, plus fondante, moins sèche, et dont la grosseur égale, surpasse même quelquefois celle de l'Abricot-Pêche. Cette sous-variété diffère encore par l'époque de sa maturité, qui est un peu plus tardive, et qui n'a guère lieu qu'en août; elle mériterait d'être plus multipliée.

L'Abricotier étant un arbre exotique à l'Europe, et qui y est seulement naturalisé, l'espèce sauvage n'est pas connue, à moins qu'on ne prenne pour telle les arbres venus de noyau, et qui se sont multipliés par hasard dans quelques lieux où ils ont trouvé le sol et le climat favorables à leur reproduction, comme cela paraît être arrivé en Piémont, où, selon Allioni, l'Abricotier est comme spontanée dans les bois du Montferrat. Mais n'ayant pas pu nous procurer cet arbre sauvage, nous prenons pour type de l'espèce l'Abricotier commun que nous venons de décrire.

L'Abricotier, quelle que soit l'espèce qui ait été apportée la première d'Orient en

Europe, a produit, dans cette dernière contrée, de même que dans son pays natal, plusieurs variétés. D'après le témoignage de MM. Michaux et Olivier, l'Abricotier croît naturellement en Perse : on y cultive un bien plus grand nombre de variétés qu'en France, et les fruits qu'elles donnent sont aussi beaucoup meilleurs que les nôtres, sans doute parce que le climat de la Perse convient mieux à cet arbre. Ce n'est pas que dans le midi de la France, en Italie et dans le reste de l'Europe Australe, on ne cultive plusieurs variétés différentes de celles que nous avons dans nos jardins et nos pépinières de Paris; mais ces variétés n'étant pas bien connues dans le Nord, nous sommes forcés de les passer sous silence, et nous nous bornons à celles qui sont plus répandues.

Toutes les variétés de l'Abricotier ne diffèrent pas sensiblement par le port, le feuillage et les fleurs; ce n'est que d'après la grosseur, la forme et la saveur de leur fruit qu'on peut les caractériser. L'Abricotier à fleurs doubles et l'Abricotier à feuilles panachées de jaune ou de blanc, sont les seuls qu'on puisse distinguer d'après les fleurs ou d'après la couleur des feuilles; mais ces arbres sont plus curieux qu'utiles, et ils sont même assez rarement cultivés dans les jardins d'agrément, depuis que nous nous sommes enrichis d'un si grand nombre d'arbres et d'arbrisseaux étrangers. Cette multiplicité d'objets nouveaux a fait négliger, et même presque tout-à-fait abandonner la culture de toutes ces variétés d'arbres à fleurs doubles ou semi-doubles, et surtout celles à feuilles diversement panachées, dont on a été si curieux il y a cinquante à soixante ans.

Var. 1. Abricotier hâtif. Pl. 52. Fig. 2.

Abricot précoce. Abricot hâtif musqué. Duham. Arb. Fr. 1. pag. 133. pl. 1. Roz. Dict. 1. pag. 187. pl. 3. Vulgairement Abricotin.

Armeniaca fructu parvo, rotundo, præcoci, hinc flavo, inde rubescente; nucleo amaro.

Le fruit de cet arbre est petit, presque rond; il a quinze à dix-sept lignes dans son grand diamètre; il est creusé sur un de ses côtés d'un sillon longitudinal qui va de la base au sommet, et qui est très-prononcé, quoique peu profond. Sa peau est d'un beau jaune du côté qui est à l'ombre, teinte de rouge du côté exposé au soleil. La chair, d'un jaune clair, un peu parfumée, quitte assez facilement le noyau, dont l'amande est amère. Cet Abricot, dans le climat de Paris, est en maturité au commencement de juillet; c'est le seul avantage qu'il ait, car la plupart des autres espèces sont d'une meilleure qualité que lui. On peut le propager par ses noyaux, sans qu'il soit besoin de greffer les sujets qu'il aura produits par ce moyen.

Var. 2. Abricotier blanc. Pl. 52. Fig. 6.

Abricot-Pêche. Duham. Arb. Fr. 1. pag. 134.

Armeniaca fructu parvo, rotundo, albido, præcoci; nucleo amaro.

Ce fruit, appelé improprement Abricot-Pêche, est à peu près de la même grosseur que le précédent; sa peau est d'un blanc de cire, légèrement teinte de rouge du côté du soleil, et couverte d'un duvet plus épais que les autres Abricots; sa chair est d'un jaune très-pâle, même blanche du côté qui a été à l'ombre; d'une saveur peu relevée, meilleure et plus délicate cependant que celle du précédent, un peu adhérente au noyau; son amande est amère. L'arbre porte ordinairement beaucoup de fruit, dont la maturité arrive au commencement de juillet. Ce double avantage de rapporter beaucoup et de donner du fruit qui mûrit de bonne heure, fait qu'il est assez généralement cultivé. On le greffe ordinairement sur le Prunier de Damas noir, quoique l'on puisse aussi l'élever en semant ses noyaux.

Var. 3. Abricotier d'Alexandrie.

Armeniaca fructu medio, rotundo, præcocissimo, hinc è viridi flavescente, indè rubello.

Cet Abricot est de grosseur moyenne, d'une couleur jaune-verdâtre du côté qui est resté à l'ombre, d'un rouge vif du côté qui a été exposé au soleil. Sa chair est d'un blanc jaunâtre, veinée de rouge, et très-sucrée. On estime beaucoup ce fruit dans le midi de la France, où la chaleur du climat lui donne un goût excellent; mais on ne cultive pas à Paris l'arbre qui le produit, parce qu'il fleurit de trop bonne heure, et qu'il se trouverait, pour cette raison, trop exposé aux gelées dont les premiers jours du printems sont rarement exempts.

Var. 4. Abricotier de Portugal. Pl. 52. Fig. 3.
Abricot de Portugal. Duham. Arb. Fr. 1. pag. 140. pl. 5. Roz. Dict. 1. pag. 193. pl. 4.
Armeniaca fructu parvo, rotundo, hinc flavo, indè rubescente; nucleo amaro.

Cet Abricotier s'élève moins que l'espèce commune; son fruit est aussi un des plus petits de ce genre, rarement il a plus de quatorze lignes de diamètre. La peau de l'Abricot est d'un jaune clair, marquée, seulement du côté du soleil, de quelques taches, les unes rouges, les autres brunâtres. La chair est de même peu foncée en couleur, délicate, fondante, d'un goût relevé, et légèrement adhérente au noyau : celui-ci est presque lisse et son amande est amère. Cet Abricot mûrit à Paris vers le milieu d'août.

Var. 5. Abricotier Albergier. Pl. 52. Fig. 5.
Alberge. Abricot-Alberge. Duham. Arb. Fr. 1. pag. 142. Roz. Dict. 1. pag. 192.
Armeniaca fructu parvo, compresso, hinc è flavo rufescente, indè virescente; nucleo amaro.

Les feuilles de cet arbre diffèrent un peu de celles des autres Abricotiers, parce qu'elles ont ordinairement à leur base et sur leur pétiole, deux petits appendices ou oreillettes. Ses fruits sont un peu comprimés, petits; ils ont environ quinze lignes dans leur plus grand diamètre; leur peau est d'un jaune verdâtre du côté de l'ombre, et d'un jaune foncé avec quelques taches saillantes, d'un rouge brun, du côté du soleil. Leur chair est jaune, presque rouge, un peu fondante, d'un goût vineux et très-relevé. Le noyau est plus comprimé que dans les autres espèces; son amande est amère. L'Abricot-Alberge mûrit vers le quinze août dans le climat de Paris; il est beaucoup meilleur en plein vent qu'en espalier, aussi est-il rare qu'on le cultive de cette dernière manière. Il se multiplie bien de noyau, sans qu'on ait besoin de le greffer. C'est ainsi qu'on l'élève dans les environs de Tours, où il est fort répandu.

Var. 6. Abricotier-Pêche. Pl. 52 Fig. 4.
Abricot de Nancy. Duham. Arb. Fr. 1. pag. 144. pl. 6. Roz. Dict. 1. pag. 194. pl. 4.
Armeniaca fructu maximo, vix compresso, hinc subfulvo, indè rubescente; nucleo amaro.

L'Abricot-Pêche, nommé encore Abricot de Piémont, et mal-à-propos Abricot de Nancy, de Wurtemberg ou de Nuremberg, est le plus gros et le meilleur de tous ceux que nous connaissons à Paris; il a souvent plus de deux pouces de diamètre. Sa peau est d'un jaune fauve, un peu marquée de rouge du côté du soleil. Sa chair est pareillement d'un jaune particulier tirant sur le fauve, d'un goût excellent, fondante, pleine d'une eau bien sucrée et très-parfumée. Son noyau est ovale, comprimé, également convexe sur ses deux faces, ayant treize à quatorze lignes de hauteur, sur dix à onze de largeur; il contient une amande amère. Ce fruit, dans le climat de Paris, commence à mûrir dans les premiers jours d'août, et on en jouit pendant tout le reste du mois.

L'Abricotier-Pêche est originaire du Piémont, d'où il a d'abord passé en Provence et en Languedoc, et quoiqu'il n'y ait tout au plus que quarante ans qu'il ait été apporté de Pezenas à Paris, on le cultive aujourd'hui de préférence à l'Abricotier commun dans la plupart des jardins et des pépinières qui sont aux environs de la Capitale, et peut-être qu'il ne tardera pas à faire oublier plusieurs autres variétés dont les fruits sont inférieurs aux siens. Il peut se multiplier de noyau, sans qu'il soit nécessaire de le greffer; il forme un arbre plus grand et plus vigoureux que l'espèce commune. On le cultive le plus ordinairement en espalier; mais il peut également être planté en plein vent, et ses fruits y prennent encore plus de qualité et y acquièrent un goût délicieux.

Var. 7. Abricotier de Noor.

Armeniaca fructu subovato, hinc è viridi flavescente, indè rubescente; nucleo amaro.

On cultive depuis quelques années, à la Pépinière Impériale du Luxembourg, cette nouvelle variété, dont nous allons donner la description, telle que M. Hervy, directeur de cet établissement, a bien voulu nous la communiquer. « L'Abricotier de Noor a été obtenu par la voie du semis. Le fruit est moins gros que celui de l'Abricotier-Pêche, généralement de forme ovale. La queue est plantée dans une cavité ronde, large, assez profonde. La goutière, bien apparente sur toute la longueur du fruit, se conserve telle jusqu'à parfaite maturité. La peau est d'un vert jaunâtre, peu colorée, couverte d'un duvet très-fin. La chair est d'un rouge-clair, fondante, d'un goût relevé et agréable. Le noyau est moyen, renflé sur les côtés, ayant deux arêtes très-saillantes. L'amande qu'il renferme est amère. »

« Cet Abricot a un goût excellent. L'époque de sa maturité le rend encore plus intéressant; il ne mûrit guère que vers la mi-septembre. Il réussit également en espalier et en plein vent. »

Var. 8. Abricotier rouge ou Angoumois. Pl. 53. Fig. 2.

Abricot Angoumois. Duham. Arb. Fr. 1. pag. 137. pl. 3. Roz. Dict. 1. pag. 189. pl. 3.

Armeniaca fructu parvo, oblongo, hinc è luteo rubescente, indè rubello; nucleo dulci.

Cet Abricotier ne s'élève pas autant que le commun et que la plupart des autres variétés; ses feuilles s'écartent davantage de la forme commune à plusieurs espèces, étant plus longues que larges, à peu près ovales et ordinairement munies de deux petites oreillettes à leur base. Ses fruits sont petits, souvent allongés, ayant quatorze à seize lignes dans leur grand diamètre; la rainure, qui s'étend de la base à la pointe, est peu marquée. Leur peau est d'un jaune rougeâtre du côté de l'ombre, et d'un beau rouge vineux, avec des points d'un rouge brun du côté du soleil. Leur chair est aussi d'un jaune tirant sur le rouge, fondante, d'un goût vineux très-relevé, très-agréable, légèrement acide, et d'une odeur forte et pénétrante. Le noyau n'est pas du tout adhérent à la chair; il est presque rond, contient une amande douce, ayant le goût d'une Aveline fraîche, et dont la peau même n'a presque point d'amertume. Cet Abricot mûrit à Paris, dans les premiers jours de juillet, un peu avant le commun. L'arbre qui le produit se plaît de préférence dans les terres calcaires; il aime à croître en liberté et au grand air; l'espalier ne lui convient pas, il y rapporte fort peu. Cet Abricotier est assez rare aux environs de Paris; il est, au contraire, commun dans les ci-devant provinces de Guienne, d'Anjou, du Lyonnais, du Dauphiné, où l'on préfère ses fruits à ceux des autres espèces, qu'on trouve trop fades.

Var. 9. Abricotier de Hollande, ou Abricotier-Aveline. Pl. 54. Fig. 2.

Abricot de Hollande. Abricot Amande-Aveline. Duham. Arb. Fr. 1. pag. 138. pl. 4. Roz. Dict. 1. pag. 191. pl. 4.

Arbres fruitiers. T. I.　　　　　　　　　　　　　　S s

Armeniaca fructu parvo, rotundo; nucleo dulci, amygdalinum simul et avellaneum saporem referente. Duham. l. c.

Cet Abricot est petit, presque globuleux; il a environ quinze lignes de diamètre, et le sillon longitudinal qui s'étend de sa base à sa pointe est bien marqué, quoique peu profond, ayant le plus souvent les lèvres qui le bordent inégales. Sa peau est d'un beau jaune du côté qui se trouve à l'ombre, et d'un rouge foncé du côté qui est exposé aux rayons du soleil. Sa chair est d'un jaune foncé, d'une saveur relevée, excellente. Le noyau est ovale-arrondi; il a sept lignes de hauteur et quatre et demie d'épaisseur; il renferme une amande qui, non-seulement n'est point amère, mais qui a même un goût fort agréable, approchant beaucoup de celui de l'Aveline et de l'Amande douce. Ce fruit est un des meilleurs du genre. L'arbre est très-fécond; il est rare qu'il ne rapporte pas lorsqu'il est en espalier. Duhamel dit qu'il donne plus de fruit lorsqu'il est greffé sur le Prunier-Cerisette, et qu'il en rapporte de plus gros, mais en moindre quantité, quand il est greffé sur le Prunier de St.-Julien. On peut d'ailleurs l'élever et le multiplier de noyaux, sans qu'il ait besoin d'être greffé; ses racines sont alors rouges comme des branches de corail.

Var. 10. Abricotier de Provence. Pl. 53 Fig 3.

Abricot de Provence. Duham. Arb. Fr. 1. pag. 139. pl. 4. fig. P. Roz. Dict. 1. pag. 191.
Armeniaca fructu parvo, compresso; nucleo dulci. Duham. l. c.

Cet Abricotier a le port de l'Angoumois; il est assez fécond, et réussit aussi bien en espalier qu'en plein vent. Ses feuilles sont petites, presque rondes, terminées par une pointe assez large. Ses fruits sont petits, légèrement aplatis; ils ont quinze à seize lignes de hauteur dans leur plus grand diamètre, et leur rainure, plus profonde que dans les autres espèces, a un de ses côtés plus saillant que l'autre. Leur peau est jaune du côté de l'ombre, d'un rouge vif du côté du soleil. Leur chair est d'un jaune très-foncé, moins fondante que celle de l'Angoumois, mais d'un goût vineux, relevé et très-aromatique. Le noyau est raboteux; il contient une amande douce. L'Abricot de Provence mûrit, sous le climat de Paris, à la fin de juillet ou au commencement d'août, selon qu'il est plus ou moins bien exposé.

2. ARMENIACA atro-purpurea. T. 53. fig. 1.
A. *foliis ovatis, acuminatis, simpliciter dentatis; petiolis glandulosis; floribus subsolitariis; fructibus atro-purpureis, breviter pedunculatis.*

ABRICOTIER noir. Pl. 53. fig. 1.
A. feuilles ovales, acuminées, simplement dentelées, portées sur des pétioles glanduleux; à fleurs presque solitaires; à fruits d'un pourpre noirâtre, attachés à de courts pédoncules.

ARMENIACA *dasycarpa* (1). Pers. Synop. 2. pag. 36.
PRUNUS *dasycarpa.* Ehrh. Beitr. 6. pag. 90. Willd. Sp. 2. pag. 990, vulgairement Abricotier à feuilles de Prunier, Abricot du Pape, Abricot violet.
ζ. ARMENIACA *persicæfolia, foliis longioribus, angustioribus, irregulariter dentatis.*
ABRICOTIER à feuilles de Pêcher. pl. 54. fig. 1.

Cet arbre s'élève moins que l'Abricotier commun et ses différentes variétés; son tronc est presque toujours tortueux, rarement droit; il est revêtu d'une écorce d'un gris cendré, crevassée. Ses feuilles sont ovales, longues de deux pouces, très-finement

---

(1) Nous n'avons pas cru devoir conserver à cet Abricotier le nom spécifique de *Dasycarpa*, qui signifie à fruit velu, parce que ce caractère ne peut être pris comme distinctif de cette espèce, puisqu'il est commun à tous les fruits du même genre; nous avons préféré adopter le nom vulgaire que quelques cultivateurs lui donnent, et qui est emprunté de la couleur de son fruit; il est d'ailleurs, jusqu'à présent, le seul Abricot que l'on connaisse, dont la peau soit d'un pourpre noirâtre.

dentelées, glabres, luisantes en dessus, portées sur des pétioles canaliculés, munis de deux à quatre petites glandes, et longs d'un pouce ou à peu près. Les fleurs sont ordinairement blanches, larges d'environ un pouce, le plus souvent solitaires et disposées une à une à la place qui était l'aisselle des feuilles de l'année précédente. Chacune d'elles est composée d'un calice à cinq divisions obtuses, d'un rouge-brun; de cinq pétales arrondis, un peu concaves, rétrécis en un court onglet; de vingt-cinq à trente étamines dont les filamens sont violets, plus courts que les pétales; d'un ovaire arrondi, surmonté d'un style verdâtre, de la longueur des étamines, et terminé par un stigmate obtus. Ses fruits sont arrondis, très-légèrement comprimés, petits, n'ayant le plus souvent que treize à quatorze, ou tout au plus quinze lignes dans leur plus grand diamètre. Ils sont portés sur des pédoncules de quatre à cinq lignes de longueur; leur peau est d'un rouge violet, très-foncé ou noirâtre, un peu veloutée, marquée sur un côté d'une ligne longitudinale, qui va de l'insertion du pédoncule au sommet du fruit : cette ligne est seulement remarquable par sa couleur plus foncée, mais elle ne forme pas de rainure sensible. Leur chair est rougeâtre, surtout dans la partie qui est voisine de la peau; dans le reste elle est d'un jaune ou d'un fauve brunâtre, et fortement adhérente au noyau. Leur saveur est douçâtre, peu relevée, ayant quelquefois un peu d'amertume ou d'âcreté, approchant beaucoup du goût de certaines Prunes de Damas. Le noyau ressemble aussi assez à celui d'une Prunel; il a sept lignes et demie à huit lignes de hauteur, sur six à six et demie de largeur; il se termine en pointe assez aiguë, et est comprimé sur son épaisseur, étant un peu plus convexe sur une face que sur l'autre.

L'Abricotier à feuilles de Pêcher n'est qu'une légère variété de l'Abricotier noir; il s'en distingue seulement par ses feuilles plus allongées, plus étroites et irrégulièrement dentelées. On trouve des arbres sur lesquels on observe les deux formes de feuilles réunies; assez souvent même cela se rencontre sur les mêmes rameaux, les feuilles inférieures étant ovales et régulières, comme nous les avons décrites dans l'espèce principale; les supérieures, au contraire, étant allongées, étroites, et irrégulières en leurs bords, ainsi qu'on peut le voir dans la figure que nous en donnons planche 52. Les jardiniers sont parvenus, jusqu'à un certain point, à fixer cette variété, en ne la greffant qu'avec ces sommités garnies seulement de feuilles étroites.

On ne sait pas bien de quel pays l'Abricotier noir est indigène; on croit qu'il est originaire d'Orient. Jusqu'à présent c'est un arbre plus curieux qu'utile, et qui, à cause de la qualité médiocre de son fruit, n'est guère cultivé, si ce n'est par quelques amateurs qui se plaisent à réunir des collections complètes de toutes les espèces. Peut-être qu'en semant ses noyaux on pourrait obtenir de nouvelles variétés dont le fruit serait meilleur, et qui dédommageraient bien de la peine qu'on aurait prise. Ce qui pourrait au moins nous le faire espérer, c'est que cet arbre est assez nouveau dans nos jardins, et que tout annonce qu'il y a, en général, peu de tems qu'il est cultivé. Or, si on peut le regarder comme sauvage, ou au moins comme à demi-sauvage, l'expérience nous a appris combien toutes les espèces de fruits avaient gagné et s'étaient améliorées par une culture longue et soignée. Depuis deux mille ans, par exemple, que le Pêcher a été apporté de Perse en Europe, le nombre des variétés de cet arbre, que nous avons obtenues, est très-considérable; nous en avons qui nous donnent des fruits d'une grosseur étonnante et surtout d'un goût et d'un parfum délicieux. MM. BRUGUIÈRE et OLIVIER ont rapporté de Perse, il y a dix ans, des noyaux peut-être de la même espèce de Pêcher qui fut autrefois transportée en Europe par les Grecs, et on n'a obtenu de cette nouvelle transplantation qu'un arbre dont les fruits sont plus que médiocres, comparativement avec les excellentes Pêches dont la culture, toujours soignée, des premiers Pêchers, nous a enrichis.

3. ARMENIACA Sibirica.

A. *foliis ovatis, acuminatis, simpliciter serra-*
tis; petiolis eglandulosis; fructibus parvis,
luteis.

ARMENIACA *Sibirica.* Pers. Synop. 2. pag. 36.
ARMENIACA *Betulæ folio et facie, fructu exsucco.* Amm. Ruth. 272. tab. 29.
PRUNUS *Sibirica.* Lin. Sp. 679. Pall. Ross. 1. pag. 15. tab. 8. Gmel. Sib. 3. pag. 172. Lam.
  Dict. 1. pag. 3. Willd. Sp. 2. pag. 989.

ABRICOTIER de Sibérie.

A. à feuilles ovales, acuminées, simplement
dentelées, portées sur des pétioles non glanduleux; à fruits petits, jaunes.

Les feuilles de cette espèce sont ovales, aiguës, dentelées, portées sur des pétioles
longs de six lignes ou environ. Ses fruits sont sessiles, de la grosseur d'une petite
Prune; ils sont couverts d'une peau veloutée, jaune du côté de l'ombre, et d'un rouge
vif du côté du soleil : leur chair est peu abondante, fibreuse, presque sèche et d'une
saveur acerbe. Le noyau contient une amande légèrement amère. Cet Abricotier est
un arbrisseau plutôt qu'un arbre; il est originaire de Sibérie, où il croît dans les lieux
montueux; on ne le cultive guère que dans les jardins de botanique.

Culture et Usage.

Transporté de son climat et de son sol naturels dans des climats et dans des terrains
éloignés et différens, l'Abricotier a dû changer de constitution et donner des fruits
de forme, de grosseur et de saveur différentes. D'un autre côté, des noyaux tombés ou
levés d'eux-mêmes ont produit des diversités, auxquelles les nombreuses mains par
lesquelles cet arbre a passé depuis des siècles, ont encore ajouté par la culture et par
le semis. De là beaucoup de variétés, parmi lesquelles on a dû choisir les meilleures,
et celles qui présentent quelque avantage, comme de hâter ou prolonger les jouissances, en donnnat des fruits, ou précoces ou tardifs, ou même des intermédiaires.
Ces variétés ont été propagées par la greffe, moyen sûr de conserver les mêmes qualités, peut-être aussi de les améliorer.

Les moyens les plus usités pour multiplier l'Abricotier sont le semis et la
greffe; il est fort douteux que les boutures et les marcottes puissent servir à sa
propagation; nous en avons fait l'expérience, et cela ne nous a nullement réussi.
On peut renouveler cet essai, peut-être sera-t-on plus heureux; mais on ne doit
s'attendre qu'à avoir des arbres moins vigoureux, moins bien tournés et moins
durables. Le semis peut se faire aussitôt que les fruits ont perfectionné leur amande;
et peut-être aurait-on quelqu'avantage de les laisser pourrir, d'autant plus que leur
suc sucré occasionne une fermentation qui pénètre le noyau et le dispose à s'ouvrir. Si l'on sème dans des pots ou des caisses, on les garantira facilement du froid en
les serrant en orangerie; autrement on aura à craindre les gelées et les intempéries
de la mauvaise saison, ce qui fait que lorsqu'on veut semer en grand, il vaut mieux
attendre au mois de mars; mais alors il s'agit de conserver les noyaux jusqu'à ce tems,
et d'empêcher qu'ils ne se dessèchent ou ne se rancissent. On y parviendra en les
stratifiant, ce qui se fait ainsi : on choisit ses noyaux, dont on rejette tous ceux qui
sont légers et dont on peut soupçonner que l'amande est viciée, on les met lits par lits,
en interposant autant de lits d'un sable fin qui ne soit ni trop sec ni trop humide,
dans un pot de grès ou dans une caisse, qu'il faut alors enfoncer à deux pieds en terre,
ou bien qu'on gardera à la cave ou dans un endroit frais et à l'abri de toute gelée. Au
mois de mars on les retire pour les planter, soit en rigoles, soit en pots ou en caisses
soit en place, pour ceux qu'on destine à être en espaliers, mais toujours en terre
profonde, bien ameublie, substantielle et cependant légère, la seule qui convienne

bien à l'Abricotier, car il y devient fort gros et y donne des fruits très-savoureux, tandis que ses racines ne peuvent se faire place dans une terre argileuse, et que ses fruits sont trop mous et sans saveur dans une terre humide. Aussitôt que les noyaux sont levés, on déplante ceux qui sont destinés à changer de place, on pince l'extrémité de la radicule, et on les remet à six pouces de distance l'un de l'autre, dans la même terre qu'on a ameublie par un bon labour; ce plaut n'a plus besoin d'autres soins que d'être défendu contre les rayons d'un soleil trop-vif, et d'être souvent sarclé jusqu'à la fin de la première ou deuxième année, époque à laquelle il faut le lever encore pour le replanter à la distance d'un pied et demi à deux pieds. Dans ces différentes trans-plantations, on détruit le pivot de l'Abricotier, ce qui est contraire à la nature de cet arbre et abrége son existence; mais cela est indispensable pour le pépiniériste qui ne pourrait, sans risquer de le faire périr, le déplanter aussi souvent qu'il est obligé de le faire. Cependant l'Abricotier semble être le plus robuste des arbres fruitiers, puisqu'on a l'exemple de plusieurs qui, transplantés assez gros et avec quelques pré-cautions, non-seulement ont bien repris, mais encore ont, dans la même année, donné de fort beaux fruits. Voilà tout ce qui concerne la conduite de cet arbre élevé en pépinière, si ce n'est que les cultivateurs-marchands le greffent encore à différentes hauteurs, suivant qu'il est destiné à rester à haute tige, à faire des demi-tiges ou à être mis en espalier.

Plusieurs espèces d'Abricotiers, comme le Blanc, l'Alberge, l'Abricot-Pêche et l'Aveline, se perpétuent d'aussi bonne qualité par le semis de leurs noyaux que par la greffe ; ainsi on peut se dispenser de les greffer, à moins qu'on ne se range de l'opinion de Roger-Schabol qui affirme qu'en greffant à plusieurs reprises un arbre sur lui-même, on parvient à rendre son fruit beaucoup meilleur. Les autres espèces, au contraire, dégénèrent presque toujours, aussi ne les sème-t-on que pour recevoir la greffe des variétés qu'on veut perpétuer par ce moyen : celles-ci donnent alors de bons fruits en abondance, mais aussi l'arbre ne veut que les terres chaudes et légères, presque uniquement convenables à l'Abricotier ; car la qualité du sol doit influer sur le choix des sujets destinés à recevoir la greffe : c'est ce qui fait que souvent on prend aussi pour sujets l'Amandier et le Prunier.

Si l'Abricotier greffé sur le Prunier, auquel il s'unit intimement, a l'inconvénient d'être moins productif, il dédommage le cultivateur, en lui faisant obtenir des Abricots là où il ne pourrait s'en promettre sans ce moyen, c'est-à-dire, dans les sols moins légers, peu profonds et humides, où ne se plaisent ni l'Amandier ni l'Abricotier, et dont s'accommodent très-bien les Pruniers, qui ont en général les racines traçantes. Mais quoique toutes les espèces de Pruniers indistinctement puissent recevoir la greffe de l'Abricotier, on doit, cependant, les choisir suivant l'espèce d'Abricot qu'on veut se procurer : par exemple, pour obtenir des fruits excellens de l'Abricotier de Provence, de l'Angoumois et de l'Albergier, on doit les greffer de préférence sur le Prunier Damas-rouge ou sur le Prunier-Cerisette, et avoir soin que ces sujets soient provenus de noyaux, afin que les arbres deviennent moins attaquables par la gomme, qui est toujours plus abondante lorsque les greffes sont faites sur les rejetons.

Greffé sur l'Amandier, dont la racine est pivotante, l'Abricotier ne convient plus qu'à des terrains chauds, légers et profonds; il se met plutôt en rapport, charge beau-coup et donne des fruits d'une qualité supérieure, encore qu'on semble autorisé à croire qu'il y ait peu d'analogie entre sa sève et celle de l'Amandier. Dans le fait, l'écusson met un long tems avant de s'y bien coller ; les écorces du sujet se recouvrent difficilement et forment un bourrelet désagréable ; enfin le moindre vent peut décoller la greffe, si l'on n'a eu le soin de la garantir par des liens qui l'attachent à la branche ou à la tige sur laquelle on l'a insérée. Cette précaution ne devrait jamais être négligée pour quelque greffe que ce soit, et que peuvent rompre un vent plus ou moins fort, ou la brusquerie d'un oiseau qui vient s'y percher, ou toute autre circonstance. Lorsque la greffe a fait une pousse d'un demi-pied, il est bon d'en pincer ou couper l'extrémité pour forcer la tige à émettre des branches latérales.

On peut croire que toutes les manières de greffer pourraient être employées pour l'Abricotier, soit qu'il serve de sujet, soit qu'on le greffe sur d'autres arbres d'un genre différent; cependant, il en est deux qui semblent mieux réussir, et qui, pour cette raison, sont plus en usage; c'est la greffe en fente, qui se pratique ordinairement au mois de février ou de mars, et la greffe en écusson. On fait cette dernière ou *à œil poussant,* à la mi-juin, tant sur l'Abricotier que sur l'Amandier ; ou *à œil dormant,* au mois de septembre, en observant de retarder de quelques jours pour les sujets qui sont jeunes, parce que leur sève s'arrête plus tard. En Provence, on a l'usage de couper les rameaux sur lesquels doivent se prendre les écussons, la veille du jour où l'on compte faire les greffes, et en attendant, on les met dans l'eau par leur gros bout, après qu'on en a supprimé les sommités et toutes les feuilles, en coupant celles-ci à la moitié de leurs pétioles, c'est-à-dire de leurs queues.

L'Abricotier sert aussi de sujet pour le Pêcher, et Duhamel dit, avec raison, qu'il convient singulièrement aux espèces délicates. Toujours est-il vrai que la sève de l'Abricotier se mettant en mouvement peu de tems après le solstice d'hiver, et ses fleurs devançant la fleuraison du Pêcher, il semble qu'on doive lui confier de préférence les Pêches précoces ; et cela est fondé sur ce que la végétation de l'Abricotier étant plus hâtive, elle doit accélérer encore la maturité de ces sortes de Pêches. Par la même raison, elle doit entrer plutôt en repos ; d'où il doit en résulter que les Pêches tardives qu'on y grefferait réussiraient plus difficilement, parce que la force de succion de l'écusson du Pêcher ne serait pas suffisante pour prolonger les fonctions des racines de l'Abricotier au delà du terme prescrit par la nature.

Le Pêcher se greffe sur l'Abricotier, à même epoque et de la même manière que ce dernier se greffe sur lui-même ou sur tout autre sujet; mais on observe que, pour assurer la reprise des écussons, il est bon de les insérer dans la journée même où ils ont été cueillis.

Que l'Abricotier soit greffé ou non, dès qu'il est planté dans un sol convenable, il ne demande plus que les soins exigés par la forme qu'on veut lui faire prendre. C'est en espalier qu'il en a le plus besoin, et il faut nécessairement l'y tenir dans les pays du Nord, où il ne pourrait subsister en plein vent : on l'y met encore dans certaines contrées du milieu et même du midi de la France, lorsqu'on est curieux d'avoir des primeurs; alors on ne peut se dispenser de le soumettre chaque année à une taille particulière et raisonnée, semblable à celle du Pêcher et que nous décrirons, à l'article de ce dernier arbre, afin d'éviter les répétitions. Qu'il nous suffise de dire ici que l'Abricotier destiné à être mis en espalier doit être greffé de préférence sur Amandier, surtout si le terrain se trouve léger et sablonneux; qu'il doit être planté à neuf pouces du mur, et à la distance de vingt pieds de tout autre arbre, parce que les branches latérales pouvant s'étendre à dix pieds de chaque côté, on ne craint plus qu'elles se gênent, et le mur est bien garni partout. La greffe doit être placée sur l'arbre à demi-pied au dessus du niveau du sol. Lorsqu'elle a poussé, on la coupe, pour obtenir de chaque côté une branche ou deux, qu'on laisse s'étendre; et à mesure que l'une et l'autre croissent, on les applique au mur, sur lequel on les dispose d'abord en V, puis chaque année on les baisse de plus en plus, jusqu'à ce qu'elles ne forment plus avec la terre qu'un angle de quarante-cinq degrés. Sur chacune de ces deux branches, on laisse percer une branche secondaire, et sur celle-ci une troisième branche, que l'on applique et assujétit toutes contre le mur : ce sont de ces six premières et principales branches que sortent toutes les autres, qui doivent faire de l'arbre une espèce d'éventail. Il faut beaucoup d'art et de soin pour lui donner une belle forme, empêcher qu'il ne se fasse des vides, ou réparer ceux qui viendraient à se faire. Tous les bourgeons superflus se coupent principalement à la seconde taille, appelée *ébourgeonnement*, et qui se pratique vers l'époque du solstice d'été, plutôt ou plus tard, suivant la vigueur de l'arbre, la sécheresse ou l'humidité de la saison, toutes circonstances qui avancent ou retardent cette opération, qui doit être faite pendant que la sève semble être stationnaire. On peut d'ailleurs se dispenser de cette seconde taille, selon l'auteur de l'*Almanach du Bon Jardinier*, « en coupant avec un instrument bien tranchant, et aussitôt qu'il pointe, tout bourgeon qu'on estime devoir être inutile ou qui serait mal placé. Cette opération, qui doit se faire journellement, évite une grande déperdition de sève, et cette sève tourne au profit des branches conservées, lesquelles ont encore l'avantage d'être plus lisses, et surtout exemptes de ces cicatrices que laisse toujours l'ébourgeonnement pratiqué à l'ordinaire. Il est d'ailleurs bon d'observer qu'un arbre conduit de cette nouvelle manière, fait en moins de quatre ans plus de progrès qu'il n'en aurait fait en dix en le soumettant à la seconde taille ».

L'arbre mis en espalier présente encore la facilité de le pouvoir mieux garantir des frimats et de la gelée, en le couvrant de paillassons, de toiles ou de branchages pendant les nuits qui menacent d'être trop froides. Dans ce cas, on ne le découvre que dans la journée, lorsque l'humidité que le froid aurait pu convertir en glace peut être fondue naturellement. C'est à cause de cela qu'il est peut-être mieux de placer l'espalier au midi, parce qu'avant que le soleil vienne le frapper de ses rayons, l'atmosphère a eu le tems de s'échauffer assez pour que le pistil des fleurs ne soit pas brûlé.

Dans les années où la fleuraison des Abricotiers n'a pas été contrariée par la saison, ou lorsque les précautions que l'on a prises ont bien réussi, il arrive que les arbres se chargent d'un très-grand nombre de fruits; mais il ne faut pas s'attendre à les avoir aussi gros ni aussi savoureux que lorsqu'il y en a moins. Cependant on remédie facilement à cet inconvenient d'une trop grande fertilité, en supprimant une partie du fruit, ainsi que cela se pratique à Montreuil et chez tous les habiles cultivateurs. On attend pour cela que les Abricots aient un peu grossi et qu'ils n'aient plus de risques à courir. Il est inutile de dire qu'on doit retrancher une partie de ceux qui sont trop entassés, et tous ceux qui sont gâtés ou dont la forme n'est pas agréable ni perfectionnée. Cette suppression peut avoir lieu sur tous les arbres indistinctement, quelle que soit la forme à laquelle on les aura soumis.

A mesure que les Abricots approchent de la maturité, on l'accélère et on la perfectionne encore, en les débarrassant petit à petit d'une partie et même de la totalité des feuilles qui, en les couvrant, les empêchent de recevoir les bienfaits de l'action de l'air et des rayons du soleil; mais cette opération doit se faire avec prudence et ménagement, par un tems qui ne soit ni trop chaud ni trop sec. Elle aura tout le succès qu'on peut en attendre si l'on choisit un ciel couvert, ou bien le moment d'avant ou d'après la pluie, et surtout si l'on se garde de trop découvrir à la fois : on a vu des curieux ne couper que la moitié d'une feuille. Au reste, M. Thouin a observé que « lorsque cette opération se fait sans ménagement, les fruits se dessèchent et tombent avant leur maturité, parce que les arbres vivent autant par leurs feuilles que par leurs racines, et qu'il y a toujours un rapport nécessaire entre le nombre des feuilles et la vigueur des racines ». Cette opération n'est guère praticable que pour l'Abricotier en espalier, dont le fruit est toujours moins savoureux que celui de l'arbre en plein-vent;

à moins qu'on ne parvienne à perfectionner sa saveur en détachant les branches et en les tenant éloignées du mur avec des fourchettes de bois; par ce moyen, l'air circulant librement autour du fruit, le rend beaucoup meilleur, et ces branches, ainsi éloignées du mur, deviennent en quelque façon des demi-tiges.

Dans les jardins de Paris on met beaucoup d'Abricotiers en plein vent, et souvent on les abandonne à eux-mêmes, comme cela se pratique plus ordinairement en Provence et dans les départemens méridionaux, où ces arbres sont plantés au milieu des champs, et toujours au moins à quinze pieds de distance les uns des autres. Ainsi livrés à eux-mêmes, ils deviennent des arbres de moyenne grandeur, et n'ont plus besoin que d'être débarrassés de leur bois mort et de leurs branches trop gourmandes. Ces arbres se chargent ordinairement de beaucoup de fruit; mais si celui-ci, mieux exposé à l'influence de l'air et du soleil, acquiert une qualité supérieure à celle de l'Abricot en espalier, il n'atteint que rarement le même volume, et il est surtout difficile à récolter, parce que toujours il est logé très-haut. Pour remédier à ces inconvéniens, on dispose les Abricotiers en espèces de vase, d'entonnoir ou de gobelet, ce qui est à peu près la même forme évasée, circulaire et évidée dans le milieu. Pour la leur donner, on raccourcit le bourgeon de la greffe afin de le forcer à donner des branches latérales, que l'on tient écartées, et que l'on contraint d'abord au moyen d'un cerceau auquel on les lie. On leur laisse prendre ensuite en longueur la dimension que l'on juge convenable, tandis qu'on retranche tous les rameaux qui percent au dehors ou en dedans, gardant seulement ceux qui poussent sur le côté, pour les diriger obliquement et circulairement. Ces formes ont l'avantage de faire produire du fruit plus gros et d'une saveur plus exquise, parce qu'il est moins nombreux et mieux exposé aux influences atmosphériques. Il n'est pas nécessaire de dire que les arbres auxquels on a donné ces formes ont besoin d'une taille annuelle et doivent être ébourgeonnés.

Dans quelques pays on est dans l'usage de poser la greffe à trois pieds au dessus du niveau du sol, ou d'arrêter l'arbre non greffé à cette hauteur, ce qui fait des arbres à demi-tige; enfin, dans quelques jardins, on greffe presque rez-terre, pour faire ce qu'on appelle mal-à-propos des buissons. Comme on leur donne à presque tous la forme d'un entonnoir, ce sont toujours des arbres à plein vent qui donnent de bonnes récoltes, et qui demandent de l'espace et de l'air, si l'on veut que leurs fruits soient bons.

L'Abricotier trop vieux, ou qui a souffert de grands dommages par la gelée ou par tout autre accident, peut être rabattu; bientôt il aura reproduit une tête nouvelle, vigoureuse et capable de porter de nouveaux fruits. En général cet arbre fructifie à toutes les expositions, même à celle du nord; sa fleur, s'y ouvrant plus tard, court moins de risques, et son fruit, n'y prenant point ou peu de couleur, est plus propre à la confiture, qu'on désire d'un jaune clair un peu ambré. Les expositions du midi et du levant lui sont d'ailleurs les plus favorables sous tous les autres rapports.

L'Abricotier n'a besoin que de peu de fumier, à moins qu'il ne soit dans un sol trop maigre, et encore ne doit-on employer qu'un fumier bien consommé, et mieux encore des feuilles et du bois pourri. Il est bon de lui donner chaque année un léger labour, qu'il faut faire au crochet et non à la bêche, instrument qu'il faut éloigner de tous les arbres, dont il détruit les racines.

La gomme qui découle de l'Abricotier, étant l'extravasation de sa sève très-abondante, est une véritable maladie pour cet arbre; c'est ce qui fait qu'on doit être très-prudent quand il est question de tailler ses grosses branches, il vaut mieux renouveler cette taille à plusieurs reprises, et attendre que la première amputation soit cicatrisée avant d'en faire de nouvelles.

Les Abricots, quand ils sont bien mûrs, sont pectoraux, adoucissans et même assez nourrissans, à cause de la partie sucrée qu'ils contiennent; mais on doit en manger avec modération, parce que tout excès, même des meilleures choses, est nuisible. Le préjugé populaire, et celui de quelques médecins, est qu'ils sont sujets à donner les fièvres quand on en mange beaucoup; mais rien n'est moins prouvé. On les prépare de différentes manières pour en varier l'usage.

On confit l'Abricot vert avant que le noyau ait eu le tems de durcir; mais cette confiture ne vaut pas à beaucoup près celle de l'*Amande-princesse*, confite avec son brou, dont nous avons parlé à l'article de l'Amandier. Parvenu à sa maturité, on le mange cru, on le met en compote ou en marmelade; on en fait des confitures sèches et liquides, des pâtes qui se conservent très-long-tems. Celles qui nous viennent d'Auvergne jouissent d'une grande réputation. On le conserve aussi dans l'eau-de-vie. On a, en Provence, une manière particulière de manger les Abricots confits au sirop, c'est de les en retirer, de faire un mélange d'eau-de-vie et de sirop, et de les laisser assez long-tems dans cette nouvelle liqueur, pour que le fruit en soit imprégné. Cette confiture est on ne peut pas plus agréable.

La Bretonnerie, en parlant de l'usage où l'on est dans certains pays de faire sécher les Abricots comme les Figues et les Raisins, indique la manière d'en chasser le noyau avec un poinçon, qui le pousse dehors du côté de la queue, où il sort, sans qu'on soit obligé d'ouvrir le fruit. Dans les pays chauds, la chaleur suffit pour les sécher; mais dans ceux qui le sont moins, on les fait sécher au four, en les y mettant lorsqu'on en a retiré le pain. C'est un objet de commerce dans le Levant, et il s'en fait une assez grande consommation dans le pays.

M. Delaunay, dans son *Almanach du Bon Jardinier* (année 1810), indique un moyen facile et agréable pour tirer parti des Abricots, dans les années surtout où ils sont très-abondans; il consiste « à ouvrir en deux chaque fruit mûr, à le faire sécher au soleil ou dans un four modérément chaud. Ainsi préparés, on le conserve pour l'hiver dans un endroit sec. Trempés de la veille dans l'eau, on les cuit avec du sucre et l'on en fait d'excellentes compotes, qu'on aromatise suivant son goût. »

La Bretonnerie indique un moyen pour reconnaître le véritable Abricot-Pêche par son noyau, et de manière à ne pas s'y tromper. « Le noyau de toutes les espèces d'Abricots est formé tout d'une pièce d'un côté; de l'autre il forme trois côtes. Prenez une épingle, enfoncez-la dans le trou du noyau, du côté de la queue du fruit; poussez l'épingle au travers de la côte du milieu; si elle suit jusqu'au bout, de façon que le noyau s'ouvre, c'est le véritable Abricot-Pêche. Le noyau de toute autre espèce ne peut s'ouvrir de même. »

Les noyaux et les amandes ont également leur utilité : ils sont la base d'un excellent ratafiat connu sous le nom de Ratafiat de noyau. L'amande remplace, pour les crêmes et les pâtisseries, celle du fruit de l'Amandier. L'huile qu'on en extrait est employée dans les pharmacies : c'est une des semences froides qui servent à préparer l'orgeat et le sirop de ce nom. Cette amande, soumise aux mêmes préparations que celle de l'Amandier, et réduite en poudre ou disposée en manière de pommade à demi-liquide, est très-bonne pour se laver les mains : elle blanchit et adoucit la peau. Elle est connue dans le commerce de parfumerie sous le nom de Pâte-d'Amande.

Le bois de l'Abricotier est d'un gris-cendré, mêlé de rouge et de jaune. Les tourneurs l'emploient peu, ils lui préfèrent le Prunier. Sa pesanteur spécifique est de quarante-neuf livres douze onces par pied cube.

La gomme qui découle de l'Abricotier a des propriétés analogues à celles de la gomme arabique; elle se trouve souvent mêlée avec celle-ci dans le commerce; et dans plusieurs circonstances, on peut l'employer seule à la place de cette dernière.

Après avoir indiqué la méthode de conduire et de cultiver l'Abricotier; après avoir parlé des différentes manières de préparer ses fruits, nous nous hasarderons à présenter quelques considérations sur la possibilité qu'il y aurait d'extraire du sucre de son fruit. L'expérience à faire ne réussirait peut-être pas aussi avantageusement dans le Nord de la France que dans le Midi; c'est au moins ce que l'on doit présumer, d'après ce que M. Thouin a fait connaître dans le Nouveau *Dictionnaire d'Agriculture* : « Il n'y a aucune comparaison à faire, dit-il, entre les Abricots des environs de Paris et ceux des environs de Marseille, de Montpellier, de Bordeaux, etc. De même ceux qu'on mange dans ces villes sont, au rapport de Pockocke, d'Oeter, d'Olivier, bien au dessous de ceux de l'Asie-Mineure, de la Perse et de la Syrie, qui sont des espèces de *Boules de miel parfumé.* » Si l'Abricot cultivé dans le Midi a tant de supériorité sur celui des environs de Paris, pourquoi, dans nos départemens méridionaux, n'essaierait-on pas d'extraire la partie sucrée de ce fruit, pour chercher à lui donner de la consistance, et la convertir en une masse solide et cristallisée. Dans la France méridionale, où les rayons brûlans du soleil élaborent et perfectionnent si bien tous les fruits, où les sucs aromatiques sont si facilement séparés des sucs aqueux, il n'y a nul doute que des essais, de cette nature, ne produisissent des résultats heureux et satisfaisans.

EXPLICATION DES PLANCHES.

Pl. 51. Un rameau avec des fruits. Fig. 1. Un groupe de fleurs. Fig. 2. Un fruit ouvert laissant voir le noyau.

Pl. 52. Plusieurs variétés de l'Abricot. Fig. 1. A. Fleur de l'Abricotier-Pêche. B. Le calice, les étamines et le pistil. C. L'ovaire vu séparément. Fig. 2. L'Abricot hâtif. D. Ce fruit entier. E. Coupe verticale du fruit laissant voir le noyau. Fig. 3. F. G. Abricot de Portugal, vu entier et coupé verticalement. Fig. 4. H. I. Abricot-Pêche vu entier et coupé verticalement. Fig. 5. K. L. Abricot-Alberge vu comme le précédent. Fig. 6. M. N. Abricot blanc vu de même.

Pl. 53. Fig. 1. Un rameau de l'Abricotier noir. Fig. 2. Abricotier Angoumois.

Pl. 54. Fig. 1. Un rameau de l'Abricotier noir à feuilles inégalement dentées, vulgairement Abricotier à feuilles de Pêcher. A. une fleur entière. B. Le calice, les étamines et le pistil. C. L'ovaire, surmonté du style et terminé par le stigmate. D. Un fruit ouvert et laissant voir le noyau. E. Un noyau vu séparément. Fig. 2. Abricot de Hollande entier, et une coupe verticale du même fruit, laissant voir le noyau.

PRUNUS.   PRUNIER.

PRUNUS. Linn. Classe XIII. *Icosandrie.* Ordre I. *Monogynie.*
PRUNUS. Juss. Classe XIV. *Dicotylédones polypétales; étamines insérées autour de l'ovaire.* Ordre X. Les Rosacées. §. VII. Ovaire simple, supérieur, libre, monostyle. Fruit drupacé, contenant un noyau à une ou deux semences.

GENRE.

CALICE.   Inférieur, campanulé, caduc, à cinq divisions.
COROLLE.   Composée de cinq pétales, arrondis, un peu concaves, ouverts, insérés sur le calice par leurs onglets.
ÉTAMINES.   Seize à trente; leurs filamens sont subulés, insérés sur le calice, à peu près de la même longueur que la corolle; ils portent à leur sommet des anthères courtes et à deux lobes.
PISTIL.   Ovaire supérieur, arrondi, glabre, surmonté d'un style filiforme de la longueur des étamines, et terminé par un stigmate orbiculaire.
PÉRICARPE.   Drupe charnu, ovoïde ou arrondi, glabre, légèrement sillonné d'un côté; contenant un noyau ovoïde, légèrement comprimé, plus ou moins aigu au sommet, raboteux à l'extérieur, sillonné sur l'une de ses sutures, anguleux du côté opposé, et renfermant une ou deux semences que l'on nomme amandes.

Caractère essentiel. Calice campanulé à cinq divisions. Cinq pétales. Seize à trente étamines. Un style. Drupe charnu, arrondi ou ovoïde, glabre; contenant un noyau légèrement comprimé, un peu raboteux, sillonné d'un côté, anguleux de l'autre.

Rapports naturels. Nous avons déjà parlé, à l'article Cerisier, des grands rapports qui existent entre les espèces du genre Prunier, et celles des genres Cerisier et Abricotier; aux caractères tirés de la forme des fruits, que nous avons indiqués comme pouvant servir à distinguer ces trois genres, il faut ajouter que les feuilles des Cerisiers, avant leur développement, sont pliées sur elles-mêmes dans la longueur de leur nervure principale, tandis qu'elles sont roulées sur elles-mêmes dans les Pruniers et les Abricotiers.

Étymologie. Prunus dérive du mot Πρου'νη, qui est le nom du Prunier en grec.

ESPÈCES.

1. PRUNUS Sinensis. *Tab.* 55. *fig.* 1.
P. *foliis lanceolatis, serratis, breviter petiolatis, eglandulosis floribus axillaribus, pedunculatis, subgeminis; fructibus globosis, rubellis.*

PRUNIER de la Chine. *Pl.* 55. *fig.* 1.
P. à feuilles lancéolées, dentées en scie, dépourvues de glandes, courtement pétiolées; à fleurs axillaires, pédonculées, souvent deux à deux; à fruits globuleux, rouges.

PRUNUS *Sinensis*, Pers. Synop. 2. pag. 36.
AMYGDALUS *pumila*, Lin. Mant. 74 et 514? Willd. Sp. 2 pag. 983?
AMYGDALUS *Persica nana, flore carneo pleno.* Pluk. Phyt. tab. 11. fig. 4.
α. PERSICA *Africana, nana, flore incarnato, simplici,* Tournef. Inst. 625.
Malus Persica Africana, nana, flore incarnato, simplici. Herm. Lugdb. 487. tab. 489.
ε. PERSICA *Africana, nana, flore incarnato, pleno.* Tournef. Inst. 625.
Malus Persica Africana, nana, flore incarnato, pleno. Herm. Lugdb. 487. tab. 489.

Ce Prunier est un petit arbrisseau qui ne s'élève guère au delà de trois pieds. Ses rameaux sont rougeâtres, garnis de feuilles lancéolées, portées sur de courts pétioles, finement dentées en scie, glabres des deux côtés. Les fleurs, portées sur des pédoncules de huit à dix lignes de longueur, naissent solitaires ou deux à deux à la place qu'occupaient les feuilles l'année précédente; leurs pétales sont ovales, de couleur rose. Il leur succède des fruits globuleux, de la forme et de la couleur d'une Cerise ordinaire, mais beaucoup plus petits, les plus gros n'ayant pas plus de cinq à six lignes de diamètre. Ces fruits ont une saveur peu agréable; ils contiennent un noyau presque globuleux, assez uni, sensiblement sillonné sur une de ses sutures.

Ce petit Prunier passe pour être originaire de la Chine, et il croît aussi en Afrique, s'il faut lui rapporter l'*Amygdalus pumila* de LINNÉ; mais nous regardons comme très-douteux que cette dernière plante puisse se rapporter à notre espèce, puisqu'elle a, selon cet auteur, les fleurs sessiles, et que la nôtre les a distinctement pédonculées. Quoi qu'il en soit, le Prunier de la Chine est cultivé, à Paris, depuis plusieurs années, soit dans les jardins de botanique, soit chez quelques amateurs. Sa variété à fleurs doubles est beaucoup plus répandue que celle à fleurs simples, parce qu'elle fait un plus joli effet pendant la fleuraison, qui arrive au mois d'avril, et que cette espèce n'est cultivée que pour l'agrément, et nullement pour ses fruits, dont la saveur est plus que médiocre. La variété simple, qui est le type de l'espèce, peut se multiplier de semences; la double ne peut l'être qu'en la greffant sur l'espèce primitive ou sur quelques autres espèces de Pruniers ou de Cerisiers, parmi lesquelles on doit choisir celles qui s'élèvent le moins, comme le Prunier épineux ou Prunelier, et le Cerisier à feuilles luisantes. L'une et l'autre variétés se plantent d'ailleurs en pleine terre, supportent sans inconvénient les froids les plus rigoureux de notre climat, et n'exigent aucun soin particulier.

2. **PRUNUS prostrata.** *Tab.* 55. fig. 2.   **PRUNIER couché.** *Pl.* 55. fig. 2.

P. *caule prostrato; foliis ovato-lanceolatis, dentatis, eglandulosis, subtùs tomentoso-incanis; floribus axillaribus, solitariis geminisve; calycibus subtubulosis.*

P. à tige couchée; à feuilles ovales-lancéolées, dentées, dépourvues de glandes, cotonneuses et blanchâtres en dessous; à fleurs axillaires, solitaires ou deux à deux; à calices un peu tubuleux.

PRUNUS *prostrata.* LA BILLARD. Pl. Syriac. 15. tab. 6. DESF. Fl. Atl. 1. pag. 395. WILLD. Sp. 2. pag. 997. POIR. DICT. 5. pag. 680. PERS. Synop. 2. pag. 36.
PRUNUS *Cretica montana, minima, humifusa, flore suave rubente.* TOURNEF. Corol. 43.
AMYGDALUS *incana.* PALLAS. Ross. 1. pag. 13. tab. 7.

Ce Prunier n'est encore qu'un petit abrisseau dont les rameaux sont très-nombreux, étalés en tous sens, ou même couchés, recouverts d'une écorce brunâtre. Ses feuilles sont petites, longues de six à huit lignes au plus, ovales-lancéolées, dentées, ou quelquefois assez profondément incisées, vertes en dessus et presque glabres, toutes couvertes en dessous d'un duvet blanchâtre, portées sur des pétioles courts, et munies à leur base de deux petites stipules cétacées. Les fleurs sont presque sessiles, ou portées sur des pédoncules très-courts, disposées une à une ou deux à deux le long des rameaux, à la place qu'occupaient les feuilles l'année précédente. Leur calice s'écarte un peu de la forme propre aux autres espèces de ce genre, en ce qu'il est plus allongé et à peu près tubuleux. Les pétales sont elliptiques, longs au plus de deux lignes, insérés dans les échancrures des divisions du calice : leur couleur est rose clair. Les fruits qui succèdent aux fleurs sont petits, ovales, de couleur rouge.

Cette espèce croît naturellement sur les montagnes de l'île de Crète, en Syrie et en

Afrique, sur le mont Atlas. On la cultive en pleine terre et comme la précédente. Nous l'avons vue au Jardin des Plantes de Paris, où elle était en fleurs au mois d'avril.

3. PRUNUS Myrobalana. *Tab.* 59. *fig.* 1.	PRUNIER Myrobolan. *Pl.* 59. *fig.* 1.
P. *foliis ovatis, glabris; floribus solitariis, pedunculatis; calycinis laciniis reflexis; fructibus globosis, pendulis, apice mamillatis.*	P. à feuilles ovales, glabres; à fleurs solitaires; pédonculées, à dents du calice réfléchies; à fruits globuleux, pendans, terminés par un mamelon.

PRUNUS *cerasifera.* Ehrh. Beitr. 4. pag. 17. Willd. Sp. 2. pag. 997. Poir. Dict. 5. pag. 678. Pers. Synop. 2. pag. 35.

PRUNUS *domestica* ε. Lin. Sp. 680.

PRUNUS *Myrobalanus.* Clus. Hist. 47. *cum icone.*

PRUNUS *Myrobalanus dicta.* J. Bauh. Hist. 1. lib. 2. pag. 189 (*exclusá figurá*).

PRUNUS *fructu rotundo, nigro-purpureo, majori, dulci.* Bauh. Pin. 444. Tournef. Inst. 623.

PRUNUS *fructu medio, rotundo, Cerasi formá et colore.* Duham. Arb. Fr. 2. pag. 111. n. 46. pl. 20. fig. 15.

Le Prunier Myrobolan est un arbre qui s'élève un peu moins que nos Pruniers domestiques. Ses feuilles sont pétiolées, glabres sur leurs deux faces, et elles ne se développent qu'après les fleurs. Celles-ci, qui paraissent les premières, s'épanouissent de bonne heure; elles sont ordinairement solitaires sur les rameaux, à la place qu'occupaient les anciennes feuilles. Chacune d'elles est portée sur un pédoncule de six à huit lignes, et se compose d'un calice à cinq divisions lancéolées et entièrement réfléchies; de cinq pétales, ovales-oblongs, de couleur blanche; d'une vingtaine d'étamines et d'un style, qui sont moitié plus courts que la corolle. Le fruit est presque globuleux, un peu élargi vers la base, et terminé au sommet par une petite élévation en forme de mamelon; il est d'une couleur rouge un peu foncée, d'une saveur d'abord acide, et enfin assez fade lors de la parfaite maturité. Le noyau est ovoïde, terminé par une pointe aiguë. Cette espèce passe pour être originaire de l'Amérique septentrionale; on la cultive depuis long-tems en France. Ses fruits mûrissent de très-bonne heure dans le climat de Paris; ils sont souvent mûrs dans les premiers jours de juillet; c'est dommage qu'ils ne puissent être comptés au nombre des bonnes Prunes, car leur qualité est plus que médiocre.

4. PRUNUS spinosa. *Tab.* 56. *fig.* 1.	PRUNIER épineux. *Pl.* 56. *fig.* 1.
P. *ramis spinosis; foliis ovato-lanceolatis, denticulatis, subtùs vix pubescentibus; floribus breviter pedunculatis, solitariis; fructibus globosis, violaceo-cærulescentibus.*	P. à rameaux épineux; à feuilles ovales-lancéolées, denticulées, très-légèrement pubescentes en dessous; à fleurs courtement pédonculées, solitaires; à fruits globuleux, d'un violet foncé tirant sur le bleu.

PRUNUS *spinosa.* Lin. Sp. 681. Lin. Mat. Med. pag. 79. n. 231. Willd. Sp. 2. pag. 997 Blackw. Herb. tab. 494. Fl. Dan. tab. 926. Roth. Fl. Germ. 1. pag. 212. All. Fl. Ped. n. 1783. Smith. Fl. Brit. 528. Dec. Fl. Fr. n. 3788. Poir. Dic. 5. pag. 679.

PRUNUS *spinosa, foliis glabris, serratis, ovato-lanceolatis; floribus breviter petiolatis.* Hall. Helv. n. 1080.

PRUNUS *sylvestris vulgaris.* Trag. Hist. 1016.

PRUNUS *sylvestris.* Fuchs. Hist. 404. Matth. Valgr. 266. Lob. Icon. 2. tab. 176. C. Bauh. Pin. 444. J. Bauh. Hist. 1. lib. 2. pag. 193. Tournef. Inst. 623. Garid. Pl. Prov. pag. 378.

PRUNUS *sylvestris, fructu parvo, serotino.* Duham. Arb. et Arbust. 2. pag. 184. n. 4. tab. 40.

Le Prunier épineux, nommé vulgairement Prunelier, Epine-noire, est un arbrisseau très-rameux, qui s'élève à dix ou douze pieds, rarement davantage, ou qui, très-souvent, ne forme qu'un buisson de quelques pieds de hauteur. Ses branches sont garnies de petits rameaux longs d'un à trois pouces, et terminés par une épine; elles sont recouvertes par une écorce d'un brun-rougeâtre ou quelquefois grisâtre. Ses feuilles sont ovales-lancéolées, rétrécies à leur base en un court pétiole, finement dentelées en leurs bords, glabres en dessus, munies en dessous de quelques poils épars, courts et peu visibles à l'œil nu. Ses fleurs, disposées le long des rameaux, et surtout sur ceux qui sont épineux, sont portées sur des pédoncules courts, ayant rarement plus de trois lignes de longueur : elles sortent toujours une à une du même bouton, et les boutons sont ordinairement disposés solitairement le long des rameaux; plus rarement en trouve-t-on deux groupés l'un à côté de l'autre. Chaque fleur est composée d'un calice à cinq divisions obtuses, moitié plus courtes que la corolle; de cinq pétales ovales-oblongs, de couleur blanche; de seize étamines ou environ, et d'un style un peu plus court que celles-ci. Les fruits sont de petits drupes presque globuleux, d'abord verdâtres, devenant enfin d'un violet noirâtre lors de leur parfaite maturité, et paraissant bleuâtres, à cause de la fleur abondante dont ils sont couverts.

Cet arbrisseau croît dans toute l'Europe; il est commun dans les lieux arides, sur les bords des bois et dans les haies. Ses fleurs paraissent dès le commencement de mars dans les parties méridionales de la France, et en avril dans les pays du Nord. Ses fruits sont connus dans les campagnes sous les noms de Prunelles, Senelles, Chelosses; les Provençaux les appellent Agrênes ou Agreno, et ils donnent à l'arbrisseau le nom d'Agrênier ou Agranas. Ces fruits sont extraordinairement acerbes, même dans leur maturité, ce qui n'empêche pas les enfans, et surtout les petits paysans, de les manger. Quand ils ont été frappés par les premières gelées de l'automne, ils s'adoucissent un peu et sont d'une saveur moins désagréable. Les pauvres des campagnes n'attendent pas qu'ils soient en cet état pour en faire la récolte; ils se hâtent de les ramasser pour en faire une boisson, qu'ils composent en les écrasant et en les mettant fermenter avec une certaine quantité d'eau. Cette boisson est aigrelette et astringente, surtout lorsqu'elle a été faite avec des fruits dont la maturité n'était pas assez avancée, et son usage habituel est alors sujet à causer l'obstruction des viscères abdominaux.

On retire en Russie une espèce d'eau-de-vie des fruits de l'Epine-noire, en les écrasant, les faisant fermenter et en les distillant ensuite. Dans quelques cantons du ci-devant Dauphiné, on se sert de ces fruits mûrs, adoucis même ou flétris par les premières gelées, pour donner de la couleur aux mauvais vins.

On composait autrefois, dans les pharmacies, un extrait avec les fruits encore verts du Prunelier. Cet extrait portait le nom d'*Acacia nostras*; on en faisait usage comme astringent dans les hémorragies, les flux de ventre, etc.; aujourd'hui les médecins l'ont presqu'entièrement abandonné. Les Prunelles, parvenues à leur dernier degré de maturité, et ayant perdu leur saveur acerbe, cessent d'être astringentes, et elles deviennent au contraire laxatives. La médecine n'est pas non plus dans l'usage de les employer sous ce rapport; elles pourraient peut-être remplacer les Tamarins.

L'écorce a quelques propriétés fébrifuges, et elle a été employée plusieurs fois avec succès contre les fièvres intermittentes. Sa décoction dans une lessive alcaline donne une teinture rouge. Elle peut être employée, ainsi que le bois, pour tanner les cuirs. On peut faire avec le suc de cette écorce, mêlé à une certaine quantité de vitriol ou sulfate de fer, une encre aussi noire que celle qu'on compose avec la Noix-de-Galles.

Tous les bestiaux, et surtout les moutons et les chèvres, broutent avec plaisir les feuilles et les bourgeons du Prunelier. LINNÉ, dans ses *Aménités académiques*, dit qu'on peut faire une espèce de Thé avec ses feuilles desséchées. Dans les pays où l'on est dans l'usage d'enclore les champs, on emploie fréquemment le Prunélier à la formation des haies. Celles qu'on fait avec cet arbrisseau sont très-fortes et très-solides; mais il faut avoir soin de les tailler et de les rabattre souvent pour les forcer à donner beaucoup de branches latérales; car lorsqu'on les laisse croître en liberté, surtout dans un bon terrain, la plupart des rameaux poussent très-droits et garnissent peu. Les plants faits à demeure, par semis de noyaux, ne sont guère ceux dont on se sert le plus fréquemment; ils seraient cependant bien préférables aux plants enracinés provenans de rejetons, parce que les arbrisseaux venus de semence, ayant un pivot, n'auraient pas l'inconvénient de tracer beaucoup, comme font les autres, d'élargir la haie aux dépens des champs cultivés, et d'embarrasser ou d'arrêter même la charrue du laboureur.

Cette facilité que les racines de l'Epine-noire ont à tracer, a fait donner à cet arbrisseau, aux environs de Montargis, le nom de *Mère-du-bois*, parce qu'on a remarqué que quand il était établi sur le bord des bois, ses racines tendaient toujours à s'étendre dans les champs voisins, et que si les propriétaires riverains des forêts n'avaient pas la précaution d'arrêter l'empiétement de ses racines, elles envahissaient bientôt une partie de leur terre, et y favorisaient l'accroissement de plus grands arbres, en fournissant à ceux-ci, par leurs tiges nombreuses, une ombre et un abri protecteurs dans leur jeunesse.

Dans beaucoup d'endroits, les gens de la campagne, quand ils n'ont pas de grands terrains à enclore, pour fermer, par exemple, leurs cours et leurs jardins, au lieu de planter et de former des haies vives avec l'Epine-noire, sont dans l'usage d'aller couper cet arbrisseau partout où ils le trouvent venu sans culture, et surtout dans les lieux arides où il devient très-épineux. Ils en font ensuite des fagots qu'ils serrent et qu'ils fixent les uns contre les autres en se servant de harts et de quelques pieux, et forment, par ce moyen, des clôtures impénétrables, qui peuvent durer plusieurs années. Les rameaux du Prunélier servent encore, avec les autres arbustes épineux indigènes, à protéger la jeunesse des Pommiers, Poiriers ou autres arbres plantés au milieu des champs; on en entoure leur jeune tige jusqu'à la hauteur de cinq à six pieds, et elle se trouve ainsi défendue contre le gibier et contre les bestiaux. Les branches bien droites de cet arbrisseau sont employées à faire des cannes, des bâtons qui sont très-solides et très-flexibles. Au reste, son bois peut servir à cuire la chaux, le plâtre; il est très-bon pour chauffer le four, et il est souvent, dans certains pays, l'unique ressource dont les pauvres alimentent leur foyer pendant la saison rigoureuse, parce qu'on leur permet communément de le couper et de le ramasser dans les lieux incultes et sur les bords des bois.

5. PRUNUS Brigantiaca. *Tab.* 61.

P. *foliis ovatis, acutis, inæqualiter serratis; floribus glomeratis, lateralibus; staminibus corollâ duplò longioribus; fructibus sub-globosis, flavescentibus, subsessilibus.*

PRUNIER de Briançon. *Pl.* 61.

P. à feuilles ovales, aiguës, inégalement dentelées; à fleurs latérales, ramassées en groupes; à étamines deux fois plus longues que la corolle; à fruits presque globuleux, jaunâtres, presque sessiles.

PRUNUS *Brigantiaca.* Vill. Dauph. 3. pag. 535. Decand. Fl. Fr. n. 3789. Lois. Fl. Gall. 289.
ARMENIACA *Brigantiaca.* Pers. Synop. 2. pag. 36.

Ce Prunier ne s'élève guère au delà de huit à dix pieds. Ses feuilles sont ovales, pétiolées, vertes, glabres en dessus et en dessous, excepté sur leurs nervures postérieures, terminées par une pointe un peu aiguë, bordées de dents inégales. Les fleurs paraissent au mois d'avril et avant les feuilles; elles sont disposées le long des rameaux, à la place qu'occupaient les anciennes feuilles, et elles sortent trois à quatre ensemble du même bouton. Chaque fleur est composée d'un calice à cinq divisions ovales et ridées; de cinq pétales oblongs, élargis à leur extrémité, moitié plus longs que le calice; de seize à vingt étamines, une fois plus longues que les pétales, et d'un ovaire chargé d'un style qui est de la même longueur que les étamines. Aux fleurs succèdent des fruits presque globuleux, paraissant sessiles, mais réellement portés sur des pédoncules de deux lignes de longueur ou environ, et qui s'implantent dans une cavité où ils sont perdus. Ces fruits, avant leur maturité, ressemblent à de petites noix vertes; lorsqu'ils sont parfaitement mûrs leur peau est lisse, peu ou pas du tout fleurie, d'un jaune assez clair, avec quelques taches rougeâtres du côté du soleil. Leur chair est jaunâtre, un peu acide avant la parfaite maturité, et ensuite d'une saveur fade et peu agréable. Le noyau n'est pas adhérent à la pulpe; il est assez lisse et contient une amande amère.

Ce Prunier croît spontanément aux environs de Briançon, dans la vallée de Monestier, à Saint-Chaffrey, etc., où le premier botaniste qui l'ait reconnu est le professeur VILLARS; il est aussi indiqué, dans le ci-devant Piémont, par ALLIONI. C'est des amandes, contenues dans les noyaux des fruits de cette espèce, qu'on retire depuis long-tems dans le Briançonnais, une huile fine, connue sous le nom d'*Huile de Marmotte*, et qui est deux fois plus chère que celle d'Olive. Cette huile est douce comme celle que fournit la semence de l'Amandier; mais elle est plus inflammable, et conserve un goût de noyau qui la rend un peu amère et d'un parfum agréable. Cet arbre est cultivé, depuis un petit nombre d'années seulement, à Paris, au Jardin des Plantes et chez quelques pépiniéristes; mais il n'est pas répandu, et probablement qu'il ne le sera jamais beaucoup, parce que son fruit n'est pas bon à manger. On assure qu'en le faisant fermenter on pourrait en tirer une espèce d'eau-de-vie.

6. PRUNUS domestica.   PRUNIER domestique.

P. *ramis muticis; foliis ovatis, subtùs subpu-*   P. à rameaux non épineux; à feuilles ovales,
  bescentibus; floribus lateralibus, peduncu-   légèrement pubescentes en dessous; à fleurs
  latis, solitariis agglomeratisque.   latérales, pédonculées, solitaires ou réunies
                                                        plusieurs ensemble.

PRUNUS *domestica.* LIN. Sp. 680. WILLD. Sp. 2. pag. 995. ROTH. Fl. Germ. 1. pag. 212. ALL. Fl. Ped. n. 1782. DESF. Fl. Atl. 1. pag. 394. POIR. Dict. 5. pag. 675. LOIS. Fl. Gall. 289. PERS. Synop. 2. pag. 35.

PRUNUS *foliis serratis, hirsutis, ovato-lanceolatis; floribus longè petiolatis.* HALL. Helv. n. 1079.

PRUNUS. BAUH. Pin. 443. BLACKW. Herb. tab. 309.

PRUNUS *sativa.* FUCHS. Hist. 403. RAI. Hist. 1526.

Le Prunier domestique est un arbre de moyenne grandeur, qui, si on l'abandonnait à lui-même, s'élèverait droit et formerait la pyramide; mais comme le plus souvent on l'arrête à la hauteur de six ou sept pieds, c'est-à-dire qu'on retranche l'extrémité de sa tige pour le forcer à émettre des branches latérales, la plupart des arbres de cette espèce qu'on trouve dans les lieux cultivés, forment une tête irrégulièrement arrondie. Le tronc et les grosses branches sont revêtus d'une écorce brunâtre ou quelquefois cendrée. Les rameaux sont étalés, non épineux, garnis de feuilles pétiolées, très-légèrement pubescentes en dessous, ovales, plus ou moins allongées et plus ou moins dentelées, selon les variétés, mais n'offrant pas assez de différences pour qu'on puisse en tirer des caractères distinctifs. Les fleurs offrent aussi quelques variations dans la grandeur des corolles; mais ces variations sont rarement assez sensibles pour qu'on puisse les indiquer avec certitude. Ces fleurs, dans toutes les variétés en général, sont portées sur des pédoncules qui ont rarement moins de six lignes ou plus d'un pouce de longueur : elles paraissent toujours avant les feuilles et sont à nu sur les rameaux, à la place qu'occupaient les feuilles de l'année précédente ; tantôt solitaires, ou ne sortant qu'une à une du même bouton ; d'autres fois s'épanouissant par groupes de trois, quatre, cinq, très-rarement en plus grand nombre. Chaque fleur est composée d'un calice campanulé, partagé par les bords en cinq découpures ovales, ordinairement droites, de cinq pétales ovales ou ovales-allongés, de couleur blanche, disposés en rose ; de vingt à trente étamines à filets blancs, à peu près de la longueur de la corolle, et portant à leur sommet des anthères jaunes ; enfin d'un ovaire placé au centre, portant un style filiforme, terminé par un stigmate orbiculaire. Les fruits, beaucoup plus variables que toutes les autres parties que nous venons de décrire, nous paraissent fournir seuls les meilleurs caractères pour bien distinguer toutes les variétés. En effet, ces fruits, connus sous le nom de Prunes, varient à l'infini, par la couleur, la saveur, la grosseur et la forme ; il y en a de blancs, de couleur de cire, de verts, de jaunes, de rouges, de pourpres, de violets, de bleus, de noirâtres ; leur saveur est acerbe, acide, fade, douce, sucrée, parfumée ; leur chair est coriace, dure, molle, fondante, sèche, aqueuse ; il y en a qui ne sont pas plus gros que des Cerises ordinaires, d'autres qui ont jusqu'à six pouces et plus de circonférence, sur trente-deux lignes de hauteur ; enfin les uns sont ovoïdes et même deux fois plus longs que larges, tandis que les autres sont parfaitement globuleux. Ce qu'ils ont tous de commun, c'est que leur peau est lisse, sans duvet, et toujours plus ou moins couverte d'une sorte de poussière blanchâtre, très-fine, qu'on nomme fleur, et qui s'enlève facilement par le moindre frottement. Le noyau, de même que la partie charnue du fruit, varie beaucoup dans sa forme, dans sa grosseur ; tantôt il se sépare de la pulpe avec la plus grande facilité, tantôt il y adhère en totalité ou en partie ; il renferme toujours une amande amère.

Le Prunier domestique, comme tous les arbres très-anciennement cultivés, a produit un nombre prodigieux de variétés ; celles que nous avons pu observer nousmêmes dans les jardins de Paris ou aux environs de cette Capitale, et celles que nous avons trouvées indiquées dans les meilleurs auteurs qui ont traité des arbres fruitiers, se montent à près de quatre-vingts. Ce nombre, tout considérable qu'il paraîtra, est sans doute encore assez loin de comprendre toutes les Prunes qui existent en France, et encore moins toutes celles de l'Europe et de l'Orient. En France seulement, dans chaque département, dans chaque canton, on cultive des variétés qu'on ne trouve point ailleurs, et vingt années de soins assidus ne suffiraient peut-être pas pour les rassembler toutes. Nous nous rappelons d'avoir mangé en Italie, en Provence et en Languedoc, des Prunes que nous n'avons jamais vues dans le nord de la France. Pour mettre de l'ordre dans ce nombre considérable de variétés ou d'espèces secondaires, au lieu de les présenter successivement d'après l'époque de leur maturité, comme on a fait jusqu'ici, nous avons préféré les distribuer d'abord en deux sections, d'après la couleur des fruits, et nous avons cru ensuite devoir les rapprocher les unes des autres, selon les rapports qu'elles nous ont paru avoir ; soit d'après la forme, soit d'après la grosseur de ces mêmes fruits.

§. I. *Prunes rouges ou violettes.*

Var. 1. Prunier de Saint-Julien. Prune de Saint-Julien. Pl. 56. Fig. 2., et Pl. 58. fig. 9.
Prunus domestica, fructu parvo, subovato, saturatè violaceo; carne subacerbâ, ingrati saporis, nucleo non adhærenti.

Cette Prune est la plus petite des Prunes violettes ; elle est un peu plus haute qu'elle n'est large, ayant dix à onze lignes de hauteur, sur neuf lignes de diamètre. Son pédoncule a quatre lignes; il s'implante presque à la surface du fruit qui n'a pas à son insertion de cavité marquée, et dont le sillon longitudinal n'est sensible que par une ligne ne formant pas d'enfoncement. La peau est d'un violet foncé, très-fleurie; elle recouvre une chair verdâtre, un peu acerbe, fade si elle est trop mûre. Le noyau n'est pas adhérent; il a huit lignes de hauteur sur cinq et demi de largeur. Ce fruit mûrit à la fin d'août ou au commencement de septembre.

On ne cultive guère ce Prunier pour son fruit qui est d'une saveur plus que médiocre; mais les pépiniéristes en élèvent beaucoup, afin de servir de sujets pour recevoir les greffes des meilleures espèces de Prunes, ou celles de plusieurs sortes de Pêchers ou d'Abricotiers qui réussissent bien sur cet arbre. Ses racines sont sujettes à pousser beaucoup de rejetons.

On fait avec les Prunes de Saint-Julien ordinaire, de Gros-Saint-Julien et des plus petites espèces de Damas, des Pruneaux communs connus sous le nom de petits Pruneaux, Pruneaux noirs ou Pruneaux à médecine. Ces Pruneaux sont, en général, acides, et ils ont une propriété laxative. On en employait autrefois en médecine beaucoup plus qu'à présent; on était dans l'usage de faire servir leur décoction d'excipient pour les purgatifs qu'on destinait aux enfans.

Var. 2. Prunier Gros-Saint-Julien. Prune de Gros-Saint-Julien. Pl. 60. Fig. 3.

Prunus domestica, fructu parvo, subgloboso, violaceo; carne subdulci, parùm sapida, nucleo aspero subadhærenti.

Cette Prune n'est pas plus grosse que le Saint-Julien ordinaire, mais elle est plus arrondie, ayant onze à douze lignes de hauteur sur autant de diamètre. Son sillon longitudinal est de même à peine prononcé, et son pédoncule, qui a quatre lignes de longueur, s'implante aussi presque à la surface du fruit, sans qu'il y ait en cette partie de cavité bien marquée. Sa peau, d'un violet foncé, bien fleurie, recouvre une chair verdâtre, plus fondante, plus aqueuse que celle de la précédente, d'un goût douceâtre, un peu fade. Le noyau est légèrement adhérent à la chair, inégal en sa surface, marqué de beaucoup de points enfoncés, et son côté opposé à l'arête est creusé d'un sillon profond, dont les bords sont munis de deux à trois dents. Ce fruit mûrit en même tems que le précédent, c'est-à-dire du quinze août au quinze septembre; il est peu répandu et mérite peu de l'être. Son arbre sert de sujet pour greffer les bonnes espèces.

Var. 3. Prunier Damas noir hâtif. Prune de Damas noir hâtive.

Prunus domestica, fructu subgloboso, parvo, atro-violaceo; carne dulci, sapidá, nucleo subadhærenti.

Cette Prune est petite, comprimée à son sommet; elle n'a que douze lignes de hauteur, sur treize de diamètre dans sa plus grande largeur. Son pédoncule a cinq lignes de long. Sa peau est d'un violet foncé, très-fleurie; elle recouvre une chair verdâtre, fondante, sucrée, d'un goût agréable. Le noyau est assez lisse, long de sept lignes et demie, large de six; il n'a que très-peu d'adhérence avec la pulpe. Ce fruit mûrit vers la mi-juillet.

Var. 4. Prunier sans noyau. Prune sans noyau. Pl. 57. Fig. 1 et 4. Duham. Arb. Fr. 2. pag. 110. n. 44.

Prunus domestica, fructu parvo, subovato, violaceo; carne subacerbá, parùm sapida; amygdalá nudá sine nucleo.

Cette Prune est une des plus petites; elle n'a que dix à onze lignes de haut, sur huit à neuf lignes de large. Son pédoncule a ordinairement quatre à cinq lignes, et quelquefois il s'allonge jusqu'à en avoir neuf; il s'implante presque à la surface du fruit, assez uni en cette partie, et n'y ayant pas de cavité marquée. La peau, d'un violet foncé, très-fleurie, recouvre une chair verdâtre, d'abord un peu acerbe, fade et douceâtre lors de la parfaite maturité. Le noyau manque le plus souvent; on ne trouve à la place qu'une petite portion osseuse, longue de six à sept lignes, large de deux, qui paraît être l'arête, en occupe la place et adhère fortement à la chair. L'amande, nue au milieu de la pulpe, a quatre lignes et demie de hauteur, sur trois de largeur. On trouve dans quelques fruits un noyau complet, long de six à sept lignes, large de quatre et demie. Cette variété est assez rarement cultivée, parce qu'elle n'est que curieuse : ses fruits sont non-seulement petits, mais ils ne valent rien; ils mûrissent dans le courant d'août.

Var. 5. Prunier Ceriset. Prune Cerisette. Pl. 60. Fig. 5.
Prunus domestica, fructu vix medio, subovato, rubello; carne subdulci, parùm sapidâ, nucleo subadhærenti.

Ce fruit est presque globuleux, un peu oblong, petit ou de grosseur moyenne, et d'une couleur rougeâtre. Sa chair est d'un vert jaunâtre, un peu fondante, assez douce, mais peu relevée, quittant assez facilement le noyau. Cette Prune mûrit à la mi-août; elle est peu recherchée et on ne la cultive guère pour le fruit; mais les pépiniéristes élèvent l'arbre pour servir de sujet et recevoir la greffe de meilleures espèces de Prunes ou de certains Abricotiers.

Var. 6. Prunier Damas de Maugeron. Prune Damas de Maugeron. Duham. Arb. Fr. 2. pag. 76. n°. 13. pl. 5.
Prunus domestica, fructu medio, subgloboso, violaceo, punctis fulvis consperso; carne duriusculâ, dulci, sapidâ, nucleo non adhærenti.

La Prune Damas de Maugeron est à peu près globuleuse; elle a environ dix-sept lignes de diamètre, sur seize lignes et demie de hauteur, et elle est comprimée à sa base et à son sommet. Le pédoncule a dix lignes de longueur; il est grêle et il s'implante au milieu d'un très-petit enfoncement. La gouttière, qui divise le fruit suivant sa longueur, n'est prononcée que par une ligne. La peau est d'un violet clair, bien fleurie et marquée de très-petits points fauves. La chair est d'un jaune verdâtre, un peu ferme, d'une saveur sucrée et agréable. Le noyau ne lui est pas adhérent; il a neuf lignes de longueur, sur un peu plus de sept de largeur. Cette Prune mûrit du quinze août à la fin du même mois; c'est dommage qu'elle soit sujette aux vers, car c'est un très-bon fruit.

Var. 7. Prunier Damas d'Italie. Damas d'Italie. Pl. 58. Fig. 7. Duham. Arb. Fr. 2. pag. 75. n. 12. pl. 4.
Prunus domestica, fructu medio subgloboso, violaceo; carne dulci, subsapidâ, ad nucleum non adhærenti.

Ce fruit a treize à quinze lignes de hauteur, sur un diamètre à peu près égal. Son pédoncule est long de huit lignes; il s'implante dans une cavité très-peu profonde, la Prune étant un peu aplatie en cette partie. Sa peau est violette, médiocrement fleurie, avec des points très-petits et d'une couleur plus claire que le fond. Sa chair est d'un vert jaunâtre, fondante, un peu sucrée, mais quelquefois un peu fade. Le noyau ne lui est pas adhérent; il a huit lignes de hauteur sur un peu plus de six de largeur. Cette Prune mûrit dans les quinze derniers jours d'août.

Var. 8. Prunier Damas noir. Damas noir tardif. Pl. 60. Fig. 4. Duham. Arb. Fr. 2. pag. 73. n. 9. pl. 20. fig. 4.

Prunus domestica, fructu parvo, subgloboso, atro-violaceo; carne duriusculâ, primùm subacidâ, demùm dulci, sapidâ, ad nucleum subadhœrenti.

Cette Prune a treize lignes de hauteur, sur douze lignes et demie de diamètre, et elle est souvent comprimée dans le même sens que son noyau, n'ayant tout au plus, dans cette direction, que onze lignes et demie. Le pédoncule, de cinq à six lignes de long, s'implante dans une cavité très-peu profonde. La peau est d'un violet foncé presque noir, très-fleurie, sans aucuns points distincts. La chair est un peu ferme, d'un vert jaunâtre, aigre quand elle n'est pas bien mûre, enfin douce et un peu parfumée lors de la parfaite maturité. Le noyau lui est quelquefois un peu adhérent; sa longueur n'est pas tout-à-fait de sept lignes, et sa largeur est de six; son côté opposé à l'arête est creusé d'un sillon profond. La maturité de ce fruit arrive vers la fin d'août.

Var. 9. PRUNIER Damas musqué. DAMAS musqué. PRUNE de Chypre. PRUNE de Malte. Pl. 60. Fig. 8. DUHAM. Arb. Fr. 2. pag. 74. n°. 10. pl. 20. fig. 3.

Prunus domestica, fructu parvo, subgloboso, basi apiceque compresso, saturatè violaceo; carne dulci et sapidâ, nucleo non adhœrenti.

Cette Prune est presque globuleuse, comprimée à sa base et à son sommet, haute de douze à treize lignes, large de quatorze. Son pédoncule a six lignes de longueur; la cavité dans laquelle il s'implante est à peine marquée; la rainure longitudinale est un peu plus prononcée. Sa peau est d'un violet foncé, parsemée de points très-petits d'une couleur plus claire, et d'ailleurs très-fleurie. Sa pulpe est verdâtre, fondante, très-abondante en eau, d'une saveur sucrée et un peu relevée. Le noyau a six lignes de longueur et autant de largeur; il n'est pas du tout adhérent, mais assez lisse, relevé seulement vers sa base, de deux à trois lignes saillantes, dont la moyenne se prolonge quelquefois assez avant sur l'une des faces convexes. Ce fruit mûrit vers le milieu d'août.

Var. 10. PRUNIER des Vacances. DAMAS de septembre, PRUNE de Vacance. Pl. 57. Fig. 3. DUHAM. Arb. Fr. 2. pag. 77. n°. 14. pl. 6.

Prunus domestica, fructu medio, subgloboso, saturatè violaceo; carne duriusculâ, subacidâ, parùm sapidâ, nucleo subadhœrenti.

Cette Prune est presque globuleuse; elle est un peu plus large que haute, ayant treize lignes et demie de hauteur, sur quatorze de largeur dans son grand diamètre. Son pédoncule n'a que trois à quatre lignes de longueur; il s'implante dans une cavité assez prononeée. Sa peau est d'un violet foncé, presque noire, très-fleurie, ce qui la fait paraître bleuâtre; elle est marquée, de la base au sommet du fruit, d'une rainure peu profonde. La chair est verdâtre, d'abord un peu ferme et aigrelette, enfin mollasse, douceâtre, assez fade, à moins qu'il n'ait fait de fortes chaleursl ors de sa maturité; dans ce dernier cas, elle est un peu plus agréable et plus parfumée. Le noyau se détache assez facilement de la pulpe; il a ses faces convexes, très-relevées, et sa hauteur est de neuf lignes et demie, sur six et demie de largeur. Ce fruit est en maturité dans le courant de septembre; l'arbre qui le porte en donne ordinairement beaucoup.

Var. 11. PRUNIER virginal rouge. PRUNE virginale rouge. Pl. 58. Fig. 5.

Prunus domestica, fructu vix medio, subovato, rubello, ad solem saturatiore; carne subacerbâ.

Cette Prune a quinze à seize lignes de hauteur, sur quatorze lignes de diamètre. Sa peau est rougeâtre et plus foncée du côté exposé au soleil. Sa chair est jaune, un peu acerbe. Ce fruit mûrit au commencement d'août.

Var. 12. Prunier de Saint-Martin. Prune de Saint-Martin. Pl. 60. Fig. 7.

Prunus domestica, fructu medio, subgloboso, ex rubro dilutè violaceo, serotino; carne duriusculá, subacerbá, ad nucleum non adhærenti.

Le nom qu'on a donné à cette Prune lui vient sans doute de ce qu'elle ne mûrit que fort tard, et qu'il est très-ordinaire de la trouver encore sur l'arbre à l'époque de la Saint-Martin. Elle commence cependant à mûrir dès la mi-octobre; mais son pédoncule adhérant fortement aux branches, elle tombe difficilement d'elle-même, si ce n'est lorsqu'elle est surprise par les gelées. Quand l'automne est doux, il n'est pas rare de voir les arbres de cette espèce encore chargés de fruit à la fin de novembre, lors même qu'ils ont perdu toutes leurs feuilles, et l'année dernière (en 1810), nous en avons vu un exemple. La Prune de Saint-Martin est d'un rouge tirant sur le violet-clair, bien fleurie; elle a treize à quatorze lignes de hauteur, sur un diamètre à peu près égal. Son pédoncule, qui a huit à neuf lignes de haut, s'implante dans une cavité peu profonde. La gouttière qui s'étend sur un côté, de la base au sommet du fruit, est peu prononcée. La chair est jaunâtre, assez ferme, peu fondante, d'une saveur légèrement acerbe. Le noyau n'est pas adhérent; il est relevé, sur ses faces convexes, de deux à trois côtes saillantes et presque tranchantes vers sa base; il a huit lignes et demie de long, sur six de large. Ce fruit n'a rien qui puisse flatter le goût, aussi n'est-il que fort peu répandu.

Var. 13. Prunier tardif de Châlons. Prune tardive de Châlons. Pl. 60. fig. 6.

Prunus domestica, fructu vix medio, subovato, basi attenuato, ex albido dilutè violaceo; carne molli, subdulci, parùm sapidá, nucleo adhærenti.

Cette Prune est presque ovale, souvent un peu rétrécie à sa base; elle a quatorze lignes de hauteur, sur treize de diamètre. Sa peau est d'abord d'un jaune blanchâtre, avec une légère teinte rougeâtre vers le pédoncule; ensuite, lors de l'extrême maturité, toute la peau devient d'un violet clair, et elle est bien fleurie. La chair est jaunâtre, fondante, très-aqueuse; avant d'être bien mûre, elle a une saveur un peu acerbe, mais elle a plus de goût en cet état, et est réellement meilleure que lors de sa parfaite maturité, où elle ne prend une saveur douce qu'en devenant extraordinairement fade. Le noyau est adhérent à la pulpe, assez rude, long de neuf lignes, large de six. Cette Prune est très-tardive; elle ne mûrit que dans les premiers jours d'octobre; nous ne l'avons vue qu'au Jardin des Plantes de Paris.

Var. 14. Prunier Suisse. Prune Suisse. Pl. 60. fig. 2. Duham. Arb. Fr. 2. pag. 82. n. 19. pl. 20. fig. 7. Prune de Monsieur tardive.

Prunus domestica, fructu medio, subgloboso, violaceo, apice compresso; carne molli, dulcissimá, sapidá, ad nucleum adhærenti.

Cette Prune est comprimée au sommet, plus large que haute, car elle n'a que quatorze lignes de hauteur, tandis qu'elle en a plus de seize de diamètre. Son pédoncule a six lignes et s'implante dans une cavité peu profonde. Sa peau est violette, bien fleurie, un peu coriace, mais s'enlevant assez facilement. Sa pulpe est verdâtre, fondante, pleine d'eau très-sucrée, d'une saveur relevée et fort agréable. Le noyau lui est adhérent, et chacune de ses faces convexes est chargée d'une espèce de côte saillante; il a neuf lignes de longueur sur sept de largeur dans son grand diamètre. La Prune Suisse commence à mûrir à la fin d'août ou au commencement de septembre, et on en peut jouir pendant tout ce dernier mois. C'est une des meilleures espèces qu'on puisse cultiver. Elle est bien supérieure à la Prune de Monsieur, à laquelle on la compare. L'arbre est fertile, quoique les fleurs soient ordinairement solitaires.

Var. 15. Prunier de Chypre. Prune de Chypre. Pl. 58. Fig. 1. Duham. Arb. Fr. 2. pag. 82.
n. 18.

*Prunus domestica, fructu majori, subgloboso, dilutè violaceo ; carne duriusculâ, acidulâ,
nucleo adhærenti.*

La Prune de Chypre est un très-beau fruit, de forme presque globuleuse, ayant
dix-neuf lignes de hauteur, sur dix-neuf lignes et demie de diamètre. Le sillon longitudinal qui, sur un côté, s'étend de la base au sommet du fruit, est très-peu prononcé.
Le pédoncule est gros, long de sept lignes, implanté dans un enfoncement assez
considérable. La peau est d'un beau violet, bien fleurie, coriace, aigre, et elle se sépare
très-difficilement de la chair. Celle-ci est ferme, verdâtre; elle a une saveur sucrée,
assez agréable lors de sa parfaite maturité, car auparavant elle est ordinairement
acide et de mauvais goût. Le noyau est adhérent à la pulpe, très-raboteux, relevé en
l'un de ses bords, d'arêtes très-saillantes. Ce fruit mûrit à la fin de juillet.

Var. 16. Prunier de Jérusalem. Prune de Jérusalem. Pl. 58. Fig. 2.

*Prunus domestica, fructu subgloboso, majori, atro-violaceo, apice depresso ; carne sub-
amarâ, parùm sapidâ, nucleo subadhærenti.*

La Prune de Jérusalem est presque globuleuse, haute de vingt à vingt-une lignes,
large de dix-neuf; elle est portée sur un pédoncule long de six lignes, dont les deux
tiers sont enfoncés dans une cavité profonde formée à la base du fruit, et se prolon-
geant par une simple ligne jusqu'à son sommet, mais sans former de gouttière prononcée : ce sommet est sensiblement comprimé. La peau est d'un violet foncé,
presque noire, légèrement fleurie. La chair est jaunâtre, un peu amère, presque fade,
d'une saveur peu agréable ou au moins très-médiocre, et qui est loin de répondre à la
belle apparence du fruit. Le noyau est légèrement adhérent, rude en sa surface, long
d'un pouce, large de près de huit lignes, très-comprimé, n'ayant que cinq lignes
d'épaisseur. Cette Prune mûrit à la fin de juillet ou au commencement d'août; elle
n'est pas très-répandue, et elle ne nous paraît pas mériter de l'être davantage. C'est
un beau, plutôt qu'un bon fruit.

Var. 17. Prunier de Monsieur. Prune de Monsieur. Pl. 57. Fig. 8. Duham. Arb. Fr. 2. pag. 78.
n. 15. pl. 7.

*Prunus domestica, fructu majori, subgloboso, violaceo ; carne subdulci et subsapidâ,
nucleo non adhærenti.*

La Prune de Monsieur n'est pas parfaitement globuleuse; elle a seize lignes de
hauteur sur dix-huit de diamètre. Son pédoncule est bien nourri, long de sept lignes,
implanté dans un enfoncement assez profond, dans lequel commence une gouttière
bien marquée, qui divise le fruit en deux et se termine à son sommet. La peau est
violette, médiocrement fleurie. La chair est jaunâtre, fondante, un peu relevée si
l'arbre est planté dans un terrain élevé, sec et chaud; assez fade lorsqu'il est dans un
fond ou dans une terre humide. Le noyau est un peu raboteux, non adhérent à la
chair; il a sept lignes de hauteur sur sept de largeur. Cette Prune mûrit à la fin de
juillet. L'arbre est fort et vigoureux; il donne ordinairement beaucoup de fruit, et il
est généralement très-répandu dans les jardins et les vergers.

Tournefort donne le nom de Prune de Monsieur à une espèce dont la peau est
jaune, et qui par conséquent diffère beaucoup de celle dont il est ici question. Nous
ignorons à quelle Prune connue aujourd'hui il faut rapporter la phrase de Tournefort:
Prunus fructu ovato, maximo, flavo. Inst. 622; à moins que ce ne soit à la Dame-
Aubert.

Var. 18. Prunier de Monsieur hâtif. Prune de Monsieur hâtive. Monsieur hâtif. Duham. Arb. Fr. 2. pag. 80. n. 16. pl. 20. fig. 1.

Prunus domestica , fructu majori, subgloboso,. hinc violaceo, indè rubello ; carne duriusculâ, sapidâ, ad nucleum non adhærenti.

Cette Prune est presque globuleuse; elle a dix-sept lignes de hauteur, autant de largeur dans son grand diamètre, une ligne de moins dans son petit, et le sillon, qui s'étend de la base au sommet du fruit, est peu profond. Son pédoncule n'a que quatre à cinq lignes; il s'implante dans un enfoncement étroit, mais assez profond. La peau est d'un beau violet du côté du soleil, plus pâle et comme rougeâtre du côté de l'ombre. La chair est d'un vert jaunâtre, un peu ferme, médiocrement fondante, d'une saveur assez agréable. Le noyau se sépare facilement de la pulpe; il a neuf lignes de long sur six de large. Ce fruit ressemble beaucoup au précédent ; il a l'avantage d'être mûr quinze jours plutôt.

Var. 19. Prunier royal de Tours. Royale de Tours. Pl. 60. Fig. 11. Duham. Arb. Fr. 2. pag. 81. n. 17. pl. 20. fig. 8.

Prunus domestica, fructu majori, subgloboso, apice compresso, hinc violaceo, indè rubello, punctis flavis notato; carne dulci, sapidâ, nucleo adhærenti.

La Prune royale de Tours est à peu près de la même couleur, de la même forme et de la même grosseur que le Monsieur hâtif; le diamètre de ce fruit est égal à sa hauteur; dix-huit lignes sont la mesure de l'un et de l'autre. La gouttière longitudinale est bien prononcée, quoique peu profonde, et la tête du fruit est un peu comprimée ou même enfoncée. La peau est très-fleurie, d'un violet un peu clair du côté du soleil, et tiquetée de points d'un jaune vif, plutôt rougeâtre du côté de l'ombre, que violette. La chair est d'un jaune verdâtre, sucrée, relevée, plus fondante et meilleure que celle du Monsieur, adhérente au noyau. Celui-ci est très-comprimé, raboteux, long de dix lignes et demie, large de huit. Le tems de la maturité de la Royale de Tours est la fin de juillet. L'arbre est très-vigoureux; il rapporte ordinairement beaucoup de fruit.

Var. 20. Prunier d'Agen. Prune d'Agen. Calvel, Traité des Pép. 2. pag. 182.

Prunus domestica, fructu majori, ovato, atro-violaceo ; nucleo compresso.

Cette Prune est grosse, ovale. Sa peau est d'un violet tirant sur le noir. Son noyau est très-comprimé, assez uni. On confond ce fruit avec la Royale de Tours ; mais on peut facilement l'en distinguer par sa couleur plus foncée, et par son noyau plus aplati ; il mûrit vers la mi-juillet. C'est une des meilleures espèces qu'on emploie à Agen, pour faire des pruneaux.

Var. 21. Prunier d'Ast. Prune d'Ast. Calv. Pép. 2. pag. 186.

Prunus domestica, fructu majori, ovato-oblongo, atro-violaceo.

« Cette Prune, dit M. Calvel, très-peu connue dans les départemens septentrionaux, est cultivée et très-recherchée vers le midi de la France, pour faire des pruneaux; on la préfère à la Prune d'Agen, avec laquelle elle a beaucoup de ressemblance; mais elle est plus grosse et moins bonne crue. Elle mûrit à la mi-août. Elle a une sous-variété qui la constamment la semence double. »

Var. 22. Prunier de Reine-Claude violette. Prune de Reine-Claude violette. Pl. 59. Fig. 2.

Prunus domestica, fructu majori, subgloboso, violaceo; carne dulcissimâ, sapidissimâ, nucleo subadhærenti.

La Prune de Reine-Claude violette est presque globuleuse; elle a dix-sept à dix-huit lignes de hauteur, sur la même largeur dans son grand diamètre; le petit à une ligne de moins. Son pédoncule a dix lignes de long ; il s'implante dans une cavité très-peu profonde. La gouttière, qui s'étend de la base au sommet du fruit, est bien prononcée, mais elle n'a pas beaucoup de profondeur. La peau est violette, bien fleurie, avec quelques points plus clairs ; elle est un peu coriace, adhérente assez fortement à la chair. La pulpe est verdâtre, fondante, très-aqueuse, d'une saveur sucrée, relevée et très-agréable, quoiqu'un peu inférieure cependant à la vraie Reine-Claude. Le noyau est assez lisse, long de dix lignes, large de sept : le côté opposé à l'arête est creusé d'un sillon assez profond. Ce fruit mûrit à la fin d'août ou au commencement de septembre ; il n'est pas encore très-répandu, mais nous l'indiquons comme excellent, et comme une des meilleures espèces qu'on puisse cultiver. L'arbre est fort et vigoureux.

Var. 23. PRUNIER abricoté hâtif. PRUNE abricotée hâtive.
Prunus domestica, fructu majori, subgloboso, hinc sulcato, pallidè rubente, punctis notato; carne duriusculâ, subacerbâ, parùm sapidâ, ad nucleum adhærentissimâ.

Cette Prune est un très-beau fruit; mais sa qualité ne répond pas à son apparence. Elle a vingt-une à vingt-deux lignes de hauteur, sur autant de diamètre ; une de ses faces, de la base au sommet du fruit, est creusée d'une gouttière peu profonde, mais assez large. Son pédoncule a six lignes de long, et il s'implante dans une cavité bien marquée. Sa peau, du côté de l'ombre, est d'un rouge très-clair, presque verdâtre ; d'un rouge un peu plus foncé du côté du soleil, et marquée partout de petits points peu différens, pour la couleur, du fond du reste de la peau, mais cependant très-sensibles. La chair est d'un vert pâle ou jaunâtre, un peu ferme, médiocrement aqueuse, peu relevée, légèrement acerbe, très-adhérente au noyau. Celui-ci est ovale, très-comprimé, long de dix à onze lignes, large de près de huit. Cette Prune mûrit dans le courant de juillet. L'arbre rapporte rarement beaucoup de fruit.

Var. 24. PRUNIER abricoté rouge. PRUNE abricotée rouge. Pl. 57. fig. 11.
Prunus domestica, fructu majori, subgloboso, ex rubro-violaceo; carne subdulci, parùm sapidâ, nucleo non adhærenti.

Cette Prune a dix-huit à dix-neuf lignes de hauteur, sur dix-sept à dix-huit de diamètre. Sa peau est d'un rouge tirant sur le violet, peu foncée, assez fleurie. Le pédoncule a six lignes de longueur; il s'implante dans une cavité peu profonde, et le sillon longitudinal n'est pas beaucoup prononcé. La chair est jaunâtre, mais fort éloignée de la couleur de l'Abricot ; sa saveur ne ressemble pas davantage à ce fruit, car elle est fade plutôt que douce, et sans aucun parfum bien prononcé. Le noyau n'est pas adhérent ; il a dix lignes de long, sur sept de large, et est relevé sur ses faces convexes par une ligne ou côte saillante. Le tems de la maturité de ce fruit arrive vers le milieu du mois d'août.

Var. 25. PRUNIER Damas d'Espagne. DAMAS d'Espagne. Pl. 58. Fig. 4.
Prunus domestica, fructu parvo, subgloboso, violaceo; carne subdulci, parùm sapidâ, nucleo non adhærenti.

La forme de cette Prune est, à peu de chose près, globuleuse ; sa hauteur étant de treize lignes et demie, et son diamètre de treize. Son pédoncule est très-court; il s'implante dans une cavité peu profonde, et la gouttière longitudinale n'est pas très-marquée. La peau, d'un violet foncé, très-fleurie, recouvre une chair jaunâtre, peu relevée, douceâtre et fade. Le noyau se détache entièrement de la pulpe; il a huit lignes et demie de hauteur, et six lignes et demie de largeur. Cette Prune mûrit vers la fin d'août.

Var. 26. PRUNIER Gros Damas de Tours. GROS DAMAS de Tours. DUHAM. Arb. Fr. 2. pag. 69. n. 4.

Prunus domestica , fructu vix medio, subovato, saturatè violaceo ; carne duriusculà, dulci, sapidà, nucleo adhærenti.

Le gros Damas de Tours est un peu plus long que large, ayant quatorze lignes de hauteur, sur treize de diamètre. La rainure longitudinale n'est remarquable que par une ligne qui ne forme pas d'enfoncement. La chair est blanchâtre, ferme, sucrée, assez relevée, et d'une saveur très-agréable ; c'est dommage que la peau, qui est coriace et qui a de l'aigreur, lui communique un mauvais goût. Cette peau est d'un violet foncé, bien fleurie. Le noyau est raboteux et adhérent à la pulpe. Cette Prune est en maturité vers la fin du mois de juillet. On en cultive beaucoup aux environs de Tours, et on en fait de bons pruneaux.

Var. 27. PRUNIER Damas de Provence. DAMAS de Provence hâtif.

Prunus domestica, fructu vix medio, ovato, violaceo; carne duriusculà, subdulci, parùm sapidà.

Cette Prune est ovale, de grosseur médiocre, ayant seize lignes de hauteur, sur quatorze de diamètre. Son pédoncule est bien nourri, long de six lignes. Sa peau est violette, médiocrement fleurie. Sa chair est verdâtre, assez ferme, un peu accrbe avant la parfaite maturité, ensuite assez sucrée, mais d'une saveur peu relevée. Le noyau a beaucoup d'adhérence avec la chair. Ce fruit mûrit de très-bonne heure ; on peut, quand l'année est hâtive, en manger dès la fin de juin : c'est là son plus grand mérite.

Var. 28. PRUNIER noir de Montreuil. PRUNE noire de Montreuil. Grosse-Noire hâtive. Pl. 57. Fig. 7. DUHAM. Arb. Fr. 2. pag. 68. n. 3.

Prunus domestica, fructu medio, subovato, saturatè violaceo; carne duriusculà, subsapidà; nucleo subadhærenti.

Cette Prune a beaucoup de rapports avec le gros Damas de Tours; elle a seize lignes de hauteur, sur quatorze de diamètre. Sa peau est d'un violet foncé, bien fleurie, coriace et très-acide. Sa chair est ferme, d'abord tirant sur le blanc, puis jaunâtre lors de la parfaite maturité, d'un goût assez agréable, surtout si on a soin de la séparer de la peau qui, autrement, lui communiquerait sa saveur acide. Le noyau est très-peu adhérent à la pulpe; il a huit lignes de long, cinq et demie de large, et trois et demie d'épaisseur. Le principal mérite de ce fruit est d'être hâtif; sa maturité arrive vers le milieu de juillet ; sa fleur craint les froids tardifs.

DUHAMEL dit qu'on donne aussi le nom de Grosse-Noire hâtive à une Prune ronde, plus grosse que celle dont il vient d'être question, de même couleur, presque aussi hâtive, mais d'un goût fade, et d'une chair grossière.

Var. 29. PRUNIER précoce de Tours. PRUNE précoce de Tours. Pl. 57. Fig. 10. DUHAM. Arb. Fr. 2. pag. 67. n. 2.

Prunus domestica , fructu parvo, ovato, saturatè violaceo ; carne dulci, sapidà, nucleo non adhærenti.

La Prune précoce de Tours, nommée encore Prune de la Madeleine, est parfaitement ovale, bien arrondie en sa circonférence ; elle a treize à quatorze lignes de hauteur, sur onze à douze de diamètre. Le sillon, qui s'étend de la base au sommet du fruit, et qui correspond à l'arête du noyau, n'est presque point marqué. Son pédoncule est menu, long de six lignes, implanté dans un très-petit enfoncement. La peau est d'un violet très-foncé, bien fleurie, assez coriace, légèrement amère, fort adhérente à la chair. Celle-ci est d'un vert pâle, tirant sur le jaune, médiocrement fondante, un peu sucrée, d'une saveur assez agréable, et même un peu parfumée lorsque l'arbre est planté dans un terrain sec et chaud. Le noyau est long de sept lignes et demie, large de quatre et demie. Ce fruit mûrit dans les premiers jours de juillet : c'est une des meilleures Prunes précoces.

Var. 30. Prunier de Damas violet. Damas violet. Pl. 57. Fig. 9. Duham. Arb. Fr. 2. pag. 70. n. 5. pl. 2.

Prunus domestica, fructu parvo, subovato, violaceo; carne molli, dulci, sapidá, ad nucleum non adhærenti.

La Prune de Damas violet a treize à quatorze lignes de hauteur, sur onze à douze de largeur dans son grand diamètre. Son pédoncule a cinq lignes de long; il s'implante dans une cavité peu profonde, et le sillon, qui s'étend de la base au sommet du fruit, n'est sensible que par une simple ligne. La peau est violette, bien fleurie. La chair est jaunâtre, fondante, abondante en eau douce, sucrée et un peu musquée. Le noyau ne lui est pas adhérent ou à peine; il est très-bombé sur ses deux faces convexes, et a sept lignes de long, sur cinq de large. Cette Prune mûrit à la fin de juillet, ou au commencement d'août; c'est une des meilleures parmi les petites espèces. L'arbre est bien vigoureux, mais il donne rarement beaucoup de fruit.

Var. 31. Prunier de Damas rouge. Damas rouge. Duham. Arb. Fr. 2. pag. 72. n. 8.

Prunus domestica, fructu medio, ovato, hinc saturatè, indè pallidè rubro; carne dulci, nucleo non adhærenti.

Cette Prune est d'une forme ovale assez régulière, ayant seize lignes de hauteur, sur quatorze de diamètre. La gouttière, qui s'étend de la base au sommet du fruit, a très-peu de profondeur. Le pédoncule est long de six lignes, implanté presque à fleur du fruit. La peau est d'un rouge foncé du côté exposé aux rayons du soleil, d'un rouge plus pâle du côté de l'ombre, bien fleurie partout. La chair est jaunâtre, fondante, très-sucrée, se séparant facilement du noyau. Celui-ci a sept lignes de longueur, et cinq de largeur dans son grand diamètre. Ce fruit mûrit à la mi-août; il a l'inconvénient d'être sujet à être verreux. L'arbre est beaucoup plus fertile dans le midi que dans le nord de la France.

Var. 32. Prunier de Petit Damas rouge. Petit Damas rouge. Pl. 58. Fig. 8.

Prunus domestica, fructu subgloboso, parvo, ex rubello violaceo; carne molli, dulci, sapidá, nucleo non adhærenti.

La Prune de Petit Damas rouge est à peu près globuleuse, ayant onze à douze lignes de hauteur, sur autant de diamètre. Le pédoncule est implanté à fleur de peau; il a quatre lignes de long. La peau est rouge du côté de l'ombre, tirant sur le violet du côté exposé au soleil, et la rainure longitudinale n'est sensible que par une simple ligne. La chair est fondante, douce, sucrée, assez relevée, et d'une couleur jaunâtre. Le noyau s'en sépare facilement; il a cinq lignes de long, sur un peu plus de cinq de large; une de ses faces est relevée dans le milieu par une côte saillante, presque tranchante. Ce fruit mûrit dans le courant de septembre.

Var. 33. Prunier de Gros-Damas rouge tardif. Gros Damas rouge tardif. Pl. 60. Fig. 1.

Prunus domestica, fructu majori, subgloboso, rubello; carne dulci, sapidá, nucleo non adhærenti.

La hauteur et le diamètre de cette Prune sont égaux; leur étendue est souvent de dix-huit lignes. Son pédoncule a six lignes de long; il s'implante presque à fleur de peau. Celle-ci est d'un violet clair, tirant sur le rouge, médiocrement fleurie. La chair est jaune, fondante, très-abondante en eau un peu sucrée, assez relevée, et d'une saveur fort agréable. Le noyau est très-comprimé, assez uni; sa longueur est de neuf lignes, sa largeur de six et demie, et son épaisseur de trois lignes seulement. L'arête d'un de ses côtés est très-saillante et un peu tranchante.

Ce fruit ne mûrit guère avant le quinze septembre. C'est une des bonnes Prunes que nous connaissions; elle a le mérite d'être en même tems fort belle, et de flatter l'œil autant que le goût. L'arbre est vigoureux et rapporte beaucoup; il mériterait d'être plus répandu, et il remplacerait avantageusement plusieurs autres espèces médiocres qu'on cultive partout.

Var. 34. PRUNIER royal. PRUNE royale. Pl. 60. Fig. 9. DUHAM. Arb. Fr. 2. pag. 88. n. 24. pl. 10. *Prunus domestica, fructu medio, subovato, violaceo, punctis fulvis asperso ; carne duriusculá, dulci, sapidá, nucleo subadhærenti.*

Cette Prune a seize à dix-sept lignes de hauteur, sur quinze de largeur dans son grand diamètre. Le pédoncule, long de huit à dix lignes, s'implante dans une cavité très-peu profonde, et le sillon, qui s'étend de la base au sommet du fruit, ne forme qu'une simple ligne. La peau est violette, bien fleurie, marquée de points plus clairs, approchant de la couleur fauve. La chair est verdâtre, tirant sur le jaune, un peu ferme, légèrement aqueuse, d'une saveur sucrée et agréable. Le noyau est un peu adhérent à la pulpe; il a huit lignes de long sur près de six de large. Ce fruit peut être mis au nombre des bonnes espèces; il mûrit à la fin d'août.

Var. 35. PRUNIER Perdrigon Normand. PERDRIGON Normand. Pl. 58. Fig. 3. DUHAM. Arb. Fr. 2. pag. 87. n. 23. *Prunus domestica, fructu medio, subgloboso, basi attenuato, violaceo, punctis fulvis asperso ; carne dulci, sapidá, nucleo adhærenti.*

Le Perdrigon Normand est une des meilleures espèces de Prunes, et parmi celles qui sont colorées, on ne peut lui comparer que la Reine-Claude violette. Ce fruit est presque globuleux, un peu aminci cependant vers sa base; il a dix-huit lignes de hauteur et plus, sur autant de largeur dans son grand diamètre, tandis qu'il n'en a que dix-sept dans son petit, étant un peu comprimé dans le sens de la gouttière longitudinale, qui est d'ailleurs peu profonde. Son pédoncule a neuf lignes de long, et la cavité dans laquelle il s'implante est à peine sensible. La peau est d'un violet clair, assez bien fleurie, marquée de points fauves. La chair est jaunâtre, fondante, abondante en eau, d'une saveur douce, sucrée et fort agréable. Le noyau, très-adhérent à la pulpe, a dix lignes de longueur, sur un peu plus de sept de largeur; il est assez lisse en ses surfaces; l'un de ses côtés est creusé d'un sillon profond, tandis que le côté opposé est chargé d'une arête très-saillante et un peu tranchante.

Le Prunier Perdrigon Normand est peu cultivé dans les environs de Paris; il mériterait de l'être davantage à cause de la bonté de son fruit qui mûrit à la fin d'août.

Var. 36. PRUNIER Perdrigon violet. PERDRIGON violet. Pl. 60. Fig. 10. DUHAM. Arb. Fr. 2. pag. 85. n. 21. pl. 9. *Prunus dommestica, fructu subgloboso, medio, violaceo, punctis fulvis asperso ; carne subdulci, sapidá, nucleo adhærenti.*

La Prune Perdrigon violet est portée sur un pédoncule de huit à neuf lignes, qui s'implante dans une cavité très-peu profonde. Sa forme n'est pas parfaitement globuleuse, car elle est un peu resserrée vers sa base; elle a dix-sept à dix-huit lignes de hauteur, sur une ligne de moins dans son diamètre. La peau est violette, marquée de points fauves, très-fleurie, ayant le défaut d'être très-coriace, ce qui fait qu'on ne peut la manger avec le fruit, comme on fait celle de la plupart des autres Prunes. La chair est verdâtre, peu fondante, assez sucrée et relevée. Le noyau est adhérent à la pulpe, très-aplati, petit, comparativement au volume du fruit, n'ayant guère plus de neuf lignes de long sur six à sept de large. Cette Prune peut être mise au nombre des bonnes espèces; elle mûrit vers le milieu d'août.

Var. 37. Prunier Perdrigon rouge. Perdrigon rouge. Duham. Arbr. Fr. 2. pag. 86. n. 22. pl. 20. fig. 6.
Prunus domestica, fructu medio, subovato, rubro, punctis fulvis notato; carne duriusculâ, dulci, sapidâ, nucleo non adhærenti.

Ce fruit est presque ovoïde, bien arrondi en sa circonférence, sans avoir de sillon marqué; il a quinze à seize lignes de hauteur, sur quatorze à quinze de diamètre, et il est porté sur un pédoncule de huit à neuf lignes de longueur, qui s'implante dans un très-petit enfoncement. Sa peau est d'un beau rouge, tirant un peu sur le violet, très-fleurie et marquée de très-petits points fauves. Sa chair, d'un jaune clair du côté qui a été exposé au soleil, verdâtre du côté resté à l'ombre, est un peu ferme, bien sucrée, relevée, et elle se sépare facilement du noyau. Celui-ci est long de neuf lignes, large de cinq et demie, épais de trois et demie; il a son côté opposé à l'arête creusé d'un sillon très-ouvert et très-profond. Cette Prune est un très-bon fruit; elle ne mûrit qu'en septembre. L'arbre est plus fertile, et ses fleurs sont moins sujettes à couler que celles des deux espèces précédentes.

Var. 38. Prunier Perdrigon hâtif. Prune Perdrigon hâtive. Pl. 57. Fig. 6.
Prunus domestica, fructu vix medio, ovato, violaceo; carne primùm acerbâ, demùm insipidâ.

Cette Prune, portée sur un pédoncule de huit lignes de longueur, est d'une forme parfaitement ovoïde; elle a quinze lignes de hauteur, sur onze de diamètre. Sa peau est violette, très-fleurie, ce qui la fait paraître un peu grise. La chair est verdâtre, fondante, aqueuse, acerbe avant la parfaite maturité, ensuite peu relevée et même très-fade. Le noyau a neuf lignes et demie de longueur sur six de largeur. Ce fruit mûrit vers la mi-juillet; mais comme il adhère fortement à son pédoncule, et que celui-ci est fermement attaché aux rameaux, les Prunes se dessèchent souvent à moitié sur l'arbre; en cet état, loin de devenir meilleures, elles contractent au contraire un goût assez désagréable.

Var. 39. Prunier de Virginie. Duham. Arb. Fr. 2. pag. 111. n. 45. Prune de Virginie.
Prunus domestica, fructu majori, subovato, rubello, carne acidâ, nucleo non adhærenti.

La Prune de Virginie est assez grosse, ovale, portée par un pédoncule un peu long, implanté à fleur du fruit. Sa peau est rouge presque comme une Cerise. Sa chair est blanchâtre, assez ferme, acide et peu agréable, même dans sa parfaite maturité, qui a lieu vers la mi-août. Le noyau n'est pas adhérent à la chair.

Ce Prunier passe pour avoir été apporté de la Virginie en Europe; il est fort touffu, médiocrement grand, et donne peu de fruit. Ses fleurs sont blanches, petites, si nombreuses et si rapprochées, que l'arbre paraît tout blanc dans le moment de sa fleuraison. Il est plus propre, pour cette raison, à orner les jardins d'agrément et les bosquets, qu'à être placé pour son fruit dans les vergers.

Var. 40. Prunier Diapré rouge. Diaprée rouge. Roche-Corbon. Duham. Arb. Fr. 2. pag. 102. n. 37. pl. 20. fig. 12.

Prunus domestica, fructu majori, ovato, rubello; carne molli, parùm sapidâ, nucleo subadhærenti.

La Diaprée rouge est une des plus belles Prunes que nous connaissions; mais sa qualité ne répond pas à sa belle apparence. C'est un fruit ovale, ordinairement renflé au sommet et aminci à la base, ce qui lui donne à peu près la forme d'une poire. Duhamel, à ce qu'il paraît, n'avait pas observé cette Prune dans toute la grosseur qu'elle peut atteindre, puisqu'il ne lui donne que dix-huit lignes de haut. Nous n'en avons vu aucune si petite, et les plus grosses que nous avons mesurées avaient deux pouces de hauteur, vingt-une lignes de largeur dans leur grand diamètre, et dix-neuf dans leur petit. Le pédoncule est long de dix à treize lignes. La peau est à peu près d'un rouge de Cerise, médiocrement fleurie, et tiquetée de points d'un rouge plus foncé. La chair est d'un vert très-pâle ou blanchâtre, légèrement adhérente au noyau, d'abord un peu dure, ayant une saveur peu agréable et comme herbacée, devenant, dans la parfaite maturité, molasse, douceâtre et fade. Le noyau a onze lignes et jusqu'à un pouce de long, sur sept lignes de large. Cette Prune mûrit à la fin d'août ou au commencement de septembre. On en fait des Pruneaux qui sont beaucoup meilleurs que le fruit cru.

Var. 41. Prunier Diapré violet. Prune Diaprée violette. Pl. 57. Fig. 2. Duham. Arb. Fr. 2. pag. 101. n. 36. pl. 17.

Prunus domestica, fructu medio, ovato, hinc et indè compresso, saturatè violaceo, punctis minimis asperso; carne dulci, sapidâ, nucleo non adhærenti.

Cette Prune est parfaitement ovale, ayant dix-sept lignes de hauteur, sur onze et demie de largeur dans son grand diamètre, et sur dix seulement dans son petit. Le pédoncule a tout au plus six lignes de long; il s'implante dans une cavité à peine remarquable, et le sillon longitudinal, qui correspond à l'arête du noyau, n'est sensible que par une ligne de couleur plus foncée, mais sans profondeur. La peau est d'un violet foncé, bien fleurie, marquée de très-petits points plus clairs. La chair est d'un vert jaunâtre, un peu ferme, peu abondante en eau, mais d'une saveur sucrée et agréable. Le noyau n'est pas adhérent à la pulpe; il est très-comprimé, terminé par une pointe fort aiguë; il a dix lignes et demie de longueur, sur cinq et demie de largeur. Cette Prune mûrit dans les premiers jours du mois d'août; on doit la compter au nombre des bonnes espèces pour manger crue; elle fait d'excellens Pruneaux. L'arbre se couvre tous les ans d'une très-grande quantité de fleurs, et il rapporte presque toujours beaucoup de fruit.

Var. 42. Prunier Impérial violet. Prune Impériale violette. Duham. Arb. Fr. 2. pag. 92. n. 32. pl. 15.

Prunus domestica, fructu majori, ovato, dilutè violaceo; carne duriusculâ, dulci, sapidâ, nucleo non adhærenti.

L'Impériale violette est une belle Prune d'une forme ovale; ayant de dix-neuf à vingt lignes de hauteur, sur quinze à seize lignes de diamètre; elle est divisée, selon sa longueur et d'un côté, par un sillon très-marqué, qui s'étend de la base au sommet du fruit. Son pédoncule est menu, long de neuf à dix lignes, implanté dans un petit enfoncement assez profond. La peau est d'un violet clair, très-fleurie, un peu coriace, ne se séparant que difficilement de la chair. Celle-ci est d'un vert blanchâtre, ferme, sucrée, d'un goût relevé, et elle n'a pas d'adhérence avec le noyau, qui est long de dix lignes, large de six. Ce fruit mûrit à la fin d'août; il est sujet à être verreux.

L'Impériale violette à feuilles panachées n'est qu'une sous-variété de la précédente. On la distingue à ses feuilles panachées de blanc et de vert. Ses fruits sont ordinairement difformes et à demi avortés; c'est ce qui a fait dire à DUHAMEL que l'arbre convenait mieux dans les jardins d'ornement que dans les vergers; mais le nombre considérable d'arbres et d'arbrisseaux étrangers qu'on a acclimatés depuis quarante ans, nous dispense aujourd'hui d'avoir recours à ces arbres dégénérés, pour mettre de la diversité dans nos jardins et nos bosquets.

Var. 43. PRUNIER Jacinthe. PRUNE Jacinthe. DUHAM. Arb. Fr. 2. pag. 100. n. 34. pl. 16.
Prunus domestica, fructu majori, ovato, dilutè violaceo; carne duriusculá, sapidá, sub-acidá, nucleo subadhærenti.

Cette Prune est ovale, haute de vingt lignes, large de dix-sept, un peu renflée vers sa base, divisée longitudinalement, et sur le côté qui répond à l'arête du noyau, par un sillon peu marqué, qui se termine au sommet du fruit par un petit enfoncement. Le pédoncule est court, implanté dans une cavité étroite, mais assez profonde. La peau est d'un violet clair, fleurie, et elle se sépare difficilement de la chair. Celle-ci est jaune, médiocrement ferme, d'un goût relevé et sucré, mais un peu acide. Le noyau n'a que quelques légères adhérences avec la pulpe; il a neuf lignes et demie de hauteur, sur six de largeur et quatre d'épaisseur. Ce fruit mûrit à la fin d'août; il a beaucoup de ressemblance avec l'Impériale violette.

Var. 44. PRUNIER d'Impératrice violet. PRUNE Impératrice violette. Pl. 58. Fig. 10. DUHAM. Arb. Fr. 2. pag. 105. n. 39. pl. 18.
Prunus domestica, fructu majori, ovato, violaceo-cærulescente; carne duriusculá, parùm sapidá, nucleo non adhærenti.

La Prune Impératrice violette est belle en apparence, mais elle est des plus médiocres quant au goût. Elle a vingt lignes de hauteur, sur quinze de largeur dans son grand diamètre. Son pédoncule, de six à sept lignes de long, s'implante dans un très-petit enfoncement, et le sillon longitudinal, qui s'étend de la base au sommet du fruit, est très-peu prononcé. La peau est d'une couleur violette très-foncée, souvent si fleurie que cela la fait paraître bleue. La chair est verdâtre, tirant sur le jaune, très-ferme, même coriace, d'une saveur assez fade. Le noyau est rude, sans adhérence avec la pulpe; il a un pouce de haut, sur six lignes et demie de large. Ce fruit ne mûrit qu'à la fin de septembre, et il se conserve sur l'arbre jusqu'aux gelées. DUHAMEL paraît l'estimer assez et le mettre au nombre des bonnes Prunes; nous ne saurions être de son avis.

Var. 45. PRUNIER Allemand. PRUNE Allemande.
Prunus domestica, fructu medio, ovato, violaceo; carne duriusculá, subdulci, nucleo subadhærenti.

Cette Prune est ovale, un peu renflée d'un côté, longue de quinze à seize lignes, large d'un pouce dans son grand diamètre. Son pédoncule s'implante presque à fleur de peau, et le sillon, qui répond à l'arête du noyau, n'est qu'une ligne peu profonde. La peau est violette; elle recouvre une pulpe jaunâtre, un peu ferme, assez douce et médiocrement relevée. Le noyau, à peine adhérent à cette pulpe, est long de dix lignes et large de cinq; il est très-comprimé, n'ayant pas plus de deux lignes et demie d'épaisseur.

Var. 46. Prunier Zwetschen. Prune Zwestchen. Pl. 58. fig. 6.

Prunus domestica, fructu majori, oblongo, hinc gibbo et sulcato, violaceo-cœrulescente; carne duriusculá, parùm sapidá.

La Prune Zwestchen, comme l'écrivent les Allemands, ou *Quetschen*, ainsi que les Français l'écrivent, et même *Couetche*, comme on le prononce ordinairement, a une forme singulière; elle est oblongue, un peu aplatie sur deux faces, ayant ses deux autres côtés inégaux, l'un presque droit et l'autre renflé. Le côté renflé est celui qui correspond à l'arête du noyau, et se trouve en même tems marqué d'un sillon longitudinal dont les lèvres sont inégales, un des bords étant plus élevé que l'autre. La longueur totale du fruit est de deux pouces, et la largeur de quinze à seize lignes dans le sens du plus grand diamètre. Le pédoncule a sept à huit lignes de long; il s'implante presque à fleur de peau. Celle-ci est violette, couverte d'une fleur très-abondante qui lui donne une teinte de bleu. La chair est verdâtre, ferme, douceâtre, peu relevée. Le noyau est très-aplati; il a quinze lignes de long, sept de large, et tout au plus trois et demie d'épaisseur. Cette Prune mûrit à la fin d'août et au commencement de septembre; elle est peu répandue en France, surtout aux environs de Paris; elle l'est au contraire beaucoup en Allemagne, où, dans certains cantons, elle est presque uniquement cultivée, exclusivement à toute autre variété. On en fait de très-bons Pruneaux en Lorraine et en Suisse.

Var. 47. Prunier-Pêche. Prune-Pêche. Calvel. Pép. 2. pag. 185.

Prunus domestica, fructu maximo, subovato, violaceo; carne nucleo adhœrenti.

Ce fruit est très-gros, ovale, d'un beau violet, peu fleuri. Sa chair est adhérente au noyau. Il mûrit vers le milieu d'août.

Var. 48. Prunier de Tillemond. Prune Belle Tillemond.

Prunus domestica, fructu maximo, ovato, violaceo; carne duriusculá, acerbá et acidá.

Cette Prune est très-grosse, ovale, ayant vingt-six lignes de hauteur, sur vingt lignes de diamètre. Son pédoncule est assez gros, long de huit lignes ou à peu près, implanté dans une cavité peu profonde. Sa peau est d'un violet foncé du côté exposé au soleil, et d'un violet clair du côté opposé. Sa chair est verdâtre, peu fondante, d'une saveur peu agréable, acerbe, et aigre même dans son état de parfaite maturité. Cette Prune flatte plutôt la vue que le goût, et l'on ne peut guère la manger crue: elle est meilleure en compote. C'est un fruit tardif, qui ne mûrit qu'en septembre dans les départemens méridionaux; il est toujours attaché aux grosses branches. L'arbre est élancé, paraît s'élever beaucoup, et n'est jamais bien touffu. La description de cette variété nous a été communiquée par M. Audibert, qui la cultive dans ses pépinières, à Tonelle, près de Tarascon, département des Bouches-du-Rhône.

Var. 49. Prunier Rognon d'Ane. Rognon d'Ane. Calv. Pép. 2. pag. 202.

Prunus domestica, fructu maximo, ovato, paululùm compresso, atro-violaceo.

Ce fruit est très-gros, d'un violet très-foncé, presque noir; il ressemble beaucoup par la forme à la Dame-Aubert. Il mûrit au commencement de septembre.

§. II. *Prunes blanchâtres, jaunes ou verdâtres.*

Var. 50. Prunier de Mirabelle. Prune de Mirabelle. Pl. 62. Fig. 8. Duham. Arb. Fr. 2. pag. 95. n. 29. pl. 14.

Prunus domestica, fructu minimo, subgloboso, flavescente; carne dulcissimá, nucleo lœviusculo subadhœrenti.

Cette Prune est une des plus petites du genre, elle n'est quelquefois pas plus grosse qu'une Cerise ordinaire, n'ayant que neuf lignes de haut, sur huit de large, et elle est très-grosse quand elle a treize lignes de hauteur, sur douze de diamètre. Son pédoncule est long en proportion, puisqu'il a sept à huit lignes. Sa peau, dans la parfaite maturité, est d'un jaune d'ambre, marquée de quelques points rougeâtres. La chair est jaune, très-sucrée, mais peu relevée, légèrement adhérente au noyau, qui est lisse, long de six lignes. Ce fruit mûrit vers la mi-août. On fait avec la Mira-belle de bonnes confitures, de bonnes compotes, et des Pruneaux qui, quoique petits, sont estimés.

Var. 51. Prunier de Drap-d'or. Drap-d'or, Mirabelle double. Pl. 62. Fig. 9. Duham. Arb. Fr. 2. pag. 96. n. 30.
Prunus domestica, fructu parvo, subgloboso, flavo, maculis rubris ad solem notato; carne dulcissimâ, nucleo adhærenti.

La Prune de Drap-d'or est presque globuleuse; elle a douze à treize lignes de hauteur, et une ligne ou environ de plus en largeur sur son grand diamètre. Son pédoncule est grêle, long de six lignes; il s'implante dans une petite cavité. La peau est jaune, peu fleurie, marquée de petites taches rouges du côté exposé au soleil. La chair est jaune, fondante, très-sucrée, agréable sans être très-relevée, adhérente au noyau. Celui-ci a sept lignes de longueur, sur six de largeur. Le Drap-d'or mûrit dans le milieu du mois d'août.

Var. 52. Prunier de Damas Dronet. Damas Dronet. Pl. 64. Fig. 3. Duham. Arb. Fr. 2. pag. 75. n. 11. pl. 20. fig. 2.
Prunus domestica, fructu ovato, parvo, è viridi flavescente; carne duriusculâ, dulci, nucleo non adhærenti.

Le Damas Dronet est une petite Prune un peu plus longue que large, ayant douze lignes et demie de hauteur, sur onze de diamètre. Son pédoncule a dix lignes; il s'implante dans une cavité très-étroite, assez profonde. Sa peau est peu fleurie, d'abord d'un vert clair, et ensuite jaunâtre lors de la parfaite maturité. La chair est verdâtre, un peu ferme, sucrée, d'un goût agréable, nullement adhérente au noyau. Cette Prune est en maturité dans les derniers jours du mois d'août.

Var. 53. Prunier de Petit Damas blanc. Petit Damas blanc. Pl. 62. Fig. 7. Duham. Arb. Fr. 2. pag. 71. n. 6. pl. 3.
Prunus domestica, fructu parvo, subgloboso, flavescente; carne dulci, sapidâ, nucleo non adhærenti.

Ce fruit a treize lignes de hauteur, sur autant de diamètre. Sa peau est d'un blanc jaunâtre, un peu fleurie, très-légèrement teinte de rouge du côté du soleil. La chair est de la même couleur que la peau, fondante, d'une saveur douce, sucrée, un peu relevée; elle n'adhère pas au noyau. Celui-ci a sept lignes de hauteur, six de largeur, et il est relevé sur chaque face d'une espèce de côte saillante qui va de la base à la pointe. Cette Prune mûrit à la fin d'août ou au commencement de septembre.

Var. 54. Prunier de Gros Damas blanc. Gros Damas blanc. Duham. Arb. Fr. 2. pag. 72. n. 7. pl. 3. fig. 2.
Prunus domestica, fructu subovato, medio, è viridi flavescente; carne dulci, sapidâ, nucleo subadhærenti.

Cette Prune a beaucoup de rapports avec la précédente, elle est seulement un peu plus grosse et un peu plus allongée; sa hauteur étant de quinze à seize lignes, et son diamètre n'étant que de quatorze. Sa peau et sa chair sont aussi à peu près de la même couleur, et la saveur n'est pas différente, si ce n'est qu'elle parait un peu plus douce. La maturité de ce fruit précède de quelques jours celle du Petit Damas blanc.

Var. 55. Prunier Datte. Prune Datte. Duham. Arb. Fr. 2. pag. 113. n. 47.

Prunus domestica, fructu medio, subgloboso, luteo, ad solem punctis rubellis interdùm notato; carne parùm sapidá; nucleo lœviusculo.

La Prune Datte est presque globuleuse; elle a quinze à seize lignes de hauteur, sur quinze lignes de largeur dans son grand diamètre, et quatorze dans son petit. Le côté qui correspond à l'arête du noyau est partagé par une gouttière longitudinale très-peu profonde, et formant plutôt un aplatissement que toute autre chose. Le pédoncule a quinze lignes de long; il s'implante dans une cavité étroite, assez profonde. La peau est jaune, souvent marquée de petites taches d'un rouge très-vif du côté du soleil, et recouverte en entier d'une fleur blanchâtre. La chair est jaune, mollasse, d'un goût fade. Le noyau, assez uni en sa surface, a un peu plus de neuf lignes de longueur, sur six et demie de largeur. Ce fruit mûrit dans les premiers jours de septembre.

Var. 56. Prunier Abricoté blanc. Prune Abricotée blanche. Pl. 62. Fig. 10.

Prunus domestica; fructu medio, subgloboso, depresso, flavescente, carne duriusculá, subacidá, demùm subdulci, nucleo non adhærenti.

L'Abricotée blanche est un peu plus grosse que le Petit Damas blanc, mais elle n'est pas si bonne; elle a quinze lignes de hauteur, sur treize à quatorze dans son petit diamètre, et quinze lignes dans son grand. Son pédoncule a quatre lignes de longueur. Sa peau, d'abord d'un blanc verdâtre, finit par être jaune quand le fruit est bien mûr. Sa chair commence par être un peu dure, un peu acide; ce n'est qu'à la parfaite maturité qu'elle devient un peu douce. Le noyau est très-comprimé, assez chargé d'aspérités; il se sépare bien de la chair. Ce fruit mûrit vers le milieu d'août.

Var. 57. Prunier Abricoté de Tours. Abricotée de Tours. Pl. 64. Fig. 4. Duham. Arb. Fr. 2. pag. 93. n. 28. pl. 13.

Prunus domestica, fructu majori, subgloboso, compresso, subalbido, ad solem rubente; carne duriusculá, moschatá et subacerbá, nucleo non adhærenti.

Cette Prune est plus grosse et beaucoup meilleure que l'Abricotée blanche; son diamètre est plus grand que sa hauteur, car il a dix-huit lignes, tandis que sa hauteur n'en a que seize à dix-sept. Le pédoncule est court, implanté presque à fleur du fruit dans une très-petite cavité. Le sillon, qui s'étend sur le côté qui répond à l'arête du noyau, est large et profond, surtout vers le sommet du fruit, où il se termine à un petit enfoncement. La peau est d'un vert blanchâtre du côté de l'ombre, marquée de rouge du côté du soleil. La chair est ferme, jaune, musquée, assez agréable, mais conservant, même quand elle est bien mûre, un goût un peu acerbe; ce qu'elle doit sans doute à la peau, qui est aigre et coriace. Le noyau n'est point adhérent à la chair; il a sept lignes et demie de long, sur six lignes et demie de largeur. Cette Prune mûrit au commencement de septembre : c'est un fort bon fruit.

Var. 58. Prunier à fleur semi-double. Duham. Arb. Fr. 2. pag. 92. n. 27. pl. 12. Prune semi-double. Pl. 62. Fig. 2.

Prunus domestica, flore semi-duplici; fructu medio, subgloboso, è viridi flavescente, carne dulci, subinsipidá, nucleo lœviusculo adhærenti.

Cette Prune a la forme et presque la grosseur de la Reine-Claude, mais elle est bien loin d'avoir la même qualité. Sa mesure est à peu près la même dans tous les sens, c'est-à-dire que les quinze lignes qui font sa hauteur font aussi son diamètre. Elle est portée sur un pédoncule qui a au plus six lignes de longueur. Sa peau, d'abord verte, devient jaune en mûrissant, sans se colorer de points rouges du côté du soleil. Sa chair est jaunâtre, assez douce, mais fade et peu relevée. Le noyau lui est très-adhérent, assez lisse, pointu et piquant, long de neuf lignes, sur près de sept de largeur. Cette Prune mûrit dans le courant de la dernière quinzaine d'août. L'arbre est plus curieux par la beauté de ses fleurs, qu'il ne peut être utile par son fruit qui, comme nous venons de le dire, est très-médiocre, et il mérite plutôt d'être placé dans un jardin d'agrément que dans un verger. Nous ne manquons pas de Prunes qui valent infiniment mieux.

Var. 59. PRUNIER de Petite Reine-Claude. PRUNE Petite Reine-Claude. Pl. 62. Fig. 1. DUHAM. Arb. Fr. 2. pag. 91. n. 26.

Prunus domestica, fructu medio, subgloboso, compresso, è viridi flavescente, hinc punctis rubellis asperso; carne dulci, sapida, nucleo non adhærenti.

La Petite Reine-Claude est de la même grosseur et de la même forme que l'Abricotée blanche; elle en diffère seulement parce que sa peau est parsemée de points rougeâtres, surtout du côté du soleil. Sa chair est aussi plus sucrée et plus parfumée; mais elle est encore assez loin d'approcher du goût délicieux de la vraie Reine-Claude. Ce fruit mûrit dans le même tems que l'espèce précédente.

Var. 60. PRUNIER de Reine-Claude. PRUNE de Reine-Claude, Grosse Reine-Claude, Dauphine, Abricot vert, Verte-Bonne, Sucrin-Vert. Pl. 64. Fig. 2. DUHAM. Arb. Fr. 2. pag. 89. n. 25. pl. 11.

Prunus domestica, fructu majori, subgloboso, virescente, ad solem punctis rubris notato; carne dulcissima, sapidissima, exquisitissima, nucleo non adhærenti.

Cette Prune est presque régulièrement globuleuse; elle a dix-huit lignes de hauteur et autant de diamètre. Son pédoncule, long de huit lignes, s'implante dans une cavité peu profonde. Sa peau, marquée de points rougeâtres du côté du soleil, est verdâtre dans tout le reste de son étendue, jamais jaune, en quoi elle diffère des espèces précédentes. Sa chair est verdâtre, fondante, abondante en eau très-sucrée, très-parfumée, d'un goût exquis. Le noyau n'adhère pas à la chair; il a huit lignes et demie de hauteur, sur six lignes et demie de largeur. La Reine-Claude mûrit vers la mi-août; c'est la meilleure de toutes les Prunes: aucune autre ne peut lui être comparée pour être mangée crue. On la confit à l'eau-de-vie, comme nous le dirons plus bas. On en fait de très-bonnes compotes, d'excellentes confitures appelées vulgairement marmelades. Elle ne convient pas autant pour être préparée en Pruneaux, parce qu'étant très-aqueuse, elle est trop peu charnue quand elle est séchée, quoiqu'elle conserve toujours un excellent goût.

Var. 61. PRUNIER Moyeu de Bourgogne. MOYEU de Bourgogne. CALV. Pépin. 2. pag. 202. *Prunus domestica, fructu magno, ovato, intùs et extrà flavo. CALV. l. c.*

Cette Prune est grosse, ovale; sa peau est jaune ainsi que la chair. Elle mûrit vers le milieu de septembre. C'est un fruit qui n'est pas délicat; mais l'arbre qui le porte charge beaucoup.

Var. 62. PRUNIER Virginal blanc. PRUNE Virginale à gros fruit blanc. Pl. 64. Fig. 1. *Prunus domestica, fructu subgloboso, medio, ex albido virescente; carne molli, dulci, sapida, in nucleo adhærentissima.*

Cette Prune est plus petite que la Reine-Claude; elle n'a que seize lignes de hauteur, sur pareille largeur en son petit diamètre, et sur dix-sept lignes dans le sens du grand diamètre. Le côté sur lequel elle se trouve un peu comprimée est celui de la gouttière qui n'est marquée que par une ligne. Le pédoncule est court; il n'a que cinq lignes de hauteur. La peau est d'un vert blanchâtre, assez fleurie. La chair est verdâtre, peu foncée en couleur, très-fondante, très-abondante en eau sucrée et agréable. Le noyau ne peut se séparer de la chair sans déchirer celle-ci, et sans qu'il retienne toutes les parties qui le touchent; il a huit lignes et demie de long, sur sept de large : il est assez lisse. La Grosse-Virginale blanche mûrit au commencement de septembre. C'est un bon fruit.

Var. 63. Prunier de Sainte-Catherine. Prune de Sainte-Catherine. Pl. 63. Duham. Arb. Fr. 2. pag. 109. n. 43. pl. 19.

Prunus domestica, fructu medio, subovato, apice depresso, ex viridi flavescente; carne duriusculâ, dulci, sapidâ, nucleo subadhærenti.

La Prune de Sainte-Catherine est ovoïde, renflée vers le sommet, plus étroite à la base, ayant dix-sept lignes de hauteur, sur quinze de largeur dans son grand diamètre. Elle est un peu aplatie du côté où elle est marquée d'une gouttière peu profonde, et elle a son sommet tout-à-fait comprimé. Son pédoncule, implanté presque à fleur de peau, a huit lignes de longueur. La peau est d'un vert tirant un peu sur le jaune. La chair est de semblable couleur, un peu ferme, coriace même et assez fade, à moins que le fruit ne soit bien mûr; dans cet état seulement, elle devient un peu fondante, d'une saveur agréable et assez sucrée. Le noyau n'est que légèrement adhérent; il a près de neuf lignes de hauteur, sur six de largeur; le sillon, dont il est creusé du côté opposé à l'arête, est profond, et celle-ci est très-obtuse. Cette Prune mûrit vers le milieu de septembre. C'est avec elle qu'on fait les Pruneaux de Tours les plus estimés; nous donnerons plus bas la manière de les préparer.

Var. 64. Prunier de Catalogne. Prune de Catalogne. Prune jaune hâtive. Pl. 62. Fig. 3. Duham. Arb. Fr. 2. pag. 66. n. 1. pl. 1.

Prunus domestica, fructu parvo, ovato, basi coarctato, flavescente; carne subdulci, parùm sapidâ, nucleo non adhærenti.

La Prune jaune hâtive a environ quatorze lignes de hauteur, sur un pouce dans son grand diamètre; elle est un peu resserrée à sa base, et ordinairement partagée sur un de ses côtés par un sillon assez prononcé. Le pédoncule est grêle, long de quatre à cinq lignes. La peau est d'un jaune pâle, bien fleurie. La chair est de la même couleur, peu fondante, quelquefois légèrement parfumée, mais le plus souvent très-fade. Le noyau, qui n'adhère pas à la pulpe, a huit lignes de long, et quatre et demie de large. Cette Prune mûrit la première; on la mange ordinairement dans les premiers jours de juillet : elle n'a que le mérite d'être hâtive. Duhamel dit qu'on en fait d'assez bonnes compotes.

Var. 65. Prunier Bricet. Prune Bricette. Pl. 62. Fig. 4. Duham. Arb. Fr. 2. pag. 97. n. 31. pl. 20. fig. 5.

Prunus domestica, fructu vix medio, ovato, basi coarctato, flavescente; carne duriusculâ, subacidâ, nucleo non adhærenti.

Cette Prune a une forme particulière; elle est ovale et un peu resserrée à sa base; elle a seize lignes de hauteur, sur douze à treize de largeur dans son grand diamètre. La gouttière longitudinale, qui partage ordinairement en deux un des côtés du fruit, n'est sensible, dans celui-ci, que par une ligne à peine visible. Le pédoncule a neuf lignes de longueur. La chair est jaunâtre ainsi que la peau, assez ferme, peu fondante et sèche, d'une saveur aigrelette, n'ayant rien d'agréable. Le noyau se sépare bien de la chair; il est gros proportionnellement au volume du fruit; il a neuf lignes de hauteur, sur près de six lignes de largeur; le sillon, dont est creusé son côté opposé à l'arête, est assez profond.

La Prune Bricette mûrit dans le courant de septembre; et comme elle adhère fortement à son pédoncule, et que celui-ci se détache difficilement de la branche, il arrive souvent, lorsqu'on néglige de cueillir ce fruit, qu'il reste très-long-tems sur l'arbre. Nous avons vu ainsi une assez grande quantité de ces Prunes qui pendaient encore aux rameaux, lorsque ceux-ci étaient déjà entièrement dépouillés de leurs feuilles : c'était à la fin de novembre. En cet état, la Bricette se confit à demi, s'adoucit un peu, mais elle devient fade et ne prend aucune saveur agréable.

Var. 66. Prunier Perdrigon blanc. Perdrigon blanc. Duham. Arb. Fr. 2. pag. 84. n. 20. pl. 8.
Prunus domestica, fructu vix medio, subovato, basi coarctato, è viridi albido, maculis rubris ad solem notato; carne duriusculâ, sapidâ, dulcissimâ, nucleo non adhærenti.

Cette Prune a quinze lignes et demie de hauteur, sur quatorze lignes et demie de diamètre; elle est un peu plus étroite à la base qu'au sommet. Son pédoncule est grêle, long de huit lignes; il s'implante presque à fleur du fruit. Sa peau est d'un vert blanchâtre, chargée d'une fleur très-abondante et tiquetée de rouge du côté du soleil. Sa chair est verdâtre plutôt que blanche, un peu ferme, fondante, parfumée et si sucrée, que lorsque le fruit est bien mûr il a le même goût que s'il était confit. Le noyau, long de sept lignes, large de cinq, n'est pas adhérent à la chair. Cette Prune mûrit au commencement de septembre; elle est excellente crue, et on en fait de bons Pruneaux. L'arbre est sujet à couler; c'est pourquoi Duhamel recommande de le mettre en espalier.

Var. 67. Prunier de Brignole. Prune de Brignole. Calv. Pép. 2. pag. 187.
Prunus domestica, fructu medio, oblongo, flavescente, ad solem rubescente; carne luteâ, sapidâ, dulcissimâ.

Cette Prune tire son nom de la petite ville de Brignoles, dans le département du Var (ci-devant Provence), aux environs de laquelle on la cultive en grande quantité, pour en fabriquer ces excellens Pruneaux connus sous le même nom, et qu'on expédie par la voie du commerce dans toute l'Europe. Duhamel a confondu cette Prune avec le Perdrigon blanc, mais elle en diffère par son fruit plus gros, par sa peau moins coriace, et par sa chair qui est jaune et non d'un blanc verdâtre. Elle mûrit dans le Midi de la France, vers le milieu d'août.

Var. 68. Prunier Moucheté. Prune Mouchetée. Pl. 62. Fig. 11.
Prunus domestica, fructu parvo, ovato, virescente, ex albido variegato; carne duriusculâ, subdulci, parùm sapidâ, nucleo non adhærenti.

Cette Prune est ovoïde, longue d'un pouce, large de dix lignes dans son grand diamètre. Son pédoncule est long proportionnellement à la grosseur du fruit; il a sept lignes, et il s'implante presque à fleur de peau. La gouttière longitudinale, qui s'étend sur un côté, n'est sensible que par une simple ligne. La peau est verdâtre, assez fleurie, tiquetée de taches blanchâtres ou jaunâtres. La chair est verdâtre plutôt que jaune, assez ferme, fade d'abord, ensuite un peu sucrée quand elle est bien mûre. Le noyau n'est pas adhérent à la chair; il a sept lignes de long, sur quatre lignes et demie de large. Cette Prune mûrit dans les premiers jours de septembre. Nous l'avons vue au Jardin des Plantes de Paris.

Var: 69. Prunier de deux saisons. Prune de deux saisons. Pl. 62. Fig. 12. Prunier qui fructifie deux fois par an. Duham. Arb. Fr. 2. pag. 113. n. 48. pl. 20. fig. 13.

Prunus domestica, fructu ovato, vix medio, subviridi, punctis fulvis consperso, ad solem violaceo; carne molli, subdulci, insipidâ, nucleo lœviusculo adhœrenti.

Cette Prune est parfaitement ovale; elle a seize à dix-sept lignes de hauteur, sur treize à quatorze lignes de diamètre. Sa peau est d'abord verdâtre; en mûrissant elle prend une légère teinte violette du côté du soleil, et dans son extrême maturité, elle est presque partout d'un violet clair avec des points fauves; il ne reste alors que le sommet du fruit qui soit encore verdâtre. Son pédoncule est long de sept à huit lignes. Sa chair est verdâtre, tirant sur le jaune, très-adhérente au noyau, mollasse, douceâtre et très-fade. Le noyau est presque lisse, allongé, ayant dix lignes de hauteur, sur six de largeur.

Duhamel et les auteurs qui depuis lui ont écrit sur les arbres fruitiers ont parlé de ce Prunier comme fructifiant deux fois par an; mais comme ils n'ont donné aucune explication sur la manière dont venaient les fruits des deux récoltes qu'ils disent exister pour cet arbre, nous croyons pouvoir révoquer en doute ce qu'ils ont avancé sur cette double fructification, qui ne nous a paru être qu'une erreur ou un fait mal expliqué. Deux Pruniers de cette espèce, que nous avons observés l'année dernière (en 1810), n'ont fleuri qu'une seule fois comme les autres espèces, et à la même époque. Les fruits qui ont succédé à ces fleurs se sont tous développés en même tems; ils ont grossi d'une manière à peu près uniforme, et plusieurs étaient mûrs dans les premiers jours du mois d'août; mais, comme dans tous les autres arbres, tous les fruits n'ont pas atteint leur parfaite maturité le même jour : les uns ont mûri huit jours plus tard, d'autres quinze jours après, et enfin les plus tardifs vingt ou vingt-cinq jours après les premiers. Comme tous ces fruits adhéraient fortement à leurs pédoncules, et que ceux-ci étaient fortement attachés aux branches, une bonne partie d'entre eux, et surtout les derniers mûrs, ont resté long-tems attachés aux rameaux, parce qu'on a négligé de les cueillir à cause de leur mauvaise qualité, de sorte qu'à la fin d'octobre il y en avait encore beaucoup sur les arbres. Mais ces fruits étaient certainement les mêmes que ceux qu'on eût pu cueillir en août, et non des fruits provenant de fleurs tardives, développés après ceux d'une première sève, ainsi que cela s'observe dans le Figuier et quelquefois sur la Vigne. Ce Prunier n'offre donc rien de plus curieux que les autres espèces de ce genre; et comme il ne donne d'ailleurs qu'un mauvais fruit, il ne mérite pas d'être cultivé, si ce n'est dans les Ecoles de Botanique, où l'on cherche à rassembler des collections aussi complètes que possible de toutes les espèces et de toutes les variétés.

Var. 70. Prunier Diapré blanc. Prune Diaprée blanche. Pl. 64. Fig. 5. Duham. Arb. Fr. 2. pag. 104. n. 38. pl. 20. fig. 11.

Prunus domestica, fructu parvo, vix medio, è viridi albido; carne duriusculâ, dulcissimâ, sapidâ.

La Diaprée blanche a quinze lignes de hauteur, sur onze lignes de diamètre; elle est parfaitement arrondie, n'ayant ni gouttière ni aplatissement, mais seulement une ligne verte qui s'étend de la base au sommet. Le pédoncule a quatre à cinq lignes; il est implanté à fleur du fruit. La peau est d'un vert blanchâtre, très-fleurie, un peu coriace. La chair est assez ferme, d'une couleur jaune très-claire, d'une saveur sucrée et relevée. Le noyau a un peu plus de neuf lignes de hauteur, quatre lignes de largeur et deux et demie d'épaisseur. Ce fruit mûrit à la fin d'août ou au commencement de septembre.

Arbres fruitiers. T. I.   D d d

Var. 71. Prunier d'Impératrice blanche. Prune Impératrice blanche. Pl. 62. Fig. 6. Duham. Arb. Fr. 2. pag. 106. n. 40. pl. 18. fig. 2.

Prunus domestica, fructu medio, subovato, flavescente; carne duriusculá, dulci, sapidá, nucleo subadhærenti.

L'Impératrice blanche a près de dix-huit lignes de hauteur, sur seize de large. Son pédoncule a quatre à six lignes de long; il s'implante dans une cavité assez prononcée, mais peu profonde. Le côté, qui est partagé par une gouttière longitudinale, est en même tems comprimé, ainsi que le sommet du fruit, sur lequel on observe aussi un petit enfoncement. La chair est d'un jaune clair ainsi que la peau, d'une consistance un peu ferme, d'une saveur sucrée, parfumée et agréable. Le noyau n'est pas sensiblement adhérent à la chair; il a plus de neuf lignes de longueur et six de largeur; sa surface est un peu rude. Ce fruit peut être mis au rang des bonnes Prunes; il mûrit à la fin d'août ou au commencement de septembre.

Var. 72. Prunier Ilevert. Prune Ileverte. Pl. 62. Fig. 5. Duham. Arb. Fr. 2. pag. 107. n. 42. pl. 20. fig. 9.

Prunus domestica, fructu magno, oblongo, virescente; carne subdulci, parùm sapidá, ad nucleum adhærentissimá.

Cette Prune est très-allongée; elle a deux pouces de hauteur, sur douze à treize lignes de largeur dans son grand diamètre : l'un de ses côtés est presque droit et l'autre est renflé. Le pédoncule a sept lignes de long; il s'implante dans une cavité peu profonde. La peau est verdâtre, tirant sur le jaune et même un peu sur le rouge du côté du soleil. La chair est verdâtre, mollasse, douceâtre, par fois assez sucrée et musquée, mais le plus souvent d'un goût fade et peu agréable. Le noyau est très-adhérent à la chair, assez lisse, long de dix-sept lignes, large de sept, très-aplati, épais tout au plus de trois lignes. L'Ileverte mûrit au commencement de septembre. C'est un fruit qui ne vaut rien cru, et nous doutons fort qu'il soit bon en compote et en confiture, comme le dit Duhamel.

Var. 73. Prunier Impérial blanc. Prune Impériale blanche. Duham. Arb. Fr. 2. pag. 101. n. 35.
Prunus domestica, fructu maximo, ovato, albo; carne durá, acidá, ingratá, nucleo adhærenti.

Cette Prune est très-grosse, de la forme et presque de la grosseur d'un œuf de poule d'Inde. Sa chair est blanchâtre, ainsi que la peau qui la recouvre, d'une consistance ferme, sèche, et d'une saveur acide et désagréable. Le noyau adhère à la chair; il est long et pointu. Ce fruit n'est bon ni cru ni en Pruneaux; il n'est recommandable que par sa belle forme et son extrême grosseur.

Var. 74. Prunier Impérial jaune. Prune Impériale jaune. Calv. Pépin. 2. pag. 196.
Prunus domestica, fructu maximo, ovato, flavescente, carne dulci et acidulá, nucleo non adhærenti.

Cette Prune est à peu près de la grosseur d'un petit œuf de poule. Sa peau est jaune, d'une couleur un peu plus foncée du côté du soleil. Sa chair est jaunâtre, sucrée, un peu aigrelette, et elle se sépare bien du noyau. L'Impériale jaune mûrit à la mi-août.

Var. 75. Prunier de Dame-Aubert. Prune de Dame-Aubert. Grosse-Luisante. Pl. 64. Fig. 6. Duham. Arb. Fr. 2. pag. 107. n. 41. pl. 20. fig. 10.
Prunus domestica, fructu maximo, ovato, flavescente, punctis virescentibus asperso; carne dulci, parùm sapidá, nucleo subadhærenti.

La Dame-Aubert est la plus grosse de toutes les Prunes; elle a souvent deux pouces et demi de hauteur, et quelquefois même trente-deux lignes, tandis que son diamètre est de vingt-deux à vingt-trois lignes, et qu'il n'est pas rare de le voir en avoir vingt-cinq. On trouve fréquemment cette Prune pesant trois onces, et les plus grosses en pèsent jusqu'à quatre. Le pédoncule a neuf à dix lignes de long; il s'implante dans une cavité peu profonde. La peau, d'un jaune clair, parsemée de quelques points verdâtres, est d'une consistance un peu coriace; le sillon longitudinal, qui la partage sur un des côtés du fruit, est peu profond. La chair est jaunâtre, assez sucrée, mais peu relevée. Le noyau est adhérent à la chair, à moins que celle-ci ne soit très-mûre; il est fort gros, proportionné au volume du fruit, ayant dix-sept lignes de longueur sur neuf lignes et demie de largeur. Cette Prune mûrit à la fin d'août ou au commencement de septembre; on ne peut la compter qu'après les bons fruits de ce genre; mais elle mérite d'être cultivée à cause de sa beauté et de son énorme grosseur.

Culture, Usages et Propriétés.

Le Prunier domestique, quoiqu'il soit aujourd'hui abondamment et généralement répandu dans toute l'Europe tempérée, paraît cependant être exotique à cette contrée. Pline, sans nous apprendre exactement l'époque de la transplantation de cet arbre en Europe, assure positivement que les Prunes n'ont été connues en Italie que depuis Caton l'ancien. Ce qui peut prouver d'ailleurs que le Prunier n'est pas indigène, au moins dans la partie occidentale de l'Europe, c'est qu'on ne le trouve jamais sauvage dans les grandes forêts; si par hasard on en rencontre quelques pieds venus sans culture et comme spontanément, c'est toujours dans le voisinage des habitations, ou au moins dans les lieux très-fréquentés par les hommes. C'est de la Syrie que le Prunier paraît nous avoir été apporté. Il croît naturellement, dit Pline, dans les montagnes aux environs de Damas; et, en effet, certaines variétés de Prunes, comme pour conserver le certificat de leur origine, portaient, du tems du naturaliste romain, le nom de Prunes de Damas; et ce dernier nom, depuis dix-huit siècles, est encore resté attaché à plusieurs.

On ne connaissait, du tems de Pline, que onze sortes de Prunes, et c'était déjà beaucoup pour un fruit qui n'avait pas deux siècles de culture. Aujourd'hui, dans les jardins et les pépinières de Paris seulement, on en cultive près de quatre-vingts. Quel est le type de l'espèce dans ce nombre considérable de variétés? C'est ce qu'aucun botaniste ou cultivateur ne sait encore. L'espèce primitive n'existe plus pour nous; deux mille ans de culture l'ont rendue méconnaissable, et ont fait naître d'elle cette quantité d'espèces secondaires qui ont toutes conservé, sans doute, les principaux caractères de leur mère; mais dont quelques-unes diffèrent assez entre elles pour qu'on leur reconnaisse et qu'on leur assigne les caractères des véritables espèces. La seule chose qui puisse empêcher de les ranger avec celles-ci, c'est que ces espèces secondaires ne se perpétuent d'une manière sûre que par la greffe, et que, par les semences, elles ne peuvent presque jamais se multiplier sans altération, ainsi que le font les espèces essentielles.

« Il y a peu d'arbres dont les semences soient aussi sujettes à varier que celle du » Prunier; ainsi on ne sème de noyaux que pour gagner quelque nouvelle espèce ou » variété; mais comme il n'est pas certain si les fruits qu'ils produiront seront aussi » bons que ceux qui ont fourni la semence, on sème encore, pour se procurer des » sujets propres à recevoir la greffe de celles qu'on cultive ordinairement ou qui mé- » ritent d'être conservées ». Duhamel.

Les semis de Pruniers doivent se faire avec les mêmes précautions que ceux de l'Abricotier, c'est-à-dire qu'il faut d'abord stratifier les noyaux, pour pouvoir les conserver jusqu'au printems, époque où on les sème en rigole ou en place. Cette dernière manière serait la meilleure pour le particulier, parce que l'arbre n'ayant point été transplanté et son pivot lui étant resté, il serait beaucoup moins sujet à tracer et à pousser cette quantité de rejetons qui l'épuisent et deviennent très-incommodes. Si l'on cherche à gagner quelque nouvelle variété, on attend le fruit; quand au contraire on ne veut que propager les bonnes espèces, alors le plant est destiné et préparé à en recevoir la greffe. « Mais le second motif ne doit pas déterminer à » semer les noyaux des excellentes Prunes, car les pépiniéristes assurent que les sujets » qui en proviennent reçoivent difficilement la greffe et la nourrissent mal. Il vaut » mieux élever, tant de noyaux que de rejets ou drageons enracinés, les Pruniers de » *Saint-Julien*, de *Cerisette*, de *Gros* et *Petit-Damas noir*, sur lesquels on greffe » avec succès toute espèce de Prunes, parce que leur écorce étant plus mince, la » réussite des greffes est plus assurée. Le Prunier Saint-Julien est préférable aux » autres : le Petit-Damas noir est un peu trop faible pour quelques espèces vigou- » reuses dont la greffe le recouvre d'un bourrelet, indice que les forces ne sont pas » égales des deux côtés ».

« Le Prunier est de tous les arbres fruitiers le moins difficile sur le terrain. Froides, » chaudes, sèches, humides, fortes, légères, toutes sortes de terres, même celles qui » ont peu de profondeur, lui conviennent; cependant il se plaît mieux, et ses fruits » sont meilleurs dans une terre légère et un peu sablonneuse, que dans une terre com- » pacte et humide » Duhamel.

La constitution robuste du Prunier, et la facilité avec laquelle il s'accommode de presque toutes sortes de terrains, font que lorsqu'on veut les greffer on n'emploie guère pour cela d'autres sujets que des sauvageons du même genre que lui. Il est rare, à moins que ce ne soit pour rendre ses fruits plus hâtifs, qu'on le greffe sur l'Amandier, sur l'Abricotier ou sur le Pêcher; tandis qu'au contraire il sert très-souvent de sujet pour ces deux derniers arbres.

Ce que nous avons dit pages 38, 39, 174 et 175 de ce volume, en traitant de la manière d'élever le Cerisier, le Merisier et l'Abricotier, est entièrement applicable au Prunier, lorsqu'on veut former des pépinières de celui-ci.

« Le Prunier se greffe en fente, au mois de février, sur les gros sujets, et en écusson » à œil dormant, depuis la mi-juillet jusqu'à la mi-août, sur les jeunes sujets de Pru- » nier et d'Abricotier, et un peu plus tard sur le Pêcher. L'écusson réussit mieux sur » un jet de l'année que sur le vieux bois, où souvent il périt de la gomme » Duhamel.

En Provence, on est dans l'usage, pour les terrains secs, de greffer en écusson à la pousse les Pruniers sur Amandier; on les replante en tems convenable, leur reprise est assez facile et ils se chargent de beaucoup de fruits.

La greffe est le moyen le plus ordinairement employé pour propager les bonnes espèces; mais il en est un de les obtenir franches de pied. « La plupart des Pruniers » tracent, et leurs racines poussent des jets ou des drageons enracinés qui sont de la » même espèce que les souches qui les ont produits; ainsi, si l'on avait les bonnes » espèces franches de pied, tous les rejets, sans avoir besoin d'être greffés, produi- » raient d'excellentes Prunes. Pour avoir ces sujets francs de pied, nous faisons greffer » sur un sauvageon, et le plus bas qu'il est possible, une Reine-Claude, par exemple; » et quand la greffe est bien reprise, nous la faisons planter très-avant en terre. » Souvent la Reine-Claude poussera des racines au bourrelet qui se forme à l'insertion » de la greffe, et alors on a un Prunier dont tous les rejets produisent de très-bonne

» Reine-Claude. Nous nous sommes procuré, par cette méthode, cinq ou six espèces
» de Prunes dont tous les rejets donnent de bons fruits » Duhamel.

Cette manière de faire est aussi en usage en Provence, où l'on a remarqué, d'ailleurs, que ces rejetons ne donnent d'aussi bons fruits que ceux du tronc principal,
que tant qu'ils restent attachés à sa souche, mais qu'ils dégénèrent le plus souvent
quand ils sont transplantés, et qu'ils ont alors besoin d'être regreffés si l'on veut
rétablir l'espèce. Au surplus, ils ont l'avantage de pouvoir se mettre en toute sorte de
terrains, et d'être propres à recevoir la greffe des différentes espèces de Pruniers et
celle des Abricotiers et des Pêchers.

Quoique les Pruniers qu'on tire des pépinières pour les placer dans les jardins, les
vergers et les champs, supportent bien, dans le climat de Paris, la transplantation
depuis la fin d'octobre jusqu'à la mi-mars, il vaut mieux, en général, les planter en
automne, surtout si c'est dans un terrain sec ou élevé, parce que les arbres reprennent
plus sûrement et poussent plus vigoureusement dès la première année. Quand c'est
dans un sol humide que la plantation doit se faire, on peut, sans inconvénient, la
retarder jusqu'au printems; cela a même alors l'avantage de ne pas exposer les racines
à pourrir pendant l'hiver.

Une fois qu'il est planté, le plus ordinairement on abandonne le Prunier à lui-
même, si ce n'est que chaque année on le visite pour en ôter le bois mort et les
branches gourmandes; mais quand on veut le faire servir à la décoration ou à la
symétrie d'un jardin paré, on le met en contr'espalier, on l'élève en tige, en demi-
tige, ou on lui donne la forme d'un vase. Dans les départemens du Midi, et même
dans ceux du milieu de la France, on ne le cultive guère en espalier; il prospère
mieux abandonné à la nature. Mais le luxe d'une ville telle que Paris, promettant des
bénéfices à ceux qui font des primeurs, a engagé les cultivateurs des environs de
la Capitale à en faire de toute espèce de fruits. Le Prunier n'a pas été oublié par
eux; ils le cultivent beaucoup en espalier, ce qui est le moyen d'accélérer la maturité
de ses fruits. Toutes les espèces cependant ne s'accommodent pas de cet état de gêne;
il n'y en a guère que cinq ou six qui réussissent bien de cette manière, et qui puissent
donner des fruits assez précoces pour dédommager des soins et des frais de leur
culture.

Les Pruniers de *Reine-Claude*, de *Sainte-Catherine, Perdrigon hâtif* sont ceux
qui donnent plutôt leurs fruits lorsqu'ils sont en espalier, aussi a-t-on soin de les y
mettre de préférence « C'est sur l'Abricotier ou le jeune Pêcher élevés de noyaux que
» l'on greffe ces sortes de Prunes. On emploie encore les mêmes sujets et aussi
» l'Amandier partout où l'on craint d'être incommodé par les traces et les rejetons du
» Prunier » Duhamel.

Tout ce que nous avons dit, à l'article de l'Abricotier, sur la manière de le conduire
pour lui faire prendre des formes différentes, comme celle en éventail, celle en
entonnoir, etc., convient également au Prunier; il est bon de remarquer seulement
que peut-être il sera mieux de greffer sur Petit-Damas noir les Pruniers que l'on voudra
mettre en demi-tige ou en contr'espalier. On dispose encore les Pruniers plein-vent
en Quenouille ou en Pyramide, car ces deux formes, quoique souvent confondues et
prises l'une pour l'autre, sont cependant bien différentes. L'arbre en pyramide est
celui auquel on laisse percer des branches dans toute la longueur de la tige, en leur
faisant prendre, autant que cela se peut, une direction à peu près horizontale, et en
les tenant d'autant plus longues qu'elles se rapprochent plus de terre. Quant à la *Quenouille*, on l'appelle ainsi, de ce que la tige restant nue jusqu'à une certaine hauteur
où commencent les branches, l'arbre prend en quelque sorte l'air d'une quenouille

chargée, au moyen de la direction qu'on donne à ses rameaux, et de la longueur qu'on leur laisse.

Nous parlerons plus en détail des arbres en quenouille et en pyramide lorsque nous traiterons du Poirier et du Pommier; nous nous bornons maintenant à dire que les arbres fruitiers de l'école du Muséum d'Histoire naturelle, à Paris, ont presque tous la forme pyramidale, soit que M. Thouin l'ait choisie comme plus convenable à l'espèce de local où ils sont rassemblés, soit que déjà ces arbres eussent été ainsi disposés dans la pépinière des Chartreux d'où ils proviennent. M. Bosc, inspecteur des Pépinières du Gouvernement, se propose de l'adopter aussi pour l'école des arbres fruitiers du Luxembourg.

Quelle que soit la forme qu'on ait fait prendre aux Pruniers qui sont en plein-vent, les fruits qu'ils donnent sont toujours meilleurs, et d'un goût plus relevé que ceux des arbres cultivés en espalier, mais ils sont moins précoces.

Pendant les trois ou quatre premières années de sa plantation, le Prunier demande quelques soins pour sa culture, et veut être dirigé selon la forme à laquelle on se propose de l'assujétir. On doit, avant tout, observer que cet arbre portant son fruit, non-seulement sur le bois de l'année, mais encore sur celui de deux et de trois ans, il n'est pas nécessaire de tailler les branches de manière à en faire pousser de nouvelles, comme cela se pratique à l'égard des Pêchers et des Abricotiers; car plus on taillerait le Prunier et plus il croîtrait; tellement qu'il finirait par s'épuiser, par être attaqué de la gomme et par périr. On se contente donc de tailler seulement à bois ceux des bourgeons des sommités ou des branches horizontales, desquels on attend la forme qu'on veut donner à l'arbre, ou entretenir celle qu'il a déjà.

Si l'on destine le Prunier au plein-vent, quelle que soit la forme qu'on veuille lui faire prendre, on doit savoir que cet arbre « aime les lieux découverts et craint l'abri » des murs ou bâtimens trop élevés ». Cette assertion de Duhamel est confirmée par l'expérience, car on voit toujours le Prunier devenir presque stérile lorsqu'il est dominé par de grands arbres, et allonger considérablement ses branches pour chercher le jour et l'air lorsqu'il est enfermé dans des clos resserrés entre des murs ou des bâtimens trop hauts. Cependant l'abri d'un mur qui le défendrait contre les vents de nord et de nord-est ne pourrait que lui être avantageux.

La taille du Prunier en espalier ayant beaucoup de rapports avec celle du Pêcher, nous renvoyons à ce dernier article, dans lequel nous traiterons de la taille plus en détail; nous nous contenterons de faire ici quelques observations sur ce qui regarde d'une manière plus particulière la conduite du Prunier. Cet arbre veut être taillé, palissé, ébourgeonné comme l'Abricotier. Nous avons déjà indiqué le meilleur ébourgeonnement, nous ne le répéterons pas. On ne doit tailler le Prunier que lorsque les yeux sont bien formés, et qu'on les distingue parfaitement. Cette opération n'est jamais bien pressante, et on ne s'en occupe ordinairement qu'après la taille de l'Abricotier et du Pêcher. Il est à propos d'éviter que, par une taille faite mal à propos ou maladroitement, il ne se forme des chicots.

Il faut aussi ne jamais tailler sur un bouton à fruit simple, « parce que, dit M. Le Berryais, sa destination étant marquée et constamment décidée, il ne dégénérerait point en bourgeon, et très-rarement il en repercerait un de son support, car le Prunier est un des arbres de l'écorce desquels il reperce plus difficilement des bourgeons. Il faut être très-attentif à profiter des branches à fruit qui dégénèrent, et de toutes les ressources qui se présentent pour remplir les vides que laissent les branches à fruit en périssant ». Il serait difficile de désigner la proportion exacte à donner aux branches que l'on veut palisser, cela doit dépendre essentiellement de l'espace qu'on veut garnir, et de la vigueur du sujet. Il faut éviter aussi de rabattre trop les branches, comme certains jardiniers sont en usage de le faire, à trois ou quatre yeux, et de les ébourgeonner trop sévèrement. Des arbres ainsi mutilés ne peuvent travailler qu'à réparer leurs pertes; les nouveaux bourgeons poussent en abondance, et avec d'autant plus de vigueur, que l'équilibre entre le pied et la tête a besoin d'être rétabli. Pour faire mettre à fruit les Pruniers, il est bon de suivre la méthode des jardiniers de Montreuil, qui donnent à leurs arbres quinze à vingt pieds de large, s'ils ont cette étendue de mur à couvrir, et qui ne les taillent que proportionnément aux vides qu'ils ont à remplir.

C'est autant la beauté que la précocité du fruit qu'on doit avoir en vue lorsqu'on prodigue ses soins à un arbre. Ceux que nous avons indiqués pour l'Abricotier, lorsque ses fruits approchent de la maturité, et qu'ils ont besoin d'acquérir du parfum et de la couleur, sont communs aux Pruniers, et peut-être leur sont-ils encore plus nécessaires. La trop grande quantité de fruits nuit à leur qualité, au point que des Prunes de Reine-Claude, vraies et excellentes, deviennent insipides ou de mauvais goût lorsqu'on en a laissé un trop grand nombre sur l'arbre.

On ne saurait trop recommander aux cultivateurs de Pruniers d'avoir l'attention de faire enlever les drageons que les racines fournissent trop abondamment, aussitôt qu'ils se présentent à la surface de la terre. Cette quantité de drageons empêche l'arbre de porter du fruit et entraîne souvent sa perte, en épuisant la sève. Rarement le Prunier venu de noyau, semé sur place ou qu'on a transplanté fort jeune, en lui conservant son pivot, produit des drageons; il est destiné à vivre plus long-tems; son tronc devient plus fort, sa tête plus belle; ses fruits même acquièrent un degré de perfection qui leur mérite toute préférence.

Nous avons dit que les Pruniers se plantaient en plein-vent, en demi-tige, et qu'ils devaient être conduits et taillés selon les règles. « Les plein-vent n'exigent que le » retranchement du bois mort, du faux bois et de certaines productions monstrueuses » de branches touffues qu'on nomme *Bouchons* : ceux, comme les Perdrigons, qui, » dans le climat de Paris, demandent l'espalier, et les espèces qui le méritent par la » bonté de leur fruit, y acquièrent plus de perfection, se plantent mieux à l'expo- » sition du levant ou du couchant qu'à celle du midi, où leurs fruits ont peine à nouer, » et sont un peu secs dans les années chaudes.

» Le Prunier se taille suivant les règles générales; mais il faut se souvenir que, » reperçant plus difficilement que la plupart des arbres fruitiers, il faut le conduire » de façon à éviter les ravalemens nécessaires après une taille trop longue, et les vides » qui suivent les retranchemens excessifs; que n'aimant pas l'abri, même les murs » d'espalier, il s'efforce de s'échapper et d'élever ses bourgeons vigoureux en plein » vent; et qu'ainsi il est nécessaire, pendant sa jeunesse et jusqu'à ce que sa fécondité » ait modéré son ardeur, de ravaler la taille précédente sur les moyennes branches, » de le charger de petites, même inutiles, de l'ébourgeonner peu, d'incliner les gros » jets; en un mot, de se contenter de le préserver de la confusion. Lorsqu'il sera » formé et en plein rapport, on le traitera suivant sa force et son état » DUHAMEL.

DUHAMEL dit encore, qu'au lieu d'arracher un vieux Prunier dont les branches sont usées ou mortes pour la plupart, on peut essayer, si la tige est saine, de le rajeunir en ravalant toutes les branches jusque sur le tronc, et même en les sciant à quatre ou cinq pouces de la greffe. Souvent un vieux tronc, ainsi traité, reperce des branches propres à le renouveler, et à former en peu de tems un bon arbre. De pareils essais peuvent se faire quand on a des quantités de Pruniers, et dans des endroits où il n'y a aucune symétrie ni décoration à entretenir; mais si l'arbre, sur lequel il faudrait pratiquer ces grandes amputations était dans un espace régulier, il vaudrait mieux l'arracher et en planter un autre, en renouvelant la terre.

Le Prunier est sujet aux mêmes maladies que les autres fruits à noyau. M. Le Berryais, de qui nous empruntons ces détails, désigne, sous le nom de *Jaunisse*, celle qui rend jaunes les feuilles, le liber et la moelle des bourgeons; il appelle *Rouille*, celle qui répand des taches rousses, saillantes et graveleuses sur les jeunes bourgeons et sur les feuilles. La *Brûlure*, la *Lèpre*, le *Blanc*, le *Meûnier*, sont les synonymes d'une maladie à laquelle les Pêchers sont fort sujets, surtout les Madeleines, et qui attaque quelquefois l'Abricotier et le Prunier; elle couvre les bourgeons et les fruits d'un duvet blanc farineux. C'est une espèce de maladie de la peau, qui se manifeste d'abord sur les dernières feuilles et les sommités des bourgeons, et s'étend successivement jusqu'à leur naissance. La *Gomme*, étant une maladie plus particulière aux arbres à fruit à noyau, peut les attaquer sur toutes les parties exposées à l'air, et dans toutes les saisons où leur sève est en mouvement. Elle consiste dans un dépôt de suc propre extravasé, qui se coagule, soit entre le bois et l'écorce, soit plus ordinairement sur les parties extérieures des arbres. Ses effets sont le dépérissement des branches qu'elle attaque, et leur mort, si on laisse à la Gomme le tems de les gangrener. Cette maladie, et la carie qu'elle occasionne, exigent qu'on nétoie souvent le Prunier.

M. Bosc, dans le Dictionnaire d'Agriculture, a fait mention de différentes espèces d'insectes qui nuisent aux Pruniers; mais celui qui leur occasionne le plus grand préjudice est le Haneton; il dévore leurs feuilles, et même il les en dépouille entièrement. Pour diminuer le mal autant qu'il est possible, on doit avoir soin de secouer l'arbre tous les jours, en choisissant pour cela l'heure où ces insectes sont ordinairement assoupis, ce qui arrive communément de dix heures du matin à quatre heures après midi, et de les écraser à fur et à mesure qu'ils tombent. Ces animaux exercent leurs ravages principalement pendant la nuit; les suites en sont d'autant plus funestes, que l'arbre restant dépouillé de ses feuilles, les fruits se dessèchent et tombent bientôt.

La cueillette des Prunes, pour conserver à ces fruits toute leur fleur et toute leur saveur, demande des soins, des précautions et des attentions, quand il s'agit des bonnes espèces. C'est le matin, avant le lever du soleil, qu'on doit faire le choix de celles qui paraissent les plus mûres. On évitera, en les cueillant, de les toucher, dans la crainte de les défleurir; c'est par le pédoncule seul qu'on doit les prendre pour les séparer de la branche. A mesure qu'on les cueille on doit les placer dans des corbeilles, sur des lits de feuilles de vigne; et lorsque les corbeilles sont remplies, les porter, sans les déranger, dans la fruiterie, où on les gardera de même un ou deux jours. Des Prunes ainsi ménagées conservent et acquièrent toute la qualité possible et sont ordinairement plus agréables à manger qu'au moment où on les cueille sur l'arbre. Quant aux espèces communes qu'on destine pour la consommation journalière des marchés, on est en usage de secouer les arbres et de ramasser le fruit qui tombe.

« C'est dans les départemens voisins de la Méditerranée, dit M. Bosc, même à Lyon, qu'il faut aller pour manger de bonnes Prunes. Les meilleures des environs de Paris sont sans saveur, auprès de celles de Marseille et de Montpellier ».

Le Prunier Mirobolan, qui est originaire de l'Amérique septentrionale, peut être employé dans les bosquets comme arbre d'ornement, à raison de la grande quantité de fleurs dont il se charge, et parce qu'il offre une variété à feuilles panachées.

« Depuis le commencement de juillet jusqu'à la fin d'octobre, les diverses espèces » de Prunes se succèdent. Plusieurs se mangent crues; presque toutes sont bonnes en

» compotes; les unes sont propres à faire des Pruneaux; d'autres se confisent entières,
» sans noyau ou avec le noyau. De la Dauphiné (Var. 60.), on fait une excellente
» marmelade, qui cependant a besoin d'être relevée. Les Prunes, par les différentes
» préparations qu'elles reçoivent dans les offices, paraissent sur les tables pendant
» toute l'année » DUHAMEL.

Les Prunes appaisent la soif, excitent l'appétit; elles sont émollientes, laxatives,
humectantes et rafraîchissantes; elles conviennent aux personnes robustes, dont le
témpéramment est bilieux ou sanguin; mais elles peuvent, au contraire, être nuisibles
à celles d'une constitution débile, chez lesquelles les organes de la digestion ont plus
besoin de toniques que de relâchans.

Toutes les variétés de Prunes qui paraissent sur les tables, seraient dans le cas
d'être employées à faire des Pruneaux; mais, dans les pays ou ce commerce se fait, il
y a des espèces privilégiées et plus particulièrement destinées à cet usage. Parmi celles
qu'on emploie le plus ordinairement, il faut compter le Gros-Damas de Tours (var. 26),
la Sainte-Catherine (var. 63), la Prune de Brignoles (var. 67), la Diaprée rouge
(var. 40), l'Impératrice violette (var. 45), la Reine-Claude (var. 60), la Quetsche
(var. 46). En Suisse, on fait d'excellens Pruneaux avec l'Ileverte (var. 72). On fabrique, à Rouen, des Pruneaux avec une espèce appelée dans le pays Prune d'Avoine,
mais ils n'ont pas le mérite de ceux faits avec la Quetsche, qu'on commence à
connaître et à estimer à Paris. Toutes ces sortes de Pruneaux sont les meilleures et les
plus recherchées; mais le peuple de divers départemens fait encore une grande consommation de petits Pruneaux, auxquels on donne vulgairement le nom de Pruneaux
noirs ou à médecine, et qui se préparent avec les Prunes de St.-Julien et avec les petites
espèces de Damas.

Les Pruneaux sont d'un usage trop général, pour que nous n'entrions pas dans
quelques détails sur les différentes manières de les préparer dans les divers pays où ils
ont acquis une réputation méritée. Le mémoire le plus moderne que nous ayons sur
la manière de préparer les Prunes à Brignoles, département du Var, est cité dans le
nouveau Dictionnaire d'Agriculture; il paraît que dans le seizième siècle, on suivait
les mêmes procédés, puisqu'OLIVIER DE SERRES en fait mention. Nous avons demandé
nous-mêmes des instructions à Brignoles, et elles ne nous ont présenté aucune
amélioration. Réunissant donc ces trois époques pour n'en former qu'une seule, nous
allons faire connaître les procédés par lesquels on a toujours obtenu, et on obtient
encore, ces excellens Pruneaux, connus dans le pays sous le nom de *Pistoles*. Les
procédés de Brignoles ne sont ni ceux de Tours, ni ceux d'Agen, où l'on ne fait que
de véritables Pruneaux, conservant leur peau et restant d'une couleur brune foncée,
tandis que les Prunes préparées à Brignoles, dépouillées de leur peau et de leur
noyau, sont d'une couleur beaucoup plus claire, presque blonde, et qu'elles forment
en quelque sorte une confiture sèche. La Prune qu'on emploie est très-voisine du
Perdrigon blanc C'est lorsque le fruit est bien mûr qu'on s'occupe de sa récolte; on
ne commence à le cueillir que lorsque le soleil a dissipé toute l'humidité de la fraîcheur
de la nuit, ou de la rosée du matin. On secoue légèrement l'arbre, les fruits les plus
mûrs se détachent et tombent sur des draps disposés au pied; on les ramasse avec précaution, on les dépose dans des corbeilles plates, sans les amonceler; ils sont portés
en cet état dans un endroit sec et frais; le lendemain, des femmes habituées à ce travail
enlèvent avec l'ongle du pouce la peau qui les couvre. «On ne se sert point d'instrument de fer, crainte, dit OLIVIER DE SERRES, que la rouille n'ensalisse le fruit». Les
ouvrières ont soin de tremper souvent leur mains dans l'eau. Les Prunes, ainsi dépouillées de leur peau, sont placées pendant quelques jours sur des claies et exposées

au soleil; on les enfile ensuite une à une, par la pointe, dans des baguettes ou bro-
chettes que l'on fiche, à mesure qu'elles sont garnies, à une assez grande distance les
unes des autres, dans des faisceaux de paille serrés, au sommet desquels on forme un
crochet, afin de pouvoir les suspendre à l'air libre, et dans un endroit où ils puissent
être bien exposés au soleil. On les rentre tous les soirs, et le quatrième ou cinquième
jour, on retire les Prunes des baguettes pour en chasser le noyau, opération qui se
fait en pressant le fruit, du côté de la base, entre le pouce et l'index. On rapproche
ensuite la pointe et la base vers le centre pour les arrondir, et on les remet encore sur
les claies pour achever leur parfaite dessication au soleil. Celles qui, après ces préparations, ne sont pas parfaitement blondes, sont mises au rebut; celles, au contraire, dans
lesquelles on est assuré qu'il ne reste aucune partie aqueuse qui pourrait les altérer,
sont arrangées artistement dans des boîtes de sapin et mises dans le commerce. Les
Prunes trop maigres, ou qui, après la première dessication, n'ont pas paru assez
belles pour figurer avec les *Pistoles*, sont laissées avec leurs noyaux; on achève de les
faire sécher au soleil, puis on les met en boîtes ou en paquets, et on les vend comme
Pruneaux de qualité inférieure. On imite parfaitement les procédés des Brignolais
à Digne et dans les environs; mais leurs *Pistoles* sont bien inférieures; aussi les
trouve-t-on dans le commerce à des prix plus modérés. On prépare encore, dans la
ci-devant Provence, des Pruneaux noirs qui naturellement restent bien fleuris, ce
qui est dû à l'ardeur du soleil, auquel on expose les fruits pour les sécher. La seule
attention que l'on a est de ne pas enlever la fleur que la nature leur a prodiguée.

Dans le nord de la France, les Pruneaux de Tours sont ceux qui jouissent de la
plus grande réputation; c'est dans un rayon de vingt lieues environ qu'on les prépare,
et c'est dans cette ville qu'on les apporte, parce que c'est le centre pour la distribution
dans le commerce. C'est à l'industrie et à l'art qu'est due cette belle apparence de
fleur ou poussière blanche qui les couvre, et que la nature conserve aux Pruneaux de
Provence. Les Procédés qu'on emploie à Tours sont assez différens de ceux de Brignoles, pour qu'il soit nécessaire de les faire connaître, et nous emprunterons pour cela
ce que M. DUTOUR en a dit dans le Nouveau Dictionnaire d'Histoire naturelle. «Parmi les
Prunes de *Sainte-Catherine*, on fait choix des plus belles pour les destiner au blanc.
On les cueille parfaitement mûres, ce qu'on reconnaît à leur couleur jaune foncée et
lorsqu'au moindre mouvement de l'arbre elles se détachent. Aussitôt qu'elles sont
ramassées, on les place sur des claies sans les entasser, et on les expose pendant plusieurs jours au soleil, jusqu'à ce qu'elles deviennent aussi molles que des Nèfles. Alors
on les met dans un four échauffé à un degré de chaleur tiède; la porte doit en être
exactement fermée : elles y restent vingt-quatre heures. Ce tems révolu, elles sont
retirées; on rechauffe le four à un degré de chaleur d'un quart en sus, et on y replace
les claies, sans avoir fait aucun autre changement. Le lendemain, on les ôte encore;
on remue les Prunes, c'est-à-dire qu'on les tourne en agitant légèrement les claies; elles
changent de côté. Après cette nouvelle préparation, le four est rechauffé pour la
troisième fois, mais encore avec un degré de chaleur supérieur d'un quart à la seconde
fois; on y place les Prunes sur les claies; vingt-quatre heures après on les retire et on
les laisse refroidir : elles sont alors parvenues à la moitié du degré de cuisson qu'elles
doivent acquérir lors de leur parfaite dessication.

» L'opération qui suit consiste à arrondir chaque Pruneau, à tourner le noyau de
travers, à donner au fruit une forme carrée, ce qui se fait en le pressant entre le
pouce et l'index. Quand cette opération est achevée on remet les claies au four échauffé
au degré qu'il conserve quand on en retire le pain, et bouché cette fois avec plus de
précaution, puisqu'il faut employer du mortier ou des herbes. Une heure après, on les

retire, et on ferme le four pendant deux heures, après y avoir placé un vase rempli d'eau. Lorsque l'eau est chaude au point qu'on peut y laisser le doigt, on rapporte les claies au four, toujours avec la précaution de le bien fermer, et elles y restent pendant vingt-quatre heures. Une des bonnes qualités des Pruneaux, c'est de n'être pas trop durs ; ceux qui sont un peu mous sont préférables. »

Le suc extrêmement sucré dont la majeure partie des Prunes est chargée, la facilité avec laquelle ce fruit entre en fermentation, ont porté à croire qu'on pourrait en faire une boisson qui, dans certains pays, suppléerait au vin; mais le résultat n'a jamais répondu à l'attente. Le suc muqueux dont ce fruit est surchargé ne permet pas qu'on puisse le conserver, surtout en été. On a essayé d'y parvenir, en y mêlant des Pommes, des Poires, des Sorbes, etc. Les principes astringens qui auraient pu concourir à sa conservation, n'ont produit qu'une espèce de cidre ou de poiré grossier. En Angleterre, où les cultivateurs sont généralement plus recherchés dans leur nourriture et leur boisson, on met les Prunes seules en fermentation, et lorsque le vin est fait, on y ajoute un peu de bière très-chargée de houblon. On dit que cette boisson est fort bonne et qu'on peut la conserver pendant assez long-tems.

Dans plusieurs provinces d'Allemagne, en Suisse, ainsi que dans la partie de la France que longe le Rhin, on tire du vin de Prunes une liqueur alcoolique, dont on fait une grande consommation en boisson et dans les arts. Elle est sans doute moins agréable au goût que l'eau-de-vie; mais quand elle a vieilli, elle est aussi recherchée de certaines personnes que le Kirschen-wasser. On l'appelle, en Allemagne et en Alsace, *Zwestchen-wasser*, du nom de la Prune avec laquelle on la fabrique le plus souvent.

La Prune est un des fruits que les Hongrois mettent en fermentation avec les Pommes, etc., pour en obtenir le *Raki*, qui est une boisson moins spiritueuse que l'eau-de-vie ; mais aussi moins enivrante et plus saine.

Nous avons dit, en parlant de l'Abricotier, que son fruit contenait beaucoup de matière sucrée, et qu'il serait peut-être possible d'en extraire du sucre. Personne, que nous sachions, n'a encore essayé de vérifier ce que nous avons avancé au sujet de l'Abricot; mais ce qui prouve par analogie que nous ne nous sommes pas trompés dans notre conjecture, c'est que différens chimistes viennent, après quelques essais, de réussir à retirer des Prunes un sucre qui, par sa cristallisation, sa couleur et sa saveur, ressemble beaucoup au sucre des Colonies. M. Bornneberg, chimiste à Strasbourg, a fait connaître le premier, par une notice insérée dans un journal, les résultats heureux qu'il avait obtenus à ce sujet. « Depuis quelques années, dit-il, nos savans font des expériences sur les divers fruits ou végétaux qui contiennent du sucre; l'abondance des fruits à noyau m'a mis cette année à même de pousser mes recherches sur ces fruits : la Prune dite *Quastche*, en allemand *Zwestchen*, m'a donné les résultats les plus avantageux, et j'en ai extrait un sucre d'un goût excellent, ayant là blancheur du sucre ordinaire d'Orléans, et aussi bien cristallisé. La Quastche est fort peu connue à Paris; mais l'Alsace, la Lorraine, le Pays-Messin et la Franche-Comté en produisent beaucoup : ce fruit est très-commun dans le Wurtemberg et dans le pays de Saltzbourg. On en tire une liqueur qui approche du Kirschen-wasser. Il est rare que la livre de Quastche coûte plus de deux sous; sur douze livres on retire une livre de sucre cristallisé. Le procédé est à peu près le même que pour la fabrication du sucre de moût de raisin; la différence consiste à enlever la peau de la Prune, ce qui se fait en échaudant le fruit : on en ôte ensuite le noyau, puis on remet le fruit dans une grande chaudière avec deux fois autant d'eau : on le réduit, par ce procédé, en une pâte visqueuse, dont on obtient un sirop au moyen de la presse, comme on extrait l'huile lorsqu'on fait des pains de chenevis : l'opération est, du reste, la même que pour le moût de raisin ».

Les expériences et les essais de M. BÖRNNEBERG se trouvent confirmés par ceux de MM. LUDERSEN, docteur en médecine, et HEYDECK, pharmacien à Brunswick, dans le royaume de Westphalie. Les recherches que ces chimistes paraissent avoir faites à peu près dans le même tems que le chimiste de Strasbourg, ont eu aussi tout le succès possible. D'après des expériences répétées et une opération bien calculée, vingt-quatre livres de Prunes, y compris les noyaux, dont on peut également tirer parti dans la fabrication, et qui pesaient quatre livres et demie, ont fourni deux livres de sucre, six livres de sirop et deux pintes d'eau-de-vie, quoique les Prunes, par les contrariétés de la saison, n'eussent pas atteint leur maturité naturelle. Moyennant les procédés économiques employés par M. HEYDECK, il croit que le sucre de Prunes reviendrait tout au plus à trente sous, et que le sirop pourrait être donné à moitié moins; il ne dit pas d'ailleurs quelle sorte de Prune il a employée; il est probable que c'est la Zwestchen, qui est l'espèce la plus répandue en Allemagne.

Si les premiers essais que l'on a faits sur une seule sorte de Prune ont été si heureux, s'ils ont fourni un sucre aussi bon et aussi beau que celui qu'on retire de la canne des Colonies (*Saccharum officinarum, L.*), ne pourrait-on pas espérer d'obtenir des résultats encore plus avantageux en employant la Mirabelle, le Perdrigon blanc, la Reine-Claude et autres espèces, qui sont infiniment plus sucrées que la Quastche ? Mais il faudrait avoir, dès à présent, de grandes plantations de ces Pruniers; c'est ce qu'on n'a pas, et avant douze ou quinze ans on ne peut pas espérer de voir en bon rapport ceux qu'on planterait maintenant. Un autre inconvénient encore plus grave, qui nuira toujours beaucoup à la fabrication du sucre de Prunes, c'est que, excepté dans quelques départemens du midi de la France, la récolte des Pruniers n'est pas du tout certaine : leurs fleurs craignent beaucoup le froid; et il n'est que trop commun à Paris, par exemple, de voir des années où les gelées tardives survenues au mois d'avril ou au commencement de mai, nous privent entièrement de leurs fruits.

Le bois du Prunier est dur, veiné d'une belle couleur rougeâtre; il prend un beau poli. On lui donne le nom de *Satiné de France* ou de *Satiné bâtard*. Les tourneurs en font assez d'usage; ils l'emploient pour faire des rouets, des chaises légères et différens autres ouvrages, qui, dans leur genre, sont fort jolis et assez solides. Les tabletiers et les ébénistes s'en servent aussi; mais il a besoin d'être bien sec, car il se tourmente et se fend assez aisément. Pour lui donner et lui conserver une belle couleur rouge qu'il prend facilement, il faut le faire bouillir dans une lessive ou dans de l'eau de chaux. Sa pesanteur spécifique est de cinquante-deux livres par pied cube.

EXPLICATION DES PLANCHES.

PL. 53. Fig. 1. Un rameau du Prunier de la Chine avec des fruits. A. Un fruit coupé horizontalement. B. Le noyau vu séparément. Fig. 2. Un rameau du Prunier couché, de grandeur naturelle. C. Une fleur entière vue à la loupe. D. Le calice vu de même et fendu dans le sens de sa longueur pour faire voir les étamines. E. L'ovaire et le style, grossis.

PL. 54. Fig. 1. Un rameau du Prunier épineux. A. La fleur entière. B. Le calice et les étamines. C. Le pistil. D. Le fruit coupé horizontalement. E. Le noyau. Fig. 2. Un rameau du Prunier de Saint-Julien, avec des fruits.

PL. 55. Fig. 1. La Prune sans noyau. Fig. 4. Une coupe horizontale du même fruit, et son amande vue séparément. Fig. 2. La Diaprée violette vue avec son noyau, ainsi que les suivantes. Fig. 3. La Prune de Vacances. Fig. 5. Le Damas de Provence hâtif. Fig. 6. Le Perdrigon hâtif. Fig. 7. La Grosse-Noire de Montreuil. Fig. 8. La Prune de Monsieur. Fig. 9. Le Damas violet. Fig. 10. La Prune précoce de Tours. Fig. 11. La Prune Abricot rouge.

PL. 56. Fig. 1. La Prune de Chypre avec son noyau vu séparément. Fig. 2. La Prune de Jérusalem avec son noyau, ainsi que les suivantes. Fig. 3. Le Perdrigon normand. Fig. 4. Le Damas d'Espagne. Fig. 5. La Prune virginale rouge. Fig. 6. La Zwestchen, Quastche ou Couetche. Fig. 7. Le Damas d'Italie. Fig. 8. Le Petit Damas rouge. Fig. 9. La Prune de Saint-Julien. Fig. 10. L'Impériale violette.

PL. 57. Fig. 1. A. La fleur; B. le calice, les étamines et le pistil; C. l'ovaire; D. le fruit; E. le noyau du Prunier de Mirobolan. Fig. 2. Un rameau de la Reine-Claude violette avec des fruits.

PL. 58. Fig. 1. Le Gros-Damas rouge tardif avec son noyau vu séparément Fig. 2. La Prune Suisse. Fig. 3. Le Petit Saint-Julien. Fig. 4. Le Damas noir tardif. Fig. 5. La Prune Cerisette. Fig. 6. La Prune tardive de Châlons. Fig. 7. La Prune de Saint-Martin rouge. Fig. 8. Le Damas musqué. Fig. 9. La Prune Royale. Fig. 10. Le Perdrigon violet. Fig. 11. La Prune royale de Tours.

PL. 59. Un rameau du Prunier de Briançon. A. Un fruit coupé verticalement et laissant voir le noyau. B. Un fruit entier.

PL. 60. Fig. 1. La Petite Reine-Claude. Fig. 2. La Prune à fleurs semi-doubles. Fig. 3. La Jaune hâtive. Fig. 4. La Bricette. Fig. 5. L'Ileverte. Fig. 6. L'Impératrice blanche. Fig. 7. Le Petit Damas blanc. Fig. 8. La Mirabelle. Fig. 9. Le Drap d'Or. Fig. 10. L'Abricotée blanche. Fig. 11. La Prune mouchetée. Fig. 12. La Prune de Deux-Saisons.

PL. 61. Un rameau du Prunier de Sainte-Catherine avec des fruits. A. Une fleur entière. B. Un fruit coupé horizontalement. C. Un noyau vu séparément.

PL. 62. Fig. 1. La Prune Virginale blanche. Fig. 2. La Reine-Claude. Fig. 3. Le Damas Dronet. Fig. 4. L'Abricotée de Tours. Fig. 5. La Diaprée blanche. Fig 6. La Dame-Aubert jaune.

PERSICA.　　　　PÊCHER.

AMYGDALUS. Linn. Classe XII. *Icosandrie.* Ordre I. *Monogynie.*
AMYGDALUS. Juss. Classe XIV. *Dicotylédones polypétales. Étamines insérées sur le calice.* Ordre X. Les Rosacées. §. VII. Un ovaire libre, se changeant en un drupe dont le noyau contient une ou deux semences.

GENRE.

CALICE.　　D'une seule pièce, caduc, tubulé inférieurement, évasé en sa partie supérieure et partagé en cinq découpures obtuses.

COROLLE.　　De cinq pétales ovales oblongs, ou ovales arrondis, insérés sur le calice et dans l'échancrure de ses divisions.

ÉTAMINES.　　Au nombre de vingt à trente, attachées aux parois internes du calice dans la partie supérieure du tube : leurs filamens sont filiformes, un peu courbés inférieurement; ils portent à leur sommet des anthères ovales.

PISTIL.　　Un ovaire libre, globuleux, surmonté d'un style simple, cylindrique, à-peu-près de la même longueur que les étamines, et terminé par un stigmate en tête.

PÉRICARPE.　　Un drupe globuleux, charnu, succulent, glabre ou cotonneux, contenant un noyau ovale, crevassé, dans lequel sont renfermées une ou deux semences.

Caractère essentiel. Calice monophylle, à cinq découpures. Corolle de cinq pétales. Vingt à trente étamines insérées sur le calice. Un style. Un drupe charnu, contenant un noyau crevassé.

Rapports naturels. Le Pêcher a les plus grands rapports avec l'Amandier, comme il a déjà été dit tome IV, page 109 de cet ouvrage. La seule différence qui existe entre ces deux arbres est dans la forme et la consistance de leur fruit. Celui du premier est un drupe charnu, plein de suc, d'une saveur agréable, dont le noyau est marqué de sillons et de crevasses profondes s'anastomosant irrégulièrement les uns avec les autres. Le drupe de l'Amandier, au contraire, est sec et coriace; le noyau qu'il contient est lisse, seulement parsemé de points ou pores épars.

Étymologie. Le nom de *Persica* donné au Pêcher, lui vient de ce qu'il est originaire de la Perse.

ESPÈCES.

1. PERSICA vulgaris. *Tab.* 65-72.
P. *foliis alternis, petiolatis, lanceolatis, serratis, glabris; floribus sessilibus, solitariis geminatisve; fructibus globosis, succulentis.*

PÊCHER commun. *Pl.* 65-72.
P. à feuilles alternes, pétiolées, lancéolées, dentées en scie, glabres; à fleurs sessiles, solitaires ou deux à deux; à fruits globuleux, succulens.

PERSICA vulgaris. Mill. Dict. n. 1. Decand. Fl. Fr. n. 3794.
PERSICA Plin. lib. 15. cap. 12. Tournef. Inst. 624. Duham. Arb. et Arbust. 2. p. 105.
PERSICA Malus. Matth. Valgr. 241.

Arbre fruitiers. T. I.　　　　　　　　　　　　　　G g g

MALUS PERSICA. Dod. Pempt. 796. J. Bauh. Hist. 1. lib. 2. pag. 157. Bauh. Pin. 439. Rai. Hist. pag. 1515.

AMYGDALUS PERSICA. Lin. Sp. 676. Lam. Dict. Enc. 1. pag. 98. Wild. Sp. 2. pag. 982.

α. Persica fructu villoso ; carne molli, nucleo non adhærenti.

β. Persica fructu villoso; carne durá, nucleo adhærenti.

γ. Persica fructu lævi ; carne molli, nucleo non adhærenti.

δ. Persica fructu lævi ; carne durá, nucleo adhærenti.

Le Pêcher est un arbre qui, naturellement, s'élève peu et qui formerait plutôt un buisson qu'un arbre à haute tige, si, lorsqu'on veut l'élever à plein vent, on ne retranchait toutes ses branches inférieures, qui sont très-nombreuses quand on les laisse croître en liberté. Son tronc est revêtu d'une écorce brunâtre, et ses jeunes rameaux sont lisses, verts ou souvent rougeâtres, surtout du côté du soleil. Les feuilles sont alternes, simples, lancéolées, étroites, longues de deux à six pouces, glabres, d'un vert gai, dentées en scie, aiguës, portées sur de courts pétioles, et, dans beaucoup de variétés, munies de glandes à leur base. Elles sont accompagnées, à l'origine de leur pétiole, de deux stipules linéaires, profondément dentées, caduques, ne durant guère que pendant la jeunesse des feuilles, et tombant peu de tems après leur parfait développement. Dans les variétés qui sont munies de glandes, celles-ci affectent deux formes régulières ; les unes sont presque globuleuses ou arrondies, petites en général ; les autres, presque toujours une fois plus grandes que les premières, paraissent creusées ou ayant une petite cavité dans leur centre, et elles sont moins régulières. M. Desprez qui, le premier, a observé les différentes glandes des Pêchers, a nommé celles-ci glandes réniformes. Le nombre des glandes varie de deux à cinq ou six sur les feuilles dont le caractère est d'en avoir ; mais leur forme, leur présence ou leur absence sont toujours constantes sur le même arbre, et même sur tous les arbres d'une même variété. Les fleurs s'épanouissent avant les feuilles ; elles sont situées sur les rameaux d'un an, à la place qu'occupaient les feuilles de l'année précédente, et sont sessiles ; elles sortent une à une, rarement deux à deux de chaque bouton, et ces boutons sont souvent solitaires, quelquefois groupés deux à deux, très-rarement trois ensemble. A côté du bouton à fleur est toujours un bourgeon à bois, qui, avant la fleuraison, ne se distingue qu'imparfaitement du bouton à fleur, et seulement parce qu'il est un peu pointu et que l'autre est plus arrondi. La fleur, avant son épanouissement, est enveloppée dans quelques écailles roussâtres qu'on observe encore à la base du calice lorsque la corolle est ouverte, mais qui tombent bientôt après la fécondation. Le Calice, dans toutes les variétés, n'offre pas de différence remarquable ; il est toujours tubulé dans sa moitié inférieure, légèrement évasé, à peine campanulé; sa moitié supérieure s'étale horizontalement et est découpée en cinq parties obtuses, arrondies, plus ou moins pubescentes extérieurement. La corolle, composée de cinq pétales, est très-sujette à varier pour la grandeur, depuis six lignes jusqu'à dix-huit de diamètre, et pour l'intensité de sa couleur, qui est tantôt d'un rose très-pâle, souvent d'un beau rose et quelquefois d'un rose très-foncé, presque rouge. Dans plusieurs variétés, et en général celles-là sont les plus nombreuses, les pétales sont petits et ovales allongés ; dans d'autres ils sont grands, ovales arrondis ou presque ronds : les uns et les autres s'insèrent sur le calice dans l'échancrure de ses divisions et par un onglet court. La différence essentielle qui caractérise les Pêchers à grandes fleurs et les Pêchers à petites ou à moyennes fleurs, c'est que, dans ceux qu'on peut appeler à grandes fleurs, les pétales étant arrondis, aussi larges que longs, ils recouvrent les divisions du calice et ne les laissent point apercevoir; tandis que dans les petites fleurs ou les moyennes, les pétales étant en général beaucoup plus courts et d'ailleurs plus longs que larges, ils laissent les divisions du calice à découvert. Les pétales sont plus ou moins creusés en cuiller, et cette forme est surtout très-sensible dans les petites et les moyennes fleurs; ils sont toujours entiers en leur bord. Les étamines sont généralement de la même longueur dans toutes les variétés; mais les pétales variant de grandeur, elles sont plus longues que la corolle dans les petites fleurs, et égales ou plus courtes que celle-ci dans les grandes fleurs; leurs filamens sont filiformes, blancs ou roses, selon les variétés, insérés sur le bord du tube du calice, et sur deux rangs; ils font une petite courbure dans leur partie inférieure, comme pour former une voûte au dessus de l'ovaire et le défendre; ils se redressent ensuite pour se grouper autour du style, et sont terminés à leur sommet par des anthères ovales, à deux loges qui s'ouvrent longitudinalement. Le pistil, à-peu-près de la même longueur que les étamines, est composé d'un ovaire arrondi, placé au fond du calice où il est libre, pubescent ou glabre, selon les variétés; il est surmonté d'un style cylindrique, filiforme, terminé par un stigmate en tête. Les fruits, connus sous le nom de Pêches, sont, dans leur maturité, des drupes globuleux, charnus, succulens, dont la pulpe, très-agréable à manger, recouvre un noyau ligneux, très-dur, ovale, crevassé et profondément sillonné à sa surface, renfermant une à deux semences ou amandes oléagineuses, le plus souvent amères.

La peau qui recouvre les Pêches est, selon les variétés, ou entièrement couverte de duvet, ou, en étant dépourvue, elle est totalement lisse. Cette différence, qui paraît d'abord fort grande au premier aspect, a porté M. DECANDOLLE à faire, dans sa *Flore Française*, deux espèces dans le genre Pêcher; mais comme la peau veloutée ou la peau lisse est absolument le seul caractère qui les distingue, et que les arbres ne diffèrent d'ailleurs en aucune manière, ni par la forme des feuilles, ni par celles des fleurs, je ne crois pas qu'il soit encore assez prouvé que cette seule différence est suffisante pour décider que les Pêchers à fruit lisse constituent une autre espèce naturelle que les Pêchers à fruit velouté, et je les considérerai seulement comme deux races dues à la culture. Ces deux races principales se divisent en deux autres, d'après la considération de la chair fondante se séparant du noyau, et d'après celle de la chair ferme adhérente au noyau; enfin chacune de ces races se subdivise encore en variétés secondaires, que les jardiniers et les cultivateurs nomment vulgairement espèces; mais qui, comme on le voit, sont loin d'être des espèces naturelles, et si je leur donne quelquefois ce nom, ce n'est que pour me conformer à l'usage et être entendu des cultivateurs.

* *Fruits dont la peau est couverte de duvet et dont la chair fondante se sépare facilement du noyau :* PÊCHES *proprement dites.*

Var. 1. PÊCHER d'Ispaham. Pl. 65. THOUIN, Annal. du Mus. vol. 8. pag. 425 et suiv.
Persica foliis eglandulosis, floribus magnis; fructu parvo, villoso, flavescente; carne molli, albâ, nucleo non adhærenti.

Ce Pêcher est un arbrisseau de dix à douze pieds de haut, formant un buisson arrondi, touffu; ses feuilles sont alternes, lancéolées, longues de un à deux pouces, lisses, d'un vert gai en dessus, d'un vert plus pâle en dessous, dentées en scies, portées sur de courts pétioles, et dépourvues de glandes. Les fleurs, quoique n'ayant que douze à treize lignes de diamètre, doivent être rangées parmi les grandes fleurs, à cause de la forme des pétales qui sont arrondis : leur couleur est d'un rose tendre. Les fruits sont presque sphériques, marqués, sur un de leurs côtés, d'un sillon profond; ils ont depuis trois pouces jusqu'à trois pouces neuf lignes de circonférence, dans le sens de leur largeur, et autant de hauteur. Leur peau, couverte de duvet et adhérente à la chair, est d'abord verdâtre, puis jaune pâle dans le tems de la maturité, avec une légère teinte de rouge obscur du côté du soleil. La chair est blanche, un peu rougeâtre près du noyau, fondante, abondante en eau sucrée, d'une saveur vineuse et agréable au goût : elle se sépare facilement du noyau. Celui-ci est presque rond en sa circonférence, obtus à sa base, terminé à son sommet par une pointe aiguë. Ce Pêcher a des rapports avec l'Avant-Pêche blanche ; mais celle-ci mûrit deux mois plutôt, et ses feuilles sont quatre fois plus grandes.

Ce Pêcher a été trouvé par MM. BRUGUIÈRE et OLIVIER, lors de leur voyage en Perse, dans les jardins d'Ispahan, où il se rencontre fréquemment abandonné à la nature, sans que l'art de la greffe ou de la taille ait jamais perfectionné ses produits. On le cultive aujourd'hui au Jardin des Plantes de Paris, de noyaux rapportés par M. OLIVIER. Ceux que ce voyageur rapporta, au nombre de cinq, furent semés à la fin de l'hiver de 1800, et il n'en germa que trois au printems de la seconde année (1801). Les arbres qui en sont provenus n'ont rapporté du fruit, pour la première fois, qu'en 1806, les premières fleurs, qui avaient paru dès l'année 1805, ayant été gelées. Le changement de climat n'a encore modifié les fruits de ce Pêcher qu'en changeant l'époque de leur maturité, car c'était au mois de novembre que MM. BRUGUIÈRE et OLIVIER en avaient mangé dans les jardins d'Ispahan, pendant que les premiers qu'on ait vus à Paris ont été mûrs le 12 septembre 1806. Ce changement dans l'ordre de la maturité est d'autant plus étonnant que la latitude d'Ispahan est de seize degrés plus méridionale que celle de Paris ; qu'il y fait par conséquent beaucoup plus chaud que dans cette dernière ville, et que tous les fruits en général doivent y mûrir plutôt.

Var. 2. AVANT-PÊCHE blanche. Pl. 72. Fig. 2. DUHAM. Arb. Fr. 2. pag. 5. pl. 2.
Persica flore magno; fructu parvo, villoso, albido, apice mamillato; carne molli, albâ, nucleo subadhærenti.

Les fleurs de ce Pêcher sont assez grandes, d'une couleur rose très-pâle ou presque blanche. Ses fruits sont très-petits, n'ayant pas plus d'un pouce de diamètre et de hauteur ; ils sont, sur un côté, marqués d'un sillon très-profond et s'étendant depuis leur base jusqu'à leur sommet, qui est terminé par un petit mamelon pointu ; leur peau est fine, couverte de duvet, blanchâtre partout : il est très-rare qu'elle se colore d'un peu de rouge, même du côté du soleil, à moins qu'il ne fasse de grandes chaleurs dans le tems de la maturité du fruit. La chair est blanche, même auprès du noyau, succulente, pleine d'une eau très-sucrée et ayant un parfum musqué qui la rend fort agréable. Le noyau est petit, blanchâtre ou légèrement coloré, un peu adhérent à la chair. Cette Pêche est la plus hâtive; elle mûrit dès le commencement de juillet : les fourmis en sont très-avides.

Var. 3. AVANT-PÊCHE rouge. Pl. 72. Fig. 1.
AVANT-PÊCHE rouge, AVANT-PÊCHE de Troyes. DUHAM. Arb. Fr. 2. pag. 7. pl. 3.
Persica flore magno; fructu parvo, villoso, ad solem rubente, apice umbilicato; carne molli, albâ, nucleo subadhærenti.

Ce Pêcher a les fleurs grandes et couleur de rose. Ses fruits sont plus gros que ceux du précédent ; ils ont quinze à seize lignes de diamètre, sur treize à quatorze lignes de hauteur : le sillon longitudinal qui les divise d'un côté, suivant la hauteur, est peu profond, et il est rare qu'ils soient terminés par un mamelon; mais il y a deux petits enfoncemens à la place que celui-ci pourrait occuper. Leur peau, couverte de duvet, est d'un jaune pâle du côté de l'ombre, et colorée d'un rouge vif du côté du soleil. Leur chair est blanche, fondante, un peu teinte de rouge sous la peau du côté du soleil, mais sans aucuns filets rouges auprès du noyau; elle est pleine d'une eau qui a une saveur sucrée et musquée. Le noyau a sept lignes de hauteur, sur six lignes de diamètre et cinq lignes d'épaisseur; il se sépare ordinairement de la chair assez facilement, d'autrefois il ne s'en détache qu'avec beaucoup de peine. L'Avant-Pêche rouge mûrit à la fin de juillet ou au commencement d'août : les fourmis et les perce-oreilles en sont très-friands.

Var. 4. PÊCHE Petite-Mignonne.
Double de Troyes, PÊCHE de Troyes, Petite-Mignonne. Duham. Arb. Fr. 2. pag. 8. pl. 4.
Persica foliorum glandulis reniformibus; flore parvo; fructu villoso, parvo, apice submamillato, ad solem rubente; carne molli, albâ, nucleo non adhærenti.

La Petite-Mignonne, outre qu'elle est plus grosse que l'Avant-Pêche rouge, s'en distingue encore par ses petites fleurs d'un rose très-pâle, qui n'ont que huit lignes à huit lignes et demie de diamètre. Ses feuilles sont munies à leur base de glandes réniformes; ses fruits ont dix-sept à dix-huit lignes de diamètre, et ils ont ordinairement à-peu-près autant de hauteur; un de leurs côtés est marqué d'un sillon longitudinal peu prononcé, et leur sommet est terminé par un très-petit mamelon. La peau de ces fruits est fine, chargée de duvet, teinte de rouge du côté du soleil, blanchâtre dans le reste de son étendue ou quelquefois plus ou moins tiquetée de points rouges. Leur chair est blanche, médiocrement fondante, un peu sucrée et assez bien parfumée; elle quitte le noyau facilement. Celui-ci est blanchâtre ou d'un rouge brun très-clair; il n'a que huit lignes de haut, sur six de large et cinq d'épaisseur. La Petite-Mignonne est une des premières Pêches mûres; dans les années hâtives, on peut en manger à la fin de juillet; dans les années ordinaires, elle mûrit à la mi-août.

Var. 5. PÊCHE jaune. Pl. 69. Fig. 1.
ALBERGE jaune, PÊCHE jaune. Duham. Arb. Fr. 2. pag. 10. pl. 5.
Persica foliorum glandulis rotundatis; flore parvo; fructu magno, villoso, apice umbilicato submamillatoque, flavo, ad solem saturatè purpureo; carne molli, flavescente, nucleo non adhærenti.

Les fleurs de ce Pêcher sont d'un rose tendre; elles sont petites, n'ayant que dix lignes de diamètre. Ses feuilles sont munies à leur base de glandes arrondies. Ses fruits ont vingt-quatre lignes de hauteur, sur vingt-six ou vingt-sept lignes de diamètre, quelquefois ils sont plus petits d'un quart dans toutes leurs proportions; ils sont couverts d'une peau veloutée, d'une couleur pourpre foncé du côté du soleil et souvent dans plus de la moitié de leur étendue, jaune dans la partie qui est à l'ombre, mais ordinairement toute tiquetée de points rouges : cette peau se détache facilement de la chair. Quant à la forme, les fruits n'ont rien de bien particulier, si ce n'est que le sillon longitudinal est ordinairement très-marqué, encore un peu sensible du côté opposé, et que leur sommet est un peu enfoncé et souvent chargé d'un très-petit mamelon à peine saillant. Leur chair est jaune partout, excepté autour du noyau où elle est d'un rouge assez foncé; elle est d'ailleurs fondante, abondante en eau sucrée et vineuse d'un goût fort agréable. Le noyau quitte assez bien la chair; il est d'un rouge brun, peu allongé, ayant neuf lignes de large, sur onze lignes de hauteur ; il est terminé par une pointe souvent très-courte. La Pêche jaune mûrit à la fin d'août ou au commencement de septembre.

L'espèce que je viens de décrire est sujette à varier pour la grosseur, et c'est sans doute ce qui a donné lieu à Duhamel de distinguer une variété sous le nom de *Rossanne* ; mais je crois que celle-ci et la Pêche jaune ne sont qu'une seule et même espèce dont les fruits deviennent plus ou moins gros, selon la vigueur des arbres et la nature du sol.

Var. 6. AVANT-PÊCHE jaune. Duham. Arb. Fr. 2. pag. 9.
Persica flore parvo ; fructu villoso, parvo, flavo, ad solem saturate purpureo, apice ma-millato ; carne molli, flavescente.

Cette Pêche se distingue de la précédente, parce qu'elle est beaucoup plus petite et qu'elle mûrit plutôt ; mais ses fleurs et ses feuilles ne sont pas diffé-rentes. Elle a environ seize lignes de diamètre, sur dix-sept lignes de hauteur. Elle est divisée par un sillon longitudinal peu profond, et elle est terminée par un gros mamelon pointu et recourbé ; sa peau, couverte d'un duvet épais, est jaune du côté de l'ombre, colorée d'un rouge foncé du côté exposé au soleil ; sa chair est fondante, d'un beau jaune doré, teinte de rouge autour du noyau, et d'une saveur sucrée. Le noyau est d'un rouge brun, terminé par une pointe obtuse ; il a environ sept lignes de haut, sur six de large. Dans les années très-hâtives, ce fruit mûrit dès la fin de juillet : on le mange ordinairement vers le milieu d'août.

Var. 7. PÊCHE Grosse-Mignonne. Pl. 71.
MIGNONNE, Grosse-Mignonne, Veloutée de Merlet. Duham. Arb. Fr. 2. pag. 18. pl. 10.
Persica foliorum glandulis rotundatis ; flore amplo ; fructu magno, villoso, apice um-bilicato, ad solem rubente ; carne molli, albâ, nucleo non adhærenti.

Les fleurs de ce Pêcher sont d'un rose tendre et des plus grandes de ce genre, puisqu'elle ont dix-sept à dix-huit lignes de diamètre. Ses feuilles sont munies de glandes arrondies. Ses fruits sont fort beaux ; leur diamètre est communément de vingt-huit lignes et leur hauteur de vingt-cinq ; mais on en trouve qui ont vingt-sept lignes de hauteur, sur trente de diamètre et même davantage. La forme de la Pêche n'a d'ailleurs rien de particulier, si ce n'est que la gouttière longitudinale qui partage ce fruit sur un de ses côtés, est moins marquée que dans plusieurs autres espèces, et que le sommet est au contraire creusé d'une cavité en sillon profond. Sa peau est fine, couverte de duvet ; elle se détache facilement de la chair ; elle est colorée d'un rouge foncé du côté exposé au soleil, d'un vert clair tirant sur le jaune du côté qui reste à l'ombre, et toute tiquetée, en cette partie, d'une grande quantité de points rougeâtres. Sa chair est blanche, excepté auprès du noyau où elle est un peu couleur de rose, d'ailleurs délicate, succulente, fondante, pleine d'une eau d'une saveur sucrée, relevée et vineuse. Le noyau a treize à quatorze lignes de long ; il est d'un brun rouge, se sépare facilement de la chair, et n'en retient que quelques lambeaux attachés dans ses anfractuosités. La Grosse-Mignonne mûrit ordinairement vers la fin d'août ou au commencement de septembre. C'est une bonne espèce à cultiver : l'arbre donne communément beaucoup de fruit.

Var. 8. PÊCHE Mignonne tardive. Pl. 66. Fig. 1.
Persica foliorum glandulis reniformibus ; flore amplo ; fructu magno, villoso, apice sub-mamillato, ad solem rubente ; carne molli, albâ, nucleo non adhærenti.
Cette Pêche ressemble beaucoup à la Grosse-Mignonne ; l'arbre, comme celui de

cette espèce, produit de grandes fleurs d'un rose tendre, qui ont dix-sept à dix-huit lignes de diamètre ; la différence essentielle est dans les glandes des feuilles, qui sont réniformes au lieu d'être globuleuses, et dans le fruit, qui n'est pas creusé à son sommet d'une manière sensible, mais qui est terminé par un mamelon bien distinct, quoique très-petit. Le fruit est d'une belle grosseur, il a vingt-six à trente lignes dans son plus grand diamètre, sur vingt-cinq à vingt-huit lignes de hauteur ; sa chair est blanche, un peu colorée en rouge autour du noyau, très-fondante, pleine d'une eau d'une saveur sucrée, relevée, vineuse et aussi agréable que celle de la Grosse-Mignonne. Le noyau se sépare assez facilement de la chair ; il est d'un rouge brun, haut de quatorze lignes ou un peu plus, et large de neuf dans son plus grand diamètre. Cette Pêche est un excellent fruit ; elle mûrit dans les premiers jours de septembre, quelquefois dès la fin d'août si l'année est hâtive, mais toujours huit ou dix jours après la Grosse-Mignonne. On la cultive au Jardin des Plantes.

Var. 9. PÊCHE Transparente-Ronde.
Persica foliorum glandulis reniformibus ; flore magno ; fructu medio, villoso, apice um-bilicato, ad solem rubente ; carne molli, albá, nucleo non adhærenti.

Ce Pêcher a les fleurs d'un beau rose, de quinze lignes de diamètre ou environ, et les feuilles munies de glandes réniformes. Ce dernier caractère le distingue surtout de la Grosse-Mignonne ; car le fruit diffère peu de cette dernière, si ce n'est par la grosseur ; il n'a que vingt-deux à vingt-trois lignes de hauteur, sur deux pouces au plus de diamètre : sa forme, sa couleur et sa saveur n'offrent pas d'ailleurs de différence sensible. Le noyau est plus allongé proportionnellement à la grosseur du fruit ; il a treize à quatorze lignes de hauteur, y compris une pointe particulière, ordinairement très-saillante, sur neuf à dix lignes dans son plus grand diamètre : il se rétrécit d'une manière sensible à sa base. On cultive cette Pêche au Jardin des Plantes. Elle mûrit à la fin d'août ou au commencement de septembre.

Var. 10. PÊCHE Madeleine blanche. Pl. 69. Fig. 2.
MADELEINE blanche. Duham. Arb. Fr. 2. pag. 11. pl. 6.
Persica foliorum glandulis nullis ; flore amplo ; fructu submagno, villoso, pallido, sub-mamillato ; carne molli, albá, nucleo non adhærenti.

Les fleurs de ce Pêcher sont d'un rose tendre, larges de quatorze à quinze lignes ; ses feuilles sont dépourvues de glandes. Le fruit a vingt-trois à vingt-quatre lignes de hauteur, sur vingt-cinq à vingt-sept dans son plus grand diamètre ; il est recouvert d'une peau veloutée, blanchâtre presque dans toute son étendue, seulement tiquetée de points rougeâtres du côté du soleil. Le sillon longitudinal qui sépare ce fruit, très-peu marqué sur l'un des côtés, devient plus sensible au sommet, et cette partie est chargée d'une très-petite pointe qui est le reste du style : cette pointe ne forme pas de mamelon bien prononcé. La chair est blanche, fondante, succulente, délicate, abondante en eau sucrée, musquée et d'un goût relevé. Le noyau est petit, selon Duhamel ; mais je l'ai au contraire souvent trouvé gros pour le volume du fruit ; il avait dans plusieurs Pêches quatorze lignes de hauteur, sur onze à onze lignes et demie dans son plus grand diamètre, et la partie vers la pointe était beaucoup renflée, tandis que la base était bien plus étroite. Cette Pêche mûrit du quinze août à la fin de ce mois.
La petite Madeleine blanche ne diffère que parce que son fruit est moins gros,

qu'il est creusé, à son sommet, d'un enfoncement très-sensible, et que sa peau est encore plus blanche.

Var. 11. PÊCHE Madeleine rouge.

MADELEINE rouge, Madeleine de Courson. Duham. Arb. Fr. 2. pag. 14. pl. 7.

Persica foliorum glandulis nullis; flore amplo ; fructu submagno, villoso, submamillato, ad solem rubente; carne molli, albâ, nucleo non adhærenti.

Les feuilles et les fleurs de cette espèce sont en tout semblables à celles de la Madeleine blanche, et les fruits n'en diffèrent que parce qu'ils sont bien colorés en rouge du côté du soleil; ils mûrissent un peu plus tard que ceux de la Madeleine blanche, c'est-à-dire du premier au quinze septembre.

Duhamel parle d'une Madeleine rouge tardive à petite fleur (Arbr. Fr. 2. p. 15), qu'il regarde comme une variété de la Madeleine rouge. Son fruit est de médiocre grosseur, très-coloré, et la cavité dans laquelle le pédoncule s'implante est souvent bordé de quelques plis assez sensibles; il a un très-bon goût et mûrit à la fin d'octobre.

Var. 12. PÊCHE Malte. Duham. Arb. Fr. 2. pag. 15.

Persica foliorum glandulis nullis; flore amplo; fructu submagno, villoso, ad solem rubente, apice umbilicato; carne molli, albâ, nucleo non adhærenti.

Les fleurs de ce Pêcher sont grandes, d'un rose pâle. Le fruit a vingt-deux lignes de hauteur, sur vingt-quatre de diamètre; il est divisé presqu'également sur les deux côtés par une gouttière longitudinale, plus profonde au sommet; sa peau, qui se sépare facilement, est couverte de duvet, d'un vert clair du côté de l'ombre, et teinte de rouge du côté du soleil; sa chair est blanche, un peu musquée et très-agréable; son noyau est très-renflé du côté de la pointe, haut de douze lignes, large de onze, et épais de neuf. La Pêche Malte a beaucoup de rapports avec la Madeleine blanche; mais elle mûrit un mois plus tard, c'est-à-dire vers le quinze septembre.

Var. 13. PÊCHE Pouprée hâtive.

VÉRITABLE POUPRÉE hâtive à grande fleur. Duham. Arb. Fr. 2. pag. 16. pl. 8.

Persica flore amplo; fructu submagno, villoso, apice umbilicato, feré undiquè rubente; carne molli, albâ, nucleo non adhærenti.

Les fleurs de ce Pêcher sont grandes, d'un rose vif. Son fruit a vingt-cinq à ving-sept lignes de diamètre, sur vingt-trois à vingt-quatre lignes de hauteur; il est partagé d'un côté, et suivant sa hauteur, par une gouttière large et assez profonde qui se termine à un enfoncement considérable sur le sommet. La peau est d'un beau rouge foncé du côté du soleil, tiquetée, du côté opposé, de très-petits points d'un rouge vif, de sorte que, lorsque ces points sont très-rapprochés, elle paraît rouge partout; elle est d'ailleurs entièrement couverte d'un duvet fin et épais, et elle se détache facilement de la chair. Celle-ci est blanche, excepté autour du noyau où elle a des veines rouges; elle est très-fondante, abondante en eau d'un excellent goût. Le noyau est d'un rouge brun; il n'a pas d'adhérence avec la chair. Cette Pêche mûrit de bonne heure; on la mange ordinairement dans les premiers jours d'août : c'est un très-bon fruit.

Var. 14. PÊCHE Pourprée vineuse.

POURPRÉE hâtive, vineuse. Duham. Arb. Fr. 2. pag. 19. pl. 11.

Persica flore amplo; fructu submagno, villoso, undiquè saturatè rubente; carne molli, albâ, ad nucleum non adhærentem purpurascente.

Ce Pêcher a les fleurs grandes, d'un rouge vif. Son fruit est d'une belle grosseur, partagé, sur un de ses côtés, en deux hémisphères par un sillon assez profond; il est recouvert d'une peau fine qui se détache facilement, qui est chargée d'un duvet fauve très-fin, et qui est partout d'un rouge très-foncé, même aux endroits qui ne sont pas exposés au soleil. La chair est succulente, abondante en eau d'un goût vineux, ayant quelquefois une saveur un peu aigrelette; sa couleur est blanche, excepté sous la peau et autour du noyau où elle devient très-rouge. Le noyau est d'un rouge brun; il se sépare facilement de la chair. La Pourprée vineuse a beaucoup de rapports avec *la Grosse-Mignonne :* elle s'en distingue par la couleur de sa peau et de sa chair.

Var. 15. PÊCHE Pouprée tardive. Pl. 67. Fig. 1.
POURPRÉE tardive. Duham. Arb. Fr. 2. pag. 17. pl. 9.
Persica foliorum glandulis rotundatis; flore medio; fructu maximo, villoso, apice sub-
mamillato, ad solem rubente; carne molli, albá, ad nucleum non adhærentem
purpurascente.

Les fleurs de ce Pêcher sont d'une grandeur moyenne; elles ont dix à onze lignes de largeur, et leur couleur est rose. La Pêche est une des plus belles de ce genre; elle a souvent trente-une à trente-deux lignes dans son grand diamètre, sur vingt-sept à vingt-huit lignes de hauteur; le sillon longitudinal qui la partage sur un de ses côtés n'est pas très-prononcé, et il se prolonge au delà du sommet qui est chargé d'un petit mamelon. La peau est couverte d'un duvet fin; elle est blanchâtre du côté de l'ombre et rougeâtre du côté du soleil, où ce rouge est souvent distribué par lignes ou par stries; elle se sépare facilement de la chair. Celle-ci est blanche, excepté autour du noyau où elle devient un peu rouge; elle est fondante, très-succulente, abondante en eau d'une saveur sucrée, parfumée, vineuse, excellente. Le noyau, qui se sépare assez bien de la chair, est sujet à se fendre; il a quinze à seize lignes de hauteur, et onze à douze de largeur; il est plus renflé du côté de la pointe et plus étroit à la base. Cette Pêche est un excellent fruit; elle mûrit à la fin de septembre ou au commencement d'octobre.

Var. 16. PÊCHE Bourdine.
BOURDIN, Bourdine, Narbonne. Duham. Arb. Fr. 2. pag. 20. pl. 12.
Persica flore parvo; fructu magno, villoso, saturate rubente, apice umbilicato; carne
molli, albá, ad nucleum purpurascente.

Les fleurs de ce Pêcher sont petites, ses pétales sont d'un rose tendre, bordés d'un rouge plus foncé. La Pêche a communément vingt-six à vingt-sept lignes de diamètre, sur vingt-quatre de hauteur; elle est partagée sur un des côtés par un sillon très-large, assez profond, et dont un des bords est souvent plus relevé que l'autre; le côté opposé au sillon est légèrement applati, et le sommet du fruit est un peu creux; sa peau, couverte d'un duvet très-fin, est teinte d'un rouge foncé; elle se sépare facilement de la chair. Celle-ci est fondante, pleine d'une eau vineuse d'un goût excellent; sa couleur est blanche, excepté autour du noyau où elle est teinte d'un rouge assez foncé qui pénètre plus ou moins avant : le noyau n'est pas gros comparativement au fruit. Cette Pêche mûrit vers le milieu de septembre. L'arbre porte beaucoup, quelquefois même une trop grande quantité de fruit pour pouvoir le donner beau, à moins qu'on n'ait la précaution de l'en débarrasser d'une partie; il réussit très-bien en plein vent, où ses Pêches sont meilleures qu'en espalier, mais plus petites.

Var. 17. PÊCHE Chancellière.
VÉRITABLE CHANCELLIÈRE à grande fleur. Duham. Arb. Fr. 2. pag. 23.
Persica flore amplo; fructu submagno, villoso, apice submamillato, ad solem rubente; carne molli, albá, nucleo non adhærenti.

Ce Pêcher a la fleur grande; son fruit a vingt-deux lignes de hauteur, sur vingt-quatre de diamètre; il est partagé en deux hémisphères inégaux par une gouttière longitudinale, plus profonde vers sa base, et il est terminé par un très-petit mamelon; la peau est d'un beau rouge du côté du soleil; la chair est fondante, sucrée, d'une saveur très-agréable. Cette Pêche mûrit au commencement de septembre.

Var. 18. PÊCHE Chevreuse hâtive.
CHEVREUSE hâtive. Duham. Arb. Fr. 2. pag. 21. pl. 13.
Persica flore parvo; fructu magno, villoso, compresso, paululùm verrucoso, apice ma-millato, ad solem rubente; carne molli, albá, nucleo non adhærenti.

La fleur de ce Pêcher est petite; son fruit est d'une belle grosseur, un peu allongé, partagé sur un de ses côtés par un sillon très-marqué dont l'un des bords est plus relevé que l'autre; il est terminé au sommet par un petit mamelon pointu, et il est souvent parsemé de petites bosses, surtout vers la base. La peau est teinte d'un rouge vif du côté du soleil. La chair fondante, pleine d'une eau sucrée et d'une saveur fort agréable, est blanche, excepté autour du noyau où elle devient rouge. Celui-ci est d'un rouge brun, un peu allongé, de grosseur médiocre. Cette Pêche mûrit vers le milieu ou la fin du mois d'août : l'arbre donne ordinairement beaucoup de fruit.

Var. 19. PÊCHE Chevreuse tardive. Pl. 70.
CHEVREUSE tardive, Pourprée. Duham. Arb. Fr. 2. pag. 24. pl. 14.
Persica foliorum glandulis reniformibus; flore medio; fructu magno, villoso, subcom-presso, interdùm verrucoso, apice mamillato, ad solem rubente; carne molli, albá, nucleo non adhærenti.

Les feuilles de ce Pêcher sont munies à leur base de glandes réniformes; ses fleurs sont roses; elles ont environ dix lignes de largeur. La Pêche n'est pas exactement ronde; elle est quelquefois un peu comprimée et souvent chargée de petites élévations qui forment des espèces de bosses; elle a vingt-six lignes de diamètre, sur vingt-quatre lignes de hauteur; la gouttière longitudinale qui la divise en deux hémisphères, est toujours bien distincte, et assez souvent un des bords est plus renflé que l'autre; le sommet se termine par un mamelon bien prononcé. La peau est pâle du côté de l'ombre, d'un beau rouge foncé du côté exposé au soleil. La chair est un peu rouge autour du noyau, mais blanche dans tout le reste; elle est fondante, assez abondante en eau douce, sucrée et de bon goût. Le noyau est très-allongé, il a seize lignes de haut, sur dix à onze lignes de large; la pointe qui le termine a souvent plus d'une ligne. Cette Pêche mûrit à la fin de septembre.

Var. 20. PÊCHE Belle-Chevreuse. Pl. 72. Fig. 5.
BELLE-CHEVREUSE. Duham. Arb. Fr. 2. pag. 22?
Persica flore parvo (ex Duhamel); fructu magno, villoso, subcompresso, paululùm verrucoso, apice submamillato; carne molli, albá, nucleo non adhærenti.

Cette Pêche est beaucoup moins régulièrement arrondie que la plupart des autres espèces; elle est ordinairement plus haute que large, ayant souvent trente-une lignes de hauteur , sur vingt-huit lignes dans son plus grand diamètre ; le sillon longitudinal qui la partage en deux hémisphères, la divise de manière qu'un des bords du sillon est ordinairement applati , tandis que l'autre est renflé et plus proéminent ; son sommet se termine par un petit mamelon à peine sensible , et le plus souvent le fruit est chargé çà et là de plusieurs bosses. La peau est épaisse , veloutée , blanchâtre du côté de l'ombre , un peu colorée au soleil ; elle se sépare assez facilement de la chair. Celle-ci est blanche , excepté autour du noyau où elle est d'un rouge assez foncé ; elle est fondante , pleine d'une eau d'un goût vineux , sucré , excellent. Le noyau quitte assez bien la chair , quoique quelques parcelles de celle-ci lui restent attachées ; il est d'un rouge brun , gros , long de dix-sept lignes , y compris une pointe qui a plus d'une ligne ; son diamètre est d'un pouce. Cette Pêche mûrit à la fin de septembre ou au commencement d'octobre.

Var. 21. PÊCHE Belle de Vitry. Pl. 67. Fig. 2.
BELLE DE VITRY , Admirable tardive. Duham. Arb. Fr. 2. pag. 36. pl. 25.
Persica foliorum glandulis rotundatis ; flore medio ; fructu maximo , villoso , apice sub-mamillato , ad solem paululùm rubente ; carne molli , albâ , nucleo non adhærenti.

Ce Pêcher a ses feuilles munies à leur base de glandes arrondies ; ses fleurs sont d'une grandeur médiocre ; elles ont onze à douze lignes de largeur. La Pêche est un beau fruit ; elle a vingt-six à vingt-huit lignes de hauteur , et souvent jusqu'à trente ; son diamètre est en proportion, depuis vingt-huit jusqu'à trente, et même jusqu'à trente-trois ou trente-quatre lignes ; sa forme n'a rien de bien caractérisé ; le sillon longitudinal est peu profond , il se prolonge un peu au delà du sommet du fruit , où l'on observe un très-petit mamelon. La peau est ordinairement veloutée , d'un verd blanchâtre presque partout, si ce n'est du côté du soleil, qui est un peu lavé de rouge ; elle se sépare facilement de la chair. Celle-ci est blanche , excepté auprès du noyau où elle devient un peu rougeâtre ; elle est très-succulente et abondante en eau d'une saveur sucrée , relevée , très-agréable. Le noyau est gros , allongé , renflé du côté de la pointe , et aminci à sa base ; il a quinze à seize lignes de haut , sur environ onze lignes dans son grand diamètre. Cette Pêche mûrit à la fin de septembre ou au commencement d'octobre.

Var. 22. PÊCHE Teindoux. Pl. 68. Fig. 1.
TEINDOU , Teindoux. Duham. Arb. Fr. 2. pag. 38. pl. 27.
Persica foliorum glandulis rotundatis ; flore medio ; fructu magno , villoso , apice sub-mamillato , ad solem purpurascente ; carne molli , albâ , nucleo paululùm compresso non adhærenti.

Les feuilles de ce Pêcher sont munies à leur base de glandes arrondies ; ses fleurs , de grandeur moyenne , ont onze à douze lignes de largeur. La Pêche a vingt-six lignes de diamètre sur vingt-quatre lignes de hauteur ; elle est partagée en deux hémisphères un peu inégaux , par une gouttière qui s'étend presqu'également sur les deux côtés ; il y a ordinairement à son sommet deux petits enfoncemens au milieu desquels est une légère élévation en forme de mamelon. La peau est un peu colorée du côté du soleil ; elle se détache facilement de la chair. Celle-ci est blanche, fondante ; son eau a un goût sucré très-agréable. Le noyau est allongé , long de dix-sept lignes , large d'un peu moins de douze ; il paraît plus sensiblement applati sur son petit diamètre que celui de la plupart des autres Pêches ; il n'a que huit lignes d'épaisseur dans sa partie la plus renflée. Ce fruit mûrit à la fin de septembre.

Var. 23. PÊCHE Téton de Vénus. Pl. 72. Fig. 3.

TÉTON DE VENUS. Duham. Arb. Fr. 2. pag. 34. pl. 23.

*Persica foliorum glandulis rotundatis; flore parvo; fructu villoso, maximo, apice ma-
millato, ad solem subpurpurascente; carne molli, albâ, nucleo non adhærenti.*

Les fleurs de ce Pêcher sont très-petites ; elles n'ont que sept à huit lignes
de largeur, neuf lignes au plus ; ses feuilles sont munies à leur base de glandes
arrondies. Le fruit a trente à trente-une lignes de diamètre, sur vingt-huit à
vingt-neuf lignes de hauteur, et il n'est pas rare qu'il surpasse de beaucoup ces
dimensions ; le sillon longitudinal qui le partage est peu profond, et le côté qui
lui est opposé est ordinairement un peu applati ; le mamelon, placé au sommet
du fruit, se trouve plus gros que dans aucune autre Pêche, et c'est ce qui a valu à
celle-ci le nom qu'elle porte. La peau est veloutée, peu colorée du côté du soleil.
La chair est blanche, un peu couleur de rose auprès du noyau, très-fondante
et très-abondante en eau d'un goût vineux, sucré, relevé, très-agréable. Le noyau
quitte assez facilement la chair ; il a dix-sept lignes de hauteur, sur un pouce
dans son plus grand diamètre. Ce fruit mûrit à la fin de septembre ou au commencement d'octobre.

Var. 24. PÊCHE Royale.

ROYALE. Duham. Arb. Fr. 2. pag. 35. pl. 24.

*Persica foliorum glandulis rotundatis; flore parvo; fructu maximo, villoso, apice ma-
millato, ad solem purpurascente; carne submolli, albâ, ad nucleum non adhærentem
rubente.*

Les feuilles de ce Pêcher sont munies à leur base de glandes arrondies ; ses
fleurs sont petites, de la largeur de neuf à dix lignes. Ses fruits ont vingt-sept à
vingt-huit lignes de hauteur, sur trente à trente-une lignes de diamètre ; ils ont
beaucoup de rapports, pour les formes, avec *la Belle de Vitry* et avec *le Téton
de Vénus* ; la gouttière longitudinale qui les sépare en deux hémisphères n'est
pas très-profonde, mais un des bords se trouve souvent plus renflé que l'autre ; le
mamelon, qui est au sommet du fruit, est assez gros et placé au milieu de deux
petits enfoncemens. La peau est bien colorée du côté du soleil ; elle se détache
facilement de la chair, qui est blanche, un peu rouge autour du noyau, un peu
ferme, à moins qu'elle ne soit bien mûre, fondante alors et abondante en eau
sucrée, vineuse, d'un goût excellent. Le noyau est gros, très-renflé ; il a seize
lignes de longueur, douze de largeur, dix et jusqu'à onze lignes d'épaisseur ; il
est sujet à se fendre, ce qui ne nuit pas toujours à la bonté du fruit, comme le dit
Duhamel, car j'ai mangé de ces Pêches dans lesquelles le noyau était séparé en les
ouvrant, et elles étaient excellentes. La Pêche Royale mûrit à la fin de septembre.

Var. 25. PÊCHE Nivette.

NIVETTE veloutée. Duham. Arb. Fr. 2. pag. 39. pl. 28.

*Persica foliorum glandulis rotundatis; flore medio; fructu maximo, villoso, apice sub-
mamillato, pallido, vix ad solem rubescente; carne submolli, albâ, nucleo non adhærenti.*

Les fleurs de ce Pêcher sont d'une grandeur moyenne ; elles ont onze à douze
lignes de largeur ; les feuilles sont munies à leur base de glandes arrondies.
La Pêche est grosse, elle a quelquefois trente lignes de diamètre sur autant de
hauteur ; elle est partagée par une gouttière longitudinale qui n'est pas très-
profonde, mais dont un des bords est beaucoup plus renflé que l'autre, et elle
est terminée à son sommet par un très-petit mamelon ; la peau est presque par-

tout d'un blanc jaunâtre, à peine si elle est colorée de quelques veines rouges
du côté du soleil ; elle se sépare assez facilement de la chair. Celle-ci est blanche,
rougeâtre autour du noyau, et ce rouge pénètre assez profondément dans le fruit ;
elle est un peu ferme avant la parfaite maturité, bien fondante alors et abondante en eau d'un goût vineux, sucré, excellent ; quelquefois cependant elle est
un peu amère. Le noyau est proportionné à la grosseur du fruit ; il est d'une
forme ovale assez régulière, quoiqu'un peu plus étroit à sa base que du côté
de sa pointe ; il a dix-huit lignes de long, sur un pouce de diamètre. Cette
Pêche, qui est une des plus belles et une des meilleures, mûrit à la fin de
septembre.

Var. 26. PÊCHE Persique.
PERSIQUE. Duham. Arb. Fr. 2. pag. 40. pl. 29.
Persica flore parvo ; fructu villoso, magno, subcostato, verrucoso, ad solem rubente ;
  carne submolli, albá, nucleo non adhærenti.

Les fleurs de ce Pêcher sont petites, d'un rouge pâle. Ses fruits sont d'une
belle grosseur, un peu plus hauts que larges, mal arrondis, étant un peu
anguleux ou garnis de côtes, et parsemés de petites bosses, dont une, à la base
à côté du pédoncule, est plus remarquable et semblable à une excroissance. La
peau est veloutée, bien colorée de rouge du côté du soleil ; elle recouvre une
chair blanche, rouge clair auprès du noyau, un peu ferme avant l'extrême maturité,
mais alors assez fondante et remplie d'eau d'un goût relevé, agréable, quelquefois
un peu aigrelet. Le noyau est gros, sensiblement applati, terminé par une
longue pointe. Cette Pêche est une des plus tardives ; elle ne mûrit qu'à la fin
d'octobre ou même au commencement de novembre : c'est un fort bon fruit. L'arbre
est très-fécond, même en plein vent, et il peut se multiplier de semences sans
dégénérer.

Var. 27. PÊCHE Admirable.
ADMIRABLE. Duham. Arb. Fr. 2. pag. 31. pl. 21.
Persica flore parvo ; fructu magno, villoso, apice submamillato, ad solem purpurascente ;
  carne submolli, albá, nucleo non adhærenti.

Les fleurs de ce Pêcher sont petites, d'une couleur rouge pâle. Ses fruits ont
trente lignes de diamètre sur vingt-sept lignes de hauteur ; ils sont partagés par
un sillon longitudinal peu profond, et terminés à leur sommet par un très-petit
mamelon ; ils sont recouverts par une peau veloutée, d'une couleur jaune clair
du côté de l'ombre, et teinte de rouge vif du côté du soleil. La chair est blanche,
excepté autour du noyau où elle se teint en rouge pâle ; elle est un peu ferme avant
que d'être bien mûre ; à la parfaite maturité elle devient fondante, abondante
en eau sucrée, d'une saveur vineuse, relevée, excellente. Le noyau est petit,
proportionnellement à la grosseur du fruit. Cette Pêche mûrit à la mi-septembre :
c'est une des meilleures. L'arbre est très-fécond, mais il exige plus d'attention
qu'un autre à la taille, parce qu'il a souvent des branches languissantes, et qu'il
en perd quelquefois de fort grosses, étant très-sujet à la cloque, maladie qu'on
attribue aux vents froids.

Var. 28. PÊCHE Bellegarde.
BELLEGARDE, Galande. Duham. Arb. Fr. 2. pag. 31. pl. 20.
Persica flore parvo ; fructu magno, villoso, purpurascente, ad solem atrorubente ; carne
  firmá, albá, nucleo subadhærenti.

Arbres fruitiers. T. I.   K k k

Cette Pêche ressemble beaucoup à la précédente ; elle en diffère parce que sa peau est presque partout teinte d'un rouge pourpre qui tire sur le noir du côté du soleil, et parce que sa chair est plus ferme, comme cassante ; elle mûrit d'ailleurs au moins quinze jours plutôt, c'est à-dire à la fin d'août.

Var. 29. PÊCHE - ABRICOT.

ADMIRABLE jaune, Abricotée, Pêche-Abricot, Grosse-Pêche jaune tardive.
DUHAM. Arb. Fr. 2. pag. 33. pl. 22.
Persica flore amplo; fructu magno, villoso, flavescente, ad solem rubente; carne luteâ, submolli, nucleo subadhærenti.

Les fleurs de ce Pêcher sont grandes. Ses fruits sont gros, ronds, applatis, moins larges du côté de la tête, partagés par un sillon longitudinal peu profond ; la peau est couverte de duvet, jaune du côté de l'ombre, et un peu rouge dans la partie exposée au soleil ; la chair est jaune comme l'Abricot, rouge auprès du noyau ; elle est un peu ferme, même quelquefois un peu sèche, à moins qu'elle ne soit parfaitement mûre ; son eau est agréable, parfumée, à-peu-près comme l'Abricot, lorsque l'automne est chaude. Le noyau est petit, en comparaison de la grosseur du fruit, et il se détache difficilement de la chair : cette Pêche mûrit vers le milieu d'octobre. En plein vent, le fruit gagne en bonté ce qu'il perd en grosseur. Le Pêcher se multiplie de semences sans dégénérer.

DUHAMEL dit qu'on trouve quelquefois ce Pêcher à petites fleurs, et qu'il y en a une autre variété à très-grandes fleurs, qui donne des fruits plus gros.

Var. 30. PÊCHE de Pau. DUHAM. Arb. Fr. 2. pag. 41.
Persica flore parvo; fructu magno, villoso, apice mamillato; carne molli, albido-virescenti.

Les fleurs sont petites ; les fruits gros, arrondis, terminés par un mamelon très-saillant et recourbé ; la chair est d'un blanc tirant un peu sur le verd, fondante lorsque le fruit est parfaitement mûr, d'une eau relevée et assez agréable. Cette Pêche est très-tardive ; aussi rarement mûrit-elle bien ; elle n'est bonne que lorsque la fin de l'été et l'automne ont été secs et très-chauds.

Var. 31. PÊCHE Sanguinole. Pl. 10. Fig. 3.
SANGUINOLE, Betterave, Drusselle. DUHAM. Arb. Fr. 2. pag. 43.
Persica flore magno; fructu parvo, villoso, griseo, apice mamillato, ad solem subrubente; carne molli rubro-violaceâ, nucleo non adhærenti.

Dans un sol sec et aride, cette Pêche est très-petite ; elle n'a souvent que dix-sept à dix-huit lignes de diamètre, sur à-peu-près autant de hauteur ; dans les bons terrains elle devient un peu plus grosse. Sa peau est épaisse et se sépare difficilement de la chair ; elle est couverte d'un duvet très-serré, de couleur grisâtre, et légèrement teinte d'un rouge obscur du côté du soleil. Le sommet du fruit se termine ordinairement par un mamelon ; la chair est d'un rouge lie-de-vin assez foncé, peu abondante en eau ; sa saveur est un peu âcre, amère et en général d'assez mauvais goût. Le noyau se sépare bien de la chair ; il a treize lignes de hauteur sur dix lignes de largeur. Cette Pêche ne mûrit ordinairement qu'après la mi-octobre ; dans les années chaudes et hâtives elle est un peu meilleure, et mûrit dès la fin de septembre ; elle est d'ailleurs assez bonne en compote et beaucoup plus agréable que crue. On la cultive dans les vignes : c'est presque un fruit sauvage.

Duhamel donne (Arb. Fr. 2 pl. 31.) la figure d'une Pêche qu'il appelle Cardinale, et qui est à-peu-près la même espèce, mais qui est beaucoup plus grosse, meilleure et moins chargée de duvet.

Var. 32. PÊCHER à fleur semi-double. Duham. Arb. Fr. 2. pag. 42. pl. 30.
Persica flore magno, semi-pleno; fructu medio, villoso, pallido; carne molli, albâ.

Ce Pêcher est un arbre d'un très-joli aspect quand il est en fleurs, mais il ne donne que peu de fruits; ses fleurs sont grandes, de quinze à seize lignes de diamètre, composées de quinze à trente pétales d'un rose vif, d'un nombre d'étamines plus ou moins grand, selon qu'il s'en est plus ou moins changé en pétales, et de un à quatre pistils. Les feuilles sont d'un vert foncé, très-finement dentelées et terminées en pointe très-aiguë. Les fruits qui succèdent aux fleurs sont simples, jumeaux, triples ou quatruples. Les triples ou les quadruples tombent bientôt; il n'y a que quelques jumeaux et plusieurs des simples qui parviennent à maturité. Ces derniers sont de moyenne grosseur, un peu allongés, ayant vingt-une à vingt-deux lignes de diamètre, sur un peu plus de hauteur; ils sont rarement d'une forme régulière; les uns ont un petit mamelon à leur sommet, les autres n'en ont point du tout; presque tous sont plus renflés du côté de la tête que du côté du pédoncule. La peau est velue, d'un verd jaunâtre, quelquefois un peu fauve du côté du soleil. La chair est blanche et l'eau d'un goût assez agréable. Le noyau a un pouce de long, sur huit lignes de large; il est terminé par une pointe très-aiguë. Ce fruit mûrit à la fin de septembre. Le Pêcher à fleurs doubles n'est cultivé que comme arbre d'ornement dans les jardins d'agrément.

Var. 33. PÊCHER nain. Duham. Arb. Fr. 2. pag. 44. pl. 32.
Persica nana, flore amplo; fructu submagno, villoso, virescente; carne molli, albâ.

Ce Pêcher ne s'élève qu'à deux ou trois pieds; ses fleurs, d'un rose tendre, ont quatorze à quinze lignes de diamètre; elles sont rangées autour des branches, et tellement rapprochées les unes des autres que, lorsqu'elles sont épanouies, elles couvrent tous les rameaux : on compte souvent plus de quarante fleurs sur une petite branche de trois pouces de long. Les feuilles sont plus longues que dans aucune autre espèce, pendantes, très-dentées, et surtout vers leur base où les dents sont plus profondes. Le fruit est de grosseur moyenne, abondant relativement à la grandeur de l'arbre; il a près de deux pouces de hauteur et autant de diamètre; il est partagé, suivant sa hauteur, par une gouttière assez profonde, et se termine, à son sommet, par un enfoncement remarquable. La peau est ordinairement verdâtre, nullement colorée si ce n'est au sommet du fruit, qui prend en cette partie une légère teinte de rouge. La chair est fondante, mais son eau est le plus souvent amère et d'une saveur désagréable. Le noyau est blanchâtre. Ce fruit n'est bon à cultiver que pour la curiosité; il mûrit vers le milieu d'octobre.

** *Pêches dont la peau est couverte de duvet et dont la chair est dure, adhérente au noyau : vulgairement PAVIES.*

PAVIE blanc.
Var. 34. PAVIE blanc, Pavie Madeleine. Duham. Arb. Fr. 2. pag. 13.
Persica foliis eglandulosis; flore amplo; fructu magno, villoso, submamillato, pallido; carne durâ, albâ, nucleo adhærenti.

Les feuilles de ce Pêcher sont dépourvues de glandes, et ses fleurs sont d'un rose très-tendre ; elles sont grandes, ayant quinze à seize lignes de diamètre. Le fruit a vingt-quatre à vingt-six lignes de hauteur, sur vingt-six à vingt-huit dans son grand diamètre ; il est quelquefois terminé par un très-petit mamelon. La peau est veloutée, blanchâtre presque partout, seulement tiquetée de quelques points rougeâtres du côté du soleil ; elle ne se sépare point de la chair, qui est ferme, blanche, succulente, d'un goût vineux dans la parfaite maturité. Le noyau est d'un rouge brun, fortement adhérent à la chair ; il a treize lignes de hauteur, sur un peu plus de dix lignes dans son grand diamètre. Cette Pêche mûrit au commencement de septembre.

Var. 35. PAVIE Alberge, Persais d'Angoumois. Duham. Arb. Fr. 2. pag. 11.
Persica foliorum glandulis reniformibus; flore parvo; fructu magno, villoso, flavescente, ad solem rubente, apice mamillato; carne durá, flavá, ad nucleum adhærentem purpurascente.

Les feuilles de ce Pêcher sont munies de glandes réniformes ; ses fleurs sont petites, elles n'ont pas plus de sept à huit lignes de largeur. Le fruit est d'une belle grosseur et d'une belle forme; il a souvent deux pouces et demi dans son grand diamètre, sur un peu moins de hauteur (environ une à deux lignes en moins) ; il est creusé sur un de ses côtés d'un sillon assez profond, dont l'un des bords est plus renflé que l'autre, et son sommet se termine par un mamelon très-prononcé. La peau est veloutée, jaune du côté de l'ombre, tiquetée d'une assez grande quantité de petits points rouges qui deviennent plus nombreux à mesure qu'ils approchent du côté exposé au soleil, et qui sont si rapprochés sur cette partie qu'ils la rendent entièrement rougeâtre. La chair, de couleur jaune, excepté auprès du noyau auquel elle adhère fortement, et où elle est d'un rouge assez foncé, est ferme, un peu sèche, presque cassante ; Duhamel dit qu'elle devient très-fondante. Ce fruit mûrit vers la fin de septembre ; il est excellent dans l'Angoumois où on le cultive beaucoup ; il est plus rare à Paris, mûrit un peu plus tard et n'est pas si bon. Je n'en ai vu qu'un seul arbre qui ne portait que deux fruits.

Var. 36. PAVIE jaune. Pl. 66. Fig. 2.
PAVIE jaune. Duham. Arb. Fr. 2. pag. 34.
Persica foliorum glandulis reniformibus; fructu magno, flavescente, ad solem rubente, apice sulcato mamillatoque; carne durá, undique flavá, nucleo adhærenti.

Le fruit de ce Pêcher est bien arrondi ; il a vingt-deux à vingt-quatre lignes de hauteur, sur un peu plus de deux pouces de diamètre; son pédoncule s'implante dans un enfoncement profond qui se continue en sillon bien marqué jusque par-delà le sommet qui est d'ailleurs chargé d'un petit mamelon particulier. La peau est veloutée, jaune dans les trois quarts de sa surface, un peu rougeâtre du côté du soleil ; elle est très-adhérente à la chair. Celle-ci est dure, presque cassante, jaune partout, fortement adhérente au noyau et ne pouvant s'en séparer qu'en la coupant avec un couteau; sa saveur est sucrée et musquée. Le noyau est ovale-arrondi, ayant quatorze lignes de long, y compris une pointe d'une ligne, et onze lignes dans son grand diamètre. Ce Pavie mûrit à la fin du mois d'août, en Provence, où il est généralement cultivé. Celui que nous avons fait représenter Pl. 2, Fig. 2, nous a été envoyé d'Aix ; c'est M. Étienne Michel, l'un des Éditeurs de cet ouvrage, qui l'a fait venir exprès avec plusieurs autres espèces pour les comparer aux mêmes fruits cultivés à Paris.

Le Pavie jaune de DUHAMEL est probablement différent du nôtre, car il devient quelquefois, selon cet auteur, plus gros que le Pavie de Pomponne qui surpasse déjà beaucoup notre espèce en grosseur.

Var. 37. PAVIE de Pomponne.
PAVIE rouge de Pomponne, Pavie monstrueux, Pavie camu. DUHAM. Arb. Fr. 2. pag. 37. pl. 26.
Persica flore magno; fructu maximo, villoso, pallido, ad solem purpurascente; carne durâ, albâ, nucleo adhærenti.

Les fleurs de ce Pêcher sont grandes, mais elles ne s'ouvrent pas parfaitement parce que leurs pétales sont très-creusés en cuiller. Le fruit est bien arrondi, d'une grosseur extraordinaire; DUHAMEL dit qu'il a souvent quatorze pouces de circonférence; il est recouvert d'une peau veloutée, blanche, tirant un peu sur le vert du côté de l'ombre, et d'une belle couleur rouge du côté du soleil. La chair, très-adhérente à la peau et au noyau, est blanche, dure et cependant succulente, contenant une eau sucrée, musquée, vineuse et très-agréable : ce n'est que lorsque la fin de l'été et le commencement de l'automne ont été secs et chauds que ce fruit a ces bonnes qualités; dans les années froides et pluvieuses, il est insipide. Le tems de sa maturité est le commencement d'octobre. Le noyau est petit en comparaison de la grosseur du fruit.

DUHAMEL parle d'un autre Pavie rouge, qui mûrit plutôt et qui est moins gros.

Var. 38. PAVIE de Pamiers. CALVEL, Traité des Pépinières, vol. 2. pag. 254.
Persica flore parvo; fructu villoso, magno, ad solem rubente; carne albâ, durâ, nucleo adhærenti.

Ce Pêcher a les fleurs petites, d'un rouge vif et un peu foncé. Son fruit est gros; il a souvent huit pouces de tour. La peau est très-adhérente à sa chair, couverte d'un duvet fin, teinte d'une belle couleur rouge du côté du soleil. La chair est blanche, mais d'un rouge très-foncé autour du noyau; quoique ferme, elle est très-fondante, d'une eau abondante et sucrée. Cette Pêche mûrit, dans le midi de la France, au commencement d'août; elle est très-répandue en Languedoc, où on l'appelle, dans le langage vulgaire, *Persec* ou *Persego*. Ce fruit est tellement naturalisé dans ce pays, qu'on se contente très-communément de mettre en terre le noyau, et que l'arbre qui en provient, produit, sans être greffé, de beaux et bons fruits.

*** *Pêches dont la peau est lisse et la chair fondante, se séparant facilement du noyau : vulgairement* VIOLETTES.

Var. 39. VIOLETTE Cerise. Pl. 68. Fig. 2.
PÊCHE Cerise. DUHAM. Arb. Fr. 2. pag. 25. pl. 15.
Persica foliorum glandulis reniformibus; flore parvo; fructu minimo, lævi, apice mamillato, ad solem pulchrè rubente; carne molli, albâ, nucleo non adhærenti.

Les fleurs de la Violette Cerise sont d'un rose très-pâle, presque blanches; elles ont neuf lignes de diamètre; les feuilles sont munies de glandes réniformes. Le fruit est un des plus petits de ce genre; il n'a quelquefois que quatorze à quinze lignes de diamètre, sur treize de hauteur; souvent il a dix-huit lignes de largeur, sur quinze dans l'autre sens; on en trouve fort peu de dix-huit lignes de hauteur et de vingt lignes de diamètre, taille que leur donne DUHAMEL. Ce fruit est d'ailleurs bien arrondi, creusé sur un de ses côtés par un sillon longitudinal très-prononcé et terminé à son sommet par un mamelon toujours très-distinct et souvent un peu pointu. La peau est lisse, fine, brillante, marquée, du côté du soleil, d'une belle couleur rouge, et d'un blanc de cire sur le reste; dans la maturité, elle se sépare facilement de la chair. Ces couleurs donnent à ce fruit un aspect fort agréable, et font qu'on le prendrait, à le voir, pour une pomme d'api. La chair est blanche, fondante, d'un goût peu relevé; elle se sépare facilement du noyau, qui est ovale presque rond, blanchâtre ou à peine coloré. Cette Pêche mûrit ordinairement à la fin d'août, et au commencement de ce mois dans les années hâtives; j'en ai même mangé l'année dernière (en 1811) dans les derniers jours de juillet. C'est un fort joli fruit qui peut servir à l'ornement des desserts.

Var. 40. PETITE VIOLETTE hâtive. Duham. Arb. Fr. 2. pag. 26. pl. 16. fig. 2.
Persica foliorum glandulis reniformibus; flore parvo; fructu submedio, lævi, apice mamillato, ad solem rubro-violaceo; carne molli, albâ, nucleo non adhærenti.

Les fleurs de ce Pêcher sont petites, et les feuilles sont munies, à leur base, de glandes réniformes. Le fruit a dix-sept à dix-huit lignes de diamètre, et souvent une ligne de plus en hauteur; il est ordinairement terminé par un petit mamelon. La peau est lisse, d'un rouge foncé tirant sur le violet du côté du soleil, et d'un vert clair qui finit par devenir blanchâtre du côté de l'ombre. La peau se détache facilement de la chair; celle-ci est blanchâtre, un peu colorée en rouge vers le noyau, fondante, pleine d'une eau sucrée, vineuse et bien parfumée. Le noyau, qui se sépare assez facilement de la chair, est d'un rouge brun très-clair. Cette Pêche mûrit au commencement de septembre; pour la manger bonne, il faut ne la cueillir que lorsqu'elle est parfaitement mûre: l'arbre rapporte ordinairement beaucoup de fruit.

Var. 41. GROSSE VIOLETTE hâtive. Pl. 66. Fig. 3. Duham. Arb. Fr. 2. pag. 27. fig. 1.
Persica foliorum glandulis reniformibus; flore parvo; fructu magno, lævi; apice umbilicato, ad solem rubro-violaceo; carne molli, albâ, nucleo non adhærenti.

Cette Pêche ne diffère de la précédente que parce qu'elle est beaucoup plus grosse; elle a vingt-quatre à vingt-six lignes de diamètre, et une ligne ou deux de moins en hauteur. Elle mûrit dans le même tems.

Var. 42. VIOLETTE tardive, Violette marbrée, Violette panachée. Duham. Arb. Fr. 2. pag. 28. pl. 17.
Persica flore parvo; fructu lævi, medio, è rubro et violaceo variegato; carne molli, albidâ, subflavescente, nucleo non adhærenti.

Les fleurs de ce Pêcher sont très-petites, d'un rouge pâle. Le fruit est d'une grosseur moyenne, un peu plus haut que large, peu arrondi et souvent comme anguleux; sa peau est lisse, verdâtre du côté de l'ombre, marquée, du côté du soleil, de taches rouges et violettes; sa chair est d'un blanc tirant un peu sur le jaune, et rouge auprès du noyau; elle est fondante, facile à se séparer du noyau, d'un goût vineux agréable lorsqu'elle est parfaitement mûre, ce qui n'arrive que lorsque les automnes sont sèches et chaudes, parce que ce fruit est très-tardif, ne mûrissant qu'en octobre.

Var. 43. VIOLETTE très-tardive, Pêche-Noix. Duham. Arb. Fr. 2. pag. 29.
Persica flore parvo; fructu lævi, medio, virescente, ad solem rubente; carne molli, subviridi, nucleo non adhærenti.

Cette Pêche ressemble en tout à la précédente ; elle n'en diffère que parce qu'elle est d'un rouge uniforme du côté du soleil, que sa chair est verdâtre, et qu'elle est encore plus tardive. Dans les automnes sèches et chaudes et aux meilleures expositions, elle ne parvient à maturité qu'à la fin d'octobre ; si elle ne se trouve pas dans ces circonstances favorables, elle ne mûrit pas du tout.

Var. 44. VIOLETTE blanche.
Persica foliorum glandulis reniformibus; flore magno; fructu lævi, medio, ex albo fla- vescente; carne molli, albâ, nucleo non adhærenti.

Ce Pêcher a les feuilles grandes, munies de glandes réniformes; les fleurs sont d'un rose tendre ; elles ont seize à dix-huit lignes de diamètre. Les fruits ont la peau lisse, luisante, d'un blanc tirant sur le jaune ; ils varient un peu pour la forme, il y en a d'allongés et de ronds ; mais leur diamètre ordinaire est de dix-huit à vingt lignes. La chair est blanche partout, d'abord un peu ferme, fondante ensuite et remplie d'une eau d'un goût vineux très-agréable. Le noyau est ovale, terminé par une pointe mousse ; il quitte facilement la chair. Cette Pêche mûrit depuis la mi-août jusqu'à la fin du mois. L'arbre est un peu délicat; il est cultivé chez M. Noisette, faubourg St.-Jacques, à Paris, qui l'a rapporté de la Belgique, en 1808, sous le nom de *Brugnon blanc.*

Var. 45. VIOLETTE jaune. Pl. 72. Fig. 4.
JAUNE LISSE, Lissée jaune. Duham. Arb. F. 2. pl. 30. fig. 19.
Persica flore parvo; fructu lævi, medio, flavescente; ad solem purpurascente; carne molli, luteâ, nucleo non adhærenti.

Les fleurs de ce Pêcher sont petites ou tout au plus de grandeur moyenne; le fruit est rond, ayant vingt-deux à vingt-quatre lignes de diamètre. La peau est lisse, jaune, un peu marquée de rouge du côté du soleil. La chair est jaune, d'une eau sucrée très-agréable, ayant un goût d'abricot. Cette Pêche mûrit vers le milieu d'octobre ; elle a besoin d'une automne sèche et chaude pour bien mûrir et pour acquérir le goût agréable qu'elle n'a pas toujours.

**** *Pêches dont la peau est lisse et la chair dure, adhérente au noyau : vulgairement BRUGNONS.*

Var. 46. BRUGNON violet. Pl. 69. Fig. 3.
BRUGNON violet musqué. Duham. Arb. Fr. 2. pag. 29. pl. 18.
Persica flore magno; fructu lævi, medio, hinc ex albido flavescente, indè è rubro vio- laceo; carne durâ, subflavâ, nucleo adhærenti.

Les fleurs de ce Pêcher sont d'un rouge pâle, communément assez grandes, et quelquefois plus petites. Le fruit a environ deux pouces de diamètre; il a la peau lisse, d'un blanc un peu jaunâtre à l'ombre, d'un beau rouge violet du côté du soleil. Sa chair est ferme sans être sèche, d'une couleur blanche tirant sur le jaune, pleine d'une eau sucrée, vineuse, musquée et d'un goût excellent. Le noyau est très-adhérent à la chair. Ce fruit mûrit à la fin de septembre ; Duhamel dit qu'il ne faut le cueillir que lorsqu'il commence à se faner, et même qu'il faut le laisser pendant quelque tems dans la fruiterie afin qu'il y fasse son eau.

Var. 47. BRUGNON jaune. Calvel. Traité des Pépinières, vol. 2. pag. 259.
Persica flore mediocri; fructu lævi, medio, è viridi flavescente; carne durâ, luteâ, nucleo adhærenti.

Cette Pêche, qui est cultivée dans les départemens méridionaux, diffère de la précédente parce qu'elle est d'abord verte, et que, même au soleil, elle ne se colore qu'en jaune ; parce que sa chair est plus fondante, sucrée, mais un peu acidulée, et qu'elle adhère moins au noyau. Dans le midi, ce fruit mûrit au mois de septembre.

Culture, Usages et Propriétés.

Le Pêcher est, de tous nos arbres fruitiers, celui qui croît avec le plus de rapidité ; venu de noyau, il a souvent deux à trois pieds à la fin de l'automne de sa première année, et j'en ai même eu, dans des semis que j'avais faits, qui, à cette époque, avaient atteint cinq pieds de haut. Les noyaux du Pêcher, comme tous ceux qui contiennent des graines huileuses, demandent à être mis en terre peu de tems après qu'ils sont séparés de leur pulpe ; quand on tarde trop à le faire, leur amande rancit et ne germe pas ; mais quand on les sème promptement, il en est bien peu qui ne lèvent pas au printems suivant. Dans le midi, et même dans la partie moyenne de la France, les cultivateurs, secondés par la douceur du climat, ne multiplient pas leurs Pêchers autrement que par les noyaux ; et comme ils ne sont point dans l'usage de greffer les arbres qui en proviennent, ce mode de multiplication produit dans ces contrées une quantité innombrable de variétés secondaires et souvent d'une qualité tout à fait différente, car il n'est pas rare de trouver à côté d'un Pêcher qui porte des fruits d'une belle grosseur, et qui sont bien parfumés et bien sucrés, un autre qui n'en donne que de petits et d'amers. Dans les environs de Paris on propage très-rarement le Pêcher par ses noyaux sans le greffer, assez rarement même les sème-t-on pour en élever des sujets bons à être greffés ; c'est le plus souvent sur l'Amandier et quelquefois sur le Prunier qu'on greffe le Pêcher. On pourrait aussi se servir de l'Abricotier comme sujet, mais cet arbre végète si lentement pendant ses trois ou quatre premières années, que ce moyen, qui serait très-long, n'est pas en usage.

On doit préférer l'Amande à coque dure à celle à coque tendre pour former des sujets, parce que les arbres qui proviennent de la première sont plus vigoureux et d'une plus longue durée ; on doit aussi, en général, préférer les Amandes douces aux amères, excepté pour quelques variétés, qui sont la *Bourdine*, la *Madeleine rouge*, la *Royale*, la *grosse* et la *petite Violette* et la *Violette tardive*, qui, d'après l'observation de M. HERVY, réussissent mieux sur les sujets venus des dernières. Les raisons qui déterminent à placer le Pêcher sur le Prunier, sont que ce dernier arbre est plus propre, par ses racines traçantes, aux terrains frais, gras, argilleux ou peu profonds, que l'Amandier qui s'accommode mieux d'un sol sec, léger ou pierreux, à cause de ses racines pivotantes qui vont chercher leur nourriture à une grande profondeur. L'expérience a prouvé que les variétés du Prunier, sur lesquelles le Pêcher réussit le mieux, sont le *gros* et le *petit Saint Julien*, et le *gros* et le *petit Damas noir*. C'est en écusson qu'on greffe le Pêcher, et cette sorte de greffe est la seule qui soit en pratique dans les pépinières des environs de Paris, parce qu'elle est moins sujette à la gomme. Quand les arbres qu'on élève sont destinés à être mis en espalier, et c'est le cas le plus ordinaire, on place la greffe, à quelques pouces de terre, sur un sujet de la grosseur du doigt ; on la met à cinq ou six pieds et sur des sujets plus forts quand on veut faire un Pêcher à plein vent. Cette opération se pratique à la fin d'avril ou au commencement de mai, sur toutes les espèces de sujets et selon qu'ils sont plus ou moins en sève, si l'on greffe à œil poussant ; et si c'est à œil dormant, depuis la mi-juillet jusqu'à la mi-août sur les Pruniers et les vieux Amandiers ; un peu plus tard sur les Abricotiers, et depuis la mi-août jusqu'au milieu de septembre sur les jeunes Pêchers et Amandiers.

La culture du Pêcher en pépinière n'a rien d'extraordinaire ; cet arbre n'exige alors aucun soin particulier, on le traite de même que tous les autres arbres. Il est bon à mettre en place à la fin de l'automne et pendant l'hiver qui suivent le développement de la greffe qui, dès la première année, a souvent poussé de quatre à cinq pieds. Il n'y a pas d'autre précaution à prendre en le plantant que celle de ménager les racines. DUHAMEL recommande expressément de ne les point mutiler et de les conserver le plus longues possible, parce que leurs plaies se cicatrisent difficilement à raison de la gomme qui en transsude, et qu'il est d'observation que presque tous les arbres qui meurent la première ou la seconde année de la plantation périssent par cette cause.

Les Pêchers ne doivent pas être plantés trop près les uns des autres, parce que, lorsqu'ils sont trop rapprochés, ils ne tardent pas à se gêner, et que, pour l'empêcher, on est forcé de ravaler très-près les mères-branches, ce qui fait qu'ils se dégarnissent bientôt du centre et dépérissent promptement. Ce n'est pas trop, dans une bonne terre, de mettre trente pieds d'intervalle entre chaque arbre.

La meilleure exposition pour un espalier de Pêchers est celle du midi et du levant ; celle du couchant peut convenir à quelques espèces ; celle du nord est mauvaise, les fruits y mûrissent mal et n'acquièrent jamais cette saveur et ce parfum qui caractérisent une bonne Pêche. Il faut planter au midi les variétés hâtives dont on veut se procurer le fruit de bonne heure, et il est nécessaire d'y placer aussi celles qui sont très-tardives et qui ont besoin d'une grande chaleur pour mûrir. L'exposition du midi est précieuse dans le climat de Paris, parce que les fruits y sont plus hâtifs et deviennent plus beaux et de meilleur goût ; mais l'arbre se conserve et dure plus long-tems à celle du levant, parce que le soleil, y étant moins fort, ne fait pas lever l'écorce comme au midi. En variant d'ailleurs la même espèce aux différentes expositions, on jouit de ses fruits plus long-tems.

Les anciens ne connaissaient pas la méthode de placer les arbres en espalier ; cet usage est même assez moderne, puisqu'il ne remonte guère qu'aux premières années du dix-septième siècle, et que le célèbre DE LAQUINTYNIE assure l'avoir vu naître. Le principal avantage des espaliers est d'accélérer la maturité des fruits, surtout lorsqu'ils sont d'espèces originaires de pays plus chauds que notre climat, comme les Pêchers et les Abricotiers. Plusieurs cultivateurs instruits se sont occupés, avec plus ou moins de succès, de la manière de former et de conduire les arbres, et particulièrement les Pêchers en espalier ; je ne rapporterai point tout ce qui a été dit à ce sujet, je me bornerai à exposer sommairement les principes de cette conduite d'après la méthode usitée à Montreuil, près de Vincennes, méthode que l'expérience d'un siècle a fait regarder comme la meilleure ; et qui est celle que l'on suit maintenant au Jardin des Plantes de Paris, sous la direction de M. le Professeur THOUIN, qui l'a expliquée à-peu-près comme il suit : Après qu'un arbre (1) est planté, on coupe sa tête à quatre ou cinq yeux au-dessus de la greffe, avant que la sève entre en mouvement. Chacun de ces yeux pousse ordinairement son bourgeon, et, dans quelques espèces d'arbres, il en pousse à travers l'écorce dans des places où il n'y avait pas d'yeux. Quelques personnes sup-

_____

(1) On généralise ici la conduite des arbres en espalier, quoique cet article soit particulièrement consacré au Pêcher, parce qu'on évitera, par ce moyen, des répétitions qu'il faudrait faire à chaque genre ; lorsque le Pêcher exigera des soins particuliers, on aura soin d'en avertir.

priment, au fur et à mesure qu'ils croissent, les bourgeons mal placés qui poussent
sur le devant ou sur le derrière de l'arbre, et ne laissent croître que ceux destinés à former l'éventail sur le mur. Quoique cette pratique paraisse avoir quelqu'avantage au premier coup-d'œil, il est pourtant préférable de laisser croître tous
les bourgeons, les gourmands du sauvageon exceptés, et de ne rien retrancher
jusqu'au moment de la taille, parce qu'en diminuant les bourgeons on diminue le
nombre des feuilles et par conséquent le nombre des bouches qui nourrissent les
racines, et qu'il est plus important, dans la première année, de consolider la
reprise des arbres et de les assurer sur leurs racines que de chercher à leur former
la tête.

Le moment propre à la taille est, pour les arbres à fruits à pepins, n'importe
quelle époque de l'hiver, pourvu que le tems soit doux, et, pour les arbres à fruits
à noyau, les premiers jours du printems; ce moment venu, on choisit sur chaque
pied les deux branches les plus saines, les plus vigoureuses et les plus favorablement placées, c'est-à-dire qui soient en opposition l'une de l'autre des deux
côtés de l'arbre et parallèlement au mur. Ce sont elles qui doivent servir de
base à tout l'édifice. Ce choix arrêté, on supprime sans distinction tous les autres
rameaux en les coupant, avec une serpette bien acérée, le plus près possible de
la tige, afin que l'écorce puisse recouvrir sans peine et promptement ces petites
plaies. La longueur à laisser à chacune des deux branches conservées, ou branches
mères, doit être déterminée par la vigueur de l'arbre qui les a produites, et par la
leur particulière. Si l'arbre a poussé vigoureusement, on taille les branches au
dessus du sixième œil; s'il n'a poussé que modérément, on le raccourcit au quatrième; enfin, si la pousse est chétive, on la taille au second, mais toujours de
manière que les coupes soient faites sur les yeux latéraux, afin que les bourgeons qui
en sortiront se dirigent naturellement dans le sens des branches mères.

Lorsque les deux branches sont d'inégales forces, on laisse plus de longueur à
celle qui est la plus vigoureuse, et on raccourcit davantage celle qui l'est moins; ce
moyen très-simple rétablit promptement l'équilibre de vigueur entre les deux parties
de l'arbre. On fixe ensuite, par des attaches, soit au mur, soit au treillage, ces
deux mères branches, de manière à ce qu'elles commencent à prendre leurs directions à l'angle de quarante-cinq degrés. Après cette opération, qui appartient toute
entière à la première pousse de l'arbre depuis qu'il a été mis en place, viennent, dans
le tems convenable, l'ébourgeonnage et le palissage.

L'époque la plus favorable à l'ébourgeonnement du plus grand nombre d'espèces
d'arbres, est celle de la fin de la sève du printems, lorsque les bourgeons, ou plutôt
les jeunes rameaux qui en sont sortis, parvenus au maximum de leur grandeur,
s'arrêtent et restent en repos jusqu'à la sève d'été. On supprime d'abord toutes
les jeunes pousses qui se trouvent sur le devant ou sur le derrière de l'arbre, ensuite
celles qui sont tortueuses et atteintes de quelque vice de conformation; enfin, si les
jeunes rameaux qui ont crû sur les côtés de l'arbre sont trop rapprochés les uns des
autres pour être facilement palissés, il faut en retrancher un entre deux, et même
deux de suite. Ces suppressions faites, il faut avoir attention de conserver les rameaux qui ont poussé à l'extrémité des deux mères branches, à moins que quelques-
uns de ceux qui se trouvent au dessous ne soient beaucoup plus vigoureux et ne
se présentent d'une manière plus favorable pour la prompte formation de l'arbre;
dans ce cas, on rabat la branche mère jusqu'au dessus du rameau qui en prend la
place, ensuite tous les autres rameaux conservés doivent l'être dans toute leur longueur sans être raccourcis, arrêtés ni pincés, et cette première année surtout on

doit chercher à donner à l'arbre la plus grande étendue de branches qu'il est possible, et à le garnir à-peu-près également dans toutes les parties ; car, si un des deux côtés se trouvait plus faible que l'autre, il faudrait, pour rétablir l'équilibre entre les deux parties, laisser plus de rameaux sur le côté faible que sur le côté vigoureux.

L'ébourgeonnage convient non seulement aux arbres en espalier, mais à ceux des contre-espaliers et des palissades qui sont formés en V ouvert ; la seule différence qu'il y ait, c'est qu'il ne faut pas autant ébourgeonner les deux derniers que les premiers, parce que ces arbres, étant à l'air libre de tous côtés, peuvent nourrir une plus grande quantité de rameaux que ceux qui sont en espalier et qui ne reçoivent l'air que d'un côté. J'ai déjà dit d'ailleurs (article de l'Abricotier, volume 4, page 177) que l'on pouvait se dispenser de l'ébourgeonnement en coupant avec un instrument bien tranchant, et aussitôt qu'il pointe, tout bourgeon qu'on estime devoir être inutile ou qui serait mal placé. En rappelant ce que j'ai dit à ce sujet, je saisis cette occasion pour réparer une omission que j'avais faite en ne citant pas l'inventeur de cette méthode, qui est le sieur Dumoutier, employé sous M. Thouin, à la culture de l'École des arbres fruitiers du Jardin des Plantes, et qui, depuis plusieurs années, s'acquitte des travaux dont il est chargé avec un zèle, une activité et une intelligence peu ordinaires.

Qu'on ait pratiqué l'ébourgeonnage à la manière ordinaire, ou qu'on ait prévenu en quelque sorte cette opération par le procédé du sieur Dumoutier, il faut, entre les deux sèves, palisser les arbres. Le palissage s'opère de trois manières différentes : 1°. en liant les branches et les rameaux des arbres contre un treillage avec du jonc, du sparthe ou de menus brins d'osier ; 2°. en faisant les mêmes ligatures aux mailles d'un grillage en fil de fer, qui a été établi contre le mur ; 3°. en attachant les rameaux immédiatement sur le mur, au moyen d'une petite lanière d'étoffe qui enveloppe chaque branche, et qu'on fixe au mur par le moyen d'un clou. On appelle cette manière *palissage à la loque*.

En palissant les rameaux par un des trois procédés ci-dessus, il faut éviter de les contourner ou de les couder trop brusquement pour leur faire occuper une position forcée ; il est aussi essentiel de ne pas placer les ligatures ou les loques sur les feuilles ou sur les yeux des rameaux. Le palissage fini, on enlève toute la dépouille des arbres et on donne un léger labour à la terre qui entoure leurs pieds, afin de diminuer l'effet du piétinage qui a durci le sol ; tels sont les travaux nécessaires pendant la seconde année de la plantation.

La seconde taille, qui s'exécute au commencement de la troisième année depuis la plantation des arbres, commence à devenir plus compliquée que la première ; mais les bases en étant les mêmes, il suffira d'indiquer les différences. Par la première taille, on s'est procuré les deux branches mères, desquelles sont provenus autant de rameaux qu'elles portaient d'yeux ; il s'agit dans la seconde d'établir des branches montantes et descendantes, ou ce qu'on appelle membres. Si l'arbre a poussé très-vigoureusement, et que les yeux réservés au nombre de dix aient poussé chacun un rameau, il convient de tailler sur tous après les avoir dépalissés, et de couper plus court que l'année précédente ; parce que l'arbre a acquis de l'étendue, en ayant toutefois égard à la position des rameaux en dedans ou en dehors du V. Les rameaux intérieurs du V, qu'on appelle *branches montantes*, doivent être taillés au dessus du cinquième œil ; pendant que les extérieurs, nommés *branches descendantes*, doivent l'être au troisième. Quant aux deux rameaux qui ont poussé à l'extrémité des deux branches mères, comme leur destination est d'allonger celles-ci, il est essentiel, pour la formation des arbres, de leur donner toute l'extension dont ils sont susceptibles, et on ne doit les tailler qu'au dessus du troisième œil et jusqu'au septième, suivant leur force et leur vigueur. Il est de règle générale, dans toutes les tailles, de couper les branches immédiatement au dessus d'un œil, que la coupe soit en dedans ou qu'elle soit en dehors, afin d'éviter les chicots et d'accélérer le recouvrement des plaies.

Si l'un des côtés de l'arbre était plus vigoureux que l'autre, il faudrait bien se garder de les tailler également; il conviendrait au contraire d'allonger beaucoup la taille du côté vigoureux et de raccourcir celle du faible; si même l'équilibre paraissait par trop rompu entre les deux parties de l'arbre et que l'une parût menacer l'existence de l'autre, il faudrait avoir recours à un remède plus actif, mais en même tems plus dangereux, c'est celui de découvrir, à l'automne suivant, les racines de l'arbre pour couper quelques-unes de celles qui répondent au côté le plus vigoureux, tandis qu'on recouvrirait celles du côté faible avec de la terre neuve et substantielle.

L'ébourgeonnement et le palissage à faire pendant l'été qui suit la seconde taille ne diffèrent point, pour la manière, de ceux de l'année antérieure, ils portent seulement sur un plus grand nombre de rameaux.

Tous ces principes sont applicables à toutes sortes d'arbres fruitiers élevés en espalier, ce qui va suivre aura particulièrement rapport au Pêcher, et je prendrai pour guide M. Butret, auquel on doit un bon ouvrage sur la taille des arbres.

Les branches à fruit du Pêcher sont fort distinctes des branches à bois. Ces dernières acquièrent la même année, sur les jeunes arbres, trois à six pieds de longueur, et la grosseur du doigt et plus; elles deviennent promptement grises comme le vieux bois. Les branches à fruit au contraire parviennent rarement à plus de deux pieds de long, et leur grosseur est celle d'un bon tuyau de plume; leur couleur est rouge du côté du soleil et verte du côté de l'ombre. On en compte de quatre sortes : 1°. celles dont les boutons sont triples, c'est-à-dire offrent un œil à bois entre deux boutons à fruit; 2°. celles qui ont les yeux doubles, l'un donnant du fruit et l'autre du bois; 3°. celles à boutons simples, le plus souvent à fleur; 4°. enfin les brindilles d'un, deux à trois pouces, garnies à leur sommet de plusieurs boutons à fleur, au centre desquels il y en a un à bois. On distingue fort aisément ces différens boutons, ou yeux, dès la fin d'août; ceux à bois sont pointus, ceux à fruit sont arrondis et plus gros. Les uns et les autres sont situés dans l'aisselle d'une feuille qui est leur mère nourrice, et qui tombe lorsqu'ils sont formés.

Le fruit du Pêcher ne vient ordinairement beau que lorsqu'il est accompagné d'un bourgeon à bois qui sert à lui fournir les sucs abondans dont il a besoin pour acquérir cette chair qui le rend si délicieux. D'après ce principe, tout bouton à fleur qui n'est pas accompagné d'un bouton à bois est stérile. Ses fleurs, quoiqu'aussi belles que les autres, tombent sans nouer, ou si elles nouent, le fruit ne tarde pas à tomber, et les branches restent nues. La taille ne doit donc se faire que lorsqu'on voit le bouton à bois commencer à se développer, afin de la diriger sur les boutons à fleur, accompagnés de boutons à bois.

Les branches du Pêcher qui ont une fois rapporté du fruit n'en donnent plus; il est d'ailleurs nécessaire de les renouveler tous les ans. Cette considération et la précédente déterminent le mode de l'opération de la taille. Les branches à bois doivent porter les branches à fruit, et doivent en être garnies dans toute leur longueur; mais comme il faut renouveler tous les ans les branches à fruit, il est nécessaire d'espacer les branches à bois de manière à pouvoir placer les nouveaux rameaux qui doivent porter les fruits l'année suivante, et d'étendre les branches à bois le plus qu'il est possible, afin d'avoir de beaux arbres et beaucoup de fruit. On laisse donc croître ces branches à bois de toute leur étendue, et ce n'est qu'à la taille du printems qu'on les ravale sur les branches inférieures.

Quant aux branches à fruit, la première et la seconde sortes doivent être taillées de deux yeux jusqu'à quatre, selon leur force, en observant que ces yeux soient toujours accompagnés d'un œil à bois, absolument nécessaire, comme il a été dit, pour la nutrition du fruit. La troisième sorte de branches à fruit, n'ayant que des boutons à fleur, ne peut être féconde, et elle doit être retranchée. Quant à la quatrième sorte de branches à fruit, comme elle n'a que peu de longueur, elle ne doit pas être taillée, le bourgeon à bois qui en sort étant suffisant pour nourrir ses fruits, qui manquent rarement et deviennent même très-beaux.

Les Pêchers sont plus sujets que les autres arbres à pousser des *gourmands* (1) qui, lorsqu'on ne s'oppose pas à leur crue, absorbent toute la sève et finissent par faire périr les branches qui sont au dessus d'eux. Il est essentiel de les retrancher ou de les modérer, n'importe à quelle époque de l'année ils se développent, à moins que, dans certains cas, on ne juge convenable de les conserver pour renouveler l'arbre.

C'est la quatrième ou la cinquième année de leur plantation que des Pêchers conduits et formés d'après les principes qui viennent d'être rapportés, commencent à dédommager le cultivateur de ses peines et de ses soins; car avant ce tems, et tant que leurs arbres ne sont pas bien formés, les bons jardiniers ne leur laissent pas le peu de fruit qu'ils pourraient avoir. Mais un grave inconvénient, c'est que les Pêchers craignent beaucoup les gelées, et que lorsqu'elles sont fortes, non seulement elles peuvent détruire toute espérance de la récolte de l'année, mais encore celle de la suivante, en désorganisant les boutons à bois. Pour prévenir cet accident, on peut, lorsque le tems est froid et qu'on craint la gelée, garantir les arbres de ses désastreux effets, en les couvrant de paillassons ou de toiles qu'on suspend au devant par différens moyens, et qui doivent en être écartés de quelques pouces pour ne pas endommager les fleurs. Ces abris sont principalement utiles pendant la nuit et le matin; on les ôte pendant le tems chaud et surtout lorsque le soleil brille. Au reste, les gelées humides, quoique peu intenses, sont plus à craindre que des gelées plus fortes qui sont sèches. Une pluie long-tems continuée, un vent sec de longue durée, en empêchant la fécondation, peuvent aussi détruire l'espoir de la récolte en totalité ou en partie. Les cultivateurs de Montreuil, près de Paris, pour garantir des intempéries de l'atmosphère leurs Pêchers et en général les arbres qui craignent le froid, ont des paillassons disposés d'une manière particulière qui leur permet de les étendre ou de les relever à volonté, selon qu'ils craignent le mauvais tems ou qu'ils espèrent qu'il sera beau. Ils établissent ordinairement ces abris dès la fin de février, et ne les enlèvent qu'à la mi-mai, quand le printems est froid; et comme, par la manière dont ces paillassons sont placés, il y a plus d'un pied d'intervalle entre eux et les arbres, il est facile, tel tems qu'il fasse, de faire sous les paillassons, sans les relever, tous les travaux nécessaires aux arbres.

Lorsqu'il n'y a plus de danger pour les fruits, et que les pousses de l'année ont acquis dix à douze pouces de long, on pratique l'ébourgeonnage, si on n'a pas employé le moyen du sieur DUMOUTIER pour s'en dispenser. Après cette opération, il faut s'occuper du palissage; c'est alors qu'il convient, lorsque les fruits sont trop

---

(1) On entend par *gourmands* des bourgeons qui percent sur le vieux bois et produisent des rameaux qui poussent presque toujours perpendiculairement avec une vigueur remarquable, et qui, en attirant toute la sève à eux, empêchent la production du fruit.

pressés et en trop grand nombre, d'en supprimer une partie en détachant ceux qui sont doubles ou triples, et même les uniques quand ils sont mal placés. Les soins qui restent après cela à donner aux Pêchers sont peu de chose; il n'y a plus de travaux importans; on découvre seulement les Pêches quinze jours ou trois semaines avant leur maturité, pour leur donner un beau coloris et toute la saveur dont elles sont susceptibles. En faisant cette opération, on doit se garder d'arracher les feuilles qui ombragent les fruits; il faut toujours employer la serpette ou des ciseaux. Les Pêches tardives doivent être découvertes plus long-tems avant leur maturité, à raison de la diminution de la chaleur des rayons du soleil en automne.

Il est facile de tracer un chiffre ou un nom sur la peau d'une Pêche, en la couvrant, avant qu'elle ait pris de la couleur, d'un linge dans lequel ce chiffre ou ce nom se trouve découpé en blanc ; le linge, en interceptant l'action de la lumière, empêchera la peau de se colorer, tandis que la partie qui sera à jour prendra seule une belle teinte vermeille. On peut tracer le chiffre en blanc en faisant au contraire l'application des lettres découpées sur le fruit.

Lorsque les Pêches sont arrivées à leur maturité, cela se reconnaît à une certaine teinte jaune qui perce à travers leur coloris. On doit se garder, quand on en fait la cueillette, de les tâter avec le pouce, ainsi que le pratiquent beaucoup de gens ; il faut les empoigner avec les cinq doigts, les tirer doucement sans les presser, mais en tournant un peu la main ; par ce moyen elles se détachent facilement de l'arbre.

Les cultivateurs de Montreuil pratiquent, aussitôt après la cueillette, une opération essentielle qu'ils appellent *le remplacement*, et qui consiste à ravaler les branches à fruit sur les deux ou sur l'un des deux rameaux inférieurs conservés lors de l'ébourgeonnage. Par cette opération, ces rameaux acquièrent des forces pendant le reste de la saison, et fournissent, l'année suivante, une plus grande quantité de fruits que si on eût attendu le moment de la taille pour faire ce retranchement.

L'usage général est de donner, chaque hiver, un labour aux plattes-bandes dans lesquelles les Pêchers sont plantés en espalier, et de les biner deux à trois fois dans le courant de l'été ; mais, comme le plus souvent ces plattes-bandes sont cultivées en légumes, on ne donne que les façons nécessaires à ceux-ci. Il en est de même pour le besoin que les arbres ont d'être fumés ; quand on cultive des légumes dans le même terrain, le fumier qui leur est nécessaire doit aussi servir pour les Pêchers; mais lorsqu'on supprime les labours et les cultures, comme à Montreuil, où l'on se contente de ratisser les plattes-bandes quand on voit de l'herbe, il faut, tous les trois, quatre, cinq ou six ans, selon la nature plus ou moins fertile du sol, couvrir, en automne, la platte-bande de trois à quatre pouces de bon fumier, et l'enterrer tout de suite, sans attendre après la taille.

Tout ce qui a été dit jusqu'à présent n'a de rapport qu'avec la culture du Pêcher en espalier et dans les parties septentrionales de la France ; mais dans le midi, la manière de planter et de cultiver cet arbre est fort différente. Les espaliers sont plus rares en Languedoc et en Provence qu'un Pêcher à plein vent à Paris. En Provence, la chaleur du climat s'oppose au mode de culture qui réussit le mieux dans le nord, et l'on n'élève de pêchers qu'en plein vent, ou en buisson, ou plutôt en vase. Dans ces contrées les champs et les vignes sont remplis de ces arbres que le cultivateur n'a pas pris la peine de planter, encore moins de greffer, et qui, quoique venus sans aucun soin, de noyaux échappés de la main des consommateurs, produisent des fruits excellens et en abondance. Cependant, malgré la fertilité naturelle au Pêcher en Provence et dans les pays méridionaux, des cultivateurs instruits ont cherché à améliorer ses produits par une culture régulière. C'est ce qu'a fait feu M. Antoine David, membre distingué de la Société d'Agriculture d'Aix, qui a donné, en 1783, un Traité sur la culture du Pêcher en buisson, dont je vais extraire tout ce qui a rapport à la manière de former cet arbre en vase ou en entonnoir.

C'est plutôt à basse tige qu'à plein-vent qu'on donne cette forme aux arbres ; mais une chose essentielle pour la taille, c'est que, dans le climat de Provence, c'est depuis le quinze de novembre jusqu'à la mi-décembre qu'il faut la pratiquer ; la sève a encore assez de mouvement pour cicatriser les plaies qu'on fait à l'arbre, et le bourrelet qui commence à se former autour de la coupe pour la recouvrir, la garantit contre les gelées. C'est aussi à peu près dans le même tems qu'il faut planter les Pêchers quand on ne les élève pas de noyau sur place. La pousse de la première année de la plantation des arbres est l'ouvrage de la nature ; le cultivateur ne commence à concourir avec elle que lors de la première taille. Celle-ci est uniquement préparatoire ; la figure de l'arbre est tout son objet ; lorsqu'on la pratique on donne au Pêcher trois ou quatre branches disposées en rond, autant qu'on le peut, et on les coupe à trois ou quatre yeux, plus ou moins, selon leur force, c'est-à-dire courtes si elles sont faibles, et un peu plus longues si elles sont vigoureuses.

Lors de la taille de la seconde année, chacune des branches qu'on avait laissées à l'arbre doit en avoir produit deux ou trois. Il faut conserver celles qui assortissent la figure de l'arbre, abattre toutes les autres, et cette taille doit être faite uniquement à bois, c'est-à-dire courte, afin de donner à l'arbre une forme régulière et qui soit durable.

A la troisième année, on commence par décharger l'arbre des branches surnuméraires qu'il a poussées, tant en dedans qu'en dehors, et on supprime les branches qui se croisent. On taille court les rameaux des sommités, et on raccourcit environ à la moitié de leur longueur les branches latérales qui toutes doivent alors être tournées à fruit. Mais au printems suivant, si le fruit noue en trop grande quantité, il faut en abattre une partie dans le courant de mai, afin de donner à l'arbre le moyen de porter les Pêches restantes dans le degré de maturité convenable, et de pousser du nouveau bois pour entretenir sa forme.

Dans les deux premières tailles, la figure de l'arbre est l'unique objet du cultivateur ; il ne s'occupe que des branches à bois du premier ordre, qui doivent former l'édifice. Lors de la troisième, on a coupé court les branches du premier ordre qui déterminent la forme ; on a raccourci à la moitié de leur longueur les rameaux qui avaient poussé latéralement ; les yeux les plus bas de ces rameaux se sont tournés à fleur, et ceux de la sommité ont donné des branches à bois latérales.

La quatrième taille devient plus compliquée : elle doit porter sur des branches de deux espèces ; sur celles du premier ordre et sur les branches latérales à bois qui, prenant plus d'évasement, forment une seconde file de branches, qui sont celles du second ordre, inférieures aux premières. Chaque branche du premier ordre doit avoir produit trois ou quatre branches nouvelles. On conserve une ou deux de ces branches qui se présentent le mieux disposées à continuer la forme du cône renversé que l'arbre a déjà reçue ; on les taille à cinq ou six yeux, et l'on supprime les autres. Le premier coup de serpette que l'arbre reçoit doit lui être donné avec discernement ; c'est lui qui, fixant son élévation, doit le ramener à une égalité approchante de la hauteur des Pêchers de la file. Pour cette dernière raison, il convient de commencer par le premier arbre d'une file ; après l'avoir examiné dans toutes ses parties, on le décharge des branches surnuméraires, de celles qui se croisent ou qui occasionnent de la confusion, et l'on taille le reste des rameaux en faisant le tour de l'arbre de gauche à droite et en établissant le niveau parmi les branches de la sommité de l'arbre. Les branches du premier ordre étant taillées, on vient à celles du second ordre, qui fondent l'espérance du cultivateur. On leur supprime les rameaux qui ont poussé en dedans de l'arbre, afin de se ménager un espace entre les branches des deux ordres. On taille à trois ou quatre yeux celui des rameaux qui a poussé le plus verticalement, et on taille à la moitié de leur longueur tous ceux qui ont poussé horizontalement. On conserve les rameaux à fruit, de même, que les brindilles, auxquelles on supprime un ou deux yeux de leur cime ; ce sont les parties fructifères du Pêcher, qui sont alors presque toutes tournées à fruit.

La cinquième taille du Pêcher en buisson est subordonnée à l'état où il se trouve. Les branches de cet arbre s'épuisant souvent dans leur premier âge pour donner au fruit qu'elles portent la nourriture qu'il exige, elles poussent alors faiblement à bois, et la plupart périssent après avoir fructifié. Dans cet état de choses, il faut élaguer l'arbre avec exactitude, lui enlever le bois mort et le bois épuisé, supprimer, à leur naissance, quelques branches du premier ordre, s'il y en avait qui fussent un peu trop rapprochées ; on taille ensuite, à deux ou trois yeux, toutes les branches de la sommité, tant du premier que du second ordre, de même que quelques branches latérales, pour lui faire pousser du bois nouveau, capable de rétablir sa forme régulière, et l'on rafraîchit un peu les branches à fruit faibles et les brindilles.

Les années suivantes, la taille du Pêcher en buisson ne peut plus être asservie à des règles ; le besoin de l'arbre et l'intelligence du cultivateur doivent seules la diriger ; mais, en général, cet arbre demande à être ravalé et concentré, si l'on veut déterminer la sève à pousser du bois nouveau capable de remplacer celui qu'on est obligé de lui enlever aux années de son grand rapport. Tels sont, selon M. Antoine DAVID, les principes d'après lesquels on pourra former de beaux Pêchers en buisson ou, pour mieux dire, en vase.

Le Pêcher est, de tous nos arbres fruitiers, celui qui croît avec le plus de rapidité et qui fructifie le plus promptement ; venu de noyau, il peut donner des fruits la quatrième année ; aussi, par son ardeur excessive de croître, et par sa fécondité prématurée, épuise-t-il ses forces naissantes et ne dure-t-il qu'un petit nombre d'années comparativement aux Pommiers, Poiriers, etc. Les cultivateurs de Paris sont d'ailleurs dans l'erreur en croyant qu'il vit moitié moins long-tems en plein vent qu'en espalier, car il est constant que, dans le Midi de la France, il n'est pas rare de trouver des Pêchers à plein-vent, venus de noyau et qui ont été abandonnés à la nature, ayant cinquante à soixante ans, et rapportant encore d'excellens fruits, tandis que c'est beaucoup dans le nord, que ceux en espalier parviennent à quarante ans.

Plusieurs maladies attaquent le Pêcher ; celles auxquelles il est sujet sont la *Jaunisse*, la *Rouille*, le *Blanc*, la *Brûlure*, la *Gomme* et la *Cloque*. Il a déjà été dit, à l'article du Prunier, quelques mots sur ces maladies en général ; mais il ne sera pas inutile d'entrer ici dans de nouveaux détails sur chacune d'elles en particulier.

La *Jaunisse* est une maladie commune à tous les arbres, elle se manifeste par la couleur jaune que prennent les feuilles, en perdant le beau vert propre à chaque espèce. Ses effets sont la chûte des feuilles avant le tems, le dessèchement des sommités des jeunes rameaux, la maigreur et la fragilité du bois, la petitesse et presque l'avortement des yeux, l'insipidité des fruits, l'altération générale de la sève, la langueur et le dépérissement de l'arbre, et enfin sa mort si on n'a pris à tems le soin d'apporter remède au mal. Ses principales causes sont une terre maigre, usée, sans fond, trop sèche, impénétrable aux pluies, ou un terrain trop froid, trop humide, ou encore l'argille et le tufe contigus aux racines. On peut encore en trouver la cause dans les hannetons, les fourmis et autres insectes qui établissent leur séjour au pied des arbres. La cause étant connue, le remède est facile, et celui à employer sera déterminé par la nature des choses ; ainsi, suivant les cas, il faudra avoir recours aux engrais, aux arrosemens, aux labours, aux tranchées pour tirer et faire écouler les eaux, ou pour regarnir les racines avec des terres de bonne qualité. Si le mal est causé par des insectes, il faudra faire en sorte de les détruire. Si ces moyens ont été employés à tems et avant que la contagion soit parvenue jusqu'aux racines, bientôt les arbres reprendront leur beauté et leur vigueur naturelles.

La *Rouille* consiste en des taches rousses, saillantes et graveleuses sur les jeunes rameaux et les feuilles. Ses effets sont l'érosion du parenchyme des feuilles, qui laisse nues leurs fibres et leurs nervures ; le développement prématuré des yeux privés de la nourriture que les feuilles leur préparaient et leur fournissaient, et par conséquent la stérilité de l'arbre l'année suivante. On a cru que ses causes étaient quelquefois les mêmes que celles de la jaunisse ; mais il paraît bien plutôt qu'il faut attribuer ce mal aux pluies qui surviennent à la fin du printems ou pendant l'été, et auxquelles succèdent promptement un soleil vif et brûlant. Les feuilles étant alors couvertes de gouttes de pluie qui concentrent les rayons du soleil à la manière des verres lenticulaires, elles se trouvent brûlées par la suite de la trop grande chaleur qu'elles éprouvent. Il arrive aussi souvent que les insectes qui, ordinairement pendant la nuit, rongent le parenchyme des feuilles produisent à-peu-près les mêmes effets par les plaies qu'ils font et qui se trouvent ensuite frappées des rayons du soleil. On ne peut opposer aucun remède à la première cause, c'est au jardinier à combattre la seconde par la vigilance qu'il doit mettre à chercher et à détruire les insectes.

Le *Blanc*, la *Lèpre* et le *Meunier* sont les synonymes d'une maladie à laquelle les Pêchers sont plus sujets que toute autre espèce d'arbres, et qui couvre les feuilles, les jeunes rameaux et même les fruits d'une sorte de duvet farineux. Ses effets sont la chûte prématurée des feuilles, la ruine des yeux privés de nourriture et attaqués eux-mêmes de la maladie ; souvent la perte de l'extrémité des jeunes rameaux, et enfin la mort de l'arbre si le mal est opiniâtre et qu'il se manifeste pendant plusieurs années. Les causes de cette maladie ne sont pas bien connues, et par conséquent les remèdes sont fort incertains. On croit avoir remarqué qu'elle est plus commune dans les années pluvieuses que dans celles qui sont sèches, et que les arbres en sont plus fréquemment attaqués dans les lieux humides que dans les terrains secs. Quelques naturalistes regardent, comme une végétation parasite de la famille des champignons, cette sorte de duvet farineux qui caractérise la maladie ; mais cela n'éclaircit pas la cause qui la fait naître. Les cultivateurs ont observé que les Pêchers dont les feuilles étaient dépourvues de glandes, y étaient beaucoup plus sujets que ceux qui en étaient munies ; il en est même qui assurent que le blanc ne prend jamais spontanément naissance sur un Pêcher pourvu de glandes, et que lorsqu'un de ces arbres en est attaqué ce n'est que secondairement par la contagion des Pêchers non glanduleux qui sont dans son voisinage.

La *Brûlure* est une maladie qui a pour cause la trop grande chaleur des rayons solaires ; elle se manifeste particulièrement sur les arbres en espalier à l'exposition du midi, où la dilatation de la sève force l'écorce à se fendre ; aussi les Pêchers qu'on place, en général, dans les expositions les plus chaudes, sont-ils très-sujets à la brûlure. Les remèdes à apporter contre la désorganisation et la chûte de l'écorce qui en sont la suite, ne sont pas trop connus ; mais je crois devoir parler ici, d'après M. Descemet, Maire de Saint-Denis et propriétaire d'une des plus considérables pépinières des environs de Paris, d'un moyen qui paraît, non pas devoir guérir la maladie existante, mais la prévenir. Ce moyen consiste à employer un mélange de bonne terre et de bouze de vache, pétri et délayé en consistance de pâte assez molle pour en faire enduire le tronc et les branches principales des Pêchers qui sont les plus exposés.

La *Gomme* est une maladie propre aux arbres à fruit à noyau, et qui peut les attaquer dans toutes les saisons où leur sève est en mouvement. Elle consiste dans un dépôt de suc propre extravasé, qui se coagule soit entre le bois et l'écorce, soit plus ordinairement sur le tronc ou sur les branches des arbres. Les effets de cette maladie sont le dépérissement des branches qu'elle attaque, et leur mort si on laisse à la gomme le tems de les altérer. On la prévient et on la guérit en augmentant la vigueur de l'arbre, soit par des tailles plus courtes, soit en supprimant une partie des fruits quand ils sont trop nombreux, soit par des engrais et même par de simples arrosemens. Il faut en même tems enlever la gomme avant qu'elle ne soit durcie, retrancher jusqu'au vif les endroits où elle a séjourné, et mettre sur les plaies un appareil de terre et de bouze de vache.

La *Cloque* est, de toutes les maladies qui attaquent le Pêcher, celle qui lui nuit le plus. Elle se manifeste par la dégradation des feuilles et des jeunes rameaux qu'elle recroqueville et contourne en divers sens. Ses effets sont la chûte des feuilles et des fruits, la ruine des yeux à fruit, et par conséquent de la récolte de l'année suivante. On a attribué cette maladie à une alternative subite de grande chaleur et de froid accompagné de vent qu'on croyait pouvoir crisper et paralyser les nervures des feuilles, et désorganiser les canaux de la sève ; mais il paraît bien plus certain qu'on doit reconnaître pour sa cause les pucerons qui attaquent les arbres et qui, en quantité souvent innombrable, s'établissent sous le dessous de leurs feuilles, surtout de celles de l'extrémité des rameaux, parce qu'elles sont plus tendres. Le mal est encore augmenté par les fourmis qui s'y portent en abondance, et qui y sont en mouvement continuel, soit pour se nourrir des pucerons, soit peut-être aussi de la portion de sève extravasée par suite de la piqûre de ces derniers insectes. Jusqu'à présent on ne connaît aucun remède ni aucun moyen préservatif contre cette maladie ; le seul qu'on puisse employer est aussi dangereux que le mal, c'est la suppression de toutes les feuilles et même de toutes les branches affectées : beaucoup de cultivateurs aiment mieux abandonner les choses à la nature, et lorsque le mal s'est borné ou est passé, ils emploient les moyens conseillés par l'expérience pour réparer et refaire les arbres fatigués et épuisés.

Une Pêche qui, à la beauté de sa forme, à l'éclat de sa vive couleur, réunit une chair fondante, une saveur sucrée, un goût vineux exquis et un parfum délicieux, peut passer, à justes titres, pour un des plus beaux et des meilleurs fruits parmi tous ceux que la nature produit spontanément dans les différens climats, ou parmi ceux que l'industrie de l'homme a su améliorer et perfectionner par une culture soignée. L'arbre qui donne cet excellent fruit, aujourd'hui si répandu dans toutes les contrées tempérées de l'Europe, n'est point indigène de cette partie du monde, mais il y a trouvé une nouvelle patrie, il y est peut-être maintenant plus commun, et il y a certainement acquis plus de qualités que dans la Perse, son pays natal, où il paraît être resté un fruit presque sauvage, si nous en jugeons par le Pêcher que M. Olivier a vu dans les jardins d'Ispaham, et qu'il a rapporté en France, il y a douze ans, comme je l'ai déjà dit plus haut. Si c'est là le type de l'espèce, combien n'a-t-elle pas été modifiée et changée en bien depuis dix-neuf siècles, date de sa première migration en Europe, car il ne paraît pas qu'il y ait davantage que nous possédons cet arbre, d'après ce que Pline en dit, livre 15, chapitre 13 (1).

Les anciens préféraient les Pêches à chair ferme (2), que nous nommons *Pavies*, et que les Provençaux appellent *Pesseguys duràns*, aux Pêches fondantes connues en Provence sous le nom de *Pesseguys moulans*, et il paraît que ce goût est encore celui de tous les peuples du midi, qui cultivent beaucoup plus de Pavies que de Pêches proprement dites. Dans les départemens qui avoisinent Paris, ou qui sont plus au nord, on plante, au contraire, beaucoup plus de ces dernières. Cette préférence n'est point fondée sur le goût particulier des peuples du midi ou de ceux du nord ; mais elle a pour motif la différence du climat, qui, en Provence, en Italie, en Espagne, est plus favorable aux Pavies, qui y acquièrent une grosseur considérable et un goût parfait auquel le manque de grande chaleur, et surtout de chaleurs continues, ne leur permet pas de parvenir dans le climat de Paris. Les Pêches fondantes, au contraire, paraissent craindre les pays trop chauds, et ce n'est que dans le nord de la France, ou dans les pays qui jouissent de la même température, qu'elles prennent un parfum délicieux et une saveur exquise.

On mange plus de Pêches crues que de toute autre manière, et elles sont meilleures quelques heures après avoir été cueillies, parce que le principe sucré s'y est développé. Pour les manger cuites, on les prépare en compote, en marmelade, mais cette confiture n'est pas aussi bonne qu'on pourrait le croire, étant faite avec un si excellent fruit. On les fait aussi sécher au four, au soleil, surtout les Pavies. On les confit à l'eau-de-vie avec du sucre. Il y a des personnes qui préparent les Pavies au vinaigre, comme on fait les cornichons. On fait aussi avec les Pêches une sorte de vin dont on retire beaucoup d'eau-de-vie. A ce sujet, M. Bosc rapporte, dans *le Nouveau Cours d'Agriculture*, que, dans les États-Unis d'Amérique, la plupart des colons qui forment de nouvelles habitations sont dans l'usage de planter plusieurs acres de terre en noyaux de Pêcher. Lorsque les arbres qui en sont venus donnent du fruit, on pile les Pêches dans une auge de bois, et au bout de quelques jours, plus ou moins, selon la chaleur de la saison, quand elles sont passées à la fermentation vineuse, on les distille pour en retirer l'eau-de-vie. Les Pêches employées de cette manière sont l'objet d'un produit annuel très-considérable, parce que cette eau-de-vie, quoiqu'elle soit très-médiocre, étant généralement mal faite, sert de boisson à toute la population de l'intérieur des terres, c'est-à-dire à celle qui n'a pas assez d'argent pour se procurer de l'eau-de-vie de vin ; aussi M. Bosc dit-il avoir vu, sur les derrières des Carolines, des habitations dont les deux tiers des terres défrichées étaient plantées en Pêchers.

Les Pêches sont humectantes, rafraîchissantes, relâchantes et saines (3) en général ; mais elles ne conviennent pas à tous les estomacs, et il est des personnes qui ne

---

(1) *In totum quidem Persica peregrina etiam Asiæ Græciæque esse ; ex nomine ipso apparet, atque ex Perside advecta.* Malgré ce témoignage, Poinsinet, dans sa traduction de Pline, prétend au contraire que le berceau du Pêcher est la Gaule, et que c'est même la Gaule-Belgique, parce que, dit-il, le nom de la Pêche, en langue belge, est encore Perse ou Perze, mot celtique qui a son étymologie dans le verbe belgique *persen*, qui répond au verbe français presser : celui-ci est synonyme de dépêcher, source du nom moderne de Pêche, qui a été donné à ce fruit parce qu'il ne peut se garder long-tems et qu'il faut presser et dépêcher sa vente. Cette opinion a pu être celle d'un homme de lettres, mais elle est entièrement dépourvue de sens pour un botaniste et pour tout cultivateur éclairé qui a seulement vu les Pêchers du nord et ceux du midi de la France. Tous les arbres en général, placés dans leur pays natal, y viennent sans peine et sans culture ; ce n'est pas ainsi que le Pêcher réussit aux environs de Paris, à plus fortes raisons ne peut-il pas croître spontanément dans la Belgique, quatre-vingts lieues plus au nord.

(2) *Sed Persicorum palma duracinis.* Pl. lib. 15, cap. 12.

(3) On pourrait croire qu'il est inutile de parler aujourd'hui d'une opinion qui a subsisté pendant plusieurs siècles, quoiqu'elle n'ait jamais eu aucun fondement et que Pline l'eût déjà taxée d'être entièrement fausse ; mais j'en ferai mention, parce j'ai

peuvent pas les digérer. Le meilleur moyen de corriger ce qu'elles ont de trop froid est de les manger trempées dans du vin, ou de les saupoudrer de beaucoup de sucre.

La gomme du Pêcher se gonfle dans l'eau, comme celle du Cerisier, sans s'y dissoudre; elle n'est pas, pour cette raison, usitée dans les arts, et ne peut être employée à remplacer la gomme arabique.

On peut retirer de l'amande du Pêcher une huile qui a toutes les propriétés de celle de l'Amande ordinaire; mais on n'est guère dans l'usage d'en préparer. Cette huile était autrefois employée en médecine; mais comme elle n'avait pas de vertus particulières, on l'a abandonnée.

Les feuilles et surtout les fleurs du même arbre ne sont pas dans ce cas, quoiqu'on n'en fasse pas autant d'usage qu'elles le mériteraient. On prépare dans les pharmacies un sirop avec les fleurs; c'est un bon purgatif, et qu'on emploie assez souvent, surtout pour les enfans. Les feuilles en décoction, ou préparées en sirop, ont les mêmes propriétés, et elles pourraient être employées avec avantage pour remplacer d'autres purgatifs exotiques (1).

Le bois des Pêchers qui ont crû en plein vent est d'un beau rouge brun, avec des veines de brun plus clair, et le contact de l'air lui donne encore plus d'éclat. Son grain est fin et serré; il prend un beau poli, et parmi les bois indigènes, c'est un des plus beaux qu'on puisse employer pour les ouvrages d'ébénisterie. Il faut avoir soin de le débiter en feuilles minces pendant qu'il est encore vert, parce qu'il est sujet à se gercer en se desséchant, et on l'emploie en placage quand il est bien sec. En cet état, il pèse, selon VARENNES DE FENILLES, cinquante-deux livres six onces six gros par pied cube.

---

encore rencontré plusieurs personnes qui paraissaient y croire. Selon cette opinion, les Pêches étaient vénéneuses en Perse, et les rois de ce pays les avaient fait transporter en Égypte par vengeance; mais par la bonté du terroir elles avaient perdu leurs mauvaises qualités. COLUMELLE a voulu faire allusion à ce conte populaire, dans les vers suivans:

Stipantur calathi, et pomis quæ barbara Persis
Miserat (ut fama est) patriis armata venenis:
At nunc expositi parvo discrimine lethi,
Ambrosios præbent succos, oblita nocendi.　　　COLUM. de Re Rusticâ, lib. X.

(1) On prépare, avec les feuilles de Pêcher et le miel, dans la pharmacie du bureau de bienfaisance de la division de l'Arsenal, un sirop purgatif qui est employé dans presque toutes les purgations avec autant d'avantage que la manne; depuis plus de six ans que je suis médecin de cette division, j'ai prescrit ce sirop dans les dix-neuf vingtièmes des médecines que j'ai ordonnées, et j'ai toujours eu lieu d'être satisfait de sa manière d'agir.

EXPLICATION DES PLANCHES.

Pl. 65. Un rameau du PÊCHER D'ISPAHAM, avec des feuilles et deux fruits. Fig. 1. Partie d'un rameau avec des fleurs. Fig. 2. Le calice avec les étamines. Fig. 3. Un pétale vu séparément. Fig. 4. Une étamine. Fig. 5. L'ovaire.

Pl. 66. Fig. 1. PÊCHE MIGNONNE tardive, avec une coupe horizontale du même fruit, et le noyau vu séparément. Fig. 2. PAVIE jaune, avec une coupe perpendiculaire du même fruit, et le noyau vu séparément. Fig. 3. GROSSE VIOLETTE tardive, avec une coupe horizontale du même fruit, et le noyau vu séparément.

Pl. 67. Fig. 1. PÊCHE POURPRÉE tardive, avec la coupe perpendiculaire du même fruit, laissant voir le noyau ouvert pour montrer l'amande. Fig. 2. PÊCHE BELLE DE VITRY vue de même. Fig. 3. PÊCHE SANGUINOLE vue aussi de même.

Pl. 68. Fig. 1. Un rameau du PÊCHER TEINDOUX, avec des feuilles et un fruit. a. Une feuille grossie pour faire voir la forme des glandes arrondies. b. Une fleur du même Pêcher. c. Un pétale vu séparément pour indiquer la forme des pétales dans les Pêchers à fleurs moyennes. d. Le calice et les étamines. e. Une PÊCHE TEINDOUX coupée perpendiculairement et laissant voir le noyau entier. Fig. 2. f. et g. VIOLETTE CERISE vue entière et coupée perpendiculairement.

Pl. 69. Fig. 1. PÊCHE jaune, avec une coupe perpendiculaire du même fruit, laissant voir le noyau. Fig. 2. PÊCHE MADELEINE blanche vue de même. Fig. 3. BRUGNON VIOLET vu de la même manière.

Pl. 70. Un rameau du PÊCHER DE CHEVREUSE tardif. Fig. a. Partie inférieure d'une feuille grossie pour faire voir les glandes réniformes. Fig. b. Une portion d'un rameau de la même espèce, en fleur. Fig. c. Un pétale séparé pour faire voir la forme des pétales dans les Pêchers à petites fleurs. Fig. d. Le calice et les étamines. Fig. e. Coupe perpendiculaire d'une PÊCHE CHEVREUSE tardive.

Pl. 71. Un rameau du PÊCHER GROSSE MIGNONNE, avec un fruit et des feuilles. Fig. 1. Sommité d'un rameau fleuri. Fig. 2. Un pétale vu séparément. Fig. 3. Le calice, les étamines et le pistil. Fig. 4. Une PÊCHE GROSSE MIGNONNE coupée perpendiculairement pour faire voir le noyau.

Pl. 72. Fig. 1. AVANT-PÊCHE rouge. Fig. 2. AVANT-PÊCHE blanche. Fig. 3. PÊCHE TÉTON DE VÉNUS. Fig. 4. VIOLETTE jaune. Fig. 5. PÊCHE BELLE CHEVREUSE et la coupe perpendiculaire du même fruit.

RUBUS. FRAMBOISIER.

RUBUS. Linn. Classe XII. *Icosandrie.* Ordre V. *Polygynie.*

RUBUS. Juss. Classe XIV. *Dicotylédones polypétales. Étamines pé-*
rigynes. Ordre X. Les Rosacées. §. IV. Ovaires en nombre indéfini,
supérieurs, insérés sur un réceptacle commun, portant chacun un
seul style. Autant de graines nues ou contenues dans une baie. Les
Potentilles.

GENRE.

CALICE. Monophylle, à cinq divisions ouvertes, persistantes.

COROLLE. De cinq pétales ovales-arrondis, insérés sur le calice.

ÉTAMINES. Nombreuses, à filamens plus courts que la corolle, insérés sur
le calice et terminés par des anthères arrondies, comprimées.

PISTIL. Ovaires nombreux, surmontés de styles courts, capillaires, insérés
latéralement sur l'embryon et terminés par des stigmates simples,
persistans.

PÉRICARPE. Baie composée de grains arrondis, succulens, insérés sur un réceptacle conique, réunis en une tête convexe extérieurement,
concave en dedans.

SEMENCES. Une graine oblongue, solitaire dans chaque grain de la baie.

Caractère essentiel. Calice à cinq divisions ouvertes. Cinq pétales. Étamines
nombreuses, courtes. Graines nombreuses, contenues une à une dans des
grains réunis sur un réceptacle commun, et formant, par leur aggrégation, une
baie composée.

Rapports naturels. Le genre *Rubus* a des rapports avec les *Comarum* et les
Fragaria.

Étymologie. *Rubus* est dérivé de l'adjectif latin *ruber*, rouge; ce nom a été
donné aux plantes de ce genre à cause de la couleur rouge des fruits de quelques
espèces.

ESPÈCES.

1. RUBUS Chamæmorus.   RONCE Faux-Murier.

R. *radice repente; caulibus herbaceis, iner-* R. à racine rampante; à tiges herbacées, droites,
mibus, erectis, unifloris; foliis simpli- uniflores, dépourvues d'épines; à feuilles
cibus, lobatis. simples, lobées.

RUBUS *Chamæmorus.* Lin. Sp. 708. Willd. Sp. 2. pag. 1090. Poir. Dict. Enc. 6. pag. 236.
Mich. Fl. Boreal. Amer. 1. pag. 298. Flor. Dan. tab. 1.
RUBUS *caule bifolio, unifloro; foliis simplicibus.* Lin. Fl. Lapp. 208. tab. 5. fig. 1.
RUBUS *palustris humilis.* Tournef. Inst. 615.
CHAMÆMORUS *Anglicana.* Clus. Hist. 118.

La racine de cette Ronce est rampante, filiforme, ligneuse et vivace; elle donne

Arbres fruitiers. T. I. Ppp

naissance à des tiges herbacées, droites, simples, uniflores, hautes de trois à six pouces, dépourvues d'aiguillons, chargées de poils glanduleux. Les feuilles, au nombre de deux ou trois seulement sur chaque tige, sont pétiolées, en cœur à leur base, dentées en scie en leurs bords, et divisées en trois ou plus communément en cinq lobes, presque glabres en leur face supérieure, rugueuses et chargées de poils en dessous. La fleur qui termine chaque tige est unisexuelle par avortement, et, selon les observations du Docteur SOLANDER, la même racine produit des individus mâles et des individus femelles, d'où il suit que cette plante doit être considérée comme monoïque et non comme dioïque. Chaque fleur est composée d'un calice à cinq divisions très-ouvertes, velues en dehors; de cinq pétales assez grands, ovales, obtus, de couleur blanche; dans celle qui est mâle, d'un grand nombre d'étamines à anthères jaunâtres; dans la femelle, d'ovaires nombreux, surmontés de styles filiformes, terminés par des stigmates obtus : on aperçoit, dans ces dernières fleurs, les rudimens des étamines avortées, de même que dans les mâles ceux des ovaires non développés. Le fruit est une baie ovoïde, de couleur roussâtre, composée de plusieurs grains, d'une saveur aigrelette et d'un goût agréable.

Cette plante croît dans les marais tourbeux, en Suède, en Norwège, en Danemarck, en Angleterre, en Sibérie et dans l'Amérique septentrionale, aux environs de la baie d'Hudson. Elle fleurit en juin.

2. RUBUS cæsius. *Tab. 73. Fig. 2.*   RONCE bleue. *Pl. 73. Fig. 2.*

R. *caulibus aculeatis, erectis, floriferis; flagellis reptantibus, sterilibus, fruticosis; foliis ternatis, subtùs pubescentibus; paniculá pauciflorá, terminali.*

R. à tiges redressées, florifères, garnies d'aiguillons; à rejets rampans, frutescens, stériles; à feuilles ternées, pubescentes en dessous; à panicule pauciflore, terminale.

RUBUS *cæsius.* LIN. Sp. 706. WILLD. Sp. 2. pag. 1084. POIR. Dict. Enc. 6. pag. 244. BULL. Herb. tab. 381. Engl. Bot. tab. 826.
RUBUS *minor.* DOD. Pempt. 742.
RUBUS *repens, fructu cæsio.* BAUH. Pin. 479. TOURNEF. Inst. 614.
RUBUS *minor, fructu cœruleo.* J. BAUH. Hist. 2. pag. 59.
β. RUBUS *cæsius grandiflorus, caulibus subinermibus; pedunculis tomentosis; floribus duplò majoribus.*

Les tiges de cette espèce sont de deux sortes : les unes, hautes d'un pied ou environ, redressées, rameuses, portent des fleurs; les autres, rampant à la surface du sol, y prenant racine de distance en distance, ne sont garnies que de feuilles, et ne produisent point de fleurs, si ce n'est les années suivantes, lorsque de nouveaux pieds et des tiges redressées sont nés des nœuds qui ont pris racine. Les feuilles sont pétiolées, composées de trois folioles ovales, dentées en leurs bords, pubescentes en dessous, la moyenne étant pédicellée et les deux latérales souvent chargées d'un petit lobe particulier en leur côté extérieur. Les fleurs sont disposées, au sommet des tiges et des rameaux, en panicules peu garnies; leurs pédoncules particuliers sont chargés, ainsi que les tiges et les pétioles des feuilles, de petits aiguillons redressés; les folioles des calices sont cotonneuses, terminées en pointe allongée, et les pétales blancs et ondulés. Le fruit est noir, couvert d'une poussière bleue, composé d'un petit nombre de grains assez gros, d'une saveur douceâtre et fade.

La variété β, qui m'a été communiquée par M. Schleicher, croît en Suisse ; elle se distingue par ses tiges presque dépourvues d'aiguillons, par ses pédoncules cotonneux et par la grandeur de ses fleurs qui égalent presque celles d'une rose des champs (*Rosa arvensis.* L.)

La Ronce bleue croît par toute l'Europe, dans les champs, les haies, les buissons et les taillis. Elle fleurit en juin et juillet ; ses fruits mûrissent dans le courant de l'été et au commencement de l'automne.

3. RUBUS Idæus. *Tab.* 74.   RONCE du Mont-Ida. *Pl.* 74.

R. *caulibus aculeatis, erectis, suffruticosis; foliis quinato-pinnatis ternatisque, subtùs incanis; pedunculis ramosis, axillaribus terminalibusque.*

R. à tiges redressées, suffrutescentes, garnies d'aiguillons ; à feuilles pinnées par cinq folioles, ou ternées, blanchâtres en dessous ; à pédoncules rameux, axillaires ou terminaux.

RUBUS *Idæus.* Lin. Sp. 706. Willd. Sp. 2. pag. 1081. Poir. Dict. Enc. 6. pag. 239. Fl. Dan. tab. 788. Blackw. Herb. tab. 289. Matth. Valgr. 1010. Dod. Pempt. 743. Lob. Icon. 2. pag. 212.

RUBUS *Idæus spinosus.* Bauh. Pin. 479. Tournef. Inst. 614.

RUBUS *Idæus Placæ.* Clus. Hist. 117.

RUBUS *Idæus spinosus, fructu rubro et albo.* J. Bauh. Hist. 2. pag. 59. Duham. Arb. 2. pag. 232. tab. 56. Duham. Arb. Fr. 2. pag. 255 à 259. pl. 1.

β. RUBUS *Idæus lævis.* Bauh. Pin. 479. Tournef. Inst. 614. Duham. Arb. 2. pag. 233.

RUBUS *Ideus, non spinosus.* J. Bauh. Hist. 2. pag. 60.

Vulgairement le Framboisier.

La racine de cette espèce est une souche ligneuse qui donne naissance à plusieurs tiges droites, cylindriques, hautes de trois à quatre pieds, hérissées, surtout dans leur partie inférieure, d'aiguillons fins, droits, assez courts et moins piquans que dans plusieurs autres espèces. Les feuilles inférieures sont ailées, composées de cinq folioles ovales, aiguës, inégalement dentées en scie, vertes en dessus, cotonneuses et blanchâtres en dessous ; les supérieures simplement ternées. Les fleurs sont blanches, portées sur des pédoncules grêles, rameux, et disposées au nombre de trois à six dans les aisselles des feuilles ou à l'extrémité des rameaux. Les fruits qui leur succèdent sont connus sous le nom de Framboises ; ils sont composés de grains nombreux, succulens, d'un rouge clair, un peu pubescens, d'une odeur et d'une saveur fort agréables.

Le Framboisier à fruits blancs ne se distingue que par la couleur de son fruit. Celui à tige lisse est une autre variété dépourvue d'aiguillons. Le Framboisier ordinaire et ses variétés croissent naturellement en Europe, dans les lieux pierreux, ombragés et montagneux. Il fleurit en mai et juin, et ses fruits mûrissent en juillet et août.

4. RUBUS fruticosus. *Tab.* 73. *Fig.* 1.   RONCE frutescente. *Pl.* 73. *Fig.* 1.

R. *caulibus fruticosis, angulatis, adunco-aculeatis; foliis quinatis ternatisque, subtùs tomentoso-incanis; floribus paniculatis.*

R. à tiges frutescentes, anguleuses, garnies d'aiguillons recourbés ; à feuilles composées de cinq ou de trois folioles cotonneuses et blanchâtres en dessous ; à fleurs en panicule.

RUBUS *fruticosus.* Lin. Sp. 707. Willd. Sp. 2. pag. 1084. Lam. Illust. tab. 441. fig. 2. Gærtn. de Fruct. et Sem. tab. 73. fig. 9. Poir. Dict. Enc. 6. pag. 240.

RUBUS *vulgaris, sive Rubus fructu nigro.* Bauh. Pin. 479. Tournef. Inst. 614. Duham.
  Arb. 2. pag. 232. tab. 55.

RUBUS *major, fructu nigro.* J. Bauh. Hist. 2. pag. 57.

RUBUS. Matth. Valgr. 1009. Cam. Epit. 751. Fuchs. Hist. 152. Dod. Pempt. 742. Blackw.
  Herb. tab. 45.

RUBUS *tomentosus.* Thuil. Fl. Par. 253, (*non Willd.*)

β. RUBUS *cinereus, foliis undique tomentosis.*

RUBUS *tomentosus.* Lois. Fl. Gall. 298, (*non Willd.*)

γ. RUBUS *laciniatus.* Hort. Par.

RUBUS *flore albo, foliis laciniatis.* Mapp. Alsat. 272.

δ. RUBUS *inermis.* Hort. Par.

RUBUS *vulgaris, spinis carens.* Tournef. Inst. 614.

RUBUS *non spinosus, major, fructu nigro.* Barrel. Icon. 395.

ε. RUBUS *flore albo, pleno.* Tournef. Inst. 614.

Les tiges de la Ronce frutescente sont ligneuses, anguleuses, rameuses, formant un buisson épais, haut de quatre à six pieds; de leur base ou de la racine même naissent ordinairement des rejets vigoureux, redressés, arqués, stériles la première année, et atteignant douze à quinze pieds de long ou même davantage : ces tiges principales et ces rejets sont armés d'aiguillons forts et recourbés. Les feuilles sont pétiolées, toujours composées de cinq folioles, excepté vers l'extrémité des rameaux où elles n'en ont souvent que trois : ces folioles sont ovales, deux fois dentées, aiguës, glabres en dessus, excepté dans la variété β, cotonneuses et blanches en dessous. Les fleurs blanches ou rougeâtres, portées sur des pédoncules rameux, forment, par leur réunion trois à cinq ensemble, de petits bouquets qui sont disposés en nombre variable au sommet des rameaux, de manière à composer une panicule plus ou moins garnie et plus ou moins allongée. Les fruits sont composés de grains nombreux, noirâtres, luisans, aigrelets et un peu sucrés lors de leur parfaite maturité.

La variété β est remarquable par ses feuilles cotonneuses des deux côtés et d'un gris cendré en dessus; elle ne peut former une espèce distincte, parce qu'on trouve des individus dans lesquels le duvet de la partie supérieure des feuilles est peu prononcé, et que ces individus font le passage qui lie cette variété à l'espèce principale. La variété γ se distingue par ses folioles profondément incisés, presque pinnatifides. La variété δ a ses tiges et ses rameaux tout-à-fait dépourvus d'aiguillons; et la dernière ε a les fleurs doubles. Outre ces variétés, il y en a encore plusieurs qui ont été indiquées par les auteurs, entr'autres une à fruits blancs et une à feuilles panachées. La Ronce frutescente croît naturellement dans toute l'Europe; on la trouve dans les bois, les haies et les buissons. Elle fleurit dès la fin de mai et continue à donner des fleurs le reste de l'été. Ses fruits se succèdent de même les uns aux autres pendant toute la belle saison.

5. RUBUS hybridus.   RONCE hybride.

R. *caulibus fruticosis, angulatis, aculeatis; foliis quinatis ternatisque, subtùs pubescentibus; floribus paniculatis.*

R. à tiges frutescentes, anguleuses, armées d'aiguillons; à feuilles composées de cinq ou trois folioles pubescentes en dessous; à fleurs en panicule.

RUBUS *hybridus.* Vill. Dauph. 3. pag. 559. Lois. Fl. Gall. 298.

RUBUS *glandulosus.* Bell. App. Fl. Ped. in Act. Acad. Taur. 3. pag. 230. Mérat, Fl. Par. 194.

β. RUBUS *Corylifolius.* Smith. Fl. Brit. 542. Lois. Fl. Gall. 298. Mérat, Fl. Par. 194.

RUBUS *fruticosus.* Thuil. Fl. Par, (*exclus. synon.*)

Cette Ronce a le port de l'espèce précédente, elle lui ressemble même tellement qu'on l'a long-tems confondue avec elle ; mais les auteurs modernes l'ont distinguée comme espèce parce qu'elle a constamment les feuilles vertes des deux côtés, le dessous étant dépourvu de ce duvet qui rend cette partie blanchâtre dans la Ronce frutescente, et parce qu'à la place de ce duvet elle n'est revêtue que de poils simples ; les aiguillons répandus sur les tiges sont aussi, en général, assez constamment droits et moins forts. Au reste, cet arbrisseau m'a paru être très-sujet à varier quant à la forme de ses feuilles qui sont tantôt ovales-allongées, et tantôt ovales-arrondies ; quant aux poils qui revêtent les tiges, les pétioles et les pedoncules, et qui, sur certains individus, sont souvent très-nombreux, rougeâtres et terminés, à leur extrémité, par une glande, ou quelquefois simples, non glanduleux et même presque entièrement oblitérés. J'ai encore observé, sur certains pieds, des fleurs à pétales arrondis, sur d'autres des pétales ovales, et sur d'autres des pétales très-allongés, assez étroits ; enfin les corolles sont tantôt blanches et tantôt d'un rouge clair tirant sur le rose. Ces différences, trop peu constantes et se nuançant, les unes avec les autres, de toutes sortes de manières, m'ont paru s'opposer à ce qu'on distinguât plusieurs espèces, les variétés n'étant pas même tranchées entre elles. Les fruits sont composés de grains un peu plus gros que dans la Ronce frutescente, mais moins nombreux, légèrement acides et assez agréables ; je les ai toujours trouvés noirâtres et luisans lors de leur maturité. M. Smith dit qu'ils sont couverts d'une poussière bleuâtre dans son *Rubus Corylifolius ;* ce serait une différence qui, si elle était constante, mériterait quelque considération, mais je ne l'ai point observée sur un grand nombre d'échantillons que je crois cependant appartenir à l'espèce de M. Smith.

Cette Ronce est aussi commune que la Ronce frutescente, dans les buissons et les bois aux environs de Paris, et elle se trouve probablement de même dans toute l'Europe ; je l'ai aussi trouvée à Dreux et dans la forêt de Senonches, à près de trente lieues de la capitale. MM. Villars et Bellardi l'ont observée en Dauphiné et en Piémont. Elle fleurit et fructifie de même depuis le milieu du printems jusqu'à la fin des beaux jours de l'automne ; ses fruits sont nommés vulgairement, ainsi que ceux de l'espèce précédente, *Framboises sauvages, Mûres sauvages, Mûres de renard.*

Culture, Usages et Propriétés.

Les différentes espèces de Ronces dont on vient de donner la description, sont cultivées à cause de leurs fruits ; les unes et les autres sont employées dans les bosquets comme arbrisseaux d'ornement. Parmi les premières, la Ronce du Mont-Ida, plus connue sous le seul nom de Framboisier, est généralement cultivée, parce que son fruit se sert sur toutes les tables, et qu'il est employé en médecine et dans plusieurs préparations domestiques. Le Framboisier aime une terre légère, un peu fraîche et ombragée. Il réussit mal dans une exposition trop chaude, celles du levant ou du couchant lui conviennent bien, et ses fruits y acquièrent plus de saveur et de parfum qu'au nord, où il pousse d'ailleurs avec vigueur. Cet arbrisseau, étant sujet à beaucoup tracer, ne peut guère être planté çà et là dans un jardin, ni mêlé avec d'autres plantes et d'autres arbres; il faut lui sacrifier un coin de jardin, où ses racines puissent s'étendre avec liberté. On pourrait multiplier le Framboisier par les semences, mais c'est un moyen qu'on emploie fort peu, parce qu'il faut attendre les fruits trop long-tems, et que ce n'est guère qu'à la cinquième ou sixième année que des Framboisiers venus de graines sont en bon rapport. On préfère généralement la multiplication par les drageons qui poussent abondamment des racines des anciens pieds, ou même, pour accélérer encore davantage la production abondante du fruit, on arrache les vieux pieds, on éclate leurs racines en trois ou quatre morceaux ayant chacun plusieurs tiges, et on se procure ainsi de nouveaux pieds qui poussent abondamment l'été suivant, et qui souvent donnent beaucoup de fruit dès la première année. C'est depuis la mi-novembre jusqu'au commencement de mars qu'on plante les Framboisiers, soit de drageons, soit d'éclats de racines, en les mettant au moins à trois pieds de distance en tous sens, afin qu'ils ne se nuisent pas les uns aux autres. Une Framboisière étant ainsi formée peut durer dix à douze ans, et les soins qu'elle exige sont fort peu de chose. Comme les sommités des tiges des Framboisiers, ainsi que celles de la plupart des autres espèces de Ronces, meurent après avoir donné du fruit, chaque année, dans le courant de l'hiver ou à la fin de l'automne, on rabat toutes les tiges à un pied ou dix-huit pouces de terre, et l'on donne ensuite un labour, en arrachant en même tems tous les drageons qui ont poussé trop loin du pied principal, afin d'empêcher la confusion qui ne tarderait pas à survenir dans la plantation, et à en faire un massif épais dans lequel il serait difficile de pénétrer.

Les Framboises, par leur couleur agréable et leur goût parfumé, font l'ornement des meilleures tables; crues, on les mange seules, ou plus ordinairement mêlées avec les Fraises et les Groseilles. On en prépare, en les employant seules, ou avec les deux fruits dont il vient d'être parlé, et en les écrasant dans de l'eau commune, une boisson rafraîchissante dans laquelle on met une certaine quantité de sucre, et qui est fort agréable dans les grandes chaleurs de l'été. Elles entrent dans la composition de différentes gelées, confitures, sirops et ratafiats; elles peuvent se confire seules, mais le plus souvent on les emploie avec les Groseilles. Quelques Framboises infusées dans le vin lui communiquent un goût et un parfum délicieux. On obtient aussi, par leur seule fermentation, un vin qui est très-fort, assez agréable, et dont on peut retirer, par la distillation, une eau-de-vie très-spiritueuse. Dans plusieurs parties de la Pologne, ce vin remplace, pour le peuple, le vin ordinaire. Les Russes font, avec les Framboises, du miel et de l'eau, un hydromel délicieux. En France et ailleurs, on prépare, par leur infusion dans le vinaigre blanc, ce qu'on appelle le vinaigre de Framboise, que les confiseurs et les pharmaciens convertissent, par l'addition du sucre, en un sirop qui est très-employé en médecine dans les fièvres bilieuses, putrides et autres. Ce sirop, qui est très-agréable et très-rafraîchissant, est aussi d'un usage général dans le monde.

Les baies de la Ronce Faux-Mûrier sont bonnes à manger et rafraîchissantes. Les Lapons les conservent d'une année à l'autre, seulement en ayant soin de les couvrir de neige aussitôt après qu'elles sont cueillies. En Norwège, on en prépare, selon Clusius, une sorte d'Électuaire, en les faisant cuire dans un vase de terre ou d'airain, sans y ajouter aucune liqueur, le suc abondant qu'elles contiennent rendant inutile l'addition d'aucun autre liquide; après qu'elles sont cuites en consistance convenable, on met cette espèce de confiture dans des vases dont on couvre le dessus avec du beurre fondu, afin de la préserver du contact de l'air qui pourrait l'altérer. Cette préparation est employée, par les Norwégiens, comme un remède très-efficace dans les affections scorbutiques.

Les Ronces les plus communes en France, dans les haies et buissons, sont la Ronce frutescente et la Ronce hybride. Ces deux espèces paraissent s'accommoder de tous les terrains, mais elles réussissent cependant mieux dans ceux qui sont gras et humides, et ce n'est que là qu'elles poussent, dans le cours de la belle saison, ces rejets vigoureux qui, en six mois, atteignent souvent quinze pieds et plus de longueur. Les haies faites avec ces Ronces sont d'une bonne défense, mais elles ont besoin d'être soutenues, d'être palissées dans leur jeunesse, et, en général, elles demandent toujours quelques soins; car si on négligeait, soit de les tailler, soit de diriger les longues pousses qui, chaque année, s'élancent loin de la souche principale, comme leurs rameaux prennent racines à tous les endroits qui touchent immédiatement la terre, un seul pied de Ronce pourrait, en peu d'années, s'emparer d'une étendue de terrain très-considérable.

Cette facilité que les Ronces ont à se multiplier de marcottes naturelles, fait que, lorsqu'on veut en former des haies, on ne prend pas la peine d'en semer la graine pour se procurer du plant, ce qui serait un moyen fort long, mais qu'on emploie de préférence le plant enraciné, qu'on peut avoir avec beaucoup de facilité en le faisant arracher dans les buissons et dans les endroits où la Ronce frutescente et la Ronce hybride croissent naturellement. Le tems le plus convenable pour planter ces haies est le mois de novembre. Il faut toujours, en faisant cette plantation, rabattre les tiges à quelques pouces des racines, ou recourber les tiges les plus vigoureuses et enterrer leur extrémité pour leur faire prendre racine. La première opération assure davantage la reprise du plant, et la seconde est un bon moyen pour que la haie soit mieux garnie et plus épaisse.

Dans les campagnes, les pauvres se servent des tiges et des rameaux des Ronces pour chauffer les fours; leurs cendres fournissent peu de potasse, parce que leur bois est trop moëlleux. Les chevaux n'aiment pas les feuilles de Ronce, mais les vaches, les chèvres et les moutons s'en accommodent assez bien, et les deux derniers surtout les mangent avec une certaine avidité lorsqu'elles sont jeunes; on peut aussi alors en nourrir pendant quelque tems les vers-à-soie. Les feuilles et les sommités des Ronces sont employées en médecine; on les regarde comme détersives et astringentes, et on les donne en décoction pour les gargarismes qu'on prescrit dans les maux de gorge et des gencives. Les fruits de la Ronce frutescente et de la Ronce hybride sont, comme je l'ai déjà dit, agréables au goût; beaucoup de gens les regardent généralement comme malsains, et on suppose qu'ils sont sujets à causer des coliques et à donner des fièvres intermittentes; mais je crois que les mauvaises propriétés qu'on leur attribue ne sont nullement fondées sur l'observation : dans les campagnes, les enfans les recherchent et ils en consomment beaucoup sans que cela leur fasse mal, et je puis assurer, ainsi que M. Mérat l'a déjà fait dans la *Nouvelle Flore des environs de Paris*, en avoir souvent mangé une grande quantité en herborisant, sans en avoir éprouvé la plus

légère incommodité ; je leur trouve de même une saveur égale ou préférable à celle
des Framboises. Dans quelques cantons, on fait, avec ces fruits qu'on nomme
Mûres sauvages, un vin qui, dit-on, est peu inférieur à celui de la vigne ; la difficulté qu'il y a à les récolter, parce qu'ils ne mûrissent que successivement et
qu'on ne peut guère s'en procurer de grandes quantités à-la-fois, est peut-être
la seule cause qui empêche d'en faire un usage plus considérable sous ce rapport.
On s'en sert en Provence pour colorer le vin muscat blanc, et pour faire le vin
muscat rouge de Toulon. On peut aussi en faire un sirop et des confitures agréables.
En Guyenne, on les ramasse pour les donner aux pourceaux.

EXPLICATION DES PLANCHES.

Pl. 73. Fig. 1. Un rameau de la Ronce frutescente, avec des fruits. Les feuilles de la tige
principale, que le manque d'espace n'a pas permis de figurer, sont, pour la plupart,
composées de cinq folioles.

Fig. A. Une fleur de la même espèce.

Fig. 2. Un rameau de la Ronce bleue, avec des fruits.

Fig. B. Une fleur entière.

Fig. C. Le calice et les pistils.

Fig. D. Un ovaire vu à la loupe et séparé ; il est chargé de son style et terminé par
le stigmate.

Fig. E. Une étamine séparée et grossie.

Pl. 74. Un rameau de la Ronce du Mont-Ida, portant des fruits.

DIOSPYROS.   PLAQUEMINIER.

DIOSPYROS. Linn. Classe XXIII. *Polygamie.* Ordre II. *Diœcie.*
DIOSPYROS. Juss. Classe IX. *Dicotylédones monopétales. Étamines périgynes.* Ordre I. Les Plaqueminiers. §. I. Étamines en nombre défini.

GENRE.

Fleurs mâles et fleurs femelles séparées sur deux individus différens; quelques fleurs hermaphrodites sur les pieds femelles.

Fleurs hermaphrodites.

CALICE. Inférieur, monophylle, à quatre, cinq ou six divisions, persistant.
COROLLE. Monopétale, urcéolée, attachée au fond du calice, partagée en son bord en quatre, cinq ou six divisions.
ÉTAMINES. Au nombre de huit à seize, ayant leurs filamens très-courts, insérés à la base de la corolle, et portant, à leur sommet, des anthères longues, velues.
PISTIL. Ovaire supérieur, arrondi, saillant en son centre qui est surmonté de quatre ou cinq styles terminés par autant de stigmates quelquefois bifides.
PÉRICARPE. Une baie globuleuse, à huit ou douze loges, soutenue et entourée à sa base par le calice.
SEMENCES. Chaque loge contient une graine très-dure, comprimée latéralement et amincie en angle à sa face intérieure.

Fleurs mâles.

CALICE, COROLLE et ÉTAMINES. Comme dans les fleurs hermaphrodites.
PISTIL. Un ovaire stérile, informe.
Caractère essentiel. Calice à quatre, cinq ou six divisions. Corolle renflée, à quatre, cinq ou six lobes. Huit à seize étamines. Quatre ou cinq styles. Baie de huit à douze loges monospermes.
Rapports naturels. Le genre *Diospyros* a des rapports avec le genre *Royena*; il en diffère principalement par le nombre des loges de son fruit.
Étymologie. *Diospyros* est dérivé de deux mots grecs Διος, divin, et Πυρός, blé, grain; comme si on eût voulu dire que les fruits des arbres de ce genre étaient un grain, un mets divin. Plusieurs espèces de Plaqueminier donnent des fruits agréables; mais il s'en faut beaucoup qu'ils méritent le nom pompeux qui a été consacré à ce genre; on ne peut certainement pas les mettre au rang de ces fruits que tout le monde trouve délicieux et qu'on doit, avec bien plus de raison, appeler des mets des Dieux, comme les Pêches, les Figues, les Oranges, certaines espèces de Prunes, de Poires, etc.

ESPÈCES.

1. DIOSPYROS Lotus. *Tab.* 75.   PLAQUEMINIER Faux-Lotier. *Pl.* 75.
D. *foliis ovato-oblongis, acuminatis, gla-*   P. à feuilles ovales-oblongues, acuminées,

briusculis; floribus axillaribus, solitariis, subsessilibus; calycibus corollâ majoribus.

presque glabres; à fleurs axillaires, solitaires, presque sessiles; à calices plus grands que les corolles.

DIOSPYROS *Lotus.* Lin. Sp. 1510. Willd. Sp. 4. pag. 1107. Poir. Dict. 5. pag. 428.
GUAIACANA. J. Bauh. Hist. 1. lib. 2. pag. 238. Tournef. Inst. 600. Duham. Arb. 1. pag. 284. pl. 111.
LOTUS *Africana*, *latifolia.* Bauh. Pin. 447.
PSEUDO-LOTUS. Matth. Valg. 256. Camer. Epit. 156.
β. GUAIACANA *angustiore folio.* Tournef. l. c. pag. 600.
LOTI *Africanœ species.* Matth. Valg. 257.

Le Plaqueminier Faux-Lotier est un arbre qui s'élève à la hauteur de trente-six à quarante pieds, dont les branches étalées se divisent en rameaux recouverts d'une écorce jaunâtre, et garnis de feuilles alternes, courtement pétiolées, ovales-oblongues, très-entières, aiguës, glabres, luisantes et d'un beau vert en dessus, plus pâles en dessous et chargées sur leurs nervures, ainsi qu'en leur bord, de quelques poils courts, écartés et seulement visibles à la loupe. Ses fleurs naissent sur les jeunes pousses de l'année, et sont solitaires, presque sessiles dans les aisselles des feuilles; leur calice est profondément partagé en quatre divisions un peu plus longues que la corolle qui est renflée, divisée jusqu'à moitié en quatre lobes roulés en dehors et de couleur un peu roussâtre. Il leur succède des baies globuleuses, de la grosseur d'une petite cerise, et partagées intérieurement en huit loges contenant chacune une graine : il arrive souvent que deux, trois ou quatre des loges et des graines avortent. La variété β ne diffère que parce qu'elle a ses feuilles plus étroites, plus allongées et plus acuminées.

Cet arbre fleurit à Paris, vers le milieu du mois de juin, et ses fruits sont mûrs à la fin de l'été. Il passe pour être indigène de l'Afrique septentrionale; mais il n'a pas été trouvé en Barbarie par M. Desfontaines, ni par M. Poiret. Il est d'ailleurs constant qu'il croît spontanément dans le Levant, car Tournefort en parle dans son voyage. Aujourd'hui il est naturalisé en Italie, en Provence, en Languedoc et dans plusieurs autres contrées de l'Europe australe; il est même acclimaté en pleine terre à Paris et aux environs, car j'en ai vu plusieurs beaux arbres dans les jardins.

2. DIOSPYROS Virginiana.   PLAQUEMINIER de Virginie.

D. *foliis ovato-lanceolatis, glabriusculis; floribus axillaribus, subglomeratis, subsessilibus; calycibus corollâ multò brévio-ribus.*

P. à feuilles ovales-lancéolées, presque glabres; à fleurs axillaires, presque sessiles, souvent plusieurs ensemble; à calices beaucoup plus courts que les corolles.

DIOSPYROS *Virginiana.* Lin. Sp. 1510. Willd. Sp. 4. pag. 1107. Poir. Dict. Enc. 5. pag. 428. Mich. Fl. Boreal. Amer. 2. pag. 258. Mich. Arb. Amer. 2. pag. 195. pl. 12.
GUAIACANA. Catesb. Carol. 2. pag. 76. tab. 76.
GUAIACANA *Loto arbori affinis Virginiana*, *Pishamin dicta.* Pluk. Alm. 180. tab. 244. fig. 5.
GUAIACANA, *sive Pishamin Virginianum.* Duham. Arb. 1. pag. 284. pl. 112.

Le Plaqueminier de Virginie ou d'Amérique, nommé aussi vulgairement *Pishamin*, forme un arbre qui s'élève autant et même plus que le précédent, auquel il ressemble beaucoup quant au port. Il en diffère par ses feuilles plus allongées et surtout par ses fleurs réunies souvent plusieurs ensemble dans les aisselles des feuilles, et n'ayant qu'un petit calice quatre fois plus court que la corolle. Ses fruits sont beaucoup plus gros, à-peu-près du volume d'une prune, bons à manger lorsqu'ils sont bien mûrs; il faut même qu'ils aient supporté deux ou trois petites gelées qui les amolissent, pour que leur pulpe soit douce et agréable, car auparavant elle est très-dure et d'une âpreté extrême. Le Plaqueminier d'Amérique fleurit et fructifie en même tems que l'espèce précédente. Il croît spontanément dans les lieux humides de la Virginie et de plusieurs autres des États-Unis, ainsi que dans la Louisiane.

3. DIOSPYROS Kaki.　　　PLAQUEMINIER Kaki.

D. *foliis ovatis, utrinquè acuminatis, subtùs pubescentibus; floribus pedunculatis; calycibus corollá multò brevioribus; ramis tomentosis.*

P. à feuilles ovales, acuminées des deux bouts, pubescentes en dessous; à fleurs pédonculées; à calices beaucoup plus courts que la corolle; à rameaux cotonneux.

DIOSPYROS *Kaki.* Lin. Suppl. pag. 439. Thunb. Fl. Jap. 157. Louréir. Fl. Cochin. 278. Willd. Sp. 4. pag. 1110. Poir. Dict. Enc. 5. pag. 429.
Ki seu Kaki Koempf. Amœn. pag. 85. tab. 86.

Le Plaqueminier Kaki ressemble beaucoup aux deux espèces précédentes par le port; mais ses jeunes rameaux sont revêtus d'un léger duvet, et ses feuilles sont plus grandes, ovales, acuminées, coriaces, glabres et luisantes en dessus, d'un vert pâle, et pubescentes en dessous. Ses fleurs axillaires, portées une ou deux ensemble sur un pédoncule recourbé et velu, sont composées d'un calice très-court, partagé en quatre divisions évasées; d'une corolle renflée, à quatre divisions courtes; de huit étamines, dont les anthères sont doubles; et d'un ovaire ovale, obtus, surmonté d'un style quadrifide, droit et velu. Il leur succède des fruits d'un rouge cerise et de la grosseur d'une prune, contenant quatre à huit graines. Cet arbre croît naturellement au Japon.

Le genre Plaqueminier paraît assez nombreux en espèces, puisque, outre les trois espèces décrites ci-dessus, M. Willdenow en rapporte quinze autres, et que, parmi les vingt-deux espèces mentionnées par M. Poiret dans le Dictionnaire de l'Encyclopédie méthodique, il y en a dix ou douze qui paraissent différer de celles de M. Willdenow. La plupart de ces espèces sont indigènes des Indes orientales et quelques-unes de l'Amérique méridionale. Un petit nombre d'entre elles seraient susceptibles de s'acclimater dans les parties méridionales de l'Europe. La plupart forment des arbres dont le bois dur, compacte, susceptible de recevoir un beau poli, est employé, dans les différens pays où elles croissent, à divers usages économiques. Quelques-unes rapportent des fruits bons à manger. On sait aujourd'hui que c'est une espèce de ce genre, *Diospyros Ebenum*, Lin., qui fournit le véritable bois d'Ébène du commerce, c'est-à-dire l'Ébène noire, si employé par les tabletiers et les ébénistes pour les ouvrages de marqueterie et de mosaïque, et qui a d'autant plus de valeur qu'il est plus dur, plus pesant et plus noir. Cet arbre croît dans les grandes forêts à Madagascar et dans les Indes; il ne pourrait réussir en pleine terre dans nos climats.

Le Plaqueminier Faux-Lotier et celui de Virginie ne sont pas difficiles sur la culture; on les multiplie facilement de graines qu'on peut semer en pleine terre où elles réussissent bien, sans qu'il soit nécessaire de le faire sur couche. Il sera seulement prudent de couvrir les jeunes semis pendant les gelées et pendant les deux premières années; après cela, le plant supportera bien les plus grands froids de nos hivers. On peut aussi multiplier ces deux Plaqueminiers par les rejetons qui poussent de leurs racines, et surtout le dernier, dont les racines tracent au loin.

Les fruits du Faux-Lotier sont acerbes et astringens avant leur parfaite maturité; ils ont besoin, comme ceux du Plaqueminier de Virginie, d'avoir supporté quelques degrés de gelée pour être mangeables, et encore il n'y a guère que les enfans et les pauvres qui en mangent. On a cru, pendant long-tems, que cette espèce était le *Lotos* des anciens, et que c'était avec ses fruits que se nourrissaient les anciens Lotophages des côtes d'Afrique, et c'est cela qui lui avait fait donner le nom spécifique de *Lotus*; mais M. Desfontaines a prouvé que le véritable *Lotos* des anciens était une espèce de Jujubier (1). Le bois du Faux-Lotier est assez dur et assez compacte pour être employé utilement; il a l'inconvénient de croître très-lentement.

Dans plusieurs contrées des États-Unis, on écrase dans de l'eau les fruits du Plaqueminier de Virginie, et on en compose une liqueur vineuse qui n'est pas désagréable, et qui, par la distillation, fournit de très-bonne eau-de-vie. En pétrissant ces fruits avec du son, on en forme des gâteaux qui, étant séchés au four ou au soleil, peuvent se garder pendant quelque tems et qu'on emploie ensuite à faire de la bière, en les délayant dans de l'eau tiède, et en y ajoutant du houblon et du levain pour faire fermenter la liqueur. En faisant dessécher la pulpe, après en avoir ôté les noyaux, on en compose une espèce de confiture sèche, assez agréable, qui peut se conserver un an, et qui entre toujours dans les provisions d'hiver des sauvages habitans des forêts où les Plaqueminiers sont abondans. Une culture soignée pourrait sans doute améliorer ces fruits et augmenter beaucoup leur grosseur. L'arbre vient bien aux environs de Paris, il y rapporte des fruits; mais il réussirait encore mieux dans le midi de la France. Son bois est dur, compacte, de couleur brune dans le cœur; il sert, en Amérique, à faire des vis, des maillets, des masses, des formes de souliers, des crosses de fusil, des manches d'outils; il est propre à faire des brancards de voitures, et il serait préférable au Frêne sous ce rapport, s'il était facile de s'en procurer des morceaux de la dimension nécessaire; mais, quoique cet arbre soit commun dans les bois, on en trouve rarement de gros individus. Il découle des fentes de l'écorce une très-petite quantité d'une gomme verdâtre, inodore, insipide, qu'on dit être purgative, mais dont les propriétés ne sont pas bien connues. L'écorce intérieure (le liber) est très-amère et a été employée avec succès, au rapport de Breckel, cité par M. Michaux, pour la guérison des fièvres intermittentes.

Les fruits du Plaqueminier Kaki, auxquels on donne en français le nom de Figues-Caques, sont fort estimés au Japon à cause de leur saveur agréable, et, dans ce pays, on en cultive plusieurs variétés. On pourrait acclimater cet arbre dans les parties les plus chaudes de nos départemens méridionaux; dans le nord de la France, on ne peut le cultiver qu'en caisse, afin de le rentrer l'hiver dans l'orangerie.

EXPLICATION DE LA PLANCHE 75.

Un rameau du Plaqueminier Faux-Lotier, en fleurs. Fig. 1. La corolle séparée du calice et ouverte pour faire voir les étamines. Fig. 2. Le calice et le pistil. Fig. 3. Une étamine grossie. Fig. 4. Un fruit de grandeur naturelle. Fig. 5. Coupe horizontale du fruit montrant les loges au nombre de huit, et dont quatre sont avortées. Fig. 6. Une graine vue séparément.

(1) Voyez, à ce sujet, le Mémoire de M. Desfontaines dans le recueil de l'Académie des Sciences de Paris, année 1788, et l'article Jujubier dans cet ouvrage, volume 3, pages 52 et 53.

RIBES rubrum. **GROSEILLER** rouge. *pag. 227*

P. J. Redouté *pinx*. *Gabriel Sculp*.

RIBES uva-crispa.   **GROSEILLER** à maquereau. *pag. 231.*

J. Redouté pinx.   *Gabriel Sculp.*

BERBERIS vulgaris.   **VINETTIER** commun.

P. J. Redouté pinx.   Mᵐᵉ Brenet Sculp.

CORYLUS avellana.

COUDRIER noisettier.

PUNICA granatum.   **GRENADIER** commun

P. J. Redouté pinx.   Gabriel Sculp.

PUNICA granatum. GRENADIER à fruits doux.

P. J. Redouté pinx. Gabriel Sculp.

PISTACCIA vera .   **PISTACHIER** cultivé .

P. J. Redouté pinx.   M.te Janinet Sculp.

MORUS nigra.

MURIER noir.

P. J. Redouté pinx.

Gabriel Sculp.

AMYGDALUS communis. **AMANDIER** commun.

P. J. Redouté pinx. Bixelle Sculp.

AMYGDALUS nana.   **AMANDIER** nain.

P. J. Redouté pinx.   Mixelle Sculp.

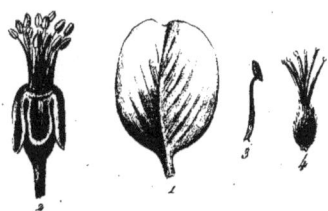

CYDONIA communis. **COIGNASSIER** commun.

J. Redouté pinx. *Mlle. Janinet Sculp*.

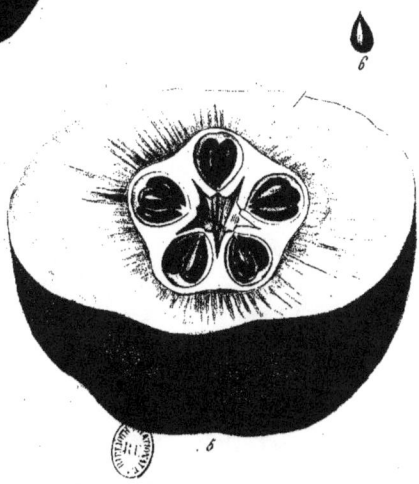

Fig. 4.

Fig. 2. *Fig. 3.*

Fig. 1.

Fig. 7.

Fig. 5.

Fig. 6.

CYDONIA Sinensis. **COIGNASSIER** de la Chine.

P. Bessa pinx. *Gabriel sculp.*

1   2   3

CYDONIA Lagenaria.   COIGNASSIER à fruit en Gourde.

MESPILUS communis.   **NEFLIER commun.**

P. J. Redouté *pinx*.

MESPILUS J.   NEFLIER du Japon.

MESPILUS Azarolus.   **NEFLIER** Azérole.

JUGLANS Regia.

NOYER commun.

P. J. Redouté pinx.

Tassaert Sculp.

JUGLANS nigra.   **NOYER** à fruits noirs

P. J. Redouté pinx.   Tassaërt Sculp.

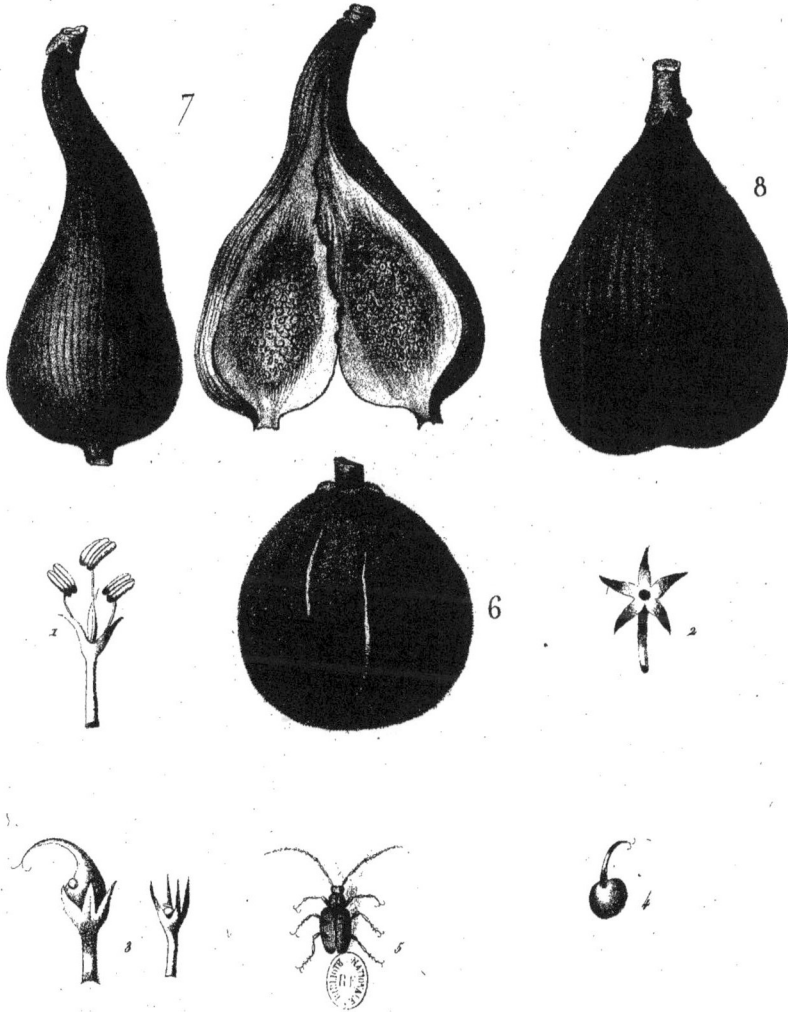

FICUS.

FIGUIER.

P. J. Redouté pinx.

Bocquet Sculp.

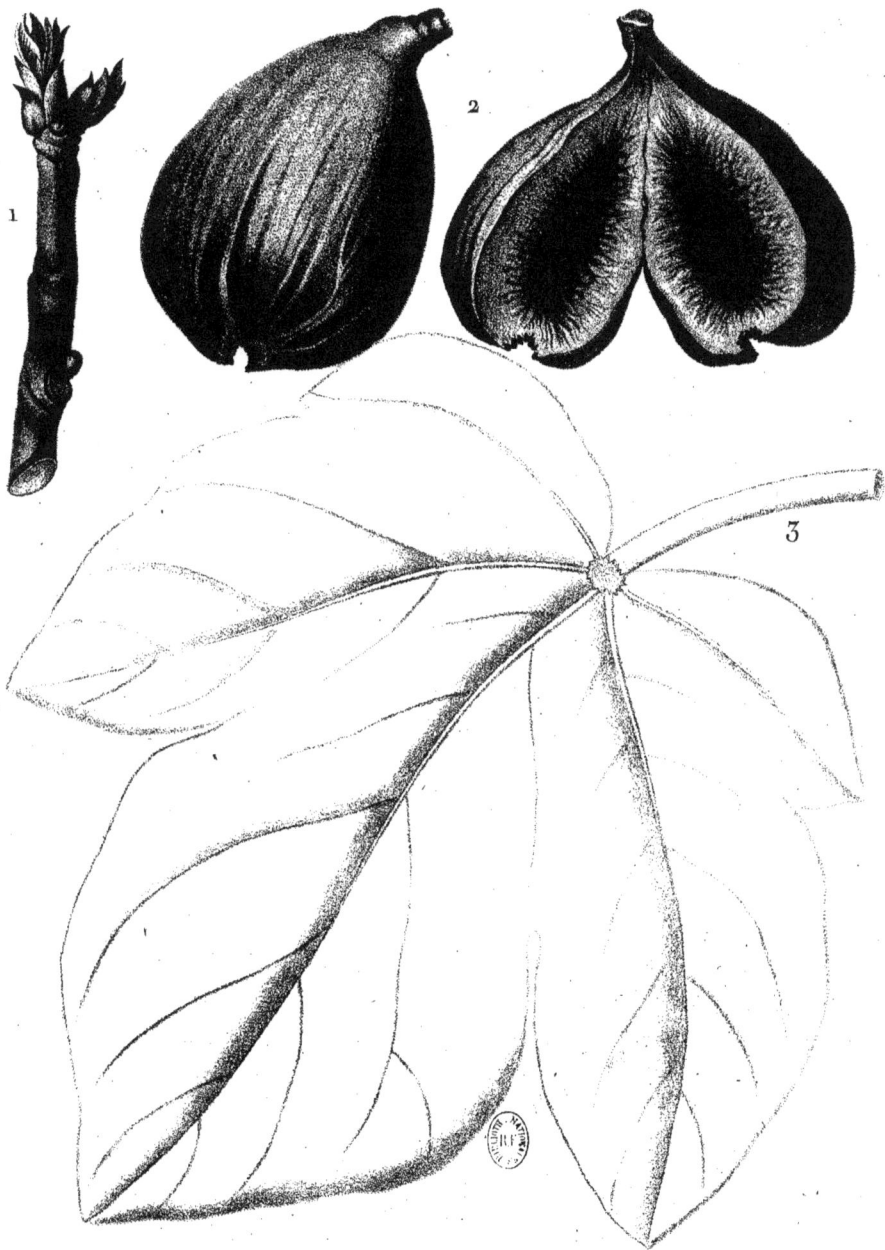

FICUS.　　　　　**FIGUIER.**

FICUS FIGUES.

P. J. Redouté pinx. *Bocquet Sculp.*

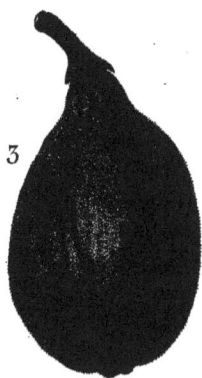

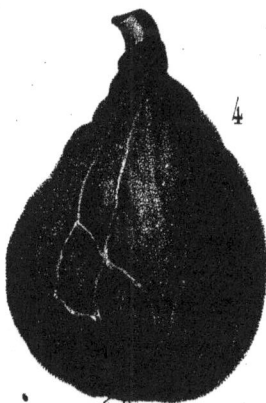

1

2

3

4

FICUS.   **FIGUES.**

P. J. Redouté pinx.   *Bocquet Sculp.*

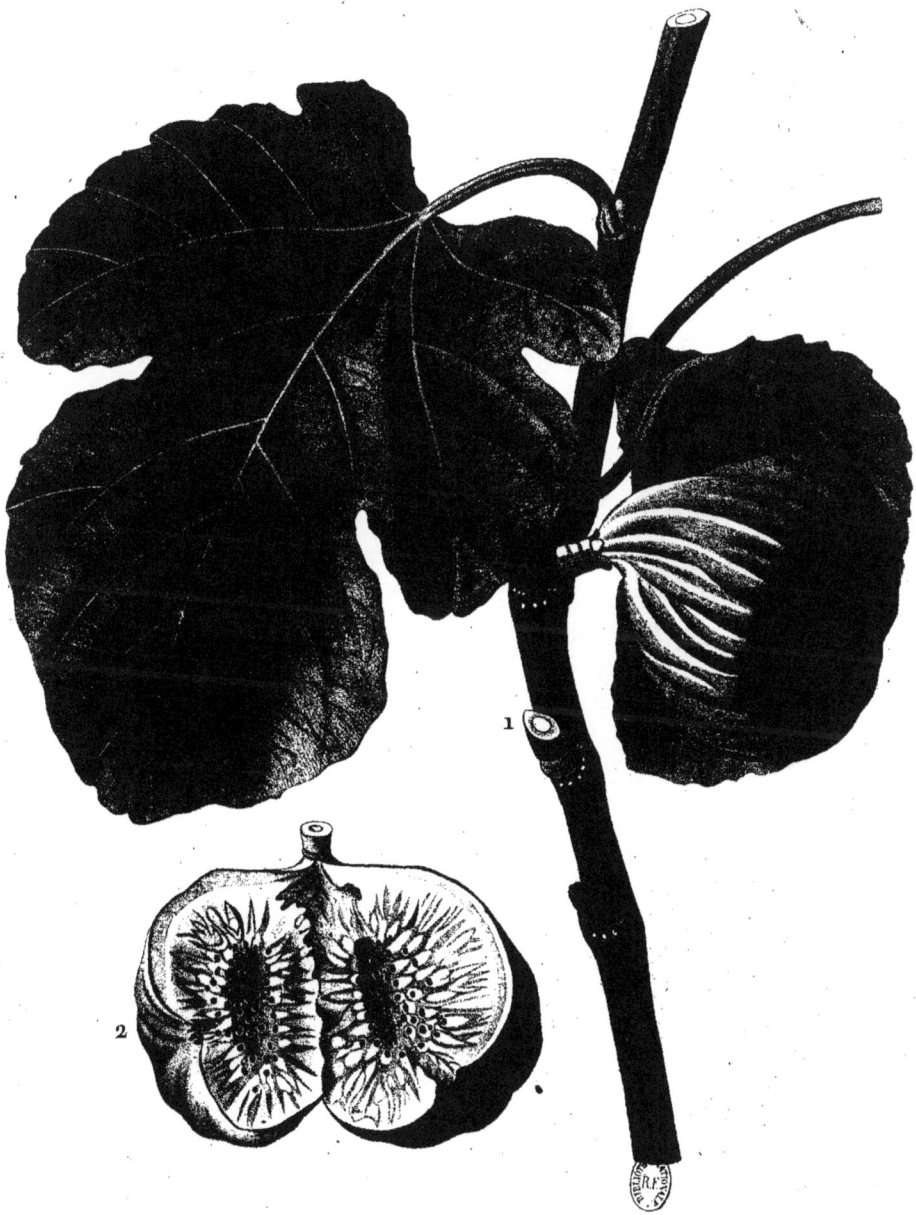

FICUS. **FIGUIER.**

P. J. Redouté pinx.

Lemaire Sculp.

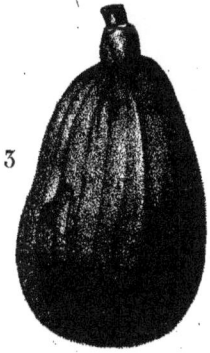

FICUS. **FIGUES.**

P. J. Redouté pinx. *Bocquet Sculp.*

FICUS. **FIGUIER.**

P. J. Redouté pinx. *Bocquet Sculp.*

CERASUS Padus.

CERISIER à grappes.

P. J. Redouté pinx.

Lemaire Sculp.

CERASUS Mahaleb.   **CERISIER** de Sainte Lucie.

P. J. Redouté pinx.   Lemaire Sculp.

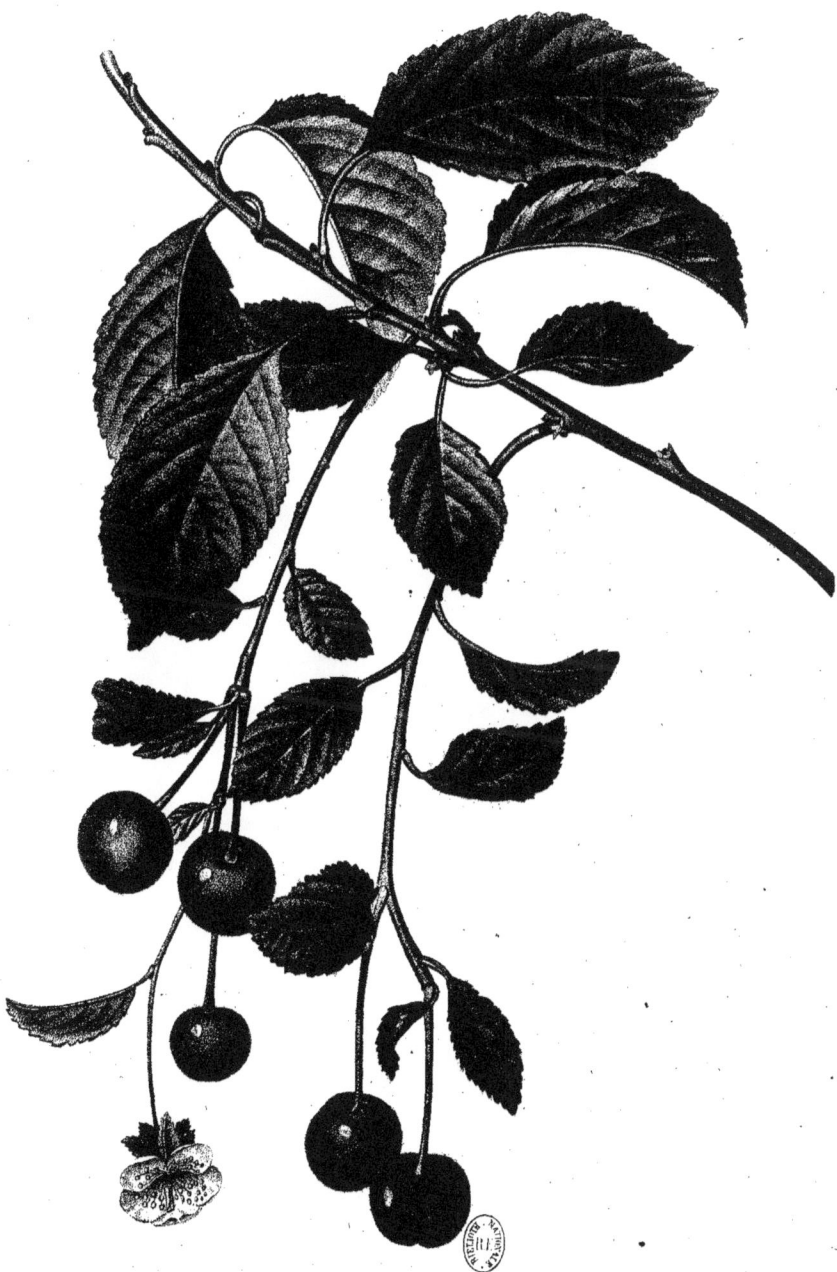

CERASUS semperflorens.

CERISIER toujours fleuri.

P. J. Redouté pinx.

Lemaire Sculp.

CERASUS Avium.   **CERISIER** Merisier.

P. J. Redouté pinx.   Lemaire Sculp.

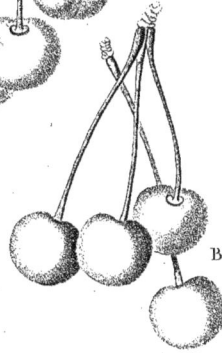

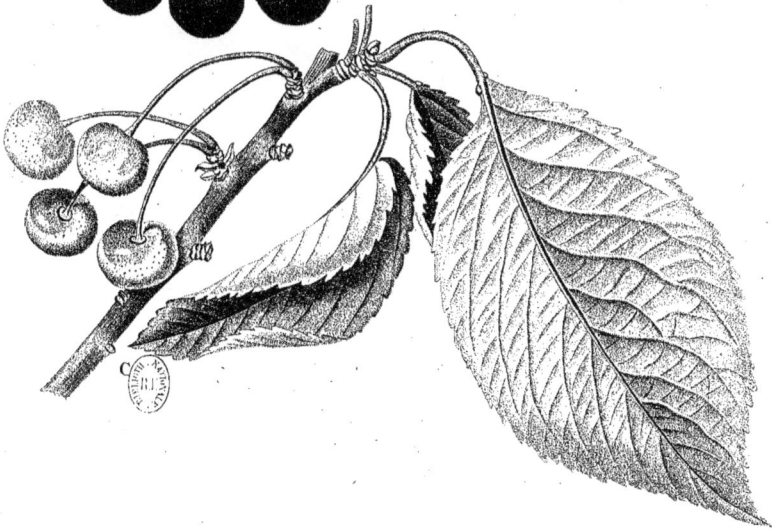

CERASUS.   CERISIER.

A. Merise à fruit jaune. B et C. M. à fruit blanc. D. M. à gros fruit noir.

P. J. Redouté pinx.

Lemaire sculp.

A

B

CERASUS.   CERISIER.

A. *Guigne précoce.*   B. *Guigne noire.*

P. J. Redouté pinx.   Lemaire Sculp.

CERASUS.

CERISIER.

A. *Guigne piquante.* B. *Griotte de Portugal.* C. *Petite Guigne noire.* D. *Guigne blanche tardive.*

J. Redouté pinx.   *Lemaire Sculp.*

CERASUS. CERISIER.

Cerisier à feuilles de Tabac.

P. J. Redouté pinx.   Lemaire Sculp.

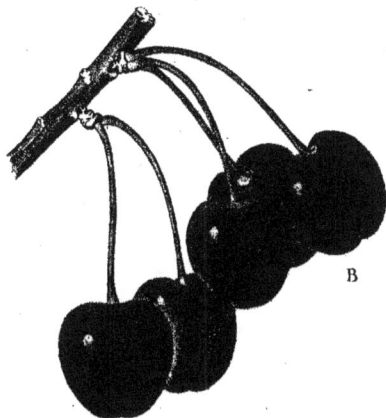

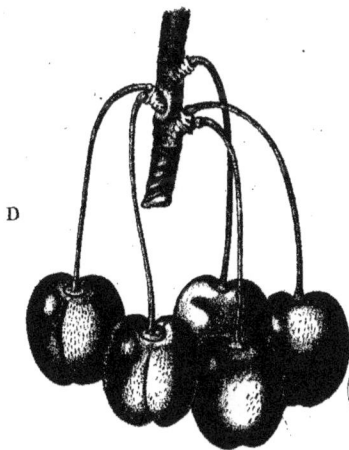

CERASUS.   CERISIER.

A. *Bigarreau noir tardif.* B. *Bigarreau noir, Cerise de Norwege.* C. *Gros Bigarreau tardif.* D. *Bigarreau hatif.*

P. J. Redouté pinx.

Lemaire Sculp.

CERASUS. **CERISIER.**

Bigarreau Commun.

J. Redouté pinx. *Lemaire Sculp.*

CERASUS **CERISIER.**

A. *Heaume noir.* B. *Heaume rouge.*

P. J. Redouté pinx. Lemaire Sculp.

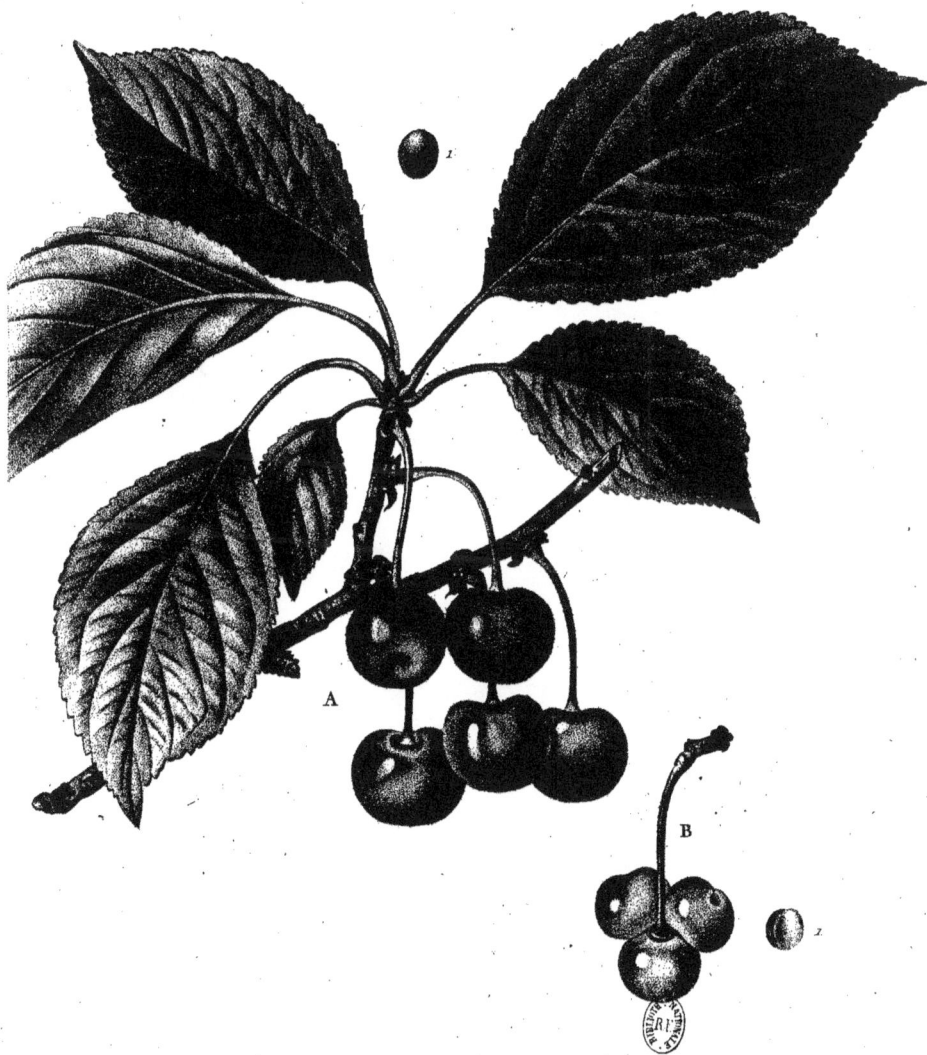

CERASUS.

A. *Chery - Duke.*

CERISIER.

B . *à Bouquet.*

CERASUS.   CERISIER.

A. *Gros Gobet*. B. *Cer. à courte queue*. C. *Guindoux de Poitou*. D. *Cer. d'Espagne*.

. Redouté pinx.   *Lemaire sculp*.

CERASUS.   **CERISIER.**

P. J. Redouté pinx.

Lemaire Sculp.

CERASUS. CERISIER.

P. J. Redouté pinx. Lemaire Sculp

A.

B.

CERASUS. **CERISIER.**

P. J. Redouté pinx. Lemaire Sculp.

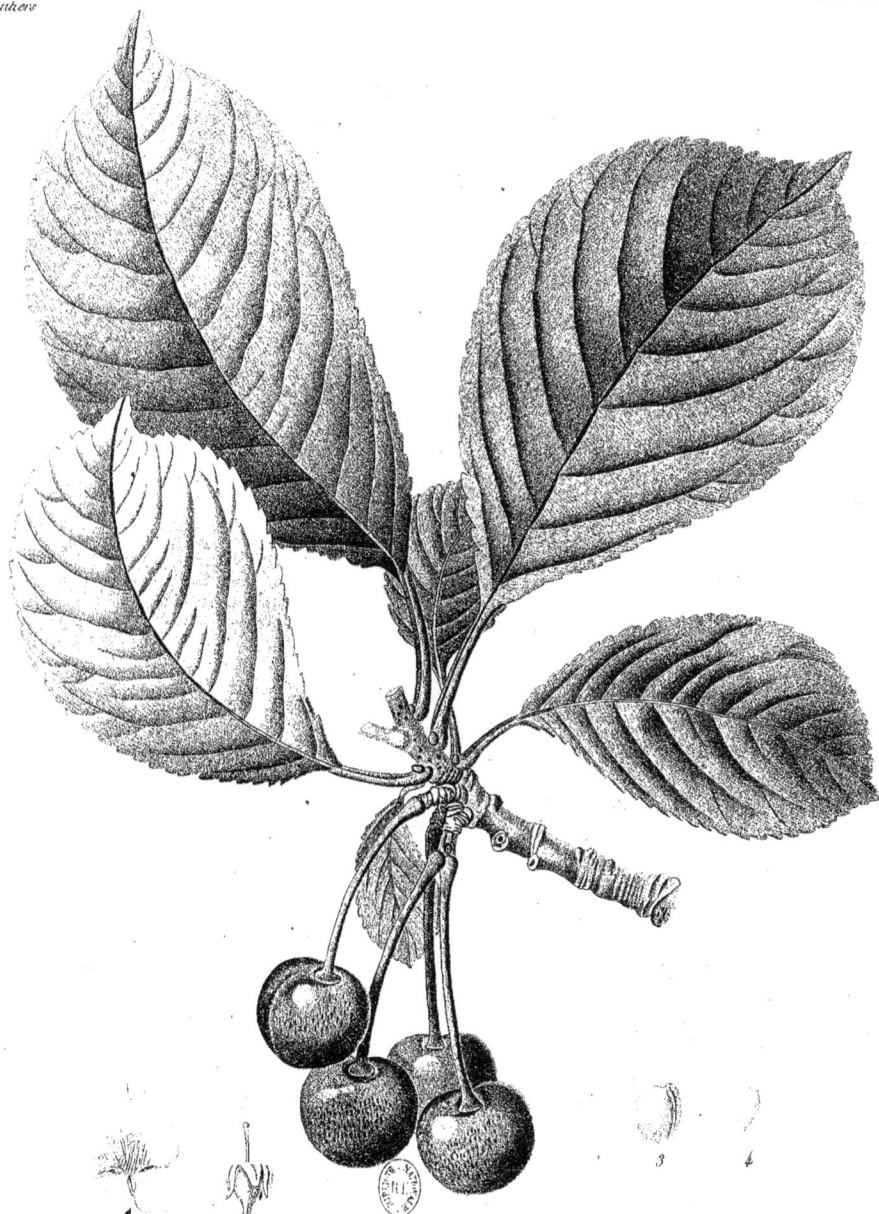

CERASUS. CERISIER.

CERASUS.

A. *Griotte à l'Eau de Vie.*

CERISIER.

B. *tardive d'Angleterre.*

P. J. Redouté pinx.

Lemaire Sculp.

CERASUS. CERISIER.

A *Cerise de Sibérie*. B *Cerise du Nord*.

P. J. Redouté pinx. *Lemaire Sculp.*

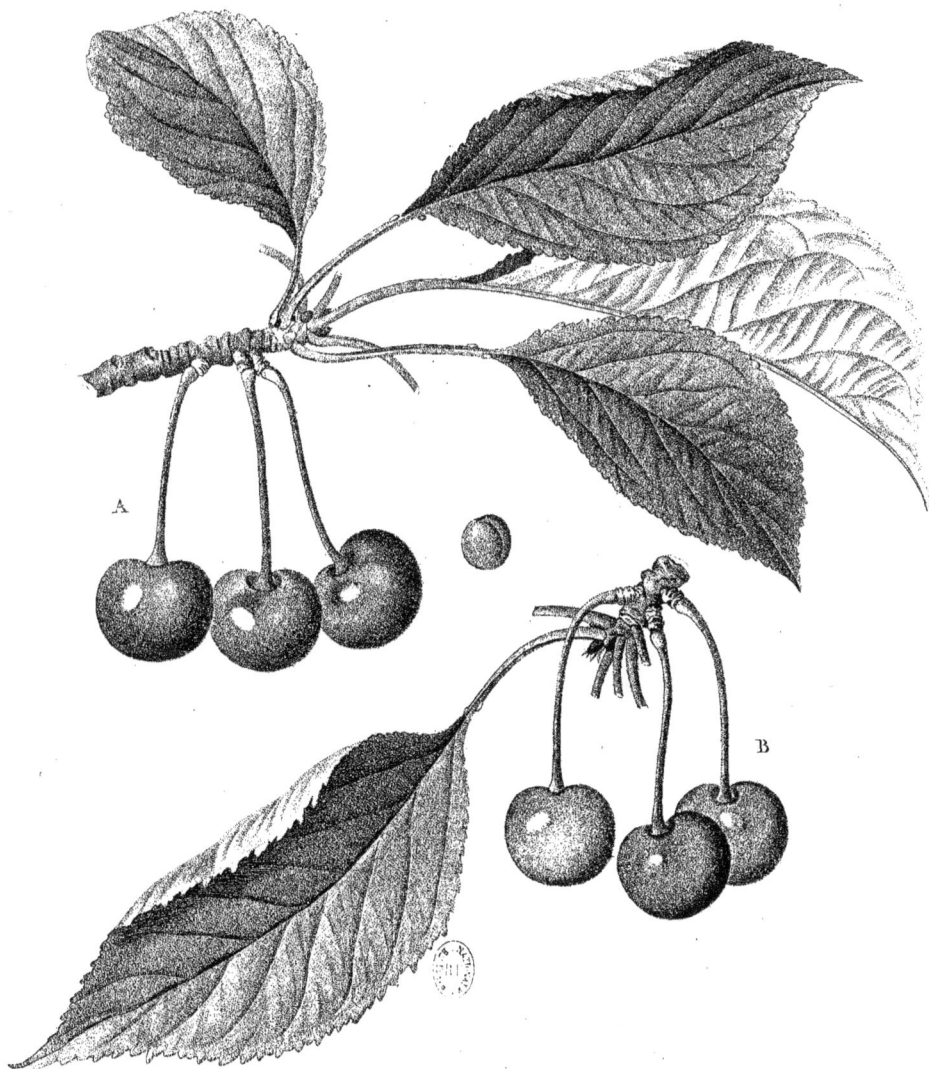

A

B

CERASUS.

A. *Cerise de Prusse.*

CERISIER.

B. *Griotte Royale.*

P. J. Redouté pinx.

Lemaire Sculp.

OLEA Europæa.   **OLIVIER** d'Europe.

P.J.Redouté pinx.   *Lemaire Sculp.*

OLEA Europæa, *Sylvestris.*

OLIVIER d'Europe, *sauvage.*

P. J. Redouté pinx.

Lemaire Sculp.

OLEA Europæa.   **OLIVIER** d'Europe.

A *et* B. Olivier *d'Entrecasteaux*.   C. Olivier *Caillet-roux*.

P. J. *Redouté pinx*.   *Lemaire Sculp*.

OLEA Europæa.

A. Olivier à fruit blanc taché de rouge.

OLIVIER d'Europe.

B. Olive *Picholine*.

P. J. Redouté pinx. Lemaire Sculp.

OLEA Europæa.   **OLIVIER** d'Europe.

A. Olivier *de Callas*.   B. Olivier *pleureur*.

P. J. Redouté *pinx*.   Lemaire *Sculp*.

OLEA Europæa.

OLIVIER d'Europe.

A. Olivier *Caillet-rouge*.   B. Olivier *Caillet-blanc*.   C. Olivier *de deux Saisons*.

P. J. Redouté *pinx*.

Lemaire Sculp.

OLEA Europæa.   **OLIVIER** d'Europe.

A. Olivier d'Espagne à fruits obtus.   B. Olivier d'Espagne à fruits pointus.

P. J. Redouté pinx.   Lemaire Sculp.

1

2

ARMENIACA vulgaris. ABRICOTIER commun.

P. J. Redouté pinx.

Lemaire sculp.

Fig. 2.

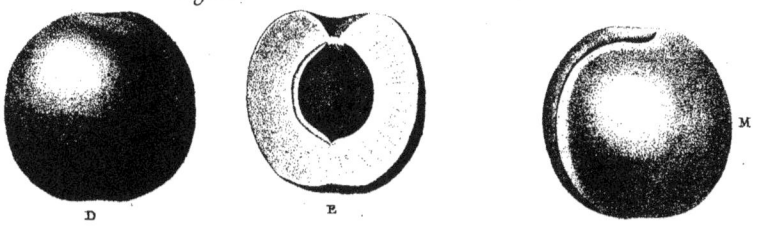

D E M

Fig. 3. *Fig. 6.*

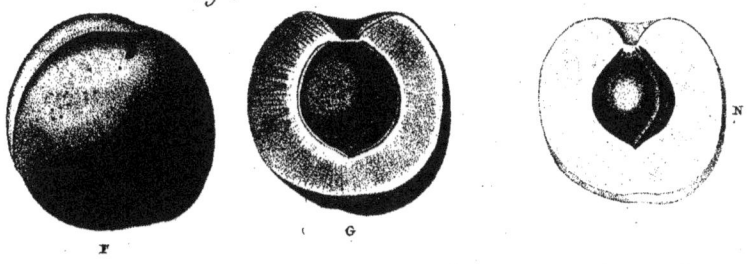
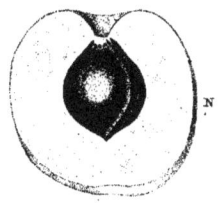

F G N

Fig. 4.

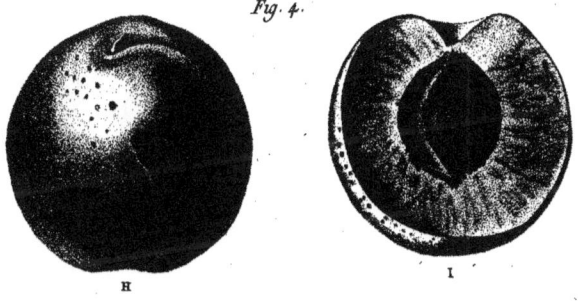

H I

Fig. 1. *Fig. 5.*

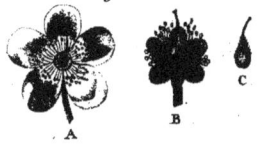
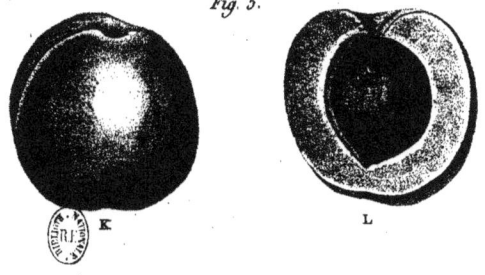

A B C K L

ARMENIACA.   ABRICOTIER.

P.J. Redouté pinx.   *Lemaire sculp.*

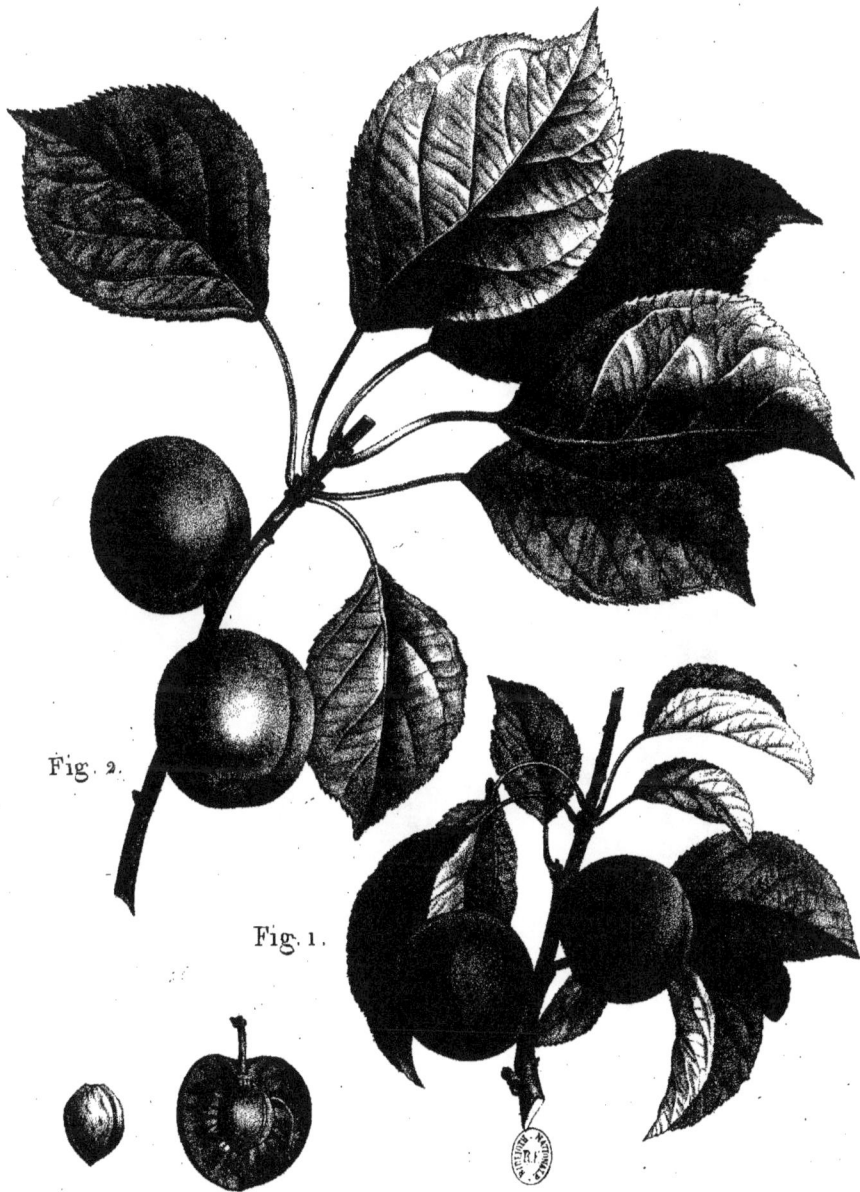

Fig. 2.

Fig. 1.

Fig. 1. **ARMENIACA** atro-purpurea. **ABRICOTIER** noir.

Fig. 2. **ABRICOTIER** Angoumois.

P. Bessa pinx.   *Decle sculp.*

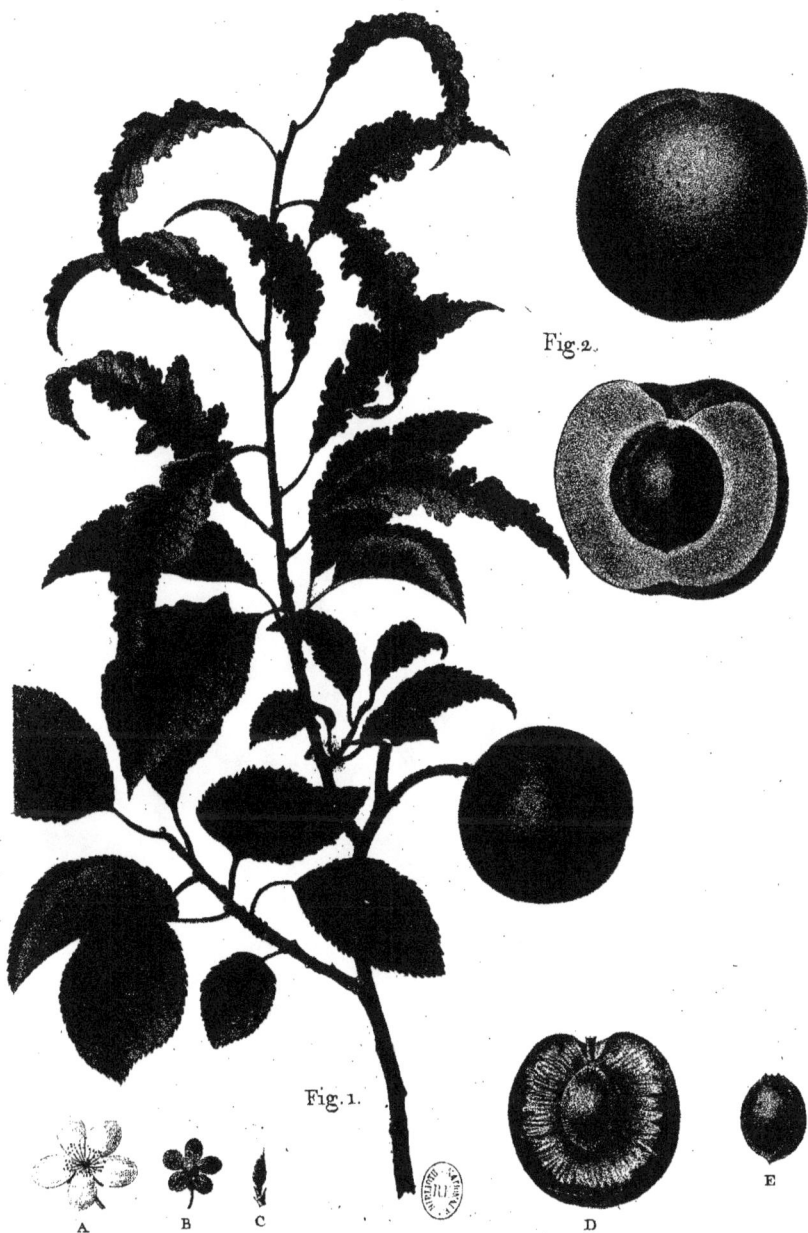

Fig. 2.

Fig. 1.

A   B   C   D   E

Fig. 1. **ABRICOTIER** noir à feuilles de Pêcher.

Fig. 2. **ABRICOT** de Hollande.

P. Bessa pinx. *Tassaerte sculp.*

Fig. 2.

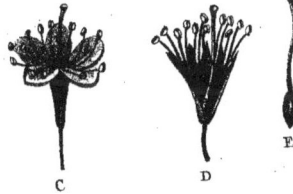

C   D   E

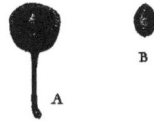

A   B

Fig. 1.

Fig. 1. **PRUNUS** Sinensis.   **PRUNIER** de la Chine.

Fig. 2. **PRUNUS** prostrata.   **PRUNIER** couché.

P. Bessa pinx.   M.e Dufour sculp.

Fig.2.

F

Fig.1.

A B C D E

Fig.1. PRUNUS spinosa. **PRUNIER** épineux.

Fig.2. PRUNIER de Saint-Julien.

Fig. 1

Fig. 2

Fig. 3

Fig. 4

Fig. 5

Fig. 6

Fig. 7

Fig. 8

Fig. 9

Fig. 10

Fig. .... 11

PRUNUS domestica.

PRUNIER domestique.

P. Bessa. pinx.

Dek sculp.

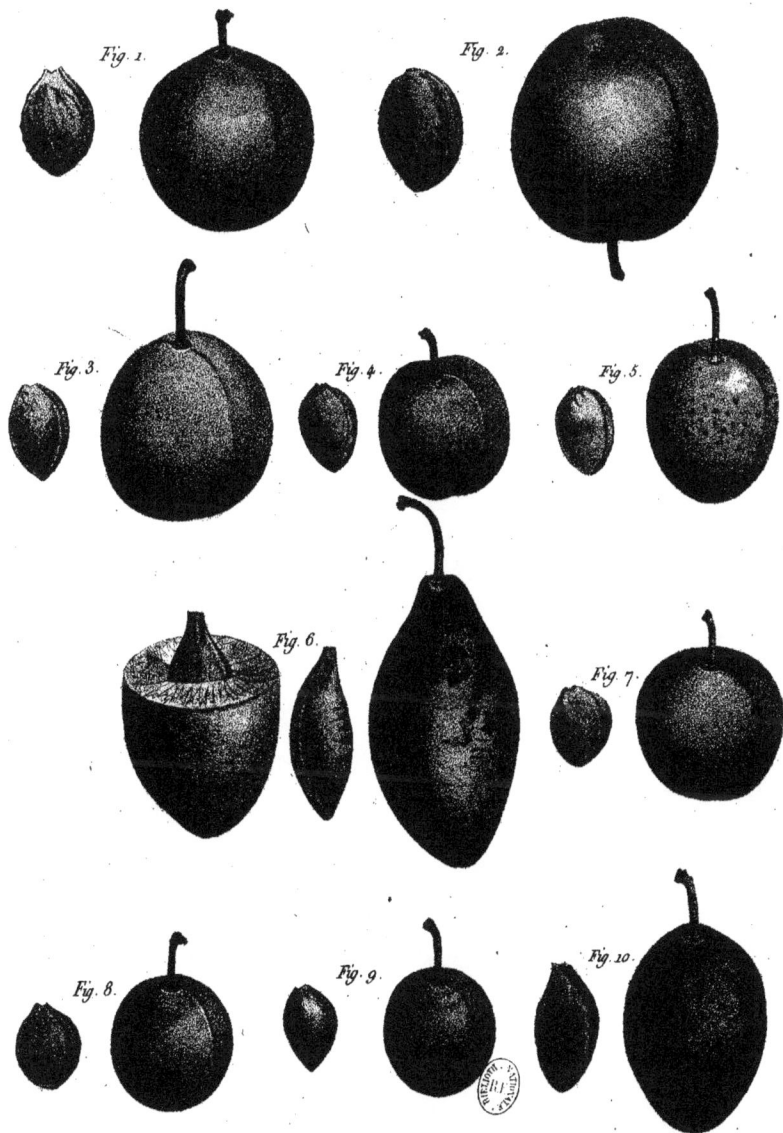

Fig. 1.

Fig. 2.

Fig. 3.

Fig. 4.

Fig. 5.

Fig. 6.

Fig. 7.

Fig. 8.

Fig. 9.

Fig. 10.

PRUNUS domestica.　　　**PRUNIER** domestique.

P. Bessa pinx.　　　　　　　　　　　　　　Armano sculp.

Fig. 2.

Fig. 1.

Fig. 1.

E   D

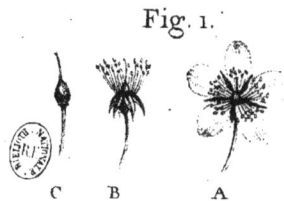

C   B   A

Fig. 1. **PRUNUS** Myrobalana. **PRUNIER** de Myrobolan.

Fig. 2. **PRUNIER** de Reine - Claude violette.

P. Bessa pinx. *Dubreuil sculp.*

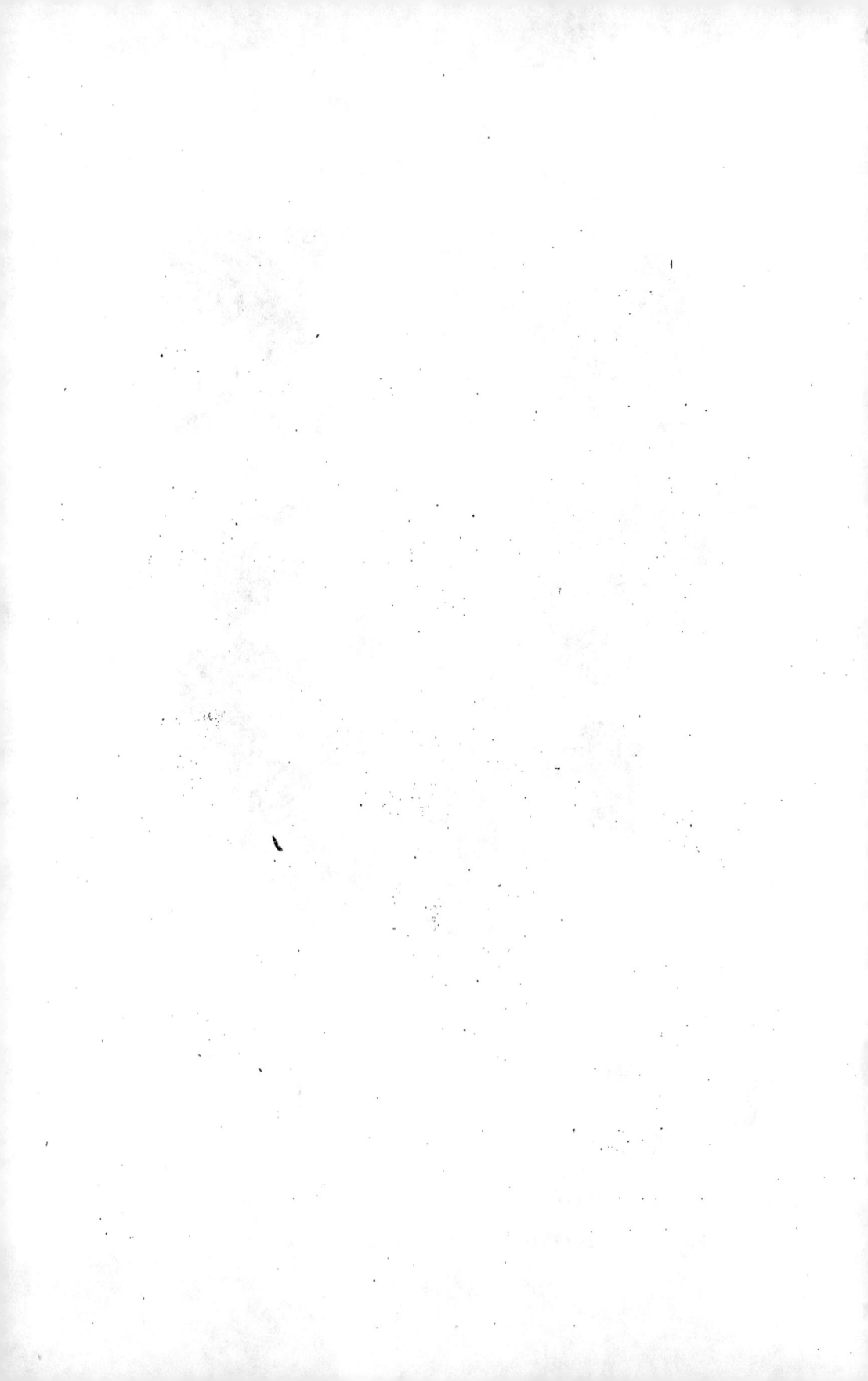

Fig. 1.

Fig. 2.

Fig. 3.

Fig. 4.

Fig. 5.

Fig. 6.

Fig. 7.

Fig. 8.

Fig. 9.

Fig. 10.

Fig. 11.

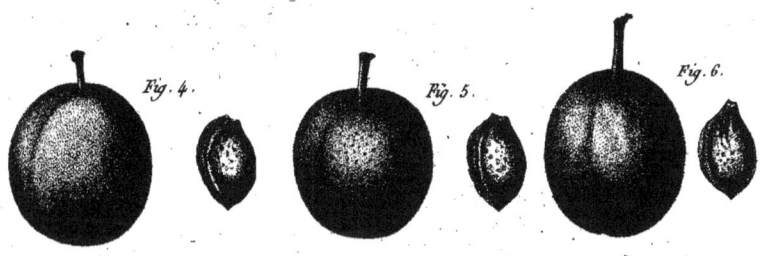

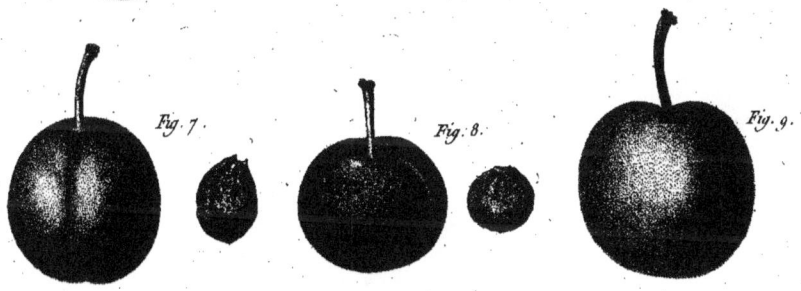

PRUNUS domestica.   **PRUNIER** domestique.

P. Bessa pinx.   Chailli sculp.

A

B

PRUNUS Brigantiaca.   **PRUNIER** de Briançon

P. Bessa pinx.

J.N. Joly sculp

Fig. 1. *Fig. 2.* *Fig. 3.*

Fig. 4. *Fig. 5.* *Fig. 6.*

Fig. 7. *Fig. 8.* *Fig. 9.*

Fig. 10. *Fig. 11.* *Fig. 12.*

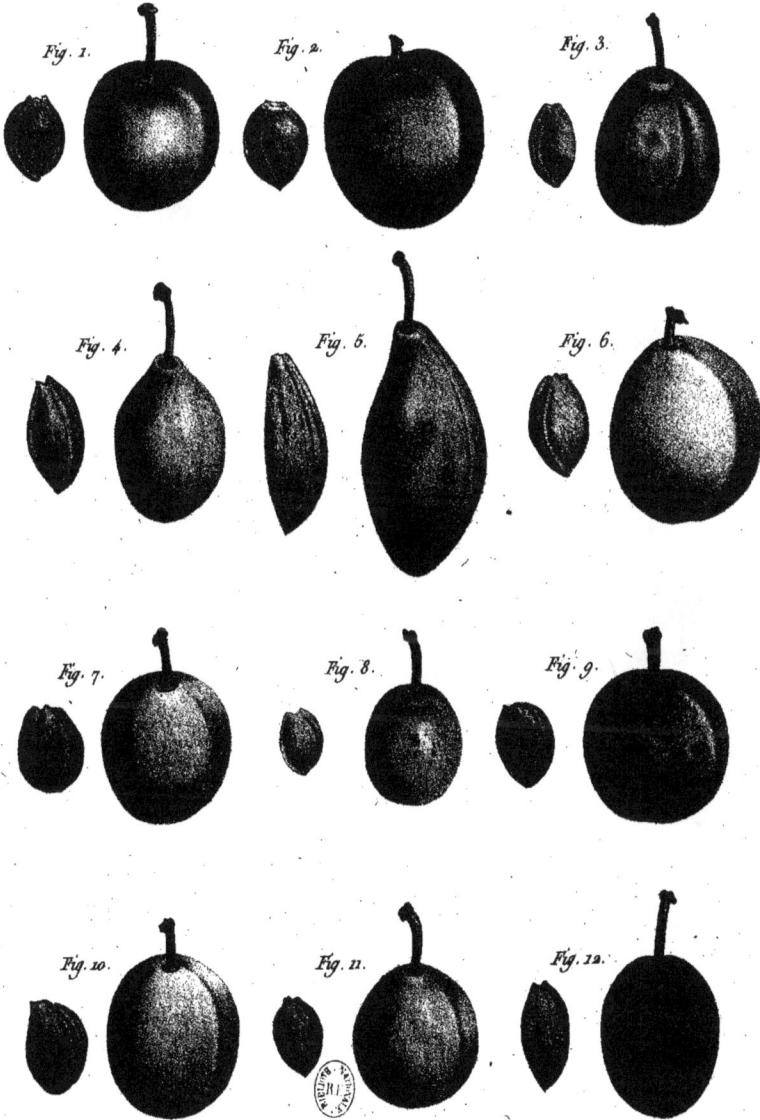

PRUNUS domestica.   **PRUNIER** domestique.

P. Bessa pinx.   *M.lle Ingouf sculp.*

C

B

A

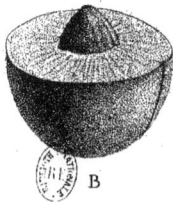

PRUNIER de Sainte-Catherine.

P. Bessa. pinx.

Pourvoyeur sculp.

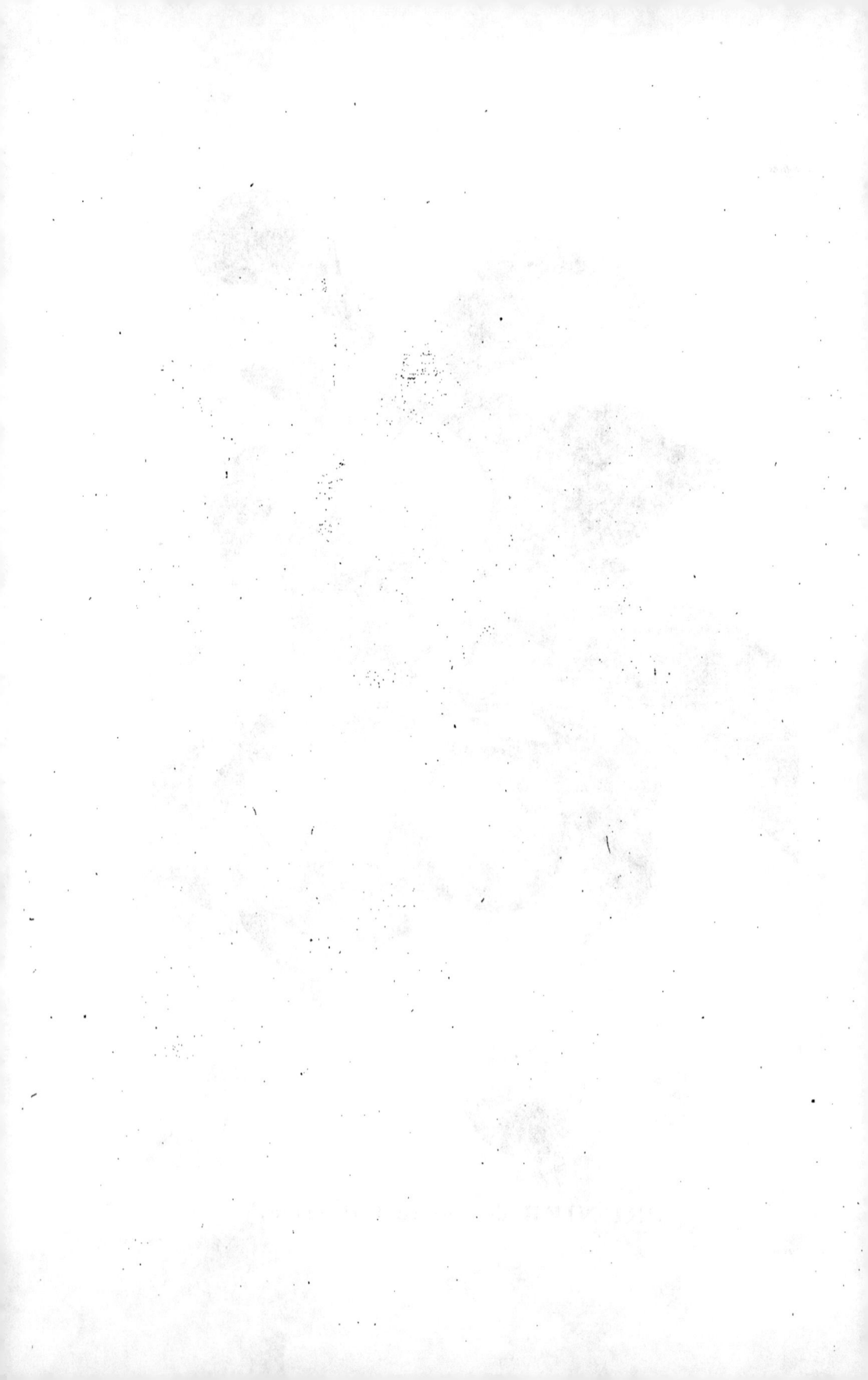

Fig. 1.

Fig. 2.

Fig. 3.

Fig. 4.

Fig. 5.

Fig. 6.

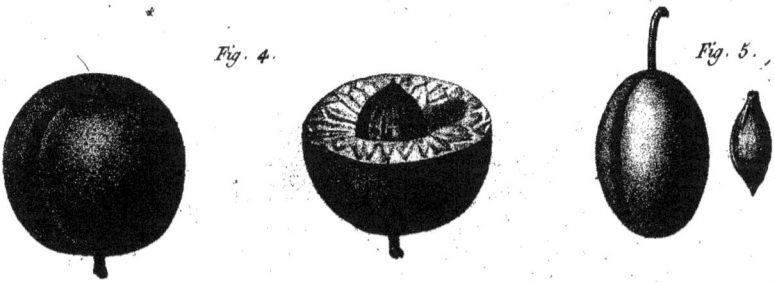

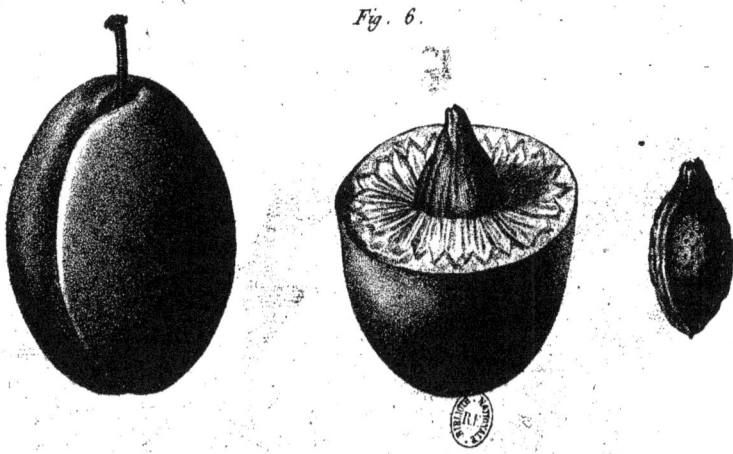

PRUNUS domestica.

PRUNIER domestique.

P. Bessa pinx.

Allais sculp.

PERSICA vulgaris. **PÊCHER** commun.

P. Bessa pinx. *M.ᵈˡᵉ Dufour sculp.*

Fig . . . . *1.*

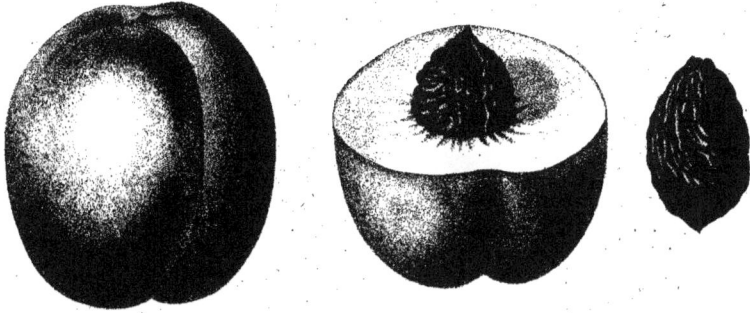

Fig . . . . *2.*

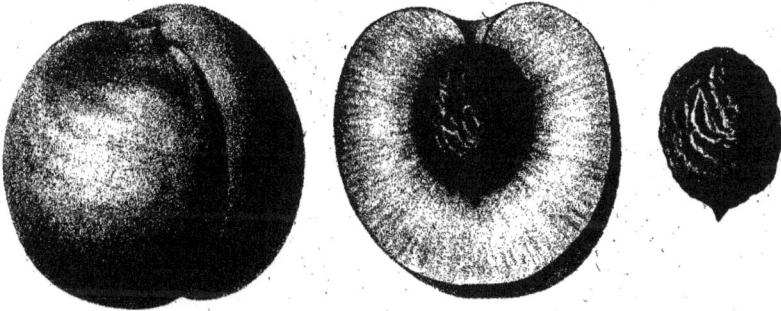

Fig . . . . *3.*

PERSICA vulgaris.   **PÊCHER** commun..

P. Bessa pinx   *Dubreuil sculp.*

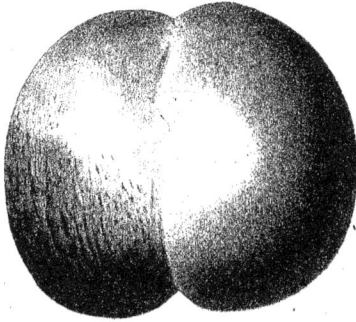
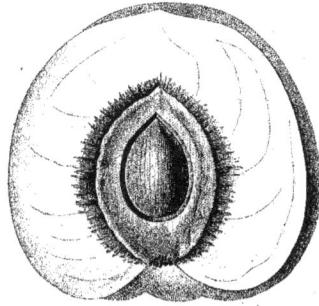

Fig. 1.

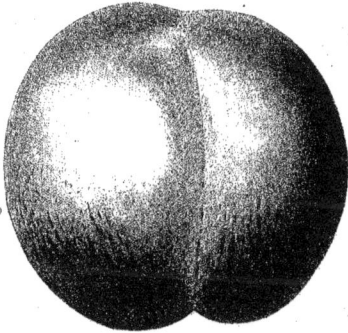
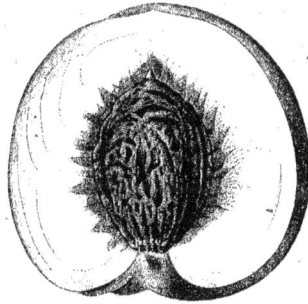

Fig. 2.

Fig . . . . 3.

PERSICA vulgaris.   PÊCHER commun.

P. Bessa pinx. *Dubreuil sculp.*

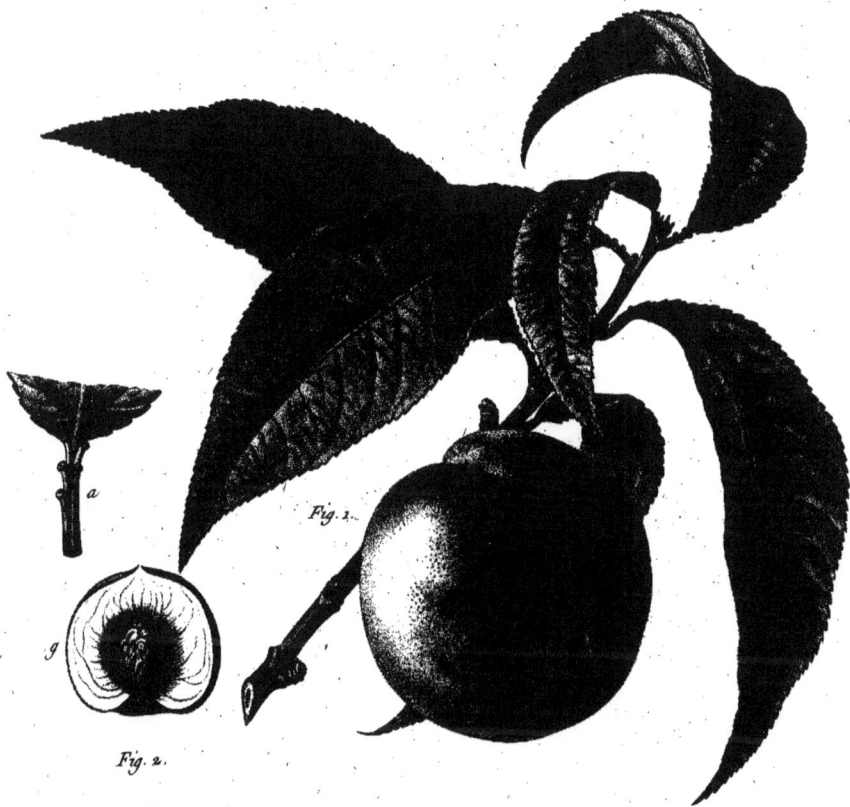

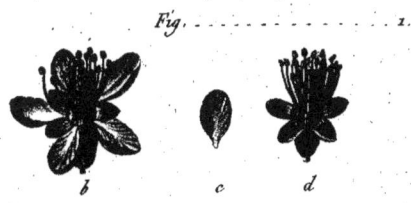

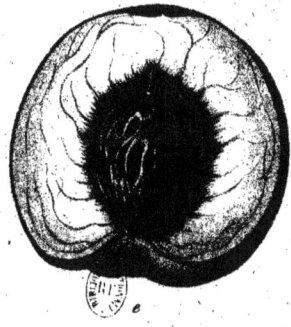

PERSICA vulgaris. **PÊCHER** commun.

P. Bessa pinx. *Dubreuil sculp.*

Fig. 1.

Fig. 2.

Fig. 3.

PERSICA vulgaris

PÊCHER commun.

P. Bessa pinx.

Dubreuil sculp.

PERSICA vulgaris.   **PÊCHER** commun.

P. Bessa pinx.   *Didier sculp.*

1.   2.   3.   4.

PERSICA vulgaris.   **PÊCHER** commun

P. Bessa del.   *Didier sculp.*

Fig . 1 .

Fig . 2 .

Fig . 3 .

Fig . 4 .

Fig . . . . 5 .

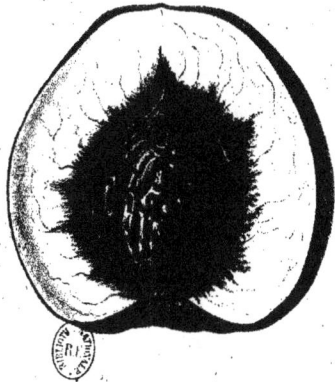

PERSICA vulgaris .   **PÊCHER** commun .

P. Bessa pinx.   Dubreuil sculp.

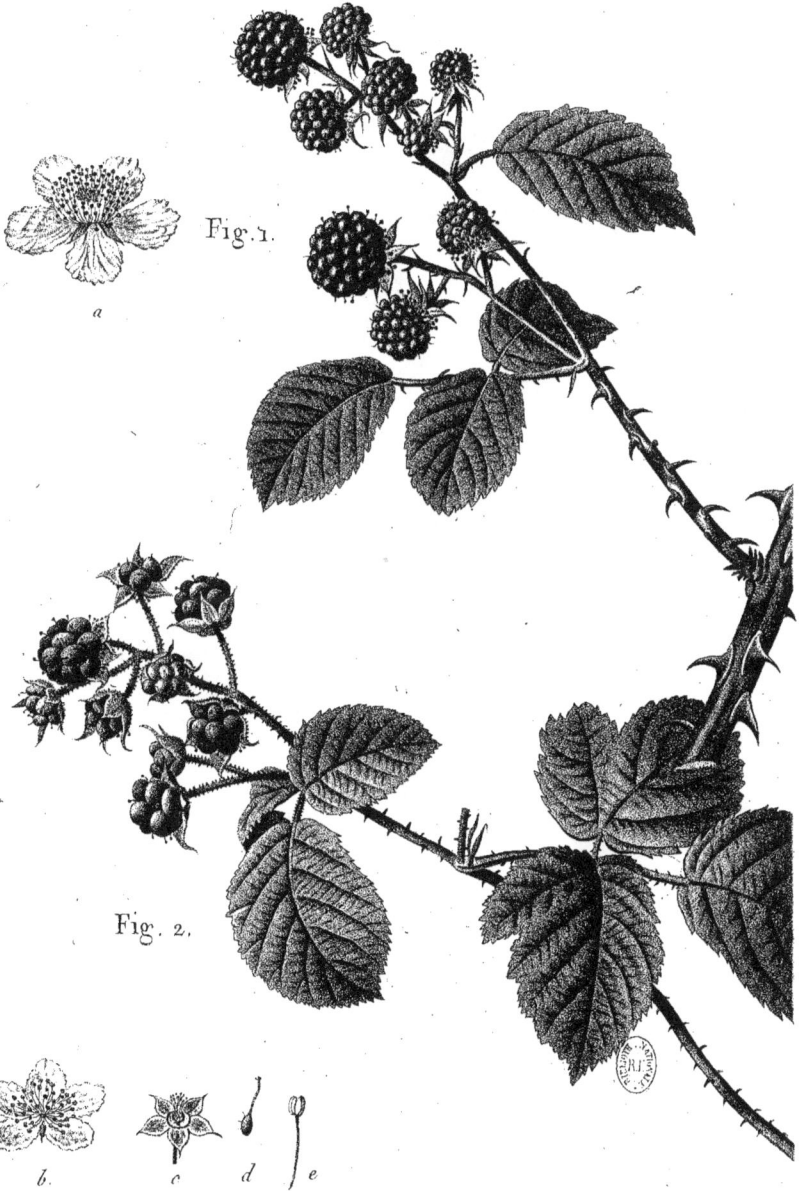

Fig. 1.

a

Fig. 2.

b   *c*   *d*   *e*

Fig. 1. **RUBUS** fruticosus.   **RONCE** frutescente.

Fig 2. **RUBUS** cæsius.   **RONCE** bleue.

P. Bessa pinx   *Jarry sculp.*

RUBUS Idæus RONCE du Mont Ida

P. Bessa del. *Gabriel sculp.*

1   2   3   4   5   6

DIOSPYROS Lotus.   **PLAQUEMINIER** Faux-Lotier.

P. Bessa pinx.   *Jarry sculp.*

www.ingramcontent.com/pod-product-compliance
Lightning Source LLC
Chambersburg PA
CBHW060531220326
41599CB00022B/3493